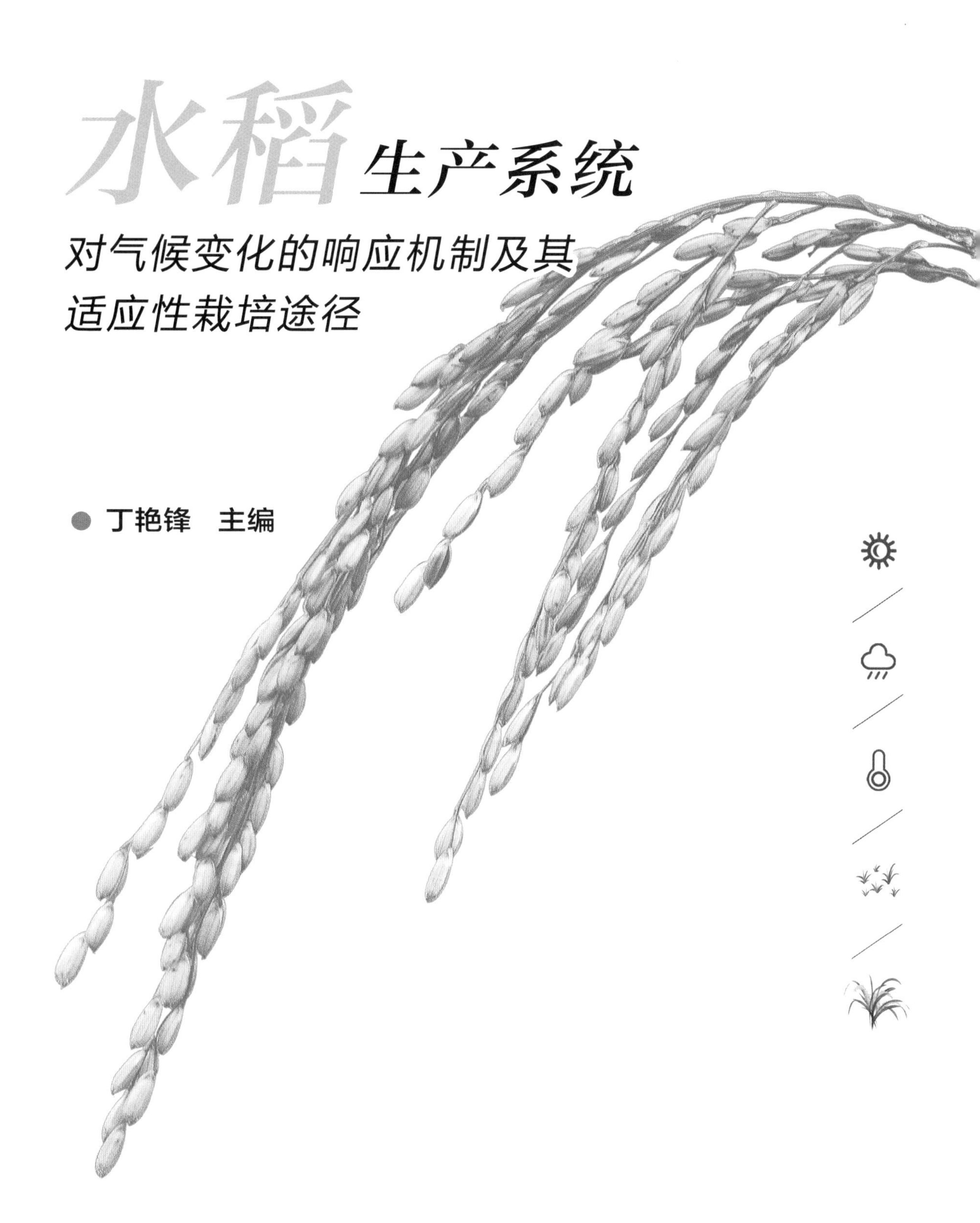

水稻生产系统

对气候变化的响应机制及其适应性栽培途径

● 丁艳锋　主编

中国农业科学技术出版社

图书在版编目（CIP）数据

水稻生产系统对气候变化的响应机制及其适应性栽培途径 / 丁艳锋主编 . -- 北京：中国农业科学技术出版社，2023.11
ISBN 978-7-5116-5937-8

Ⅰ. ①水…　Ⅱ. ①丁…　Ⅲ. ①气候变化 – 影响 – 水稻栽培 – 研究　Ⅳ. ① S511

中国版本图书馆 CIP 数据核字 (2022) 第 179148 号

责任编辑　于建慧
责任校对　马广洋
责任印制　姜义伟　王思文

出 版 者　中国农业科学技术出版社
北京市中关村南大街 12 号　　邮编：100081
电　　话　（010）82109708（编辑室）（010）82109702（发行部）
（010）82109709（读者服务部）
网　　址　https://castp.caas.cn
经 销 者　各地新华书店
印 刷 者　北京中科印刷有限公司
开　　本　185 mm × 260 mm　1/16
印　　张　21.5
字　　数　483 千字
版　　次　2023 年 11 月第 1 版　2023 年 11 月第 1 次印刷
定　　价　198.00 元

《水稻生产系统对气候变化的响应机制及其适应性栽培途径》

编委会

主　编：丁艳锋

副主编（按姓氏笔画排序）：

王春艳　王晓雪　江　瑜　杨万深　徐　华
唐　设　陶龙兴　黄丽芬

参　编（按姓氏笔画排序）：

于海洋　马　静　王　宇　王　麒　王松寒
卞景阳　邓　飞　邓艾兴　冯延江　毕俊国
庄恒扬　刘　迪　闫　川　关贤交　阮俊梅
孙　羽　孙　备　孙红正　孙艳妮　杜彦修
吴云飞　宋开付　宋佳谕　宋秋来　宋振伟
张　俊　张广斌　张巫军　陈水森　陈婷婷
罗德强　周永进　钟　鸣　段秀建　侯朋福
夏琼梅　殷　红　郭保卫　唐　设　黄　山
曹小闯　崔　宏　崔志波　符冠富　曾宪楠
谢国生　熊　飞　潘　刚

前言

联合国政府间气候变化专门委员会（IPCC）最新发布的第五次评估报告（AR5）明确指出，自 1950 年以来，全球气候变暖的趋势更加明显。陆地和海洋表层气温呈线性增长趋势，与 1850—1900 年相比，2003—2012 年全球平均气温增加了 0.78℃。农业最易受气候变化的影响，未来频发的高温、干旱、洪涝以及降水波动性增大，导致粮食安全风险加大。近 10 年来，国际上有关农业应对气候变化的科学文献数量成倍增加，气候变化已成为农业、环境等学科的热点研究领域。水稻是世界主要粮食作物之一，亚洲地区 2/3 人口的主食来源。在气候变化上，水稻生产具有特殊重要性。稻田 CH_4、N_2O 排放被 IPCC 单独列出，其贡献占全球农林及其他用地排放总量的 9% ~ 11%，特别是包括我国在内的亚洲国家，贡献了其中的 90%，备受国际关注。目前，有关水稻生产系统的适应机制与途径方面的基础研究较为薄弱，尚不足以支撑应变栽培技术的研发和应用。为此，“粮食丰产增效科技创新”重点专项启动实施了“水稻生产系统对气候变化的响应机制及其适应性栽培途径”项目（2017YFD0300100）。

该项目由南京农业大学主持，中国农业科学院农业资源与农业区划研究所、扬州大学、中国农业科学院作物科学研究所、中国科学院南京土壤研究所、中国水稻研究所、沈阳农业大学等 24 家单位承担，主要围绕以下方面开展研究：一是气候变化的时空特征及对区域稻作系统的影响。分析长江中下游和东北、沿黄河等主要稻作区温度、光照、降水、CO_2 浓度等气象因子的演变特征及其与稻作系统生产力、资源利用和环境代价之间的关系，明确气候变化的综合影响程度。二是应对气候变化的适应性栽培与减排稻作理论。解析增温、寡照、低温等关键气象因子影响水稻产量、品质的主控过程，探明品种、水肥等栽培因子的减损效应及其机理；研究稻田土壤碳、氮转化互作及其与 CH_4、N_2O 等温室气体排放之间的关系，明确温室气体排放的生理生态基础与调控机理。三是应对气候变化的稻作新模式。针对双季稻、单季籼稻、南方粳稻和北方粳稻等 4 个典型稻作系统实际，在探明栽培因子的减损效应和温室气体减排机理的基础上，通过现有稻作方式挖潜与新模式研发相结合，构建兼具减排与适应功能的栽培新模式。

经过4年多的联合攻关，本项目取得了一系列成果：阐明了气候变化对水稻生产的影响特征，明确了气候变化下我国水稻生产的未来情景；揭示了水稻产量、品质对气候变化的响应机制，提出了抗逆稳产优质栽培途径；阐明了稻田土壤碳氮和温室气体排放对气候变化的响应机制，提出了减排增碳栽培途径；创建了抗逆水稻种质鉴选体系，筛选获得了优异粳稻、籼稻品种，集成了抗逆、高效和减排多目标协同的稻作技术体系。本项目创新的应对气候变化的适应性栽培与减排理论，抗逆、高效和减排多目标协同的稻作技术体系等成果为专项目标的实现以及“藏粮于地、藏粮于技”“碳中和”等国家战略行动提供了理论依据和技术支撑。

本书是由项目参加人围绕应对气候变化的适应性栽培与减排稻作理论和稻作新模式，突出近年来取得的研究成果，并结合国内外最新研究进展撰写的学术著作。全书共6章，依次为水稻生产力对气候变化的响应机制及丰产栽培途径（扬州大学黄丽芬组织撰写）、稻米品质对气候变化的响应机制及优质栽培途径（南京农业大学唐设组织撰写）、稻田碳、氮对气候变化的响应机制及土壤增碳栽培途径（中国农业科学院作物科学研究所杨万深组织撰写）、稻田温室气体排放对气候变化的响应机制及减排栽培途径（中国科学院南京土壤研究所徐华组织撰写）、籼稻稻作系统应对气候变化的栽培技术途径（中国水稻所陶龙兴组织撰写）、粳稻稻作系统应对气候变化的栽培技术途径（沈阳农业大学王晓雪组织撰写）。

由于著者研究水平有限，书中不足之处恐难避免，敬请广大读者批评指正。

著　者

2021年11月

目　录

1. 水稻生产力对气候变化的响应机制及丰产栽培途径

摘要： 粳稻生产力形成对温度动态变化和弱光的响应机制表现为高温影响水稻颖果的正常发育，颖果偏小，干物质积累受阻，果皮和胚乳细胞增多，原基分化期高温使淀粉颗粒变小，而花粉充实期高温使淀粉颗粒变大。不同种植方式下粳稻生产力对升温的响应机制表现为：温度处理对产量各构成因子的影响均呈负效应，且以结实率影响最大，高温下产量稳定性均表现为移栽 > 直播；温度升高不利于茎叶中的氮素和磷素向穗部转移，对钾素影响较小；高温胁迫下水稻加工品质的变化因品种而异，蛋白质含量随着温度升高而升高，直链淀粉含量和胶稠度表现为相反的趋势。低温弱光胁迫使得水稻光合速率降低、籽粒灌浆关键淀粉合成酶活性下降和稻米品质下降。在江苏地区，早熟品种适当迟播可避开高温热害，晚熟品种适当早播可防止抽穗后温光不足。水稻结实灌浆期高温显著降低产量，降低幅度最高为偏粳型籼粳杂交稻；弱光下偏粳型籼粳杂交稻的干物质下降率、茎鞘干物质输出率和转换率、穗粒数和结实率下降幅度均最大。水稻抽穗开花期喷施芸薹素可增强抗高温胁迫能力，混合喷施赤霉素和芸薹素可缓解弱光危害。高原粳稻对立体气候变化的响应表现为随海拔降低，较高的日平均温度、日最高温度、日最低温度及湿度有利于水稻产量提高。云南高海拔粳稻在 5 月 10 日前适时早栽能保证灌浆期适宜的温光条件，利于高产稳产。在基础地力较高的水旱轮作田块采用氮肥减量后移技术，可实现增产，氮肥农学利用率提高到 20 kg/kg 以上。

1.1 研究背景

近年来，全球气候变暖愈加明显。近 100 多年来，由于人类活动导致的大气温室气体浓度递增，引发了全球性的地表温度升高（张卫建等，2020），2014—2018 年是有完整气象观测记录以来最暖的 5 年（王娟等，2016），特别是全球海洋稳定而持续地变暖，2016 年再次刷新最暖纪录（赖上坤等，2016）。大量的科学研究证明，如果人类不采取有效的碳减排措施，到 2100 年全球地表温度将持续升高 0.75 ～ 4℃。即使全球能够采取共同措施，将碳排放降低到 1990 年的水平以下，全球地表温度也仍将升高 1.5℃以上（董思言和高学杰，2014）。《2020 年气候服务状态报告》（吴慧玲，2020）指出，由于全球气候变化持续加重，极端气候的发生频率更高，后果更严重，同时其预测难度也更大。

随着更多观测资料分析特别是气候序列均一化方面的进展，越来越多的研究发现，近百年中国气候变暖趋势远高于全球平均水平。20 世纪是过去 2000 年中国历史最暖的百年之一。依据中国气象局 2018 年 4 月 3 日发布的《中国气候变化蓝皮书》，我国是全球气候变化的敏感区和影响显著区，1951—2017 年我国地表年平均气温升高 1.6℃（气候变化国家评估报告编写委员会，2007）。我国不仅升温率高于同期全球平均水平，而且高温热害和低温冷害等极端天气现象也更为频发，平均年极端高温升高趋势为 0.21℃ /10a（Hong and Sun，2018），干旱、洪涝、高温等灾害严重威胁着人类的生产和生活。气候变暖对我国水稻生产的影响尤为突出。

1.1.1 气候变化对水稻生产力影响

水稻（*Oryza sativa* L.）是世界上最重要的粮食作物之一，其产量居全球粮食作物第三位，仅次于玉米和小麦（Jheng-Hua et al.，2011）。水稻生产是个复杂的自然 - 社会系统，产量的长期变化同时掺杂了气候变化和人为因素信号（凌霄霞等，2019）。我国近 30 年的极端温度胁迫导致全国灌溉稻产量损失约 6.1%，四川盆地单季稻、长江中下游单季稻、南方早稻因此造成的产量损失显著上升（Wang，2016）。单就气象因素的影响而言，近几十年的气候变化对我国水稻产量造成了不利影响。

1.1.1.1 温度升高对水稻产量及产量构成因子的影响

高温热害是指环境温度超过水稻适宜温度的上限，对水稻的生长发育造成危害，从而导致产量降低的自然灾害（王品等，2014）。在产量与产量构成要素方面，Prasad 等（2006）研究认为，高温对水稻产量的影响大于对干物质生产的影响，导致高温条件下水稻的收获指数显著降低。王才林等（2004）研究表明，孕穗期当日平均温度超过 30℃、连续 3 d 以上就会造成结实率普遍下降或籽粒发育畸形。在抽穗结实期间，36℃的高温会使空秕率增加，38℃高温时空秕率显著增加，特别是抽穗开花阶段，致使结实率显著下降、单穗籽粒重降低（郑志广，2003）。灌浆期遭遇高温会加快灌浆速率，缩短灌浆持续期使籽粒的灌浆物质积累减少，造成秕谷粒增多和千粒重下降（段骅等，2013；汤日圣等，2005；陶龙兴等，2008）。日最高温度达 35℃以上时，水稻结实率和千粒重降低，产量显著下降，尤其是乳熟期比蜡熟期受到的影响更为严重（李健陵等，2013）。谢晓金等（2009）对水稻抽穗期高温胁迫的研究表明，随着胁迫温度的升高与胁迫时间的延长，水稻每穗实粒数、结实率以及单株产量均有所下降，而千粒重的变化较小。夜间温度升高，导致分蘖成穗率降低，总有效穗数下降，每穗粒数降低，导致千粒重降低（张鑫等，2014）。Peng 等（2004）多年研究发现在热带地区旱季水稻生长期间的平均最低温度每升高 1℃，产量则下降 10%。可见，气候变化严重制约了水稻产量的增长。

1.1.1.2 温度升高对水稻光合作用的影响

温度升高也会对水稻光合作用产生影响。研究发现，粳稻的净光合速率在不同温度胁迫下均经历了先下降后恢复的过程，在极端高温胁迫下，净光合速率不能恢复到处理前的水平（史培华，2014），而且夜间增温环境会显著降低粳稻净光合速率、气孔导度和蒸腾速率（张祎玮等，2017）。温度升高也会对籼稻品种光合作用有负效应，试验结果指出，夜间增温会使淦鑫203、优1336、德农88的净光合速率下降，张鑫（2017）认为这与环境温度和水稻光合最适温度的差异有关。当外界环境温度高于水稻光合最适温度时，叶片气孔导度降低、进入叶肉细胞的 CO_2 浓度减少，影响光合暗反应阶段，光合速率降低（宋丽莉等，2011）。抽穗期至结实期水稻剑叶的光合和荧光指数研究发现，当日最高温度大于35℃时，剑叶的光合能力开始下降，大于38℃时则大幅下降；日最高温度大于35℃，抽穗期和乳熟期的源和库器官同时受到高温影响，源和库亏损是限制作物产量的主要因素（王志刚等，2013）。

1.1.1.3 温度升高对水稻干物质生产和分配的影响

（1）**干物质生产**　长江中下游地区粳稻生育期的日平均温度较高，温度升高使生育期缩短进而导致光合产物向水稻枝梗的输送量下降，植株干物质积累减少（张鑫等，2014）。增温显著降低了各个生育时期水稻地上部干物质的积累，且茎叶中干物质的积累在生育后期减幅明显（李春华等，2016）。温度升高2℃处理显著减少了水稻成熟期叶、茎鞘和穗等器官的干物质积累量，显著增加了水稻各生育期叶的分配指数和成熟期茎鞘的分配指数，对其他生育期茎鞘的分配指数影响不显著，减少了各生育期穗的分配指数。温度升高2℃处理使茎鞘物质输出量、输出率和转换率减少说明茎鞘物质转运受到影响，从而使灌浆期和成熟期穗的分配指数减少，茎的分配指数增加（何帅奇，2014）。

（2）**干物质分配**　在物质分配方面，骆宗强等（2016）研究认为，孕穗期在高温胁迫条件下，水稻植株中的光合物质和茎叶的贮存物质无法有效向穗部转移，导致成熟期茎秆所占比重增加。温度升高会改变水稻各器官干物质分配。例如增温会降低粳稻收获指数，增加叶和茎鞘的分配指数，因为高温会阻碍营养物质向穗运转，会降低穗分配指数，增加叶和茎分配指数。高温处理对单茎各器官分配比率的影响，均表现为干物质在叶和茎鞘中的比率增高，在穗中的比率减少，高温处理除蜡熟阶段使运转率提高外，抽穗开花和乳熟阶段，尤其是抽穗开花阶段，使养分运转率明显降低，甚至出现了在茎鞘中继续贮藏同化物现象。这是由于高温降低了颖花结实率，缩短了籽粒灌浆期，使穗的库容量变小，光合产物不得不滞留在茎鞘中。茎鞘中糖分残留量是衡量养分运转好坏的另一重要指标（郑志广，2003）。

1.1.1.4 温度升高对水稻根系的影响

研究认为，土壤温度对根系生长代谢的影响因生育期而异，苗期低温作用下，水稻根系活力大幅降低，且温度越低降低的幅度越大（宋广树等，2012）。在营养生长期，不定根发生区域的土层温度较高可以促进根的发生和分枝，使根数增多，在生育后期土壤温度较高，根系代谢活性大幅度衰退，乳熟期土壤温度与根系代谢活性的衰退存在显著正相关（吴岳轩和吴振球，1995）。沙霖楠等（2015）研究结果与之一致，温度升高对根系形态指标的影响主要表现在生育前期、分蘖期，其对水稻根系生长有显著的促进作用，使根系总长度、根表面积、根体积增加；抽穗期温度升高使根系总长和根尖数显著降低，但并没有减少根系的总体积及总表面积。温度升高 2℃，收获时根系生物量变化不显著（Hong-Shik et al.，2013）。其他学者关于温度对根系生物量影响的研究结果则不尽相同。

1.1.1.5 温度变化对水稻各生育期的影响

气候变化对作物的生长发育和生长潜力的影响受到了众多研究人员的广泛关注，全生育期内水稻冠层夜间温度平均升高 0.9℃，水稻始穗期平均提前 1.1 d，全生育期缩短 1.3 d，且花前生育期变化幅度高于花后生育期（张鑫等，2014）。当温度升高 1.5℃和 2℃时，我国双季稻的生育期将分别缩短 4% ~ 8% 和 6% ~ 10%，单季稻的生育期约缩短 2%（张建平等，2005；Chen et al.，2018）。温室效应使气温升高 1 ~ 4℃，将导致我国各地水稻的一季稻和早稻生育期缩短；东部地区目前的生育期等日期线北移：东北地区北移 1 ~ 5 个纬度；黄淮地区北移 3 ~ 6 个纬度（崔读昌，1995）。研究表明，近 30 年来，我国水稻播种和移栽期提前，早、晚稻成熟期提前（Tao，2013；侯雯嘉等，2015）。气候变暖大大缩短了我国水稻的生长期，水稻的生育进程明显加快（Zhang et al.，2013）。温度和品种均影响水稻的生育期长短，温度的上升使水稻的生育期缩短，提早播种或改种生育期较长的品种可抵消温度升高对水稻生育期的负面影响（刘蕾蕾，2012；张卫建等，2012）。

1.1.1.6 高温寡照影响水稻生长发育

水稻开花期遭遇高温导致不育危害是指水稻在抽穗前后遭遇 35℃以上高温时引起花器官发育不良和授粉障碍，致使结实率严重下降而造成水稻大幅减产的一种灾害现象（夏明元和戚华雄，2004；张桂莲等，2005）。高温对水稻的生长发育有明显的影响，较高的温度一般促进水稻的生长发育进程，使生育期变短。高温胁迫发生在水稻不同生育期内，对其影响不同（张桂莲等，2005）。处于发芽期的水稻，对高温抵抗力较强，但在温度超过 35℃时种子或秧苗生长受到阻碍，超过 40℃时尤为显著；在营养生长期遇高温，地上部和地下部的生长均受到抑制，会发生叶鞘变白和叶片失绿等症状，使叶面积和根系生长受阻，分蘖减少，株高增高缓慢；穗分化期遭遇高温，枝梗和颖花发育受阻，颖花数减少，抽穗延迟；孕穗期遭遇高温会阻碍花粉发育，引起受精不良（Prasad et al.，2006；李稳香等，2006；马廷臣等，2010）；一般认为，水稻开花期对高温最敏感，此时遇到高温将阻碍花粉成熟与花药开裂，并阻碍花粉在柱头上萌发和花粉管伸长，导致颖花大量不育。水稻抽穗开花期的最适温度为 25 ~ 30℃，若遇日平均气温超过 32℃以上或日最高温度 35℃以上，高温就会对开花授粉造成极不利的影响（Matsui et al.，2001；隗溟等，2002）。

光照作为植物光合作用的最大能量输入，弱光直接导致光合速率下降、ATP 合成分解和碳水化合物积累受到抑制、营养物质供应不足等，影响穗部发育与灌浆结实（李萍萍等，2010）。长期弱光将改变水稻形态结构，导致植株矮小、分蘖减少、叶片变薄（马廷臣等，2010）；稻米的食味品质和研磨品质也受到影响，例如垩白度增加，整精米率下降（A. et al.，2018；Zhao et al.，2020）。此外，弱光引起植株体内生理生化代谢的失调，例如碳水化合物的转运输出，抗氧化酶和淀粉合成酶活性降低等。

1.1.1.7 高温寡照对水稻产量的影响

水稻产量构成因子中结实率最容易受到外界环境的影响，高温和弱光胁迫对水稻产量的影响主要是降低结实率，而千粒重和分蘖数变化并不显著。相对常规稻，杂交稻更容易遭受热害和弱光胁迫。其主要影响花粉受精，导致秕谷率增加，结实率降低（Fan et al.，2019；王黎辉，2020）。开花期高温影响花药开裂，柱头上花粉量明显减少，花粉管无法伸长，影响授粉。此外，众多研究表明，高温导致花粉粒畸形，这也是结实率降低的重要原因之一（宋有金和吴超，2020；王黎辉，2020）。经田间多年验证，弱光胁迫影响水稻正常的开花结实，使水稻生育开花期延迟，并严重影响水稻灌浆进程，导致成熟期严重滞后。生产上，水稻生育期延长，成熟期可能会受到冷空气的影响。开花期弱光影响花药开裂，直接降低花粉育性及结实率。

1.1.1.8 水稻耐高温寡照的基因型差异

近年来，水稻高温抗性研究越来越受到人们关注。耐热与热敏感型品种在热应激中的反差相对较大。Ziska 等（1996）利用不同基因型水稻品种（17 个），在温室中模拟自然高温，研究表明，不同生态型的水稻品种，对高温的响应有显著差异。水稻的耐热性是多基因遗传的数量性状，因此，不同遗传背景的水稻变异丰富，导致对高温的响应程度不同（田小海等，2007）。目前，在水稻多条染色体中均检测出了耐热相关基因，如在第 2、第 4 和第 5 染色体上检测到与孕穗期耐热性相关的 QTL 各 1 个，对表型变异的解释率为 6.4% ~ 15.8%；在第 4、第 8 染色体上分别检测到与孕穗期耐热性相关的 QTL、LOD 值分别为 3.81 和 2.86，对表型变异的解释率分别为 16.8% 和 9.9%（曹立勇等，2002；赵志刚等，2006）。Mackill 等（2002）研究水稻开花期抗高温的遗传特性表明，抗高温性具有较稳定的遗传性，认为柱头花粉授粉数可作为抗性品种选拔的有效指标，对水稻抗性品种的鉴定即使在常温下也能进行。虽然大多数抗性遗传表现为数量性状，但如通过抗性机理的研究找出相关的植物学和生理生化指标，就有可能找到若干质量性状，从而给育种工作带来方便。Matsui 等（2001）的研究提出了两个可能的指标，第一个指标是花粉囊基部的开裂长度，一般情况下开花时花粉囊开裂越长，越有利于有效授粉；另一个指标是花药内生空腔与药室之间的细胞层数，一般粳稻品种由 1 ~ 3 层细胞构成，具有 1 层细胞的为抗高温品种，具有 3 层的为高温敏感品种，具有 2 层的为中间类型，因此可作为抗高温品种的另一个抗性性状指标。

众多学者开展了关于水稻弱光胁迫的研究。研究发现，抽穗期增施氮素可延长水稻籽粒灌浆时间，缓解由于弱光寡照引起的养分供应不足而导致的不完全灌浆现象（黄丽芬等，2014；伍龙梅等，2019）。施用外源激素对提高水稻及其他作物的耐弱光性也有显著作用，通过改变植株株型，延缓叶片衰老，增强光合能力，促进籽粒灌浆，从而降低弱光危害程度。

全球水稻生物量积累多样性调查显示，弱光下的光合速率与生物量积累高度相关，提高水稻抗弱光性对实现水稻高产育种的目标具有重要意义。此外，利用分子生物学手段挖掘了植物弱光应激的相关功能基因（徐汝聪等，2020），同时在转录组和蛋白组等水平，探究弱光胁迫对水稻转录调控和蛋白表达的影响（Liu et al.，2020；Sudhanshu et al.，2019）。这些都为探索水稻抗弱光作用机制，为增强水稻耐弱光能力提供了重要依据。但是以往研究多集中于弱光对水稻产量品质影响及耐受性机理等，而不同基因型杂交稻对不同生育时期的弱光差异响应鲜见报道。

1.1.2 水稻生产力对气候变化的响应机制

水稻孕穗期高温主要影响花器官发育，Ishiguro 等（2014）研究发现孕穗期极端高温胁迫对水稻产生的影响主要是会导致花粉败育，而很多研究者则认为抽穗扬花期和灌浆结实期是受温度影响最大的 2 个时期，开花期受到极端高温胁迫对水稻产量的影响比灌浆期更大（盛婧等，2007；谢晓金等，2010；张祖建等，2014）。抽穗扬花期高温主要伤害正在开放的颖花，影响花粉活力、数量以及颖花授粉受精过程，增加空秕率（吴超和崔克辉，2014）；水稻在灌浆期也最易受高温危害，高温使灌浆过程提早结束，造成结实率和粒重下降，从而导致减产（吴超和崔克辉，2014）。白天高温造成水稻产量降低最突出的原因是结实率下降，夜间高温对结实率、每穗颖花数、粒重和生物量的影响相当（Xiong et al.，2017）。水稻孕穗期高温主要影响花器官发育，如影响颖花分化和退化、缩短颖花长度、抑制花药充实（王亚梁等，2015）。

综合前人的研究（Kim et al.，2011；Mohammed and Tarpley，2009；Mohammed and Tarpley，2009；Scafaro et al.，2012；Scafaro et al.，2012；董思言和高学杰，2014）认为极端高温胁迫影响同化物积累与转运、籽粒灌浆和淀粉合成等生理生化过程，最终导致结实率下降和产量降低。屠乃美等（1999）研究表明，温度升高，水稻库源比高，其叶片净光合速率高，同化物向库的输送比例上升，库和流的活性增强。孕穗开花期高温导致颖花不育，会对水稻源库平衡产生不利影响。万运帆等（2014）研究表明，CO_2 浓度和温度同时增加条件下早稻增产主要与穗数和穗粒数的增加有关，而空秕率的增加限制了产量的增幅。水稻产量形成受“源”“库”及“流”的强弱及三者相互之间协调程度的影响，稻籽粒灌浆所需的同化物中，有 70% ~ 90% 来自花后叶片光合作用。高温导致叶片早衰，进而导致光合速率下降和功能持续期缩短；水稻库容的大小与籽粒粒重、总颖花数有关，而单籽粒重受胚乳细胞数、单细胞物质量制约。高温影响“库”活性主要表现在对籽粒中能量供应、激素平衡、酶活性等方面的影响。“流”指源和库之间同化物运输的能力，禾谷类作物韧皮部分化程度和维管组织发达程度与运输速率有关，高温会导致“流”不畅（吴超和崔克辉，2014）。了解源库流平衡发展机理是缓解高温胁迫的关键。

多数非生物胁迫将会通过产生过量的活性氧（ROS），例如单峰氧、超氧化物、过氧化物和羟基自由基而引发植物体内氧化负担。水稻等作物在高温等胁迫下的生存能力取决于对 ROS 和甲基乙二醛（MG）的保护作用。活性氧含量通常受到抗氧化酶（SOD、CAT、GPX、APX 等）和非酶抗氧化剂（ASA、GSH 等）调控。MG 是一种在热应激过程中不断积累的毒性化合物，过量的 MG 可摧毁抗氧化防御系统，导致细胞死亡。甲基乙二醛酶系统（Gly Ⅰ和 Gly Ⅱ）可将 MG 还原为 D- 乳酸，降低抗氧化系统防御负担。水稻在高温和弱光的胁迫下，植株本身抗氧化系统被启动，SOD、CAT 等活性升高，但恢复到正常条件下，酶活性下降。GPX、APX 等活性降低，但恢复后这些酶趋势相反。应激反应导致 MG 含量升高，但 Gly Ⅰ和 Gly Ⅱ活性显著增加，组成 MG 的解毒系统，通过使用和再生 GSH 将 MG 还原为 D- 乳酸（杨舒贻等，2016）。

1.1.3 水稻生产力对气候变化的适应途径

1.1.3.1 引进高抗、低排放水稻品种

通过选择低 CH_4 排放量的水稻品种，减少温室气体排放，不影响水稻产量，达到低温室气体排放与高产的双重目的。选用耐热品种水稻不同品种或同一品种在不同发育期的抗高温能力存在较大差异，选用耐高温品种可减轻水稻高温热害，如国稻 6 号（籼稻）（陶龙兴等，2009）、黄华占（籼稻）（曹云英等，2008）、扬稻 6 号（粳稻）（谢晓金等，2010）等。

1.1.3.2 改善田间管理

根据历史气候变化规律合理调整播种期，将水稻开花结实期安排在最佳气候条件下，尽量避开高温时段，使气候资源得到高效利用，可有效减轻高温热害。研究表明，华南和江南地区提前移栽有利于提高早稻抽穗开花至乳熟成熟期温度适宜度，同时降低高温日数，有效避开高温热害对早稻的影响（刘维等，2018）。在实际生产中，长江流域双季早稻一般可选用生育期较短的中熟或偏中熟早籼耐热品种，适期早播，使开花结实期在 6 月下旬至 7 月上旬完成；中稻可选用中晚熟品种，适当晚播，使籼稻开花结实期在 8 月中下旬、粳稻开花结实期在 8 月下旬至 9 月上旬结束，以躲避 7 月中旬至 8 月上旬的高温危害（杨军等，2020）。

1.1.3.3 喷施外源物质

当水稻遭遇高温时，叶面喷施外源物质（根外施肥）可抵御高温的不利影响，减轻高温热害。吴晨阳等（2014）研究认为，施用外源硅可提高杂交水稻组合在高温下的花粉发育质量和受精率。高温下喷施外源 2,4- 表油菜素内酯能够增加颖花分化数，降低颖花退化率，增加水稻每穗粒数，使穗粒数提高 13.7%，且喷施 0.15 mg/L EBR 效果最为明显（陈燕华等，2019）。高温下 SA 处理可提高颖花的抗氧化酶活性，提高 ZR 和 IAA 含量，提高叶片光合速率，降低 MDA 含量，有利于提高中稻穗粒数、结实率和产量，有效防御高温热害导致产量损失（符冠富等，2015；杨军等，2019）。

1.1.3.4 调整农业水肥管理方式

科学水肥管理也是防御高温热害的有效措施。水稻抽穗开花期可采用白天灌深水、夜

间排水或喷灌措施以水调节田间温度，提高水稻的避热抗热能力（张彬等，2008）。抽穗结实期遭受高温胁迫，采用轻干湿交替灌溉方式可以增加结实率、千粒重、产量并获得较好的稻米品质（段骅等，2012）。灌浆期不同时间喷水降温可改善稻田小气候环境，增强植株抗高温能力提高灌浆速率（王华等，2017）。研究发现，通过合理的施穗肥可以获得较高的净光合速率和蒸腾速率，降低水稻穗叶和冠层的温度以提高水稻抗热害的能力（闫川等，2008），高温胁迫下，中氮和高氮显著增加每穗粒数、结实率、千粒重和产量，增加整精米率和支链淀粉短链比例，降低垩白米率和支链淀粉中长链的比例，还增加了叶片光合速率、根系氧化力和籽粒中蔗糖－淀粉代谢途径关键酶活性（段骅等，2013）。氮素粒肥的施用提高了水稻叶片氨基酸含量，从而提高水稻耐热性（缪乃耀等，2017），合理的施氮量可构建良好的植株群体。

1.1.4 水稻生产力应对气候变化研究中存在的问题

1.1.4.1 水稻高温热害的评价体系有待完善

（1）高温处理方法 目前，大多数试验主要采用田间自然高温、人工气候箱增温和温室增温等方式进行高温处理。田间高温设计一般通过分期播种来遭遇自然高温，但受外界环境影响较大，准确性也不高（杨军等，2020），人工气候箱只能处理少量试验材料，光照强度、湿度和 CO_2 浓度难以接近自然条件，塑料大棚温室易出现高温高湿，人工气候室内温湿度不易快速、精确控制，且造价昂贵，而利用开放式增温系统在田间进行红外辅助加热的处理方法，其模拟效果或许更接近田间实际生产，但要注意处理时段外也会遭遇自然高温。

（2）鉴定指标 水稻不同生育时期的热害鉴定指标各异，不具有普遍性。以往研究中，开花期高温大多以结实率、灌浆期高温以千粒重为评价指标，过于单一。因此，以水稻生理特征、产量要素、稻米品质等多个指标，采用数理统计方法，建立的水稻热害综合评价体系及模型也许更为科学。

（3）热害鉴定时期 以往的研究大多以水稻的敏感时期（孕穗期、抽穗开花期和灌浆结实期）为关键点，采用穗粒数、小穗育性、结实率和千粒重等进行高温热害的定量评价。但水稻整个生育期均会遭遇高温天气，若将热害鉴定贯穿于水稻的各个生育期，同时基于卫星遥感监测评估高温热害，结合气象资料分析田间水稻的农艺性状，可更好地为水稻生产服务。水稻高温热害是一个复杂的生物学数量性状，在实际生产过程中，应结合气象要素、基因型品种、土壤状况、生育阶段、水分条件、田间管理措施等评价水稻高温热害。

1.1.4.2 水稻高温热害的防御技术有待提高

高温不利于水稻生产，构建水稻高温热害的防御技术体系，有利于提高应对高温的技术能力。未来需加强以下方面的研究：一是基于水稻和气象大数据，结合作物情景模拟（模型模式）与遥感技术、地理信息系统或全球定位系统的耦合应用，建立和完善精细化的高温热害监测预警及影响评估体系。二是加强播期调整、水肥管理、外源物质喷施等水稻高温热害防御技术的研发。水浆管理对提高水稻的产量和品质都有十分重要的意义。幼穗分化期、抽穗期和灌浆期要浅水灌溉，不宜断水过早，干旱季节要抗旱灌水，以免脱水过早形成青枯死苗，从而影响水稻产量和稻米的外观品质以及蒸煮食用品质。可通过采取有效的防御技术，调控 ROS 生成、抗氧化酶活性、细胞结构和功能、激素平衡、渗透调节物质、光合物质生产、根系活力等，最终提高水稻产量和品质。

为了明确高温、寡照对籼粳杂交稻颖花育性、剑叶生理生化特性和产量的影响机理，提出本稻作区应对高温、寡照的籼粳杂交稻丰产栽培途径，主要开展以下研究：一是籼粳杂交稻对高温、寡照的响应，通过人工气候室配置不同的温度、光照处理，研究高温、寡照对籼粳杂交稻的花粉可育率、颖花育性、生理生化特性（热激蛋白表达、剑叶光合特性、叶绿素组成和含量、质膜透性和丙二醛含量、可溶性糖和游离脯氨酸含量等）和产量结构因子的影响。研究籼粳杂交稻抽穗前可溶性碳水化合物含量及其对花后籽粒启动灌浆的关系，找出主栽代表性品种充分灌浆结实的可溶性碳水化合物含量临界点。二是耐高温、寡照品种的筛选，选用系列水稻品种，充分考虑茬口搭配，观测高温、寡照对其生理生化和产量结构指标的影响，筛选出适合本稻区种植的耐高温、寡照品种。调节茬口和筛选品种，使品种抽穗期避开高温、寡照环境。三是外源植物生长调节剂的研发，通过配制不同外源植物生长调节剂，在高温、寡照条件下对本稻作区种植的代表性品种进行喷施外源植物生长调节剂处理，研究外源植物生长调节剂对提高籼粳杂交稻结实率和充实度的影响；筛选出可供低温寡照环境下使用的以提高籼粳杂交稻结实率和籽粒充实度的外源植物生长调节剂。

1.1.4.3 对气候变化背景下品质响应的生理机制以及调控途径研究比较缺乏

（1）增强 O_3 胁迫、夜温升高以及不同强度气候变化对水稻品质影响的研究 与大气 CO_2 浓度比较，O_3 浓度升高对水稻品质影响的研究相对滞后（王云霞和杨连新，2020）。另外，现有单因子气候试验通常仅设置 1 个处理水平，故设置浓度或温度的梯度试验也势在必行。梯度试验数据可用于优化模型参数，建立气体浓度或温度与品质响应之间的剂量关系，进而有利于将试验结果和结论向外推演。

（2）逐步推进气候变化和栽培措施等多因子互作对水稻品质影响的研究 自然环境下，水稻生长受气候变化和环境条件交互作用的共同影响。随着全球气候变化的加剧，这些交互作用的程度有可能逐渐增加。同时，这些交互作用还受品种、生育期、增温幅度、CO_2/O_3 增高浓度以及处理时间等因子的影响，呈现复杂的作用特性。相对单因子试验，目前两种及以上的交互作用影响研究很少，长期大田试验更是匮乏，因此很难准确评估自然生境下由多种环境要素交互作用而显现的综合效应。

1.2 研究进展

以水稻生产力对气候变化的响应机制及丰产栽培途径为目标，围绕气候变化影响稻田光照、温度等小气候条件，增加了水稻生产系统的不稳定性，缺乏应对气候变化的配套水稻品种、种植模式和肥水运筹优化程度较低、抽穗开花期应对极端气候变化的缓解措施不到位等问题，通过人工气候室模拟和田间试验，采用数量统计学和植物生理生化分析技术，系统研究常规粳稻、杂交稻（偏籼型、偏粳型和籼型）不同生育时期和不同栽培方式（直播、移栽）对温度升高、弱光、低温弱光复合的产量形成过程中的生理生态、形态及理化特征，阐明了高温、低温、弱光等关键气象因子对水稻产量形成的调控效应及生产力形成的响应机制；以此为基础，研究了播期调整、氮肥优化管理、种植方式、生长调节剂对耐受性和适应性强的高产稳产型水稻品种生产力的影响及其对气候变化的缓解效应，提出了应对气候变化促进水稻生产力的栽培途径。本研究成果可为气候变化（温、光等）背景下明确主要稻区水稻生产力的影响效应与调控机制，构建配套栽培技术体系，实现水稻生产可持续发展提供理论依据。

1.2.1 在群体－个体－器官多水平揭示了高温、低温、弱光关键气象因子对水稻产量形成的调控效应与影响机理

孕穗至灌浆期是决定水稻产量的重要时期，极端气候如高温、低温、弱光等胁迫直接影响水稻生产力。因此，围绕水稻产量形成过程对光温变化响应特性的科学问题，通过人工模拟光、温胁迫，解析水稻光合生产力和物质转运特征，以阐明光、温变化对水稻产量形成的调控效应。试验以常规粳稻、杂交稻（偏籼型、偏粳型和籼型）为材料，研究了不同栽培方式（直播、移栽）下不同生育时期温度升高、弱光、低温弱光对水稻产量形成及物质变化特点，明确了高温、低温、弱光关键气象因子对水稻产量形成的调控效应（图 1-1）。研究发现，温度升高抑制颖果发育、降低结实率，偏粳类型籼粳杂交稻对高温敏感，而籼型杂交稻耐热能力较强；弱光胁迫抑制光合物质生产和养分分配，阻碍了养分从源向库的转运，花前弱光主要降低结实率，而花后弱光降低籽粒充实度，偏籼型杂交稻相对偏粳型杂交稻具有更强的耐弱光能力；低温弱光复合胁迫相比单一胁迫对水稻产量形成具有更强的负效应，表现为生物量积累和转运速率下降、二次枝梗结实率下降最显著，低温弱光复合胁迫降低了籽粒淀粉合成关键酶 AGpase、SSS 和 SBE 活性，外观品质、加工品质和食味品质下降，且以灌浆结实 21 d 内复合胁迫的影响较大。研究结果全面解析光温胁迫气候因子对水稻产量形成的作用机制，为水稻抗高温、耐弱光等胁迫相关栽培措施研究提供了研究基础。

1.2.1.1 揭示了高温条件下，水稻结实率降低、颖果发育不足是水稻减产的主要原因

阐明了不同栽培方式下高温对水稻产量及其构成因子的影响效应，明确了结实率降低是减产的主要原因。采用南粳 9108 和南粳 46，研究了移栽和直播两种栽培方式下增温（中度升温，较历史同日平均增长 2℃）和高温（较历史同日平均增长 5℃）对水稻生产力的影响效应。研究表明，温度处理对两个品种产量及产量构成因素的影响均达到显著或极显著的水平，均表现为负效应（表 1-1），产量各构成因子对产量的影响程度表现为结实率 > 千粒重 > 穗数 > 每穗粒数；产量构成因素中结实率随温度的升高而下降，差异达极显著水平，不同水稻品种表现出相同的趋势，如南粳 9108，移栽和直播栽培极端高温胁迫处理结实率比常温处理分别降低 91.71% 和 94.23%，中度升温处理分别降低 46.17%

和 39.93%。温度处理对两个品种产量及产量构成因素的影响均达到显著或极显著的水平（图 1–2）。种植方式在抵消温度升高对产量带来的负面效应方面效果不明显。种植方式和温度处理互作对两个品种结实率、理论产量、实际产量、谷草比和收获指数的影响均达到了显著或极显著的水平。

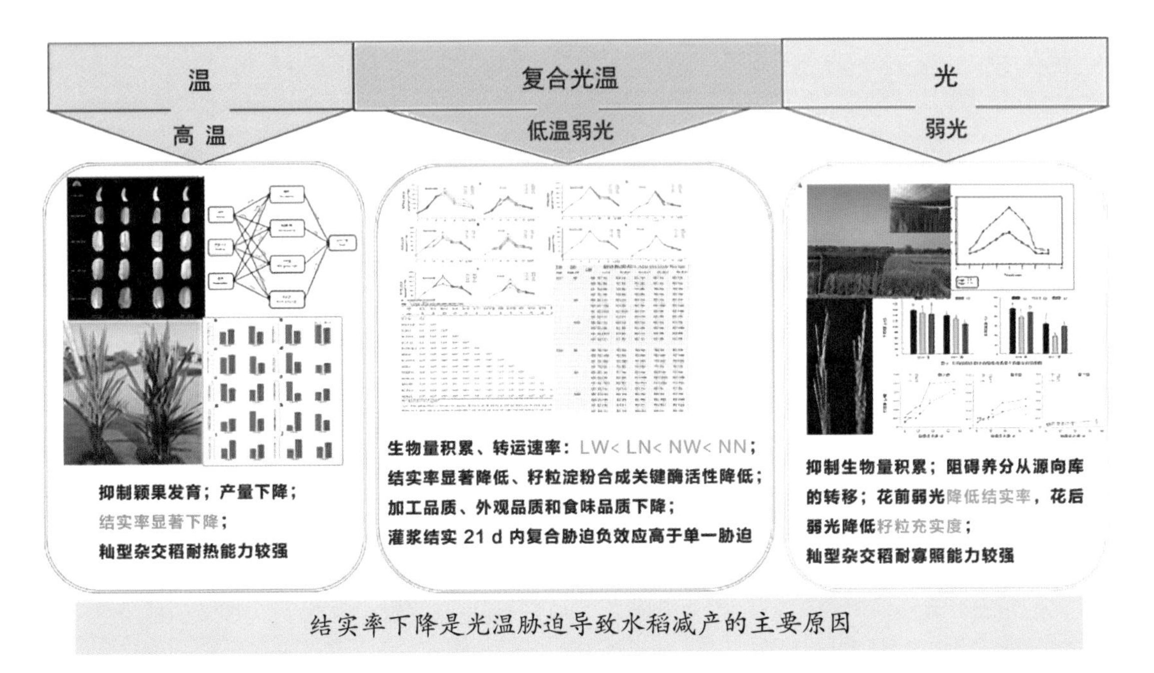

图 1–1 光温气象因子对水稻产量形成的调控效应模式

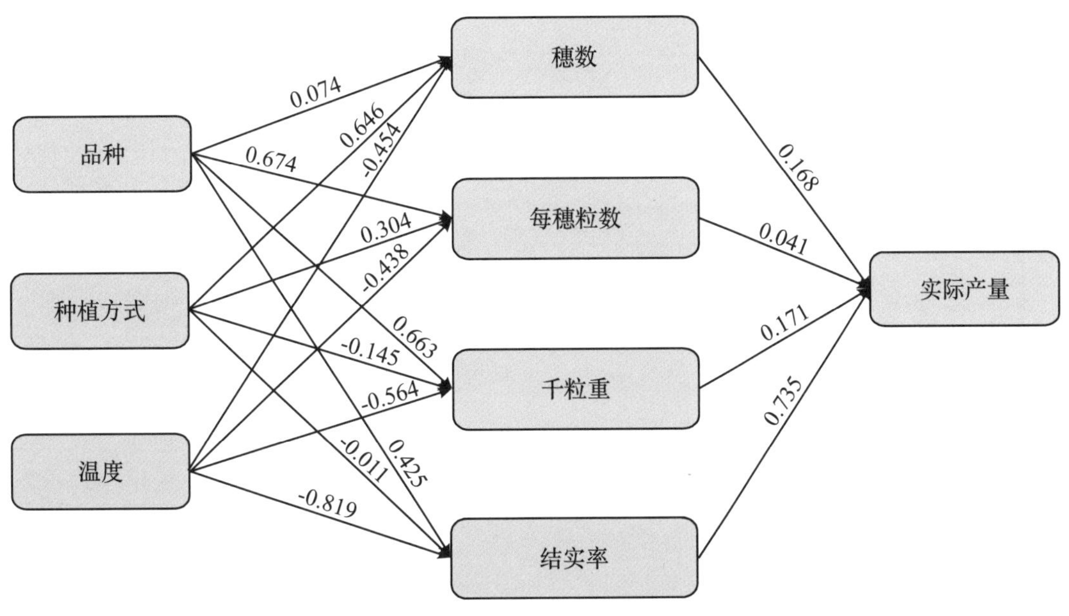

图 1–2 产量及其构成因素的通径分析

表 1-1　温度升高对水稻产量及其构成因素的影响

品种	种植方式	温度处理	穗数 / 穴	每穗粒数	千粒重 (g)	结实率 (%)	实际产量 (g)	收获指数
南粳 9108	移栽	常温	10.89±0.29 Aa	118.24±0.61 Aa	25.85±0.16 Aa	88.26±0.07 Aa	24.50±0.03 Aa	0.52±0.01 Aa
		中度升温	10.89±0.11 Aa	116.10±0.64 Aa	24.66±0.13 Ab	47.51±0.32 Bb	19.38±0.12 Bb	0.45±0.02 Ab
		极端高温	10.56±0.29 Aa	109.41±0.17 Bb	25.01±0.26 Aab	7..32±0.17 Cc	11.01±0.03 Cc	0.27±0.01 Bc
	直播	常温	12.78±0.11 Aa	122.99±0.23 Aa	25.63±0.06 Aa	87.32±0.71 Aa	28.65±0.09 Aa	0.56±0.01 Aa
		中度升温	12.33±0.19 Aa	115.81±1.12A Bb	24.95±0.08 Ab	52.45±0.68 Bb	22.32±0.14 Bb	0.47±0.01 Ab
		极端高温	12.11±0.29 Aa	111.47±0.67 Bb	25.25±0.15 Aab	5.04±0.11 Cc	9.33±0.09 Cc	0.22±0.02 Bc
南粳 46	移栽	常温	11.56±0.11 Aa	123.54±1.21 Aa	26.89±0.02 Aa	87.32±0.45 Aa	32.11±0.18 Aa	0.53±0.00 Aa
		中度升温	11.67±0.33 Aa	120.41±0.45 Aa	26.36±0.54 Aa	76.64±0.63 Bb	27.26±0.03 Bb	0.48±0.00 Bb
		极端高温	11.22±0.22 Aa	117.80±1.40 Aa	25.59±0.20 Aa	56.92±0.54 Cc	20.79±0.11 Cc	0.38±0.00 Cc
	直播	常温	13.33±0.19 Aa	121.55±0.36 Aa	26.27±0.08 Aa	88.39±0.62 Aa	33.89±0.16 Aa	0.51±0.01 Aa
		中度升温	11.33±0.38 Bb	126.99±1.72 Aa	25.82±0.06A Bb	65.47±0.19 Bb	25.28±0.11 Bb	0.48±0.01 ABa
		极端高温	11.22±0.29 Bb	125.50±1.16 Aa	25.36±0.02 Bc	55.02±1.35 Cc	19.58±0.16 Cc	0.41±0.01 Bb
南粳 9108		种植方式	74.54**	16.69*	0.66	61.91**	64.20**	0.17
		温度处理	2.33	122.07**	19.73**	19 670.00**	1 831.00**	338.68**
		种植方式 × 温度处理	0.51	7.49*	1.74	28.23**	62.60**	8.08*
南粳 46		种植方式	4.68	18.81**	5.64	42.78**	2.04	0.29
		温度处理	11.07**	1.58	10.86*	940.85**	514.37**	232.72**
		种植方式 × 温度处理	8.68**	10.49*	0.38	36.24**	12.35**	8.21*

注：同一列不同小写字母表示在 $P<0.05$ 水平上差异显著，* 和 ** 分别表示在 $P<0.05$ 和 $P<0.01$ 水平上差异显著。下同。

进一步分析穗部结构发现，高温胁迫较常温对一次枝梗千粒重影响较小，显著影响了一次枝梗结实率、二次枝梗结实率、二次枝梗千粒重（表 1–2），因此，高温影响结实率下降的主要原因是受一次、二次枝梗结实率影响，高温导致穗部总生物量积累量下降（图 1–3），最终影响了籽粒结实率和粒重。同时，研究也表明南粳 9108 和南粳 46（同为粳稻类型）产量构成因素对高温的响应程度存在差异。

水稻颖果发育不足是导致籽粒结实率和粒重下降的主要原因。通过形态解剖方法，系统研究了高温下花后水稻颖果发育的动态变化特征，结果表明高温加速了水稻颖果果皮细胞生长期，抑制颖花发育，加速颖果衰亡。与对照相比，花后 20 d 高温处理水稻颖果体积较小，且率先褪去绿色；花后 40 d，高温处理颖果胚结构干瘪或萎缩（图 1–4），随着温度升高始穗后穗干重增长率显著降低，表明温度升高抑制颖果发育。

以产量及构成因子为评价标准，鉴选了抗高温能力较好的杂交稻品种类型。以籼型杂交稻、偏籼型杂交稻、偏粳型杂交稻 3 类品种为材料，以高温下产量为目标指标，明确了抽穗期高温显著降低 3 个杂交稻类型品种的籽粒产量，其中偏粳型籼粳杂交稻产量降低幅度最大，杂交籼稻降低幅度最小，籼粳杂交稻尤其是偏粳类型对高温的响应最敏感。进一步分析表明，抽穗期高温显著降低结实率，其中偏粳型籼粳杂交稻结实率降低幅度最大，杂交籼稻类型降低幅度最小（表 1–3）。

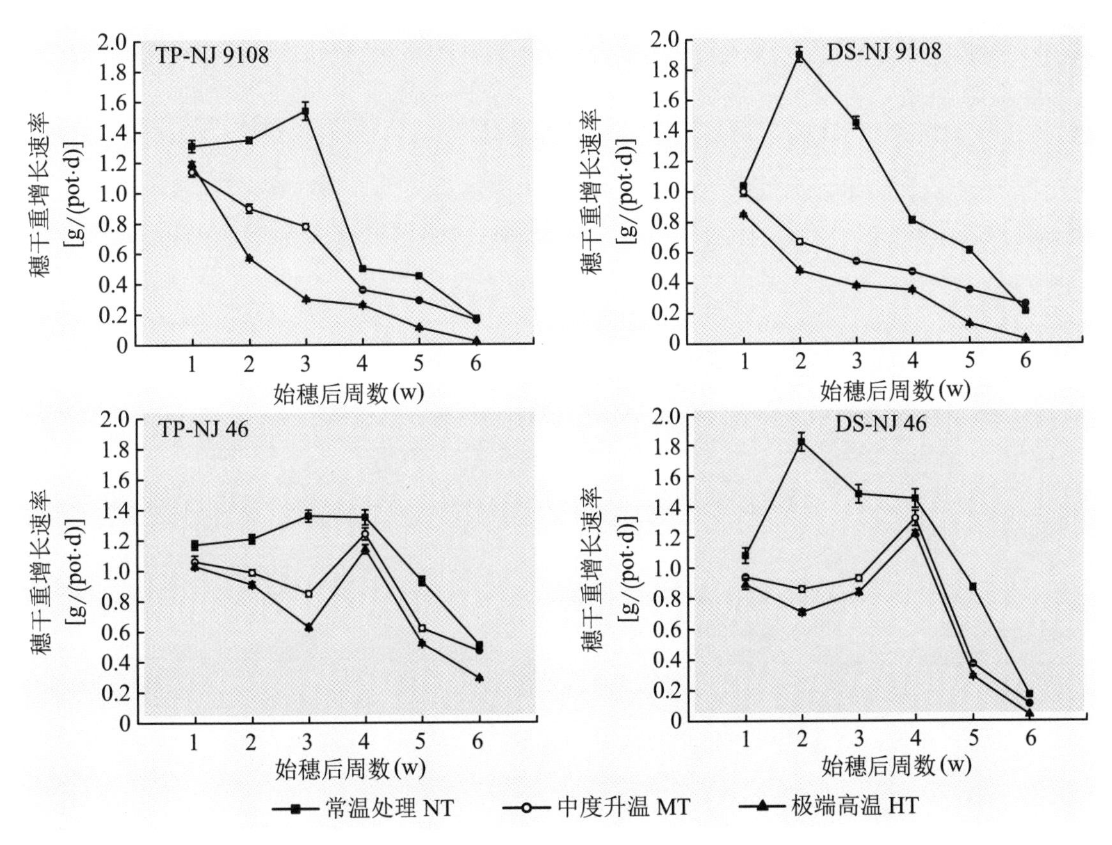

图 1–3　不同种植方式下温度升高对穗干重增长速率的影响

表 1-2　温度升高对水稻一次枝梗和二次枝梗产量结构的影响

品种	种植方式	温度处理	一次枝梗千粒重 (g)	二次枝梗千粒重 (g)	一次枝梗结实率 (%)	二次枝梗结实率 (%)
南粳 9108	移栽	常温	27.71 ± 0.33 Aa	25.52 ± 0.09 Aa	90.82 ± 0.28 Aa	84.88 ± 0.09 Aa
		中度升温	25.35 ± 0.14 ABb	24.03 ± 0.216 Bb	55.27 ± 0.72 Bb	36.30 ± 0.43 Bb
		极端高温	25.24 ± 0.16 Bb	23.96 ± 0.05 Bb	7.95 ± 0.40 Cc	7.13 ± 0.12 Cc
	直播	常温	26.47 ± 0.50 Aa	25.23 ± 0.03 Aa	89.48 ± 0.44 Aa	85.11 ± 0.81 Aa
		中度升温	26.53 ± 0.22 Aa	24.07 ± 0.00 Bb	60.64 ± 1.12 Bb	43.93 ± 2.05 Bb
		极端高温	25.57 ± 0.17 Aa	23.78 ± 0.16 Bb	5.52 ± 0.07 Cc	4.35 ± 0.09 Cc
南粳 46	移栽	常温	27.95 ± 0.64 Aa	26.62 ± 0.39 Aa	90.00 ± 0.83 Aa	83.17 ± 0.18 Aa
		中度升温	26.79 ± 0.11 Aa	26.34 ± 0.56 Aa	81.16 ± 2.13 Aa	72.60 ± 0.52 Bb
		极端高温	26.26 ± 0.11 Aa	25.23 ± 0.23 Aa	60.11 ± 1.32 Bb	53.47 ± 0.52 Cc
	直播	常温	28.68 ± 0.02 Aa	26.70 ± 0.23 Aa	90.44 ± 0.43 Aa	85.65 ± 0.92 Aa
		中度升温	27.50 ± 0.01 Bb	25.25 ± 0.02 Aab	73.69 ± 1.27 Bb	54.80 ± 0.09 Bb
		极端高温	27.06 ± 0.17 Bb	24.78 ± 0.40 Ab	63.97 ± 0.84 Cc	44.29 ± 1.99 Bc
南粳 9108		种植方式	0.16	2.26	1.22	5.1
		温度处理	18.52**	97.08**	10 160.00**	3 748.00**
		种植方式 × 温度处理	9.39*	0.99	25.60**	17.02**
南粳 46		种植方式	11.05*	2.99	1.06	111.92**
		温度处理	18.99**	11.53**	252.87**	712.90**
		种植方式 × 温度处理	0.02	1.43	10.71**	57.97**

注：同一列不同小写字母表示在 $P<0.05$ 水平上差异显著，* 和 ** 分别表示在 $P<0.05$ 和 $P<0.01$ 水平上差异显著。下同。

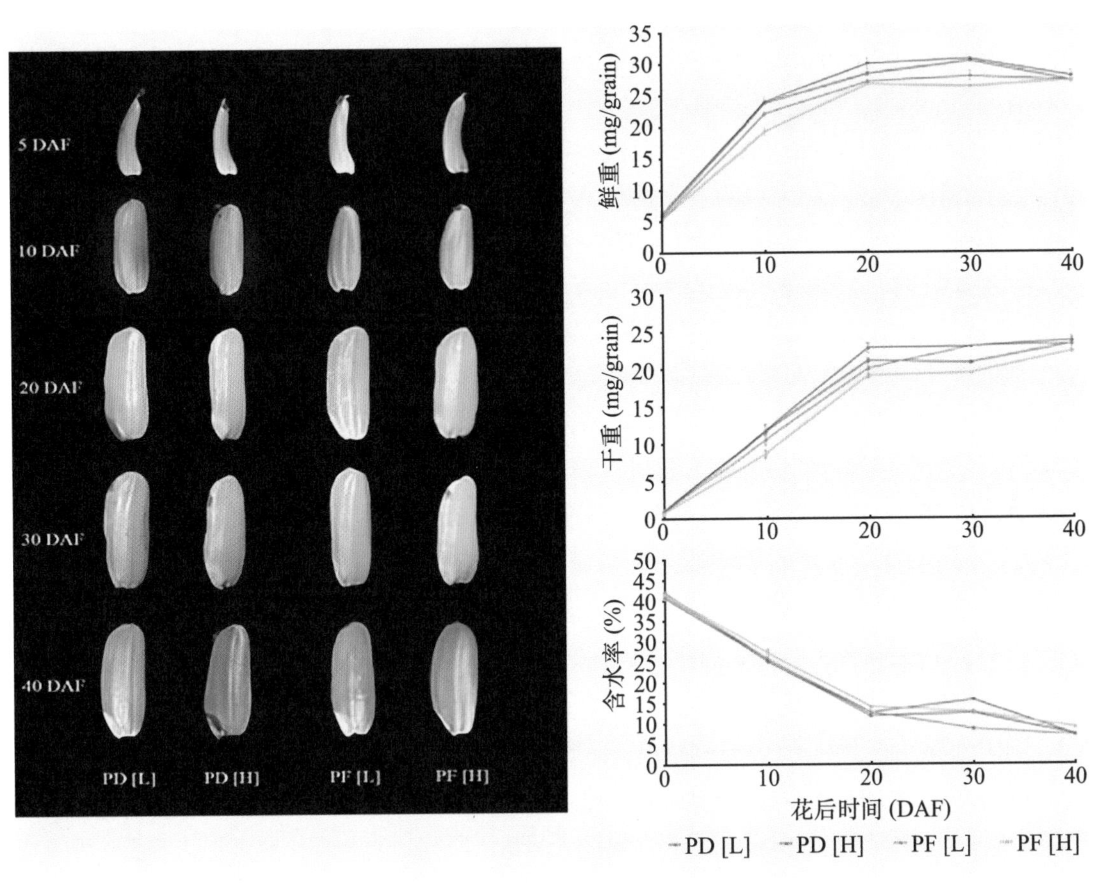

图 1-4 水稻颖果的生长发育、鲜干重及含水率的变化

注：H，40℃高温处理组；L，30℃对照组；PD，原基分化期；PF，花粉充实期。

表 1-3 高温处理对产量及其构成因子的影响

类型	品种	结实率 (%)			千粒重 (g)			单株产量 (g/ 株)		
		对照	高温	下降率 (%)	对照	高温	上升率 (%)	对照	高温	下降率 (%)
杂交籼稻	中浙优 1 号	88.73	61.27	30.95	27.80	28.85	3.78	81.50	58.07	28.75
	中浙优 8 号	87.93	60.15	31.59	25.43	26.85	5.58	78.23	53.41	31.73
	Y 两优 689	88.48	64.84	26.72	27.41	27.36	−0.18	77.93	57.42	26.32
	钱优 930	86.62	63.96	26.16	24.51	24.52	0.04	74.53	56.06	24.78
	平均			28.85 c			2.30 a			27.89 c
籼粳交偏籼型	甬优 1540	87.45	53.07	39.31	23.73	25.25	6.41	93.72	60.03	35.95
	甬优 9 号	80.22	49.51	38.28	26.42	26.56	0.53	81.75	51.53	36.97
	甬优 15	84.07	52.01	38.13	28.12	29.64	5.41	85.39	54.12	36.62
	甬优 4949	80.42	54.13	32.69	24.26	24.34	0.33	80.74	49.57	38.61
	平均			37.11 b			3.17 a			37.03 b
籼粳交偏粳型	春优 84	79.59	37.83	52.47	25.50	25.85	1.37	84.43	45.38	46.25
	浙优 18	79.51	28.84	63.73	23.14	23.37	0.99	80.82	40.27	50.17

续表

类型	品种	结实率 (%)			千粒重 (g)			单株产量 (g/ 株)		
		对照	高温	下降率 (%)	对照	高温	上升率 (%)	对照	高温	下降率 (%)
籼粳交偏粳型	甬优 538	86.87	45.07	48.12	23.23	23.46	0.99	92.48	53.13	42.55
	甬优 12	75.19	36.96	50.84	22.48	23.72	5.52	87.54	47.16	46.13
	平均			53.79 a			2.22 a			46.28 a

注：同一列不同小写字母表示在 $P<0.05$ 水平上不同类型杂交稻差异显著。

在前期品种筛选中发现，偏粳型籼粳杂交稻普遍具有高产特性，但是对高温的敏感性大大降低了粳稻在浙江地区种植的优势，影响了其产量优势的充分发挥。为此，创制了新的耐高温材料 Y1502，利用分子育种手段创制了新的耐高温雄性不育系浙杭 10A 及其杂交后代浙杭优 1586，育成的耐高温材料浙杭 10A 和浙杭 10B 已通过 2019 年安徽省水稻不育系鉴定（图 1–5）。该品种为中粳三系杂交稻，弥补了粳型杂交稻高温敏感的不足，在提高抗热害胁迫能力同时，保障水稻高产和稳产的长足发展。

1.2.1.2 研明了弱光胁迫抑制了水稻光合物质生产积累和营养物质分配，结实率与籽粒充实度降低导致产量下降

明确了弱光对不同水稻品种生产力的影响效应。以 3 种类型水稻品种为材料，采用大田与网室模拟试验相结合设置花前弱光、花后弱光、正常光照为对照 3 个处理，在距离水稻冠层 1 m 处用遮阳网遮盖水稻冠层的方式进行试验。研究表明，开花前、开花后弱光处理均

安徽省主要农作物
不育系现场技术鉴定证书

作物名称：水稻
完成单位（章）：杭州种业集团有限公司
浙江省农业科学院作物与核技术利用研究所
鉴定形式：现场技术鉴定
鉴定申报日期：2019年11月22日

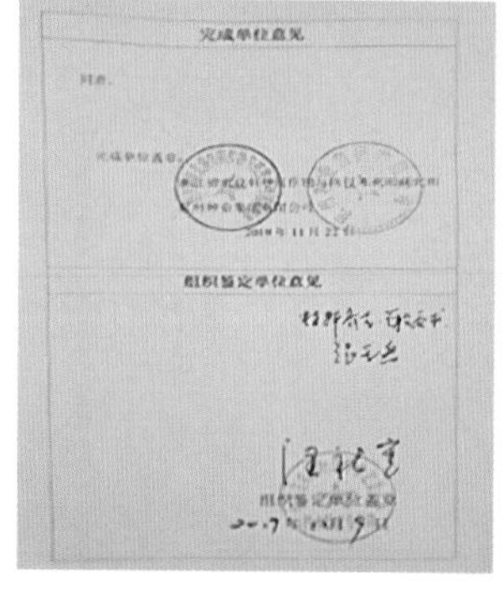

完成单位意见

同意。

完成单位盖章：

组织鉴定单位意见

图 1–5 抗高温中粳稻品种鉴选

降低了水稻籽粒产量，开花后籽粒灌浆期弱光处理（T_2）对产量影响程度大于开花前弱光处理（T_1）（表 1–4）。3 种类型杂交稻中籼粳交偏粳型品种的产量显著低于籼粳交偏籼型和杂交籼型，结果表明开花前、开花后弱光处理对籼粳交偏粳型品种产量的影响较大。弱光对水稻产量构成因子影响的分析表明（图 1–6），偏粳型籼粳杂交稻的穗粒数、结实率和千粒重下降幅度最大。花前弱光处理（T_1）影响穗部颖花发育，导致穗粒数急剧下降，进而导致产量降低；花后弱光处理（T_2）主要影响籽粒的结实率。研究揭示了弱光胁迫抑制了水稻光合物质生产积累和营养物质分配，是结实率与籽粒充实度降低的原因。经开花前弱光（T_1）处理，不同类型杂交稻在始穗期和成熟期的干物质积累量明显下降（表 1–5），表明孕穗期弱光处理严重降低了水稻开花前期干物质生产与积累量，即使恢复正常光照后植株进入灌浆成熟期，植株体对干物质的消耗远大于积累速度，导致成熟期干物质积累率达到最低。开花后弱光（T_2）处理，不同类型水稻成熟期干物质积累率下降，表明孕穗期至始穗期未受弱光处理影响，水稻保持正常的光合生产能力与积累，而灌浆期弱光处理导致开花 – 成熟期干物质积累率迅速下降。从不同类型杂交稻干物质转运情况分析表明，花前弱光处理导致偏粳型杂交稻茎鞘干物质输出率下降最大，杂交籼稻最小；但 3 种类型杂交稻茎鞘干物质输出率无显著下降，而籼粳杂交稻偏粳型转运率上升值显著高于杂交籼稻和偏籼型，表明偏粳型杂交稻最容易受弱光胁迫的影响。

表 1–4　弱光处理对不同类型杂交稻产量的影响

类型	品种	籽粒产量（t/hm^2）			T_1 下降率（%）	T_2 下降率（%）
		CK	T_1	T_2		
杂交籼稻	中浙优 1 号	9.81	8.36	7.34	14.83	25.22
	中浙优 8 号	8.89	7.81	6.76	12.21	23.92
	Y 两优 689	9.46	7.87	6.90	16.78	27.01
	钱优 930	9.38	8.04	7.16	14.25	23.67
	平均	9.38 aC	8.02 bB	7.04 cC	14.52 aB	24.95 bB
籼粳交偏籼型	甬优 1540	10.89	9.27	7.98	14.81	26.69
	甬优 9 号	10.76	8.86	7.66	17.65	28.88
	甬优 15	10.54	8.69	7.94	17.64	24.71
	甬优 4949	9.30	7.97	7.29	14.25	21.59
	平均	10.37 aB	8.70 bA	7.72 cB	16.09 aB	25.47 bB
籼粳交偏粳型	春优 84	10.78	8.64	7.42	19.83	31.19
	浙优 18	11.81	9.25	7.56	21.70	36.01
	甬优 538	10.90	8.42	7.21	22.67	33.78
	甬优 12	11.78	8.29	7.34	29.56	37.69
	平均	11.31 aA	8.65 aA	7.38 cA	23.44 aA	34.67 bA

注：不同字母表示在 $P<0.05$ 水平上差异显著，小写字母表示横向处理之间数据对比，大写字母表示纵向品种类型之间的对比。

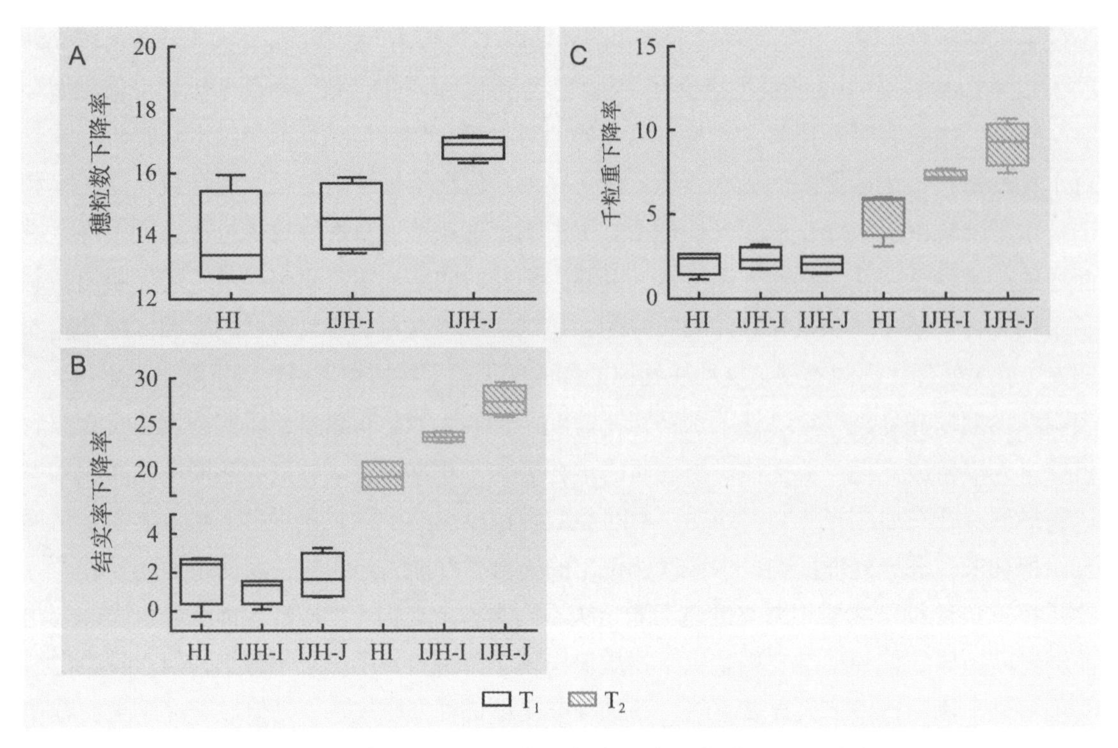

图 1-6 弱光条件下不同类型杂交稻产量构成因子下降率

注：HI 为杂交籼稻，IJHI 为籼粳杂交稻偏籼型，IJHJ 为籼粳杂交稻偏粳型。

表 1-5 弱光对不同类型杂交稻茎鞘干物质积累与转运的影响

类型	品种	始穗期茎秆干重（g/ 株）			成熟期茎秆干重（g/ 株）			始穗期 T_1 干重下降率	始穗期 T_2 干重下降率	成熟期 T_1 干重下降率	成熟期 T_2 干重下降率
		CK	T_1	T_2	CK	T_1	T_2				
杂交籼稻	中浙优 1 号	38.41	28.25	38.33	30.25	23.67	28.60	26.45	0.21	21.75	5.45
	中浙优 8 号	36.78	26.02	37.01	28.57	21.64	27.39	29.26	−0.63	24.26	4.13
	Y 两优 689	37.52	28.12	37.46	30.38	24.06	28.24	25.05	0.16	20.80	7.04
	钱优 930	35.86	25.33	36.11	28.89	21.23	27.76	29.36	−0.70	26.51	3.91
	平均	37.14 a	37.23 a	26.93 b	42.67 a	28.58 b	42.68 a	27.53 b	−0.24 a	23.33 b	5.14 a
籼粳交偏籼型	甬优 1540	43.28	28.48	42.94	33.75	24.64	29.97	34.20	0.79	26.99	8.24
	甬优 9 号	44.56	30.58	44.47	34.24	26.17	31.65	31.37	0.20	23.57	7.56
	甬优 15	42.86	27.86	43.08	32.42	23.84	29.71	35.00	−0.51	26.47	8.36
	甬优 4949	39.97	27.41	40.21	30.86	23.49	28.82	31.42	−0.60	23.88	6.61
	平均	47.35 a	29.57 b	47.69 a	29.52 a	22.65 b	28.00 a	29.96 b	−0.15 a	25.23 ab	7.69 a

续表

类型	品种	始穗期茎秆干重（g/ 株）			成熟期茎秆干重（g/ 株）			始穗期 T_1 干重下降率	始穗期 T_2 干重下降率	成熟期 T_1 干重下降率	成熟期 T_2 干重下降率
		CK	T_1	T_2	CK	T_1	T_2				
籼粳交偏粳型	春优 84	45.78	28.28	46.42	34.63	24.06	32.64	38.23	−1.40	32.47	8.39
	浙优 18	48.27	29.21	48.53	37.96	26.63	36.00	39.49	−0.54	29.85	5.16
	甬优 538	46.35	28.26	46.59	35.05	24.85	32.21	39.03	−0.52	29.10	8.10
	甬优 12	48.99	32.53	49.21	38.21	29.64	35.95	33.60	−0.45	22.43	5.91
	平均	32.82 a	24.54 b	30.04 c	36.47 a	26.30 b	34.20 a	37.59 b	−0.73 a	28.46 a	6.89 a

注：同一列不同小写字母表示在 $P<0.05$ 水平上不同类型杂交稻差异显著。

1.2.1.3 阐明了低温弱光复合胁迫对水稻生产力和品质的影响效应

1.2.1.3.1 复合胁迫比单一胁迫对水稻产量具有更强的负调控效应

以南粳 9108 和淮稻 14 为材料，采用人工气候温室系统，研究了抽穗后不同时间段的低温（6:00—18:00 恒温 20℃，18:00 至翌日 6:00 温度 15℃）弱光（最大遮阴率 50%）（LW）、低温常光（LN）、常温弱光（NW）和常温常光（NN）处理对水稻生产力的影响效应，结果表明，胁迫时间段及处理方式对产量、结实率影响效应差异均较大，表现为 LW<LN<NW<NN，且处理时间越早，水稻结实率越低，可见灌浆早期遭遇低温、弱光及复合胁迫对水稻结实率有较大影响，复合胁迫影响加剧了对水稻生产力的影响效应（表 1–6）。进一步从穗部性状分析表明（表 1–7），两品种一次、二次枝梗结实率不同胁迫处理方式间均表现为 LW<LN<NW<NN，二次枝梗结实率变异幅度较大，均表现为胁迫时间越早结实率越低，其中以复合胁迫影响最大。各胁迫处理对一次枝梗着生实粒数和二次枝梗着生实粒数均有影响，趋势与一次枝梗结实率、二次枝梗结实率大体一致。

表 1–6　低温弱光胁迫对水稻产量及构成因素的影响（南粳 9108）

穗后处理时间（d）	处理方式	每穗粒数	结实率（%）	千粒重（g）	理论产量（g/pot）	实际产量（g/pot）
1 ~ 7	NN	114.6	86.6	23.6	67.2	62.6
	NW	114.8	82.7	23.2	62.3	59.3
	LN	114.5	78.0	22.8	57.2	55.0
	LW	113.8	73.4	22.5	52.4	49.5
8 ~ 14	NN	115.7	86.9	23.6	68.3	62.8
	NW	115.0	83.5	23.3	63.5	60.5
	LN	114.8	79.5	23.1	59.7	56.6
	LW	113.8	73.4	22.5	52.4	49.5
15 ~ 21	NN	115.9	86.8	23.5	68.8	63.1

续表

穗后处理时间（d）	处理方式	每穗粒数	结实率（%）	千粒重（g）	理论产量（g/pot）	实际产量（g/pot）
15 ~ 21	NW	115.3	85.2	23.3	65.7	61.1
	LN	115.0	81.6	23.4	62.6	58.3
	LW	114.8	78.8	23.2	59.2	55.1
22 ~ 28	NN	116.0	87.5	23.6	69.0	65.8
	NW	115.5	86.8	23.5	67.1	62.8
	LN	115.3	83.4	23.4	63.9	59.6
	LW	114.9	81.6	23.3	62.3	58.6
29 ~ 35	NN	116.1	88.4	23.7	70.1	66.2
	NW	115.6	87.2	23.6	67.8	65.6
	LN	115.6	86.5	23.4	66.7	64.7
	LW	115.3	84.3	23.4	65.3	63.8

注：淮稻 14 与南粳 9108 变化趋势基本一致，此表只列出南粳 9108 相关数据。

穗后低温、弱光及其复合胁迫对水稻各器官干物积累量的影响不同。两品种各处理阶段及成熟期的单茎叶片干重、单茎茎鞘干重均表现为 LW<LN<NW<NN，成熟穗干重表现为低温弱光胁迫处理时间阶段时间越早，干重越小，这可能与灌浆期低温弱光导致结实率降低，进而导致籽粒的库容量降低，影响光合产物在穗部的积累以及籽粒灌浆充实。上述结果表明，水稻抽穗后受低温胁迫时期越早，单穗干重越小，也反映了灌浆早期的低温弱光胁迫影响了籽粒发育和胚乳细胞的分裂增殖以及充实，而后期籽粒已有较好发育与充实时，受低温弱光胁迫影响变小。综上所述，低温弱光复合光温对水稻干物质积累转运的影响，比单一低温、弱光胁迫影响大，主要表现在茎叶穗物质积累量下降。

表 1-7　低温弱光复合胁迫对水稻穗部结构的影响

处理阶段（d）	处理方式	一次枝梗粒数	一次枝梗结实率（%）	二次枝梗粒数	二次枝梗结实率（%）	平均一次枝梗着实粒数	平均二次枝梗着实粒数
1 ~ 7	NN	73.0	90.3	42.1	79.2	5.2	1.9
	NW	72.8	88.5	42.0	72.6	5.1	1.8
	LN	72.6	87.4	41.9	61.7	5.0	1.5
	LW	72.1	85.3	41.7	52.7	4.9	1.3
8 ~ 14	NN	73.4	90.4	42.3	80.8	5.3	2.0
	NW	72.9	88.9	42.1	74.1	5.1	1.8
	LN	72.7	87.8	42.1	65.2	5.1	1.6
	LW	72.3	85.8	41.9	60.5	4.9	1.5
15 ~ 21	NN	73.5	90.4	42.4	80.6	5.3	2.0
	NW	73.1	89.4	42.2	77.9	5.2	1.9
	LN	72.8	88.3	42.2	69.9	5.1	1.7

续表

处理阶段（d）	处理方式	一次枝梗粒数	一次枝梗结实率（%）	二次枝梗粒数	二次枝梗结实率（%）	平均一次枝梗着实粒数	平均二次枝梗着实粒数
15 ~ 21	LW	72.5	86.5	42.3	65.6	5.0	1.6
22 ~ 28	NN	73.5	90.6	42.5	82.1	5.3	2.0
	NW	73.3	89.7	42.2	81.8	5.2	2.0
	LN	72.9	88.9	42.4	73.9	5.1	1.8
	LW	72.6	87.3	42.3	71.8	5.0	1.8
29 ~ 35	NN	73.6	90.8	42.5	84.2	5.3	2.1
	NW	73.5	90.1	42.1	82.1	5.3	2.0
	LN	73.0	89.5	42.6	81.4	5.2	2.0
	LW	72.7	88.8	42.6	76.6	5.1	1.9

注：淮稻 14 与南粳 9108 变化趋势基本一致，只列出南粳 9108 相关数据。

1.2.1.3.2 明确了低温弱光复合胁迫显著降低稻米品质的影响效应

垩白米率、垩白大小和垩白度受低温弱光影响而均变劣，表现为低温弱光复合胁迫影响最大。在同一处理时间内，两年稻米垩白度、垩白米率及垩白大小不同处理均表现为 LW>LN>WN>NN（表 1–8），其中，复合胁迫处理和 NN 处理间差异极显著或显著，单一胁迫多数处理差异也达到显著水平。灌浆结实 21 d 内，垩白度、垩白米率在复合胁迫与单一胁迫间差异表现显著或极显著。

表 1–8　低温、弱光处理对稻米垩白性状的影响

指标	处理方式	灌浆结实期处理时间段				
		1 ~ 7 d	8 ~ 14 d	15 ~ 21 d	22 ~ 28 d	29 ~ 35 d
垩白度	NN	3.91 Bc	4.40 Cd	4.48 Dd	4.69 Bc	4.61 Bc
	WN	4.08 Bbc	4.61 Cc	5.16 Cc	4.95 ABb	4.84 ABbc
	LN	4.21 ABb	4.90 Bb	5.46 Bb	5.03 ABb	4.89 ABb
	LW	4.48 Aa	5.22 Aa	5.80 Aa	5.28 Aa	5.15 Aa
垩白米率	NN	19.05 Cc	19.23 Bc	19.17 Cc	19.27 Bb	19.31 Bc
	WN	19.61 Bb	19.61 Bbc	20.14 Bb	19.69 ABa	19.49 ABbc
	LN	19.76 Bb	20.02 Bb	20.48 Bb	19.87 Aa	19.70 ABab
	LW	20.27 Aa	20.86 Aa	21.15 Aa	19.94 Aa	19.83 Aa
垩白大小	NN	20.55 Cc	22.89 Cd	23.37 Dd	24.31 Cc	23.86 Cc
	WN	20.81 BCc	23.50 BCc	25.64 Cc	25.14 Bb	24.87 Bb
	LN	21.30 Bb	24.10 Bb	26.69 Bb	25.34 Bb	25.07 Bb
	LW	22.10 Aa	25.04 Aa	27.42 Aa	26.50 Aa	25.98 Aa

注：同一列不同小写字母表示在 $P<0.05$ 水平上差异显著，2016 年与 2017 年趋势基本一致，仅列出 2017 年数据。

糙米率、精米率和整精米率均趋表现为低温弱光复合胁迫处理最低。在同一处理内，2016 年和 2017 年糙米率、精米率及整精米率不同处理间均表现为 LW<LN<WN<NN（表 1–9），其中，灌浆结实 21 d 内，复合胁迫及单一胁迫处理和 NN 处理差异极显著或显著。从灌浆结实不同处理阶段看，灌浆结实 8 ～ 14 d 处理的 LW 较 NN 下降幅度最大，灌浆结实 29 ～ 35 d 处理时最小。从处理 LW 较对照处理的影响幅度看，低温弱光复合胁迫对加工品质各指标的影响程度为整精米率 > 精米率 > 糙米率。

表 1–9　低温、弱光处理对稻米加工品质性状的影响

指标	处理方式	灌浆结实期处理时间段				
		1 ～ 7 d	8 ～ 14 d	15 ～ 21 d	22 ～ 28 d	29 ～ 35 d
糙米率	NN	78.7 Aa	80.9 Aa	81.1 Aa	80.7 Aa	80.2 Aa
	WN	76.0 Bb	74.7 Bb	78.1 Bb	80.1 Aa	80.0 Aa
	LN	75.8 Bb	73.9 Bb	77.0 Bb	79.9 Aa	79.8 Aa
	LW	75.1 Bb	73.8 Bb	76.8 Bb	79.6 Aa	79.2 Aa
精米率	NN	68.3 Aa	69.0 Aa	69.5 Aa	68.5 Aa	68.0 Aa
	WN	65.7 ABb	63.6 Bb	66.2 Bb	66.2 ABb	66.5 Aab
	LN	64.9 BCb	63.3 BCb	64.4 Cc	65.6 Bb	66.2 Aab
	LW	62.6 Cc	61.9 Cc	63.3 Cd	65.4 Bb	65.1 Ab
整精率	NN	66.3 Aa	66.9 Aa	66.9 Aa	66.3 Aa	67.5 Aa
	WN	63.2 Bb	60.1 Bb	63.2 Bb	65.9 Aa	66.0 ABa
	LN	62.4 BCb	57.8 Bc	60.0 Cc	63.0 Bb	63.6 Bb
	LW	60.6 Cc	57.7 Bc	58.7 Cc	62.0 Bb	63.6 Bb

注：同一列不同小写字母表示在 $P<0.05$ 水平上差异显著，2016 年与 2017 年趋势基本一致，仅列出 2017 年数据。

低温弱光复合胁迫降低了稻米直链淀粉含量、胶稠度、黏度和食味值。在同一处理时间段内，低温弱光复合胁迫极显著降低了稻米的直链淀粉含量、胶稠度、米饭外观和食味值，极显著提高了蛋白质含量和硬度（表 1–10），单一胁迫 LN、WN 处理较 NN 处理表现与 LW 处理受到相同的影响，其中单一低温较 NN 差异显著或极显著。从不同处理阶段看，灌浆结实 21 d 内复合胁迫较 NN 处理下降幅度最大，影响程度大，灌浆结实 29 ～ 35 d 影响最小，随着时间的推移，各指标受胁迫处理影响呈先上升后下降的趋势，其中，对直链淀粉含量、胶稠度影响较大。

1.2.2 揭示了水稻生产力形成对关键性气候因子的响应机制

1.2.2.1 阐明了水稻生产力对高温的响应机制

水稻生产遭遇的高温危害呈现出日益加剧的态势，对粮食安全生产构成了严重威胁。本研究以明确水稻生产力形成对高温的响应机制为研究目标，在水稻原基分化期（PD）和

表 1-10　低温、弱光处理对稻米蒸煮食味与营养品质性状的影响

处理时间段（d）	处理方式	直链淀粉含量 (%)	胶稠度 (cm)	蛋白质含量 (%)	食味值	外观	硬度	黏度
1 ~ 7	NN	8.8 Aa	8.0 Aa	7.2 Bc	85.9 Aa	8.8 Aa	5.6 Cc	9.0 Aa
	WN	5.6 Bb	6.9 Bb	8.2 Ab	77.4 Bb	7.8 Bb	6.4 Bb	8.5 Bb
	LN	5.2 Cc	6.0 Cc	8.3 Ab	75.7 Bb	7.6 Bb	6.5 Bb	7.9 Cc
	LW	3.0 Dd	4.4 Dd	8.5 Aa	70.7 Cc	6.8 Cc	6.7 Aa	7.1 Dd
8 ~ 14	NN	8.6 Aa	7.8 Aa	7.1 Cc	85.6 Aa	8.9 Aa	5.5 Cc	8.9 Aa
	WN	5.4 Bb	6.8 Bb	8.2 Bb	76.8 Bb	7.7 Bb	6.4 Bb	8.3 Bb
	LN	5.3 Bb	6.8 Bb	8.3 Bb	76.7 Bb	7.6 Bb	6.4 Bb	8.2 Bb
	LW	/	4.5 Cc	8.8 Aa	71.5 Cc	6.9 Cc	7.2 Aa	7.0 Cc
15 ~ 21	NN	/	8.0 Aa	6.9 Cc	86.9 Aa	9.1 Aa	5.3 Cc	9.2 Aa
	WN	/	7.0 Bb	8.0 Bb	81.2 Bb	8.3 Bb	5.9 Bb	8.7 Bb
	LN	/	6.9 Bb	8.1 Bb	80.9 Bb	8.3 Bb	6.0 Bb	8.4 Bb
	LW	/	4.8 Cc	8.5 Aa	73.7 Cc	7.2 Cc	6.4 Aa	7.5 Cc
22 ~ 28	NN	/	8.0 Aa	7.2 Cc	85.7 Aa	8.9 Aa	5.4 Bc	8.9 Aa
	WN	6.8 Bb	7.3 Bb	7.8 Bb	82.7 ABb	8.6 Ab	5.9 Ab	8.8 ABab
	LN	6.4 Cc	7.1 Bb	7.9 ABb	81.7 Bb	8.5 Ab	5.9 Ab	8.6 ABbc
	LW	5.6 Dd	6.1 Cc	8.2 Aa	77.4 Cc	7.8 Bc	6.4 Aa	8.5 Bc
29 ~ 35	NN	8.6 Aa	7.9 Aa	7.2 Cc	85.1 Aa	8.8 Aa	5.7 Bb	9.0 Aa
	WN	8.0 Bb	7.4 Bb	7.5 BCbc	84.4 Aab	8.7 Aab	5.8 ABab	8.8 Aab
	LN	7.8 Bb	7.1 BCc	7.7 ABb	82.8 ABb	8.6 Ab	5.9 ABa	8.7 ABb
	LW	7.3 Cc	7.0 Cc	8.1 Aa	80.1 Bc	8.3 Bc	5.9 Aa	8.5 Bc

注：同一列不同小写字母表示在 $P<0.05$ 水平上差异显著，2016 年与 2017 年变化趋势基本一致，仅列出 2017 年数据。

花粉灌浆期（PF）利用人工智能气候室模拟高温处理，采用栽培学、生态学、植物生理学技术，研究不同温度下水稻颖果的发育和淀粉体的形成、形态及理化性质，发现水稻原基分化期高温抑制细胞发育和淀粉沉积，导致淀粉颗粒变小；而花粉灌浆期高温则增加淀粉积累和颗粒大小。研究不同种植方式（模拟机插秧移栽和直播）下温度升高对水稻产量及同化物转运的影响，发现温度升高降低了干物质向穗的转运率和穗干物质积累速率，抑制物质从源向库的转运（图 1-7）。研究结果有助于预测水稻生产力形成过程中颖果发育、物质积累转运、淀粉积累及品质性状对未来气候的响应机制，为水稻高产稳产及抗逆调控研究提供重要参数和理论依据。

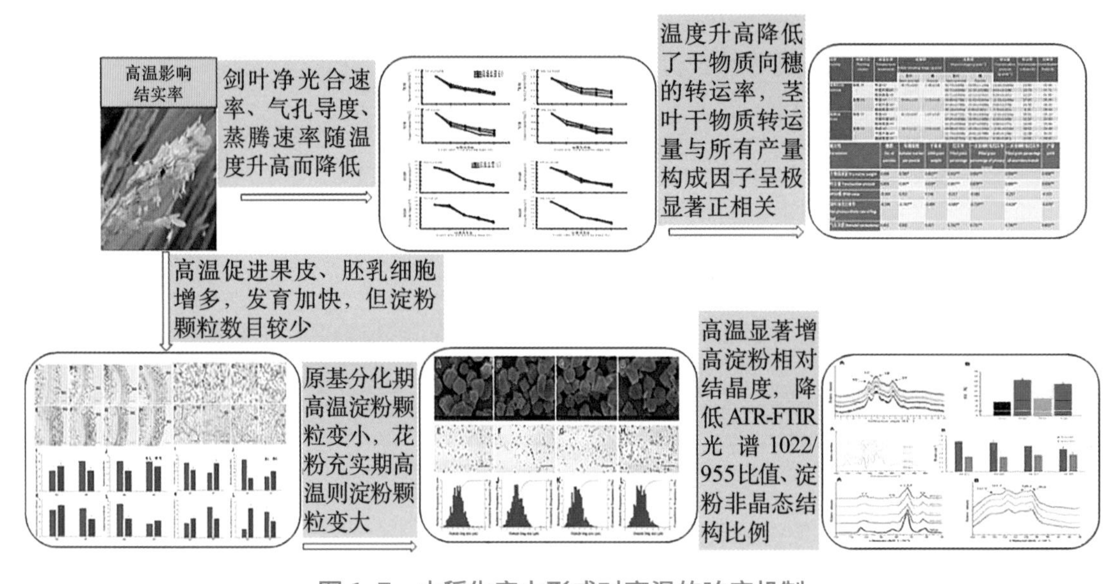

图 1-7　水稻生产力形成对高温的响应机制

（1）阐明了水稻籽粒发育充实形成对高温的响应机制

研究阐明了水稻原基分化期（PD）和花粉充实期（PF）不同温度对颖果发育和淀粉粒的形态及理化性质的影响。通过果皮、颖果显微结构观察、淀粉颗粒的形态和粒度分布、XRD 分析、淀粉样品的 ATR-FTIR 光谱、^{13}C CP/MAS 核磁共振波谱分析等技术手段，发现高温胁迫下，水稻颖果在 PD 期和 PF 期生长速度加快，体积变小，产量下降。高温降低了淀粉的表观直链淀粉含量，提高了有序度和糊化温度，从而提高了淀粉的峰值黏度、低谷黏度和最终黏度。PD 期高温抑制了细胞发育和淀粉沉积，导致淀粉粒小，回生程度低；而 PF 期高温增加淀粉积累和颗粒大小。这些结果丰富和深化了高温胁迫对水稻的研究，为关键生育期水稻细胞发育、淀粉积累和最终产量形成提供了理论参考。

①水稻原基分化期高温抑制细胞发育和淀粉沉积，而花粉灌浆期高温呈相反影响趋势。高温促进果皮、胚乳细胞增多，发育加快，但淀粉颗粒数目较少。花后 5 d，各组水稻颖果

腹部内层中果皮细胞与横细胞间均可见明显的细胞间隙，颖果腹部和背部中果皮细胞较多，且积累了少量淀粉体（图 1-8）。其中，分化期高温组水稻腹部中果皮细胞较小，数目较多，而淀粉体相对面积较少（图 1-8 A，B，I，J）。但是花粉充实期高温组水稻腹部中果皮细胞大于相应对照组细胞，中果皮细胞数目明显较少，且淀粉体相对面积无显著差异（图 1-8 C，D，I，J）。此外，水稻背部中果皮细胞受高温的影响与腹部细胞有所不同。原基分化期和花粉充实期高温处理分别显著减少了背部果皮单位面积中果皮细胞数目和淀粉体相对面积，但花粉充实期高温对中果皮细胞数目以及原基分化期高温对淀粉体相对面积均无明显影响（图 1-8 E，F，G，H，K，L）。

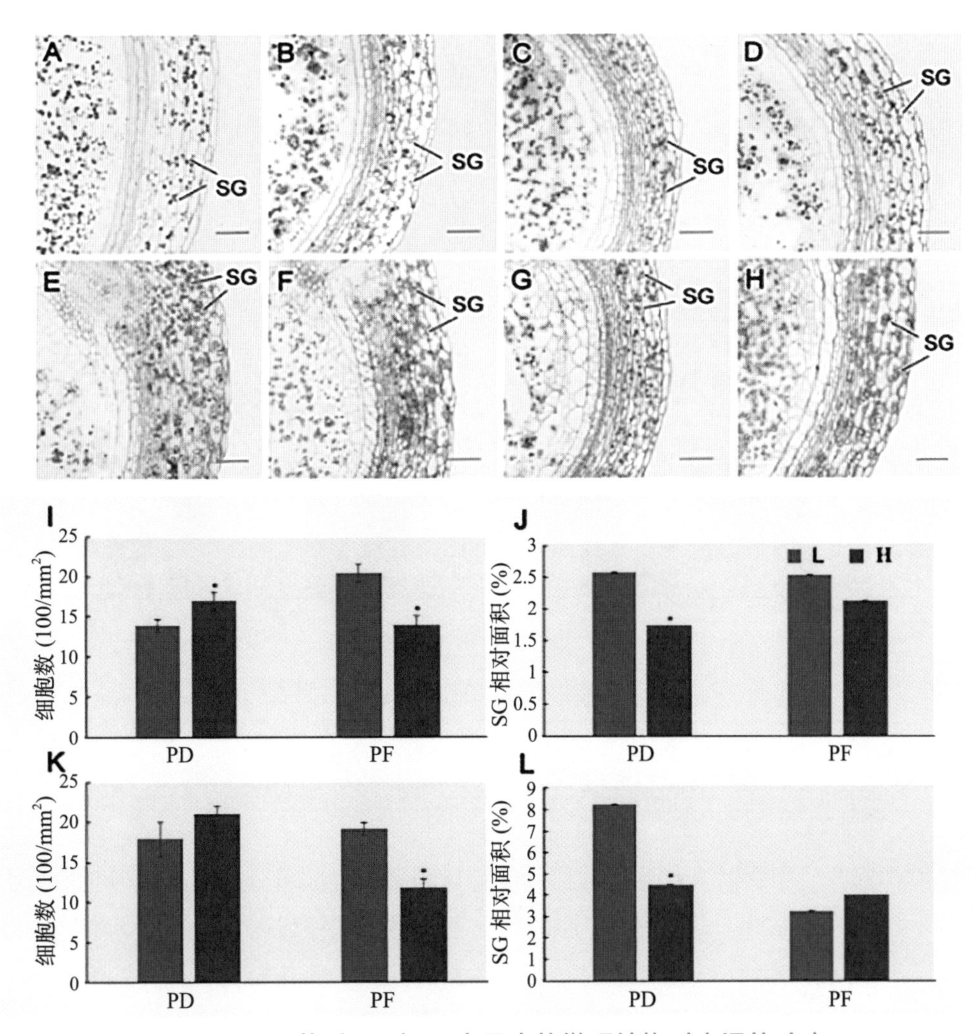

图 1-8 花后 5 d 颖果中果皮的微观结构对高温的响应

注：（A–D）颖果腹侧中果皮；（E–H）颖果背中果皮；（I）腹侧中果皮的细胞数；（J）腹侧中果皮中 SG 的相对面积；（K）背中果皮的细胞数；（L）背部中果皮中 SG 的相对面积。(A, E) PD [L]；(B, F) PD [H]；(C, G) PF [L]；(D, H) PF [H]。（AH）SG，淀粉颗粒；比例尺 =20 μm；（I–L）[H] 和 [L] 之间的显著差异（P<0.05）用★表示。

花后 10 d，背部果皮与腹部果皮的中果皮细胞均开始皱缩变形，细胞间隙增大，淀粉体已基本消失（图 1–9 A，B，C，D，E，F，G，H）。原基分化期高温组的水稻腹部和背部中果皮细胞体积较小，数目较多（图 1–9 A，B，E，F，I，J）。花粉充实期高温组水稻腹部中果皮细胞数目同样显著多于对照组，但背部中果皮细胞数目与对照组无显著差异（图 1–9 C，D，G，H，I，J）。

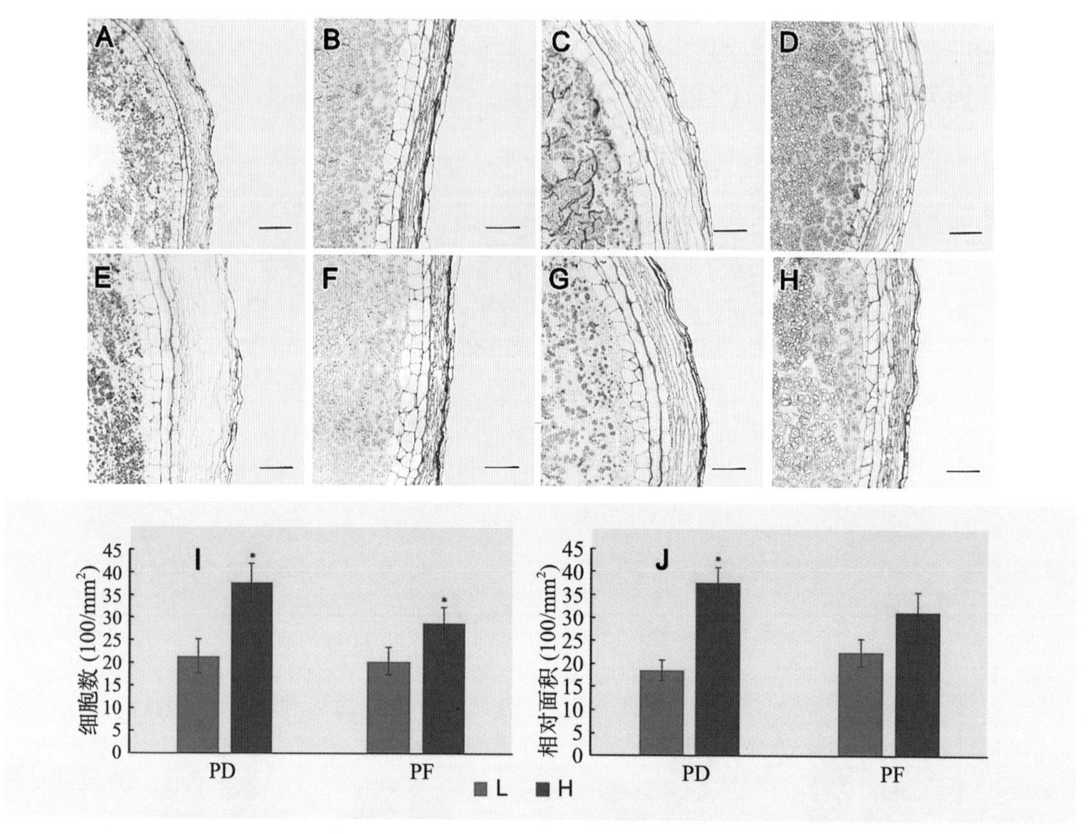

图 1–9　花后 10 d 颖果中果皮的微观结构对高温的响应

注：（A–D）颖果腹侧中果皮；（E–H）颖果背中果皮；（I）腹侧中果皮的细胞数；（J）腹侧中果皮中 SG 的相对面积；（K）背中果皮的细胞数；（L）背部中果皮中 SG 的相对面积。(A, E) PD [L]; (B, F) PD [H]; (C, G) PF [L]; (D, H) PF [H]。（AH）SG，淀粉颗粒；比例尺 =20 μm。（I–L）[H] 和 [L] 之间的显著差异（$P<0.05$）用 * 表示。

高温同样影响了中央胚乳细胞的数目及淀粉体积累，但原基分化期高温与花粉充实期高温影响不同（图 1–10）。花后 5 d，原基分化期高温组水稻显著增加了胚乳细胞数目，同时减少了单个胚乳细胞内淀粉体数目和淀粉体相对面积，而花粉充实期高温组则与之相反。此外，在原基分化期高温组胚乳细胞中可以观察更多的细胞核，这说明原基分化期高温组水稻颖果发育早期胚乳细胞的分裂加快，但单个胚乳细胞的生长减缓，胚乳细胞中淀粉体的积累受到抑制。花后 10 d，胚乳细胞淀粉体大量积累，原基分化期高温组颖果单个胚乳细胞的生长仍落后于对照组，淀粉体数目及相对面积均较少；而花粉充实期高温组则完全相反。

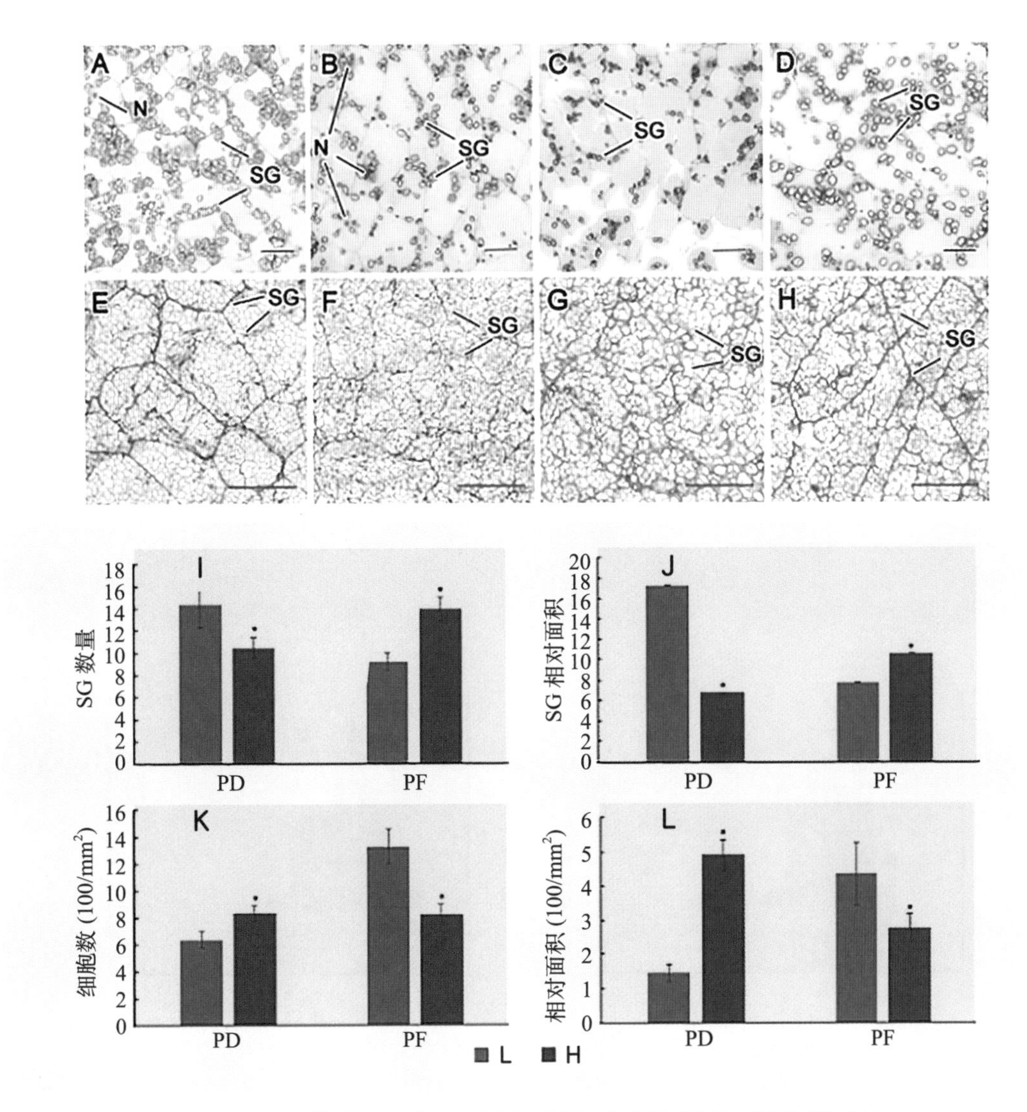

图 1–10　花后 5 d 和 10 d 颖果胚乳的微观结构对高温的响应

注：（A–D）花后 5 d 颖果胚乳；（E–H）花后 10 d 颖果胚乳；（I）花后 5 d 胚乳细胞的 SG 数；（J）花后 5 d 胚乳中 SG 的相对面积；（K）花后 5 d 胚乳中的细胞数；（L）花后 10 d 胚乳中的细胞数。(A, E) PD [L]; (B, F) PD [H]；(C, G) PF [L]；(D, H) PF [H]。（AH）SG，淀粉颗粒；N，核。比例尺 =50 μm。（I–L）[H] 和 [L] 之间的显著差异（P<0.05）用 * 表示。

原基分化期高温淀粉颗粒变小，花粉充实期高温使淀粉颗粒变大。图 1–11 显示了淀粉的颗粒大小分布，原基分化期对照组峰值对应的粒径出现在 5.75 μm 和 6.75 μm 处，原基分化期高温组则呈典型的单峰分布，其峰值对应粒径在 5.25 μm 处；而花粉充实期对照组和花粉充实期高温组峰值对应粒径分别为 4.25 μm 和 5.75 μm。因此，PD 和 PF 期间的高温显著影响了水稻淀粉粒的粒度分布。此外，与常温处理下的淀粉相比，PD[H] 处理下的淀粉颗粒尺寸要小得多，而 PF[H] 处理下的淀粉颗粒明显较大。大的淀粉颗粒是在灌浆早期形成的，PD 期高温促进了灌浆早期胚乳细胞的分裂，从而抑制了大淀粉粒的形成，这解释了 PD 高温组中存在小颗粒的原因。对于 PF 期高温胁迫组，胚乳中细胞数较少，淀粉粒较多，表明细胞分裂周期延长，在 PF[H] 颖果发育早期形成较大淀粉粒的比例较高。这些数据表明 PF[H] 颖果中出现了较大的淀粉粒，而 PF[L] 水稻中没有出现大淀粉粒。

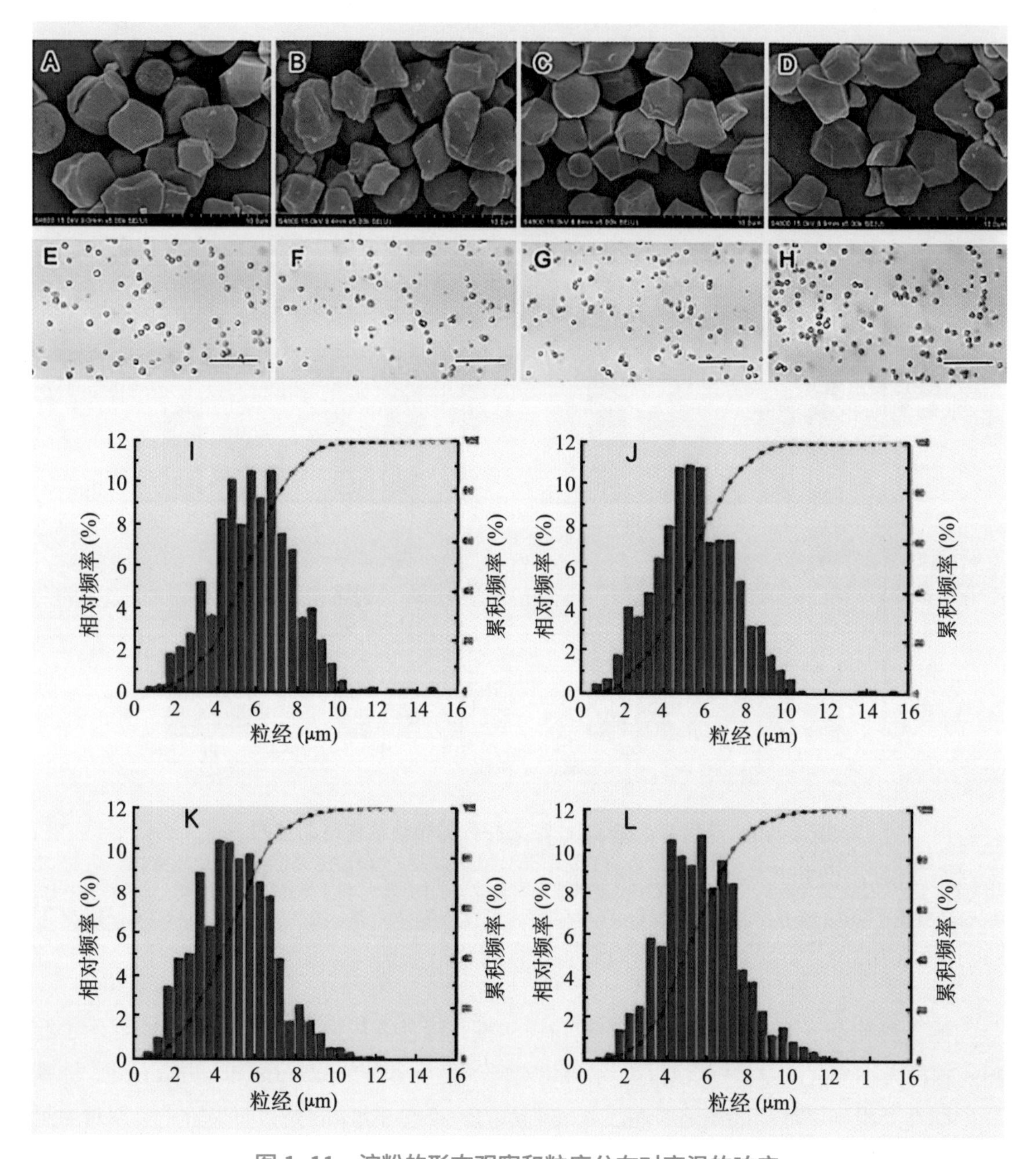

图 1-11　淀粉的形态观察和粒度分布对高温的响应

注：(A–D) 扫描电镜、(E–H) 光学显微镜下淀粉颗粒图像；(I–L) 淀粉颗粒粒度分布；(A，E，I) PD[L]；(B，F，J) PD[H]；(C，G，K) PF[L]；(D，H，L) PF[H]。条形：比例尺 =50 μm。PD: 原基分化期；PF: 花粉充实期；H：高温；L：低温。

原基分化期和花粉充实期高温处理后淀粉相对结晶度均显著增高。淀粉的晶体结构可以根据单双螺旋成分和双螺旋成分的填充密度和含水量的不同分为A型、B型、C型和V型。XRD衍射图分析表明（图1–12），不同温度处理获得的淀粉样品在15°、17°、18°和23°处具有强衍射峰（图1–12 A），这是典型的A型晶体结构，表明高温处理没有改变结晶类型。然而，在不同温度下观察到相对结晶度的变化（图1–12 B），高温处理下出现高结晶度，直链淀粉破坏、支链淀粉的结晶堆积，这通常被认为是淀粉结晶的原因。因此，高温胁迫淀粉的高结晶度可能归因于低含量的直链淀粉。

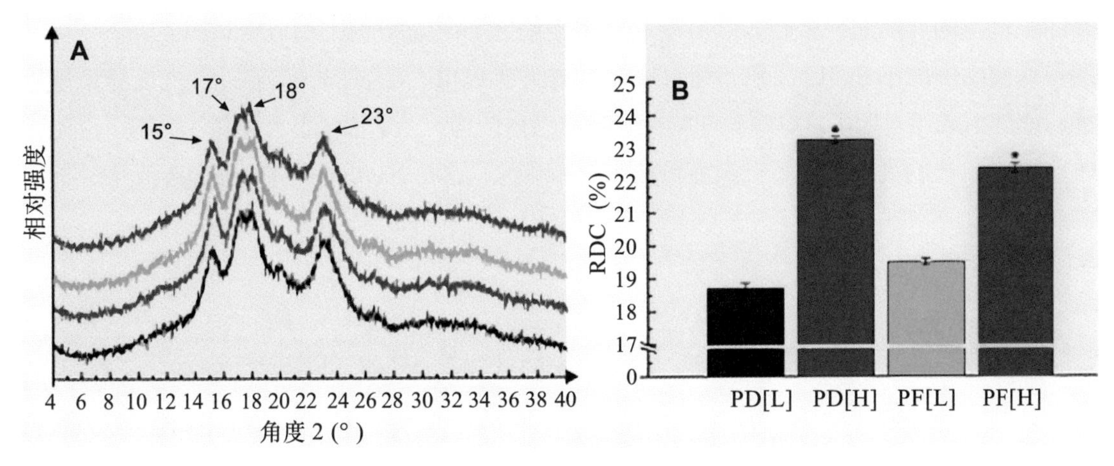

图 1–12 两个生育期高温下淀粉的 X 射线衍射图 (a) 和结晶度分析 (b)

高温胁迫下淀粉ATR–FTIR光谱具有较低1 022/995 cm^{-1}比值。淀粉的红外光谱受其表面组成的影响，可以用来研究淀粉的有序度。1 045/ 和1 022 cm^{-1}的谱带分别为淀粉的有序结构和无定形结构提供了测量工具。1 045/1 022 cm^{-1}峰的强度之比可用来衡量淀粉的结晶度，而1 022/955 cm^{-1}之比可用来衡量淀粉中无定形结构与有序结构的比例。4组淀粉ATR–FTIR光谱和红外比值如图1–13所示。PD[H]与PD[L]或PF[H]与PF[L]的ATR–

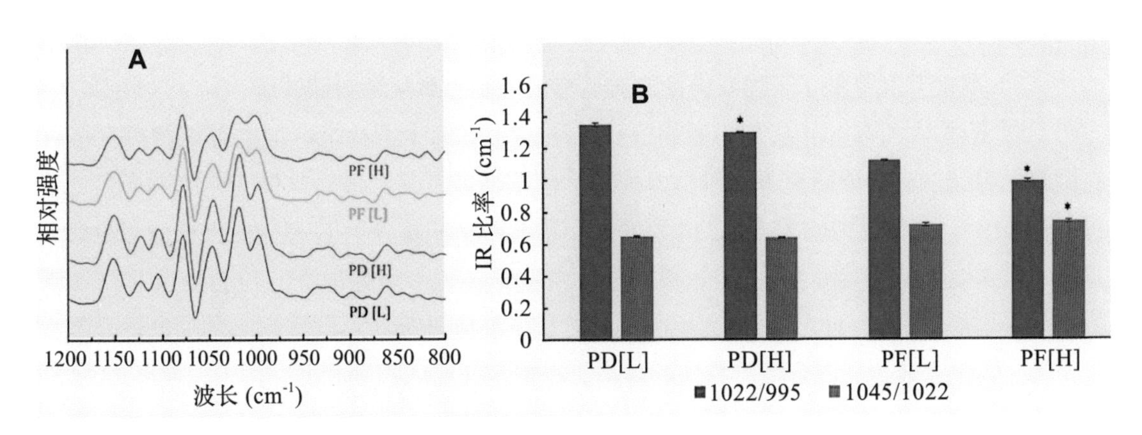

图 1–13 两个生育期高温下淀粉颗粒 ATR-FTIR 光谱 (a) 和 IR 比 (b)

FTIR 图谱相似。从基线到峰值记录的 1 022/995 cm^{-1} 和 1 045/1 022 cm^{-1} 的值在 4 个稻米淀粉样品之间有差异。高温胁迫下淀粉具有较低的 1 022/995 cm^{-1} 比值，表明淀粉颗粒的外部区域具有高度的有序性，这一结果与 XRD 分析数据相吻合。

^{13}C CP/MAS 核磁共振分析表明高温胁迫下淀粉的非晶态结构比例较低。高温胁迫和常温处理的淀粉在 PD 和 PF 阶段的 ^{13}C CP/MAS 核磁共振谱表明淀粉为典型的 A 型。图 1-14 B 显示 C1 峰放大后的波谱图。高温胁迫淀粉的波谱与常温下的波谱没有显著差异。但在 102.9 mg/kg 处，高温处理的淀粉峰值强度弱于对照组。在 102.9 mg/kg 处的峰属于天然淀粉中的无定形成分；峰越强，说明该成分越无定形。因此，与对照组相比，高温下的样品呈现出的非晶态成分较少，高温胁迫下淀粉的非晶态结构比例低于对照。PD[H] 样品的单螺旋比例高于 PD[L] 淀粉，而双螺旋比例低于 PD[L] 淀粉。PF 高温处理的淀粉单螺旋和双螺旋组成比对照多。单螺旋和双螺旋组成晶体结构，无定形区形成非晶态结构。因此，PD 或 PF 阶段的高温增强了稻米淀粉粒的有序结构，这与 XRD 和 ATR-FTIR 光谱分析中的结果一致。

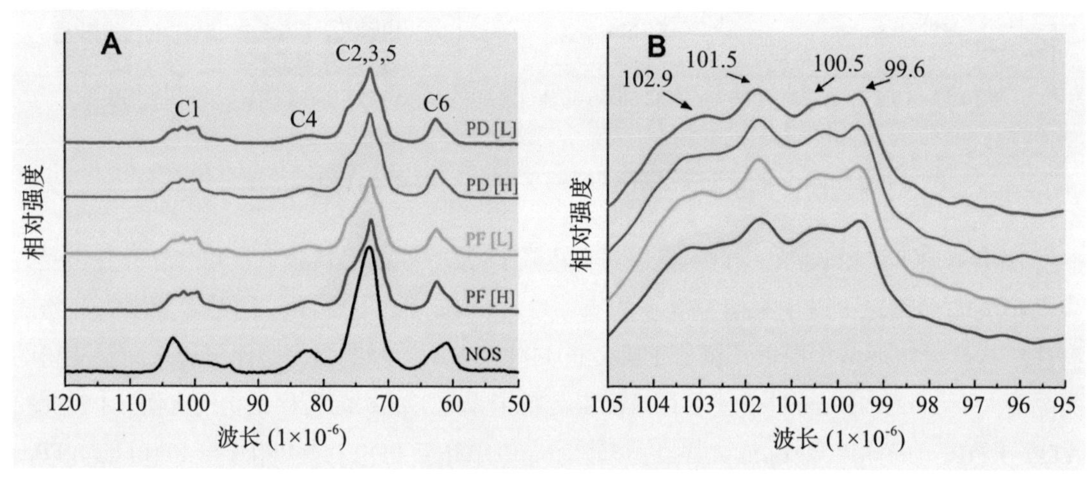

图 1-14 两个生育期高温下淀粉的 ^{13}C CP-MAS NMR 谱

（2）温度升高降低了干物质向穗的转运率，抑制物质从源向库转运

气候变暖对水稻生产系统的影响备受关注，它引起水稻种植区域、栽培措施和品种的调整，因此，有必要研究不同种植方式下，水稻产量及其形成对气候变化的响应规律。2017—2018 年以南粳 9108 和南粳 46 为供试品种，模拟机插秧移栽和机械化直播 2 种种植方式，以常温（NT）为对照，于始穗期进行中度升温（平均增加 2℃，MT）和极端高温胁迫（平均增加 5℃，HT），研究不同种植方式下温度升高对不同水稻品种的产量及其构成因素、同化物转运、光合生产特性的影响。在中度升温和极端高温胁迫下，南粳 9108 和南粳 46 产量降幅均为移栽小于直播，长生育期品种南粳 46 产量降幅较小。水稻茎叶向穗

的干物质转运量、转运率均随着温度升高而递减，且南粳 9108 下降趋势大于南粳 46。穗后 21 d 至成熟期，剑叶净光合速率穗后 14 ~ 21 d 均以极端高温胁迫处理下最小，而到穗后 35 d 以极端高温胁迫处理下最大。剑叶气孔导度、蒸腾速率均呈 NT > MT > HT 趋势，生育后期差异更显著。相关分析表明，不同种植方式下受中度升温、极端高温胁迫后，成熟期干物质总重量、茎叶干物质转运量与产量构成因子（穗数除外），一次、二次枝梗籽粒结实率都呈极显著正相关。始穗期 2 ~ 5℃升温均显著降低粳稻结实率，从而导致水稻产量降低。对光合物质特性分析表明，温度升高降低了干物质向穗的转运率和穗干物质积累速率，导致生育后期水稻剑叶 SPAD 值增加，延长叶片持绿时间，抑制“源”向“库”转移。

水稻茎叶向穗的干物质转运量、转运率均随着温度升高而递减。始穗期 2 个品种的茎叶和穗干物质重量无差异，但经历过不同程度升温胁迫后，在成熟期水稻茎叶干物质呈 NT > MT > HT 趋势，而穗干物质则呈相反趋势，差异达极显著水平（表 1-11）。不同栽培方式下，两个品种水稻干物质转运量受温度胁迫后变化趋势一致，均为 NT > MT > HT，差异达极显著水平，其中移栽条件下南粳 9108 干物质转运量在中度升温、极端高温胁迫下分别下降了 17.79%、49.7%，而直播条件下则分别下降了 11.2%、66.46%；南粳 46 趋势相似。表明始穗期温度升高后降低了茎叶干物质转运特性，且干物质转运量随着温度升高而下降。与转运量趋势相同，转运率随着温度升高而递减，且南粳 9108 下降趋势大于南粳 46。此外，南粳 9108 穗干物质贡献率表现为 NT < MT < HT，南粳 46 趋势相反。

表 1-11　温度升高对不同种植方式下干物质转运特性的影响

品种	种植方式	温度处理	始穗期 (g/pot)		成熟期 (g/pot)		转运量 (g/pole)	转运率 (%)	贡献率 (%)
			茎叶	穗	茎叶	穗			
南粳 9108	移栽	常温	40.75 ± 0.93	2.48 ± 0.06	30.73 ± 0.80 Bc	29.95 ± 1.12 Aa	10.02 ± 0.46 Aa	24.60	33.46
		中度升温			32.71 ± 0.85 Bb	21.32 ± 0.55 Bb	8.04 ± 0.21 Bb	19.73	37.71
		极端高温			35.71 ± 0.93 Aa	12.11 ± 1.31 Cc	5.04 ± 0.15 Cc	12.37	41.63
	直播	常温	39.89 ± 1.04	3.15 ± 0.08	28.86 ± 0.75 Bc	31.52 ± 0.82 Aa	11.03 ± 0.29 Aa	27.65	35.00
		中度升温			30.09 ± 0.78 Bb	25.55 ± 0.56 Bb	9.80 ± 0.27 Bb	24.56	38.34
		极端高温			36.19 ± 0.94 Aa	9.39 ± 0.34 Cc	3.70 ± 0.18 Cc	9.28	39.40
南粳 46	移栽	常温	40.15 ± 0.97	2.87 ± 0.07	27.74 ± 0.72 Cc	35.32 ± 0.92 Aa	12.41 ± 0.32 Aa	30.91	35.13
		中度升温			30.95 ± 0.80 Bb	29.99 ± 1.08 Bb	9.20 ± 0.24 Bb	22.92	30.69
		极端高温			34.25 ± 0.89 Aa	22.87 ± 0.59 Cc	5.90 ± 0.17 Cc	14.69	25.80
	直播	常温	40.7 ± 1.12	3.05 ± 0.05	28.89 ± 0.75 Cc	35.28 ± 1.32 Aa	11.81 ± 0.31 Aa	29.02	33.48
		中度升温			31.75 ± 0.83 Bb	29.81 ± 0.78 Bb	8.95 ± 0.13 Bb	21.99	30.02
		极端高温			34.25 ± 0.72 Aa	21.58 ± 0.57 Cc	6.46 ± 0.09 Cc	15.86	29.91

注：同一列不同小写字母表示在 $P<0.05$ 水平上差异显著。

剑叶净光合速率穗后 14 ～ 21 d 均以极端高温胁迫处理下最小。随着生育期的推移，水稻剑叶净光合速率表现为前急后缓下降趋势，穗后 2 ～ 3 周，两个品种剑叶净光合速率均以极端高温胁迫下最小（图 1–15）。然而，到穗后第 5 周，剑叶净光合速率总体表现为极端高温胁迫条件下最大，其中移栽条件下南粳 9108 中度升温、极端高温胁迫处理下的剑叶净光合速率分别高出常温对照 8.26% 和 15.42%，差异达显著水平。各温度处理对南粳 46 剑叶净光合速率的影响总体不显著，移栽和直播方式下相同品种剑叶净光合速率差异不大。

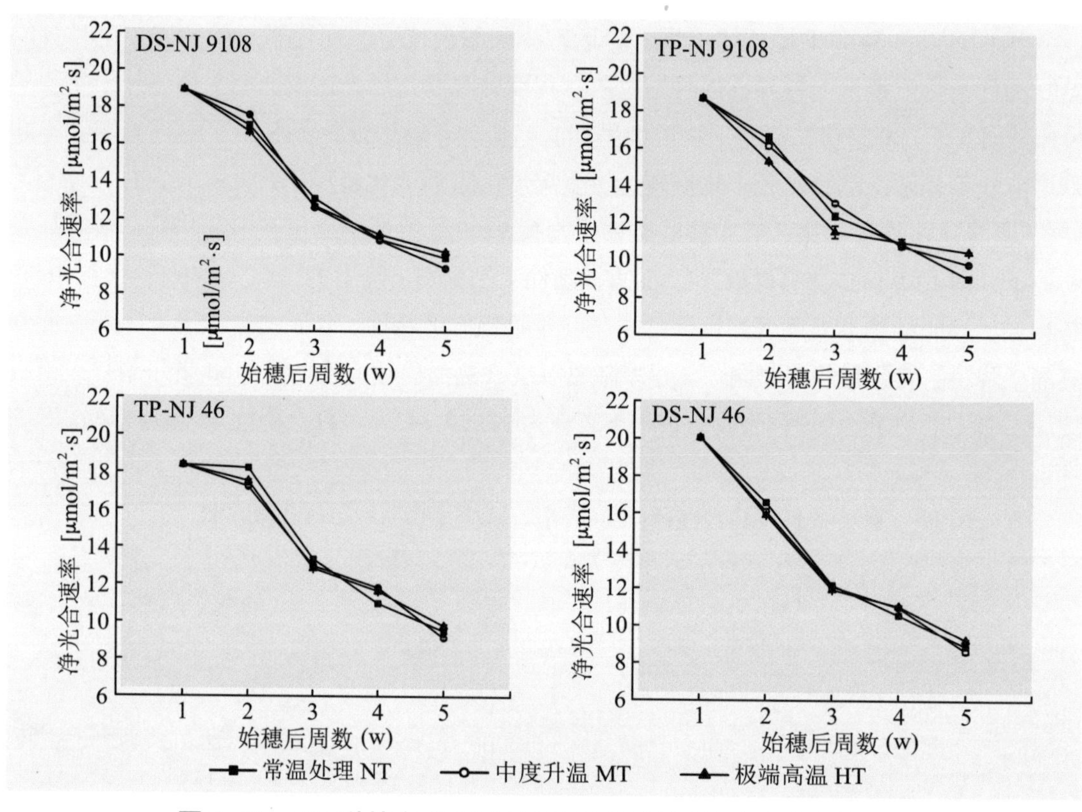

图 1–15 不同种植方式下温度升高对水稻剑叶净光合速率的影响

剑叶气孔导度、蒸腾速率均随温度升高而降低。两个品种不同温度处理下剑叶气孔导度变化趋势一致，均为 NT > MT > HT，到生育后期差异更加明显（图 1–16）。穗后 35 d，在移栽条件下，南粳 9108 中度升温、极端高温胁迫处理下的剑叶气孔导度分别低于常温对照 11.76% 和 17.65%，而南粳 46 则分别低 22.22% 和 38.89%，差异达显著水平；在直播条件下，中度升温、极端高温胁迫处理下，南粳 9108 剑叶气孔导度分别比常温对照低 15.79% 和 47.37%，而南粳 46 则分别低 20% 和 30%，差异达显著水平。另外，通过对水稻剑叶蒸腾速率和胞间 CO_2 浓度（数据未展示）进行同期监测，其受温度升高胁迫后的变化趋势和气孔导度趋势基本一致。

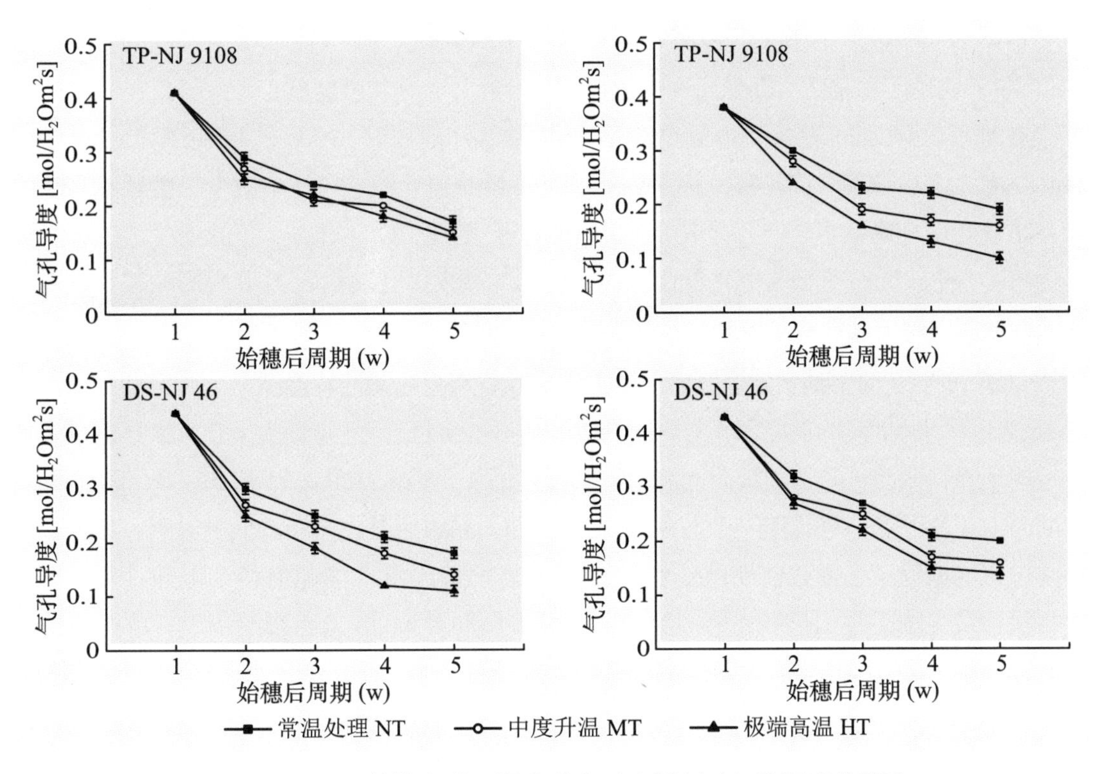

图 1–16 不同种植方式下温度升高对水稻剑叶气孔导度的影响

高温下茎叶干物质转运量与所有产量构成因子呈极显著正相关。相关分析表明（表 1–12），不同种植方式中度升温、极端高温处理下，成熟期干物质总重量、茎叶干物质转运量与产量构成因子、一二次枝梗籽粒结实率都呈显著或极显著正相关（穗数除外）；气孔导度与结实率、一二次枝梗籽粒结实率和产量都呈极显著正相关；成熟期剑叶净光合速率与每穗粒数、一次枝梗籽粒结实率呈极显著负相关，与结实率、二次枝梗籽粒结实率、产量呈显著负相关。

表 1–12 光合物质生产特性与产量构成因素的相关性分析

相关性	穗数	每穗粒数	千粒重	结实率	一次枝梗籽粒结实率	二次枝梗籽粒结实率	产量
干物质重量 t	0.309	0.700*	0.853**	0.932**	0.901**	0.956**	0.908**
转运量	0.459	0.587*	0.619*	0.887**	0.879**	0.880**	0.936**
SPAD 值	−0.164	0.352	0.146	−0.217	−0.183	−0.257	−0.153
剑叶净光合速率	−0.194	−0.743**	−0.499	−0.689*	−0.729**	−0.628*	−0.676*
气孔导度	0.452	0.502	0.427	0.742**	0.731**	0.740**	0.801**

注：* 和 ** 分别表示在 $P<0.05$ 和 $P<0.01$ 水平上差异显著。

1.2.2.2 阐明了水稻生产力对低温弱光的响应机制

（1）明确了灌浆结实期低温弱光胁迫下剑叶叶片光合特性特征

在穗后不同时间段各胁迫刚结束后，各胁迫处理剑叶 SPAD 值均表现为 LW<LN<NW<NN，而后随着时间推移，逐渐恢复正常，各胁迫处理差异逐渐减少。穗后不同时间段各胁迫处理均降低水稻叶片净光合速率（Pn）、胞间 CO_2（Ci）、气孔导度（Gs）、蒸腾速率（Tr），尤其是低温弱光复合胁迫处理影响最大，且以穗后 21 d 内影响较大，说明灌浆前期遭遇胁迫处理对水稻光合特性影响较明显（图 1-17）。

（2）研明了灌浆结实期低温弱光胁迫下剑叶抗氧化酶活性特点

穗后不同时间段的低温弱光复合胁迫导致剑叶 SOD 酶活性短期内上升，恢复正常生长后迅速下降，两品种胁迫处理后 CAT 活性变化不一，南粳 9108 呈现下降趋势，而淮稻 14 短期内上升后下降，两品种剑叶的 POD 活性在胁迫结束后至成熟期均低于对照，其中以复合胁迫影响最大。在灌浆前期遭受复合胁迫，处理剑叶 MDA 含量有持续上升过程，这可能与活性氧生成超过了抗氧化酶清除能力，灌浆后期对 MDA 含量影响不大。单一胁迫也基本符合此规律，但其影响程度要小。

（3）低温弱光复合胁迫降低了籽粒灌浆关键淀粉合成酶活性

低温弱光复合胁迫显著降低了水稻籽粒 ADPG 焦磷酸化酶（AGpase）活性。水稻穗后不同时间段处理后，AGpase 活性均出现下降，其中低温复合胁迫影响更大（图 1-18）。穗后 1 ~ 7 d 时间段胁迫处理的 AGpase 活性短暂下降后上升，在穗后 14 d 时，不同处理间的 AGpase 活性表现为 LW>LN>NW>NN。穗后 14 d 至成熟期，不同处理方式间表现为 LW<LN<NW<NN，表明了 AGpase 活性受 LW 影响降低，且低温的影响要大于弱光。穗后 8 ~ 14 d 和 15 ~ 21 d 的胁迫处理结束，前者在穗后 21 d 达到高峰后下降，后者缓慢下降。穗后 29 ~ 35 d 各胁迫对酶活性影响较小。

低温弱光胁迫对水稻籽粒淀粉合成酶（SSS）影响程度最大。穗后不同处理时间段上，SSS 活性均为单峰线（图 1-19）。穗后不同时间段内，不同胁迫处理间 SSS 活性表现为 LW<LN<NW<NN，且随着时间的推进，差异越来越小。穗后 8 ~ 14 d 遭遇胁迫处理后，对 SSS 活性影响较大，即使在恢复正常生长环境之后，SSS 活性仍较低。穗后 22 ~ 28 d 与穗后 29 ~ 35 d，遭遇低温弱光复合胁迫差异较小。

低温弱光胁迫对水稻籽粒淀粉分支酶（SBE）影响程度最大。穗后不同时间段的胁迫处理 SBE 活性表现为 LW<LN<NW<NN，且随着时间的推进，差异呈现变小趋势（图 1-20）。穗后 1 ~ 7 d 内的胁迫处理，SBE 活性均是先升高至穗后 21 d 达到最大，而后下降。穗后 8 ~ 14 d 以及 15 ~ 21 d 时间段胁迫处理后，两品种的 LW 处理的 SBE 活性成双峰线，其原因可能是穗后 8 ~ 21 d 是 SBE 酶活性增加最快的阶段，此期间遭遇复合胁迫对酶活性影响较大。

上述结果表明，低温弱光复合胁迫及单一胁迫显著降低 SSS、ADPG、GBSS 酶活性，不同胁迫方式间表现为 LW<LN<NW<NN。单一低温、弱光以及复合胁迫对 SBE 活性的

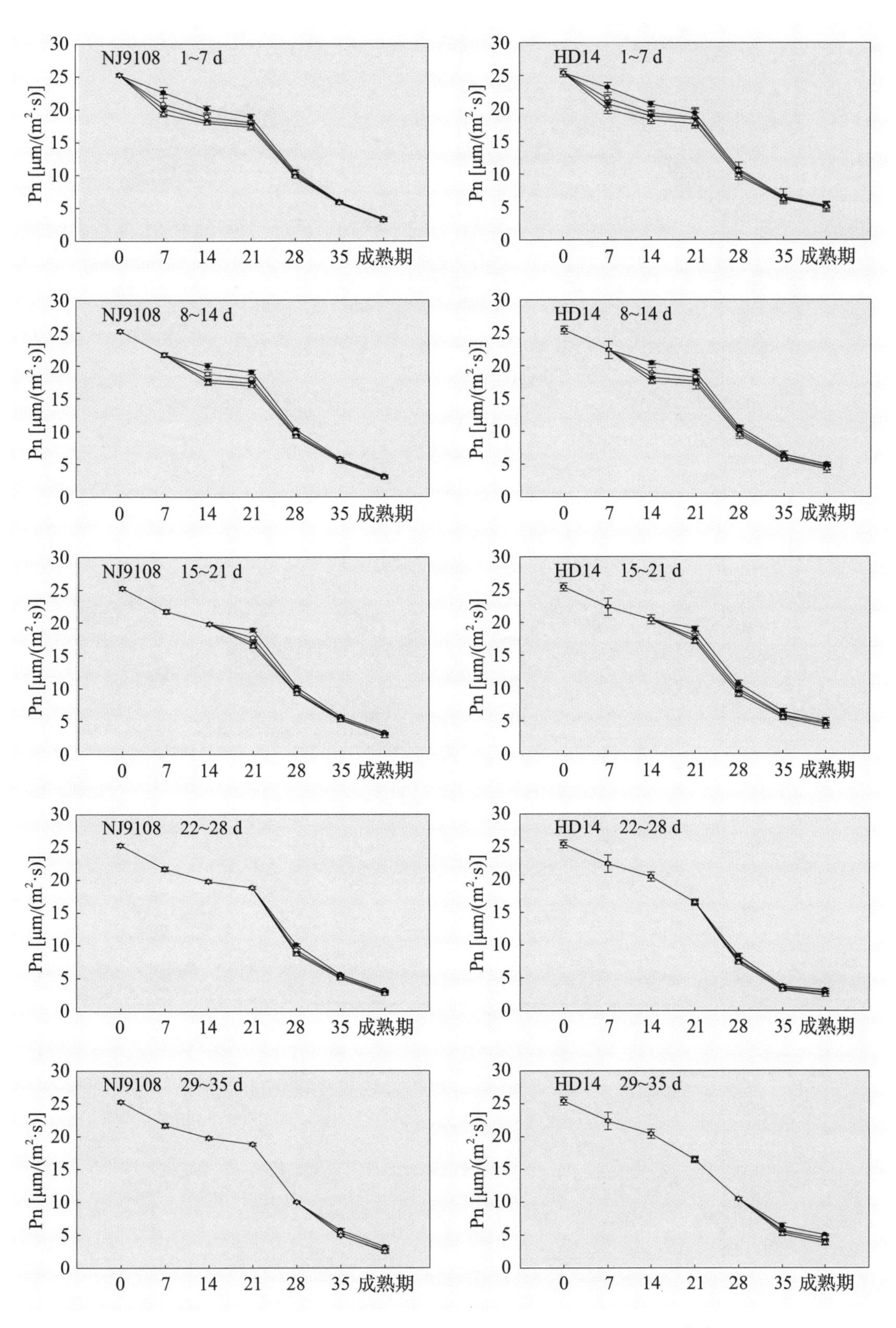

图 1-17 穗后不同时间段胁迫处理下剑叶净光合速率动态变化

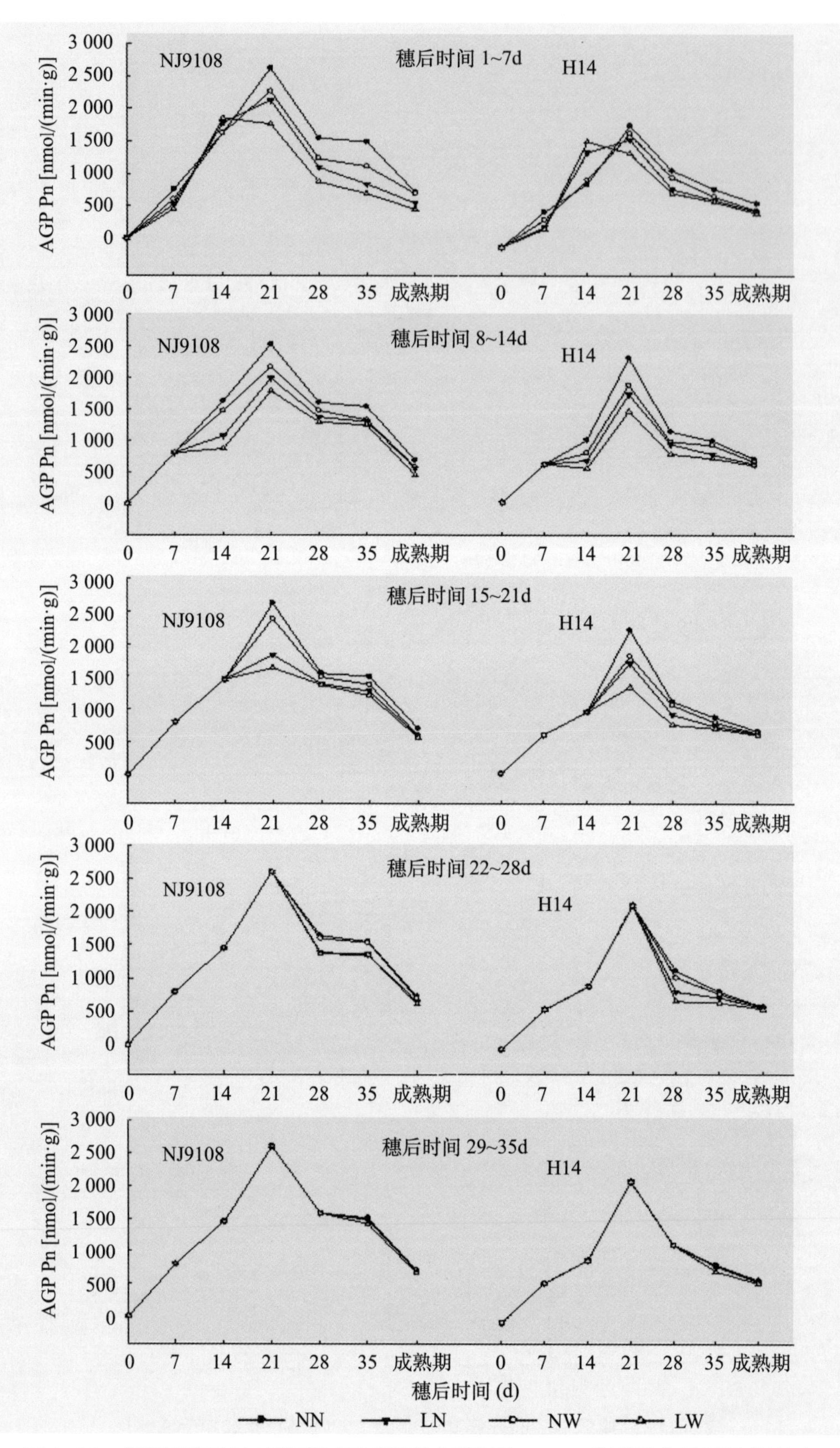

图 1-18　低温弱光胁迫对穗后不同时间段水稻籽粒 ADPG 焦磷酸化酶活性的影响

影响贯穿整个灌浆时期，在胁迫处理之后，NW、LN、LW 处理的 SBE 活性均高于 NN，并持续至成熟期，低温弱光复合胁迫影响程度最大。在穗后不同时间段，两品种胁迫处理后籽粒 DBE 活性均会上升，复合胁迫表现出叠加效应，但在胁迫结束后恢复到正常环境下，NW、LN、LW 处理的 DBE 活性至成熟期均小于 NN，以穗后 21 d 内影响最大。

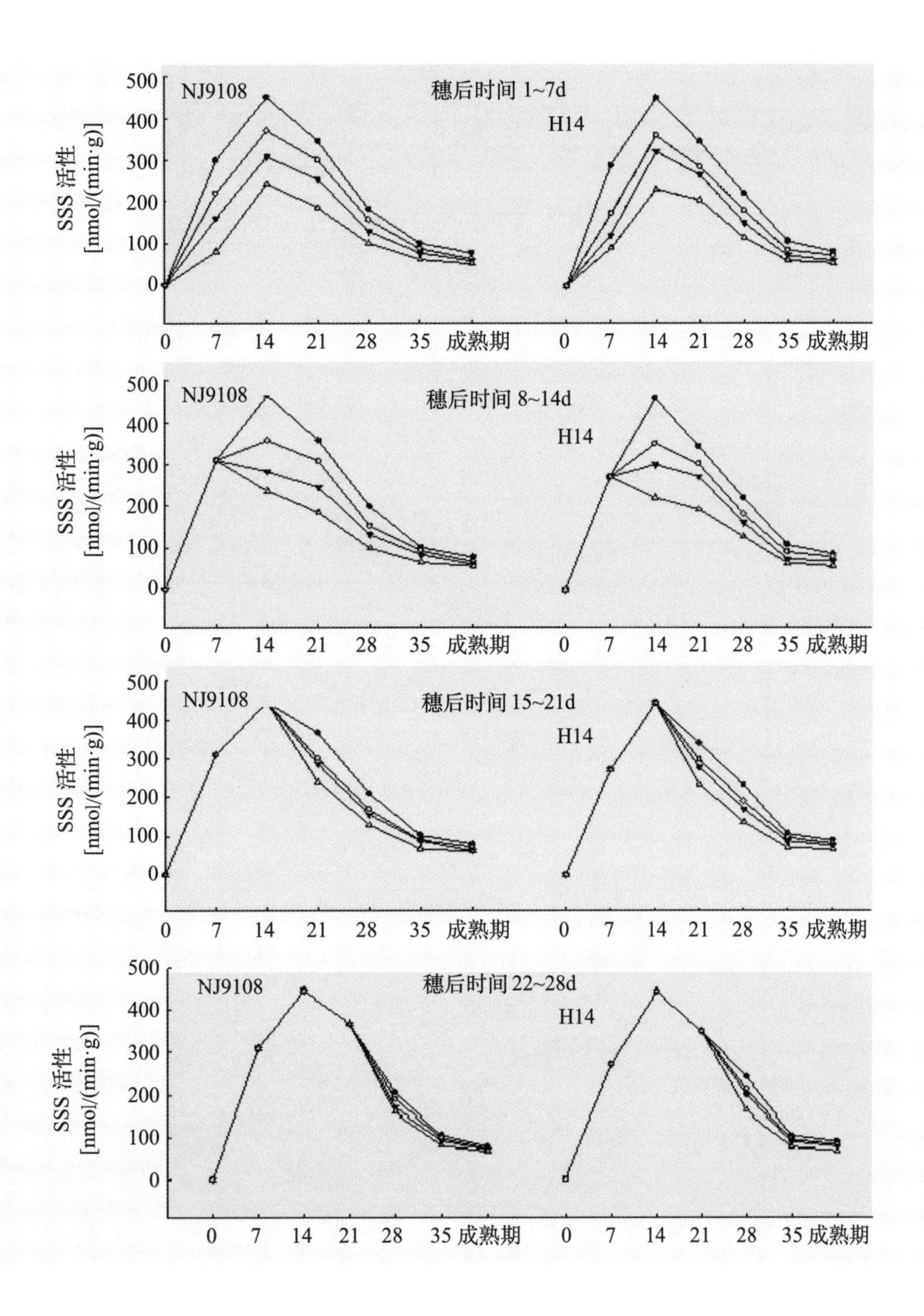

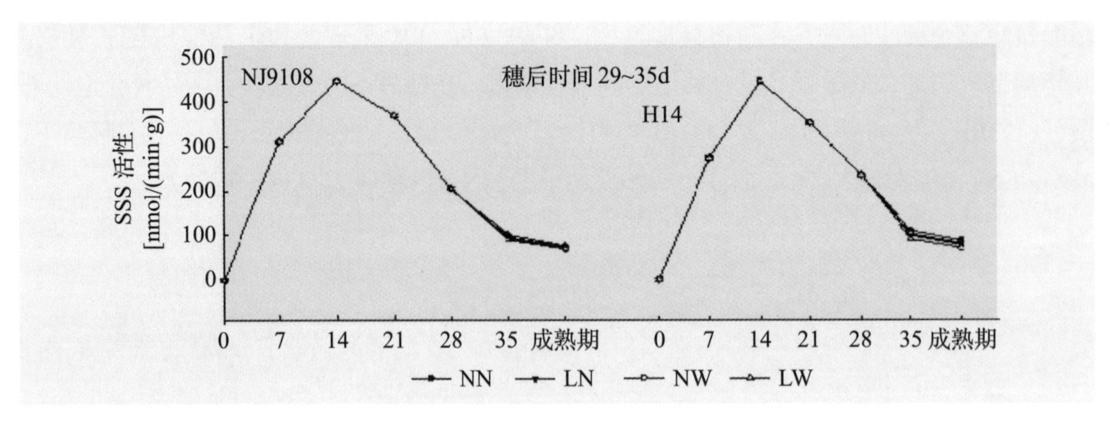

图 1-19 低温弱光胁迫对穗后不同时间段水稻籽粒 SSS 活性的影响

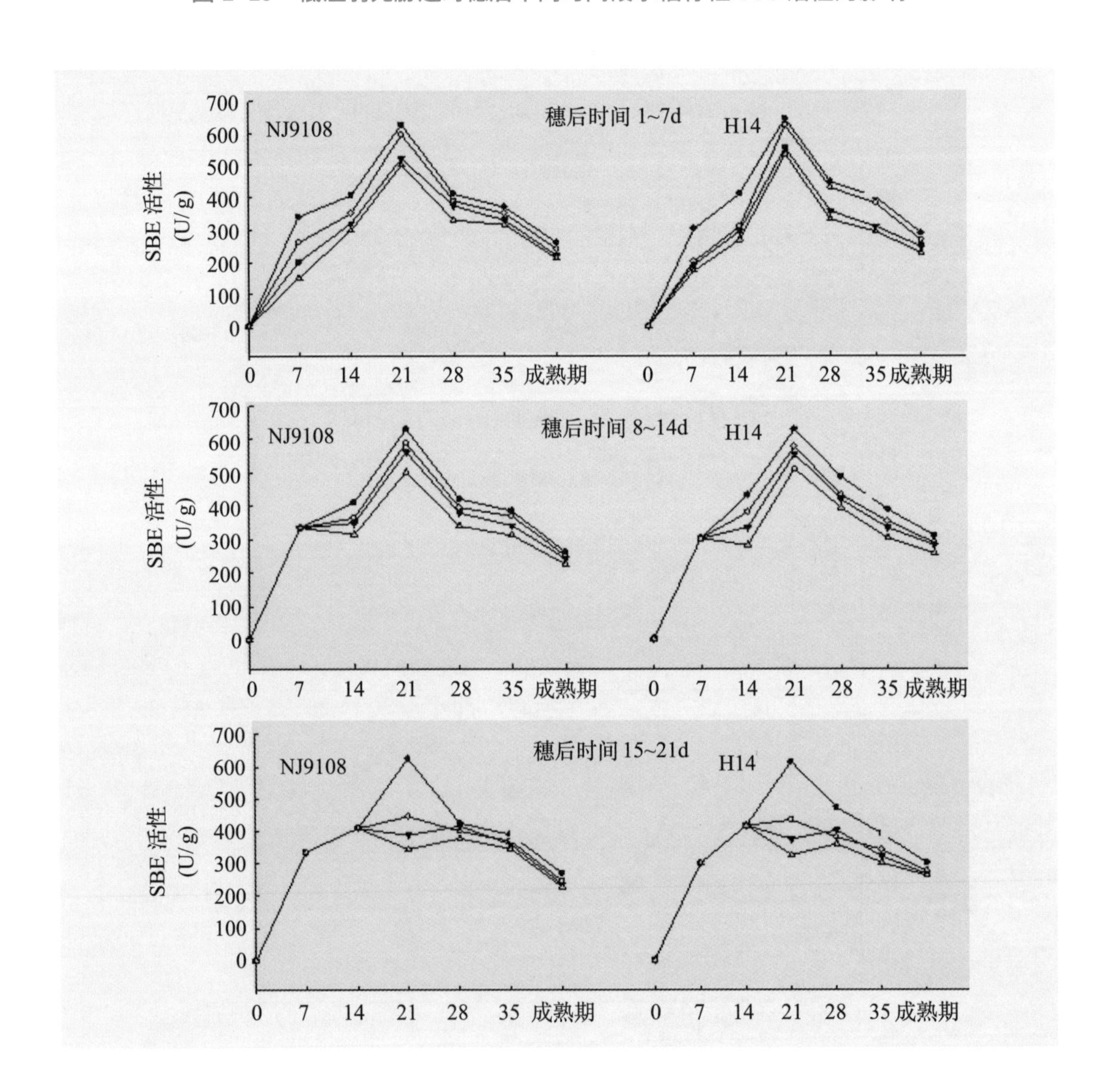

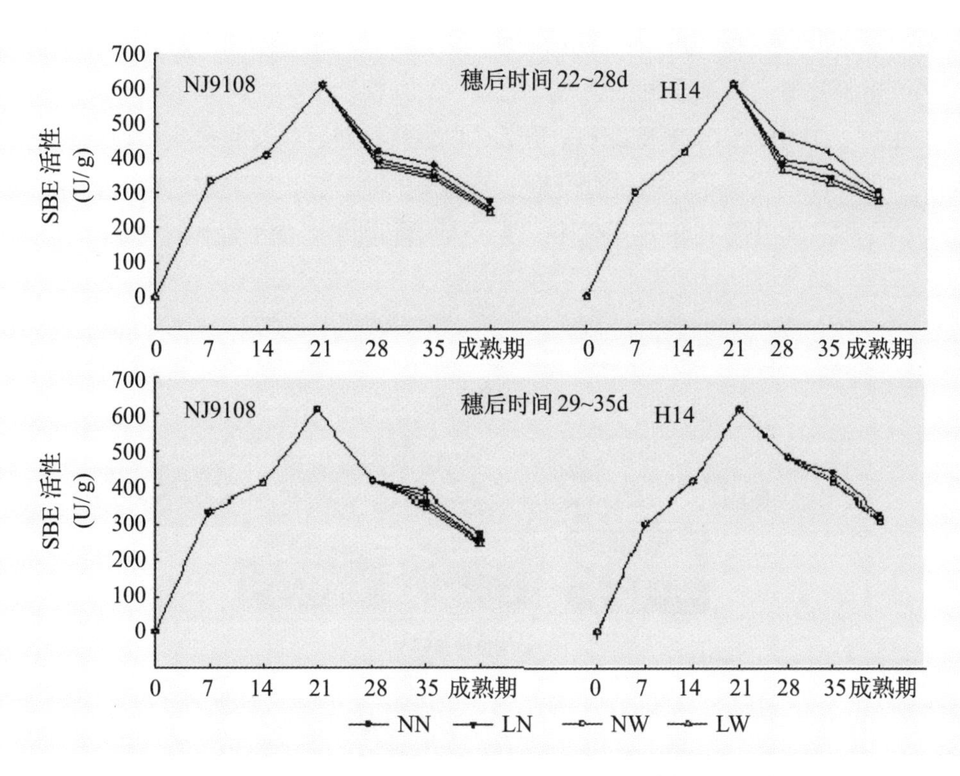

图 1-20　低温弱光胁迫对穗后不同时间段水稻籽粒 SBE 活性的影响

1.2.3 揭示了栽培技术途径缓解气候变化不利影响的调控机理，提出了应对气候变化的水稻稳产高产栽培技术途径

气候变化直接影响稻田的光照、温度、降水等小气候条件，增加了水稻生产的不稳定性。因此，以创建长江中下游和西南立体气候区应对气候变化的机械化轻简化栽培技术为目标，通过人工气候室和田间观测试验，采用数量统计学和植物生理生化分析技术，围绕温度、光照等气象因子的胁迫下水稻尚缺乏科学的促进生产力的栽培技术途径等问题，研究了耐受性和适应性强的高产稳产型品种在播期调整、肥水优化管理、种植方式、外源激素喷施条件下对水稻生产力的影响及其应对气候变化的缓解效应，提出了应对气候变化的促进水稻生产力的栽培技术途径（图 1-21）。研究成果将有助于缓解气候变化对水稻生产力的不利影响，为综合采用品种、栽培方式等促进水稻生产力提供理论依据。

1.2.3.1 筛选出了适宜温光胁迫和立体气候种植的耐受性和适应强的高产稳产性品种

（1）筛选出了适宜区域种植的 4 个耐高温的高产稳产性品种

通过人工气候室配置不同的温度，于始穗期移入智能温室，模拟设置自然高温胁迫 / 对照进行处理（8:00—10:00，34 ℃ /30 ℃；10:00—12:00，36 ℃ /32 ℃；12:00—14:00，38℃ / 34 ℃；14:00—16:00，36 ℃ / 32 ℃；16:00—18:00，34 ℃ /30 ℃；18:00—8:00，28 ℃ /28 ℃。相对湿度 70%，光照强度为 25 000 lx）。采用盆栽方式，按期移至智能温室进行高温处理，

处理 5 d 后再移回网室自然生长。发现抽穗期高温显著降低各品种的籽粒产量，以偏粳型籼粳杂交稻产量降幅最大，杂交籼稻类型降幅最小，籼粳杂交稻尤其是偏粳类型对高温最敏感（表 1-13）。其中，结实率受影响较显著，以偏粳型籼粳杂交稻结实率降低幅度最大，杂交籼稻类型降低幅度最小。通过对产量下降率和抗性分析，筛选出适宜本区种植的耐高温的籼粳杂交稻品种甬优 1540 和甬优 15，杂交籼稻品种中浙优 1 号和钱优 930。

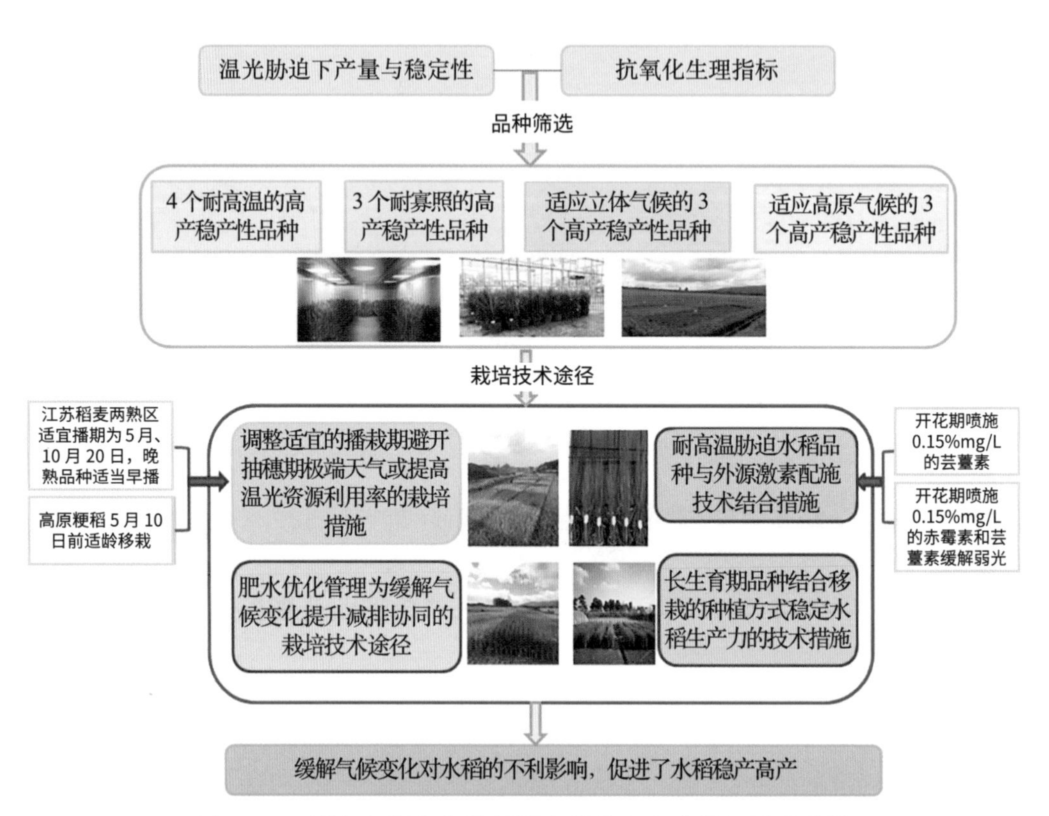

图 1-21　适应气候变化的促进水稻生产力的栽培技术路线

表 1-13　高温处理后不同水稻品种产量及其构成因素

类型	品种	结实率（%）			千粒重（g）			单株产量（g/ 株）		
		对照	高温	下降率（%）	对照	高温	上升率（%）	对照	高温	上升率（%）
杂交籼稻	中浙优 1 号	88.73	61.27	30.95	27.80	28.85	3.78	81.50	58.07	28.75
	中浙优 8 号	87.93	60.15	31.59	25.43	26.85	5.58	78.23	53.41	31.73
	Y 两优 689	88.48	64.84	26.72	27.41	27.36	−0.18	77.93	57.42	26.32
	钱优 930	86.62	63.96	26.16	24.51	24.52	0.04	74.53	56.06	24.78
	平均			28.85 c			2.30 a			27.89 c
籼粳交偏籼型	甬优 1540	87.45	53.07	39.31	23.73	25.25	6.41	93.72	60.03	35.95
	甬优 9 号	80.22	49.51	38.28	26.42	26.56	0.53	81.75	51.53	36.97
	甬优 15	84.07	52.01	38.13	28.12	29.64	5.41	85.39	54.12	36.62

续表

类型	品种	结实率（%）			千粒重（g）			单株产量（g/株）		
		对照	高温	下降率(%)	对照	高温	上升率(%)	对照	高温	上升率(%)
籼粳交偏籼型	甬优 4949	80.42	54.13	32.69	24.26	24.34	0.33	80.74	49.57	38.61
	平均			37.11 b			3.17 a			37.03 b
籼粳交偏粳型	春优 84	79.59	37.83	52.47	25.50	25.85	1.37	84.43	45.38	46.25
	浙优 18	79.51	28.84	63.73	23.14	23.37	0.99	80.82	40.27	50.17
	甬优 538	86.87	45.07	48.12	23.23	23.46	0.99	92.48	53.13	42.55
	甬优 12	75.19	36.96	50.84	22.48	23.72	5.52	87.54	47.16	46.13
	平均			53.79 a			2.22 a			46.28 a

注：同一列不同小写字母表示在 $P<0.05$ 水平上差异显著。

（2）筛选出了适宜区域种植的 3 个耐弱光的高产稳产型品种

开花后的籽粒灌浆期弱光对产量影响大于开花前弱光；3 种类型杂交稻中籼粳交偏粳型品种的产量显著低于籼粳交偏籼型和杂交籼型。从产量上看，偏粳型籼粳杂交稻籽粒产量远高于其他两种类型水稻，但其下降率也最大。因此，筛选出适宜本区种植的耐弱光的籼粳杂交稻品种甬优 1540、甬优 15 和杂交籼稻品种中浙优 1 号（表 1–14）。

表 1–14　立体气候条件下不同品种产量及其构成因素比较

试验点	品种	有效穗（$10^4/hm^2$）	总粒数（粒/穗）	实粒数（粒/穗）	结实率（%）	千粒重（g）	理论产量（t/hm^2）	实际产量（t/hm^2）
越州	楚粳 28	686.3	102.5	78.9	77.0	24.2	13.1	12.7
	楚粳 37	497.6	118.6	90.4	76.3	26.0	11.6	12.4
	云粳 38	476.3	133.9	93.3	69.7	28.3	12.5	12.1
	楚粳 27	446.3	127.7	100.4	78.6	25.2	11.2	12.0
	云粳 46	415.1	135.1	111.6	82.7	25.7	11.7	11.6
	云粳 43	555.0	98.5	81.6	82.8	25.5	11.5	11.4
	云粳 39	463.8	123.0	88.6	71.9	26.7	10.9	11.0
	云粳 25	483.8	102.5	86.6	84.4	26.5	11.1	10.7
	武运粳 21	561.3	96.4	52.4	54.4	24.9	7.3	7.8
	秀水 134	511.2	112.0	50.8	45.3	22.4	5.8	6.1
	平均	509.7	115.0	83.5	72.3	25.5	10.7	10.8
潇湘	楚粳 28	472.5	123.5	87.5	71.0	22.9	9.4	9.6
	楚粳 37	415.1	128.7	95.5	74.2	24.9	9.8	10.0
	云粳 38	367.5	167.9	114.5	68.4	24.5	10.3	10.0
	楚粳 27	401.3	140.3	94.3	67.6	23.7	9.0	8.9
	云粳 46	305.0	185.7	127.3	68.8	25.0	9.7	9.6
	云粳 43	392.6	119.6	98.8	82.7	24.4	9.4	9.5
	云粳 39	395.0	138.7	99.2	71.5	24.8	9.7	9.4

续表

试验点	品种	有效穗（$10^4/hm^2$）	总粒数（粒/穗）	实粒数（粒/穗）	结实率（%）	千粒重（g）	理论产量（t/hm^2）	实际产量（t/hm^2）
潇湘	云粳 25	387.5	131.6	102.9	78.2	23.7	9.4	9.3
	武运粳 21	421.2	123.4	64.5	52.4	24.1	6.6	6.8
	秀水 134	436.2	120.9	63.4	52.3	21.9	6.0	5.9
	平均	399.3	138.0	94.8	68.7	24.0	8.9	8.9

（3）筛选出了适应云南立体气候的 3 个高产稳产型粳稻品种

试验在云南省曲靖市麒麟区两个不同纬度和海拔乡镇进行，越州镇（经度 103° 52′ 4.68″，纬度 25° 21′ 27.61″，海拔 1 860 m），潇湘街道（经度 103° 42′ 32.32″，纬度 25° 27′ 39.81″，海拔 1 950 m）。越州试验点，楚粳 28 实际产量最高（表 1–14），10 个品种平均产量为 10.78 t/hm^2；潇湘试验点，楚粳 37 实际产量最高，10 个品种平均产量 8.9 t/hm^2。从产量构成因素看，越州试验点产量较高的原因是有效穗、结实率和千粒重的增加。高海拔地区受光温复合效应影响，海拔相差 100 m，立体气候条件下水稻显著减产。根据产量及其构成因素表现，筛选出高产稳产型品种 3 个，分别为楚粳 28、楚粳 37、云粳 38；高产敏感型品种 1 个，为楚粳 27；低产型品种 2 个，分别为武运粳 21 和秀水 134。

（4）筛选出了适应贵州高原气候的 3 个高产稳产型品种

在贵州高原气候条件下低海拔区（正安）、中海拔（贵阳）、高海拔低纬度区（兴义）结合播期和不同栽培技术管理（表 1–15）进行适应贵州高原气候的高产稳产品种筛选。水稻品种为 8 个，每个试点以当地常规播种时间为第一期播种时期，之后每间隔 7 d 播种，共 3 期，每期采用常规稻作模式（CM）和应变稻作模式（SM）。常规稻作模式按照当地常规水稻生产管理方式，应变稻作模式的管理措施按照高产栽培管理进行。根据品种产量表现，川绿优 188、宜香 10 号产量较高，其次是宜香 2239，高产模式兴义以宜香 2239 产量综合表现较好。

1.2.3.2 江苏晚熟品种适期早播可避开抽穗期温光不利影响，而西南高原粳稻 5 月 10 日前适龄移栽利于温光资源的高效利用

（1）初步分析发现日照时数是影响水稻产量的首要气象因子

在江苏地区，以早熟品种稻苏 1785（全生育期 145 d）和晚熟品种苏香粳 100（全生育期 168 d）为材料，设播种时间分别为 5 月 11 日（B1）、5 月 21 日（B2）、5 月 31 日（B3）和 6 月 10 日（B4）4 个播期，研究了不同生育类型粳稻品种产量对不同播期气候因子的响应。相关分析表明，日照时数是影响水稻产量的首要气候因子（表 1–16），日均气温和有效积温对产量的影响因品种生育类型不同存在差异，日均气温和有效积温与产量呈显著正相关关系，气候因子对产量的影响表现为：日照时数 > 日均气温，有效积温 > 降水量。明确了不同生育期类型品种随着播期推迟产量降低，晚熟品种产量播期间和年度间产量变异较早熟品种大，稳产性较差（表 1–17）。

表 1–15　不同海拔试验点播期产量潜力

（单位：t/hm^2）

地点	品种	播期 1		播期 2		播期 3	
		CM	SM	CM	SM	CM	SM
正安	蓉 18 优 1015	8.76	8.19	10.51	10.43	10.19	9.88
	川绿优 188	9.45	11.50	9.82	7.85	9.05	9.55
	泰优 99	8.84	9.72	9.09	8.63	8.76	9.86
	宜香 4245	9.25	9.20	10.27	8.93	9.78	10.17
	岗优 725	8.68	9.24	9.37	8.63	9.49	9.00
	宜香 2239	9.00	9.44	9.41	8.32	10.63	10.62
	宜香 10 号	9.82	9.22	8.15	9.75	9.86	9.41
	宜香优 2115	8.52	9.75	7.37	9.38	8.76	10.86
	平均	9.04	9.53	9.25	8.99	9.56	9.92
贵阳	蓉 18 优 1015	9.32	9.01	9.20	8.78	7.45	8.03
	川绿优 188	8.89	9.27	9.30	7.16	8.69	7.59
	泰优 99	6.63	6.80	8.94	6.55	9.23	8.80
	宜香 4245	5.95	7.22	8.05	7.52	9.14	7.94
	岗优 725	6.07	6.57	7.33	9.06	7.61	4.60
	宜香 2239	6.12	6.24	8.75	8.49	7.41	7.48
	宜香 10 号	6.08	5.43	8.32	6.14	8.94	8.21
	宜香优 2115	7.25	6.93	7.83	9.25	8.87	8.02
	平均	7.04	7.18	8.46	7.87	8.42	7.58
兴义	蓉 18 优 1015	8.38	10.26	9.48	9.32	7.45	8.18
	川绿优 188	10.98	9.02	11.05	9.00	7.11	6.77
	泰优 99	9.56	9.44	10.38	11.79	9.80	10.62
	宜香 4245	10.44	10.64	9.88	11.21	6.14	6.94
	冈优 725	9.64	9.53	9.38	11.09	8.52	9.52
	宜香 2235	11.64	11.22	8.70	11.93	6.61	8.12
	宜香 10	12.32	10.05	10.25	10.03	8.92	9.97
	宜香 2115	10.08	10.83	10.03	10.07	6.04	6.36
	平均	10.38	10.12	9.89	10.56	7.57	8.31

表 1–16　气象因子与产量及产量构成因素的相关关系

时期	气象因子	有效穗	每穗总粒数	结实率	千粒重	产量
播种—拔节	日均气温	−0.643	0.554	−0.583	−0.138	0.127
	日照时数	0.822**	0.727*	0.873**	0.777*	0.885**
	降水量	0.215	0.452	0.289	0.347	0.447
	有效积温	0.302	0.185	0.352	0.132	0.215
拔节—抽穗	日均气温	0.708*	0.882**	0.355	0.227	0.498
	日照时数	0.767*	0.929**	0.795*	0.875**	0.651

续表

时期	气象因子	有效穗	每穗总粒数	结实率	千粒重	产量
拔节—抽穗	降水量	−0.474	0.065	−0.392	−0.126	−0.131
	有效积温	0.221	0.757*	0.473	0.162	0.797*
抽穗—成熟	日均气温	0.173	0.120	0.285	0.656	0.781*
	日照时数	0.381	−0.227	0.247	−0.075	0.023
	降水量	−0.231	−0.368	−0.272	−0.239	−0.383
	有效积温	0.275	0.374	0.366	0.780*	0.846**
全生育期	日均气温	−0.371	0.636	−0.289	0.282	0.543
	日照时数	0.772*	0.898**	0.797*	0.759*	0.881**
	降水量	0.036	0.568	0.136	0.368	−0.386
	有效积温	0.079	0.771*	0.369	0.819**	0.797*

注：* 表示差异在 $P<0.05$ 水平上显著，** 表示差异在 $P<0.01$ 水平上显著。

两个不同生育期类型品种有效穗、每穗总粒数随播期推迟均呈降低趋势，而结实率和千粒重播期间的差异因生育类型不同而异，早播使早熟品种结实率显著下降，迟播则使晚熟品种千粒重显著下降。在江苏太湖地区，早熟品种应适当推迟播种，播种期安排在 5 月 20 日前较为适宜，在播种至抽穗期充分获得日照时数和有效积温的基础上，避开 8 月上中旬高温热害给结实率带来的风险，从而获得高产；晚熟品种应适当早播，在 5 月 10 日较为适宜，可防止抽穗后温光不足导致籽粒灌浆慢、千粒重大幅下降等问题。

表 1–17 播期对不同品种类型水稻产量及构成因素的影响

年度	品种	播期	有效穗（$10^4/hm^2$）	总粒数（粒 / 穗）	结实率 (%)	千粒重 (g)	产量 (t/hm^2)
2018	苏 1785	B_1	324.25 a	126.69 a	88.36 b	26.74 a	9.71 a
		B_2	314.63 b	125.34 a	92.21 a	26.49 a	9.63 a
		B_3	305.05 c	123.59 a	91.89 a	26.52 a	9.19 b
		B_4	290.21 d	120.36 a	93.65 a	26.32 a	8.61 c
		平均值	308.54	124.00	91.53	26.52	9.28
		变异系数	4.70	2.21	2.45	0.65	5.43
	苏香粳 100	B_1	316.25 a	125.56 a	95.96 a	28.17 a	10.73 a
		B2	305.74 b	122.32 ab	95.44 a	27.59 b	9.85 b
		B_3	290.38 c	117.32 ab	95.04 a	27.32 b	8.85 c
		B_4	289.34 c	114.36 b	95.17 a	26.48 c	8.34 d
		平均值	300.43	119.89	95.40	27.39	9.44
		变异系数	4.31	4.18	0.43	2.57	11.29
2019	苏 1785	B_1	313.45 a	140.69 a	85.68 b	26.02 a	9.83 a
		B_2	309.85 a	133.56 ab	92.95 a	26.39 a	10.15 a
		B_3	297.49 b	129.91 bc	92.45 a	26.28 a	9.39 b

续表

年度	品种	播期	有效穗（10^4/hm^2）	总粒数（粒/穗）	结实率(%)	千粒重(g)	产量(t/hm^2)
2019	苏 1785	B_4	286.29 c	120.48 c	91.43 a	26.10 a	8.23 c
		平均值	301.77	131.16	90.63	26.20	9.40
		变异系数	4.10	6.41	3.71	0.64	8.94
	苏香粳 100	B_1	306.65 a	123.60 a	95.72 a	28.87 a	10.47 a
		B_2	297.88 ab	120.10 a	95.38 a	28.83 a	9.84 b
		B_3	288.10 b	119.62 a	94.10 a	27.84 b	9.03 c
		B_4	285.14 b	107.52 b	93.25 a	25.64 c	7.33 d
		平均值	294.44	115.21	94.61	28.02	9.06
		变异系数	3.33	10.35	1.21	3.91	17.28

注：同一行小写字母分别表示同一品种在不同播期间 $P<0.05$ 水平上差异显著性。

（2）云南高海拔粳稻在 5 月 10 日前适时早栽能保证灌浆期适宜的温光条件，利于高产稳产

播栽期推迟对产量影响显著，对不同品种的影响存在差异（表 1–18），适宜播栽期因品种的生育期不同有差异。播栽期推迟有效穗呈先增加后降低的趋势，每穗总粒数受播栽期影响较大，千粒重受影响小，结实率受影响程度品种间有差异。

表 1–18 不同播栽期处理产量及其构成因素分析

年份	品种	处理	有效穗(10^4/hm^2)	总粒数（粒/穗）	实粒数（粒/穗）	结实率（%）	千粒重（g）	理论产量（t/hm^2）	实际产量（t/hm^2）
2017	楚粳 28	3/10—5/8	531.0 a	142.8 ab	93.1 ab	65.2 a	22.3 a	11.0 a	11.0 a
		3/17—5/8	491.3 a	150.5 a	104.4 a	69.4 a	22.3 a	11.4 a	11.3 a
		3/24—5/8	527.6 a	144.6 a	100.3 a	69.4 a	21.8 a	11.4 a	11.5 a
		3/31—5/8	573.8 a	130.6 b	87.7 b	67.1 a	22.4 a	11.3 a	11.3 a
		平均	531.0	142.1	96.4	67.8	22.2	11.3	11.3
	云粳 29	3/10—5/8	451.2 b	141.5 a	107.3 a	75.7 a	24.2 a	11.6 a	11.4 a
		3/17—5/8	471.3 ab	144.5 a	102.8 a	71.3 a	23.8 a	11.5 a	11.3 a
		3/24—5/8	445.1 b	149.2 a	113.3 a	75.9 a	24.2 a	12.2 a	12.0 a
		3/31—5/8	481.2 a	142.0 a	106.8 a	75.0 a	23.9 a	12.1 a	11.9 a
		平均	462.2	144.3 a	107.6	74.5	24.0	11.9	11.6
2018	楚粳 28	3/10—5/4	572.6 a	138.8 a	96.5 a	69.9 a	23.5 a	13.0 a	12.5 a
		3/20—5/9	648.8 a	109.5 b	75.7 b	69.1 a	23.7 a	11.6 b	11.7 b
		3/30—5/14	582.5 a	116.7 b	85.5 ab	73.2 a	23.4 a	11.6 b	11.4 b
		4/9—5/19	567.5 a	121.7 a	85.7 ab	70.5 a	23.5 a	11.4 b	11.7 b
		平均	592.8	121.7	85.9	70.7	23.5	11.9	11.8
	云粳 29	3/10—5/4	501.3 b	104.2 ab	77.8 a	74.8 a	23.4 a	9.1 ab	9.2 ab
		3/20—5/9	612.5 a	113.7 a	72.3 ab	63.5 ab	23.5 a	10.4 a	10.2 a

续表

年份	品种	处理	有效穗 ($10^4/hm^2$)	总粒数（粒/穗）	实粒数（粒/穗）	结实率（%）	千粒重（g）	理论产量（t/hm^2）	实际产量（t/hm^2）
2018	云粳 29	3/30—5/14	608.7 a	95.6 b	64.2 b	67.2 ab	23.7 a	9.2 ab	9.4 ab
		4/9—5/19	587.6 a	110.4 ab	64.6 b	59.0 b	23.5 a	8.9 b	8.9 b
		平均	577.5	106.0	69.7	66.1	23.5	9.4	9.34
2019	楚粳 28	3/10—4/26	538.8 a	121.5 c	104.8 b	86.3 a	23.2 a	13.1 b	12.9 b
		3/20—5/7	521.3 ab	133.4 b	116.5 a	87.4 a	23.2 a	14.1 ab	14.2 a
		3/30—5/15	520.1 ab	133.8 b	116.0 a	86.7 a	23.7 a	14.3 a	14.7 a
		4/9—5/27	482.6 b	143.6 a	110.4 ab	76.9 b	21.6 b	11.5 c	12.1 b
		平均	515.7	133.1	111.9	84.3	22.9	13.2	13.5
	楚粳 27	3/10—4/26	412.5 b	158.3 a	138.1 a	87.2 a	23.4 b	13.2 ab	13.5 b
		3/20—5/7	468.8 a	143.7 b	121.2 b	84.4 b	24.5 a	13.3 a	13.5 a
		3/30—5/15	380.0 bc	161.3 a	140.7 a	87.2 a	24.2 a	13.9 b	14.5 b
		4/9—5/27	361.3 c	160.1 a	123.9 b	77.4 b	23.6 b	12.9 c	13.2 c
		平均	405.6	155.9	131.0	84.0	23.9	13.3	13.7

注：同一列小写字母表示不同处理间 $P<0.05$ 水平上差异显著性。2019 年和 2020 年变化趋势基本一致，表中为 2019 年数据。

综合来看，云南温暖粳稻区在适宜秧龄的基础上，最佳播栽期主要受移栽期影响，移栽期推迟后，灌浆结实期日平均温度低于 18℃后，水稻不能正常灌浆，产量显著降低，为避免开花期低温造成的不利影响，在 5 月 10 日前适时早栽有利于高产，5 月 20 日后移栽不利于稳产。

1.2.3.3 明确了优化肥水管理措施对气候变化的缓解效应，并提出高产优质协同的栽培技术途径

（1）水分优化管理措施

利用杂交籼稻品种，进行 4 种不同水分管理模式（全生育期湿润灌溉，全生育期常规淹水，够苗前浅水、中期搁田、抽穗结实期干湿交替，够苗前浅水、中期搁田、抽穗结实期浅水层）试验。从表 1-19 看出，够苗前浅水 + 中期搁田 + 抽穗结实期干湿交替（SW+MD+LM）水分管理模式的产量最高，显著高于其他 3 个处理。全生育期湿润灌溉（WGPM）处理的产量次之，以全生育期常规淹水（WGPF）的产量最低，分别比 WGPM、SW+MD+LM、SW+MD+LF 处理低 11.3%、24.3% 和 5.8%。产量构成因素中，有效穗数和结实率各处理间差异明显，结实率以 SW+MD+LM 最高，4 种水分管理模式的穗粒数和千粒重差异不显著。表明水稻移栽后采用浅水管理，中期适度晒田，后期干湿交替能显著提高有效穗和结实率，进而提高水稻产量。

（2）氮肥后移提质增产优化管理措施

在施氮（纯氮）总量 180 kg/hm^2 条件下，设置了 3 种基蘖肥与穗肥的施氮比例（N_{5-5}、N_{6-4} 和 N_{7-3}）试验。结果表明，当基蘖肥：穗肥为 5：5（N_{5-5} 处理）时可获得最高产量，平均产量达 9.41 t/hm^2，较 N_{6-4}、N_{7-3} 处理分别增加了 3.39%、9.49%。施氮比例主要显著影响有效穗数，N_{5-5} 处理的有效穗数最高（表 1–20）。随着氮肥的后移，水稻氮肥利用率逐渐升高，表现为 N_{5-5}>N_{6-4}>N_{7-3}。不同施氮比例对稻米精米率和整精米率影响不显著（表 1–21）；对稻米垩白粒率和垩白度有较大影响，N_{6-4} 处理的垩白粒率显著低于 N_{5-5} 和 N_{7-3}，而 N_{5-5} 和 N_{6-4} 处理的垩白度显著低于 N_{7-3}；对蛋白质和直链淀粉含量的影响不显著。综上，在施氮量为 180 kg/hm^2 条件下，基蘖肥与穗肥比例为 5 : 5 时，宜香优 2115 的产量、氮肥利用率、精米率和整精米率最高，垩白较小，且保持较好营养品质，能同步实现高产和优质。

表 1–19　4 种水分管理模式水稻的产量及其构成因素

处理	有效穗数 (10^4/hm^2)	穗粒数（粒 / 穗）	结实率 (%)	千粒重 (g)	实际产量（t/hm^2）
WGPM	255.0 b	176.6 a	88.4 b	27.5 a	10.6 b
WGPF	244.5 b	179.5 a	82.7 c	27.3 ab	0.9 c
SW+MD+LM	270.0 a	177.2 a	90.2 a	27.7 a	11.8 a
SW+MD+LF	261.0 b	178.0 a	87.3 b	27.6 a	10.0 c

注：同一列小写字母表示不同处理间 P<0.05 水平上差异显著性。

表 1–20　不同施氮比例对水稻产量及产量构成因素的影响

年份	处理	有效穗（10^4/hm^2）	总粒数（粒 / 穗）	结实率（%）	千粒重（g）	实际产量（t/hm^2）	氮肥农学利用率（kg/kg）
2017	N_{5-5}	289.85 a	164.30 a	88.75 a	30.33 a	8.97	13.84 a
	N_{6-4}	278.31 a	164.03 a	91.19 a	30.47 a	8.65	12.10
	N_{7-3}	277.65 a	165.01 a	90.62 a	30.37 a	8.45	10.99
2018	N_{5-5}	295.55 a	164.43 a	88.96 a	30.23 a	9.86 a	19.23
	N_{6-4}	291.14 a	164.30 a	89.16 a	30.40 a	9.56 a	17.54 ab
	N_{7-3}	281.32 a	164.70 a	90.32 a	30.20 a	8.74 b	13.03 b

注：同一列不同小写字母表示不同处理间 P<0.05 水平上差异显著性。

表 1–21　不同施氮比例对稻米加工品质和外观品质的影响

年份	处理	糙米率（%）	精米率（%）	整精米率（%）	垩白粒率（%）	垩白度（%）	粒长（mm）	长宽比
2017	N_{5-5}	79.73 a	71.53 a	58.80 a	30.00 a	5.47 b	7.60 a	3.00 a
	N_{6-4}	79.90 a	71.23 a	57.70 a	23.33 b	5.40 b	7.57 a	3.00 a
	N_{7-3}	79.73 a	71.40 a	60.13 a	28.67 a	7.00 a	7.53 a	3.10 a
2018	N_{5-5}	80.03 a	71.80 ab	53.93 a	26.00 a	4.90 b	7.70 a	3.00 a
	N_{6-4}	80.01 a	72.00 a	52.30 a	22.67 b	4.50 c	7.73 a	3.00 a
	N_{7-3}	79.90 a	71.27 b	48.90 a	26.00 a	5.20 a	7.67 a	3.00 a

注：同一列小写字母表示不同处理间 P<0.05 水平上差异显著性。

（3）氮肥减量后移优化管理措施

试验设置 6 个处理，即农户常规施肥（CF）、常规施肥减氮 10%（RPN_1）、常规施肥减氮 20%（RPN_2）、常规施肥减氮 30%（RPN_3）、常规施肥减氮 40%（RPN_4）和不施化学肥料（CK）。施用氮肥后，产量显著增加，随着氮肥减量后移，水稻产量呈增加的趋势。与 CF 处理相比，随着氮肥减量和后移比例的增加，水稻产量和氮肥农学利用效率逐渐增加，氮肥减量后移处理分别增产 11.7%、11.7%、16.5%、27.2%（表 1–22）。随着氮肥减量后移比例增加，氮肥农学利用效率提高，从 7 kg/kg 提高到 28.9 kg/kg。

表 1–22　不同氮肥处理水稻产量及其构成因素

处理	有效穗 (10^4/hm^2)	总粒数（粒/穗）	实粒数（粒/穗）	结实率 (%)	千粒重 (g)	总颖花量 (10^8/hm^2)	实际产量 (t/hm^2)	与 CF 相比增产 (%)	氮肥农学利用率 (kg/kg)
CF	415.0±31.22 b	148.2±4.87 c	91.1±3.63 c	73.3±3.57 bc	23.1±0.67 a	6.2±0.57 b	10.3±0.54 c	–	7.0
RPN_1	458.8±32.33 ab	148.3±0.80 c	104.3±1.31 ab	73.2±0.51 bc	23.5±0.12 a	6.8±0.78 b	11.5±0.78 b	11.7	12.8
RPN_2	445.0±51.05 ab	157.4±9.18 bc	103.5±7.18 ab	71.2±1.39 bc	23.2±0.63 a	7.0±0.53 b	11.5±0.43 b	11.7	14.3
RPN_3	491.3±18.75 a	160.4±5.17 ab	105.2±9.48 ab	68.6±7.55 c	22.7±0.55 a	7.9±0.58 a	12.0±0.60 ab	16.5	18.9
RPN_4	418.8±5.73 b	168.7±2.06 a	110.3±1.12 a	79.0±0.94 ab	23.4±0.23 a	7.1±0.29 ab	13.1±0.28 a	27.2	28.9
CK	321.3±30.31 c	126.8±8.80 d	97.9±2.92 bc	84.2±6.89 a	23.5±0.44 a	4.1±0.51 c	8.4±0.89 d	–	–
平均	423.8±28.23	151.6±5.15	102.1±3.92	74.9±3.48	23.2±0.44	6.5±0.54	11.2±0.59	16.8	16.4

注：表中数值为平均值 ± 标准误 (n=3)，同列中标以不同小写字母的值在 P<0.05 水平上差异显著。

从产量构成因素看，氮肥减量后移处理单位面积有效穗数增加，总粒数增加，千粒重影响较小。采用氮肥减量后移技术并没有比常规施肥技术减产，反而增产，主要原因是施用氮肥显著增加了齐穗期和成熟期的群体干物重，提高了抽穗后干物质积累量和群体生长率，从而获得较高产量（表 1–23）。同时，施用氮肥后齐穗期 LAI 显著增加；随着氮肥减量后移，齐穗期总 LAI 呈先增加后降低的趋势，而高效叶面积率随着氮肥减量后移呈逐渐增加的趋势，氮肥减量 40% 的处理最高。氮肥减量后移提高了颖花叶比、实粒叶比、粒重叶比（表 1–24）。

表 1–23　氮肥处理水稻群体干物重、抽穗后干物质积累、群体生长率和净同化率

处理	群体干物重 (t/hm^2)		抽穗后干物质积累量 (t/hm^2)	群体生长率 [g/m^2·d]	净同化率 [g/m^2·d]
	齐穗期	成熟期			
CF	12.6±1.00 a	21.5±1.28 ab	8.9±0.91 c	17.8±1.81 c	7.9±1.04 d
RPN_1	12.5±1.02 a	21.2±0.86 b	8.7±0.18 c	17.0±0.36 c	7.9±0.84 d
RPN_2	12.1±0.42 a	21.7±0.82 ab	9.6±1.05 bc	19.3±2.10 bc	9.5±0.99 bc
RPN_3	12.3±0.45 a	22.9±0.43 a	10.6±0.59 ab	20.8±1.16 ab	8.2±0.68 cd
RPN_4	10.7±0.31 b	21.7±0.50 ab	11.0±0.25 a	22.8±0.52 a	10.7±0.64 ab
CK	8.9±0.59 c	16.0±0.69 c	7.1±0.13 d	14.2±0.27 d	11.5±0.34 a
平均	11.5±0.63	20.8±0.76	9.3±0.52	18.6±1.04	9.3±0.75

注：表中数值为平均值 ± 标准误 (n=3)，同列中小写字母表示在 P<0.05 水平上差异显著性。

表 1-24 不同氮肥处理水稻叶面积指数和粒叶比方差分析

处理	齐穗期			成熟期	颖花叶比（朵 t/cm²）	实粒叶比（粒 /cm²）	粒重叶比（mg/cm²）
	高效 LAI	总 LAI	高效叶面积率 (%)	绿叶 LAI			
CF	2.9±0.33 b	3.9±0.44 b	74.4±0.07 c	1.2±0.04 a	1.587±0.17 b	1.162±0.12 b	26.70±3.39 b
RPN_1	3.5±0.42 ab	4.6±0.56 a	74.7±0.32 c	0.8±0.06 b	1.489±0.23 b	1.090±0.16 b	25.25±3.92 b
RPN_2	3.2±0.21 b	4.2±0.23 ab	76.2±0.86 c	0.8±0.00 b	1.655±0.02 b	1.179±0.03 b	27.39±0.55 b
RPN_3	4.0±0.32 a	4.9±0.32 a	81.5±1.71 b	1.1±0.04 a	1.621±0.03 b	1.113±0.13 b	24.81±2.91 b
RPN_4	3.0±0.31 b	3.6±0.31 b	84.2±1.85 a	1.2±0.05 a	1.981±0.19 a	1.564±0.13 a	36.76±3.41 a
CK	1.8±0.13 c	2.3±0.14 c	76.2±1.45 c	0.5±0.05 c	1.740±0.18 ab	1.457±0.04 a	35.96±1.67 a
平均	3.1±0.29	3.9±0.33	77.9±1.04	0.9±0.04	1.679±0.14	1.261±0.10	29.48±2.64

注：表中数值为平均值 ± 标准误 (n=3)，同列中不同小写字母表示在 $P<0.05$ 水平上差异显著性。

1.2.3.4 结合耐温光胁迫品种，水稻抽穗开花期喷施 0.15% mg/L 芸薹素可增强抗高温胁迫能力，混合喷施 0.15% mg/L 赤霉素和芸薹素可缓解弱光危害，稳定水稻生产力

（1）喷施外源芸薹素内酯可有效缓解水稻热害损伤，偏粳型杂交稻响应显著

为明确水稻对高温耐受性及芸薹素内酯（BR）对提高不同类型杂交稻耐热性的作用效果，以杂交籼稻、偏籼型籼粳杂交稻和偏粳型籼粳杂交稻各 2 个品种为材料，在开花期设置常温、高温和高温下喷施 0.15% BR 3 种处理，分析其对水稻产量及产量构成因素和抗氧化能力的影响。高温胁迫后喷施 1.5% BR 溶液后，所有品种单株产量均显著提高，但不同遗传背景的杂交稻变化幅度不同（图 1-22）。偏粳型籼粳杂交稻上升率最高，两年平均值

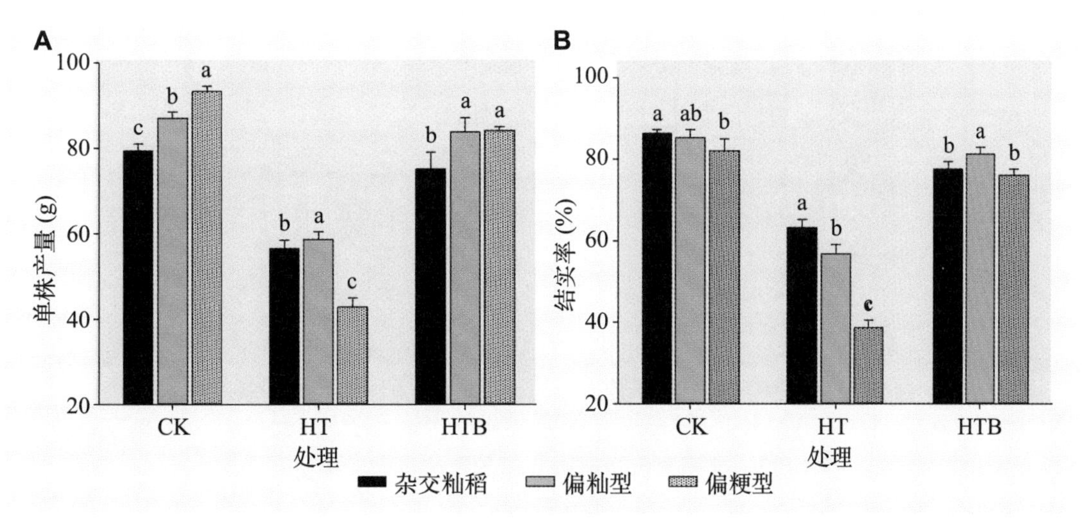

图 1-22 高温和 BR 作用下不同遗传背景杂交稻的产量和结实率

注：不同字母表示每个处理间不同品种在 $P<0.05$ 水平上显著差异性。

达到 49.2%，尽管喷施 BR 后产量显著高于未喷施组 HT，但与常温对照 CK 相比仍显著下降；偏籼型籼粳杂交稻和偏粳型杂籼稻两年平均上升率分别为 30.08% 和 24.67%，其中 ZZY8 和 YU15 在连续两年的试验中单株产量与常温对照组相比无显著差异，而 ZZY1 仅在 2019 年试验中单株产量达到对照水平。从产量构成因素分析，BR 喷施后结实率相对于未喷施组显著上升，其中偏籼型籼粳杂交稻在两年的结果中，结实率均达到常温对照水平。另外，偏粳型杂交稻恢复系数高于其他品种（偏粳型 2，偏籼型 1.43，杂交籼型 1.23）（图 1–23），表明偏粳型籼粳杂交稻在 BR 作用下，缓解热害损伤效果最明显，在喷施外源激素后结实率和单株产量上升率最高。本研究结果为提高杂交水稻开花期耐高温能力研究提供了理论基础和实践经验。

水稻结实率与开花期花粉受精能力直接相关，高温影响花粉活力，降低花粉受精率，导致结实率下降。由图 1–23 可知，杂交籼稻和籼粳杂交稻在常温条件下花粉活力为 97% ~ 100%，且品种间无显著差异。高温处理后，所有品种花粉活力显著降低，杂交籼稻下降率为 4.76%，偏籼型和偏粳型籼粳杂交稻下降率分别为 10.68% 和 11.21%。高温下喷施 BR 后，杂交籼稻花粉活力提高 1.2%，但未达显著水平；偏籼型和偏粳型杂交稻花粉活力则显著提高，但仍显著低于常温对照水平（图 1–24）。结果表明，与籼粳杂交稻相比，高温下杂交籼稻仍具有相对较高的花粉可育率，偏粳型杂交稻花粉活力受高温影响最明显；BR 喷施可有效缓解高温对籼粳杂交稻花粉活力造成的损伤，其中偏粳型杂交稻恢复较明显（图 1–25）。

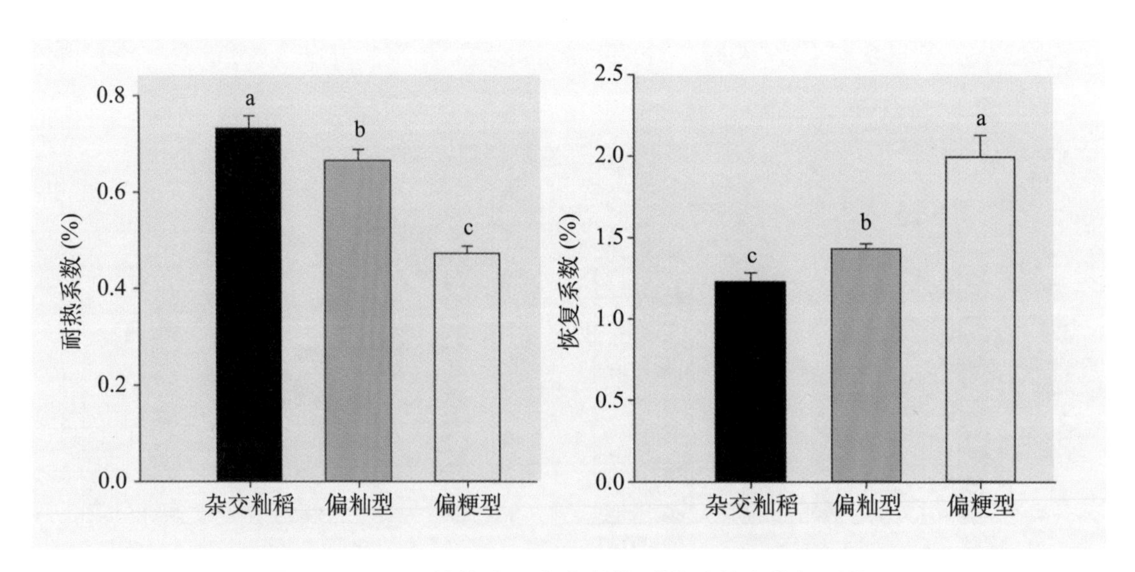

图 1–23　不同遗传背景杂交稻的耐热系数和恢复系数

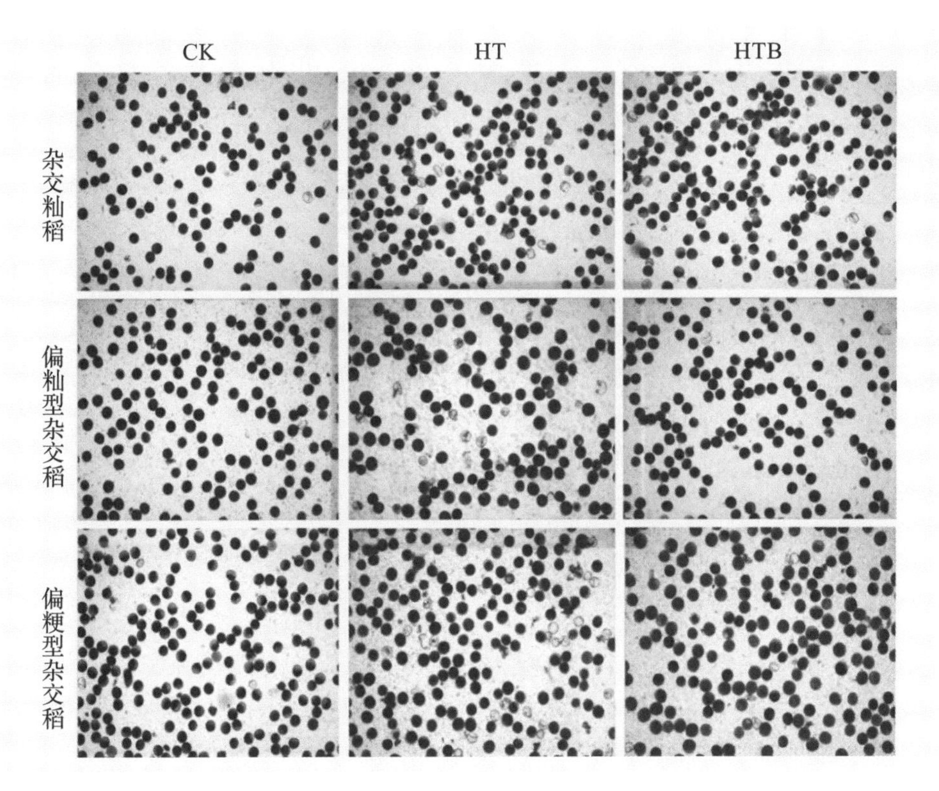

图 1–24 高温和 BR 处理下不同遗传背景杂交稻花粉粒活性（比例尺 =300 μm）

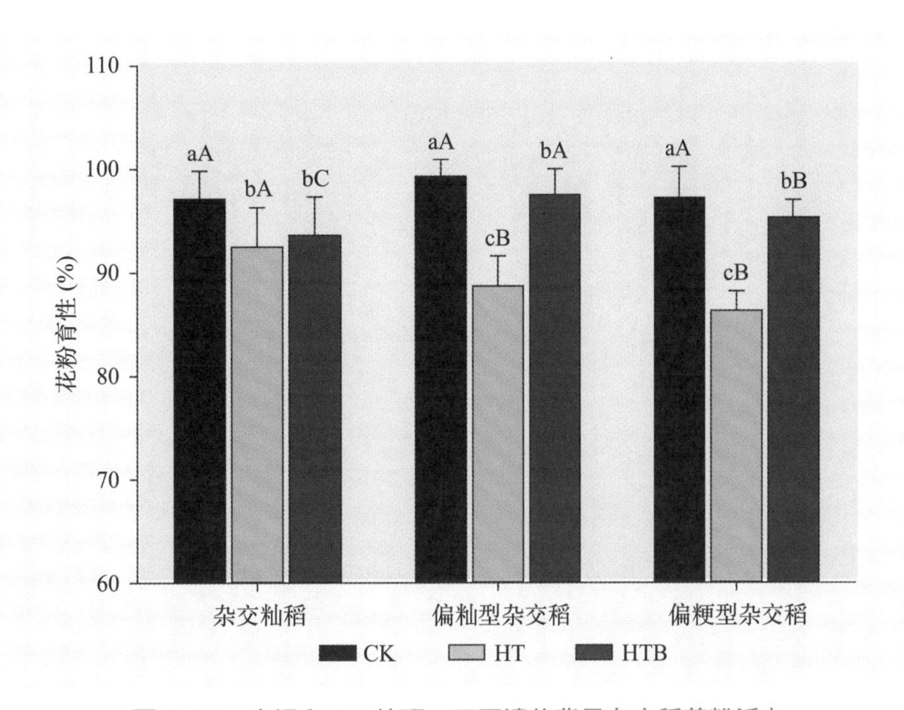

图 1–25 高温和 BR 处理下不同遗传背景杂交稻花粉活力

注：不同小写字母表示同一处理间不同品种在 $P<0.05$ 水平的显著差异，大写字母表示在 $P<0.01$ 水平极显著差异。

ASA、GSH 和 Gly 显示是抗氧化防御系统中重要的组成之一，均可有效降低植物体内超氧阴离子含量，在非生物应激过程中起到关键作用。由图 1–26 可知，当植物受到外界高温刺激时，所有水稻品种细胞内超氧阴离子含量升高，杂交籼稻、偏籼型和偏粳型杂交稻分别平均增加 5%、6% 和 13%。高温下喷施 BR 后超氧阴离子含量与 HTB 组对比，分别降低了 3%、8% 和 15%。高温处理 10 d 后，ASA、GSH 含量和 Gly 活性显著低于常温对照，其中杂交籼稻 ASA、GSH 含量和 Gly 活性分别比常温对照下降 6.67%、1.92% 和 8.29%；偏籼型杂交稻分别下降 24.3%、20.91% 和 11.56%；偏粳型杂交稻分别下降 22.92%、29.49% 和 24.89%。高温下喷施 BR 后，ASA、GSH 含量和 Gly 活性显著升高，且所有品种均显著高于未喷施 BR 的 HT 处理组，部分品种达到或接近常温对照水平。其中，与高温且未喷施 BR 处理相比，杂交籼稻的 ASA、GSH 含量和 Gly 比活性分别上升 3.93%、13.84% 和 6.95%；偏籼型杂交稻分别上升 9.26%、22.02% 和 12.81%；偏粳型杂交稻分别上升 37.2%、53.04% 和 14.13%。综上，喷施 BR 能够增加非酶抗氧化剂含量和 Gly 增加活性，降低细胞内超氧阴离子含量，提高不同遗传背景杂交稻的耐高温能力；偏粳型杂交稻对高温处理表现敏感，但喷施 BR 后，可显著提高抗性；杂交籼稻高温下抗氧化能力较强，喷施 BR 后对 ASA、GSH 含量和 Gly 显酶活性也有明显的提高作用，但变化幅度明显低于籼粳杂交稻。

抗氧化系统抵御高温胁迫受相关基因调控。由图 1–27 可知，抗坏血酸过氧化物酶基

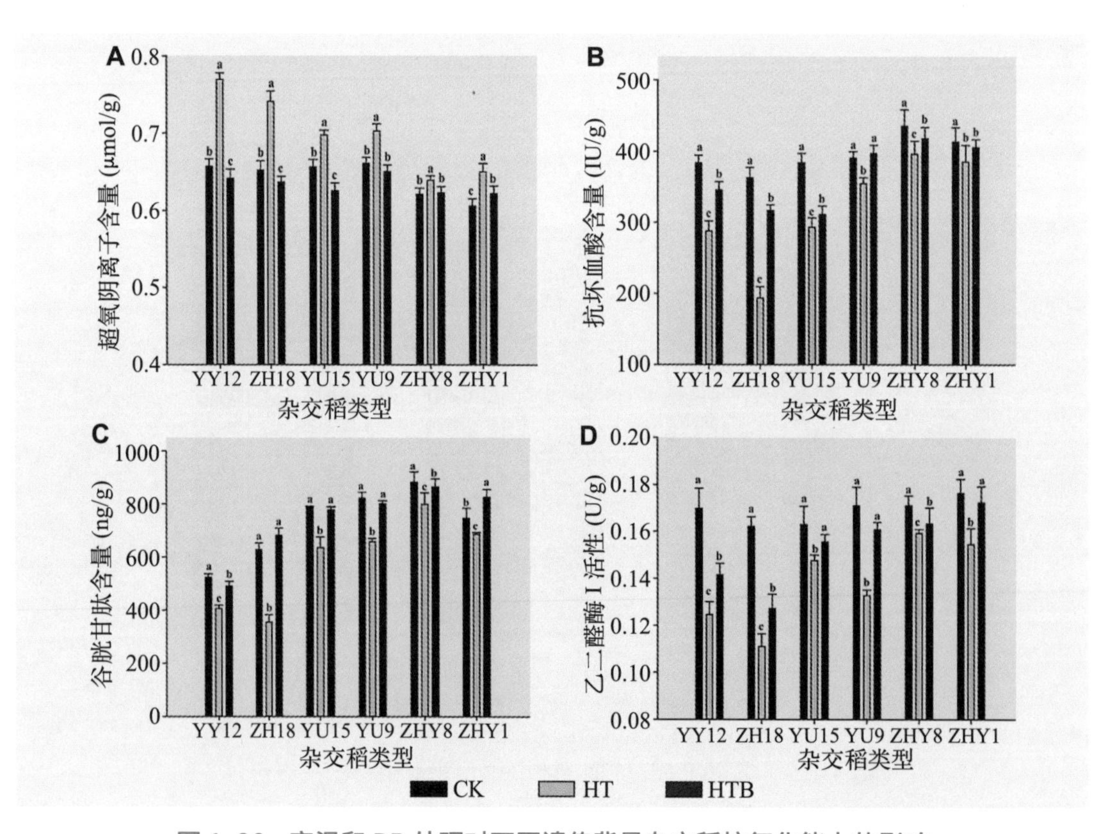

图 1–26　高温和 BR 处理对不同遗传背景杂交稻抗氧化能力的影响

因 *OsAPXI* 可负向调控 ASA 含量，高温处理 10 d 后表达水平升高，杂交籼稻提高 19.91%，其上升率低于偏籼型（29.44%）和偏粳型杂交稻（28.3%）。喷施 BR 后 *OsAPXI* 表达水平显著高于 HTB 处理组，杂交籼稻、偏籼型和偏粳型杂交稻的 *OsAPXI* 表达水平分别提高 27.49%、32.64% 和 44.47%，但仍低于 CK。乙二醛酶系统对 MG 系统起到重要的解毒作用，乙二醛酶相关基因 *OsGLYI*−8 在高温下表达水平显著下降，其中偏籼型杂交稻下降率最明显（27.37%），喷施 BR 后 *OsGLYI*−8 表达水平显著上升，且除偏粳型杂交稻外，其他品种与 CK 无显著差异。过氧化氢酶通过氧化细胞内积累的 H_2O_2，降低 ROS 含量。检测过氧化氢酶相关基因 *OsCATB* 表达量，结果显示，在高温处理 7 d 后表达水平显著下降，杂交籼稻、偏籼型和偏粳型杂交稻分别下降为 11.25%、22.11% 和 29.84%。高温下喷施 BR 后，*OsCATB* 表达水平显著上升，3 种杂交稻上升率分别为 6.26%、26.18% 和 38.41%，其中杂交籼稻喷施 BR 后与 CK 无显著差异，其他品种均显著高于 CK。谷胱甘肽过氧化物酶基因 *OsGPX3* 可催化 H_2O_2 和其他有机过氧化物，是重要的抗氧化酶之一。高温下 *OsGPX3* 表达水平显著下降，杂交籼稻、偏籼型和偏粳型杂交稻分别下降 18.05%、35.9% 和 35.09%；喷施 BR 后，*OsGPX3* 表达水平与 CK 无显著差异。

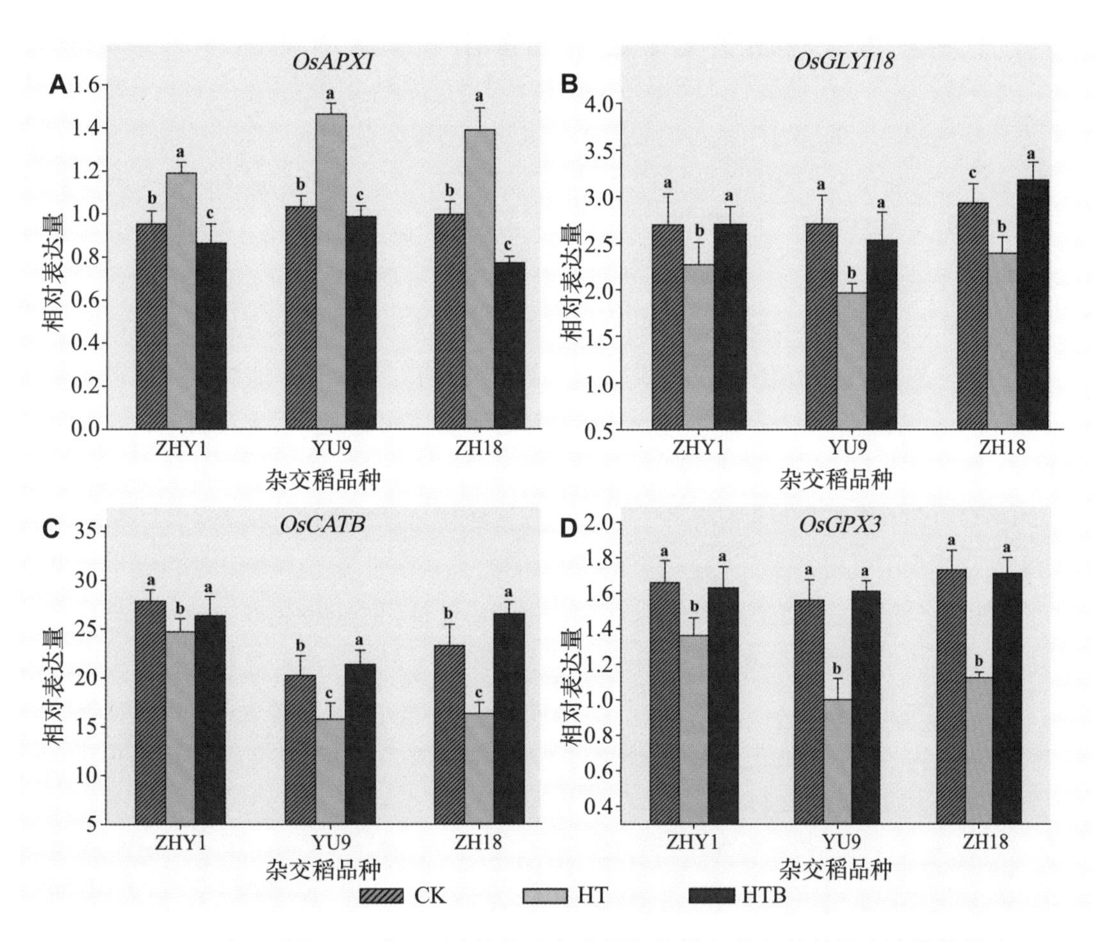

图 1-27　高温喷施 BR 对不同遗传背景杂交稻细胞抗氧化相关基因表达量的影响

（2）喷施外源激素可能性缓解弱光危害

弱光处理下，芸薹素 + 细胞分裂素和芸薹素 + 赤霉素对弱光缓解能力最强；3 种激素单独喷施结果为赤霉素 > 芸薹素 > 细胞分裂素 > 脱落酸（图 1-28）。因此，初步研究结果显示缓解寡照胁迫起到决定作用的是赤霉素，生产上建议赤霉素与芸薹素混合施用或单独喷施，以在抽穗期增加植株高度，有利于增加光吸收可能性，缓解弱光危害。

1.2.3.5 选择长生育期品种并结合移栽的种植方式减缓气候变暖对水稻生产力的不利影响措施

不同种植模式下，南粳 9108 和南粳 46 产量变化趋势一致，均为常温 > 中度升温 > 极端高温，差异达极显著水平。与常温对照相比，中度升温及极端高温胁迫处理下，南粳 9108 产量降幅在移栽方式下为 20.9% 和 55.06%，而直播条件下则为 22.09% 和 67.43%；南粳 46 产量降幅在移栽方式下为 15.1% 和 35.25%，而直播条件下则为 25.41% 和 42.22%。在温度升高不同程度胁迫条件下，南粳 9108 和南粳 46 产量降幅均表现为移栽 < 直播，其中南粳 46 产量降幅明显低于南粳 9108。

1.3 研究总结

1.3.1 高温、低温、弱光关键气象因子对水稻产量形成的调控效应与影响机理

2 ~ 5℃升温显著降低产量，产量各构成因子对产量的影响程度为结实率 > 千粒重 > 穗数 > 每穗粒数，温度处理对产量各构成因子的影响都表现为负效应，且以结实率影响最大（-0.819）。物质生产与营养分配方面，升温降低了干物质向穗的转运率和穗干物质积累速率，延长叶片持绿时间，抑制“源”向“库”转移。相关分析表明，不同种植方式下受中度升温、极端高温胁迫后，成熟期干物质总重量、茎叶干物质转运量与产量构成因子（穗数除外）、一二次枝梗籽粒结实率都呈极显著正相关。选择移栽种植方式和长生育期品种表现出对极端高温胁迫逆境较好的抗性。地上部总吸氮量、吸磷量和吸钾量均随着温度的升高显著降低。温度升高不利于茎叶中的氮素和磷素向穗部转移，对水稻各器官钾素的影响较小。与移栽条件相比，直播条件下，高温胁迫使两个品种氮素、磷素和钾素由茎叶至穗的转移率更低。在养分吸收和利用方面，总体选择移栽方式更优。移栽条件下精米率和整精米率总体小于直播条件。温度升高使两个品种的垩白度、垩白粒率和垩白大小均显著升高。蛋白质含量随着温度的升高而升高，直链淀粉含量和胶稠度表现为相反的趋势。极端高温处理后淀粉颗粒排列疏松，平均粒径、大淀粉粒比例和结晶度显著升高。种植方式对淀粉结晶度的影响不显著。高温条件下，南粳 9108 热焓值的升高幅度更大，在移栽和直播条件下分别为 16.33% 和 20.39%。峰值温度、起始温度和终止温度均随着温度的升高而升高，峰值指数表现为相反的趋势。

颖果发育不足、结实率降低是高温减产的主要原因。原基分化期和花粉充实期高温均会影响后期水稻颖果的正常发育，进而影响水稻最终产量，但两个时期高温处理对后期水稻淀粉积累及淀粉理化性质的影响有所不同，主要结论如下 6 点。

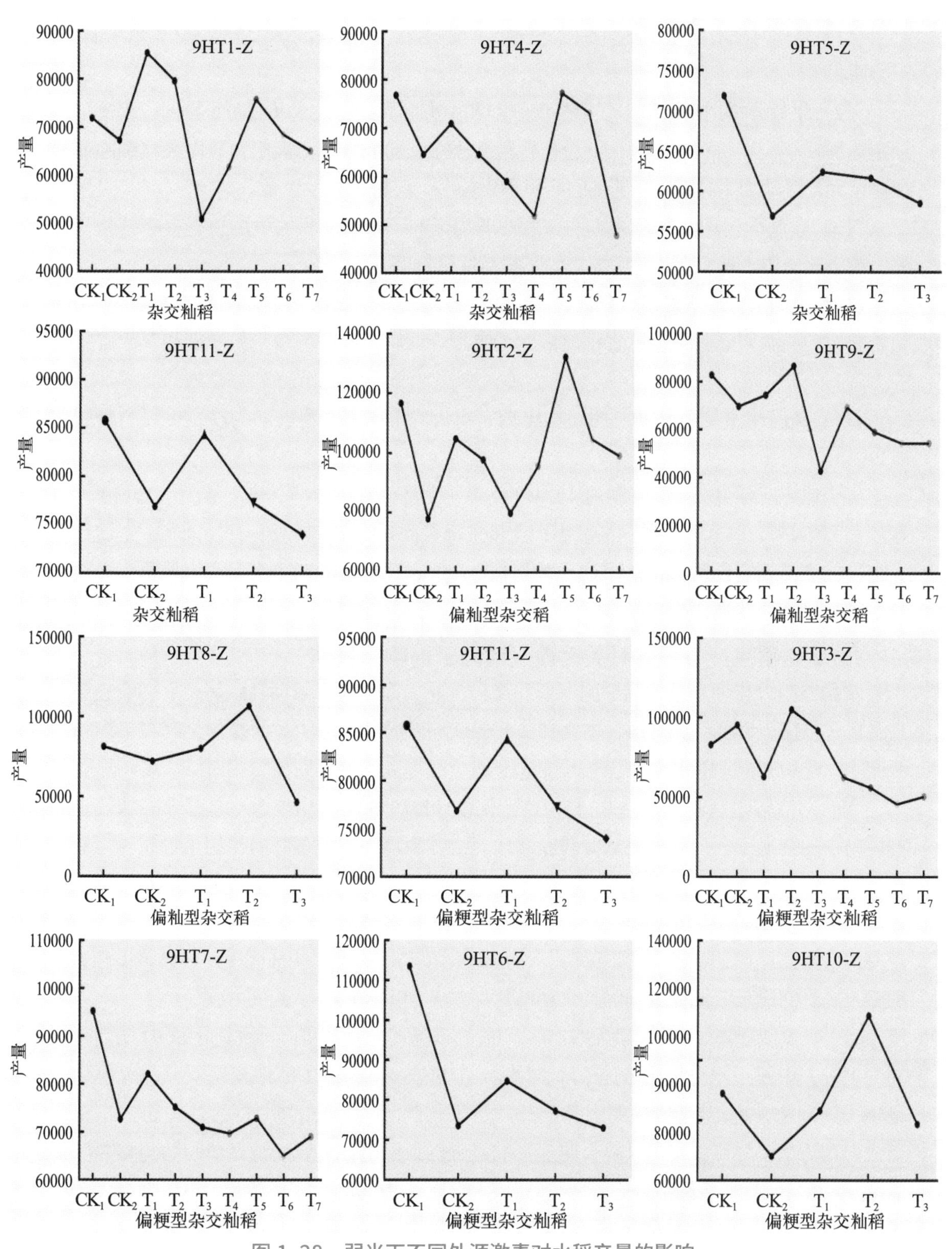

图 1-28 弱光下不同外源激素对水稻产量的影响

注：杂交籼稻包括中浙优 1 号、中浙优 8 号、Y 两优 689、钱优 930；籼粳杂交稻（偏籼型）包括甬优 1540、甬优 4949、甬优 9 号、甬优 15；籼粳杂交稻（偏粳型）包括春优 927、春优 84、甬优 12、浙优 18。偏粳 / 偏籼型是根据品种的籼粳指数划分。CK_1，无弱光 + 无激素；T_1，激素 1+ 弱光；T_3，激素 3+ 弱光；T_5，激素 5+ 弱光；CK_2，弱光 + 无激素；T_2，激素 2+ 弱光；T_4，激素 4+ 弱光；T_6，激素 6+ 弱光；T_7，激素 6+ 弱光。

（1）与同时期对照组相比，高温处理组水稻发育进程加快，每穗粒数降低，颖果偏小，干物质积累减少。

（2）原基分化期高温组水稻中果皮细胞和中央胚乳细胞发育及淀粉积累的过程受阻，细胞体积较小，淀粉积累不足，淀粉粒粒径减小。花粉充实期高温组颖果中果皮细胞前期加速增大，后期加速皱缩，胚乳细胞淀粉积累较多，淀粉粒粒径较大。

（3）原基分化期和花粉充实期高温处理均影响了水稻淀粉的表层短程有序结构，此外，前者还使得水稻发育成熟后淀粉的长程有序结构明显增加。

（4）原基分化期高温组水稻淀粉的单螺旋结构较多，无定形峰和双螺旋结构较少。而花粉充实期高温则显著增加了水稻淀粉的无定形峰面积，同时减少了单螺旋和双螺旋结构的比例。

（5）高温组水稻与同期对照组相比拥有更大的溶胀点、耐剪切力以及更强的凝胶化能力。

光合速率：低温弱光复合胁迫（LW）< 单一低温处理（LN）< 单一弱光（WN）< 常温常光（NN），时间推移差异渐减小；产量下降主因是结实率降低；籽粒灌浆关键淀粉合成酶：低温弱光复合胁迫及单一胁迫均造成 AGPase、SSS、SBE 活性下降；品质：灌浆结实期低温弱光胁迫造成稻米品质不同程度下降，且以灌浆结实 21 d 内复合胁迫的影响较大。

1.3.2 水稻生产力形成对关键性气候因子的响应机制

水稻原基分化期高温抑制细胞发育和淀粉沉积，而花粉灌浆期高温呈相反影响趋势。高温促进果皮、胚乳细胞增多，发育加快，但淀粉颗粒数目较少，原基分化期高温淀粉颗粒变小，花粉充实期高温使淀粉颗粒变大。两个时期高温处理后淀粉相对结晶度均显著增高，非晶态结构比例较低，ATR-FTIR 光谱的 1022/995 比值均较低。温度升高降低了干物质向穗的转运率，抑制物质从源向库转运。具体表现为水稻茎叶向穗的干物质转运量、转运率均随着温度升高而递减。

剑叶净光合速率穗后 14 ~ 21 d 均以极端高温胁迫处理下最小，剑叶气孔导度、蒸腾速率均随温度升高而降低，高温下茎叶干物质转运量与所有产量构成因子呈极显著正相关。穗后不同时间段低温弱光处理降低水稻叶片净光合速率（Pn）、胞间 CO_2（Ci）、气孔导度（Gs）、蒸腾速率（Tr）。穗后不同时间段的低温弱光复合胁迫导致剑叶 SOD 酶活性短期内上升，恢复正常生长后迅速下降，两品种胁迫处理后 CAT 活性变化不一，南粳 9108 呈现下降趋势，而淮稻 14 短期内先上升后下降，两品种剑叶的 POD 活性在胁迫结束后至成熟期均低于对照，其中以复合胁迫影响最大。低温弱光复合胁迫及单一胁迫显著降低 SSS、ADPG、GBSS 酶活性，不同胁迫方式间表现为 LW<LN<NW<NN。单一低温、弱光以及复合胁迫对 SBE 活性的影响贯穿于整个灌浆时期，在胁迫处理之后，NW、LN、LW 处理的 SBE 活性均高于 NN，并持续至成熟期，低温弱光复合胁迫影响程度最大。在穗后不同时间段，两品种胁迫处理后籽粒 DBE 活性均会上升，复合胁迫表现出叠加效应，但在

胁迫结束后恢复到正常环境下，NW、LN、LW 处理的 DBE 活性至成熟期均小于 NN，以穗后 21 d 内影响最大。

1.3.3 栽培技术途径缓解气候变化不利影响的调控机理

通过对产量下降率和抗性分析，筛选出适宜长江中下游地区种植的耐高温的籼粳杂交稻品种甬优 1540 和甬优 15，杂交籼稻品种中浙优 1 号和钱优 930；耐弱光的籼粳杂交稻品种甬优 1540、甬优 15 和杂交籼稻品种中浙优 1 号。根据产量及其构成因素表现，筛选出适应云南立体气候的 3 个高产稳产型品种，分别为楚粳 28、楚粳 37、云粳 38；高产敏感型品种 1 个，为楚粳 27；低产型品种 2 个，武运粳 21 和秀水 134。根据品种产量表现，筛选出适宜贵州高原气候的品种，即川绿优 188、宜香 10 号，其次是宜香 2239，高产模式兴义以宜香 2239 产量综合表现较好。

江苏晚熟品种适期早播可避开抽穗期温光不利影响，而西南高原粳稻 5 月 10 日前适龄移栽利于温光资源的高效利用从而提高生产力。云南温暖粳稻区在适宜秧龄的基础上，最佳播栽期主要受移栽期影响，移栽期推迟后，灌浆结实期日平均温度低于 18℃后，水稻不能正常灌浆，产量显著降低，为避免开花期低温造成的不利影响，在 5 月 10 日前适时早栽有利于高产，5 月 20 日后移栽不利于稳产。明确了优化肥水管理措施对气候变化的缓解效应，并提出了高产优质协同的栽培技术途径。具体为水稻移栽后采用浅水管理，中期适度晒田，后期干湿交替能显著提高有效穗和结实率，进而提高水稻产量。在施氮量为 180 kg hm^2 条件下，基蘖肥与穗肥比例为 5:5 时，宜香优 2115 的产量、氮肥利用率、精米率和整精米率最高，垩白较小，且保持较好营养品质，能同步实现高产和优质，还可配合氮肥减量后移技术。结合耐温光胁迫品种，水稻抽穗开花期喷施 0.15% mg/L 芸薹素可增强抗高温胁迫能力，混合喷施 0.15% mg/L 赤霉素和芸薹素可缓解弱光危害，稳定水稻生产力。

参考文献

曹立勇，朱军，赵松涛，等，2002. 水稻籼粳交 DH 群体耐热性的 QTLs 定位 [J]. 农业生物技术学报 (3): 210–214.

曹云英，段骅，杨立年，等，2008. 减数分裂期高温胁迫对耐热性不同水稻品种产量的影响及其生理原因 [J]. 作物学报，34(12): 2 134–2 142.

陈燕华，王亚梁，朱德峰，等，2019. 外源油菜素内酯缓解水稻穗分化期高温伤害的机理研究 [J]. 中国水稻科学，33(5): 457–466.

崔读昌 . 1995. 气候变暖对水稻生育期影响的情景分析 [J]. 应用气象学报 (3): 361–365.

董思言，高学杰 . 2014. 长期气候变化 -IPCC 第五次评估报告解读 [J]. 气候变化研究进展，10(1): 56–59.

段骅，傅亮，剧成欣，等，2013. 氮素穗肥对高温胁迫下水稻结实和稻米品质的影响 [J]. 中国

水稻科学 (6): 591–602.

段骅，俞正华，徐云姬，等，2012. 灌溉方式对减轻水稻高温危害的作用 [J]. 作物学报，38(1): 107–120.

符冠富，张彩霞，杨雪芹，等，2015. 水杨酸减轻高温抑制水稻颖花分化的作用机理研究 [J]. 中国水稻科学，29(6): 637–647.

何帅奇. 2014. 自由大气 CO_2 浓度与温度升高对水稻干物质分配及产量构成因素的影响 [D]. 南京：南京农业大学.

侯雯嘉，耿婷，陈群，等，2015. 近 20 年气候变暖对东北水稻生育期和产量的影响 [J]. 应用生态学报，26(1): 249–259.

黄丽芬，张蓉，余俊，等，2014. 弱光下氮素配施对杂交水稻氮磷钾吸收分配的效应研究 [J]. 核农学报，28(12): 2 261–2 268.

赖上坤，吴艳珍，沈士博，等，2016. 剪叶疏花条件下高浓度 CO_2 对汕优 63 生长和产量的影响 [J]. 生态学报，36(15): 4 751–4 761.

李春华，曾青，沙霖楠，等，2016. 大气 CO_2 浓度和温度升高对水稻地上部干物质积累和分配的影响 [J]. 生态环境学报，25(8): 1 336–1 342.

李健陵，张晓艳，吴艳飞，等，2013. 灌浆结实期高温对早稻产量和品质的影响 [J]. 中国稻米，19(4): 50–55.

李萍萍，程高峰，张佳华，等，2010. 高温对水稻抽穗扬花期生理特性的影响 [J]. 江苏大学学报 (自然科学版), 31(2): 125–130.

李稳香，陈立云，雷同阳，等，2006. 高温条件下杂交中稻结实率与生理生化特性变化的相关性研究 [J]. 种子，25(5): 12–16.

凌霄霞，张作林，翟景秋，等，2019. 气候变化对中国水稻生产的影响研究进展 [J]. 作物学报，45(3): 323–334.

刘蕾蕾. 2012. 气候变化、品种更新和管理措施对我国水稻生育期及产量影响的研究 [D]. 南京：南京农业大学.

刘维，李祎君，吕厚荃. 2018. 早稻抽穗开花至成熟期气候适宜度对气候变暖与提前移栽的响应 [J]. 中国农业科学，51(1): 49–59.

骆宗强，石春林，江敏，等，孕穗期高温对水稻物质分配及产量结构的影响 [J]. 中国农业气象，2016, 37(3): 326–334.

马廷臣，夏加发，唐光勇，等，2010. 水稻生殖生长期对高温胁迫响应的研究进展 [J]. 中国农学通报，26(17): 178–182.

马廷臣，余蓉蓉，陈荣军，等，2010. PEG-6000 模拟干旱对水稻苗期根系形态和部分生理指标影响的研究 [J]. 中国农学通报，26(8): 149–156.

缪乃耀，唐设，陈文珠，等，2017. 氮素粒肥缓解水稻灌浆期高温胁迫的生理机制研究 [J]. 南京农业大学学报，40(1): 1–10.

气候变化国家评估报告编写委员会. 2007. 气候变化国家评估报告 [J]. 科学通报，(8): 135.

沙霖楠 . 2015. CO_2 浓度和温度升高对水稻根系生长的影响 [D]. 南京 : 南京林业大学 .

盛婧 , 陶红娟 , 陈留根 . 2007. 灌浆结实期不同时段温度对水稻结实与稻米品质的影响 [J]. 中国水稻科学 (4): 396–402.

史培华 . 2014. 花后高温对水稻生长发育及产量形成影响的研究 [D]. 南京: 南京农业大学 .

宋广树 , 孙蕾 , 杨春刚 , 等 , 2012. 吉林省水稻幼苗期低温处理对根系活力的影响 [J]. 中国农学通报 , 28(3): 33–37.

宋丽莉 , 赵华强 , 朱小倩 , 等 , 2011. 高温胁迫对水稻光合作用和叶绿素荧光特性的影响 [J]. 安徽农业科学 , 39(22): 13 348–13 353.

宋有金 , 吴超 . 2020. 高温影响水稻颖花育性的生理机制综述 [J]. 江苏农业科学 , 48(16): 41–48.

汤日圣 , 郑建初 , 陈留根 , 等 , 2005. 高温对杂交水稻籽粒灌浆和剑叶某些生理特性的影响 [J]. 植物生理与分子生物学学报 (6): 657–662.

陶龙兴 , 谈惠娟 , 王熹 , 等 , 2008. 高温胁迫对国稻 6 号开花结实习性的影响 [J]. 作物学报 (4): 669–674.

陶龙兴 , 谈惠娟 , 王熹 , 等 , 2009. 开花和灌浆初期高温胁迫对国稻 6 号结实的生理影响 [J]. 作物学报 , 35(1): 110–117.

田小海 , 松井勤 , 李守华 , 等 , 2007. 水稻花期高温胁迫研究进展与展望 [J]. 应用生态学报 , 18(11): 2 632–2 636.

屠乃美 , 官春云 . 1999. 水稻幼穗分化期间减源对源库关系的影响 [J]. 湖南农业大学学报 (6): 3–5.

万运帆 , 游松财 , 李玉娥 , 等 , 2014. CO_2 浓度和温度升高对早稻生长及产量的影响 [J]. 农业环境科学学报 , 33(9): 1 693–1 698.

王才林 , 仲维功 . 2004. 高温对水稻结实率的影响及其防御对策 [J]. 江苏农业科学 (1): 15–18.

王华 , 杜尧东 , 杜晓阳 , 等 , 2017. 灌浆期不同时间喷水降温对超级稻“玉香油占”产量和品质的影响 [J]. 生态学杂志 , 36(2): 413–419.

王娟 , 景立权 , 吴艳珍 , 等 , 2016. 高 CO_2 浓度和剪叶疏花对水稻‘Y 两优 2 号’产量形成的影响 [J]. 中国生态农业学报 , 24(6): 762–769.

王黎辉 . 2020. 杂交水稻抽穗扬花期高温对结实率及相关生理特性的影响研究 [J]. 种子科技 , 38(16): 24–26.

王品 , 魏星 , 张朝 , 等 , 2014. 气候变暖背景下水稻低温冷害和高温热害的研究进展 [J]. 资源科学 , 36(11): 2 316–2 326.

王亚梁 , 张玉屏 , 曾研华 , 等 , 2015. 水稻穗分化期高温对颖花分化及退化的影响 [J]. 中国农业气象 (6): 724–731.

王云霞 , 杨连新 . 2020. 水稻品质对主要气候变化因子的响应 [J]. 农业环境科学学报 , 39(4): 822–833.

王志刚 , 王磊 , 林海 , 等 , 2013. 水稻高温热害及耐热性研究进展 [J]. 中国稻米 , 19(1): 27–31.

隗溟 , 王光明 , 陈国惠 , 等 , 2002. 盛花期高温对两系杂交稻两优培九结实率的影响研究 [J]. 杂交水稻 (1): 53–55.

吴超，崔克辉 . 2014. 高温影响水稻产量形成研究进展 [J]. 中国农业科技导报，16(3): 103–111.

吴晨阳，姚仪敏，邵平，等，2014. 外源硅减轻高温引起的杂交水稻结实率降低 [J]. 中国水稻科学 (1): 71–77.

吴慧玲 . 2020. 近 20 年气候灾害数量急剧上升 [J]. 生态经济，36(12): 5–8.

吴岳轩，吴振球 . 1995. 土壤温度对亚种间杂交稻根系生长发育和代谢活性的影响 [J]. 湖南农学院学报 (3): 218–225.

伍龙梅，李惠芬，黄庆，等，2019. 幼穗分化期氮肥用量降低水稻遮光减产效应研究 [J]. 广东农业科学，46(9): 18–26.

夏明元，戚华雄 . 2004. 高温热害对四个不育系配制的杂交组合结实率的影响 [J]. 湖北农业科学，(2): 21–22.

谢晓金，李秉柏，李映雪，等，2010. 抽穗期高温胁迫对水稻产量构成要素和品质的影响 [J]. 中国农业气象，31(3): 411–415.

谢晓金，申双和，李秉柏，等，2009. 抽穗期高温胁迫对水稻开花结实的影响 [J]. 中国农业气象，30(2): 252–256.

徐汝聪，李丹丹，吕东，等，2020. 水稻 *OsSUTs* 基因对弱光胁迫的应答分析 [J]. 分子植物育种，8(30): 1–15.

闫川，丁艳锋，王强盛，等，2008. 穗肥施量对水稻植株形态、群体生态及穗叶温度的影响 [J]. 作物学报，34(12): 2 176–2 183.

杨军，蔡哲，刘丹，等，2019. 高温下喷施水杨酸和磷酸二氢钾对中稻生理特征和产量的影响 [J]. 应用生态学报，30(12): 4 202–4 210.

杨军，章毅之，贺浩华，等，2020 水稻高温热害的研究现状与进展 [J]. 应用生态学报，31(8): 2 817–2 830.

杨舒贻，陈晓阳，惠文凯，等，2016. 逆境胁迫下植物抗氧化酶系统响应研究进展 [J]. 福建农林大学学报 (自然科学版), 45(5): 481–489.

张彬，郑建初，黄山，等，2008. 抽穗期不同灌水深度下水稻群体与大气的温度差异 [J]. 应用生态学报，19(1): 87–92.

张桂莲，陈立云，雷东阳，等，2005. 水稻耐热性研究进展 [J]. 杂交水稻，20(1): 4–8.

张建平，赵艳霞，王春乙，等，2005. 气候变化对我国南方双季稻发育和产量的影响 [J]. 气候变化研究进展，1(4): 151–156.

张卫建，陈金，徐志宇，等，2012. 东北稻作系统对气候变暖的实际响应与适应 [J]. 中国农业科学，45(7): 1 265–1 273.

张卫建，陈长青，江瑜，等，2020. 气候变暖对我国水稻生产的综合影响及其应对策略 [J]. 农业环境科学学报，39(4): 805–811.

张鑫，陈金，江瑜，等，2014. 夜间增温对江苏不同年代水稻主栽品种生育期和产量的影响 [J]. 应用生态学报，25(5): 1 349–1 356.

张祎玮，娄运生，朱怀卫，等，2017. 夜间增温对水稻生长、生理特性及产量构成的影响 [J]. 中国农业气象，38(2): 88–95.

张祖建，王晴晴，郎有忠，等，2014. 水稻抽穗期高温胁迫对不同品种受粉和受精作用的影响 [J]. 作物学报，40(2): 273–282.

赵志刚，江玲，肖应辉，等，2006. 水稻孕穗期耐热性 *QTLs* 分析 [J]. 作物学报，32(5): 640–644.

郑志广，2003. 光温条件对水稻结实及干物质生产的影响 [J]. 北京农学院学报，(1): 13–16.

CHEN Y, ZHANG Z, TAO F, 2018. Impacts of climate change and climate extremes on major crops productivity in China at a global warming of 1.5 and 2.0 degrees℃ [J]. Earth System Dynamics, 9(2): 543–562.

ISHIGURO S, OGASAWARA K, FUJINO K, et al., 2014. Low Temperature-Responsive Changes in the AntherTranscriptome's Repeat Sequences Are Indicative ofStress Sensitivity and Pollen Sterility in Rice Strains[J]. Plant Physiology, 164(2): 671–682.

FAN X, LI Y, ZHANG C, et al., 2019. Effects of high temperature on the fine structure of starch during the grain-filling stages in rice: mathematical modeling and integrated enzymatic analysis[J]. Journal of the Science of Food and Agriculture, 99(6): 2 865–2 873.

GUOHUA L, YONGFENG W, WENBO B, et al., 2013. Influence of High Temperature Stress on Net Photosynthesis, Dry Matter Partitioning and Rice Grain Yield at Flowering and Grain Filling Stages [J]. Journal of integrative agriculture, 12(4): 603–609.

HONG Y, SUN Y, 2018. Characteristics of extreme temperature and precipitation in China in 2017 based on ETCCDI indices[J]. Progress in Climate Change Research, 9(4): 218–226.

HONG-SHIK N, JIN-HYEOB K, SANG-SUN L, et al., 2013. Fertilizer N uptake of paddy rice in two soils with different fertility under experimental warming with elevated CO_2[J]. Plant and Soil, 369: 1–2.

JHENG-HUA L, HARINDER S, YI-TING C, et al., 2011. Factor analysis of the functional properties of rice flours from mutant genotypes[J]. Food Chemistry, 126(3): 1 108–1 114.

KIM J, SHON J, LEE C K, et al., 2011. Relationship between grain filling duration and leaf senescence of temperate rice under high temperature[J]. Field Crops Research, 122(3): 207–213.

LIU Y, PAN T, TANG Y, et al., 2020. Proteomic Analysis of Rice Subjected to Low Light Stress and Overexpression of OsGAPB Increases the Stress Tolerance.[J]. Rice, 13(1): 30.

MAESTRI E, KLUEVA N, PERROTTA C, et al., 2002. Molecular genetics of heat tolerance and heat shock proteins in cereals[J]. Plant Molecular Biology, 48(5–6): 667–681.

MATSUI T, OMASA K, HORIE T, 2001. The Difference in Sterility due to High Temperatures during the Flowering Period among Japonica-Rice Varieties[J]. Plant Production Science, 4(2): 90–93.

MOHAMMED A R, TARPLEY L, 2009. High nighttime temperatures affect rice productivity through altered pollen germination and spikelet fertility[J]. Agricultural and Forest Meteorology, 149(6–7): 999–1 008.

MOHAMMED A, TARPLEY L, 2009. Impact of High Nighttime Temperature on Respiration,

Membrane Stability, Antioxidant Capacity, and Yield of Rice Plants[J]. Crop Science, 49(1): 313–322.

PRASAD P, BOOTE K J, ALLEN L H, et al., 2006. Species, ecotype and cultivar differences in spikelet fertility and harvest index of rice in response to high temperature stress[J]. Field Crops Research, 95(2–3): 398–411.

SCAFARO A P, YAMORI W, CARMO-SILVA A E, et al., 2012. Rubisco activity is associated with photosynthetic thermotolerance in a wild rice (Oryza meridionalis)[J]. Physiol Plant, 146(1): 99–109.

PENG S, HUANG J, SHEEHY JE, ET AL., 2004. Rice yields decline with higher night temperaturefrom global warming[J]. Proceedings of the National Academy of Sciences, 101(27): 9 971–9 975.

SUDHANSHU S, DARSHAN P, JITENDRA K, et al., 2018. Comparative transcriptome profiling of low light tolerant and sensitive rice varieties induced by low light stress at active tillering stage[J]. Scientific Reports, 9(10): 177–182.

TAO F, ZHANG Z, SHI W, ET AL., 2013. Single rice growth period was prolonged by cultivars shifts, but yield was damaged by climate change during 1981-2009 in China, and late rice was just opposite[J]. Global change biology, 19(10): 3 200–3 209.

WANG P, ZHAO Z, YI C, ET AL, 2016. How much yield loss has been caused by extreme temperature stress to the irrigated rice production in China?[J]. Clim Change, 134: 635–650.

XIONG D, LING X, HUANG J, ET AL., 2017. Meta-analysis and dose-response analysis of high temperature effects on rice yield and quality[J]. Environmental and Experimental Botany, 141: 1–9.

ZHANG T, HUANG Y, YANG X, 2013. Climate warming over the past three decades has shortened rice growth duration in China and cultivar shifts have further accelerated the process for late rice[J]. Global Change Biology, 19(2): 563–570.

ZHAO Q, YE Y, HAN Z, ET AL, 2020. SSIIIa-RNAi suppression associated changes in rice grain quality and starch biosynthesis metabolism in response to high temperature.[J]. Plant science : an international journal of experimental plant biology, 294.

ZISKA L H, MANALO P A, ORDONEZ R A, 1996. Intraspecific variation in the response of rice (Oryza sativa L.) to increased CO_2 and temperature: growth and yield response of 17 cultivars[J]. Journal of Experimental Botany, 47(9): 1 353–1 359.

主要撰写人：黄丽芬、庄恒扬、闫　川、夏琼梅、郭保卫

2 稻米品质对气候变化的响应机制及优质栽培途径

摘要：随着我国社会经济的快速发展，消费者对优质米的需求不断提高。但在全球气候变化加剧的背景下，局部地区气象灾害频发，对区域内优质水稻生产造成了不利影响。高温、干旱等气象灾害频发，不仅显著降低了产量，对稻米品质尤其是垩白等外观品质也造成了严重的影响。开展气候变化下水稻品质的响应机制与适应途径研究，筛选适应性强的优质、高产品种，研发配套的应变栽培技术，是增强我国稻米竞争力的重要途径。基于大田开放式增温、水分梯度灌溉系统、人工气候箱等试验模拟装置，开展了环境因子胁迫下稻米品质形成的生理生态机制研究。结果显示：温度、光照、水分等环境因子对稻米品质形成的调控总体呈现负面效应。但鉴于稻米品质如垩白等性状形成的复杂性，其中包含品种遗传因素与环境因子的互作效应，当前对稻米品质形成的遗传规律及环境影响的生理生态机制研究依然存在不足。围绕上述科学问题，在探明稻米品质形成过程中关键气候因子对籽粒中碳水化合物积累的影响机理、调控过程及生理生态的基础上，本研究提出了在气候变暖背景下以品种、氮肥等常规栽培措施为基础的水稻优质栽培途径，通过试验研究筛选出了适应性强的优质、高产品种，并研发了配套的应变栽培技术。研究结果明确了应对气候变化且兼顾丰产、优质与减排的栽培技术途径，并提出了实现水稻生产系统对气候变化的响应与应变策略，为应对气候变化的栽培调控技术研发提供了理论研究基础。相关成果为进一步示范推广全球气候变化下优质稻米栽培技术，提升我国水稻生产应对气候变化的能力提供了重要理论与技术支撑。

2.1 研究背景

20 世纪 50 年代以来的全球变暖可能主要与人类排放引起的温室气体浓度增加有关，并且变暖预计会在 21 世纪持续。随着升温幅度和升温速度的明显提高，人类社会的生存和发展面临着巨大的挑战（D H et al.，2006）。

IPCC 最新研究表明，与工业革命前相比，到 2017 年为止，人类活动已导致全球温度升高 0.8 ~ 1.2℃。如果以目前的速度继续上升，全球变暖可能在 2030—2052 年温度升高达到 1.5℃，并且陆地上的升温幅度要高于海洋（Kerley et al.，2018）。全球气候变暖导致的增温还存在明显的不对称性：夜间增温幅度显著高于白天，导致温度日较差减小（Lobell，

2007；Price et al.，1999）。极端温度增加也存在不对称性，例如在 1950—2004 年，最低温度在每 10 年里增加了 0.204℃，而最高温度则只增加了 0.141℃（Vose et al.，2005）。此外，冬季增温幅度大于夏季，高纬度地区增温幅度大于低纬度地区也是温度变化的特点（Stocker，2013）。随着全球气候变暖，我国主要水稻种植区生长季阴雨寡照天气出现越来越频繁。长江中下游稻区近几十年阴雨寡照天气增多导致日照时数和总辐射量减少（黄丽芬等，2014），且极端阴雨寡照天气频发（仲嘉等，2015；衣政伟等，2019）。另外，干旱地区的范围不断扩大。1980 年前，中国发生重旱以上的省区有 17 个，而 1980 年到目前，发生重旱以上的省区增加到 23 个；旱灾高发区由北方地区扩展到南方和东部湿润、半湿润地区（陶然和张珂，2020）。《中国气候变化监测公报（2013）》指出，1961—2013 年中国共发生了 164 次区域性气象干旱事件，其中极端干旱事件 16 次，严重干旱事件 33 次，中度干旱事件 65 次，轻度干旱事件 50 次。20 世纪 70 年代后期至 80 年代干旱事件偏多，90 年代至 21 世纪初偏少，2003 年以来总体偏多，近年来西南地区冬春季气象干旱尤为频繁（许吟隆，2018）。

2.1.1 气候变化对稻米品质的影响

2.1.1.1 灌浆期温度上升对稻米品质的影响

灌浆结实期温度与氮肥是影响稻米品质的两个重要生态因子（Fitzgerald et al.，2009；黄发松等，1998）。现已基本明确，灌浆结实期高温会引起稻米整精米率下降、垩白度增加和稻米蒸煮食味品质变劣（Dong et al.，2014；Liu et al.，2017）。且经过整合分析发现，单独日间高温、单独夜间高温和全天高温使稻米垩白度分别平均增加 222%、61% 和 331%（Xiong et al.，2017），可见日间高温比夜间高温对垩白的影响更大，且二者存在叠加效应。夜间增温降低了糙米率、精米率和整精米率，增加了垩白发生，降低了稻米的加工品质和外观品质，这与日间增温影响一致。总体来说，灌浆结实期夜间增温对稻米的加工品质、外观品质、营养品质影响与日间增温一致，对蒸煮食味品质和淀粉结构的影响与日间增温存在很大的差异，且夜间增温对稻米品质的影响程度整体上小于日间增温（戴云云等，2009a）。

垩白度直接决定了大米的外观品质，同时也是决定稻米品质及其商品价值的最重要的因子；整精米率是反映水稻加工品质好坏的重要衡量指标。过去的研究报道表明稻米品质包括垩白度和整精米率对温度非常敏感（Fitzgerald and Resurreccion，2009；Madan et al.，2012；Sreenivasulu et al.，2015）。水稻籽粒在灌浆期遭遇高温，高温会引发不正常的灌浆过程以及破坏储存物质的生物合成过程，从而导致垩白的形成。淀粉粒松散的排列导致淀粉粒之间形成空隙，从而使垩白大米颗粒变得更脆，并且在纹理处产生裂痕。因此在加工过程中容易断裂，导致整精米率下降（Sreenivasulu et al.，2015）。同时，灌浆结实期增温条件下，RVA 谱特征值峰值黏度、崩解值和糊化温度有上升趋势，消碱值有下降趋势（Dou et al.，2018；Dou et al.，2017；杨陶陶等，2019）。

针对不同的水稻品种来说，增温对双季稻区早晚稻加工品质有改善作用（杨陶陶等，

2018），花后增温对晚粳稻的加工品质无显著影响（杨陶陶等，2020），且加工品质对增温的响应在年份和品种间存在差异（董文军，2011；杨陶陶等，2019）。另外，增温对米粉 RVA 谱特征值的影响在不同季节和不同品种之间也存在较大差异。杨陶陶等（2018）研究增温对早籼稻不同基因型品种崩解值的影响呈相反趋势，而对晚籼稻和晚粳稻消减值的影响也不一致。

开放式增温主要对稻米的碾磨品质和外观品质产生显著影响，这可能是由于试验进行全天候不间断地增温处理缩短了灌浆持续期，影响籽粒的充实度，糠层变厚，导致碾磨品质降低（龚金龙等，2013）。并且，在增温环境下，尽管一些籽粒能成功受精，但可能会受到生理损伤，从而影响稻米的外观品质（贾志宽和高如嵩，1992）。灌浆结实期高温和氮肥施用过量均会引起稻米蛋白质含量增加和米饭食味下降（胡群等，2017；金正勋等，2001；陶进等，2016；姚姝等，2016）。Resurreccion 等（1977）通过控温试验发现，粳稻品种的蛋白质含量随平均温度升高而增加，籼稻品种的蛋白质含量与温度关系表现为抛物线型。孟亚丽等（1997）研究认为成熟期高温对蛋白质的影响因品种而异。

2.1.1.2 高温胁迫对稻米品质的影响

水稻生殖生长阶段的花器官发育、开花受精和籽粒灌浆是水稻对高温胁迫表现最敏感的几个关键时期（Hall，1992）。灌浆结实期高温胁迫主要影响水稻籽粒的灌浆充实过程，高温会导致籽粒灌浆加速、有效灌浆期缩短和籽粒充实度降低。由于灌浆籽粒中的淀粉和贮藏蛋白积累及其组分变化与环境温度变化间的关系较密切，因此灌浆结实期是高温胁迫对水稻籽粒的灌浆充实和品质形成的关键时期（Geigenberger et al.，2011）。在高温胁迫下，稻米的整精米率下降、垩白度大幅增加、蒸煮食味品质变差（Fitzgerald et al.，2009）。大量研究已经表明淀粉合成和贮藏蛋白代谢与稻米食味品质和营养品质密切相关（Vandeputte and Delcour，2004；童浩等，2013）。

前人研究表明，高温会引起稻米中粗蛋白含量提高，表现极显著正相关（黄英金等，2002；肖辉海等，2010；陶龙兴等，2006）。周广洽等（1997）报道，高温胁迫处理不仅可以改变稻米中的粗蛋白和氨基酸总量，而且会影响稻米中的氨基酸组成。戴廷波等（2006）报道高温显著提高了小麦籽粒清蛋白、球蛋白和醇溶蛋白含量，但降低了谷蛋白含量，导致麦谷蛋白/醇溶蛋白比值降低。马启林等（2009）研究报道高温胁迫处理不仅增加了水稻胚乳中粗蛋白含量，而且改变了贮藏蛋白质的组成和积累形态，Lin 等（2010）利用高温处理对水稻胚乳不同蛋白组分积累进行了动态分析，研究揭示在灌浆早期，水稻胚乳 4 种蛋白组分含量在高温胁迫下均上升。韦克苏等（2010）利用水稻表达谱芯片研究灌浆期高温对水稻蛋白类相关基因的表达模式，结果表明与贮藏蛋白合成代谢直接相关的绝大多数蛋白亚基基因在高温胁迫下呈下调表达。Yamakawa 等（2007）利用 DNA 芯片技术对高温胁迫下水稻胚乳贮藏蛋白合成相关基因进行了动态表达谱分析，结果显示醇溶蛋白基因表达的时间晚于谷蛋白。高温胁迫处理下，*13 kD Pro* 基因在整个灌浆期都表现为下调；但是谷蛋白家族基因在灌浆前期（8 ~ 15 DAA）表达上升，而在灌浆后期急剧下降，几乎不表达。

关于高温对籽粒氨基酸供体代谢的研究，国内外已有大量文献报道。据唐湘如等（1999）报道，糙米蛋白质含量与水稻灌浆期间叶片和籽粒中谷氨酰胺合成酶（Glutamine synthetase，GS）活性呈显著或极显著正相关。肖辉海等（2010）的结果显示，水稻灌浆期籽粒中 GS 活性的提高是高温处理下籽粒可溶性蛋白含量和粗蛋白总量增加的一个重要原因。梁成刚等（2010）研究表明，高温处理下水稻籽粒中的 GS 酶活性有明显下降，并认为籽粒 GS 不是高温处理对水稻籽粒氮代谢和蛋白合成影响的关键酶。曹珍珍等（2012）在灌浆期对水稻进行高温胁迫处理，探讨了籽粒氮代谢几个关键酶与贮藏蛋白的关系，研究表明编码谷氨酰胺合成酶同工型基因 *GS2* 表达量与适温相比在整个胚乳灌浆期都显著升高，相应的酶活水平也在高温下升高，尤其是在灌浆前期，但可溶性蛋白的温度处理差值与 GS 活性的温度处理差值之间的相关不显著。这些结果说明高温处理下籽粒蛋白含量的变化不只受籽粒氮同化的调控，可能还与蛋白质积累其他代谢环节密切相关。

2.1.1.3 弱光寡照对稻米品质的影响

作物仅能利用太阳辐射光谱 380 ~ 710 nm 波长范围内的辐射，即光合有效辐射能。光合有效辐射对绿色植物的形态建成、光合作用、生长发育等均产生显著的影响。弱光胁迫下，水稻植株叶片同化物和干物质积累量减少，同时也限制了光合产物向穗部的转移，从而使穗部干物质分配比例降低，干物质分配紊乱（任万军等，2003a；任万军等，2003c）。水稻叶片作为水稻进行光合作用的重要器官，对光强反应非常敏感。研究表明，正常光照条件下，栅栏组织伸长，增加了叶绿体 CO_2 通道的面积，从而增加了叶片厚度，增强了光合能力，而弱光下或较低 PAR 辐照度会导致叶片叶肉厚度变薄，单位叶面积的叶肉细胞数、细胞体积和总细胞表面积减少，叶片长度和宽度增加。且在弱光条件下，叶片净光合速率和固定 CO_2 的核心酶 Rubisco 活性下降，光合碳代谢对 ATP 及 NADPH 需求减小，PS Ⅱ中完全开放的反应中心所占比例下降，从而限制光合碳代谢的电子供应，影响光合作用中光反应的进行，而叶肉导度下降则导致羧化效率降低，暗反应受到抑制，最终表现为光合产物显著降低（王成孜等，2019）。弱光条件下，光合能力降低，光合同化物分配紊乱，是作物减产的主要原因。随弱光胁迫程度的加深，水稻所受影响逐渐增大，甚至不能正常生长；而不同生育阶段弱光胁迫则导致水稻不同程度减产，其中以灌浆结实期影响最大，该阶段弱光胁迫导致水稻结实率大幅降低，加之籽粒充实度、充实率和千粒重的降低，产量降幅达 23% ~ 64%（Mo et al.，2015；Wei et al.，2018；罗亢等，2018）。

随着稻米生产能力的发展和人民生活的改善，当前稻米消费需求已由“从吃饱向吃得优质、安全、健康”转变，市场对稻米品质已提出愈来愈高的要求，稻米品质问题也日益引起各方关注。植株生长期间光合产物的合成和分配既是产量的来源，又是品质形成的关键。弱光导致籽粒充实不足，籽粒蔗糖、淀粉和直链淀粉含量减少，水稻糙米率、精米率、整精米率、透明度，以及淀粉峰值黏度、冷胶黏度、崩解值和胶稠度显著或极显著降低，稻米垩白和蛋白质含量增加，稻米品质变劣（Deng et al.，2018；Ishibashi et al.，2014；Wei et al.，2018；李天等，2005），这其中又以垩白所受影响最为明显。稻米垩白是稻米灌浆过程中胚乳淀粉和蛋白质颗粒排列疏松所致，是评价水稻籽粒品质优劣的重要指标，也是决定稻米价格的关键。垩白的有无、面积的大小直接影响了稻米的外观品质；高垩白的稻米透明度差，硬度小，在精碾加工时米粒极易碎裂，产生碎米，导致稻米的整精米粒率下降；而垩白米蒸煮之后饭粒断裂或蓬松中空，严重影响蒸煮食味品质。淀粉是胚乳的主要组分，占水稻籽粒干重的 90% 以上。成熟时，籽粒淀粉粒若发育充分，呈多面体且较小，相互挤压，呈现为透明米粒；若胚乳填充率低，淀粉粒近球形，淀粉粒彼此间存在间隙，呈现为垩白米粒。弱光下淀粉合成受阻，淀粉体发育不良可能是稻米垩白产生的主要原因，也是籽粒灌浆不充分的细胞学行为。

2.1.1.4 干旱对稻米品质的影响

土壤水分是影响稻米品质的重要环境因子。干旱胁迫下，籽粒中蛋白质的含量下降，垩白度、垩白粒率与干旱胁迫程度成正相关关系（Ding et al.，2016）。受灌浆特性的影响，水分胁迫对稻米垩白粒率与垩白度的影响相同，垩白粒率、垩白度都显著提高。在孕穗期和抽穗期干旱胁迫会导致水稻糙米率、食味品质下降（张洪程等，2003）。与轻度水分胁迫处理相比，重度水分胁迫处理下稻米的出糙率、精米率和整精米率要显著降低。花后生育阶段是籽粒灌浆的重要阶段，稻米品质的形成在生育后期因干旱胁迫程度的不同有所差异：当土壤水势高于 −15kPa 时，整精米率显著提高、垩白度和垩白粒率无显著影响；当土壤水势低于 −30kPa 时，整精米率显著下降，垩白度、垩白粒率显著增加，糊化温度升高，但直链淀粉和粗蛋白含量显著降低（杨建昌等，2005）。

2.1.2 稻米品质形成对气温升高的响应机制

水稻对高温的响应在不同的发育时期表现不同，营养生长期遇 35℃高温，地上部和地下部的生长受到抑制，会发生叶鞘变白和失绿等症状，分蘖减少，株高增加缓慢（杨纯明和谢国禄，1994）。

光合作用是作物产量形成的基础，水稻籽粒灌浆所需要的营养物质 80% 以上来自抽穗后的光合作用，光合速率的高低和持续时间关系到作物干物质积累的水平。当温度高于作物生长发育的适宜温度时，会造成作物的光合能力下降，叶片衰老加速，同化物供应不足，导致产量和品质的下降。高温胁迫下水稻叶片光合作用的关键酶 Rubisco 活化酶下降，导致同化二氧化碳的能力下降，光合作用的底物不足，从而造成光合速率显著下降（陶龙兴等，2006）。有研究表明，高温使水稻剑叶净光合速率和气孔导度下降，细胞间 CO_2 浓度上升，与热敏感品系相比，耐热品系在高温胁迫下能保持较高的光合特性。据此认为高温对光合作用的抑制在于高温促使气孔关闭，降低气孔导度，导致 CO_2 供应受阻（黄英金等，2004；张桂莲等，2007）。

POD 活性的变化与叶片中丙二醛（MDA）含量呈负相关，高温胁迫下 POD 活性升高是对高温胁迫的一种适应性生理反应。郭培国等（2000）认为夜间高温胁迫下，水稻植株内 O_2 的产生速率和 H_2O_2 的含量基本上随着胁迫时间的延长而增加，超氧化物歧化酶（SOD）、过氧化物酶（POD）和过氧化氢酶（CAT）活性先升高，而后随着胁迫时间延长则活性下降，这表明较长时间的高温胁迫，植物体内活性氧的生成增加，清除活性氧的酶类活性下降，极易发生过氧化伤害作用。王丰等（2006）报道，高温通过降低灌浆前期籽粒中吲哚 -3- 乙酸（IAA）、玉米素核苷（ZR）、GA_3 含量，明显增加 ABA 的含量来加速早期籽粒的灌浆和缩短籽粒灌浆的持续时间。

近年来的研究表明，多胺与植物抗逆性有密切联系。灌浆期高温胁迫引起剑叶多胺积累，耐热性强的品种积累得更多，说明多胺积累能增强水稻对高温的适应性（黄英金等，1999）。随着研究的不断深入，更多的学者开始从分子层面解析温度影响水稻的机制。Liao 等（2014）从转录组学层面展开研究，发现灌浆早期高温胁迫下籽粒中与储藏物质合成、转录相关的基因表达下调，导致籽粒充实度的下降。耐受温度胁迫是水稻重要的农艺性状，受到多基因遗传控制以及 DNA 和组蛋白等修饰的表观遗传调节。mRNA 修饰是一种重要的转录后调控方式，它调控 mRNA 的成熟、加工、三维结构形成、运输、翻译及稳定性等过程。该研究完成了水稻的 mRNA m^5C 甲基化图谱鉴定到了 mRNA m^5C 甲基转移酶——OsNSUN2，并揭示其通过调节水稻 mRNA 的 m^5C 修饰以维持水稻在较高温度下的正常生长（Tang et al.，2020）。tRNA 硫醇化（$mcm^5s^2U_{34}$）是一种非常重要的 tRNA 转录后修饰形式，在酵母、线虫、人类中的研究表明，tRNA 硫醇化对于维持生物体正常发育和代谢、响应环境胁迫尤其是热胁迫等方面发挥着重要作用。研究不仅证明了 tRNA 硫醇化修饰在水稻响应高温胁迫中的重要功能，也为应对全球变暖、设计培育高温胁迫耐受性水稻品种提供了有效策略（Xu et al.，2020）。

2.1.2.1 稻米垩白形成对高温响应的分子机制

稻米垩白是十分复杂的品质性状，不仅受环境因素影响，也受遗传基因调控。在遗传角度上，国内外科研工作者利用不同的作图群体定位了数百个影响垩白的 *QTLs*（Qiu et al.，2015；Chen et al.，2016；Zhao et al.，2016；Wang et al.，2015；彭强等，2018；朱爱科，2018；Misra et al.，2019；Eltathawy et al.，2020），例如 Zhao 等（2016）定位了 9 个环境（包括 7 个种植地及 2 种人工温度处理）条件下的稻米垩白度和垩白米率 *QTLs* 位点分别为 32 和 46 个。而高温条件下前人已定位到 19 个影响稻米垩白的 *QTLs*，分布于水稻第 1、第 2、第 3、第 4、第 6、第 8、第 9 等染色体上（Nevame et al.，2018）。尽管科研工作者定位了很多垩白 *QTLs*，但多数 *QTL* 仅在单一地点单一群体内检测到，其表达具有很强的特异性，仅有少数在不同群体和环境中多次检测到，其表达具有一定的稳定性（朱爱科，2018）。其中控制稻米垩白米率的 qPGWC-8b 在窄叶青 8 号 / 京系 17 的单双倍体（Doubled haploid，DH）群体、日本晴 /Kasalath 的回交重组自交系（Backcross inbred lines，BILs）以及 Asominori/IR24 的染色体片段代换系（Chromosome segment substitution lines，CSSL）中均可检测到；而 qPGWC-12 则在窄叶青 8 号 / 京系 17 的 DH 系（Doubled haploid，DH）群体、日本晴 /Kasalath 的回交重组自交系（Backcross inbred lines，BILs）、V20A/Glaberrima 的 BC3F1 群体以及特青 / 普通野生稻的渗入系（Introgression lines，IL）中均可检测到（朱爱科，2018）。尽管定位如此众多的垩白 QTL，但迄今仅有 3 个研究团队克隆了控制垩白的 2 个 QTL 位点，其一是华中农业大学何予卿团队利用两个定位群体及两个近等基因系 NIL（ZS97）和 NIL（H94）定位并克隆了第一个控制垩白的主效 QTL*Chalk5*，该基因编码液泡 H^+- 转运焦磷酸酶（V-PPase）（Li et al.，2014）；其二是中国科学院遗传研究所傅向东团队及李家洋团队定位克隆了一个控制粒长、粒宽、及稻米垩白的主效基因 QTL*GL7/GW7*，该基因编码与拟南芥 LONGIFOLIA 同源的蛋白（Wang et al.，2015a，2015b）。当然，通过精细定位乃至基因克隆获得的调控稻米垩白的重要 QTLs 将为低垩白水稻分子标记辅助育种铺平道路，例如中国农业科学院黎志康研究团队利用 MH63 渗入系和 02428 渗入系确定了两个可以用于垩白辅助育种的 BISER-Ⅰ和 BISER-Ⅱ区间，其中 BISER-Ⅰ区间位于水稻第 5 染色体，包含 qPGWC5、qDEC5、qGW5.1 和 qLWR5，BISER-Ⅱ位于水稻第 7 染色体，包含 qGL7、qLWR7、qPGWC7 和 qDEC7（Qiu et al.，2017）。

2.1.2.2 稻米品质形成对弱光的响应机制

植株在遭受弱光胁迫后表现为亚细胞、细胞和器官等水平上的形态学和生物化学的响应。然而，植株对弱光的响应和适应机制是一个复杂的过程，涉及叶片厚度、气孔调节、器官形态、激素平衡、抗氧化抵御系统等形态、生理生化和分子反应，是植物对弱光胁迫感应、传导和表达的结果。而围绕植物对光环境的适应，研究者也提出了适应性的几种机制，包括形态适应机制、生理适应机制、长期适应机制与短期适应机制等（Eberhard et al.，2008；Stamm and Kumar，2010；韩霜和陈发棣，2013）。植株遭受弱光胁迫后，通过体内一系列的形态和代谢调节，逐步提高对光能的利用能力。从分子水平看，植物通过叶片光敏色素 phyA-phyE 感知红光 / 远红光比值，进行光信号的传递，而 miRNAs 在调节参与光胁迫介导的细胞反应的基因中起着重要作用（Jumtee et al.，2009）。当光环境发生变化时，光敏色素分子转变成具有生物活性的 Pfr 型，Pfr 型光敏色素转移到细胞核中，与核内的 PIFs（Phytochrome Interacting Factors）转录因子相互作用使 PIFs 磷酸化，然后进入到泛素 /26S 蛋白酶体降解体系，进而调节下游基因表达产生新的蛋白质，从而诱导光形态建成的发生（Demmig-Adams et al.，2019；Feng et al.，2008；Kromdijk et al.，2016；Takano et al.，2009）。

弱光条件下，植株叶面积增加，有利于提高作物对散射光的吸收与利用，以弥补光合有效辐射降低的缺陷；同时弱光胁迫后植株叶片单个细胞和气孔变小，但单位面积细胞气孔数目增多，光合膜面积增大，从而改善叶片的光合特性；而叶片细胞壁变薄则利于光辐射透过表皮到叶肉组织，或直接在表皮进行光合作用（Liu et al.，2011；赵立华等，2012）。弱光条件下，叶片叶绿体基粒数和基粒片层数增加，叶绿素含量升高，叶片实际光化学效率、电子传递速率、PSⅡ转化效率增强，从而提高对散射光的吸收与利用，弥补光照不足对植物的影响（Deng et al.，2012a；Mao et al.，2007；Shaver et al.，2008）。细胞水平上抗氧化酶防御系统功能的强弱，直接影响着作物的光合作用和生长发育。弱光下叶片较高的SOD和POD活性，能够有效提高对胁迫的抗逆性，以维持膜结构和功能的相对稳定，减轻对叶片的伤害（Deng et al.，2012b；Dong et al.，2014；Shao et al.，2014；Zhang et al.，2010；朱萍等，2008）。而激素对弱光的反应是植株对不良环境的主动应变反应，为植株有效利用光能和光合同化产物提供一定生理基础（张秋英等，2000）。弱光胁迫下，叶片中IAA和GA3含量的增加、ABA含量的降低有利于弱光下籽粒的灌浆充实（Zhang et al.，2011）。这些形态结构和生理活性的调整是植物向光性及最大限度捕获光能的表现，从而减少光能损耗，实现最大可能的生存和生长（吕晋慧等，2013）。就水稻而言，光环境变化同样导致植株形态、生理和代谢过程的变化（Jung et al.，2013），但不同水稻品种对弱光条件的适应性存在显著差异（Jiao and Li，2001；Gao et al.，2019）。耐弱光品种能通过增加叶片的长宽度提高对光能的截获（罗亢等，2018）；其叶片Rubisico活性和Rubisco BP的含量相对稳定，具有较高的叶片净光合速率和电子传递速率（Jiao and Li，2001；Wang et al.，2015）；叶片中SOD、CAT等保护酶活性保持在较高水平，POD活性保持相对稳定（Liu et al.，2013；罗亢等，2018），从而减少弱光环境带来的不利影响。此外，新株型品种具有较高的产量潜力，因为其具有更好的冠层透光率，使其下层叶片最大光合速率明显高于传统株型品种（蒲石林等，2018）。

2.1.2.3 稻米品质对干旱的响应机制

植物对干旱的反应是多变的，包括形态、生理和新陈代谢的一系列变化。在干旱胁迫条件下，水稻叶片内会积累大量的脯氨酸和可溶性糖，其含量变化在干旱胁迫下呈现二次曲线关系。在干旱胁迫前期急剧上升，到达峰值之后缓慢下降（Yang et al.，2017）。植物细胞渗透调节具有一定的限度，随土壤水势状况而发生变化，轻度或中度的干旱胁迫可诱导植物渗透系统调节作用；重度干旱胁迫下，渗透调节失调（冯春晓，2019）。植物正常的生理活动会产生活性氧自由基（ROS），但是在干旱胁迫条件下，光抑制和光呼吸导致大量ROS积累，如羟基自由基（OH^-）、超氧阴离子自由基（O_2^-）、过氧化氢（H_2O_2）等（Takashi et al.，2015）。在正常条件下，这些自由基作为信号传导物质参与蛋白表达调控，但是在逆境下，大量的积累对细胞膜系统造成伤害，引起功能蛋白失活、水解（赵天宏等，2008）。同时在植物体内还有清除ROS的酶促系统，如超氧化物歧化酶（SOD）、过氧化物酶（POD）、过氧化氢酶（CAT）、SOD可以清除植物体内的超氧阴离子形成H_2O_2，再由POD和CAT消除（Lyman et al.，2017）。在严重的干旱胁迫干扰下，这种抗氧化系统平衡被打破，植株体内过氧化物显著增加、细胞膜发生膜脂过氧化，细胞膜系统被破坏、细胞膜的透性增加，在植株细胞内产生大量的丙二醛（MDA），MDA在细胞内一方面可以抑制抗氧化物酶的活性，另一方面与蛋白质和遗传物质核酸发生作用使其变性失活

（Amandine et al.，2012）。水稻在整个生育期内对水分亏缺敏感，研究发现水稻遭遇短期的轻度或中度干旱胁迫时，叶片的净光合速率显著下降，复水后光合速率恢复，但在经历长期或者重度干旱胁迫时，叶片的光合能力很难恢复到之前的水平（张善平等，2014）。干旱胁迫的主要危害是叶绿体和线粒体中活性氧的积累，导致氧化胁迫。为了应对氧化胁迫，植物通过改变防御机制，来抵御活性氧的危害。含有诱导提高抗氧化剂水平的植物可以应对氧化损伤（Boonjung and Fukai，1996）。同样，在干旱胁迫和病原体感染之间也具有协同作用和拮抗作用（Bouman et al.，2004）。土壤缺水、高温易导致植物真菌疾病的发生，例如干腐根、白粉病、甜菜真菌的发生等（Hao et al.，2021）。

2.1.3 稻米品质对气候变化的适应途径

2.1.3.1 品种选育

大量研究表明，不同品种间耐高温的能力差异较大，通过常规育种和分子标记辅助育种相结合进一步加强耐热性品种的筛选，是抵御高温灾害的最有效措施。另外，水稻耐热性除受本身的遗传因素影响外，适当的高温锻炼也可以提高它的耐热性，但是只有在合适的高温胁迫时，其耐热性遗传特性才能表现出来（Cheng et al.，2005；张桂莲等，2006）。选用耐高温材料为亲本，应用现代育种与遗传技术进行耐高温主效基因的定位与克隆，并结合常规育种聚合耐热基因可选育具有多种优良性状的耐高温品种，如对早花基因的挖掘与利用（Shi et al.，2018）、闭颖授粉品种的选育等（Koike et al.，2015），均可使水稻在较为适宜的温度下完成受精，从而避开高温危害。耐弱光品种的筛选是提高弱光环境条件下作物产量和品质的重要途径。前人研究指出，弱光胁迫导致作物光合受阻，产量品质大幅降低，而耐阴性较强的品种植株表型可塑性更强，能够保持较低的 MDA 含量，膜结构和功能相对稳定，从而保持较好的生理状态，Rubisco 活性和 Rubisco BP 含量变化小，具有较高的光合效率（Li et al.，2010；李霞等，1999；朱萍等，2008）。朱萍等（2008）（王丽等，2012）也认为耐弱光水稻品种在弱光条件下叶片能保持较高的净光合速率和叶绿素含量，根系保持较高的活力，是其抗性的生理基础，保证了对土壤养分和水分的吸收与转运，维持了较高的干物质积累速率。

2.1.3.2 栽培调控措施

杨军等（2014）发现提高施氮量可以降低高温下水稻产量的损失。水分管理对于减轻高温伤害也有一定作用。段骅等（2013）发现在开花结实期采用轻干湿交替可减轻高温对水稻的危害，冠层相对湿度降低、抗氧化物质抗坏血酸和还原型谷胱甘肽含量增加、内源细胞分裂素浓度及籽粒亚精胺和精胺浓度的提高是其减轻高温对水稻危害的重要生态生理原因。

光能高效利用是植物优质高产的基础（Cahill et al.，2010）。在自然环境因素的局限性和人为不可调控的现实下，如何提高不同稻作区气候因素约束下水稻的产量及品质，栽培技术的调控作用日益凸显。栽培调控有利于构建适宜的群体起点，促进个体与群体协调发展，提高光合效率，最终确保高产与优质。不同地区根据其区域特点，建立了“精苗稳前、控蘖优中、大穗强后”（张洪程等，2010）、“垄畦高密、扩库强源”（章秀福等，2005）、结实期轻干湿交替灌溉（杨建昌，2010）等调控模式，优化群体结构，强根健株，改善群体通透条件，促进弱势粒灌浆，增穗增粒而达到优质高产。

采用秸秆或生物降解膜覆盖、免耕和旱播旱管等栽培模式。用秸秆或生物降解膜覆盖，水稻生长的全生育期实行节水管理，基本不建立水层，无需泡田用水，又显著抑制了棵间蒸发和渗漏，大大降低了灌溉水用量。在水分利用效率上，覆膜、盖草和裸露旱作处理分别相当于水管的 3.1 倍、3.2 倍和 2.9 倍（黄新宇等，2004）。免耕可以有效提高土壤的持水能力，减少田间水分的蒸发损失并节约整田用水。在四川进行的水稻免耕研究表明，免耕较常规稻作增产 7.6%（Zijun et al.，2021）。旱播旱管是近年来在沿淮地区油菜茬或麦茬后，将干种子播于整理好的旱地中，适当覆土浇出苗水或根据天气预报在降雨前 1 d 播种，出苗后全生育期实行无水层管理的新型节水栽培模式。在节水 30% 条件下，水稻产量可达 700 kg/ 亩（龚丽英等，2020；王飞名等，2018）。

2.1.4 存在问题与切入点

全球气候变暖将对稻米品质尤其是外观垩白性状产生不利影响，淀粉作为籽粒最主要贮藏物同垩白形成关系紧密，但同时蛋白质在垩白形成过程中的重要作用不容忽视。外界温度的改变势必会影响籽粒贮藏物的形态组成以及结构，而氮素对温度的减损效应是否会影响籽粒中贮藏物质的积累，进而调控稻米品质尤其是垩白的形成是本书关注的主要问题。围绕气候变暖加剧对水稻外观品质的不利影响，以及南方优质粳米生产中垩白米率高等突出问题，旨在通过常规栽培调控措施明确其对垩白的缓解机制，为气候变暖条件下稻米优质栽培调控和南方粳稻品质改良提供理论依据。弱光寡照气候对于田间水稻生产而言，是危害很大但又不易觉察的“隐性自然灾害”，具有多样性、复杂性和反复性，导致水稻减产 5% ~ 64%，品质严重下降，并引起了病虫害、倒伏等次生灾害发生。围绕弱光胁迫对水稻的影响，前人已开展了大量研究，但大多研究集中于弱光胁迫对水稻形态结构、物质积累、群体质量、生化组分以及最终的产量和品质等表型特征之上，未能系统解析弱光胁迫对稻米品质，特别是垩白的影响机制的系统研究。作物品质是多基因性状，受遗传及环境多重因素控制，其形成过程是碳、氮及脂肪的代谢过程，也是光合产物合成、转运和籽粒灌浆等综合作用的结果。垩白是决定稻米价格的重要指标之一，直接影响稻米的外观品质、碾米品质及蒸煮食味品质。弱光胁迫下，垩白的严重发生是稻米品质变劣的主要原因。然而弱光条件下，稻米垩白大量产生的原因及水稻胚乳细胞、淀粉体的发育特性与稻米垩白间的关系等关键科学问题尚不清楚，仍需进一步研究。节水抗旱稻的育成，为稳定干旱频发区域的水稻种植面积，减少农业水资源的浪费，提供了保障。前人在水稻稻米品质对干旱的响应上已做了大量研究，并且总结了一系列应对的栽培技术。探索不同抗旱性节水抗旱稻稻米品质对干旱的响应，了解抗旱性与稻米品质的相关关系，建立与节水抗旱稻相适应的配套栽培途径，对促进节水抗旱稻栽培技术体系的建立、降低干旱对稻米品质的负面影响具有重要意义。

2.2 研究进展

本研究从增温、极端高温、干旱、弱光寡照等影响稻米品质形成的关键气象因子角度出发，以常规水稻品种为研究对象，围绕“影响程度”“适应与调控”与“技术途径”思路，通过精确控制试验与田间开放试验相结合（大田开放式增温系统、精确水分梯度灌溉系统、人工气候箱），揭示了关键气象因子对稻米品质的调控效应，明确了稻米垩白是最敏感的气候变化响应指标,阐明了碳、氮代谢失衡是导致气候变化下稻米垩白高发的生理代谢机制，进而以平衡碳、氮代谢为理论基础，提出了应对气候变化的米质减损途径，相关成果为进一步示范推广全球气候变化下优质稻米栽培技术，制定科学、实用的应对气候变化的栽培调控策略提供了理论与技术基础。

2.2.1 揭示了关键气象因子对稻米品质的调控效应，明确了稻米垩白是最敏感的气候变化响应指标

稻米的品质主要包括碾米品质、外观品质、蒸煮食味品质和营养品质。稻米品质除了受遗传影响和栽培措施调控外，其形成过程还受到环境因子的调控，而籽粒灌浆结实的过程是决定稻米理化品质的最重要阶段。本研究围绕增温、极端高温、寡照和干旱等关键气象因子对稻米品质形成的影响及其机制，通过田间开放式试验、水分梯度灌溉系统、人工气候箱等模拟装置系统开展了相关研究。研究结果显示增温、极端高温、寡照和干旱等关键气象因子对稻米外观加工品质指标总体具有负面调控效应，其中垩白性状对不同关键气候因子的响应特征均较为敏感，是稻米品质响应气候变化中最为显著的指标之一。

2.2.1.1 灌浆期增温及极端高温均显著降低稻米的加工品质和外观品质

以常规水稻为研究材料，通过田间开放式增温系统与人工气候室于水稻灌浆期进行增温与或极端高温处理，明确了增温与极端高温对水稻稻米品质的影响，并初步阐明气候变暖对稻米品质稳定性影响的生态效应特征。研究结果显示，温度升高会导致稻米的加工品质与外观品质的下降，垩白米率随着温度升高显著增加。温度升高下完善米率显著下降，而青米率和其他类型米或不变或有所下降，垩白率在温度上升 2 ~ 4℃的条件下显著上升，同时垩白大小和垩白度也会显著增加。随着温度升高，垩白率和垩白大小显著增加，导致稻米在碾磨过程中易发生断裂和破碎，从而引起加工品质的下降，结果显示温度升高下精米率和整精米率均表现较明显的下降趋势。灌浆期温度升高对稻米营养品质中的氨基酸相对比例的影响不显著，表明水稻籽粒中氨基酸的平衡对温度的变化并不敏感。灌浆期温度升高降低了稻米中的直链淀粉含量并增加了支链淀粉的含量，温度小幅升高仍然会明显改变稻米淀粉的结构特性，温度小幅升高可能通过增加支链淀粉中的长链比例引起淀粉粒径增大和结晶度升高，使稻米糊化温度和热焓值升高，导致稻米蒸煮食味品质受到一定程度影响。水稻灌浆期温度升高或遭遇极端高温均导致多项稻米品质指标发生明显变化，稻米

品质对灌浆期温度较为敏感。其中，稻米外观品质和加工品质对高温响应特征较为显著，垩白率、垩白大小显著上升是外观品质变劣的主要原因，温度升高对垩白发生类型的影响存在品种和年际间的差异，而整精米率的显著下降是稻米加工品质对高温响应的主要特征（图 2–1）。

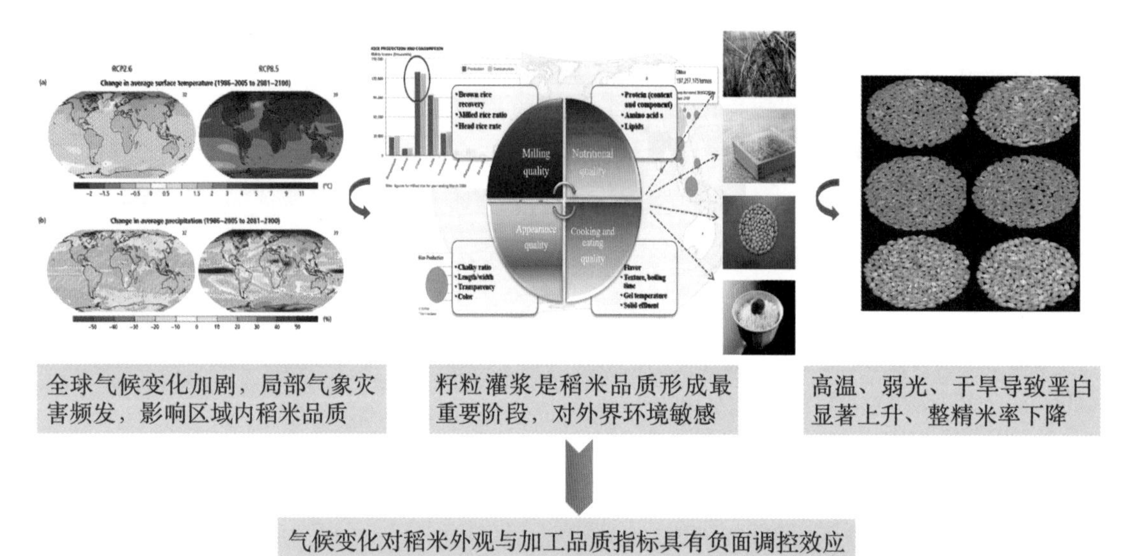

图 2–1　稻米品质对高温、干旱、寡照等主要气象因子的响应

垩白是评价稻米外观品质的指标之一，灌浆期增温对水稻外观品质的影响结果显示，垩白率在温度上升 2 ~ 4℃的条件下显著上升，同时垩白大小和垩白度也会显著增加。增温条件下两个品种的垩白率和垩白大小增加，且均达到显著水平（表 2–1）。武育粳 3 号垩白率和垩白大小分别增加了 24.7% 和 37.5%，宁粳 3 号分别增加 44.1% 和 59.8%。

表 2–1　增温对水稻外观品质的影响

品种	处理	垩白米率（%）	垩白面积（%）
武运粳 3 号	CK	0.46 b	0.18 b
	ET	0.61 a	0.29 a
宁粳 3 号	CK	0.22 b	0.07 b
	ET	0.39 a	0.17 a

注：同一列数据中标以不同字母表示在 $P<0.05$ 的水平上差异显著。

温度升高会导致稻米的加工品质下降，碾米品质有出糙率、精米率和整精米率 3 个方面。试验数据显示两个品种的出糙率、精米率以及整精米率在增温条件下均显著下降，武育粳 3 号 3 个指标分别下降了 3.7%、1.3% 和 4.3%，宁粳 3 号分别为 3.8%、1.7% 和 3.9%（表 2–2）。

表 2–2　不同处理下水稻碾磨品质

品种	处理	出糙率（%）	精米率（%）	整精米率（%）
武育粳 3 号	CK	0.86 a	0.770 a	0.79 a
	ET	0.83 b	0.762 b	0.76 b
宁粳 3 号	CK	0.84 a	0.790 a	0.81 a
	ET	0.81 b	0.780 b	0.78 b

注：同一列数据中标以不同字母表示在 $P<0.05$ 的水平上差异显著。

灌浆期增温对糙米淀粉组分的影响研究结果显示，增温导致武育粳 3 号的总淀粉含量增加，而宁粳 3 号的总淀粉含量下降，但增温处理对两个品种的总淀粉含量影响并不显著；两个品种的直链淀粉含量随温度升高而降低，但只有宁粳 3 号达到了显著水平；增温处理下两个品种的支链淀粉含量均显著增加；支直比随温度的升高而增加，其中宁粳 3 号的差异达到了显著的水平（表 2–3）。

表 2–3　增温对水稻淀粉组分的影响

品种	处理	总淀粉（%）	直链淀粉（%）	支链淀粉（%）	支直比（%）
武运粳 3 号	CK	68.628 a	12.171 0 a	56.457 b	4.680 a
	ET	71.852 a	10.868 0 a	60.984 a	5.681 a
宁粳 3 号	CK	70.462 a	13.673 7 a	56.789 b	4.156 a
	ET	70.294 a	10.698 0 b	59.595 a	5.587 b

注：同一列数据中标以不同字母表示在 $P<0.05$ 的水平上差异显著。

整体上随着花后灌浆期温度升高，峰值黏度、热浆黏度、糊化温度呈现出显著上升的趋势，而消碱值呈现出明显下降的趋势，崩解值和最终黏度没有表现出显著的差别。研究表明，影响米饭蒸煮食味品质的最重要指标包括峰值黏度（PKV）、崩解值（BDV）、冷浆黏度（CPV）和消碱值（SBV），峰值黏度（PKV）和崩解值（BDV）越高，消碱值（SBV）和冷浆黏度（CPV）越低其米饭质地越柔软，故增温处理的稻米质地更柔软、适口性更好。但由于糊化温度的提高，蒸煮所需的时间更长（表 2–4）。

表 2–4　增温对稻米 RVA 黏滞性谱特征的影响

处理 Treatment	峰值黏度 PKV(cP)	热浆黏度 HPV(cP)	崩解值 BDV (cP)	最终黏度 FV(cP)	消减值 SBV(cP)	糊化温度 PT(℃)
CK	2 505.3 b	1 748.7 b	756.7 a	2 831.0 a	325.7 a	71.4 b
ET	2 856.3 a	2 003.3 a	853.0 a	2 921.0 a	64.7 b	73.4 a
T	28.28*	41.68**	7.94*	6.73*	38.1**	68.31**

注：同一列数据中标以不同字母表示在 $P<0.05$ 的水平上差异显著。* 表示在 $P<0.05$ 水平上差异显著；** 表示在 $P<0.01$ 水平上差异极显著。

灌浆期增温对籽粒氨基酸积累的影响结果显示，灌浆期增温对籽粒中的 17 种氨基酸含量及其相对比例的变化有一定程度的调控效应。同常温对照相比，增温和氮肥都显著提高各氨基酸含量，且两因素互作对氨基酸的正效应要大于其中任一因素。随着灌浆期温度的升高，ET 处理显著提高总氨基酸的含量，达到 9.4%。其中组氨酸家族的增幅最大（4.8%），丙氨酸族最小（1.1%），而且绝大部分氨基酸的含量都随着温度升高而显著上升，各氨基酸在 ET 和 NT 间的差异达到显著水平，其中上升幅度由大到小是：组氨酸家族 > 谷氨酸家族 > 天冬氨酸家族 > 丝氨酸家族 > 芳香族 > 丙氨酸族；His > Asp > Arg > Lys > Glu > Ser > Thr > Phe > Gly > Pro > Leu > Tyr > Val > Ile > Met。在增温条件下，增施氮肥，加快氮代谢，促使氮肥效应大于温度效应。相比 ET，ET+N 对各氨基酸的影响最大，增幅由大到小是：芳香族 > 谷氨酸家族 > 丙氨酸族 > 组氨酸家族 > 天冬氨酸家族 > 丝氨酸家族；Tyr > Ile > Leu > Phe > Arg > Asp > Glu > Val > Pro > Ser > His > Ala > Lys > Gly > Thr > Met，由此可见，增温下氮素粒肥主要提高了芳香族，丙氨酸族氨基酸的含量，导致 ET+N 的总氨基酸高于 ET（表 2–5）。

对各氨基酸的相对比例进行分析发现，氮肥比温度具有更明显的影响。与 NT 处理相比，ET 处理对氨基酸相对比例的规律并不明显，上升幅度从 −2.8%（Met）到 2.9%（Asp）。各氨基酸的相对比例在 ET+N 和 ET 两个处理之间只有部分达到显著水平，变化幅度几乎都小于 4%，然而 Met 和 Tyr 的相对比例变化幅度较大，如 ET+N 的 Met 的相对比例比 ET 降低了 11.4%；ET+N 的 Tyr 的相对比例比 ET 增加了 8.3%。

表 2–5　增温与氮素对稻米氨基酸含量和相对比例的影响

氨基酸		含量 (mg/g)				相对比例 (%)			
		NT	NT+N	ET	ET+N	NT	NT+N	ET	ET+N
谷氨酸	Glu	16.7 d	19.1 b	17.2 c	20.8 a	20.70 c	20.93 a	20.85 b	20.85 b
	Arg	7.5 d	8.5 b	7.8 c	9.5 a	9.37 c	9.34 d	9.48 b	9.56 a
	Pro	4.0 c	4.6 b	4.1 c	4.9 a	5.00 ab	5.05 a	4.98 ab	4.95 b
	Total	28.2 d	32.2 b	29.2 c	35.3 a	35.07 b	35.32 a	35.30 a	35.36 a
天冬氨酸	Asp	8.2 d	9.3 b	8.6 c	10.4 a	10.15 d	10.21 c	10.35 b	10.38 a
	Thr	3.3 d	3.7 b	3.4 c	4.0 a	4.15 a	4.08 b	4.17 a	4.02 d
	Met	1.5 a	1.4 a	1.5 a	1.5 a	1.80 a	1.57 b	1.75 a	1.55 b
	Ile	2.9 c	3.2 b	2.9 c	3.5 a	3.54 a	3.49 b	3.45 b	3.54 a
	Lys	3.1 d	3.4 b	3.2 c	3.8 a	3.87 b	3.71 d	3.90 a	3.82 c
	Total	18.9 d	21.0 b	19.5 c	23.3 a	23.51 a	23.06 d	23.62 a	23.32 b
丝氨酸	Ser	4.8 d	5.5 b	5.0 c	5.9 a	5.99 bc	6.03 a	6.02 ab	5.96 c
	Gly	4.2 d	4.6 b	4.3 c	5.0 a	5.15 a	5.07 c	5.14 a	5.01 d
	Total	9.0 d	10.1 b	9.2 c	10.9 a	11.14 ab	11.10 b	11.16 a	10.97 c
丙氨酸	Ala	5.1 c	5.8 b	5.2 c	6.1 a	6.39 a	6.31 b	6.26 c	6.13 d
	Val	4.8 c	5.3 b	4.8 c	5.7 a	5.92 a	5.76 b	5.78 b	5.74 b

续表

氨基酸		含量 (mg/g)				相对比例 (%)			
		NT	NT+N	ET	ET+N	NT	NT+N	ET	ET+N
丙氨酸	Leu	6.8 d	7.8 b	6.9 c	8.5 a	8.41 c	8.58 a	8.34 d	8.52 b
	Total	16.7 c	18.8 b	16.9 c	20.3 a	20.71 a	20.65 b	20.38 c	20.4 c
芳香	Tyr	3.1 c	3.8 b	3.2 c	4.2 a	3.91 b	4.17 a	3.87 b	4.19 a
	Phe	4.6 d	5.2 b	4.7 c	5.7 a	5.66 d	5.70 b	5.68 c	5.76 a
	Total	7.7 d	9.0 b	7.9 c	9.9 a	9.56 c	9.87 b	9.55 c	9.95 a
组氨酸	His	2.1 d	2.3 b	2.2 c	2.6 a	2.58 c	2.55 d	2.64 a	2.61 b
总量		80.5 d	91.2 b	82.7 c	99.8 a	/	/	/	/

注：同一列数据中标以不同字母表示在 $P<0.05$ 的水平上差异显著。

2.2.1.2 弱光寡照导致稻米垩白度增加，外观品质变差

以常规水稻品种与耐弱光品种新丰 6 号、感弱光品种日本晴为材料进行灌浆期田间弱光寡照处理，研究结果显示，水稻灌浆期弱光寡照对千粒重、糙米率、精米率和整精米率均有负面影响效应，弱光胁迫导致稻米糙米率、精米率、整精米率、直链淀粉含量和胶稠度降低，稻米垩白度、垩白米率和蛋白质含量增加，最终导致稻米品质大幅变劣。稻米垩白性状受弱光寡照影响较大，垩白率和垩白度均显著增加，其中心白率和腹白率米类型显著增多。品种筛选试验结果显示在 80 个水稻品种中，遮阴后垩白粒率增幅在 30% 以上的有 19 个水稻品种，其中有 9 个品种垩白粒率增幅在 40% 以上。弱光胁迫使稻米垩白度增加，80 个品种垩白粒率和垩白度的变异系数比较大，遮阴处理后垩白粒率的变异系数为 34.361%，垩白度变异系数 46.984%；对照垩白粒率变异系数为 63.158%，垩白度变异系数为 104.04%。研究结果表明灌浆期弱光寡照降低了水稻产量和加工品质，使外观品质变劣，尤其对垩白性状影响较大，且不同基因型水稻的垩白性状对弱光响应不同。

遮阴处理后，新丰 6 号与日本晴的千粒重都降低（图 2–2e），新丰 6 号降幅为 5.25%，而日本晴降幅为 17.58%，日本晴千粒重降低幅度远大于新丰 6 号。遮阴处理后，新丰 6 号和日本晴的垩白粒率与垩白度都升高（图 2–2a，b，c 和 d），新丰 6 号垩白粒率升幅为 6.27%，垩白度升幅为 2.62%，而日本晴升幅为 30.17% 和 15.07%，远大于新丰 6 号（图 2–2a 和 b）。扫描电镜揭示了遮阴后新丰 6 号的淀粉颗粒较日本晴致密，淀粉颗粒发育均匀，膜类蛋白少（图 2–2a）。

水稻灌浆期遮阴对稻米的垩白性状影响很大，遮阴后垩白粒率和垩白度均增加，表 2–6 和表 2–7 列出了遮阴后垩白粒率和垩白度差异显著的品种。在 80 个水稻品种中，遮阴后垩白粒率增幅在 30% 以上的有 19 个水稻品种，其中有 9 个品种垩白粒率增幅在 40% 以上，日本晴的增幅甚至达到了 49.99%；12 个水稻品种增幅在 10% 以下，其中只有 3 个品种的垩白粒率增幅在 5% 以下；其余 49 个品种的垩白粒率增幅在 10% ~ 30%。在 80 个水稻品种中，遮阴后垩白度增幅在 20% 以上的有 14 个水稻品种，垩白度增幅在 5% 以下的只有 6 个品种。

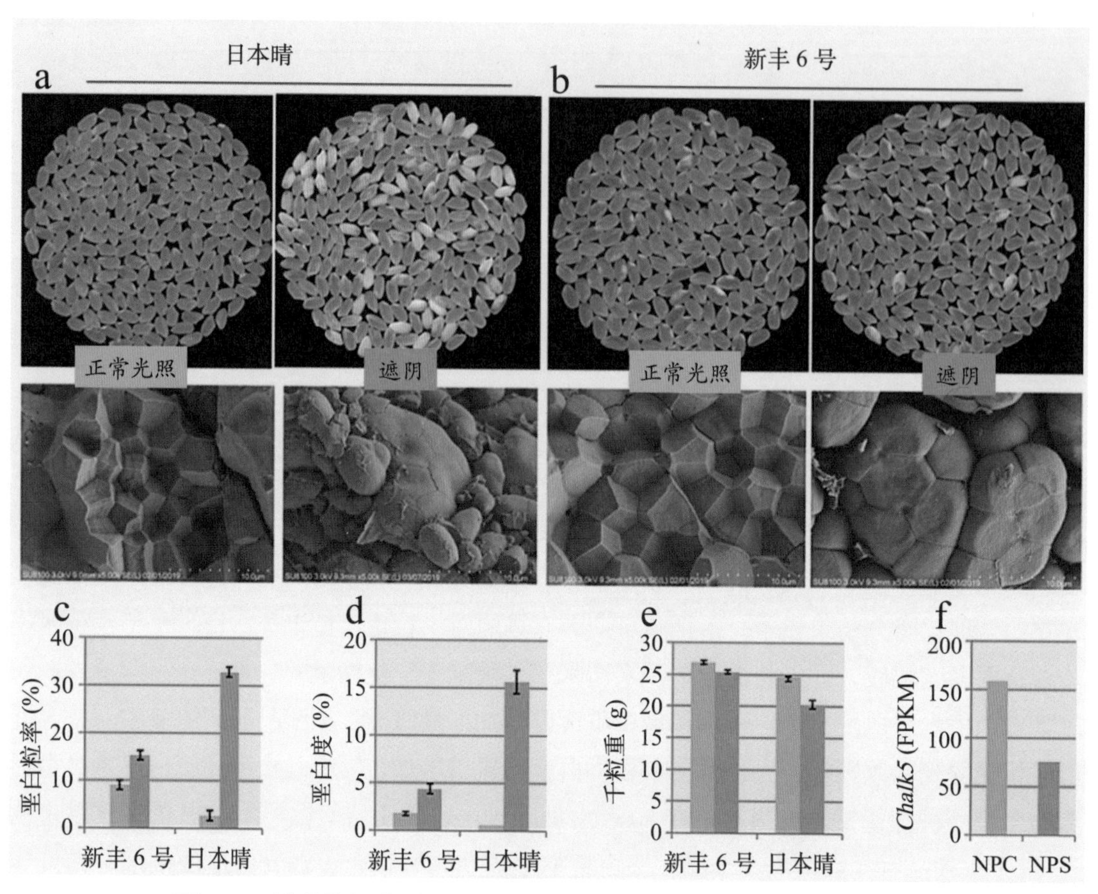

图 2-2 灌浆期弱光对日本晴和新丰 6 号千粒重和垩白性状的影响

注：HPC，日本晴；NPS，遮阴。

表 2-6 灌浆期弱光处理后垩白粒率差异显著的品种

抽穗期	品种	垩白粒率		增幅（%）	品种	垩白粒率		增幅(%)
		遮阴	对照			遮阴	对照	
8 月 20—22 号	日本晴	59.51±2.43★★	9.52±2.30	49.99	原稻 108	69.21±2.43★★	32.04±3.11	37.17
	新丰 2 号	68.40±2.70★★	22.90±2.69	45.50	新丰 6 号	41.99±5.72★★	6.42±1.66	35.57
	金稻 8 号	67.68±0.25★★	25.23±1.92	42.44	京稻 21	53.87±3.24★★	20.91±2.48	32.96
8 月 20—22 号	方欣 1 号	50.99±5.43★★	8.90±4.82	42.09	徐稻 3 号	73.36±0.82★★	42.14±3.69	31.21
	原所杂后	75.92±5.45★	34.74±1.87	41.17	台中 65 号	43.93±5.97★	13.03±2.58	30.90
8 月 23—25 号	延粳 3 号	57.03±4.34★★	16.63±5.07	40.40	水晶 3 号	41.32±3.82★★	8.67±1.46	32.65
	武育粳 4 号	52.53±2.25★★	14.33±3.52	38.20	优兰	52.87±4.78★★	21.21±2.28	31.66
	2011K10	60.83±3.19★★	24.99±0.35	35.84				
8 月 26—30 号	新农粳 1 号	66.60±1.39★★	21.60±1.60	45.00	迟中生 1 号	47.10±5.65★★	15.59±0.31	31.51
	安微安 (4)	66.73±3.58★★	23.27±1.27	43.47	扬粳 4038	20.80±0.60★	15.17±1.27	5.63
	南粳 45	72.67±6.83★★	29.22±8.38	43.45				

注：同一列数据中标以★表示在 $P<0.05$ 的水平上差异显著；标以★★表示在 $P<0.01$ 水平上差异极显著。

表 2-7 灌浆期遮阴后垩白度差异显著的品种

抽穗期	品种	垩白度		增幅（%）	品种	垩白度		增幅（%）
		遮阴	对照			遮阴	对照	
8 月 20–22 号	阳光 200	50.02 ± 1.12★★	22.96 ± 0.99	27.07	金稻 8 号	27.30 ± 1.37★★	6.40 ± 0.77	20.90
	日本晴	28.16 ± 3.01★★	3.17 ± 3.17	24.99	原稻 108	29.69 ± 2.33★★	8.88 ± 1.35	20.81
	原所杂后	33.62 ± 4.12★★	11.00 ± 1.12	22.62	武运粳 7 号	36.44 ± 1.44★★	16.06 ± 0.81	20.39
	武育粳 21	32.26 ± 1.01★★	11.23 ± 1.49	21.02	农 3	8.78 ± 0.85★	4.96 ± 0.34	3.83
	徐稻 3 号	36.13 ± 1.46★★	15.20 ± 1.52	20.93				
8 月 23–25 号	武育粳 4 号	26.17 ± 2.68★★	4.04 ± 0.82	22.12	方欣 4 号	37.57 ± 4.23★★	16.52 ± 0.60	21.04
	稗敌杂后	37.96 ± 5.29★★	16.09 ± 1.51	21.87	2011K–29	6.70 ± 0.07★	2.27 ± 0.69	4.43
	优兰	27.93 ± 3.47★★	6.59 ± 0.98	21.34				
8 月 26–30 号	新农粳 1 号	32.88 ± 2.76★★	5.75 ± 0.05	27.13	安微安 (4)	28.87 ± 4.23★★	8.27 ± 0.03	20.60

注：同一列数据中标以★表示在 $P<0.05$ 的水平上差异显著；标以★★表示在 $P<0.01$ 水平上差异极显著。

2.2.1.3 干旱胁迫导致稻米外观品质下降，心白米率显著增加

以利用选育的节水抗旱稻品种和普通水稻品种作为研究对象，设置不同的水分处理，考察不同处理的产量、稻米加工品质和外观品质，探讨节水抗旱稻与普通水稻在水分胁迫下稻米品质变化的差异，以期筛选出对水分胁迫耐受的品种，减少干旱胁迫对稻米品质的负面影响。结果表明，水分胁迫对稻米垩白粒率与垩白度的影响较为显著，垩白粒率、垩白度都显著提高。与轻度水分胁迫处理相比，重度水分胁迫处理下稻米的糙米率、精米率和整精米率显著降低。水稻在整个生育期内对水分亏缺敏感，水稻遭遇短期的轻度或中度干旱胁迫时，叶片的净光合速率显著下降，复水后光合速率恢复，但在经历长期或者重度干旱胁迫时，叶片的光合能力很难恢复到之前的水平。水分胁迫下稻米中的完善米和青粒米所占的比例随水分胁迫的减少而显著降低，锈斑米和心白米所占比例显著增加，背白米所占比例呈增加趋势但差异不显著，垩白率的显著增加是干旱条件下稻米品质变劣的主要原因。

减少灌溉量，水分胁迫增加，H 优 518 的完善米和青粒米所占的比例随水分胁迫的减少而显著降低（表 2-8）。锈斑米和心白米所占比例显著增加，背白米所占比例呈增加趋势但差异不显著。旱优 73 的完善米、背白米和腹白米所占比例随水分胁迫减少有增加趋势，但差异不显著，青粒米所占比例随水分胁迫减少显著下降。

表 2-8 不同水分胁迫对外观品质的影响

品种	处理	完善粒	青粒	锈斑粒	心白粒	腹白粒	背白粒
H 优 518	100%	36.4% a	8.49% a	1.88% ab	31.89% b	15.55% b	5.82% a
	60%	34.74% b	6.42% b	1.33% b	34.85% b	17.14% a	6.03% a
	20%	28.15% c	4.06% c	2.13% a	43.6% a	13.99% b	7.39% a

续表

品种	处理	完善粒	青粒	锈斑粒	心白粒	腹白粒	背白粒
旱优73	100%	38.42% a	6.69% a	2.92% a	32.12% b	16.01% a	3.06% a
	60%	38.37% a	4.78% b	2.37% b	32.05% b	18.08% a	3.68% a
	20%	39.77% a	2.94% c	2.63% a	34.16% a	16.35% a	3.87% a

注：表中数据均为平均数（n=5），不同字母的值表示同列中同一年内的数值在 P<0.05 水平上差异显著。100%：常规灌溉，60%：轻度水分胁迫，20%：重度水分胁迫。

不同水分条件下，稻米加工品质差异不大，外观品质中，除了垩白粒率和垩白度外，其他指标差异不大（表 2–9）。垩白率为 $W_1>W_2>W_4>W_3$，垩白度为 $W_1>W_2=W_4>W_3$，说明全生育期淹水会增加垩白粒率和垩白度，轻干湿交替有利于降低稻米垩白发生，胶稠度以 $W_4>W_3>W_1=W_2$，说明干湿交替可以提高稻米胶稠度，蛋白质含量为 $W_3>W_4>W_2>W_1$。从不同密度看，垩白粒率为 $D_2=D_3>D_4>D_1$，垩白度为 $D_4>D_3>D_2>D_1$，胶稠度以 $D_2>D_3>D_4>D_1$，蛋白质含量为 $D_1>D_4>D_2=D_3$，其他指标差异不大。说明在不同密度下，低密度下垩白度、垩白粒率、胶稠度较低，蛋白质含量较高。

表 2–9　宜香优 2115 在不同水分（W）和密度（D）下的品质表现

处理	W_1	W_2	W_3	W_4	D_1	D_2	D_3	D_4
出糙率（%）	80.7	80.5	80.1	80.1	79.9	80.5	80.2	80.8
精米率（%）	70.7	70.8	70.5	70.8	69.8	71.1	70.4	71.6
整精米率（%）	38.6	35.5	38.5	35.4	36.9	37.9	35.1	38.0
粒长（mm）	7.5	7.5	7.5	7.6	7.5	7.5	7.5	7.5
长宽比	3.2	3.3	3.3	3.3	3.3	3.3	3.3	3.3
垩白粒率（%）	23.0	17.3	14.3	15.0	15.3	18.5	18.5	17.3
垩白度（%）	4.2	2.9	2.6	2.9	2.9	3.1	3.2	3.5
直链淀粉（%）	17.6	17.2	17.8	17.8	17.6	17.8	17.4	17.6
胶稠度（mm）	62.0	62.0	64.0	67.0	62.8	65	64	63.3
消碱值	7.0	7.0	7.0	7.0	7.0	7.0	7.0	7.0
透明度（级）	1	1	1	1	1	1	1	1
蛋白质（%）	7.0	7.3	7.6	7.4	7.6	7.2	7.2	7.3

2.2.2 阐明碳、氮代谢失衡是导致气候变化下稻米垩白高发的生理代谢机制

作物品质形成的关键是植株在生长期间同化物的合成与分配，受遗传及环境等因素调控。水稻籽粒灌浆结实的过程是决定稻米品质最重要的阶段，灌浆结实期部分品质指标受环境因子的影响甚至大于遗传效应，例如稻米外观品质指标中的垩白性状在气候变化背景下所表现出的适应性特征是本研究关注的焦点，进一步开展相关研究对解析稻米品质形成规律的生理生态机制具有重要意义。水稻籽粒碳氮代谢的过程是稻米品质形成的基础，本研究围绕关键气象因子对稻米品质形成的调控机理开展了以下工作，通过田间开放式试验、

人工气候箱等模拟装置系统设置了相关试验，研究结果表明，高温、弱光寡照等气象因子主要通过影响水稻籽粒灌浆进程中与碳、氮代谢相关的过程，影响籽粒淀粉理化性质以及贮藏蛋白组分，导致籽粒贮藏物碳、氮平衡发生改变，进而影响稻米品质的形成（图2-3）。

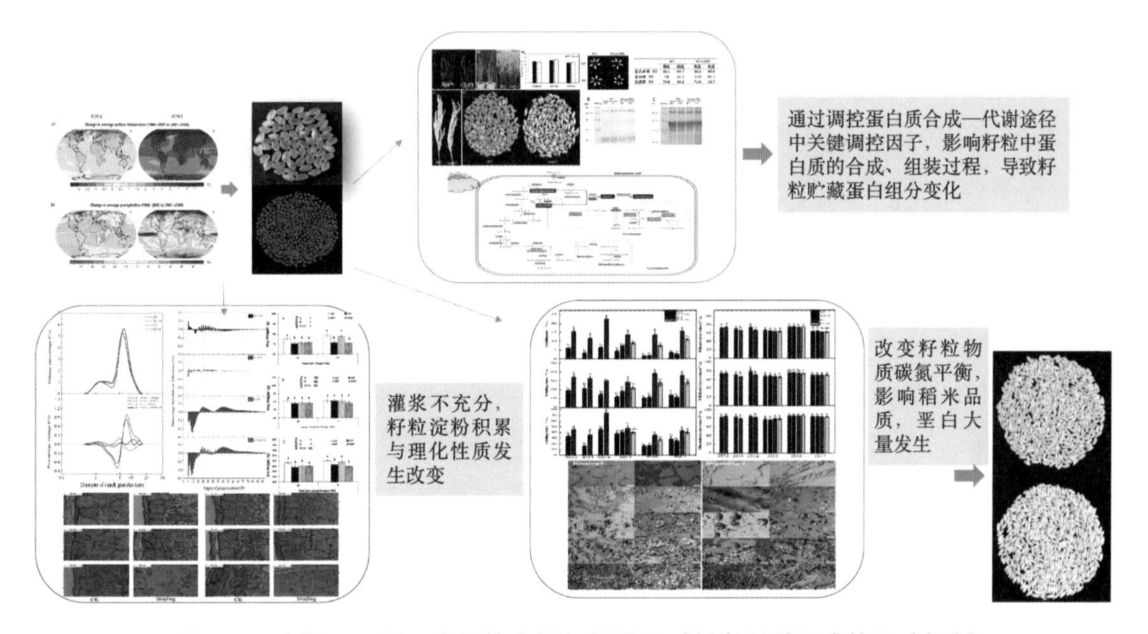

图2-3　高温、干旱、寡照等主要气候因子对稻米品质形成的影响机制

2.2.2.1 增温显著加速胚乳发育，并影响籽粒淀粉理化性质以及贮藏蛋白组分，导致籽粒贮藏物平衡发生改变，是垩白产生的主要的原因

增温显著加速胚乳发育，并影响籽粒淀粉理化性质以及贮藏蛋白组分，导致籽粒贮藏物平衡发生改变，进而影响稻米品质形成。温度升高引起籽粒淀粉体发育加速，淀粉粒径的显著增加是导致垩白大量形成的主要原因之一。增温导致灌浆前期（10 ~ 20 d）籽粒中总淀粉的积累加速，但在开花20 d以后淀粉的积累速率明显慢于常温状态，最终导致籽粒中总淀粉的含量显著低于常温条件下的。温度升高时籽粒中的支链淀粉中的长链数量、淀粉粒径、结晶度、糊化温度和热焓值均表现出明显的上升趋势，导致稻米淀粉的理化特性发生显著变化，淀粉体的空隙疏松，其缝隙和裂缝可以折射和散射光，这一现象在很大程度上导致了稻米垩白的产生。同时期籽粒中的蛋白含量则表现为显著增加的趋势，增温下谷蛋白的57kDa前体亚基显著增加，并且温度升高导致籽粒中蛋白质合成－代谢途径中关键调控因子（*GluA*，*GluB*，*RISBZ1*，*RPBF*等）的表达产生变化，进而影响籽粒贮藏蛋白的合成、转运、组装过程，导致籽粒贮藏蛋白组分变化，尤其是谷蛋白含量的增加。淀粉颗粒增大和蛋白质的增加导致了籽粒贮藏物质平衡与稻米胚乳结构发生变化，增加了稻米垩白的发生。

根据溶解性的不同，水稻籽粒中的贮藏蛋白可分为谷蛋白、醇溶蛋白、清蛋白和球蛋白。谷蛋白是稻米蛋白的主要成分，而清蛋白、球蛋白和醇溶蛋白所占比例相对较小。如表2–10所示，增温条件下，两个品种糙米中清蛋白含量增加，谷蛋白和醇溶蛋白含量均降低。增温条件下武育粳3号清蛋白含量增加12.5%，宁粳3号增加9.4%；武育粳3号在增温条件下糙米中醇溶蛋白和谷蛋白含量分别降低7.3%、1.7%，宁粳3号在增温条件下糙米中醇溶蛋白和谷蛋白含量分别降低1.7%、7.3%。增温条件下，球蛋白含量变化存在品种间差异，武育粳3号糙米中球蛋白含量显著降低，宁粳3号糙米中球蛋白含量增加，但变化未达到显著水平。

表2–10　增温对水稻蛋白组分的影响

品种	处理	清蛋白	球蛋白	醇溶蛋白	谷蛋白
武运粳3号	CK	2.196 a	1.568 a	2.912 a	5.196 a
	ET	2.540 a	1.345 b	2.699 a	5.105 b
宁粳3号	CK	2.298 a	1.383 a	3.013 a	5.631 a
	ET	2.536 a	1.429 a	2.962 a	5.219 b

注：同一列数据中标以不同字母表示在 $P<0.05$ 的水平上差异显著。

透射电镜结果显示（图2–4），灌浆后3 d，两个品种水稻籽粒胚乳中的蛋白体尚未明显形成。灌浆后6 d，胚乳中的蛋白体开始形成，细胞中粗面内质网的数量迅速增加，淀粉粒也开始发育。在增温条件下，PBⅡ的数量明显增多。灌浆后9 d，蛋白体和淀粉粒在水稻的胚乳细胞中已大量形成，此时液泡的数量减少，PBⅡ体积增大。灌浆后12 d，胚乳细胞中蛋白体紧密地充斥于淀粉粒的周围，并且和淀粉粒相互挤压而导致蛋白体的变形。灌浆后15 d，籽粒胚乳细胞已基本发育成熟，开始出现脱水的情况。在两个品种的透射电镜图中都可以发现，增温加速了蛋白体的发育，使蛋白体的数量变多，其中PBⅡ数量明显增加，增温也提高了水稻淀粉颗粒的发育，淀粉颗粒增大和蛋白质的增加导致了稻米胚乳结构的不协调，增加了稻米垩白发生的可能性。

整个灌浆过程中，清蛋白和球蛋白含量随灌浆进程的推进呈逐渐增加的趋势，而醇溶蛋白和谷蛋白含量的变化趋势则较为平缓。增温条件下，两个品种籽粒中清蛋白及球蛋白含量高于常温对照。灌浆前期，武育粳3号籽粒中醇溶蛋白的含量增温条件下高于常温对照，灌浆后期则相反；宁粳3号籽粒中醇溶蛋白变化不显著。灌浆前期，武育粳3号籽粒中谷蛋白含量在增温条件下高于常温对照，灌浆后期变化不显著；宁粳3号谷蛋白含量在前期增温处理下和常温相比变化不明显，但在灌浆后9 d谷蛋白含量较对照下降，当灌浆35 d时又和对照含量一样（图2–5）。

植物不能直接吸收利用分子态的氮，主要利用无机氮化合物。无机氮化合物包括 NH_4^+ 和 NO_3^-，而进行氨基酸的合成过程中，需要的是 NH_4^+。故植物吸收的 NO_3^- 必须经过代谢还原为 NH_4^+ 才可进行氨基酸的合成，这一过程主要是通过谷氨酰胺合成酶 / 谷氨酸合成酶循环途径进行同化的。图 2-6、图 2-7 显示了水稻叶片和籽粒中谷氨酰胺合成酶（GS）的活性。结果显示，灌浆 3 d 后，水稻籽粒中谷氨酰胺合成酶活性最高，且增温处理下谷氨酰胺合成酶活性增加，灌浆 6 d 后，谷氨酰胺合成酶活性急剧下降，其中武育粳 3 号增温条件下谷氨酰胺合成酶活性高于常温对照，而宁粳 3 号籽粒谷氨酰胺合成酶变化不明显。两个品种叶片中谷氨酰胺合成酶活性均在增温条件下升高。

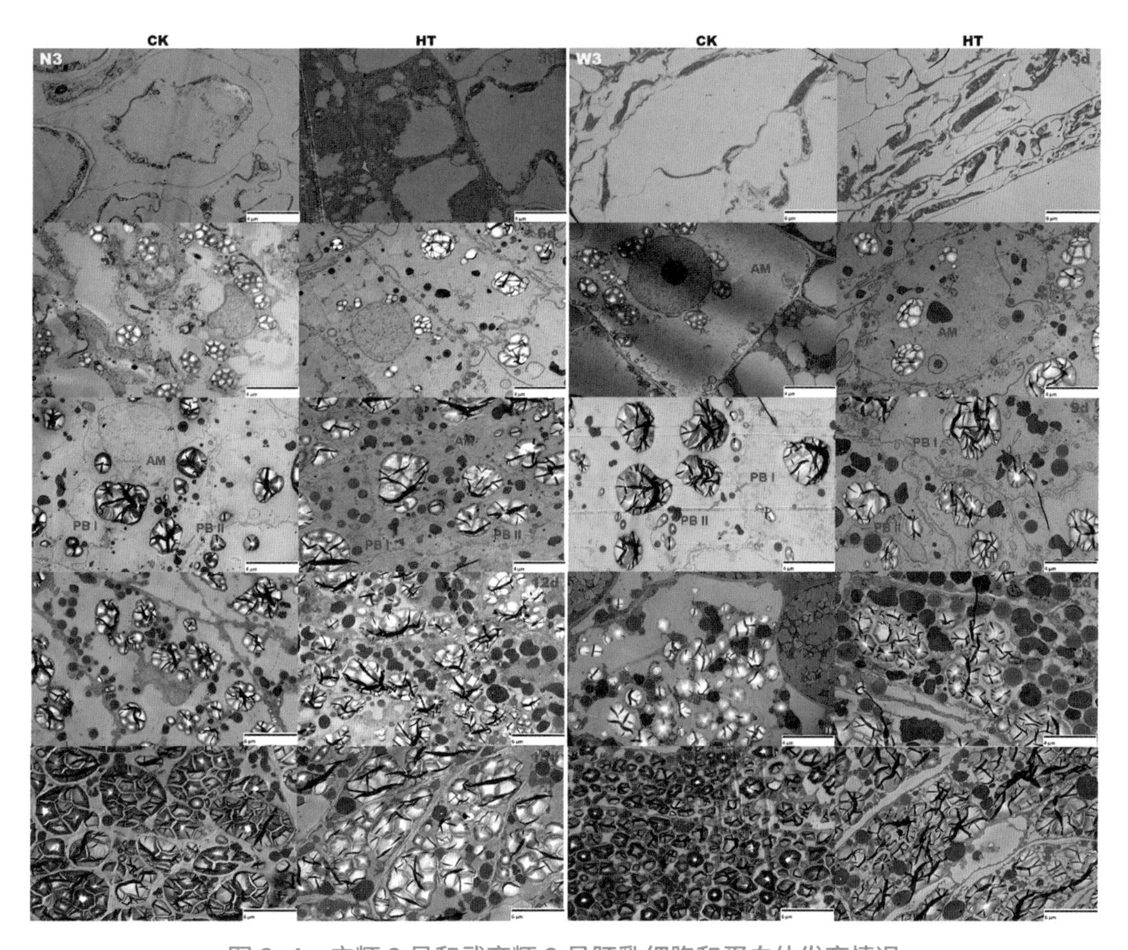

图 2-4　宁粳 3 号和武育粳 3 号胚乳细胞和蛋白体发育情况

注：图中的 PBⅠ代表内质网衍生的蛋白体型；PBⅡ代表Ⅱ型不规则椭圆形液泡蛋白体Ⅱ型；AM 代表水稻胚乳的淀粉体。

增温调控水稻叶片和籽粒中谷氨酸合成酶（GOGAT）的活性研究结果显示（图 2-8、图 2-9），水稻叶片中谷氨酸合成酶活性呈现先下降后上升趋势，在处理后 20 d 达到峰值，此时增温条件下谷氨酸合成酶活性低于常温对照，叶片中的谷氨酸合成酶活性变化趋势不明显；籽粒中谷氨酸合成酶活性在处理后第 9 d 达到最大值，随后平缓下降。两个品种籽粒中的谷氨酸合成酶活性变化趋势较一致，除了花后第 3 d，增温条件下籽粒中的谷氨酸合成酶活性均高于常温对照。

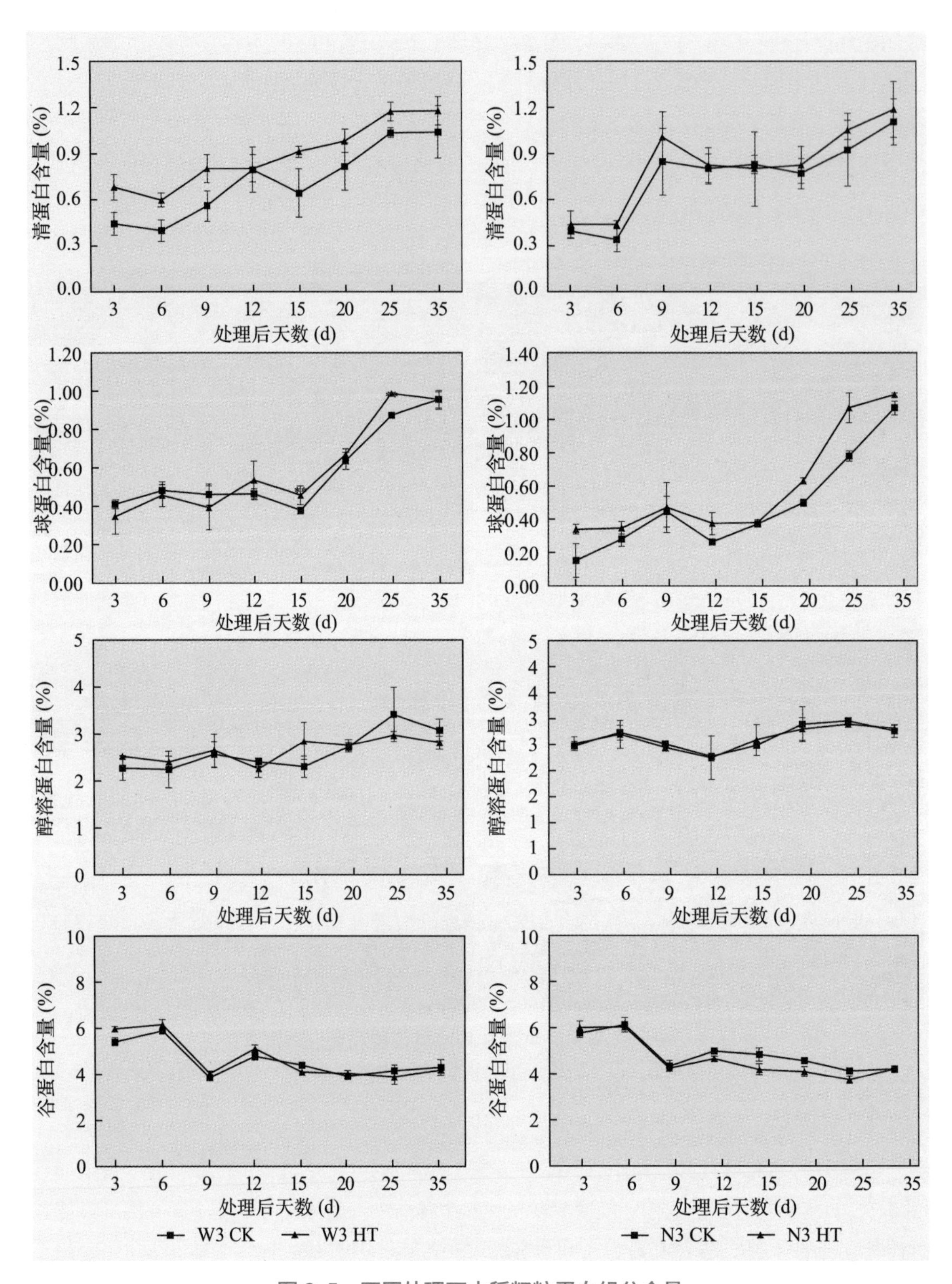

图 2-5　不同处理下水稻籽粒蛋白组分含量

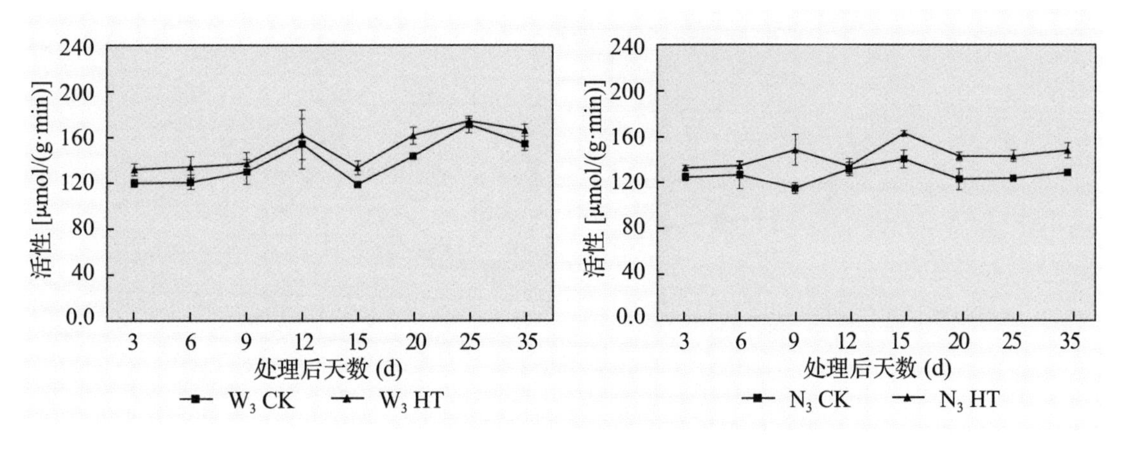

图 2-6 不同处理下水稻叶片谷氨酰胺合成酶活性

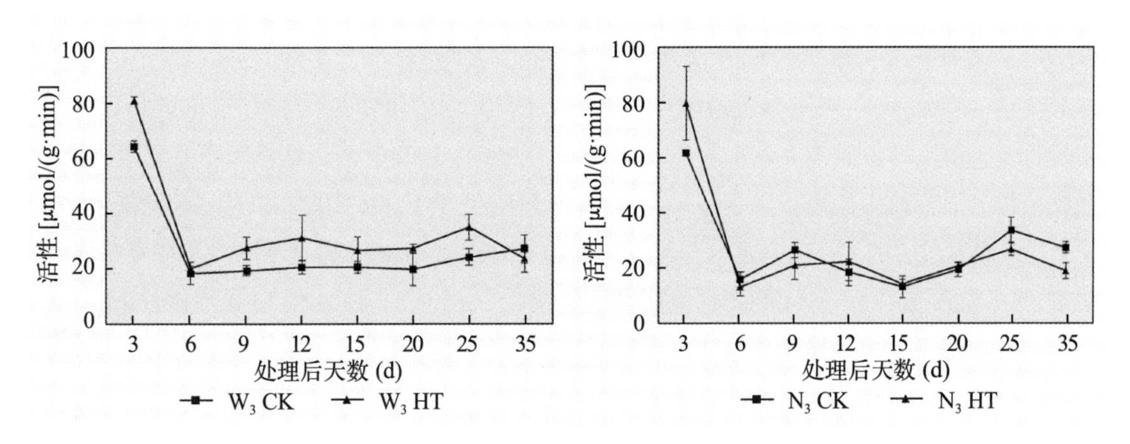

图 2-7 不同处理下水稻籽粒谷氨酰胺合成酶活性

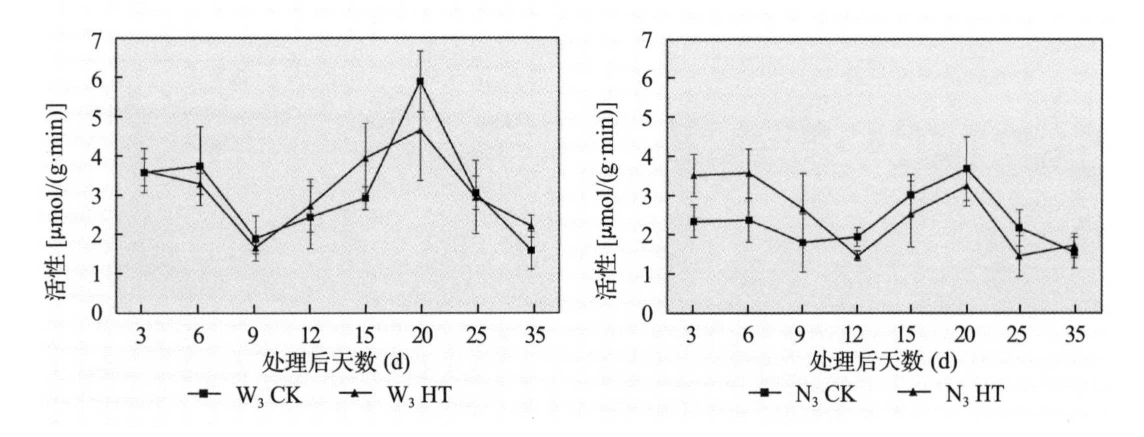

图 2-8 不同处理下水稻叶片谷氨酸合成酶活性

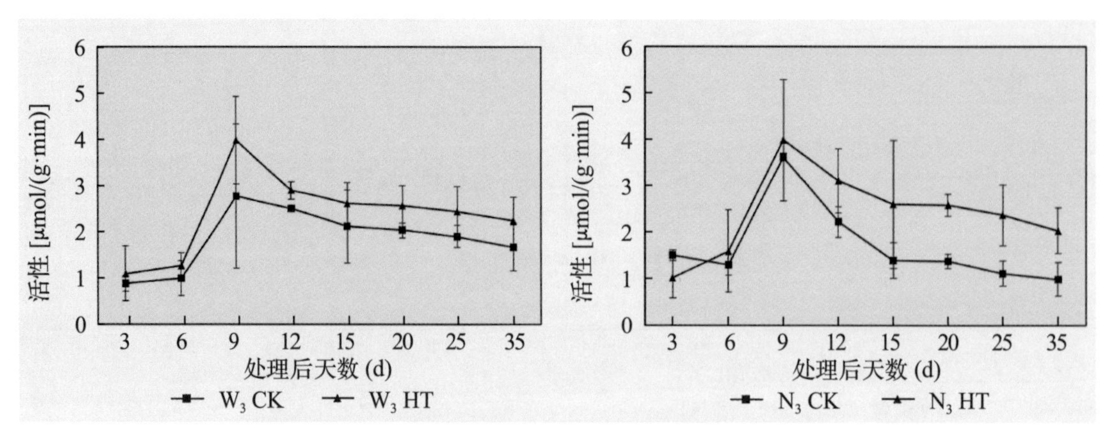

图 2-9　不同处理下水稻籽粒谷氨酸合成酶活性

结果表明，处理后 3 d，水稻籽粒中 *GluA1*、*GluA2*、*GluB1*、*GluB2* 和 *GluB5 基因*的表达水平相对较低，灌浆后期表达水平显著提高（图 2-10）。在增温处理的 3 d、9 d、12 d 和 15 d，W_3 水稻籽粒中 *GluB1* 和 *GluB2* 基因的表达均降低，而 N_3 水稻籽粒中 *GluB* 基因的表达量上升。碱性亮氨酸拉链蛋白基因 *RISBZ1* 和醇溶蛋白结合因子基因 *RPBF* 在两个品种水稻籽粒中的表达水平不一致。N_3 在增温条件下，*RISBZ1* 和 *RPBF* 的基因表达量上升，而 *RPBF* 的表达量在灌浆早期上升，但在增温处理 15 d 显著下降。在增温条件下，W_3 的醇溶蛋白基因 *prol*−14 的表达量在增温处理的 3 d、9 d、12 d 和 15 d 都显著下降。但是，在增温处理的中后期，N_3 籽粒中的 *prol*−14 表达量显著上升。两个品种的 *BiP* 基因的表达量较对照都降低，但是在增温处理后的第 3、第 9、第 12 d，籽粒中 *BiP* 基因的表达量都保持了增加的趋势。与对照相比，*PDI* 基因在 N3 籽粒中保持较高的表达量，而在品种 W_3 中未发现这一趋势。

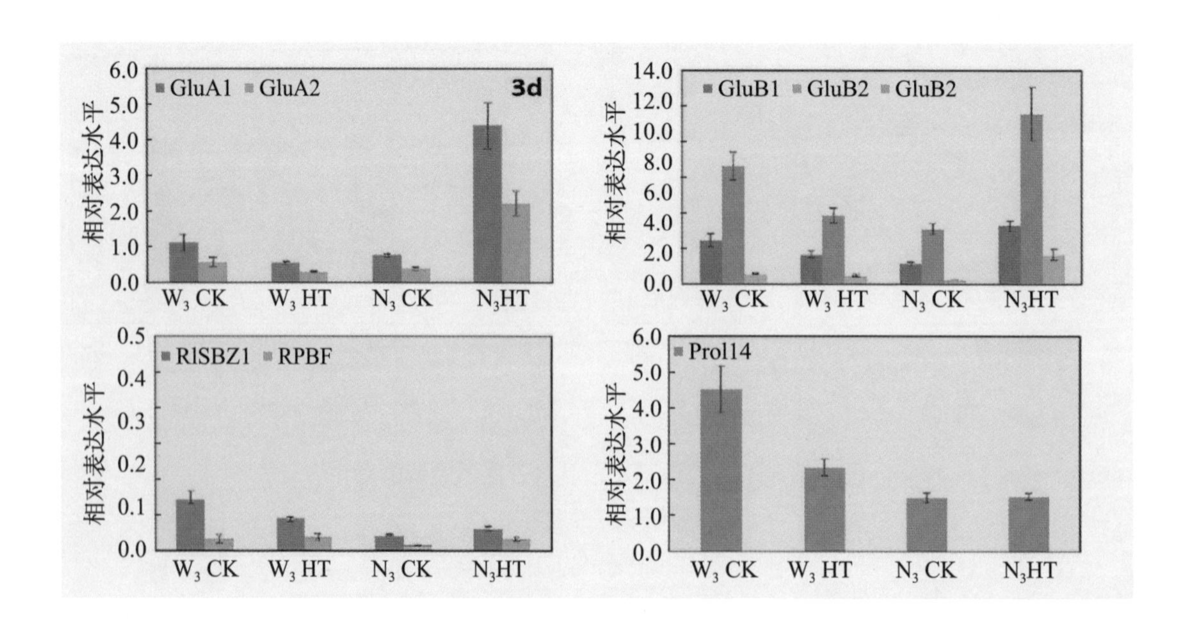

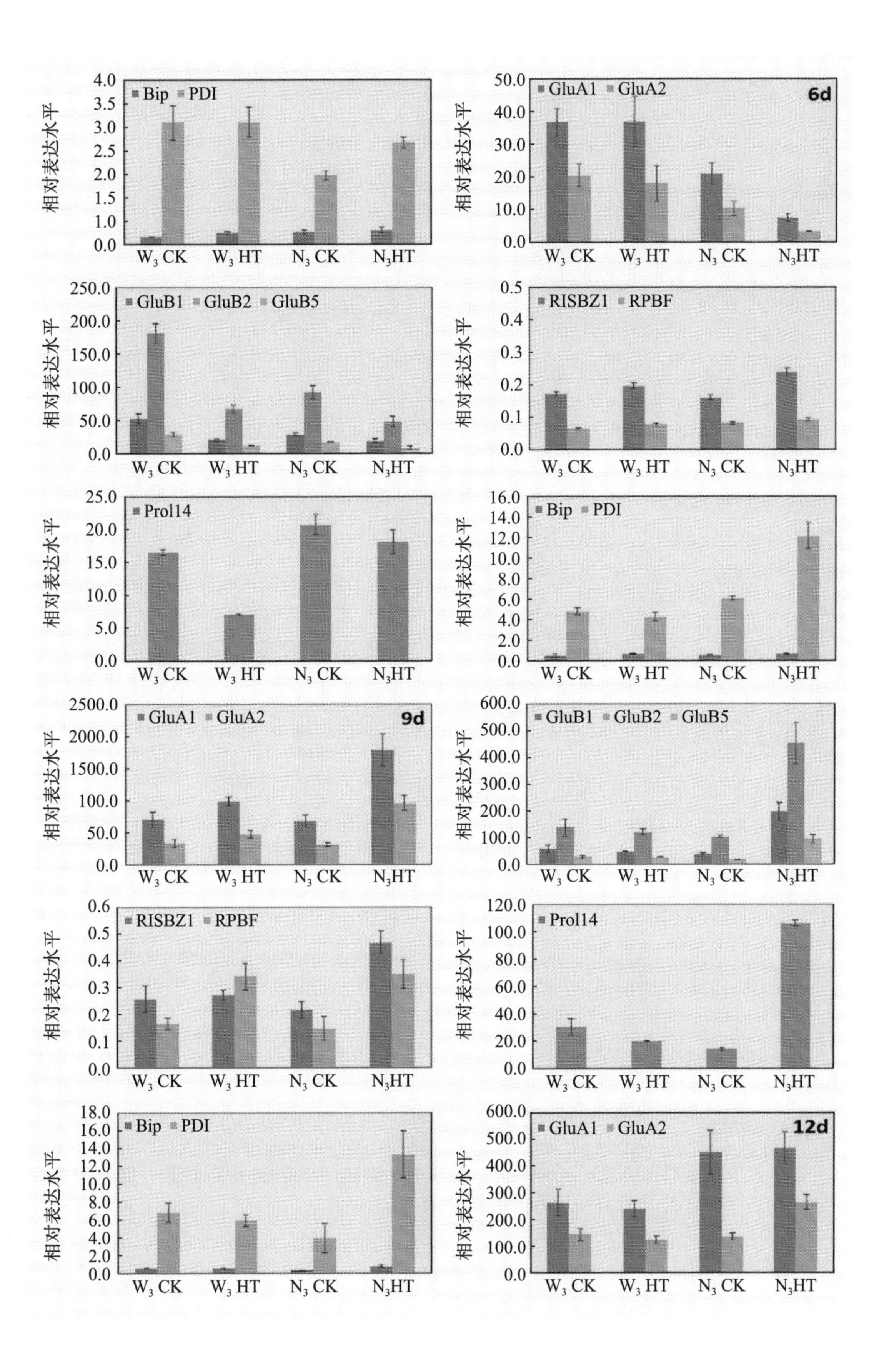
6d
9d
12d
Bip
PDI
GluA1
GluA2
GluB1
GluB2
GluB5
RISBZ1
RPBF
Prol14
相对表达水平
W_3 CK
W_3 HT
N_3 CK
N_3HT

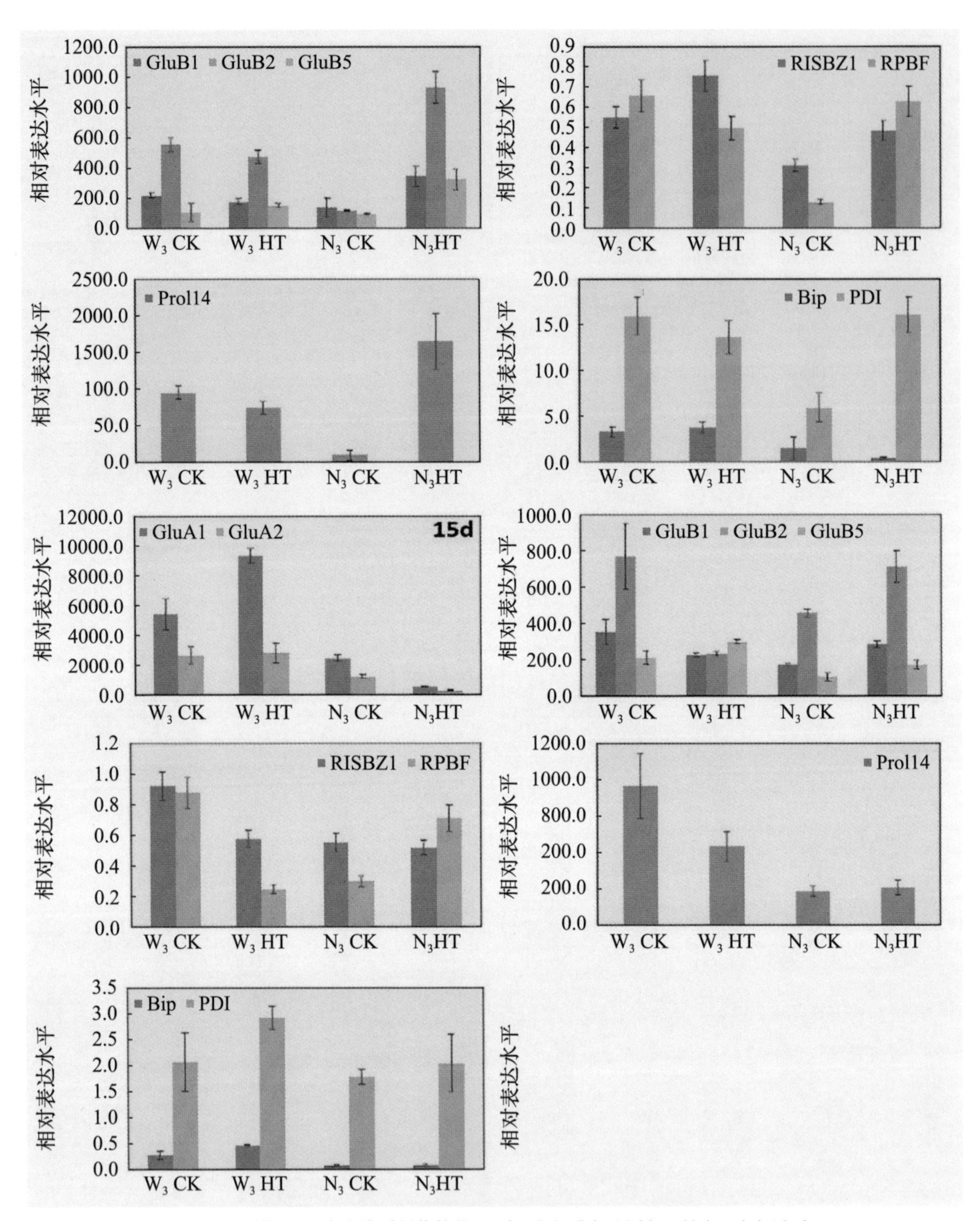

图 2-10　增温下水稻籽粒灌浆期蛋白质合成相关基因的相对表达水平

2.2.2.2 高温对 *SSSⅢa*、*OsSFC1*、*PDI* 等关键因子的调控效应显著，进而改变籽粒贮藏物质平衡，是导致籽粒垩白产生的主要原因

灌浆结实期高温胁迫主要影响水稻籽粒的灌浆充实过程，高温会导致籽粒灌浆加速、有效灌浆期缩短和籽粒充实度降低。研究结果显示，籽粒灌浆过程中的淀粉积累和贮藏蛋白组分变化与环境温度变化间的关系密切，高温主要导致籽粒谷蛋白的 57 kD 前体亚基、

37 kD 酸性亚基和 22 kD 碱性亚基含量显著升高，导致稻米贮藏蛋白组分及品质指标改变。此外，研究结果表明高温对 *SSSIIIa*、*OsSFC1*、*PDI* 等籽粒物质积累通路内关键因子的调控效应显著，导致水稻籽粒中淀粉、醇溶蛋白亚基以及醇溶蛋白的含量降低，同时高温处理增加了谷蛋白前体亚基、谷蛋白和氨基酸含量。高温胁迫主要通过影响碳氮代谢调控贮藏蛋白的含量以及组分间的平衡进而影响籽粒贮藏物质构成，成为导致籽粒垩白产生的主要原因之一。

对不同处理下籽粒贮藏蛋白各主要亚基组分差异及其积累动态变化的 SDS-PAGE 检测结果见图 2-11，水稻籽粒贮藏蛋白主要由 57 kD、37 ~ 39 kD、22 ~ 23 kD 的 3 个谷蛋白亚基和 13 kD 的醇溶蛋白亚基组成，且在不同氮素水平和温度处理下，这 4 条主要蛋白条带均随水稻籽粒灌浆天数的推移呈上升趋势。不同处理组合间相比，LN-HT 处理在相同时期 13 kD 醇溶蛋白亚基的条带亮度上与 LN-NT 处理相比明显变淡，HN-HT 处理的 13 kD 醇溶蛋白亚基的条带亮度也不如 HN-NT 处理明亮（图 2-12），这说明增施氮肥虽引起 13 kD 醇溶蛋白亚基含量的明显提升，但高温处理抑制水稻籽粒灌浆过程中 13 kD 醇溶蛋白亚基的合成积累。温度和氮肥对 3 个谷蛋白亚基（57 kD、37 ~ 39 kD、22 ~ 23 kD）的影响表现在灌浆结实期温度对 37 kD 谷蛋白亚基和 22kD 谷蛋白亚基在条带亮度的影响远没有氮素处理的效应明显，在常温（NT）和高温（HT）下，增施氮肥（HN）均会引起灌浆籽粒中 37 kD 谷蛋白和 22 kD 谷蛋白亚基条带的亮度增强，且 37 kD 谷蛋白亚基与 22 kD 谷蛋白亚基的条带亮度几乎呈同步增强趋势。上述现象说明，高温处理降低了 13 kD 醇溶

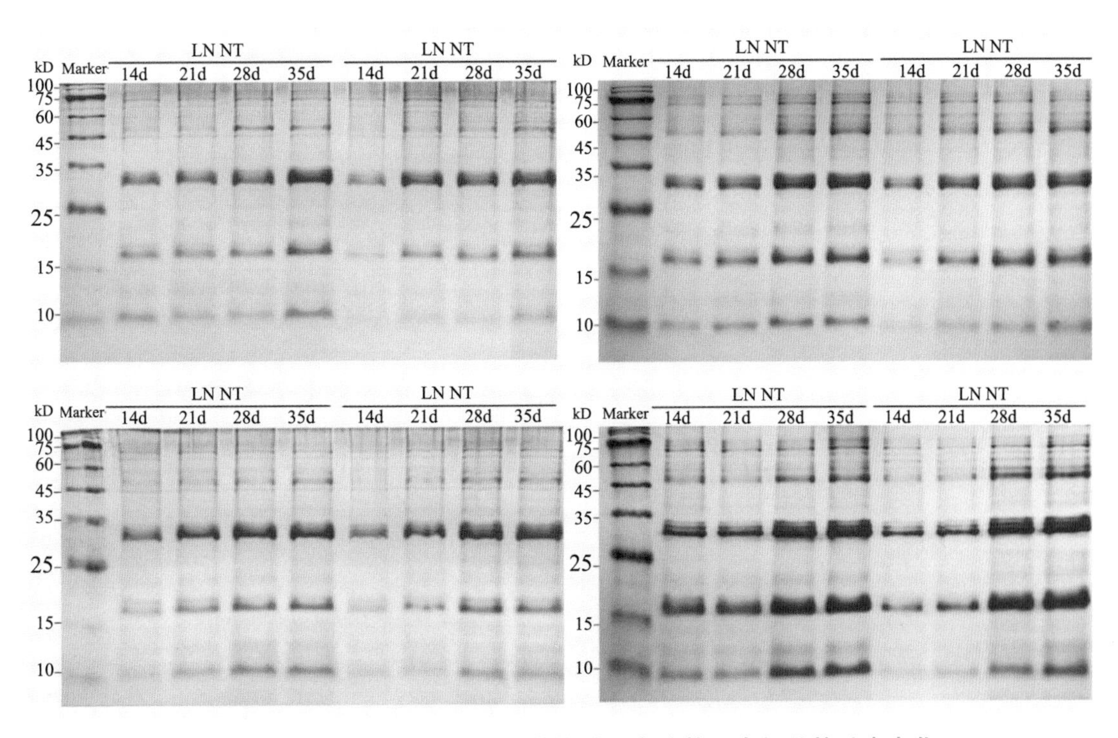

图 2-11　不同温氮处理下籽粒灌浆过程中贮藏蛋白组分的动态变化

蛋白亚基在灌浆籽粒中的合成积累量，而增施氮素穗肥可引起灌浆籽粒中 37 kD 谷蛋白酸性亚基和 22 kD 谷蛋白碱性亚基含量的明显提升，但谷蛋白中的 37 kD 亚基与 22 kD 亚基比例相对稳定，受高温和氮素穗肥的影响均较小。

蛋白质二硫键异构酶（Protein Disulfide Isomerase，PDI），也称蛋白二硫异构酶，是广泛存在于真核类生物中的多功能酶蛋白，它参与催化二硫键间的氧化还原反应、重排错配二硫键，在新生肽的合成、加工和运输、成熟多肽的正确折叠以及逆境胁迫下受损蛋白的修复和重折叠等生理过程中起重要作用。此外，PDI 还具有分子伴侣的部分功能，可通过 ATP 依赖等方式介导其他不同底物蛋白的多肽组装与异构、二硫键状态调控等过程，帮助其他代谢途径（如糖转运、蛋白合成等）中的多种酶蛋白行使其特定的代谢功能，因此它与真核类生物中的糖转运及蛋白合成等代谢环节也可能存在较密切联系。已有研究表明，水稻 *PDIL1-1* 基因参与稻米胚乳发育。为了进一步研究 PDI 与稻米品质的关系，利用 *PDIL1-1* 基因的 RNAi 转基因株系进行高温胁迫处理，结果显示，转基因后代对高温胁迫更敏感，从而引发育性极显著下降（图 2-13），而稻米垩白米率及垩白度则极显著增加。深入研究蛋白含量及其组分，结果表明，高温显著增加稻米粗蛋白含量，而蛋白组分结果显示清蛋白和谷蛋白含量显著增加，而球蛋白和醇溶蛋白含量则显著下降（表 2-11）。而对于蛋白亚基来说，高温抑制转基因稻米中的谷蛋白 A 家族 57 kDa 的蛋白前体的裂解（图 2-12）。

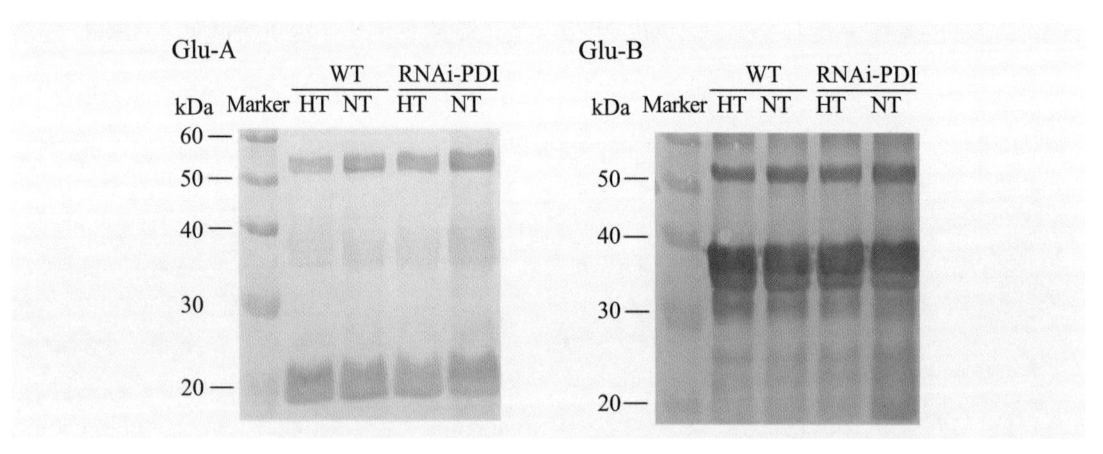

图 2-12 高温胁迫对 *RNAi-PDI* 转基因后代稻米谷蛋白亚基的影响

表 2-11 高温胁迫对 *RNAi-PDI* 转基因后代稻米储藏蛋白的影响

品种	处理	蛋白组分 (%)				谷蛋白 / 醇溶蛋白	粗蛋白 (%)
		清蛋白	球蛋白	醇溶蛋白	谷蛋白		
WT	HT	4.22 ± 0.14	2.21 ± 0.10	8.53 ± 0.42	82.62 ± 0.54	9.69	10.25 ± 0.40
	NT	2.24 ± 0.12	4.32 ± 0.45	9.78 ± 0.29	81.22 ± 0.29	8.3	9.14 ± 0.34
RNAi-PDI	HT	5.37 ± 0.13	3.18 ± 0.40	8.25 ± 0.84	82.96 ± 0.53	10.06	10.65 ± 0.78
	NT	3.22 ± 0.19	4.32 ± 0.56	9.25 ± 0.51	81.58 ± 0.13	8.82	9.34 ± 0.49

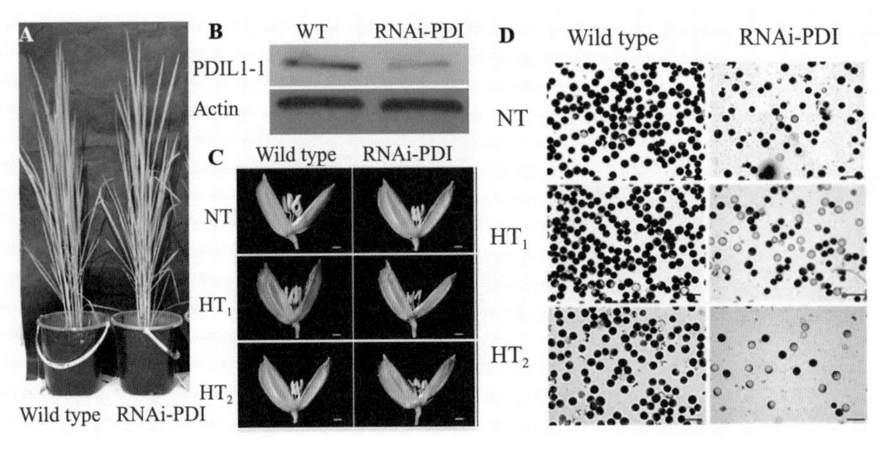

图 2-13 *RNAi-PDI* 转基因后代表型及其花粉育性

2.2.2.3 灌浆期弱光胁迫导致籽粒颖果发育滞后，籽粒物质积累受限，淀粉体发育滞后导致结构变化是稻米垩白形成的基础

穗后弱光胁迫严重制约了水稻各穗位（特别是穗下部）颖果发育，颖果鲜重、干重显著降低，胚乳细胞和淀粉体发育滞后，进而导致稻米淀粉理化特性发生变化。弱光寡照条件下水稻籽粒支链淀粉含量、小颗粒淀粉和大颗粒淀粉所占比例，以及长支链淀粉比例显著增加，中间颗粒淀粉所占比例和短支链淀粉比例下降，进而导致稻米淀粉的分支度增加，结晶度降低，最终导致淀粉颗粒均匀性降低，淀粉颗粒间间隙增大，导致了籽粒中垩白的大量发生。此外，通过对不同耐弱光品种的转录组学分析发现，弱光寡照导致的差异基因表达主要集中在水稻籽粒碳水化合物代谢途径上，与抗耐品种相比，弱感光品种弱光下的转录相关途径均受到影响，淀粉合成相关基因表达量下调，ABA 和钙信号的低温响应系统受到抑制，灌浆不充分并最终导致籽粒物质碳氮平衡发生改变，进而影响最终稻米品质的形成。

为了清楚地认识不同穗位稻米支链淀粉链长平均聚合度值的差异，把各支链淀粉链长划分为 4 种类型，Fa（短链，6 ≤ DP ≤ 12）、Fb1（长链，13 ≤ DP ≤ 24）、Fb2（长链，25 ≤ DP ≤ 36）和 Fb3（长链，37 ≤ DP ≤ 60）。由表 2-12 结果可见，仅光照强度主效对Ⅱ优 498 稻米支链淀粉链长分布有显著（P<0.05）或极显著（P<0.01）影响。随着穗位降低，Ⅱ优 498 稻米支链淀粉 Fa 和 Fb1 所占相对比率呈先增加后降低趋势，而 Fb2 所占相对比率则呈逐渐降低趋势。弱光处理降低了Ⅱ优 498 各穗位稻米支链淀粉 Fa 和 Fb1 所占相对比率，而 Fb2、Fb3 所占相对比率和平均链长则有所增加，且 Fa 与 Fb3 的比值分别较对照降低了 10.2%、11.3% 和 9.48%。总体来看，弱光处理下Ⅱ优 498 稻米支链淀粉 Fa、Fb1 所占相对比率和 Fa 与 Fb3 的比值分别较对照降低了 3.13%、1.17% 和 10%，而 Fb2 和 Fb3 所占相对比率则有所增加，分别增加了 3.6% 和 8.2%，且 Fa、Fb1 和 Fb3 处理间差异达显著水平（P<0.05）。

光照强度主效（除 Fa）、穗位主效和光照强度与穗位互作效应显著（P<0.05）或极显著（P<0.01）影响宜香优 2115 稻米支链淀粉链长分布（表 2-12）。随着穗位降低，宜香优 2115 稻米支链淀粉 Fa 所占相对比率呈先降低后增加趋势，Fb1 所占相对比率逐渐增加，而

Fb3 所占相对比率则有所降低；弱光处理下穗下部与穗中上部间差异达显著水平（P<0.05）。弱光处理后，穗中上部 Fa 所占相对比率和 Fa 与 Fb3 的比值较对照有所降低；而 Fb1 和 Fb2 所占相对比率则呈相反趋势，且处理间差异显著（P<0.05）。穗下部支链淀粉链长分布变化趋势与穗中上部相反，Fa 和 Fb1 所占相对比率分别较对照显著（P<0.05）高了 4.01% 和 2.07%，而 Fb3 所占相对比率则显著降低了 14.7%。较对照而言，宜香优 2115 支链淀粉 Fa 和 Fb3 所占相对比率降低，而 Fb1 和 Fb2 所占相对比率增加，平均链长变短，且 Fa 与 Fb3 的比值高于对照。相比Ⅱ优 498，宜香优 2115 支链淀粉短链 Fa 所占相对比率更少，Fb2 所占相对比率更多。

表 2-12　不同穗位稻米支链淀粉链长分布及平均链长

处理		部位	F_a DP6-12	F_{b1} DP13-24	F_{b2} DP25-36	F_{b3} DP37-60	平均链长	F_a/F_{b3}
IIyou 498	CK	顶部	25.3 a	51.1 a	11.2 ab	12.3 bc	17.3	2.05
		中间	25.8 a	50.9 ab	11.2 ab	12.2 c	17.2	2.12
		底部	25.6 a	51.1 a	11.1 b	12.2 bc	17.2	2.11
		平均	25.6 A	51.1 A	11.1 B	12.2 B	17.2	2.09
	弱光处理	顶部	24.6 a	50.5 bc	11.5 ab	13.4 a	17.9	1.84
		中间	24.5 a	50.8 ab	11.6 a	13.0 abc	17.8	1.88
		底部	25.3 a	50.2 c	11.3 ab	13.2 ab	17.8	1.91
		平均	24.8 B	50.5 A	11.5 A	13.2 A	17.8	1.88
	F-value	L	7.64*	17.3**	9.73*	18.4**		
		P	0.849	0.827	1.37	0.390		
		L × P	0.843	4.17	0.317	0.055 7		
Yixiangyou 2115	CK	顶部	27.3 bc	47.9 d	11.6 c	13.2 a	17.6	2.07
		中间	27.2 bcd	48.2 cd	11.6 bc	13.1 a	17.5	2.08
		底部	27.4 b	48.4 bc	11.3 cd	12.9 a	17.4	2.13
		平均	27.3 A	48.1 B	11.5 A	13.0 A	17.5	2.10
	弱光处理	顶部	26.6 cd	48.3 bcd	11.9 ab	13.3 a	17.8	1.99
		中间	26.4 d	48.6 b	12.1 a	12.9 a	17.6	2.04
		底部	28.5 a	49.4 a	11.2 d	11.0 b	16.3	2.60
		平均	27.1 A	48.7 A	11.7 A	12.4 A	17.2	2.19
	F-value	L	1.14	45.5**	7.82*	9.58*		
		P	14.2**	29.4**	23.6**	16.5**		
		L×P	9.79*	5.15	5.86*	10.5*		

注：同列数据后的不同小写字母表示同一品种处理间在 P<0.05 水平上有显著性差异；同列数据后的不同大写字母表示同一品种对照（CK）和弱光处理（Shading）在 P<0.05 水平上有显著性差异。

淀粉分子内和分子间的氢键赋予了高度有序的晶体结构。因此，X 射线衍射图谱（XRD）被认为是测定淀粉晶体结构的有效方法。本研究中所有样品均表现出典型的 A 型衍射模式，说明弱光胁迫并没有改变大米淀粉的多态结构类型。根据 XRD 谱计算的结晶度如表 2-13 所示。弱光胁迫显著降低了大米淀粉晶体的稳定性，可能是由于形成淀粉晶体区短链的减少。但温江样品的结晶度降低幅度（10.2%）高于汉源样品（7.34%），这可能与气候条件不同有关。此外，弱光胁迫显著增加了两个生态点淀粉的分支度，可能是由于支链短链的减少，和支链长链比例的增加。在淀粉的 FTIR 光谱中，1045/1022 和 1022/995 的比值很重要，其中在 1045 和 1022 处的峰值分别代表结晶区和非晶态区。因此，分别用 1045/1022 和 1022/995 比值来估计淀粉分子的有序度和双螺旋结构的内部变化。在对照和弱光胁迫处理下，两个生态点都观察到类似的吸收峰，这表明弱光胁迫不会导致新的基团出现。弱光胁迫显著降低了 1045/1022 的比值，降低结晶度，这与 XRD 结果推断的结晶度较低的结晶度相一致。此外，弱光胁迫还显著降低了稻米淀粉的数均分子量，但提高重均分子量，进而导致淀粉分子多分散性显著增加。

表 2-13　弱光对稻米淀粉精细结构特性的影响

处理	结晶度 (%)	分支度 (%)	1045/1022 cm^{-1}	1022/995 cm^{-1}	数均分子量 (10^4 kDa)	重均分子量 (10^4 kDa)	多分散性
对照	35.4 ± 0.49 a	3.85 ± 0.09 b	0.86 ± 0.00 a	1.22 ± 0.00 b	5.01 ± 0.33 a	29.49 ± 1.58 b	5.89 ± 0.07 b
弱光	32.8 ± 1.42 b	4.17 ± 0.14 a	0.85 ± 0.00 b	1.25 ± 0.01 a	4.49 ± 0.25 b	35.49 ± 1.22 a	7.92 ± 0.17 a
对照	38.4 ± 0.60 a	4.17 ± 0.05 b	0.87 ± 0.01 a	1.23 ± 0.00 b	3.70 ± 0.05 a	20.22 ± 0.59 b	5.47 ± 0.24 b
弱光	34.5 ± 0.25 b	4.26 ± 0.05 a	0.84 ± 0.01 b	1.24 ± 0.01 a	2.60 ± 0.11 b	25.14 ± 2.64 a	9.64 ± 0.60 a

注：同一列数据中标以不同字母表示在 $P<0.05$ 的水平上差异显著。

为研究抗光、耐弱光水稻品种遮阴后千粒重和垩白性状差异的分子机制，以遮阴后 12 d 的籽粒为样品，采用 RNA-Seq 技术，对籽粒中差异表达基因（Differentially Expressed Genes，DEGs）进行了鉴定。经过筛选（FPKM ≥ 1），日本晴遮阴和对照间 DEGs 为 2273 个，而新丰 6 号和遮阴处理间 DEG 为 644 个（图 2-14 a），表明遮阴后耐弱光品种新丰 6 号的基因表达比感弱光品种日本晴受弱光影响小。在这些差异表达基因中，遮阴后 NPC-vs-NPS 差异的 2273 个基因中上调 227 个，下调 2046 个；遮阴后 XinC-vs-XinS 差异的 644 个基因中上调 295 个，下调 349 个。NPC-vs-NPS 和 XinC-vs-XinS 差异基因中共有 239 个，两者单独有 2034 和 405 个（图 2-14 b）。

GO 注释对基因进行分析以得到完整的功能注释，NPC-vs-NPS 和 XinC-vs-XinS 差异基因的 GO 分析如图 2-15 所示。NPC-vs-NPS 差异基因 GO 功能分类的 3 个主要类别（基因的分子功能、细胞组分和生物学过程）中分别有 14、12 和 10 个功能组，XinC-vs-XinS 差异基因 GO 功能分类的 3 个主要类别（基因的分子功能、细胞组分和生物学过程）中分别有 13、12 和 10 个功能组。对 3 种类别中所占百分比较高的进行分析，遮阴后差异基因在生物学过程上主要集中于细胞过程、代谢过程、生物学调控和刺激响应方面；在细胞组分上主要集中于细胞膜、细胞器和膜成分；在分子功能上主要集中于结合和催化活性上（图 2-15 a）。对 NPC-vs-NPS 和 XinC-vs-XinS 差异基因进行 GO 富集发现，遮阴后差异表达的基因主要集中在碳水化合物代谢途径上，而日本晴遮阴后碳水化合物代谢途径上的基因表达变化较新丰 6 号更多，表明遮阴对耐弱光品种籽粒灌浆碳水化合物代谢基因影响小（图 2–15 b）。

对 NPC–vs–NPS 和 XinC–vs–XinS 差异基因进行 *KEGG* 富集分析如图 2–16 所示。NPC–vs–NPS 差异基因 *KEGG* 主要富集在 Glycolysis / Gluconeogenesis、Starch and sucrose metabolism、mRNA surveillance pathway 和 RNA transport。XinC–vs–XinS 差异基因 *KEGG* 主要富集于 Starch and sucrose metabolism、Phenylpropanoid biosynthesis、mRNA surveillance pathway 和 RNA transport。可以看出无论抗耐品种还是感弱光品种遮阴后 mRNA 相关途径受到了影响，说明遮阴后有大量的基因表达受到了影响。另外淀粉和蔗糖合成代谢途径也都受到了影响，但抗耐弱光品种受到影响的基因少。

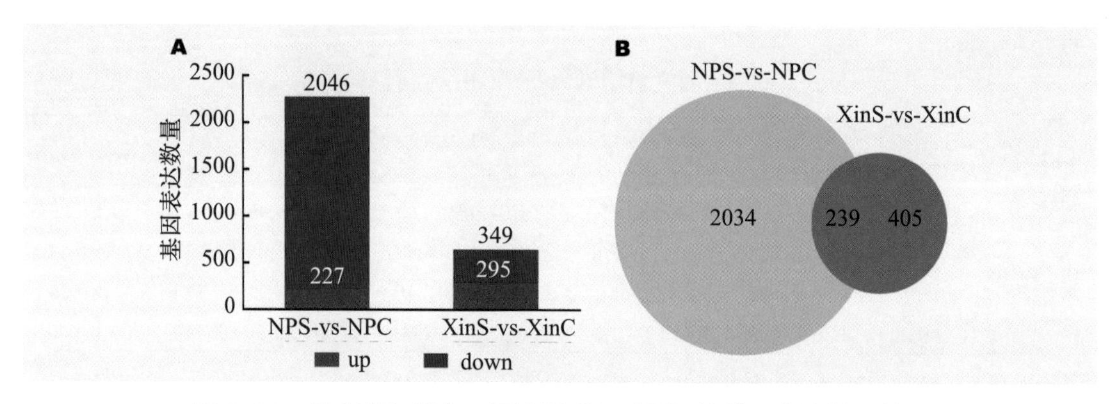

图 2–14　日本晴和新丰 6 号遮阴后与对照间的差异表达基因数目

注：A：遮阴后日本晴和新丰 6 号与对照间的差异表达基因数目；B：NPS–vs–NPC 与 XinS–vs–XinC 间差异基因的 VEN 图。NPC：日本晴正常光照，NPS：日本晴遮阴处理；XinC：新丰 6 号正常光照，XinS：新丰 6 号遮阴处理。

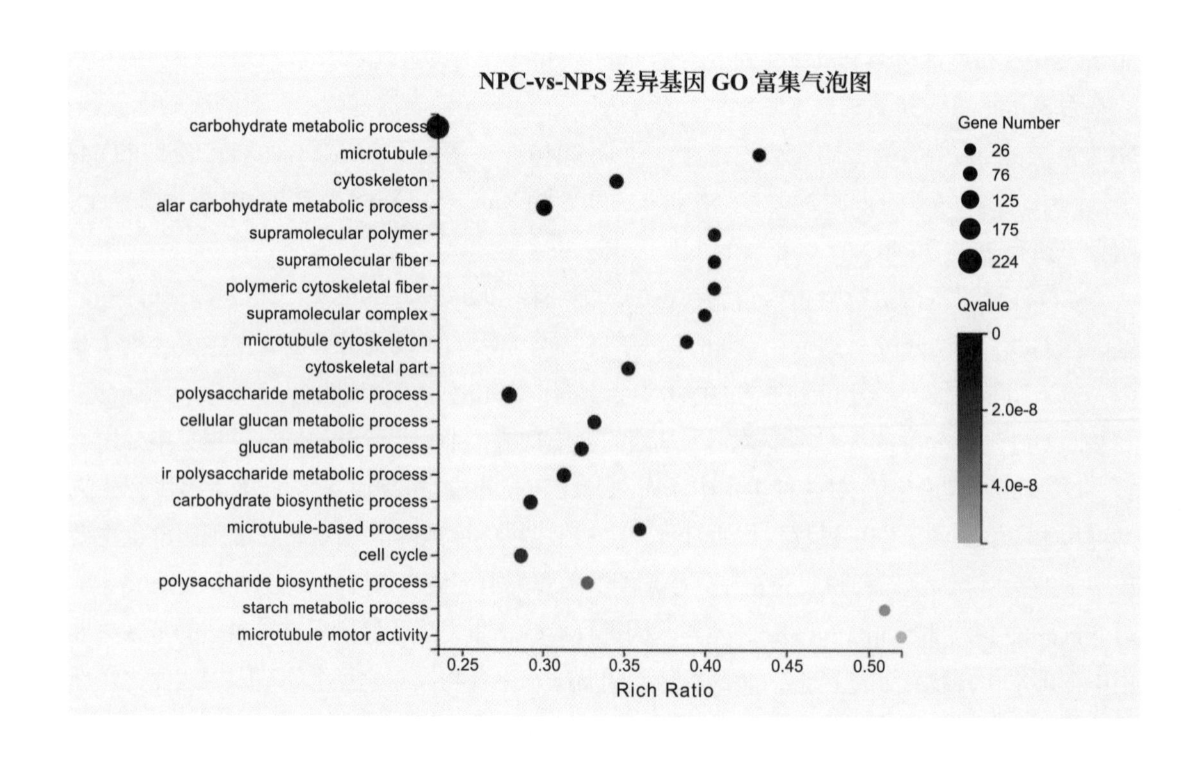

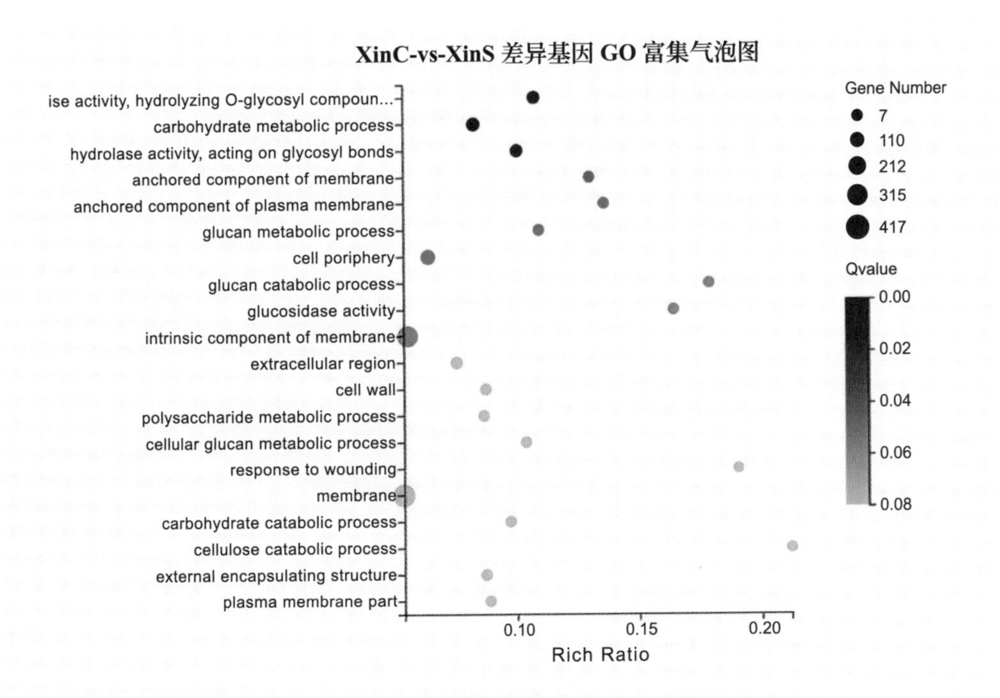
XinC-vs-XinS 差异基因 GO 富集气泡图
ise activity, hydrolyzing O-glycosyl compoun...
carbohydrate metabolic process
hydrolase activity, acting on glycosyl bonds
anchored component of membrane
anchored component of plasma membrane
glucan metabolic process
cell poriphery
glucan catabolic process
glucosidase activity
intrinsic component of membrane
extracellular region
cell wall
polysaccharide metabolic process
cellular glucan metabolic process
response to wounding
membrane
carbohydrate catabolic process
cellulose catabolic process
external encapsulating structure
plasma membrane part
0.10
0.15
0.20
Rich Ratio
Gene Number
7
110
212
315
417
Qvalue
0.00
0.02
0.04
0.06
0.08

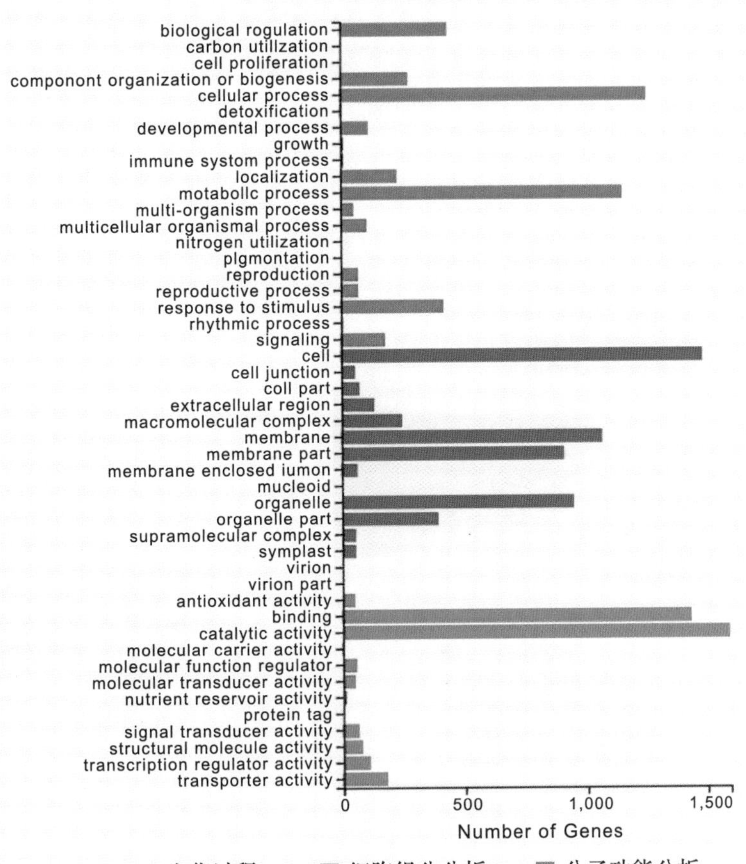
NPC-vs-NPS 差异基因 GO 分类
biological rogulation
carbon utillzation
cell proliferation
componont organization or biogenesis
cellular process
detoxification
developmental process
growth
immune system process
localization
motabolic process
multi-organism process
multicellular organismal process
nitrogen utilization
plgmontation
reproduction
reproductive process
response to stimulus
rhythmic process
signaling
cell
cell junction
coll part
extracellular region
macromolecular complex
membrane
membrane part
membrane enclosed iumon
mucleoid
organelle
organelle part
supramolecular complex
symplast
virion
virion part
antioxidant activity
binding
catalytic activity
molecular carrier activity
molecular function regulator
molecular transducer activity
nutrient reservoir activity
protein tag
signal transducer activity
structural molecule activity
transcription regulator activity
transporter activity
0
500
1,000
1,500
Number of Genes
生化过程
细胞组分分析
分子功能分析

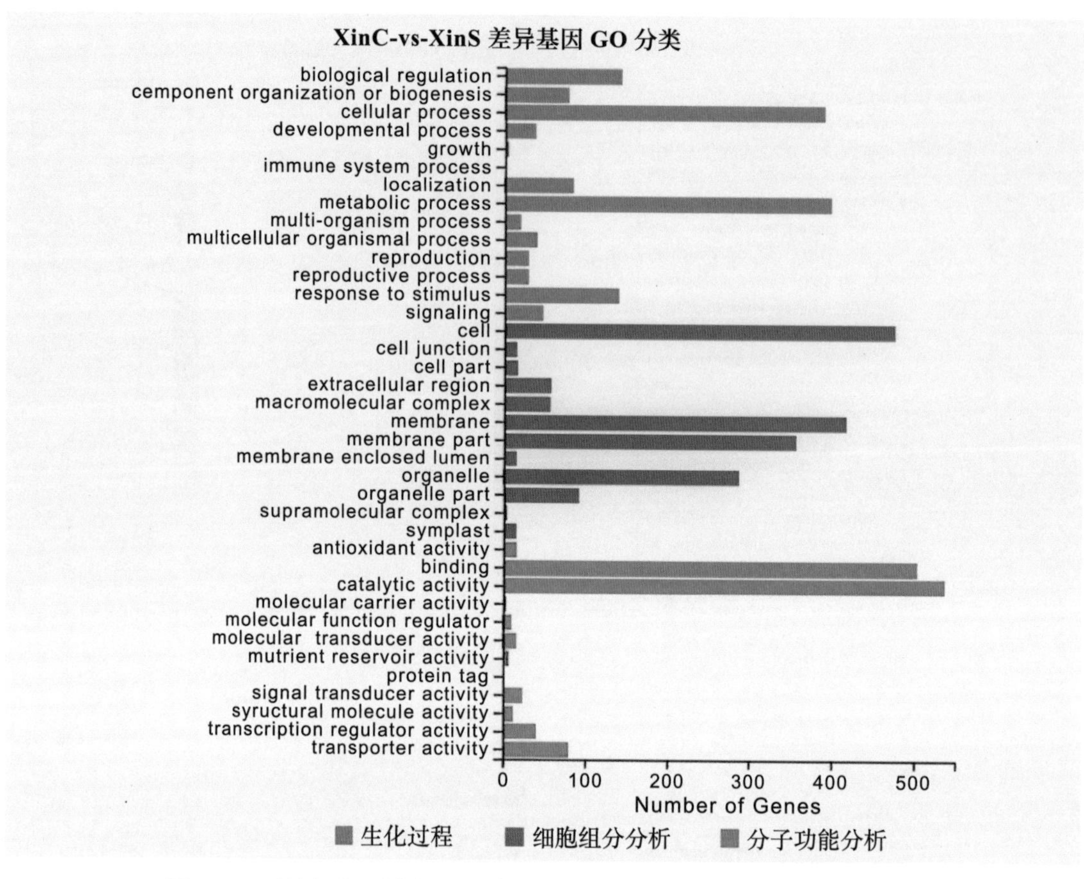

图 2-15 日本晴、新丰 6 号遮阴与对照间差异表达基因的 GO 分类

注：a. 差异基因 GO 分类。左为 NPC-vs-NPS 差异基因 GO 分类，右为 XinC-vs-XinS 差异基因 GO 分类。b. 差异基因 GO 富集气泡图。左为 NPC-vs-NPS 差异基因 GO 富集气泡图，右为 XinC-vs-XinS 差异基因 GO 富集气泡图。

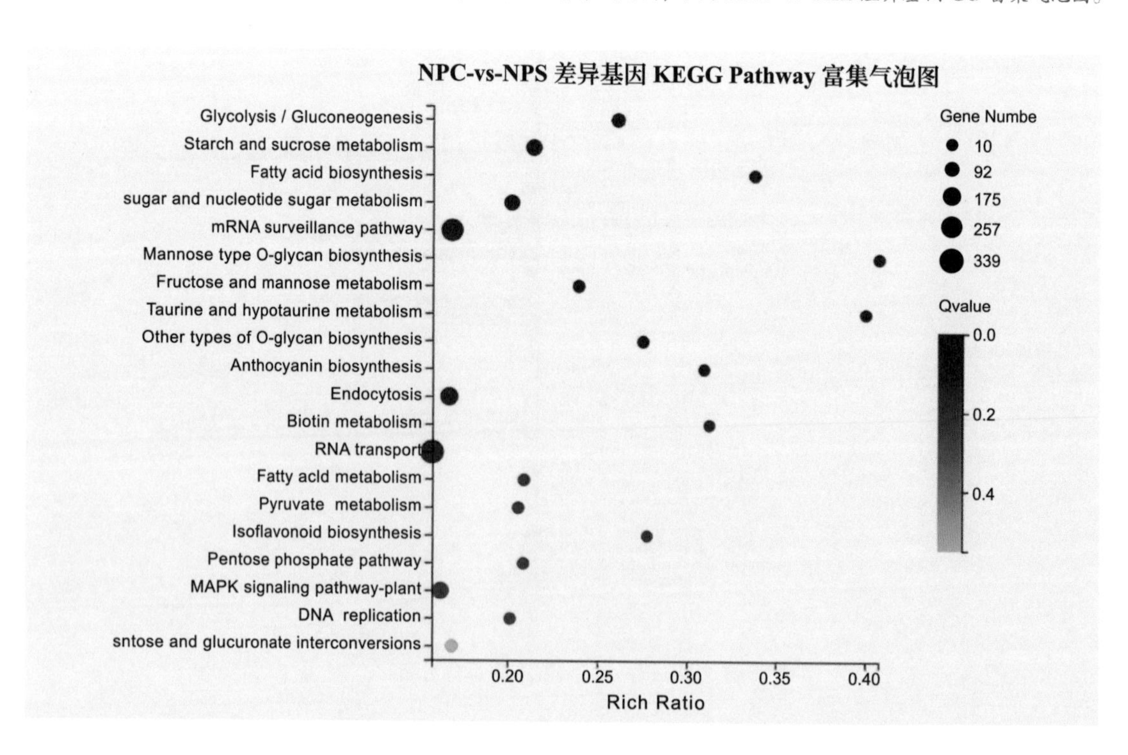

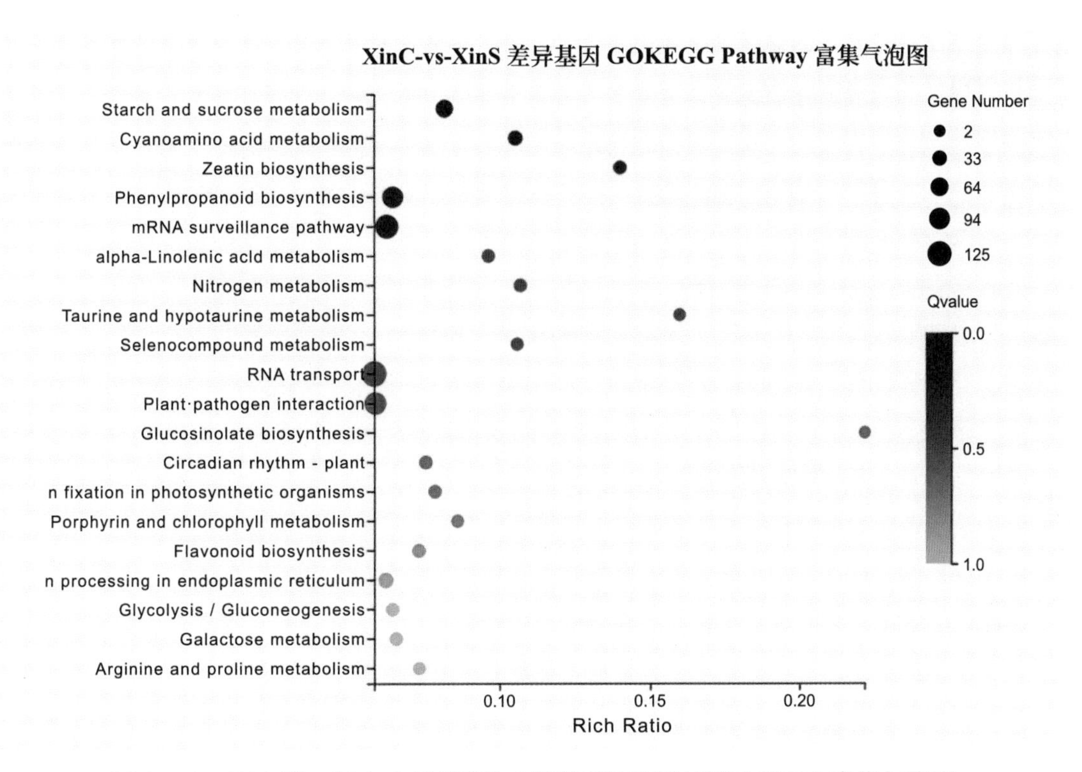

图 2-16　日本晴、新丰 6 号遮阴与对照间差异表达基因 *KEGG* 富集气泡图

注：左图为 NPC-vs-NPS 差异基因 *KEGG* 富集，右图为 XinC-vs-XinS 差异基因 *KEGG* 富集。

2.2.3 以平衡碳、氮代谢为理论基础，提出了应对气候变化的米质减损途径

气候变暖背景下如何缓解稻米品质的恶化将是未来水稻优质生产需要面临的严峻问题。在探明稻米品质形成过程中关键气象因子对籽粒中碳水化合物积累的影响机理、调控过程及生理生态的基础上，本研究通过常规栽培措施开展了气候变化背景下的调控途径研究，研究结果显示相关措施通过调控籽粒碳、氮平衡可以有效缓解气候变化背景下稻米品质的变劣效应，并在此基础上提出了以品种、氮肥等常规栽培措施为基础的气候变暖背景下的水稻优质栽培途径，相关成果对进一步明确气候变化背景下生态环境综合因素对水稻品质形成的生理调控机制，提升我国优质稻米栽培理论研究水平，制定应对气候变暖的合理栽培调控措施具有重要意义。

2.2.3.1 提出了优化氮素营养是缓解气温升高下稻米品质变劣的重要栽培途径

研究结果表明，增施氮素具有缓解灌浆期温度升高导致的籽粒前期灌浆速率和蛋白体发育过快的重要作用，并有效协调蛋白体和淀粉体的发育，进而改善籽粒的品质。灌浆期高温导致植株的蒸腾速率显著提高，增施氮肥对蒸腾速率有缓解作用。温度升高下施氮可以有效改善籽粒外观品质和碾磨品质。高温显著加速了蛋白体和淀粉体的发育，增温施氮可以缓解这种效应，氮素通过影响籽粒灌浆和胚乳发育进而影响籽粒贮藏蛋白的积累。高温降低了水稻籽粒淀粉、醇溶蛋白亚基以及醇溶蛋白的含量，增加了谷蛋白前体亚基、谷

蛋白和氨基酸含量，增施氮肥降低了总淀粉含量，增加醇溶蛋白和谷蛋白前体亚基、谷蛋白酸性亚基、谷蛋白以及氨基酸的含量。氮素粒肥通过影响碳氮代谢调控贮藏蛋白的含量以及贮藏蛋白组分间的平衡，从而调控水稻品质。氮肥对谷蛋白合成前体相关基因在籽粒灌浆中后期的迅速下调表达具有延缓效应，抽穗期增施氮肥改善了氮代谢与碳代谢的竞争，尤其是有效减少了淀粉的理化性质中淀粉小颗粒的体积比例。高温促使灌浆速率加快，达到最大灌浆速率的时间缩短，缩短灌浆活跃期，抽穗期增温条件下增施氮素（60 kg/hm^2）提高了水稻植株的氮营养水平，增强了籽粒灌浆过程中氮代谢的竞争力，有效延长了灌浆活跃期，缓解灌浆前期籽粒物质积累过快，减轻了灌浆期温度升高对水稻品质形成的不利影响。基于上述结果，从栽培角度出发提出了施用氮肥作为传统水稻栽培措施具有缓解全球气温升高下稻米品质变劣的重要作用。

与自然温度相比，灌浆期增温处理显著增加了垩白米率、垩白面积和垩白度，分别增加为 119%、271.2% 和 711.8%。在增温条件下增施氮素粒肥，水稻垩白米率、垩白面积和垩白度分别降低了 23.2%、29.8% 和 46.4%。温度和氮肥以及两者的互作都对垩白性状具有显著影响，增温增加了稻米垩白，但是施用氮肥后可以缓解垩白的发生（表 2–14）。

表 2–14　增温和粒肥对武运粳 24 号外观品质的影响

处理	长 (mm)	宽 (mm)	厚 (mm)	长宽比	垩白米率 (%)	垩白面积 (%)	垩白度 (%)
CK	4.76a b	3.14 a	2.27 b	1.51 c	63.0 c	23.85 b	15.02 b
ET	4.71b c	3.02 b	2.31 ab	1.55 b	72.0 a	38.23 a	27.52 a
CKN	4.80 a	3.14 a	2.34 a	1.53 bc	58.0 d	9.39 c	5.44 c
ETN	4.65 c	2.89 c	2.27 b	1.60 a	70.0 b	20.99 b	14.69 b
T	11.23**	67.66**	0.76	20.55**	226.0**	19.22**	30.02**
N	0.01	7.6**	0.59	5.95*	15.5**	28.63**	31.91**
T x N	2.34	8.10**	8.36**	1.98	18.2**	0.22	0.67

注：同一列数据中标以不同字母表示在 $P<0.05$ 的水平上差异显著。

不同处理下强势粒干重和灌浆速率曲线如图 2–17 所示，Richards 方程拟合的籽粒灌浆曲线的决定系数均大于 0.98，表明 Richards 方程可以真实地拟合籽粒灌浆的全过程。由图可见，增温提高了籽粒的灌浆速率，并使灌浆速率的高峰提前出现。花后 25 d 前，增温处理的籽粒干重较高，但从花后 25 d 后，增温处理的干重就低于常温处理。籽粒干重在花后 30 d 以后变化缓慢，籽粒物质积累接近完成，籽粒干重从大到小是：CKN > CK > ET > ETN，其中 CK 和 CKN 的 45 d 籽粒干重差异较小，接近同步进行，而 ET 和 ETN 的籽粒干重显著降低。增施氮肥后，常温灌浆速率基本不变，但是增温处理的籽粒灌浆速率高峰向后移动，说明增施氮素有助于缓解温度升高导致的灌浆前期籽粒积累速度过快。

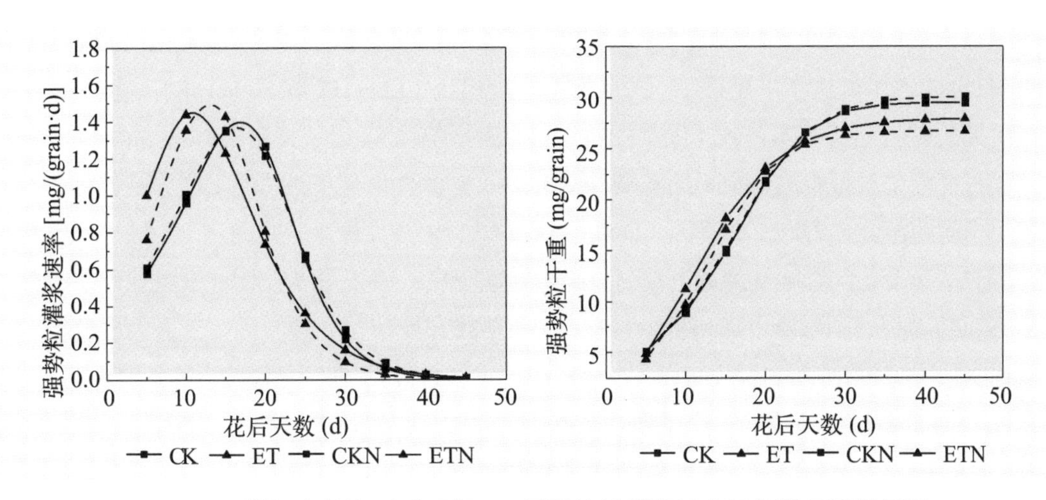

图 2-17　增温和粒肥对武运粳 24 号强势粒灌浆速率及籽粒干重的影响

整体上随着花后灌浆期温度升高，峰值黏度、热浆黏度、崩解值和糊化温度呈显著上升趋势，而消碱值呈现出明显下降的趋势，最终黏度没有表现出稳定的变化规律。淀粉糊化特性在不同处理下表现出显著差异。同一氮素水平下，随着花后灌浆期温度升高，峰值黏度、热浆黏度、崩解值和糊化温度呈现出显著上升的趋势，而消碱值呈现出明显下降的趋势，最终黏度没有表现出稳定的变化规律。峰值黏度反映淀粉颗粒溶胀的延长，糊化温度是淀粉糊开始上升时的温度。然而同一温度水平下，各指标间的差异不是很显著（表 2-15）。

表 2-15　增温和粒肥对武运粳 24 号 RVA 黏滞性谱特征的影响

处理	峰值黏度 (cP)	热浆黏度 (cP)	崩解值 (cP)	最终黏度 (cP)	消减值 (cP)	糊化温度 (℃)
CK	2 781.5 b	1 528.0 b	1 253.5 b	2 642.0 a	−139.5 a	72.0 c
ET	3 349.0 a	1 817.0 a	1 532.0 a	2 574.5 a	−774.5 c	77.5 a
CKN	2 741.0 b	1 484.0 b	1 257.0 b	2 595.0 a	−146.0 a	72.4 c
ETN	3 344.0 a	1 811.5 a	1 532.5 a	2 668.5 a	−675.5 b	76.0 b
T	168.9**	138.3**	127.0**	0.0	1 315.6**	501.8**
N	0.2	0.8	0.0	0.5	8.3*	7.3
T x N	0.1	0.5	0.0	4.5	10.7*	24.2**

注：同一列数据中标以不同字母表示在 $P<0.05$ 的水平上差异显著。

在正常温度（NT）条件下，编码 13 kD 醇溶蛋白合成的 3 个同工型基因（*Pro13*、*Pro14* 和 *Pro17*）在水稻灌浆籽粒中的相对表达量大致呈先升高、后降低的变化趋势（图 2-18），但增施氮肥（HN-NT）可引起 *Pro13*、*Pro14* 和 *Pro17* 转录表达量的峰值延迟，尤其是这 3 个同工型基因（*Pro13*、*Pro14* 和 *Pro17*）在开花后 28 d 的转录表达水平明显高于相同温度的低氮处理（LN-NT），说明 *Pro13*、*Pro14* 和 *Pro17* 在籽粒灌浆中后期（开花后 28 d 左右）的上调表达，可能是增施氮肥导致水稻籽粒醇溶蛋白含量提升的一个重要原因。与此同时，编码 13 kD

醇溶蛋白合成的3个同工型基因（*Pro13*、*Pro14* 和 *Pro17*）在两个高温处理组合（LN-HT 和 HN-HT）的转录表达水平显著低于两个常温处理组合（LN-HT 和 HN-HT），且在籽粒灌浆各时期的差异趋势基本一致（图 2-18），这说明高温处理显著抑制 *Pro13*、*Pro14* 和 *Pro17* 在水稻籽粒灌浆过程中的转录表达水平（图 2-18）。此外，在高温胁迫下增施氮肥可在一定程度上引起醇溶蛋白各同工型基因（*Pro13*、*Pro14* 和 *Pro17*）表达量的提升，但增施氮肥对有关基因表达量变化的影响程度远不及高温胁迫处理明显（图 2-18）。因此高温处理引起单位水稻籽粒醇溶蛋白积累量下降和稻米谷蛋白 / 醇溶蛋白比值上升的原因，在很大程度上是由于编码水稻 13kD 醇溶蛋白合成基因（*Pro13*、*Pro14* 和 *Pro17*）在高温处理下的下调表达。

编码谷蛋白前体合成的多个主要功能基因（*GluA1*、*GluA2*、*GluA3*、*GluB1*、*GluB4* 和 *GluB5*）在不同处理下的转录表达变化相对较复杂（图 2-18）。总体而言，在常温条件下，多数基因（包括 *GluA1*、*GluA2*、*GluB1*、*GluB4* 和 *GluB5*）在籽粒灌浆前期的转录表达量相对较低，至 14 ~ 28d 时达到其表达量的峰值，在籽粒灌浆后期的表达量下降。增施氮肥（HN）可引起编码谷蛋白前体合成的多数功能基因（*GluA1*、*GluA2*、*GluA3*、*GluB1*、*GluB4* 和 *GluB5*）在籽粒灌浆中后期的表达量上调，但对有关基因在籽粒灌浆前期表达量的影响趋势并不一致，供试2个品种的表现也略有差异；在相同氮水平下，灌浆期高温（HT）可引起谷蛋白合成相关基因（包括 *GluA1*、*GluA2*、*GluA3*、*GluB1*、*GluB4* 和 *GluB5*）在灌浆前期表达量的上调，但同时可引起有关基因在籽粒灌浆中后期的表达量出现迅速下降。其中，HN-HT（高氮 - 高温）处理的多数功能基因（*GluA1*、*GluA3*、*GluB1*、*GluB4* 和 *GluB5*）在籽粒灌浆中后期的表达量大于 LN-HT（低氮—高温）处理，说明增施氮肥对谷蛋白合成前体相关基因在籽粒灌浆中后期的迅速下调表达具有延缓效应。

谷氨酰胺合成酶（GS）、谷草转氨酶（GOT）、谷丙转氨酶（GPT）和谷氨酸脱氢酶（GDH）是植物氮代谢途径的几个关键酶，其产物可为籽粒贮藏蛋白合成代谢提供各种氨基酸供体（Yamakawa et al.，2010；Miflin et al.，2002）。由图 2-18 可见，HN-NT 处理单位籽粒中的 GS、GOT 和 GPT 活性在籽粒灌浆前期略低于 HN-HT 处理，但在籽粒灌浆的中后期（开花 21d 后），前者的 GS、GOT 和 GPT 活性却显著高于后者（图 2-19）。

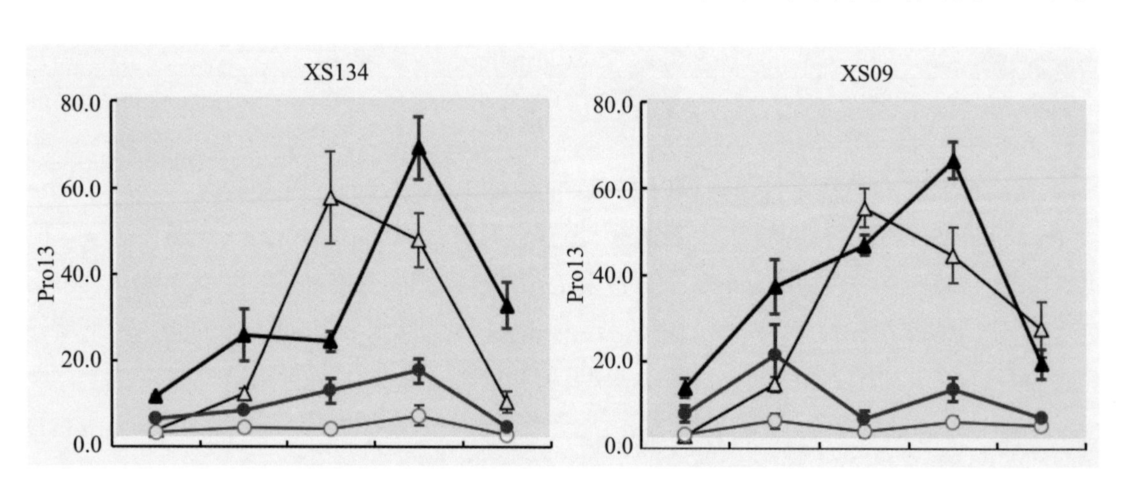

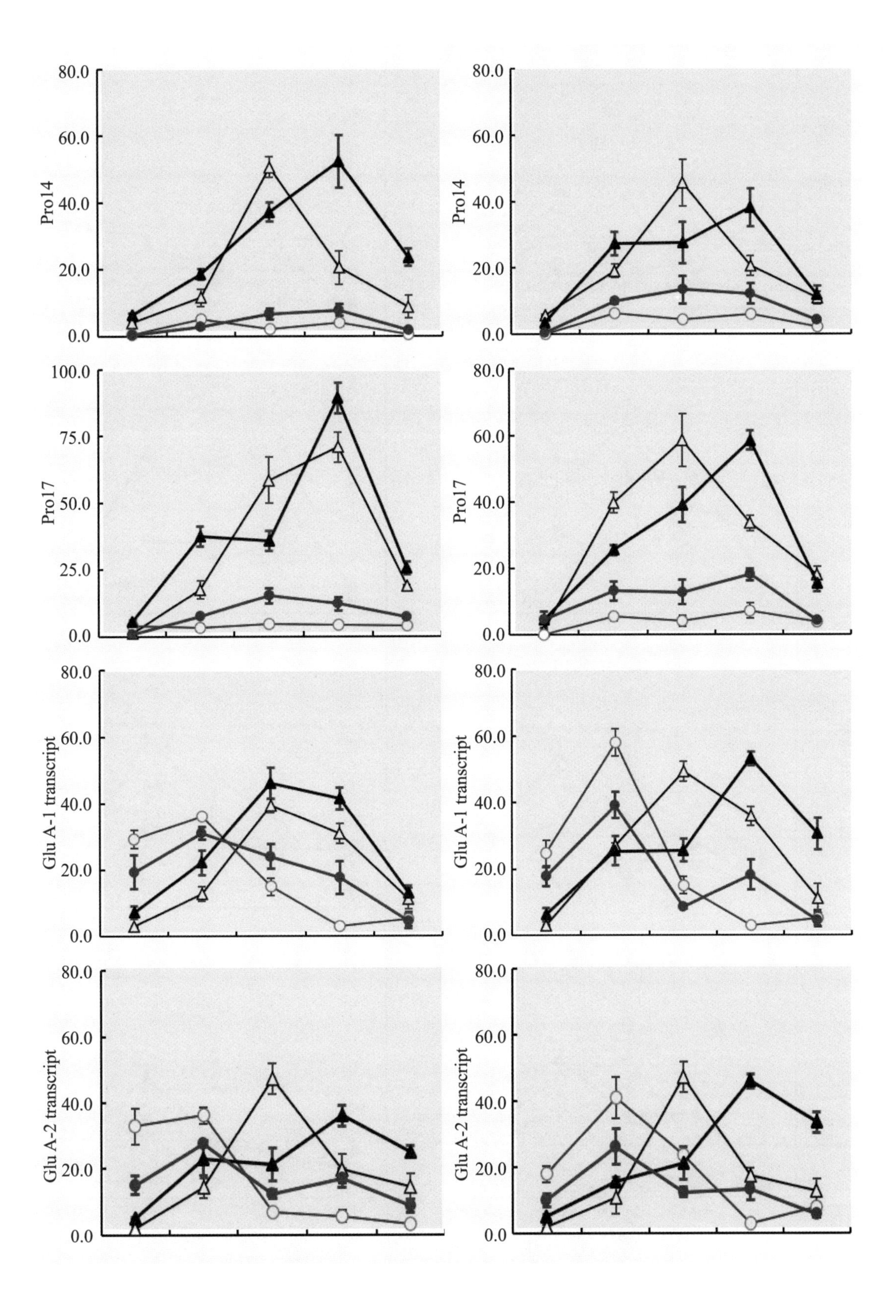
80.0
60.0
40.0
20.0
0.0
Pro14
100.0
75.0
50.0
25.0
Pro17
Glu A-1 transcript
Glu A-2 transcript

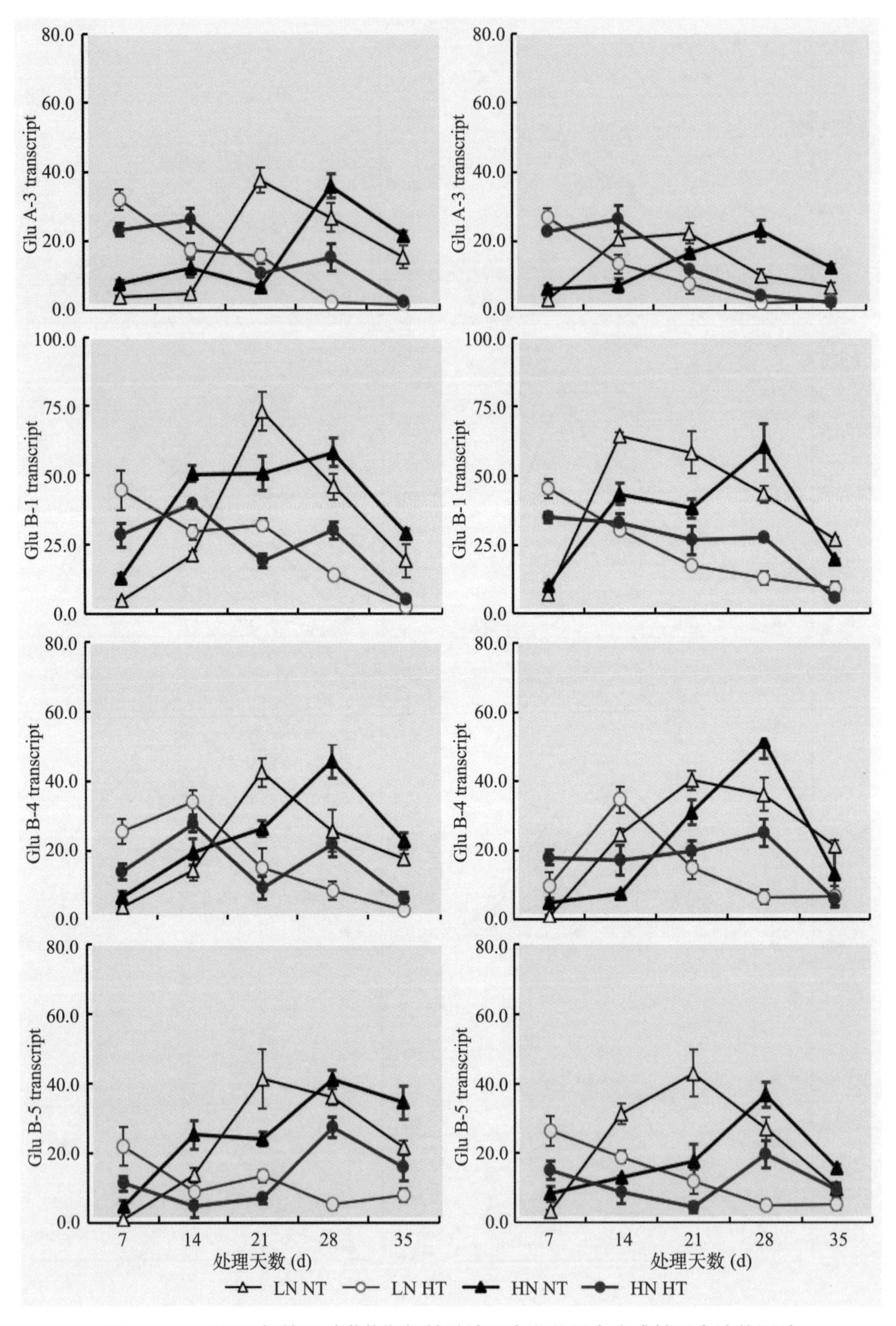

图 2-18　不同温氮处理对灌浆期籽粒醇溶蛋白和谷蛋白合成基因表达的影响

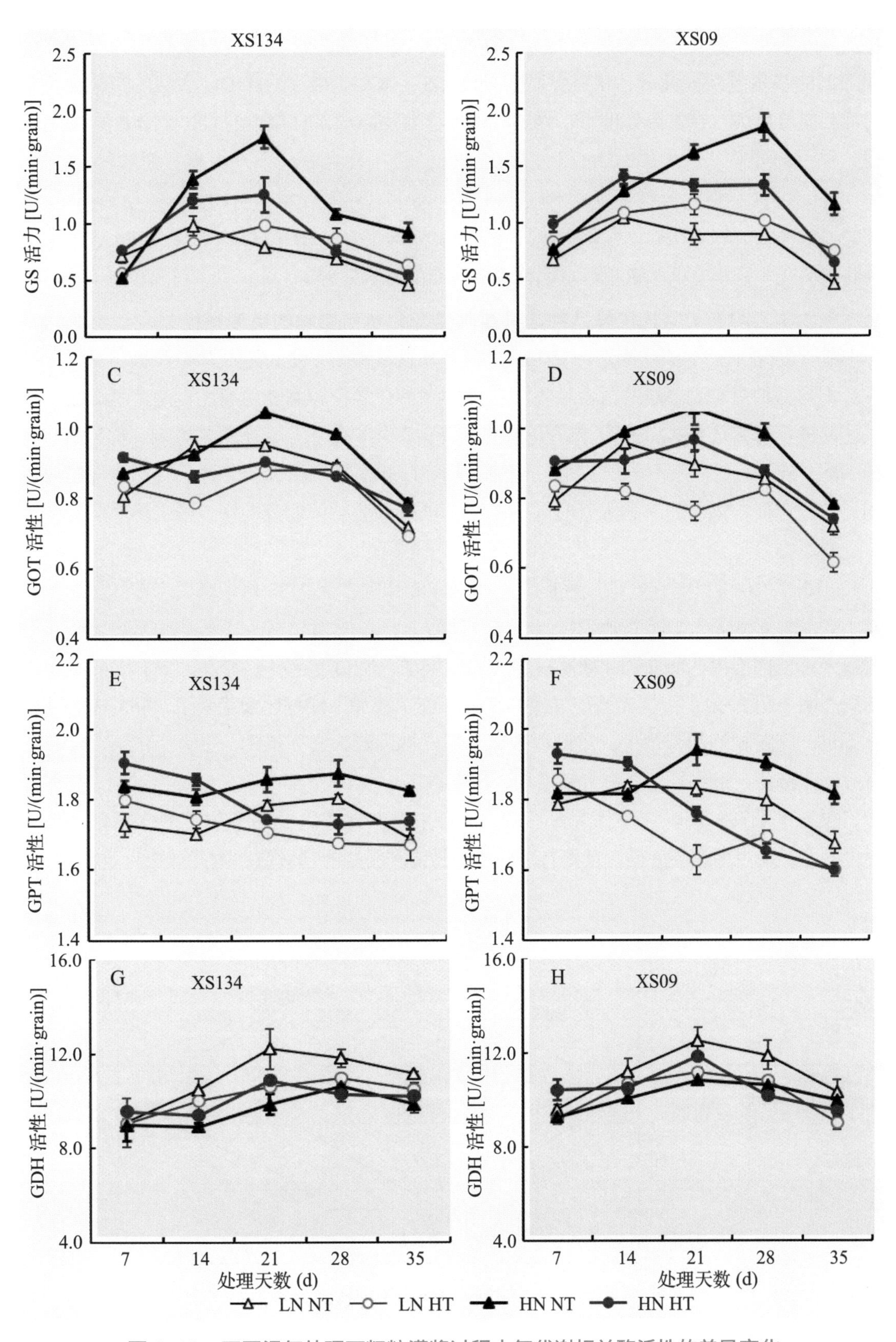

图 2-19 不同温氮处理下籽粒灌浆过程中氮代谢相关酶活性的差异变化

在高氮水平下，高温胁迫对籽粒 GS、GOT 和 GPT 活性的影响表现出灌浆前期增高、后期降低的基本趋势。此外，增施氮肥对籽粒 GS、GOT、GPT 和 GDH 活性的影响程度也与灌浆温度有关。在常温处理下，增施氮肥可显著提高灌浆籽粒中的 GS、GOT 和 GPT 活性，并引起灌浆籽粒中的 GDH 活性显著降低，但在高温处理下，增施氮肥对籽粒 GS、GOT 和 GDH 活性的影响幅度相对较小。即，两个常温处理组合（HN−NT 与 LN−NT）间的 GS、GOT 和 GDH 活性差异大于两个高温处理组合（HN−HT 与 LN−HT），表明高温胁迫会在一定程度抵消氮肥对水稻籽粒氮代谢的影响效应。

2.2.3.2 明确了鉴选优异品种是缓解气候变化负面影响的重要途径

弱光胁迫下，水稻叶片光合受阻，光合产物直接供给不足，进而影响产量与品质的形成。不同品种对弱光环境的适应性不同。优异品种在维持较高叶片净光合速率基础上，可通过促进茎鞘储藏 NSC 的转运再利用来弥补光合产物供给不足对水稻的影响。优异品种茎鞘 NSC 转运量，特别是灌浆盛期至成熟阶段 NSC 转运量明显高于普通品种，进而减少了弱光胁迫对籽粒灌浆速率和灌浆时间的影响，颖果和淀粉体发育良好，稻米品质受影响较小（图 2−20）。

由表 2−16 可见弱光处理显著提高了Ⅱ优 498 和宜香优 2155 稻米垩白米率和垩白度，但不同品种间受弱光影响差异明显。弱光处理后，宜香优 2115 能保持较小的垩白米率，且垩白米率增幅不大；而Ⅱ优 498 垩白度大幅度增加，垩白度远高于宜香优 2115。扫描电镜结果表明（图 2−21），弱光胁迫导致Ⅱ优 498 穗中部和下部籽粒灌浆受阻，胚乳内物质填充不足，淀粉粒间间隙增大，淀粉粒多呈圆形或椭圆形，排列不均匀、大小不一，体积未充分膨胀挤压，最终导致垩白大幅增加。而宜香优 2115 穗上部和中部籽粒与对照无显著差异，仅穗下部籽粒胚乳淀粉体发育不良。综合来看，宜香优 2115 直链淀粉含量能维持在 15% 左右，垩白增加幅度低，且拥有较低的消碱值和较高的崩解值，蒸煮食味品质较好。

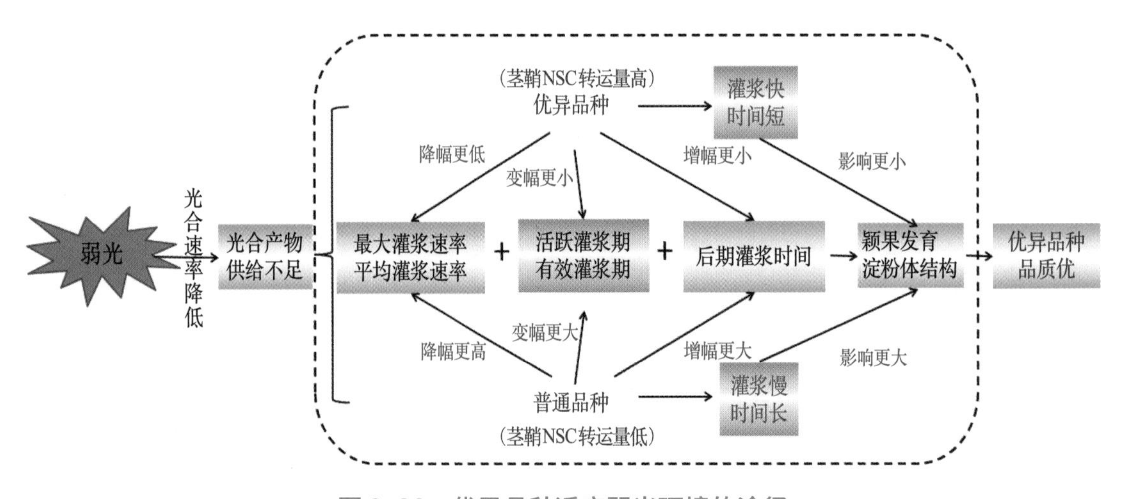

图 2−20　优异品种适应弱光环境的途径

表 2-16　弱光对稻米外观品质的影响

年份 (年)	品种	光照处理	垩白粒率 (%)		垩白度 (%)	
			汉源	温江	汉源	温江
2018 年	黄华占	CK	2.80 b	3.38 b	0.220 b	0.583 b
		遮阴	9.54 a	9.15 a	1.190 a	1.830 a
	桂朝 2 号	CK	82.88 a	92.33 a	19.910 a	24.250 a
		遮阴	81.79 a	87.92 b	22.710 a	27.850 a
		平均	44.25	48.20	11.010	13.630
2019 年	黄华占	CK	2.67 b	3.98 b	0.210 b	0.690 b
		遮阴	9.05 a	9.78 a	1.270 a	2.200 a
	桂朝 2 号	CK	77.84 a	88.15 a	16.840 a	25.280 b
		遮阴	71.98 a	85.54 b	18.470 a	28.070 a
		平均	40.39	46.86	9.200	14.060
F 值		Year (Y)	19.85★★	5.18★	13.510★★	1.010
		Variety (V)	6 994.23★★	19 485.67★★	1 447.620★★	3 397.520★★
		弱光处理 (L)	3.16	3.76	10.710★★	28.380★★
		Y × V	16.81★★	11.01★★	14.010★★	0.206
		Y × L	2.18	0.610	0.302	0.104
		V × L	33.40★★	62.61★★	1.490	4.500
		Y×V×L	1.61	0.571	0.406	0.390

注：同一列数据中标以不同字母表示在 $P<0.05$ 的水平上差异显著。

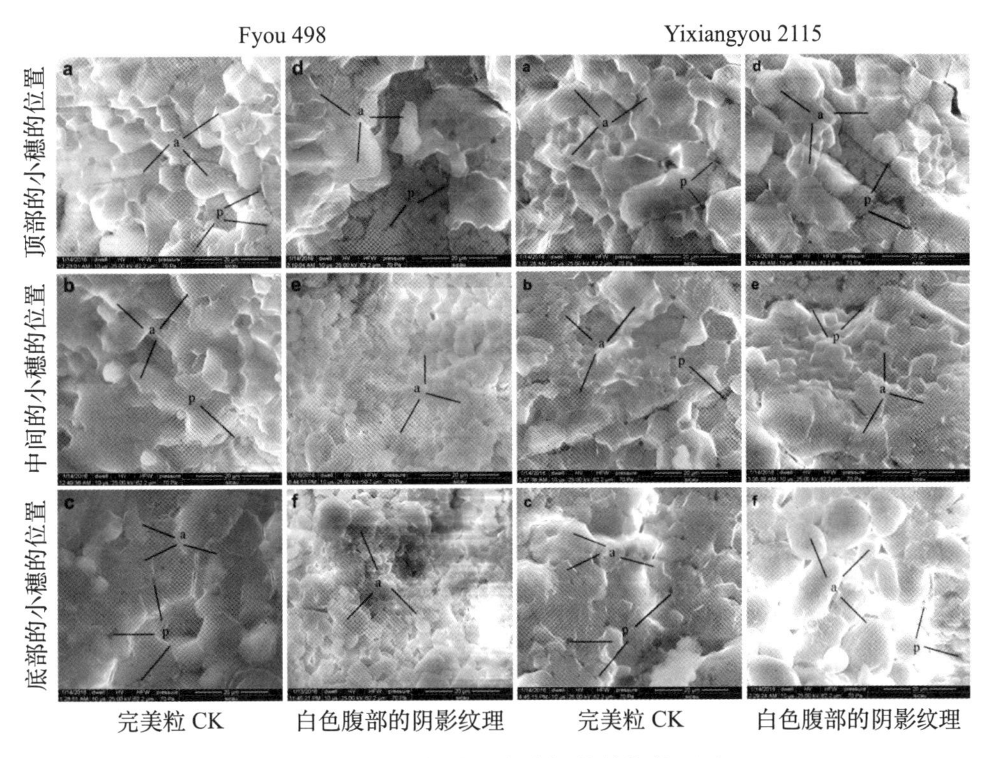

图 2-21　弱光对稻米淀粉体结构的影响

弱光胁迫直接降低了叶片的光合速率，导致光合产物的供应减少（表 2–17）。此种情况下，茎鞘作为水稻光合产物临时性的储藏库，对籽粒灌浆起着十分重要的作用。相关分析表明，抽穗－弱光 20 d 阶段茎鞘的转运量与垩白粒率（r=0.416**）和垩白度（r=0.446**）呈极显著正相关关系，而弱光 20 d－成熟阶段茎鞘转运量则与垩白粒率（r=−0.497**）和垩白度（r=−0.472**）呈极显著负相关关系。由表可知，弱光胁迫对不同品种茎鞘 NSC 转运量存在明显差异。弱光处理后，黄华占抽穗后 20 d－成熟阶段茎鞘 NSC 转运量较桂朝 2 号分别提高了 2.83 g/hill 和 1.45 g/hill，从而有效弥补了光合产物供给不足对籽粒灌浆的影响。

表 2–17　弱光对水稻主要生育阶段茎鞘 NSC 转运量的影响

年份（年）	品种	处理	抽穗—DAT20 (g/hill)		DAT20—成熟 (g/hill)		抽穗—成熟 (g/hill)	
			汉源	温江	汉源	温江	汉源	温江
2018 年	黄华占	对照	5.96 b	0.94 b	0.98 a	3.06 a	6.94 b	4.00 b
		弱光	8.28 a	3.63 a	0.59 a	3.93 a	8.87 a	7.56 a
	桂朝 2 号	对照	8.04 a	3.72 a	0.37 a	1.41 a	8.41 a	5.12 a
		弱光	10.12 a	5.01 a	0.48 a	1.10 a	10.61 a	6.10 a
2019 年	黄华占	对照	5.41 b	2.64 b	1.64 a	2.79 a	7.06 b	5.43 b
		弱光	8.58 a	4.54 a	1.82 a	2.52 a	10.39 a	7.06 a
	桂朝 2 号	对照	6.50 b	5.93 b	1.37 a	1.68 a	7.86 b	7.61 b
		弱光	8.56 a	7.59 a	1.46 a	1.07 a	10.02 a	8.66 a

注：DAT20，弱光处理 20 d；同列数据后的不同小写字母表示同一品种处理间在 $p<0.05$ 水平上有显著性差异。

弱光胁迫显著影响不同穗位水稻籽粒灌浆进程，且不同品种间存在明显差异。弱光处理后，黄华占不同穗位籽粒灌浆速率降低幅度明显低于 F 优 498（图 2–22）。进一步分析发现（表 2–18），弱光导致各时期灌浆天数显著增加，平均灌浆速率降低。弱光处理下，各品种灌浆时间严重后移，且黄华占所受影响明显低于 F 优 498。较对照处理，黄华占后期穗上部和下部灌浆天数分别延长了 2.41 d 和 1.91 d，F 优 498 则大幅延长了 7.7 d 和 10.53 d。此外，黄华占各部位不同灌浆阶段平均速率降低幅度均低于 F 优 498，对照与处理间贡献率差异也小于 F 优 498。可见，弱光胁迫对不同水稻品种灌浆进程的影响存在差异。筛选黄华占等灌浆盛期茎鞘 NSC 含量高，灌浆盛期至成熟阶段 NSC 转运量大的品种，能降低弱光胁迫下光合产物不足对水稻籽粒灌浆的不利影响，维持籽粒灌浆速率，防止颖果发育滞后，最终确保较优的稻米品质。可见，不同品种对弱光环境的适应性存在明显差异，选用宜香优 2115 等品种可有效缓解弱光胁迫对稻米品质的不利影响。

围绕栽培调控措施对稻米品质形成的影响，通过采用抗逆品种、氮肥等调控方法，初步明确了栽培措施对水稻产量及品质的调控效应。弱光胁迫显著增加稻米垩白米率和垩白度，通过在四川盆地区域开展田间试验（图 2–23），结果显示Ⅱ优 498 稻米品质稳

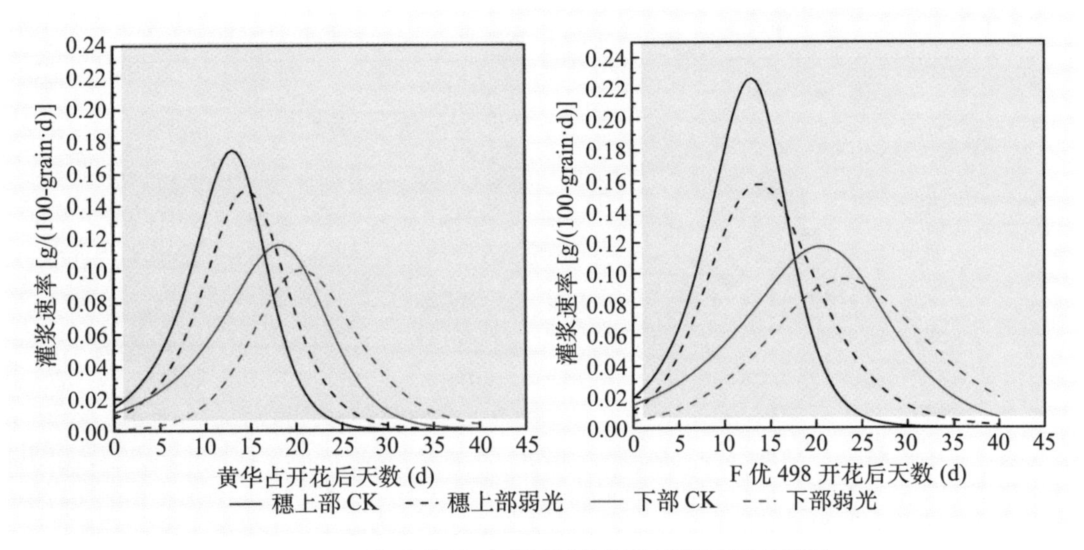

图 2-22　弱光胁迫对不同穗位籽粒灌浆速率的影响

定性较好，对弱光胁迫的耐性更强，宜香优 2115 和黄华占 2 个品种在胁迫下仍能保持较低的垩白米率和垩白度，为弱光寡照逆境下潜在的耐弱光品种。沿黄稻区是我国重要的优质稻米产区，近年来在水稻灌浆期，沿黄稻区太阳辐射量呈下降趋势，平均日照时数下降，尤其是重要的 9 月和 10 月平均日照时数呈减少趋势。为获得灌浆期耐弱光优质水稻品种，以适应沿黄稻区种植的 80 个粳稻品种为材料，在灌浆期利用人工遮阴的方法进行了筛选。每个水稻材料种植 2 行，抽穗日期相近材料种植在一起，采用随机区组设计，3 次重复。花后 1 d（材料抽穗 75% ~ 80% 时）用 65% 的黑色遮阳网进行遮阴处理，遮阴时长为 30 d，遮阴网距离冠层 1.5 m，周边下垂遮阴网距离冠层 0.2 m 高，保证遮阴网内通风透气，减少对网内温度和湿度的影响。自然生长水稻为对照，每个材料各 3 次重复。经室内自然晾干，对千粒重和糙米率，精米率和整精米率、垩白粒率和垩白度进行了测定。结果发现灌浆期遮阴后千粒重降低、糙米率、精米率和整精米率下降，垩白粒率和垩白度增加，其中对千粒重和垩白性状影响最大。以遮阴后千粒重降幅、垩白粒率和垩白度增幅为指标，通过聚类分析从中筛选出了方四落、新丰 5 号、早香 3 和小香共 4 个优质抗耐弱光品种。小香在正常光照条件垩白粒率为 15.8%，垩白度为 4%，遮阴后垩白粒率 14.8%，垩白度为 6.4%，基本达到国家二级优质稻谷标准；早香 3 在正常光照条件垩白粒率为 34.9%，垩白度为 8.4%，遮阴后垩白粒率 29.2%，垩白度为 9.5%，接近国家三级优质稻谷标准；新丰 5 号在正常光照条件垩白粒率为 23.8%，垩白度为 5.2%，遮阴后垩白粒率 30%，垩白度为 6.7%，基本达到国家三级优质稻谷标准，由此可见筛选出的耐弱光水稻品种有效缓解了弱光对稻米垩白品质的不利影响。相关抗耐性品种的筛选为气候变暖背景下的水稻优质栽培途径提供了相关技术支撑，为进一步建立合理应对气候变化的水稻优质栽培途径提供了必要的理论与技术基础。

表 2-18　各品种穗部不同穗位籽粒灌浆前、中、后期 3 个阶段的特征

品种	部位	处理	前期			中期			后期		
			天数 (d)	平均速率 (g /100 grain · day)	贡献率 (%)	天数 (d)	平均速率 (g /100 grain · day)	贡献率 (%)	天数 (d)	平均速率 (g /100 grain · day)	贡献率 (%)
黄华占	上	对照	9.62 d	0.060 6 a	29.68 a	6.84 c	0.154 5 a	53.81 b	6.78 c	0.044 9 a	15.51 b
		弱光	10.66 c	0.041 8 b	23.85 b	7.96 b	0.132 8 b	56.60 a	9.19 b	0.037 7 b	18.55 a
	下	对照	13.52 b	0.043 0 b	31.51 a	9.53 a	0.102 3 c	52.84 b	9.01 b	0.030 0 c	14.64 b
		弱光	16.42 a	0.023 9 c	25.07 b	9.72 a	0.090 1 d	56.05 a	10.92 a	0.025 6 d	17.88 a
F 优 498	上	对照	9.33 c	0.078 5 a	27.82 a	7.23 d	0.199 3 a	54.75 b	7.53 c	0.057 5 a	16.43 b
		弱光	8.41 c	0.047 8 b	16.25 b	10.69 c	0.137 7 b	59.45 a	15.23 b	0.037 9 b	23.30 a
F 优 498	下	对照	14.08 b	0.049 5 b	27.97 a	13.17 b	0.103 5 c	54.67 b	9.74 c	0.029 9 c	16.36 b
		弱光	15.43 a	0.026 3 c	18.62 b	15.20 a	0.084 1 d	58.67 a	20.27 a	0.023 3 c	21.71 a

图 2-23　2018 年不同抗旱性品种田间表现

抗旱品种的筛选与利用可以为未来应对气候变化提供新的途径，初步研究结果显示抗旱品种和旱敏感品种在田间表现上有较大差异，抗旱性强的品种的抽穗和结实受水分胁迫的影响相对较小，旱敏感品种则表现为枝梗退化，抽穗不整齐。由表 2-19 可知，水田种植产量达到 600 kg/ 亩以上的品种（系）共 12 个，其中 2 个品种的抗旱性为高抗，分别为旱优 681 和旱优华占；4 个品种的抗旱性为抗，分别为旱优 851、旱优 740、旱优 583 和旱优 3015。水田产量超过对照，且表现为抗旱的品种为旱优 681、旱优华占和旱优 851。

表 2-19 2018 年不同品种的抗旱性指数及抗旱性评价

品种（系）	水处理产量（kg/ 亩）	旱处理产量（kg/ 亩）	抗旱指数	抗旱等级	抗旱性评价
旱优 681	651.0	357.0	1.46	1	高抗
旱优华占	706.8	346.6	1.31	1	高抗
旱优 851	679.2	303.8	1.19	2	抗
旱优 740	601.1	261.7	1.16	2	抗
旱优 583	617.6	246.5	1.06	2	抗
沪旱 1512	515.3	176.3	0.91	2	抗
旱优 116	563.9	192.8	0.91	2	抗
旱优 3015	602.5	203.4	0.90	2	抗
旱优 767	485.6	159.3	0.88	3	中抗
旱优 540	617.9	157.7	0.68	4	旱敏感
沪旱 1511	466.4	118.0	0.68	4	旱敏感
旱优 79	533.5	132.0	0.66	4	旱敏感
旱优 751	645.5	132.6	0.55	4	旱敏感
沪旱 1513	450.8	89.2	0.53	4	旱敏感
旱优 969	572.6	102.6	0.48	4	旱敏感
旱优 915	665.6	114.0	0.46	4	旱敏感
旱优 118	698.6	79.4	0.30	5	高度旱敏感
沪旱 1508	554.2	58.7	0.28	5	高度旱敏感
旱优 502	626.3	52.4	0.22	5	高度旱敏感
旱优 112	554.8	52.9	0.21	5	高度旱敏感
旱两优 596	439.9	27.7	0.11	5	高度旱敏感
旱优 73	632.2	236.9	1.00	2	抗（CK）

2.3 研究总结与展望

2.3.1 研究总结

气候变化加剧背景下，我国主要稻作区遭遇高温、寡照、干旱等气象灾害的频率、强度与持续时间都呈现出增加的趋势，导致粮食生产的不安全性风险加大。阐明气候变化对稻米品质的影响，在此基础上揭示稻米品质对关键气象因子的响应及适应机制，并提出应变策略和技术途径，是未来我国农业可持续发展亟待解决的重大关键科技问题，对确保我国水稻可持续丰产优质、保障我国粮食安全具有重要战略意义。栽培技术是实现水稻高产稳产优质生产的重要手段。大气温度升高、水资源匮乏、极端高温和低温频次增加是未来气候变化的重要趋势，如何通过调整栽培措施，优化水稻群体特征，提高水稻对未来气候变化的适应性是缓解气候变化对水稻生产影响的亟须解决的问题。针对现有栽培模式挖潜与新模式研发相结合，提出兼具减排和适应功能的稻作新模式与管理技术，在此基础上进一步集成品种、密度、播期、水肥管理等应变栽培技术指导实际生产，发挥其社会和经济效益。开展稻作系统响应未来气候变化的机制研究，研发相关配套应对栽培措施，对保障我国粮食安全具有重要的理论和实践价值。

作物品质形成的关键是植株在生长期间同化物的合成与分配，受遗传及环境等因素调控。研究结果显示，温度升高会导致稻米的加工品质与外观品质变劣，垩白米率随着温度升高显著增加。温度升高下完善米率显著下降，而青米率和其他类型米或不变或有所下降，垩白率在温度上升 2 ~ 4℃的条件下显著上升，同时垩白大小和垩白度也会显著增加。随着温度升高，垩白率和垩白大小显著增加，导致稻米在碾磨过程中易发生断裂和破碎，精米率和整精米率均表现较明显的下降趋势从而引起加工品质的下降。灌浆期温度升高对稻米营养品质中的氨基酸相对比例的影响不显著，表明水稻籽粒中氨基酸的平衡对温度的变化并不敏感。灌浆期温度升高降低了稻米中的直链淀粉含量并增加了支链淀粉的含量，温度小幅升高仍然会明显改变稻米淀粉的结构特性，温度小幅升高可能通过增加支链淀粉中的长链比例引起淀粉粒径增大和结晶度升高，使稻米糊化温度和热焓值升高，导致稻米蒸煮食味品质受到一定程度影响。水稻灌浆期温度升高或遭遇极端高温均导致多项稻米品质指标发生明显变化，稻米品质对灌浆期温度较为敏感。其中，稻米外观品质和加工品质对高温响应特征较为显著，垩白率、垩白大小显著上升是外观品质变劣的主要原因，温度升高对垩白发生类型的影响存在品种和年际间的差异，而整精米率的显著下降是稻米加工品质对高温响应的主要特征。氮素具有缓解灌浆期温度升高导致的籽粒前期灌浆速率和蛋白体发育过快的重要作用，并有效协调蛋白体和淀粉体的发育，进而改善籽粒的品质。高温促使灌浆速率加快，达到最大灌浆速率的时间缩短，缩短灌浆活跃期，高温条件下增施氮素提高了水稻植株的氮营养水平，增强了籽粒灌浆过程中氮代谢的竞争力，有效延长了灌浆活跃期，减缓灌浆前期籽粒物质积累过快，减轻了灌浆期温度升高对水稻品质形成的不利影响。基于上述结果，从栽培角度出发提出了施用氮肥作为传统水稻栽培措施具有缓解全球气温升高下稻米品质变劣的重要作用。

弱光胁迫显著增加稻米垩白米率和垩白度。弱光胁迫下，光合受阻，导致淀粉合成关键酶活性普遍降低，胚乳（特别是穗下部）形态建成迟缓，淀粉体发育不良，淀粉粒表面光滑、呈近球形，大小不一，排列疏松，其细胞结合力小，失水后细胞整体收缩大，淀粉粒排列不均匀，断裂面排列紊乱，彼此间间隙较大，透光率降低，是稻米垩白增加的主要原因。Ⅱ优 498 稻米品质稳定性较好，对弱光胁迫的耐性更强；宜香优 2115 和黄华占 2 个品种在胁迫下仍能保持较低的垩白米率和垩白度，为弱光寡照逆境下潜在的耐阴品种。优异品种在维持较高叶片净光合速率基础上，可通过促进茎鞘储藏 NSC 的转运再利用来弥补光合产物供给不足对水稻的影响。优异品种茎鞘 NSC 转运量，特别是灌浆盛期至成熟阶段 NSC 转运量明显高于普通品种，进而减少了弱光胁迫对籽粒灌浆速率和灌浆时间的影响，颖果和淀粉体发育良好，稻米品质受影响较小，抗旱品种的筛选与利用可以为未来应对气候变化提供新的途径。

2.3.2 研究展望

垩白是水稻最重要的品质性状之一，对稻米的外观品质、碾磨加工品质、营养品质、蒸煮和食味品质等多个品质性状都有显著影响。然而垩白是一个受多位点控制的数量性状，在水稻基因组中存在多个垩白控制位点或者影响垩白这一性状的 QTLs。此外，垩白还受外界环境因素的影响，所以垩白性状的发生显然是一个复杂的过程。垩白的形成还涉及水稻植株内“源”“库”和“流”三者之间的关系，如果三者之中的任何一个发生变化或者它们关系的不协调都有可能导致或者增加稻米中的垩白性状。增温 / 高温会影响水稻源库流三者之间的物质积累和分配，从而导致垩白的发生。通过栽培措施调控并结合分子生物学等手段探究增温及施氮对垩白形成的关键途径，对改良水稻的垩白性状，提高气候变暖条件下稻米的品质有着重要意义。

温度、光照、水分等环境因子对稻米品质的影响效应大于单个基因带来的负面效应。尽管国内外对环境因子胁迫下稻米品质形成的分子、生理生态机制进行了大量研究，但由于稻米品质如垩白形成的复杂性，尤其是品种遗传因素与环境因子的互作效应，目前对稻米品质形成的遗传规律及环境影响的生理生态机制依然还有很多不足。因此，进一步探究差异表达基因的功能，利用基因编辑等分子生物学方法，获得在耐环境调控网络中的关键基因功能和材料，对进一步明确气候变化背景下生态环境综合因素对水稻品质形成的生理调控机制，提升我国优质稻米栽培理论研究水平，制定应对气候变暖的合理栽培调控措施具有重要意义。

参考文献

曹珍珍，张其芳，韦克苏，等，2012. 水稻籽粒氮代谢几个关键酶对花后高温胁迫的响应及其与贮藏蛋白积累关系 [J]. 作物学报 (1): 99–106.

戴廷波，赵辉，荆奇，等，2006. 灌浆期高温和水分逆境对冬小麦籽粒蛋白质和淀粉含量的影响 [J]. 生态学报，26: 3 670–3 676.

戴云云，丁艳锋，刘正辉，等，2009. 花后水稻穗部夜间远红外增温处理对稻米品质的影响 [J]. 中国水稻科学，23: 414–420.

董文军 . 2011. 昼夜不同增温对粳稻产量和品质的影响研究 [D]. 南京：南京农业大学 .

段骅，傅亮，剧成欣，等，2013. 氮素穗肥对高温胁迫下水稻结实和稻米品质的影响 [J]. 中国水稻科学，27(6): 36–47.

冯春晓 . 2019. 干旱条件下棉花幼苗对土壤盐分的代谢响应 [D]. 烟台：鲁东大学 .

龚金龙，张洪程，胡雅杰，等，2013. 灌浆结实期温度对水稻产量和品质形成的影响 [J]. 生态学杂志，32, 482–491.

龚丽英，赵洪阳，李刚，等，2020. 节水抗旱稻水种旱管栽培技术初探 [J]. 杂交水稻，35(4): 3.

郭培国，李荣华，2000. 夜间高温胁迫对水稻叶片光合机构的影响 [J]. 植物学报，47(2): 673–678.

韩霜，陈发棣，2013. 植物对弱光的响应研究进展 [J]. 植物生理学报，49 (4): 309–316.

胡群，夏敏，张洪程，等，2017. 氮肥运筹对钵苗机插优质食味水稻产量及品质的影响 [J]. 作物学报，43(13): 420–431.

黄发松，孙宗修，胡培松，等，1998. 食用稻米品质形成研究的现状与展望 [J]. 中国水稻科学，12(3): 5.

黄丽芬，张蓉，余俊，等，2014. 弱光下氮素配施对杂交水稻氮磷钾吸收分配的效应研究 [J]. 核农学报，28(12): 2 261–2 268.

黄新宇，徐阳春，沈其荣，等，2004. 水作与地表覆盖旱作水稻的生长和水分利用效率 [J]. 南京农业大学学报，27(1): 4.

黄英金，罗永锋，黄兴作，等，1999. 水稻灌浆期耐热性的品种间差异及其与剑叶光合特性和内源多胺的关系 [J]. 中国水稻科学，13(4): 6.

黄英金，张宏玉，郭进耀，等，2004. 水稻耐高温逼熟的生理机制及育种应用研究初报 [J]. 科学技术与工程 (8): 4.

黄英金，漆映雪，刘宜柏，等，2002. 灌浆成熟期气候因素对早籼稻米蛋白质及其 4 种组分含量的影响 [J]. 中国农业气象，23: 54–59.

贾志宽，高如嵩，张嵩午，1992. 稻米垩白形成的气象生态基础研究 [J]. 应用生态学报，3: 321–326.

金正勋，秋太权，孙艳丽，等，2001. 氮肥对稻米垩白及蒸煮食味品质特性的影响 [J]. 植物营养与肥料学报，7(1): 6.

李天，大杉立，山岸彻，等，2005. 灌浆结实期弱光对水稻籽粒淀粉积累及相关酶活性的影响 [J]. 中国水稻科学，19(6): 6.

梁成刚，陈利平，汪燕，等，2010. 高温对水稻灌浆期籽粒氮代谢关键酶活性及蛋白质含量的影响 [J]. 中国水稻科学 (4): 5.

罗亢，曾勇军，胡启星，等，2018. 不同时期弱光胁迫对晚稻不同耐弱光品种源库特征及叶片保护酶活性的影响 [J]. 中国水稻科学，32 (6): 581–590.

吕晋慧，李艳锋，王玄，等，2013. 遮阴处理对金莲花生长发育和生理响应的影响 [J]. 中国农业科学，46 (9): 1 772–1 780.

马启林，李阳生，田小海，等，2009. 高温胁迫对水稻贮藏蛋白质的组成和积累形态的影响 [J]. 中国农业科学，2: 345–349.

孟亚利，周治国 . 1997. 结实期温度与稻米品质的关系 [J]. 中国水稻科学，11(1): 4.

彭强，李佳丽，张大双，等，2018. 不同环境基于高密度遗传图谱的稻米外观品质 QTL 定位 [J]. 作物学报，44(8): 8.

蒲石林，邓飞，胡慧，等，2018. 杂交稻不同机插穴距及苗数配置对干物质生产与产量的影响 [J]. 浙江大学学报：农业与生命科学版，44(1): 10.

任万军，杨文钰，樊高琼，等，2003. 始穗后弱光对水稻干物质积累与产量的影响 [J]. 四川农业大学学报, 21(4): 5.

任万军, 杨文钰, 徐精文, 等, 2003. 弱光对水稻籽粒生长及品质的影响 [J]. 作物学报, 29(5): 785–790.

唐湘如, 官春云, 余铁桥. 1999. 不同基因型水稻产量和品质的物质代谢研究 [J]. 湖南农业大学学报 (4), 279–282.

陶龙兴, 王熹, 廖西元, 等, 2006. 灌浆期气温与源库强度对稻米品质的影响及其生理分析 [J]. 应用生态学报, 17(4), 4 647–4 652.

陶然, 张珂, 2020. 基于 PDSI 的 1982—2015 年我国气象干旱特征及时空变化分析 [J]. 水资源保护, 36(5): 7.

童浩, 徐庆国, 2013. 稻米品质与淀粉酶和蛋白组分的关系研究进展 [J]. 作物研究, 27(5): 5.

王成孜, 高丽敏, 孙玉明, 等, 2019. 弱光胁迫对分蘖期超级稻与常规稻叶片光合特性的影响 [J]. 南京农业大学学报, 42(1): 7.

王飞名, 张安宁, 刘国兰, 等, 2018. 旱种旱管对水稻产量及稻米品质的影响 [J]. 中国稻米, 24(6): 3.

王丰, 程方民, 刘奕, 等, 2006. 不同温度下灌浆期水稻籽粒内源激素含量的动态变化 [J]. 作物学报, 32(1): 5.

王丽, 邓飞, 郑军, 等, 2012. 水稻根系生长对弱光胁迫的响应 [J]. 浙江大学学报：农业与生命科学版, 38(6): 9.

韦克苏, 程方民, 董海涛, 等, 2010. 水稻胚乳贮藏物代谢相关基因对花后高温胁迫响应的微阵列检测 [J]. 中国农业科学, 43(1): 1–11.

肖辉海, 王文龙, 郝小花. 2010. 高温对早籼稻花后籽粒氮代谢关键酶活性及蛋白质含量的影响 [J]. 江苏农业学报, 26(4): 6.

许吟隆. 2018. 气候变化对中国农业生产的影响与适应对策 [J]. 农民科技培训, 205(11): 29–31.

杨纯明, 谢国禄. 1994. 短期高温对水稻生长发育和产量的影响 [J]. 国外作物育种 (2): 2.

杨建昌, 袁莉民, 唐成, 等, 2005. 结实期干湿交替灌溉对稻米品质及籽粒中一些酶活性的影响 [J]. 作物学报 (8).

杨建昌. 2010. 水稻弱势粒灌浆机理与调控途径 [J]. 作物学报, 36 (12): 2 011–2 019.

杨军, 陈小荣, 朱昌兰, 等, 2014. 氮肥和孕穗后期高温对两个早稻品种产量和生理特性的影响 [J]. 中国水稻科学, 28: 523–533.

杨陶陶, 胡启星, 黄山, 等, 2018. 双季优质稻产量和品质形成对开放式主动增温的响应 [J]. 中国水稻科学, 32: 572–580.

杨陶陶, 解嘉鑫, 黄山, 等, 2020. 花后增温对双季晚粳稻产量和稻米品质的影响 [J]. 中国农业科学, 53: 1 338–1 347.

杨陶陶, 孙艳妮, 曾研华, 等, 2019. 花后增温对双季优质稻产量和品质的影响 [J]. 核农学报, 33: 583–591.

衣政伟, 王显, 胡中泽, 等, 2019. 泰州地区极端天气对水稻南粳 9108 生长和产量的影响 [J].

浙江农业科学, 60(1): 5.

张桂莲, 陈立云, 张顺堂, 等, 2007. 抽穗开花期高温对水稻剑叶理化特性的影响 [J]. 中国农业科学, 40(7): 8.

张洪程, 王秀芹, 戴其根, 等, 2003. 施氮量对杂交稻两优培九产量、品质及吸氮特性的影响 [J]. 中国农业科学, 36(7): 7.

张洪程, 吴桂成, 吴文革, 等, 2010. 水稻"精苗稳前、控蘖优中、大穗强后"超高产定量化栽培模式 [J]. 中国农业科学, (13): 2 645–2 660.

张秋英, 刘晓冰, 金剑, 等, 2000. R5 期遮阴对大豆植株体内源激素和酶活性的影响 [J]. 大豆科学, 19(4): 5.

张善平, 冯海娟, 马存金, 等, 2014. 光质对玉米叶片光合及光系统性能的影响 [J]. 中国农业科学, 47(20): 9.

章秀福, 王丹英, 屈衍艳, 等, 2005. 垄畦栽培水稻的植株形态与生理特性研究 [J]. 作物学报, 31(6): 742–748.

赵立华, 胡中会, 李成云, 等, 2012. 不同遮光程度对玉米叶片结构的影响 [J]. 中国农学通报, 28(6): 4.

赵天宏, 孙加伟, 付宇, 2008. 逆境胁迫下植物活性氧代谢及外源调控机理的研究进展 [J]. 作物杂志 (3): 4.

仲嘉, 顾宗福, 苏建国, 等, 2015. 2014 年低温阴雨寡照天气对常熟市水稻生产的影响分析及对策 [J]. 上海农业科技 (5): 2.

周广治, 徐孟亮, 谭周, 等, 1997. 温光对稻米蛋白质及氨基酸含量的影响 [J]. 生态学报, 17(5): 6.

朱爱科 . 2018. 水稻垩白粒率 QTL qPGWC-1 的遗传分析及定位 [D]. 北京 : 中国农业科学院 .

朱萍, 杨世民, 马均, 等, 2008. 遮光对杂交水稻组合生育后期光合特性和产量的影响 [J]. 作物学报, 34(11): 2 003–2 009.

AMANDINE, DELTEIL, MÉLISANDE, et al., 2012. Building a mutant resource for the study of disease resistance in rice reveals the pivotal role of several genes involved in defence[J]. Molecular plant pathology, 13(1): 72–82.

BOONJUNG H, FUKAI S, 1996. Effects of soil water deficit at different growth stages on rice growth and yield under upland conditions. 2. Phenology, biomass production and yield[J]. Field Crops Research, 48(1): 47–55.

BOUMAN B, PENG S, CASTAÑEDA A R, et al., 2004. Yield and water use of irrigated tropical aerobic rice systems[J]. Agricultural Water Management, 74(2): 87–105.

CAHILL J F, MCNICKLE G G, HAAG J J, et al., 2010. Plants Integrate Information About Nutrients and Neighbors[J]. Science, 328(5 986): 1 657.

CHEN L, GAO W, CHEN S, et al. 2016. High-resolution QTL mapping for grain appearance traits and co-localization of chalkiness-associated differentially expressed candidate genes in rice[J].

Rice, 9(1): 48.

CHENG F, ZHONG L, ZHAO N, et al., 2005. Temperature induced changes in the starch components and biosynthetic enzymes of two rice varieties[J]. Plant Growth Regulation, 46(1): 87–95.

DEMMIG-ADAMS B, STEWART J J, ADAMS W W, 2019. Less photoprotection can be good in some genetic and environmental contexts[J]. Biochemical Journal, 476(14): 2 017–2 029.

FEI D, LI W, PU S L, et al., 2018. Shading stress increases chalkiness by postponing caryopsis development and disturbing starch characteristics of rice grains[J]. Agricultural and Forest Meteorology 263: 49–58.

Deng Y, Li C, Shao Q, et al., 2012a. Differential responses of double petal and multi petal jasmine to shading: I. Photosynthetic characteristics and chloroplast ultrastructure[J]. Plant Physiology & Biochemistry Ppb, 55: 93–102.

DENG Y, SHAO Q, LI C, et al., 2012b. Differential responses of double petal and multi petal jasmine to shading: II. Morphology, anatomy and physiology[J]. Scientia Horticulturae 144: 19–28.

CHEN D, FU Y, LIU G, et al., 2014. Low light intensity effects on the growth, photosynthetic characteristics, antioxidant capacity, yield and quality of wheat (Triticum aestivum L.) at different growth stages in BLSS[J]. Advances in Space Research, 53(11): 1 557–1 566.

DONG W, CHEN J, WANG L, et al., 2014. Impacts of nighttime post-anthesis warming on rice productivity and grain quality in East China[J]. The Crop Journal, 2: 63–69.

ZHI D, SHE T, CHEN W, et al., 2018. Effects of open-field warming during grain-filling stage on grain quality of two japonica rice cultivars in lower reaches of Yangtze River delta[J]. Journal of Cereal Science 81: 118–126.

DOU Z, TANG S, LI G, et al., 2017. Application of Nitrogen Fertilizer at Heading Stage Improves Rice Quality under Elevated Temperature during Grain-Filling Stage[J]. Crop Sci 57: 2 183–2 192.

EBERHARD S, FINAZZI G, WOLLMAN F-A, 2008. The Dynamics of Photosynthesis[J]. Annual Review of Genetics 42: 463–515.

ELKHADER M, ALI N, ZAID I U, et al., 2020. Association analysis between constructed SNPLDBs and GCA effects of 9 quality-related traits in parents of hybrid rice (*Oryza sativa* L.) [J]. BMC Genomics, 21: 31.

FENG S, MARTINEZ C, GUSMAROLI G, et al., 2008. Coordinated regulation of Arabidopsis thaliana development by light and gibberellins[J]. Nature, 451: 475–479.

FITZGERALD M A, MCCOUCH S R, HALL R D, 2009. Not just a grain of rice: the quest for quality[J]. Trends in Plant Science, 14(3): 133–139.

GAO L Z, LIU Y L, ZHANG D, et al., 2019. Evolution of Oryza chloroplast genomes promoted adaptation to diverse ecological habitats[J]. Communications biology, 2: 278–278.

GEIGENBERGER, 2011. Regulation of starch biosynthesis in response to a fluctuating environment[J]. Plant Physiology, 155(4): 1 566–1 577.

HALL A E, 1992. Breeding for heat tolerance[J]. Plant Breed Rev, 10: 129–168.

GUO H, WANG R, GARFIN G M, et al., 2021. Rice drought risk assessment under climate change: Based on physical vulnerability a quantitative assessment method[J]. Science of The Total Environment, 751: 141–481.

ISHIBASHI Y, OKAMURA K, MIYAZAKI M, et al., 2014. Expression of rice sucrose transporter gene OsSUT1 in sink and source organs shaded during grain filling may affect grain yield and quality[J]. Environmental and Experimental Botany, 97: 49–54.

JIAO D, XIA L, 2001. Cultivar Differences in Photosynthetic Tolerance to Photooxidation and Shading in Rice (*Oryza Sativa* L.)[J]. Photosynthetica, 39: 167–175.

JUMTEE K, OKAZAWA A, HARADA K, et al., 2009. Comprehensive metabolite profiling of phyA phyB phyC triple mutants to reveal their associated metabolic phenotype in rice leaves[J]. Journal of Bioscience & Bioengineering, 108(2): 151–159.

JUNG E S, LEE S, LIM S H, et al., 2013. Metabolite profiling of the short-term responses of rice leaves (*Oryza sativa*. cv. *Ilmi*) cultivated under different LED lights and its correlations with antioxidant activities[J]. Plant Science, 210: 61–69.

KOIKE S, YAMAGUCHI T, OHMORI S, et al., 2015. Cleistogamy Decreases the Effect of High Temperature Stress at Flowering in Rice[J]. Plant Production Science, 18(2): 111–117.

KROMDIJK J, GLOWACKA K, LEONELLI L, et al., 2016. Improving photosynthesis and crop productivity by accelerating recovery from photoprotection[J]. Science, 354(6 314): 857.

LI Y, FAN C, XING Y, et al., 2014. Chalk5 encodes a vacuolar H(+)-translocating pyrophosphatase influencing grain chalkiness in rice[J]. Nature Genetics, 46(6): 657–657.

JIANG LIN L, HUI WEN Z, HONG YU Z, 2014. Comparative proteomic analysis of differentially expressed proteins in the early milky stage of rice grains during high temperature stress[J]. Journal of Experimental Botany, 2014(2): 655.

LI L, WANG L , Deng F , et al., 2013. Response of Osmotic Regulation Substance Content and Protective Enzyme Activities to Shading in Leaves of Different Rice Genotypes[J]. Rice Science 20: 276–283.

LIU Y, ZHAO D M, ZU Y G, et al., 2011. Effects of low light on terpenoid indole alkaloid accumulation and related biosynthetic pathway gene expression in leaves of Catharanthus roseus seedlings[J]. Botanical Studies, 52(2): 191–196.

LYMAN N B, JAGADISH K, NALLEY L L, et al., 2017. Neglecting rice milling yield and quality underestimates economic losses from high-temperature stress[J]. PLoS ONE 8, 8(8): 1–9.

MADAN P, JAGADISH S, CRAUFURD P Q, et al., 2012. Effect of elevated CO_2 and high temperature on seed-set and grain quality of rice[J]. Journal of Experimental Botany, 63(10): 3 843–3 852.

MAO L Z, LU H F, WANG Q, et al., 2007. Comparative photosynthesis characteristics of Calycanthus chinensis and Chimonanthus praecox[J]. Photosynthetica, 45(4): 601–605.

GOPAL M, ROSLEN A, SAURABH B, et al., 2019. Dissecting the genome-wide genetic variants of milling and appearance quality traits in rice[J]. Journal of Experimental Botany, 70(19): 5 115–5 130.

MO Z, LI W, PAN S, et al., 2015. Shading during the grain filling period increases 2-acetyl-1-pyrroline content in fragrant rice[J]. Rice, 8(1): 9.

NEVAME A, EMON R M, MALEK M A, et al., 2018. Relationship between high temperature and formation of chalkiness and their effects on quality of rice[J]. BioMed Research International, 2018, 1–18.

QIU X, CHEN K, LV W, et al., 2017. Examining two sets of introgression lines reveals background-independent and stably expressed QTL that improve grain appearance quality in rice (*Oryza sativa L.*). Theor. Appl. Genet. 130: 951–967.

RESURRECCION A P, HARA T, JULIANO B O, et al., 1977. Effect of temperature during ripening on grain quality[J]. Soil Science & Plant Nutrition, 23(1): 109–112.

SHAO Q, WANG H, Guo H, et al., 2014. Effects of Shade Treatments on Photosynthetic Characteristics, Chloroplast Ultrastructure, and Physiology of Anoectochilus roxburghii[J]. Plos One, 9(2): 85 996.

SHAVER J M, OLDENBURG D J, BENDICH A J, 2008. The structure of chloroplast DNA molecules and the effects of light on the amount of chloroplast DNA during development in Medicago truncatula[J]. Plant Physiology, 146(3): 1 064–1 074.

SHI W, MUTHURAJAN R, RAHMAN H, et al., 2013. Source-sink dynamics and proteomic reprogramming under elevated night temperature and their impact on rice yield and grain quality.[J] New Phytologist, 197: 825–837.

SREENIVASULU N, JR V, MISRA G, et al., 2015. Designing climate-resilient rice with ideal grain quality suited for high-temperature stress[J]. Journal of Experimental Botany, 66: 1 737–1 748.

STAMM P, KUMAR P P, 2010. The phytohormone signal network regulating elongation growth during shade avoidance[J]. Journal of Experimental Botany, 61(11): 2 889.

TAKANO M, INAGAKI N, XIE X, et al., 2009. Phytochromes are the sole photoreceptors for perceiving red/far-red light in rice[J]. Proceedings of the National Academy of Sciences of the United States of America, 106(34): 14 705–14 710.

KUDA T, NEMOTO M, KAWAHARA M, et al., 2015. Induction of the superoxide anion radical scavenging capacity of dried 'funori'Gloiopeltis furcata by Lactobacillus plantarum S-SU1 fermentation[J]. Food & Function, 6(8): 2 535–2 541.

TANG Y, GAO C C, GAO Y, et al., 2020. OsNSUN2-Mediated 5-Methylcytosine mRNA Modification Enhances Rice Adaptation to High Temperature[J]. Developmental Cell 53: 272–286, 277.

VANDEPUTTE G E, DELCOUR J A, 2004. From sucrose to starch granule to starch physical behaviour: a focus on rice starch[J]. Carbohydrate Polymers, 58(3): 245–266.

LI W, FEI D, REN W J, 2015. Shading tolerance in rice is related to better light harvesting and use efficiency and grain filling rate during grain filling period[J]. Field Crops Research, 180: 54–62.

WANG S, LI S, LIU Q, et al., 2015. The OsSPL16-GW7 regulatory module determines grain shape and simultaneously improves rice yield and grain quality[J]. Nature Genetics, 47(8): 949.

WANG Y, XIONG G, HU J, et al., 2015. The OsSPL16-GW7 regulatory module determines grain shape and simultaneously improves rice yield and grain quality. Copy number variation at the GL7 locus contributes to grain size diversity in rice[J]. Nature Genetics, 47(8): 944–948.

WEI H Y, ZHU Y, QIU S, et al., 2018. Combined effect of shading time and nitrogen level on grain filling and grain quality in japonica super rice[J]. Journal of Integrative Agriculture, 17(11): 2 405–2 417.

XIONG D, LING X, HUANG J, et al., 2017. Meta-analysis and dose-response analysis of high temperature effects on rice yield and quality[J]. Environmental and Experimental Botany, 141: 1–9.

XU Y, ZHANG L, OU S, et al., 2020. Natural variations of SLG1 confer high-temperature tolerance in indica rice[J]. Nature Communications, 11(1): 5 441.

HIROMOTO Y, TATSURO H, MASAHARU K, et al., 2007. Comprehensive expression profiling of rice grain filling-related genes under high temperature using DNA microarray[J]. Plant physiology, 144(1): 258–277.

YANG J, ZHOU Q, ZHANG J, 2017. Moderate wetting and drying increases rice yield and reduces water use,grain arsenic level, and methane emission[J]. Crop Journal, 5(2): 151–158.

ZHANG J, SMITH D L, LIU W, et al., 2011. Effects of shade and drought stress on soybean hormones and yield of main-stem and branch[J]. African Journal of Biotechnology, 10(65): 14 392–14 398.

ZHANG M, CAO T, NI L Y, et al., 2010. Carbon, nitrogen and antioxidant enzyme responses of Potamogeton crispus to both low light and high nutrient stresses[J]. Environmental and Experimental Botany, 2010, 68: 44–50.

ZHAO X, DAYGON V D, MCNALLY K L, et al., 2016. Identification of stable QTLs causing chalk in rice grains in nine environments[J]. Theoretical & Applied Genetics, 129(1): 141–153.

DAI Z, HU J, FAN J, et al., 2016. Identification of stable QTLs causing chalk in rice grains in nine environments[J]. Appl Gene, 129: 141–153.

主要撰写人：唐　设、潘　刚、邓　飞、杜彦修、毕俊国、罗德强

3 稻田碳氮对气候变化的响应机制及增碳栽培途径

摘要：碳氮含量是评价土壤质量的重要指标。增加稻田碳氮储量，不仅有利于培育地力、改善土壤结构、降低农业生产资料投入、保持作物可持续生产，也是减缓全球气候变化的主要途径之一。国内外关于旱地生态系统对气候变化的响应与适应机制的研究较为丰富，稻田生态系统的研究主要集中在水稻生理生态、形态结构、物候期、产量和品质等对气候变化的响应与适应，而有关气候变化对稻田碳氮循环的影响及其机制研究较为欠缺。本研究通过开展区域联网试验、人工控制室试验，结合田间开放式增温系统、同位素标记等技术手段，系统阐明了预期增温（+1.5℃）和大气 CO_2 浓度升高（eCO_2）下水稻植株碳氮分配、土壤碳氮固持与矿化以及稻田碳氮排放的动态变化与特征，明确了调控稻田碳氮变化的物理、化学与微生物机制。通过在我国一季稻区、水旱轮作区以及南方双季稻区开展了应对气候变化的土壤增碳栽培途径探索，明确了不同稻区应对气候变暖的合理耕作方式、栽培方式、养分管理方式，提出了协同实现稻田土壤增碳和温室气体减排的栽培耕作技术途径。本研究结果可为丰富气候变化背景下的土壤碳氮调控机制与研究手段提供借鉴，为我国水稻丰产增效与稻田固碳减排协同的绿色稻作模式集成提供理论与技术支撑。

3.1 研究背景

3.1.1 稻田碳氮对气候变化的响应特征

全球变暖已成不争事实。2021 年发布的 IPCC 最新报告指出，过去 170 年间，全球大气温度已经增加了 1.09°C，而 2021—2040 年期间，温度增加趋势将达到 1.5℃（变化区间在 1.2 ~ 1.7°C）。人为温室气体排放（CO_2、CH_4 和 N_2O）是导致气候变化的主要因素，以 CO_2 排放对气候变化贡献最大。气候变暖对农业生产影响显著，使作物生产布局、生育期及产量发生了较大变化。稻田系统碳汇功能强大，固碳潜力突出。增加稻田碳储量，不仅有利于培育地力、改善土壤结构、降低农业生产资料投入、保持作物可持续生产，也是降低农田温室气体向大气释放、减缓全球气候变化的主要途径之一。气候变化背景下，陆地生态系统土壤与大气间的碳素交换必然会发生改变，表现为碳源或碳汇。因此，全球气候变化对土壤碳库的影响一直是全球研究热点之一。全球变暖对陆地生态系统土壤碳库的影响有3种：一是加速土壤有机质分解；二是促进土壤呼吸碳释放；三是增加初级生产力（NPP）输入土壤的碳素。温度升高后土壤微生物和土壤酶活性增强，土壤有机质的矿化加快，同时增温还使得土壤呼吸加强，都会导致土壤有机碳损失。气候变化也影响碳素从植物碳库向土壤碳库的流动，增温使光合作用增强，导致光合产物向地下部分分配增加。

土壤氮素是植物生命体的重要元素之一，氮素的缺乏会严重限制植物的生长发育。同时，植物从土壤中吸收氮素的动力学对土壤中矿化氮（NO_3^-，NH_4^+）的有效性有重要影响。土壤中的氮素在气候条件变化、人为干扰、微生物活动和植物生长等影响下发生转移。此外，土壤碳氮的变化存在协同关系，即土壤有机碳的变化可能会引起氮素的相应变化。目前关于气候变化对稻田系统碳氮影响的研究表明，气候变暖可显著改变水稻光合产物分配，降低水稻的收获指数，导致光合产物向籽粒分配降低，向地下部分配增加。而气候变化对土壤碳氮含量影响的研究表明，增温可显著影响稻田土壤中水溶性碳氮以及微生物碳氮的含量。适当增温可增加土壤微生物活性，并通过硝化作用和固氮作用增加土壤中氮素的含量；但同时进行的反硝化作用又将硝酸盐还原成氮气，降低了土壤中氮素含量，所以全氮含量始终处于动态平衡。Bai等（2013）的荟萃分析结果表明，增温引起的净氮矿化和硝化速率变化增加了土壤中的氮素有效性，氮库随着增温而增加。Melillo等（2002）研究表明，增温显著增加了土壤中氮素的矿化速率，但未显著增加气态氮的损失，也没有增加有机氮或无机氮的渗漏，因而生态系统中可被生物利用的氮素就会有所增加。增温可能会通过增加NO_3^-有效性和冬季冻融交替的频率影响氮素的淋失。全球气候变化引起的冻融循环模式的改变可能影响陆地生态系统中氮的循环。增温可以导致冻融循环改变，增加了土壤NO_3^-、NH_4^+淋失量和N_2O排放量，但净氮矿化率和硝化速率没有变化。

此外，由于土壤碳氮是影响稻田温室气体CH_4和N_2O排放的关键因素，气候变化不仅影响稻田碳氮储量及其转化途径，而且还可能显著影响稻田CH_4和N_2O的排放。土壤有机碳在遭受外界条件干扰后，会受到很大损失，但通过合适的土壤管理措施，有机碳会慢慢得到新的积累，达到新的稳定状态。土壤有机碳的分解和外源有机碳进入土壤的速率决定着土壤对大气CO_2的源汇效应。气候变化条件下，外源有机碳输入土壤和土壤有机碳的分解过程发生改变，导致土壤有机碳的蓄积和温室气体的排放也发生变化。气候变暖可能通过降低土壤含水量刺激植物生长和氮吸收减少N_2O排放量。同时，大气中二氧化碳的升高会改变CH_4排放的季节性变化。

土壤中氮氧化物的排放通量和土壤氮的生物有效性具有正相关关系。而土壤中氮素的运移与土壤水分的运动密切相关，它们互为一体。气候变化会引起土壤中有机质含量的显著改变，从而影响土壤水平衡、土壤结构和营养状况。温度升高可加快土壤有机碳和氮素的矿化速率，影响旱地土壤结构，使东北地区和高寒地区土壤有机质趋向于损失，并加剧土壤养分的挥发损失和淋溶损失。气候变化下土壤温度和含水量都将发生变化，温度升高和降水减少使北方土壤普遍存在的干旱化趋势加剧，土壤墒情下降，从而影响水稻植株生长发育过程中营养器官和繁殖器官碳氮的分配，水稻根、茎和叶片的形态结构、解剖结构和生理特性的变化很大程度会反映各种代谢成本，可以体现对土壤水分和养分的吸收效率，但相应的内在生理机制尚不清楚。气候变化极大地影响着土壤养分各种形态之间的转化。因此，研究气候变化下土壤中养分转化物理过程对正确理解全球变化效应与反馈具有重要的理论与实际意义。

国内外关于农田生态系统对全球气候变化的响应与适应研究，大多数集中在旱地生态系统，对稻田生态系统主要研究的是水稻生理特性、生育期、产量和品质等对增温的响应特征，而稻田土壤碳氮循环、温室气体排放对增温响应的研究较少，特别是关于增温对稻田土壤碳氮及其组分影响的研究相对缺乏。因此，在未来气候变暖的背景下，深入开展增温对稻田碳氮动态及温室气体排放影响的研究对于全面认识稻田碳氮循环、保障水稻丰产稳产和减缓气候变暖等有重要意义。

3.1.2 稻田碳氮对气候变化的响应机制

碳氮不仅是生物体必需的营养元素，也是重要的生态元素。土壤有机碳和氮的转化与迁移直接影响到温室气体的组成与含量，而气候变化又反馈作用于土壤有机碳和氮的转化与迁移。前人曾提出了土壤有机碳损失和积累模型，认为土壤在外界干扰后，有机碳受到很大损失，但经过合适的土壤管理措施，有机碳得到积累，达到新的稳定状态。土壤有机碳和外源有机碳在土壤中的分解与积累决定着土壤对大气 CO_2 的源汇效应，而气候变化通过影响土壤中外源有机碳的输入和土壤有机碳的分解，直接影响土壤有机碳的蓄积和温室气体的排放。土壤有机碳由一系列分解程度不同的有机化合物构成。土壤活性有机碳是指在一定的时空条件下，受环境条件影响强烈、易氧化分解、对植物和微生物活性比较高的那一部分土壤碳素。土壤活性有机碳含量的高低影响土壤微生物的活性，从而影响温室气体的排放。土壤活性有机碳与土壤有机碳之间呈极显著正相关关系。土壤活性有机碳沿经度分布趋势基本与土壤有机碳一致，但土壤活性有机碳含量随深度的增加而下降的幅度大于土壤有机碳。土壤活性有机碳和土壤全量氮、磷、硫、锌及有效氮、磷、钾、锰、锌等均呈显著或极显著相关关系，与土壤 pH 值、土壤容重、持水量及孔隙度也呈显著或极显著相关关系。土壤活性有机碳对气候变化比较敏感，不同温度、土壤湿度以及大气 CO_2 浓度下，土壤活性有机碳含量会发生显著的变化。

土壤中氮素由于水稻生长、微生物活动、人为干扰及气象条件改变等而发生着转化。氮素的气态损失和淋溶损失严重影响着生态环境。土壤全氮和有效氮是土壤生化环境中两个重要的因子，和土壤中许多因子具有相关关系。研究表明，土壤全氮和有效氮与降水量之间呈极显著的正相关关系；土壤全氮和有效氮与年均温之间不呈线性关系。土壤全氮、有效氮和土壤有机碳、全磷、全硫、全锌、土壤活性碳、有效磷、有效钾、有效锰、有效锌、土壤容重、田间持水量、土壤总孔隙度等因子均呈显著或极显著的相关关系。土壤全氮和有效氮与年均温之间也不呈线性关系，但土壤有效氮占全氮的比例与年均温呈显著正相关。

从氮吸收和代谢的分子调节机制上看，根系对氮的吸收和氮的代谢在满足机体需求的方面是协调的。根据水稻的营养状态和气候变化调整基因的表达和蛋白活性变化机制，能保证植物对环境做出快速的调整和长久的适应。目前发现主要有两个因素在控制氮吸收和氮代谢。第一个因素是底物诱导和内源氮同化产物介导的植物体内的氮状态进行的负反馈调控作用。这种调控作用导致的结果是植物体内氮水平高时，吸收、代谢相关基因下调；氮水平低时，吸收、代谢相关基因上调。第二个因素是与光合作用相关的氮吸收和氮代谢调控，这种调控保证了氮的吸收和碳地位的和谐性。一个重要的普遍表现是氮吸收和氮还原的昼夜波动，一般认为是光合作用产生的糖及其向根部的运输作用控制了这种变化，这一点也可以由 CO_2 浓度对氮吸收具有促进作用加以证实。由糖引起的氮吸收、同化和促进作用的昼夜波动与氮转运体和还原酶的基因表达有密切关系。

气候变化同样可以通过影响土壤微生物群落的组成结构、微生物多样性、微生物生物量、微生物呼吸作用等因素间接影响土壤的碳氮转化。Stone 等（2012）研究发现，N- 降解酶比 C- 降解酶具有更低的温度敏感性。这可能导致土壤变暖时氮限制增加，促使微生物增加 N- 降解酶的产生，减少 C- 降解酶的产生。气候变化可以通过植物生长、生理和群落结构的变化对土壤微生物产生直接影响（如变暖和干旱）或间接影响（例如大气 CO_2 浓度增加）。气候变化可导致微生物物种地理范围的变化，影响其分布、多样性和丰度并影响微生物 - 微生物和植物 - 微生物相互作用。土壤温度升高不仅可以直接影响土壤微生物生长，也可能通过促进作物生长而加剧根系与微生物之间的养分竞争，导致土壤中微生物生活所需的养分匮乏，进而限制微生物的生长和活性。同时，在水分限制下，增温也有可能导致微生物量的降低。土壤中的微生物量碳氮是陆地生态系统碳氮循环的重要组成部分，也是不稳定碳氮库的来源。微生物量碳比微生物量氮对气候变暖更敏感，这是因为变暖增加了土壤可溶性有机碳，其是土壤微生物的一个重要碳源。Tas 等（2018）对北极永久冻土和草原的研究发现，气候变暖导致北极大片地区的永久冻土融化，微生物更加活跃，增加了对土壤有机碳的分解。Rinnan 等（2007）也发现 15 年连续增温试验后，增温处理下微生物量显著低于对照，这可能是因为土壤在经过长期增温后，土壤微生物由对温度的适应转变到温度成为限制因子，不仅没有增加微生物量，反而使其降低。

3.1.3 应对气候变化的稻田适应性栽培途径

3.1.3.1 土壤增碳栽培途径

大量研究表明，水稻土土壤有机碳含量显著高于旱地。Xie 等（2007）利用第二次全国土壤普查资料（80 年代初）估算表明，全国水平上水田表层（15.2 cm）土壤有机碳密度比旱地土壤高 13%，尽管旱地土壤表层厚度高于水田（19.4 cm）。下层土壤也表现出同样的趋势：水田下层（75.3 cm）土壤有机碳密度比旱地土壤高 26%，但旱地下层土壤厚度远高于水田

（88.5 cm）。因此，水田总的土壤有机碳密度（97.6 t/hm^2）高于旱地（80 t/hm^2）。Pan 等（2003）同样利用第二次全国土壤普查资料研究表明，水田耕层厚度为 15.4 cm，平均土壤有机碳密度达到 28.1 t/hm^{-2}；犁底层平均厚度为 10 cm，土壤有机碳密度为 15.9 t/hm^2。全国水稻土表层（耕作层+犁底层）碳库达到 1.3 Pg，占全国总土壤碳库约 4%，而水田面积只占全国总面积的 3.4%。与旱地相比，水田多固定了 0.3 Pg 的土壤有机碳。解宪丽等（2004）利用 1:4 000 000 土壤数据库结合第二次土壤普查数据进行的估算表明，中国水田面积为 3×10^7 hm^2，水稻土 0 ~ 100 cm 和 0 ~ 20 cm 深度的有机碳密度分别为 97.9 t/hm^2 和 31.2 t/hm^2；总土壤碳库分别为 2.9 Pg 和 0.9 Pg。Liu 等（2006）利用最新编制的 1:1 000 000 土壤数据库和更多的剖面数据（1 490 个，第二次土壤普查仅有 525 个）计算得出，中国水田面积为 4.6×10^7 hm^2，水稻土 0 ~ 100 cm 和 0 ~ 20 cm 深度的有机碳密度分别为 111.4 t/hm^2 和 37.6 t/hm^2；总土壤碳库分别为 5.1 Pg 和 1.7 Pg，远高于之前的估算。Wang 等（2005）的研究也显示，全国各区域水田土壤有机碳密度均高于相应的旱地土壤。

水稻土的固碳能力不仅表现在比旱地具有更高的碳含量，还在于水田土壤有机碳的持续增长。借助土壤普查和监测数据，Pan 等（2003）估算中国水稻土耕层土壤比旱地多固定了 0.3 Pg 有机碳，并且预测即使在现有条件下，仍具有 0.7 Pg 的固碳潜力。模型研究也表明近 84% 的中国水稻土有机碳含量在过去 20 年呈现增加趋势。黄耀和孙文娟（2006）在综合分析文献数据后证实，近 20 年来我国水稻土耕层（0 ~ 20 cm）有机碳含量明显增加，并且估算表明，过去 20 年我国农田土壤固碳量的 74% 来自于稻田。Xie 等（2007）综合 1996—2006 年发表的研究资料，并将其与第二次土壤普查数据相比较来估算中国的土壤固碳量及其变化。结果显示，近 20 年来各省区水田耕层（15.2 cm）土壤有机碳密度均呈增长趋势，平均每年的固碳速率达到 5.1 Tg。

研究表明，从 1980 年代到 2000 年代，我国稻田表层（0 ~ 20 cm）土壤有机碳含量呈显著上升趋势。Pan 等（2010）利用土壤肥力监测数据研究表明，稻田表层土壤（0 ~ 20 cm）不仅有机碳含量高于旱地，而且从 1985 年到 2006 年，稻田土壤有机碳的年平均增长速率是旱地的 2 倍，达到 0.11 g/kg·a。因此，我国稻田土壤表现出更高的含碳量和持续的增长趋势。Sun 等（2010）的估算也表明，1980—2000 年，我国稻田表层土壤（0 ~ 30 cm）有机碳含量增长了 3.82 t/hm^2，显著高于旱地的 2.98 t/hm^2。而且，在此期间，稻田表层土壤总的固碳量达到 114 Tg，占全国农田总固碳量的 27.6%。Yan 等（2011）通过直接的土壤测试并与第二次全国土壤普查数据对比研究也发现，我国水稻土表层（0 ~ 20 cm）有机碳含量明显高于其他类型土壤（除东北地区的黑土外）。而且，尽管具有较高的背景土壤有机碳含量，水稻土有机碳在最近 30 年仍表现出显著的增加趋势。我国亚热带稻田土壤有机碳含量显著大于旱地、果园，甚至是林地，而且有机碳的增长速率也高于这些生态系统。Qin 等（2013）运用统计模型进行的估算也显示，目前我国稻田土壤不仅有机碳含量高于旱地，而且具有更高的碳饱和水平，固碳潜力也更大。Zhao 等（2018）最新的研究也表明，1980—2011 年，全国农田土壤有机质含量平均增加 4.34 Mg C/hm^2，其中，东部和南部的稻田增幅最高，分布分别达到 8.33 Mg/hm^2 和 6.67 Mg/hm^2。因此，虽然水稻生产是甲烷的重要排放源，但稻田较高的有机碳含量和固碳潜力能够一定程度上减缓我国稻作系统的净温室效应。

有机碳输入和分解的平衡决定着土壤有机碳含量的变化。如上所述，与同生态区的旱地比，一般而言，稻田具有更高的土壤有机碳含量。这可能主要是因为稻田的淹水状态抑制了土壤有机碳的分解矿化。因此，在相同的温度条件下，更长的淹水时间可能有利于稻田土壤有机碳的积累。反之，稻田排水或转换为旱地种植可能导致有机碳的快速分解。长期种植旱地作物后，农田土壤有机碳和总氮含量显著下降，稻田稳定性有机碳组分（包裹态颗粒有机质和矿物结合有机质）在土壤中的含量均是玉米田的 2 倍，但活性有机碳组分（游离态颗粒有机质）差异不显著。这说明稻田土壤有机碳可能并不比旱地稳定，稻田转变为旱地后导致土壤有机碳的大量损失。对其他种植系统和湿地的研究也证实，稻田或湿地在转换为旱地或排水后将导致土壤有机碳的快速丧失。

增加有机物料的投入能够显著提高农田土壤有机碳的水平，稻田亦是如此。这些有效的土壤增碳措施包括：秸秆还田、绿肥覆盖并还田、添加生物炭、增施其他植物源或动物源的有机肥等。但是，另一方面，淹水条件下，有机质投入会导致甲烷排放的增加，但生物炭除外。很多研究证实，施用生物炭有利于降低稻田甲烷排放。但是，生物炭价格较高，其应用受到很大限制。因此，如何实现有机培肥下（秸秆和其他有机肥）稻田净温室效应及温室气体排放强度的下降是目前关注的热点。此外，免耕能显著提高表层土壤有机碳的含量，但可能会降低下层土壤有机碳的含量，因此，免耕对整个稻田土壤剖面有机碳储量的影响尚无定论。另外，随着水稻单产水平的持续提升，特别是高产品种（比如杂交稻）的推广，高产品种更发达的根系和更高的生物量会增加有机质的归还水平，因此，可能会提高稻田土壤有机碳含量。目前政府严禁焚烧秸秆，秸秆田间原位还田的面积快速提高。高产品种更高的生物量有利于提高土壤有机碳。但是，由于土壤有机碳的响应相对较慢，而品种试验往往持续时间较短。因此，高产品种对土壤有机碳的效应还不清楚。

3.1.3.2 土壤增氮栽培途径

气候变化影响稻田氮素的循环，导致水稻对氮素的吸收与转换、氮肥的利用与流失等发生显著改变。Zhao 等（2012）利用 ^{15}N 示踪法及田间原位监测法研究指出，气态反硝化损失和氨挥发排放是稻田氮素损失的主要途径，分别占稻季总氮输入的 22.3% 和 21.5%。其中，氨挥发损失到大气后能够与其他化合物结合产生直径小于 2.5 μm 的微小颗粒，加剧雾霾发生；而 N_2O 是大气重要的温室气体之一，其百年尺度的增温潜势约为 CO_2 的 298 倍。此外，降雨驱动的氮素径流损失也是稻田氮素流失的重要损失途径，同时也是造成水体富营养化的重要因素。

Lim 等（2009）通过严格控制试验发现，增温处理由于化学平衡过程和温度的改变增加了稻田氨挥发损失，而 CO_2 浓度增加处理下由于水稻根际生物量对铵态氮的吸收增加而降低了氨挥发损失。Bhattacharyya 等（2013b）研究指出，CO_2 浓度增加及耦合增温处理均增加了稻田 N_2O 排放，但 Pereira 等（2013）指出，温度升高及耦合 CO_2 浓度增加处理对稻田 N_2O 排放并无显著影响。Bai 等（2013）的荟萃分析结果表明，增温对 N_2O 排放的影响不尽一致，整体表现为增加趋势，增温处理的 N_2O 排放较不增温处理增加了 14%。因此，在气候变化背景下如何减少氮素损失是稻田增碳保氮的重要研究问题。

土壤氮素矿化过程和硝化反硝化过程的改变被认为是农田氮素损失差异变化的主要原因。值得一提的是，土壤氮素转化过程是一个复杂的过程，不同过程互相制约、同一产物也可能是不同过程的共同产物。以稻田气态氨挥发和 N_2O 排放为例，其排放既受到稻田土壤环境的直接影响，又受到土壤氮转化过程及相应底物浓度变化的影响。其中，土壤中有机氮的矿化产物铵态氮转化形成的 NH_3 既可以在温度和 pH 值影响下经土壤表面挥发到空气中（农田氨挥发损失的主要过程），又是土壤硝化过程的重要底物，而土壤硝化过程的羟胺转化和其最终产物硝态氮参与的反硝化过程是 N_2O 产生的两个主要途径。因此，土壤增碳培肥技术的选择需要综合考虑其可能对土壤氮素转化过程和稻田氮素损失的影响，从而实现土壤增碳保氮的双重目标。

不同水稻品种间氮素利用效率存在较大差异。氮高效水稻品种较氮低效水稻品种对氮素的响应及水稻经济产量更高。与低氮素利用率水稻品种相比，高氮素利用率水稻品种的根系系统更加发达，其根长、根表面积更大，根系分泌物更多。此外，高氮素利用率水稻由于具有更强的根际硝化能力，能够促进根系吸收更多氮素，同时，高氮素利用率的水稻品种由于强健的根系和旺盛的地上部生物量，有利于氮素的同化吸收。因此，高氮素利用率水稻品种的选择被认为可能是提高氮素利用率、减少氮素损失的重要途径。然而，Chen 等（2020）研究表明，种植不同氮素利用率水稻品种的田间氨挥发损失与水稻氮素利用效率无显著相关性。值得一提的是，氨挥发排放除与氮素转化过程相关，其本身是受 pH 值和温度影响的物理过程，这可能是其对水稻氮素利用率品种响应不显著的关键原因。这也说明，水稻品种氮素利用效率的差异对不同途径氮素损失的控制效果不能一概而论。

有机物料添加被认为是提高土壤肥力、减少化肥使用的有效方法。此外，有机无机配施被证明是维持土壤肥力和提高作物生产力的最优方式。单独施用有机肥可能在短时间内降低水稻产量，而有机无机配施处理能够在氮素用量减少 20% 的前提下维持水稻产量，减少稻田氮素损失，径流、渗漏、氨挥发氮素损失量和 N_2O 排放量分别较对照处理减少 8%、9%、32% 和 18%。值得注意的是，肥料的当季矿化率是有机肥施用的一个关键指标。生物堆肥的当季矿化率一般低于 20%。因此，有机物料添加后土壤氮素转化过程的变化可能是一个动态延续的过程。这是否会对后续氮素损失产生影响不得而知。

麦季改种绿肥是我国稻麦轮作区培肥土壤地力，减少氮素损失的有效方式。对稻－麦、稻－油菜、稻－休闲、稻－豆类等基于水稻的轮作方式定位试验研究表明，与稻－麦轮作相比，改种不同绿肥作物不仅能够提高土壤矿质氮和微生物生物量氮的含量，还可以在保证水稻产量的同时减少 10% ~ 21% 的无机氮肥施用，并且还可减少 30% ~ 60% 的稻田氮素径流损失。土壤碳氮比（C/N）是影响微生物活动和养分有效性变化的关键因素，不同有机物料的碳氮比和腐解速率明显不同。基于此，长期轮作方式改变后不同绿肥作物翻耕还田是否与短期试验的土壤氮素转化过程和氮素损失监测结果一致不得而知。

生物炭施用在实现农林废弃物资源化利用的同时能够增加土壤碳封存，改善土壤质量，缓解气候变化和保证粮食安全，其优势得到了广泛关注和实际应用。基于生物炭对土壤养分转化、损失和对植物生产力影响的文献分析，Gao 和 DeLuca（2016）指出，生物炭对土壤氮矿化和固定的影响与生物炭的生产原料、制备条件、吸附能力和土壤类型等密切相关；而生物炭对土壤气态氮排放的影响则主要取决于土壤理化性质和相关微生物群落丰度和多样性的变化；生物炭的表面化学性质显著影响其吸附能力，从而对养分流失产生影响。这说明，针对不同类型生物炭和不同类型土壤的增碳保氮效果需要进一步研究确定。

3.2 研究进展

3.2.1 明确了气候变暖下，稻田土壤通过增加新碳积累提升稻田土壤固碳潜力的机制

稻田碳汇效应显著，具有较强的土壤有机碳积累潜力。气候变暖导致土壤有机碳矿化与固定发生改变，进而影响土壤有机碳（SOC）积累。当前，有关气候变暖对旱地系统有机碳影响特征研究较为系统，而受区域生态类型与特殊土壤环境的影响，稻田系统在气候变化背景下的土壤有机碳循环特征及其调控机制尚不清楚。因此，本研究通过在我国东北一季稻区、南方中稻区以及南方双季稻区设置大田增温定位试验（图 3-1），采用田间开放式增温系统和微区试验，结合土壤置换法与 $\delta^{13}C$ 自然丰度法等手段，系统研究预期增温（+1.5℃）对不同组分土壤有机碳含量的影响，阐明土壤有机碳积累的调控机制，为水稻系统应对气候变暖的增碳栽培途径提供指导。结果表明，经 2018—2020 年共 3 年增温处理后，增温通过增加土壤新碳积累抵消土壤老碳矿化增加导致的土壤有机碳流失风险，进而增加稻田土壤固碳潜力（图 3-2）。

图 3-1　三大稻区田间开放式增温系统

注：a，哈尔滨（东北单季稻区）；b，南京（南方中稻区）；c，南昌（南方双季稻区）。

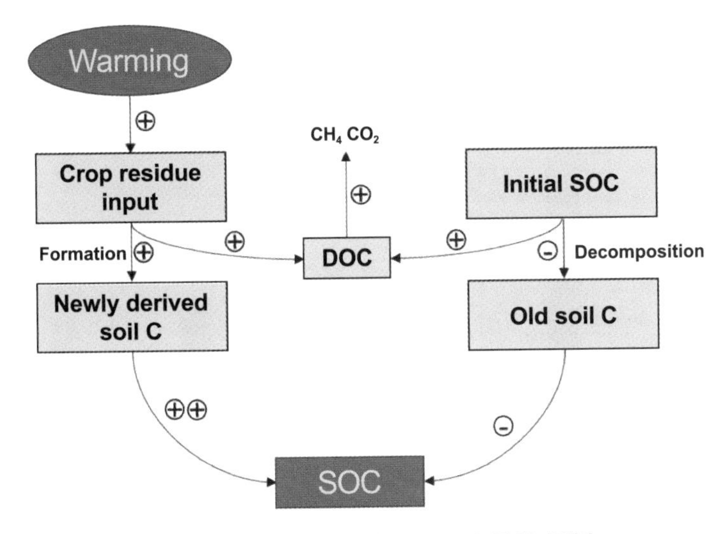

图 3-2 气候变暖增加 SOC 含量的机制

3.2.1.1 增温影响不同形态土壤有机碳含量和 CH_4 排放量

三大稻区（东北单季稻区、南方中稻区和南方双季稻区）增温试验开始于 2018 年，设置对照与增温（+1.5℃）两个处理，于 2020 年对不同形态 SOC 含量进行测定。从图 3-3 可以看出，3 年的田间增温有增加 SOC 含量的趋势，三大稻区增温下 SOC 含量分别比对照提高 1.59% ~ 4.42%。增温下土壤颗粒态有机碳（POC）含量则呈显著降低的趋势，比对照处理分别降低 14.38% ~ 38.38%。可溶性有机碳（DOC）变化趋势不一致，其中东北一季稻区增温显著增加了 DOC 含量，比对照处理增加 28.82%，而南方中稻区和双季稻区增温处理下的 DOC 含量比对照分别降低 5.96% 和 9.61%，但差异不显著。CH_4 排放是稻田碳损失的一条途径，研究表明，增温有增加稻田 CH_4 排放的趋势，其中东北一季稻区和南方中稻区增温处理比对照的 CH_4 排放分别增加了 49.07% 和 75.51%，差异显著，而双季稻区的早稻和晚稻田 CH_4 排放分别增加 1.09% 和 4.24%，差异不显著。上述结果表明，增温可能导致土壤有机碳组分发生改变，进而影响土壤有机碳矿化与固持。

3.2.1.2 基于 $\delta^{13}C$ 自然丰度的土壤有机碳转化机制

为进一步明确增温调控土壤有机碳转化的影响机制，课题组在增温试验系统内设置了微区试验，利用 C_3 和 C_4 作物的 $\delta^{13}C$ 丰度不同造成土壤有机碳的 $\delta^{13}C$ 丰度产生差异，将微区土壤置换为长期种植玉米的土壤，并在微区内种植水稻，研究增温处理下光合碳对土壤有机碳积累的调控机制。以东北一季稻区为例，主要研究结果如下。

由表 3-1 可以看出，增温有增加水稻籽粒产量与生物量的趋势。除 2018 年对照处理的水稻根系生物量、秸秆生物量以及籽粒产量比增温处理高外，2019 和 2020 年均已增温处理的水稻根系生物量、秸秆生物量以及籽粒产量高于对照处理，两年平均值分别高 12.28%、4.2% 和 10.22%。

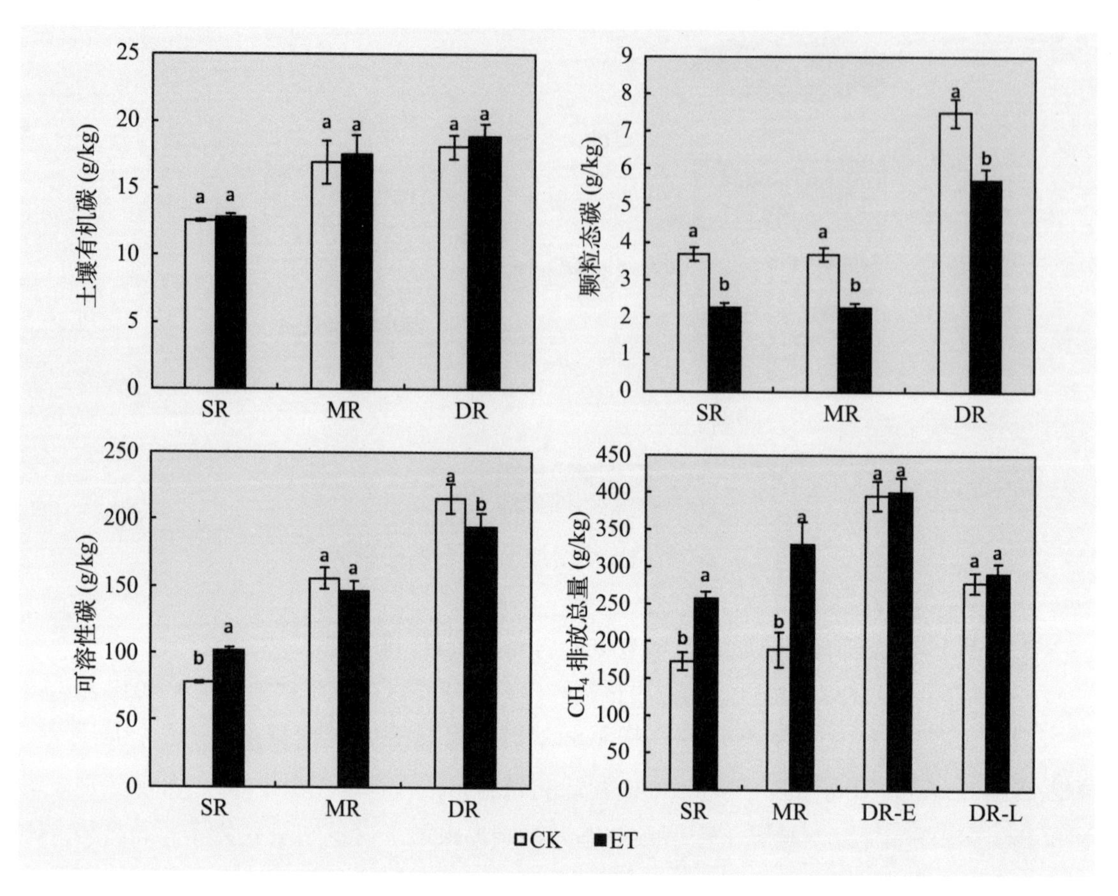

图 3-3 增温对不同形态土壤有机碳及稻田 CH_4 排放的影响

注：SR，东北一季稻区；MR，南方中稻区；DR，南方双季稻区；E，早稻；L，晚稻。下同。

表 3-1 增温对水稻籽粒产量与秸秆产量的影响

年份（年）	处理	根系生物量 (kg/hm²)	秸秆生物量 (kg/hm²)	籽粒产量 (kg/hm²)
2018	CK	1 858.1 ± 75.8 a	6 433.9 ± 262.4 a	5 139.0 ± 120.6 a
	ET	1 762.1 ± 27.5 a	5 726.0 ± 89.3 a	4 122.3 ± 515.7 a
2019	CK	1 735.6 ± 35.5 a	5 068.7 ± 76.2 a	6 126.2 ± 179.1 a
	ET	2 046.3 ± 143.7 a	5 373.6 ± 171.2 a	6 628.1 ± 142.1 a
2020	CK	914.1 ± 32.5 a	3 886.8 ± 141.3 a	4 206.5 ± 295.4 a
	ET	928.9 ± 41.6 a	3 958.4 ± 177.1 a	4 760.6 ± 257.0 a

注：CK 为对照处理，ET 为增温处理。下同。

由图 3-4 可以看出，增温处理下，水稻根系与秸秆量增加，因此输入稻田的碳源也呈增加的趋势，2018—2020 年总碳投入平均值比对照处理增加 3%。总体来看增温有增加水稻根系和秸秆生物量的趋势，因此增加了稻田碳投入，为土壤有机碳积累提供了更多碳源。

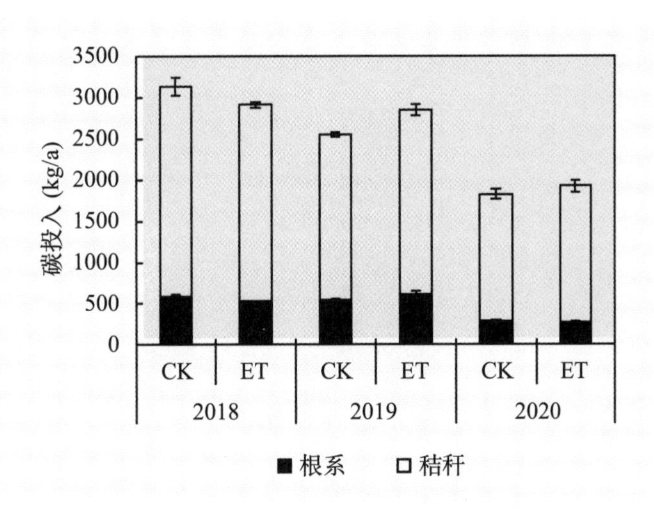

图 3-4 增温对稻田碳投入的影响

由图 3-5 可以看出，与大田试验趋势一致，增温显著增加了 SOC 含量，与对照相比增加了 0.2 g/kg，且对照与增温 2 个处理的 SOC 含量均显著高于 2018 年的初试 SOC 含量，分别增加 8.35% 和 10.07%。与对照相比，增温处理下土壤 $\delta^{13}C$ 丰度显著降低，降幅 1.32%。通过 $\delta^{13}C$ 丰度计算土壤中新碳含量，结果表明增温显著增加了 SOC 中新碳占比，与对照相比增加了 37.72%。而增温导致 SOC 周转速率增加，从图 3-5 还可以看出，增温使 SOC 半衰期降低了 29.19%。进一步分析 SOC 中新碳与老碳含量的差异，结果表明，增温处理下的土壤新碳含量比老碳含量提高 37.72%，而老碳含量则减少 1.59%，增温处理下新碳含量的增加弥补了原有 SOC 矿化作用，进而提高了 SOC 含量（图 3-6）。上述结果说明增温处理下水稻光合碳对土壤碳库的补充作用显著增强，是 SOC 含量提高的主要原因。

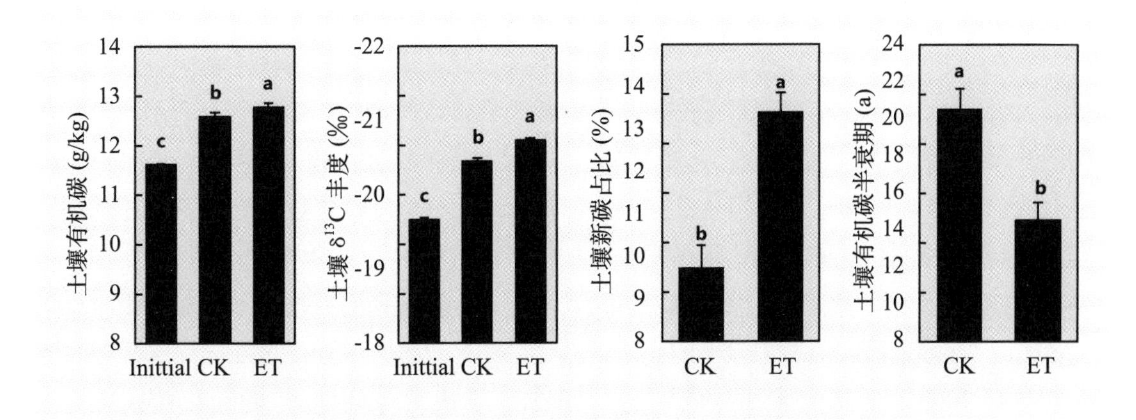

图 3-5 增温对土壤有机碳、$\delta^{13}C$ 丰度、新碳占比以及有机碳半衰期的影响

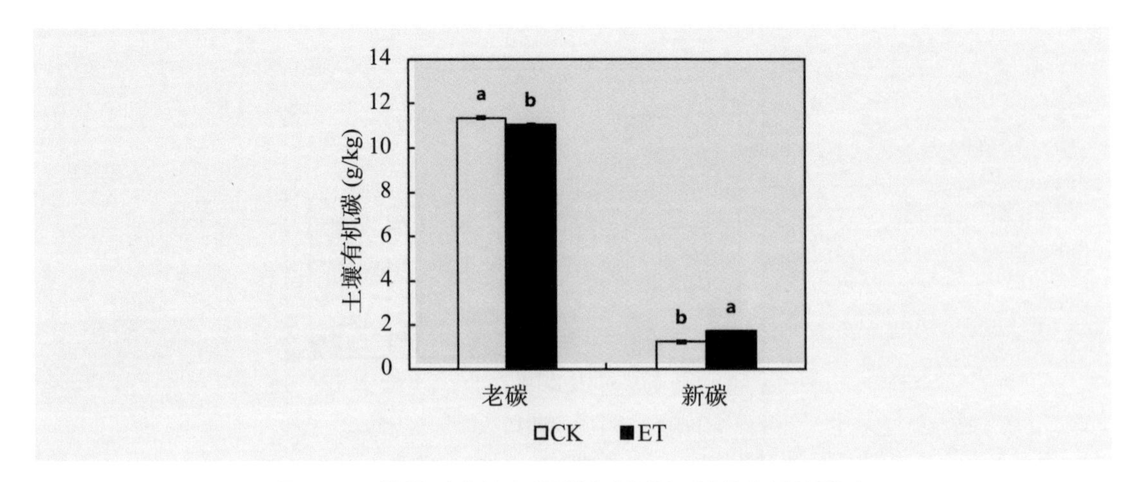

图 3-6　增温对土壤有机碳中新碳与老碳含量的影响

从表 3-2 可以看出，增温促进了秸秆与根系碳向土壤有机碳的转化，增加了土壤中新碳积累量，新碳 / 碳投入比值比对照处理显著提高 36.9%。

表 3-2　增温对新碳与稻田碳投入比例的影响（2018—2020 年）

处理	新碳积累量 (kg/hm^2)	农田碳投入 (kg/hm^2)	新碳 / 碳投入 (%)
CK	3 416.0 ± 28.0 b	7 506.7 ± 235.1 a	45.5 ± 3.4 b
ET	4 788.0 ± 28.0 a	7 678.1 ± 245.7 a	62.3 ± 3.3 a

综合以上研究表明，增温有增加水稻生物量的趋势，因此增加了向稻田中输入的碳源，而增温促进了新碳形成，降低了由于老碳分解造成的土壤有机碳流失，总体来看，增温有增加稻田有机碳含量的趋势。

3.2.2 明确了气候变暖增加土壤氮素矿化与作物吸氮，降低稻田肥料氮利用效率的机制

气候变暖改变了水稻生长发育、干物质积累与产量形成，并且影响水稻对氮素的吸收利用。目前有关增温如何影响水稻产量的研究较为完善，但增温对稻田氮素利用的影响及其调控机制尚不清楚。因此，本研究基于在三大稻区设置的田间开放式增温系统（图 3-1），采用小区与 ^{15}N 微区标记试验相结合的方法，模拟未来气候变暖情景，明确氮素在水稻植株分配以及氮肥利用效率特征，阐明增温对稻田肥料氮利用效率的调控机制，为我国水稻可持续生产和降低环境代价提供借鉴。研究表明，三大稻区增温有增加水稻氮素吸收总量的趋势，但有降低肥料氮利用效率的趋势，基于 ^{15}N 标记微区试验，增温导致水稻吸收的肥料氮显著降低，而从土壤中吸收的氮显著增加，造成肥料氮回收率降低而损失率增加（图 3-7）。研究结果表明气候变暖背景下，氮肥流失风险增加，应通过调整氮肥施用量、优化氮肥运筹管理等措施，进一步提高氮肥利用效率，实现水稻可持续生产。

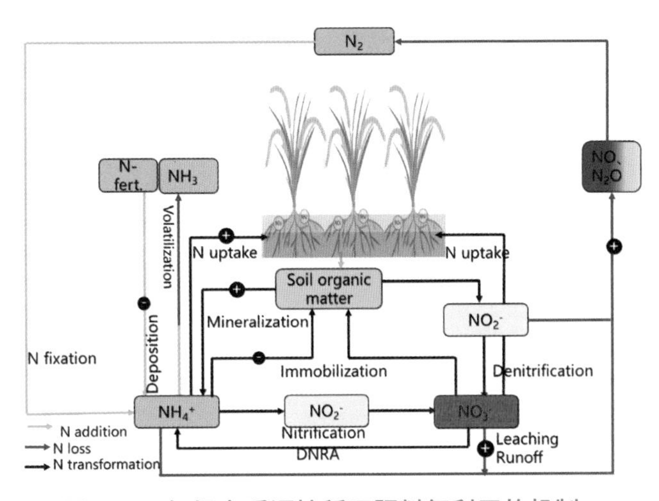

图 3-7　气候变暖调控稻田肥料氮利用的机制

3.2.2.1 增温影响水稻植株吸氮量与肥料氮利用

基于三大稻区田间开放增温系统与 ^{15}N 微区标记试验的结果表明，增温有增加水稻植株吸氮量的趋势，其中，东北一季稻区和南方双季稻区的晚稻增加趋势显著，分别比对照增加 7.30% 和 7.02%；增温下南方早稻植株吸氮量比对照增加 6.25%，南方中稻则比对照降低 5.30%，但未达到显著性差异水平（图 3-8）。氮肥回收率代表植株所吸收的来自肥料的氮素，从图 3-8 可以看出，三大稻区在增温处理下的氮肥回收率均显著降低，增温处理的东北一季稻、南方中稻以及南方双季稻中早稻与晚稻的氮肥回收率分别比对照处理降低 4.27%、5.57%、8.60% 和 9.07，表明增温导致水稻从肥料氮吸收的氮素显著降低。氮肥残留率表示肥料氮留存在土壤中的比例，从图 3-8 可以看出，三大稻区增温下的氮肥残留率存在差异，其中，增温东北一季稻区氮肥残留率显著降低，比对照降低 33.48%，而其他稻区则呈不显著的增加趋势，分别比对照增加 16%、1.58% 以及 2.45%。氮肥损失率表示肥料氮通过气体排放、地表径流以及深层渗漏所损失的氮肥比例，从图 3-8 可以看出，增温有增加氮肥损失率的趋势，增温处理下东北一季稻、南方中稻以及南方双季稻中早稻与晚稻的氮肥损失率分别比对照增加 21.9%、1.15%、6.59% 和 9.69%。

3.2.2.2 增温影响水稻植株吸氮量与肥料氮利用效率

以哈尔滨增温试验为例，研究增温水稻氮素吸收与利用的影响。由表 3-3 可见，增温显著增加了水稻氮素吸收总量。与对照相比，2019 年和 2020 年水稻植株氮素吸收总量分别增加了 22.6% 和 20%，两年平均增加 21.3%。从氮素在植株不同部位的分配来看，增温处理下水稻秸秆与籽粒的吸氮量显著增加，与对照相比，秸秆两年平均吸氮量增加 30.4%，籽粒两年平均吸氮量则增加了 18.5%；水稻根系吸氮量在两个处理间无显著差异。而从氮素在植株不同部分的分配比例来看，秸秆、籽粒和根系中氮素吸收比例在两个处理间均无显著差异。

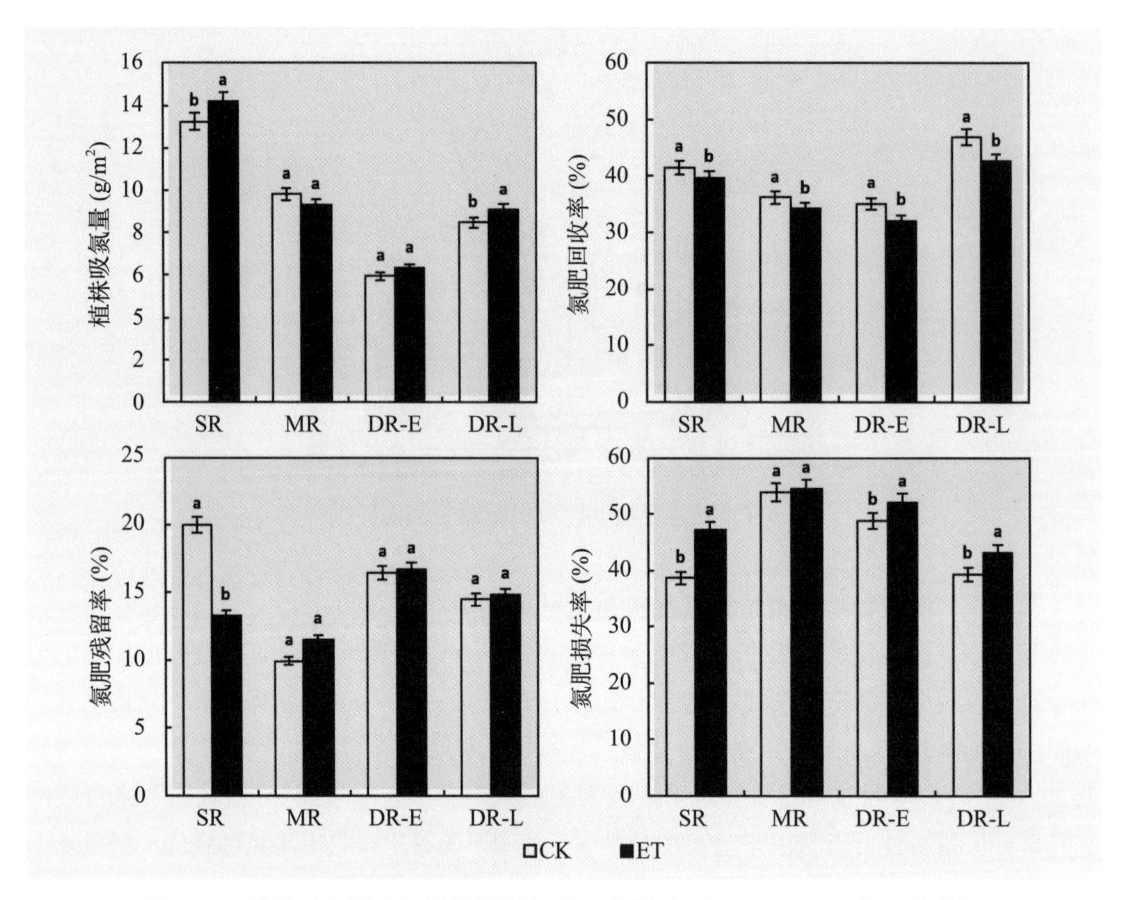

图 3-8 增温对水稻吸氮量及肥料氮利用的影响（2018—2020 年平均值）

表 3-3 增温对水稻氮素吸收与分配的影响

年份（年）	处理	氮素吸收总量（g/m²）	植株不同部位氮素吸收量（g/m²）			植株不同部位氮素吸收量占比（%）		
			根系	秸秆	籽粒	根系	秸秆	籽粒
2019	CK	12.33 ± 0.18 b	0.98 ± 0.08 a	4.02 ± 0.18 b	7.32 ± 0.07 b	7.99 ± 0.77 a	32.60 ± 1.05 a	59.42 ± 0.52 a
	ET	15.11 ± 0.22 a	0.92 ± 0.03 a	5.54 ± 0.21 a	8.65 ± 0.03 a	6.09 ± 0.14 a	36.62 ± 0.88 a	57.29 ± 1.02 a
2020	CK	17.12 ± 0.43 b	0.99 ± 0.02 a	4.64 ± 0.18 b	11.49 ± 0.25 b	5.77 ± 0.09 a	27.08 ± 0.53 a	67.16 ± 0.45 a
	ET	20.55 ± 0.18 a	1.19 ± 0.09 a	5.71 ± 0.04 a	13.65 ± 0.11 a	5.80 ± 0.38 a	27.78 ± 0.20 a	66.42 ± 0.42 a

注：同一列同一年数据不同字母表示 $p<0.05$。

从图 3-9 可以看出，与对照相比，增温处理下氮素收获指数、氮素干物质生产效率和氮素籽粒生产效率均呈下降趋势，其中，2019 年分别降低了 5.8%、3.4% 和 9.2%，差异未达到显著水平；而 2020 年增温处理下氮素干物质生产效率和氮素籽粒生产效率则分别显著降低 10% 和 10.2%。

增温导致水稻对肥料氮的吸收显著降低。与对照相比，2019 年和 2020 年水稻从肥料中吸收的氮素分别降低了 14.5% 和 10.5%，两年平均降幅 12.5%（表 3-4）。增温处理下植株从土壤中吸收的氮素则显著增加，与对照相比，2019 年和 2020 年分别增加了 35.3% 和 26.8%，两年平均增幅 31.1%。此外，增温处理下水稻吸收的来自肥料的氮仅占水稻吸收总氮的 13.5% ~ 17.8%，对照处理则为 18.2% ~ 25.5%；而增温处理下，植株吸收的来自土壤的氮则占到了水稻吸收总氮的 82.2% ~ 86.5%，对照处理为 74.5% ~ 81.8%。

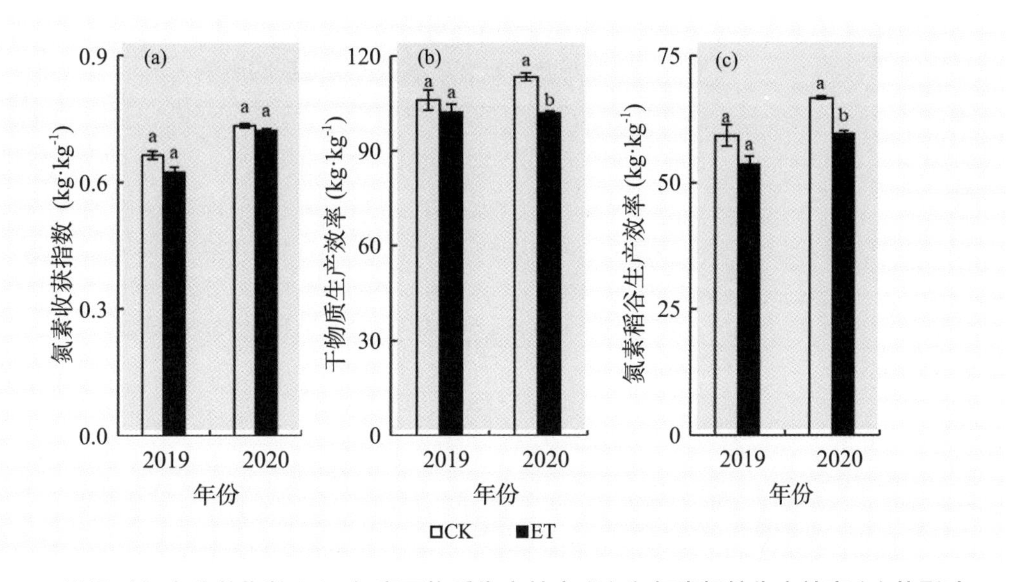

图 3-9 增温对氮素收获指数 (a)、氮素干物质生产效率 (b) 和氮素籽粒生产效率 (c) 的影响

表 3-4 增温对水稻吸收不同来源氮素的影响

年份	处理	氮素来源（$g\cdot m^{-2}$）		占比（%）	
		肥料	土壤	肥料	土壤
2019	CK	3.14 ± 0.03 a	9.18 ± 0.19 b	25.52 ± 0.54 a	74.48 ± 0.54 b
	ET	2.69 ± 0.04 b	12.42 ± 0.24 a	17.80 ± 0.44 b	82.20 ± 0.44 a
2020	CK	3.10 ± 0.07 a	14.01 ± 0.48 b	18.19 ± 0.81 a	81.81 ± 0.81 b
	ET	2.78 ± 0.06 b	17.77 ± 0.13 a	13.51 ± 0.21 b	86.49 ± 0.21 a

注：同一列同一年数据不同字母表示 $p<0.05$。

表 3-5 为肥料氮在水稻不同部位的分配，结果表明，增温处理降低了籽粒对肥料氮的吸收量，与对照相比，2019 年和 2020 年分别降低了 23.6% 和 10.8%，两年平均降低 17.2%，此外，增温对水稻根系和秸秆中肥料氮吸收量无显著影响。2019 年增温处理显著增加了肥料氮在秸秆中的分配比例，与对照相比增加了 20.2%；增温处理显著降低了肥料氮在籽粒中的分配比例，与对照相比降幅达 10.6%；但 2020 年肥料氮在秸秆和籽粒中的分配比例处理间无显著差异。

从表 3-6 可以看出，增温显著增加了秸秆和籽粒中吸收的来自土壤的氮素。2019 年增温处理下秸秆和籽粒中吸收的来自土壤的氮素比对照处理分别增加 49.3% 和 32.6%，2020 年增温处理下秸秆和籽粒中吸收土壤氮素比对照处理分别增加 30.8% 和 25.3%，秸秆和籽粒的土壤氮吸收量两年平均分别增加了 40.1% 和 29%，而水稻根系吸收的来自土壤的氮在两个处理间无显著差异。此外，从土壤氮素在植株不同部位的分配比例来看，两个处理间并无显著差异。

表 3–5　增温对肥料氮素在水稻植株分配的影响

年份	处理	植株不同部位氮素吸收量（g/m^2）			植株不同部位氮素吸收量占比（%）		
		根系	秸秆	籽粒	根系	秸秆	籽粒
2019	CK	0.24 ± 0.03 a	1.01 ± 0.02 a	1.89 ± 0.03 a	7.69 ± 0.76 a	32.31 ± 1.04 b	60.00 ± 0.32 a
	ET	0.20 ± 0.01 a	1.05 ± 0.06 a	1.44 ± 0.01 b	7.50 ± 0.49 a	38.85 ± 1.54 a	53.66 ± 1.06 b
2020	CK	0.17 ± 0.01 a	0.86 ± 0.01 a	2.07 ± 0.06 a	5.45 ± 0.12 a	27.76 ± 0.26 a	66.79 ± 0.46 a
	ET	0.16 ± 0.02 a	0.76 ± 0.03 a	1.85 ± 0.02 b	5.79 ± 0.46 a	27.50 ± 0.50 a	66.71 ± 0.95 a

表 3–6　增温对土壤氮素在水稻植株分配的影响

年份	处理	植株不同部位氮素吸收量（g/m^2）			植株不同部位氮素吸收量占比（%）		
		根系	秸秆	籽粒	根系	秸秆	籽粒
2019	CK	0.74 ± 0.06 a	3.01 ± 0.16 b	5.44 ± 0.09 b	8.09 ± 0.78 a	32.70 ± 1.09 a	59.22 ± 0.71 a
	ET	0.72 ± 0.03 a	4.49 ± 0.23 a	7.21 ± 0.02 a	5.79 ± 0.17 a	36.10 ± 1.02 a	58.10 ± 1.32 a
2020	CK	0.82 ± 0.02 a	3.78 ± 0.19 b	9.42 ± 0.29 b	5.84 ± 0.13 a	26.92 ± 0.61 a	67.24 ± 0.48 a
	ET	1.03 ± 0.07 a	4.94 ± 0.02 a	11.80 ± 0.11 a	5.80 ± 0.37 a	27.82 ± 0.26 a	66.38 ± 0.37 a

增温显著降低了肥料氮回收率。与对照相比，2019 年和 2020 年增温处理下肥料氮回收率分别降低了 14.5% 和 10.5%，两年平均降低 12.5%（图 3–10）。增温也显著降低了肥料氮的土壤残存率，2019 年和 2020 年肥料氮在土壤中的残存率分别降低 25.4% 和 74%，两年平均降低 49.7%。从而导致了增温处理下的肥料氮损失率显著提高，2019 年和 2020 年比对照分别提高 10.5% 和 17.9%，两年平均提高 14.2%。

3.2.2.3 增温对稻田 N_2O 排放的影响

从图 3–11 可以看出，2019 年和 2020 年两个处理下的水稻全生育期 N_2O 排放动态变化情况基本一致，且增温处理下的 N_2O 排放通量有高于对照的趋势，但两年的 N_2O 排放高峰并不相同，其中 2019 年 N_2O 排放高峰出现在灌浆期（水稻移栽后 95 d 左右），而 2020 年的排放高峰在齐穗期（水稻移栽后 55 d 左右）。与对照相比，增温处理下的全生育期 N_2O 累积排放量有增加的趋势，其中，2019 年比对照增加 17.1%，2020 年比对照增加 9.8%，从两年平均值来看，增温处理比对照增加 13.5%（图 3–12）。

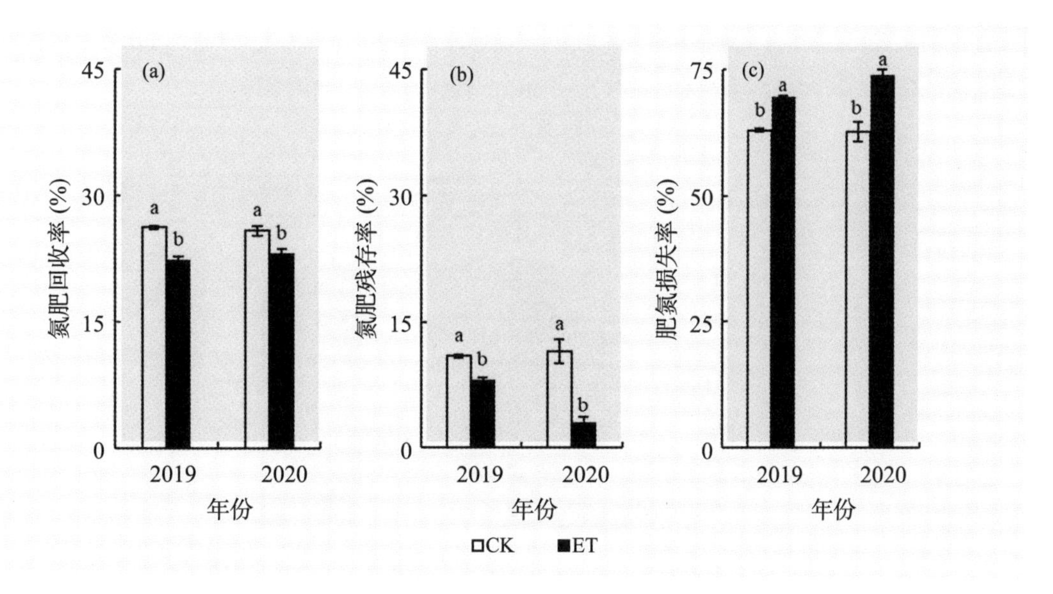

图 3-10 增温对肥料氮回收率 (a)、肥料氮土壤残存率 (b) 和肥料氮损失率 (c) 的影响

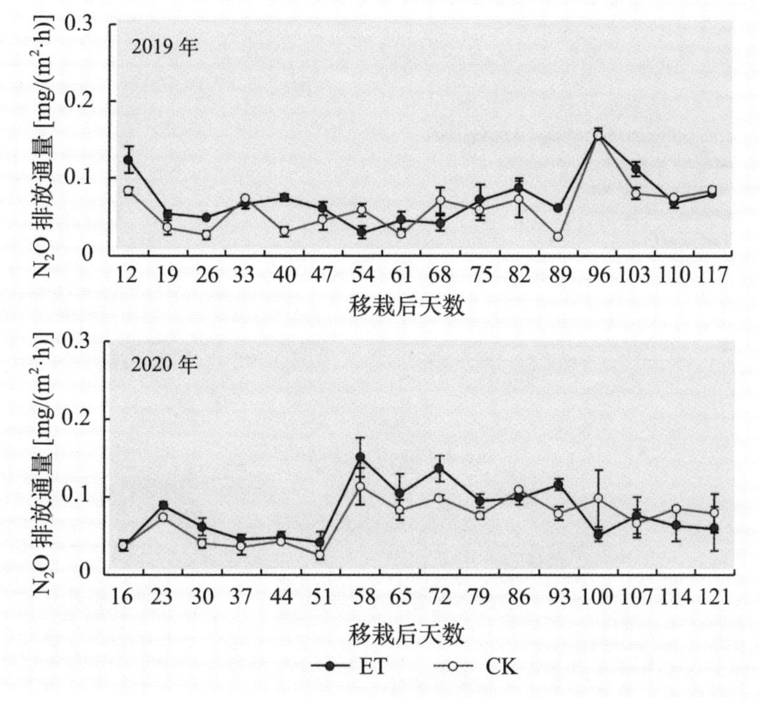

图 3-11 增温对稻田 N_2O 排放通量的影响

采用 Pearson 相关分析对 N_2O 排放影响因素进行分析，当相关系数 $r>0$ 时，表示结果为正相关，$r<0$ 时，表示结果为负相关。当 $|r|$ 为 0 ~ 0.33 时，表示结果低度相关，当 $|r|$ 为 0.33 ~ 0.67 时，表示结果中度相关，当 $|r|$ 为 0.67 ~ 1 时，表示结果高度相关。

结果表明（图 3-13），稻田 N_2O 排放主要与 pH、DOC、TOC、POC、nosZ、脲酶活性、转化酶活性相关，其中与 pH、TOC、POC、转化酶活性高度相关。

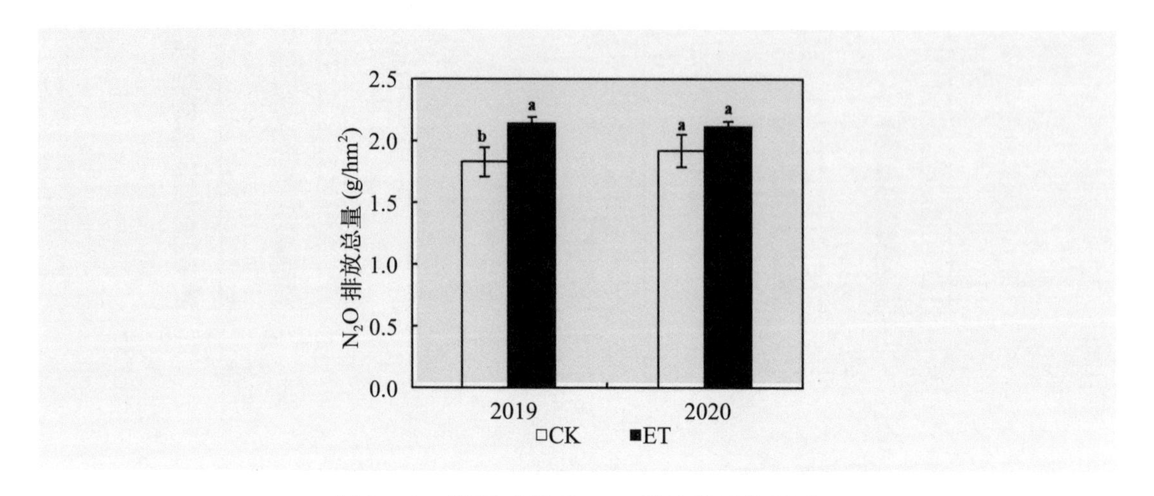

图 3-12 增温对稻田 N_2O 排放总量的影响

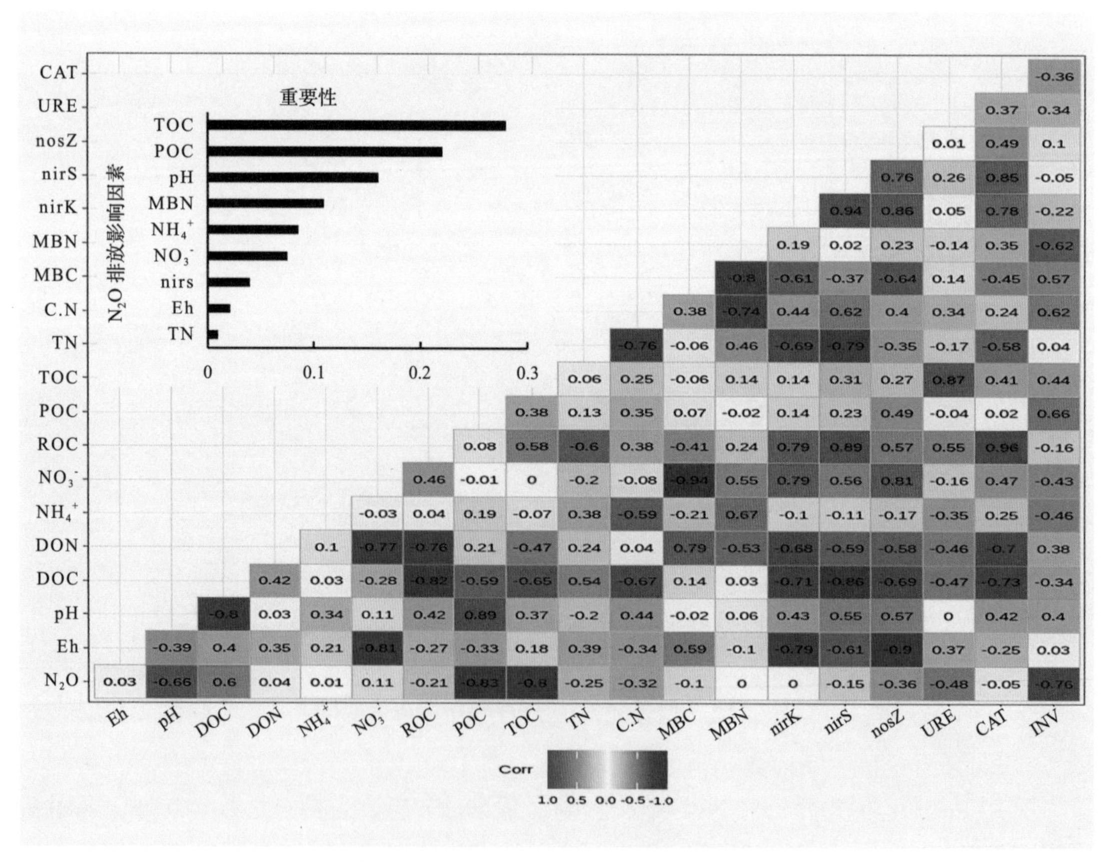

图 3-13 土壤性状和稻田 N_2O 排放累积量的相关性分析

上述研究表明，虽然增温有增加水稻氮素吸收总量的趋势，但会导致水稻对肥料氮利用效率降低，流失量增加。气候变暖背景下，应通过调整氮肥施用量、优化氮肥运筹管理等措施，进一步提高氮肥利用效率，实现水稻可持续生产。

3.2.3 明确了大气 CO_2 浓度升高与秸秆还田增强稻田“碳汇”功能的调控机制

现有观测数据表明，大气二氧化碳浓度升高（eCO_2）趋势已经难以遏制。CO_2 作为水稻光合作用的底物，eCO_2 会促进水稻生长，进而增加土壤碳氮含量以及 CH_4 排放；此外，农艺措施对水稻生长、碳氮积累和 CH_4 排放同样具有调控作用。然而，至今关于 eCO_2 与农艺措施对水稻生长、土壤碳氮积累以及稻田 CH_4 排放的综合效应认识尚不甚清楚。本研究借助步入式人工气候室及开顶式植物生长室开展盆栽试验，研究了 CO_2 浓度升高与秸秆还田下不同栽培管理措施等对水稻生长、土壤碳氮、CH_4 排放及其相关土壤微生物的综合效应，探讨其潜在互作机制。结果表明，秸秆管理显著影响 CO_2 浓度升高对土壤碳氮与 CH_4 排放的调控。秸秆还田与 eCO_2 显著促进水稻生长，增加土壤碳氮含量，通过调控产甲烷菌和甲烷氧化菌丰度降低稻田 CH_4 排放，增强稻田碳汇功能。本研究结果有望降低未来气候条件下水稻产量和稻田碳氮积累变化预测的不确定性，并为应对气候变化的水稻丰产与固碳减排稻作技术创新提供理论依据与途径（图 3-14）。

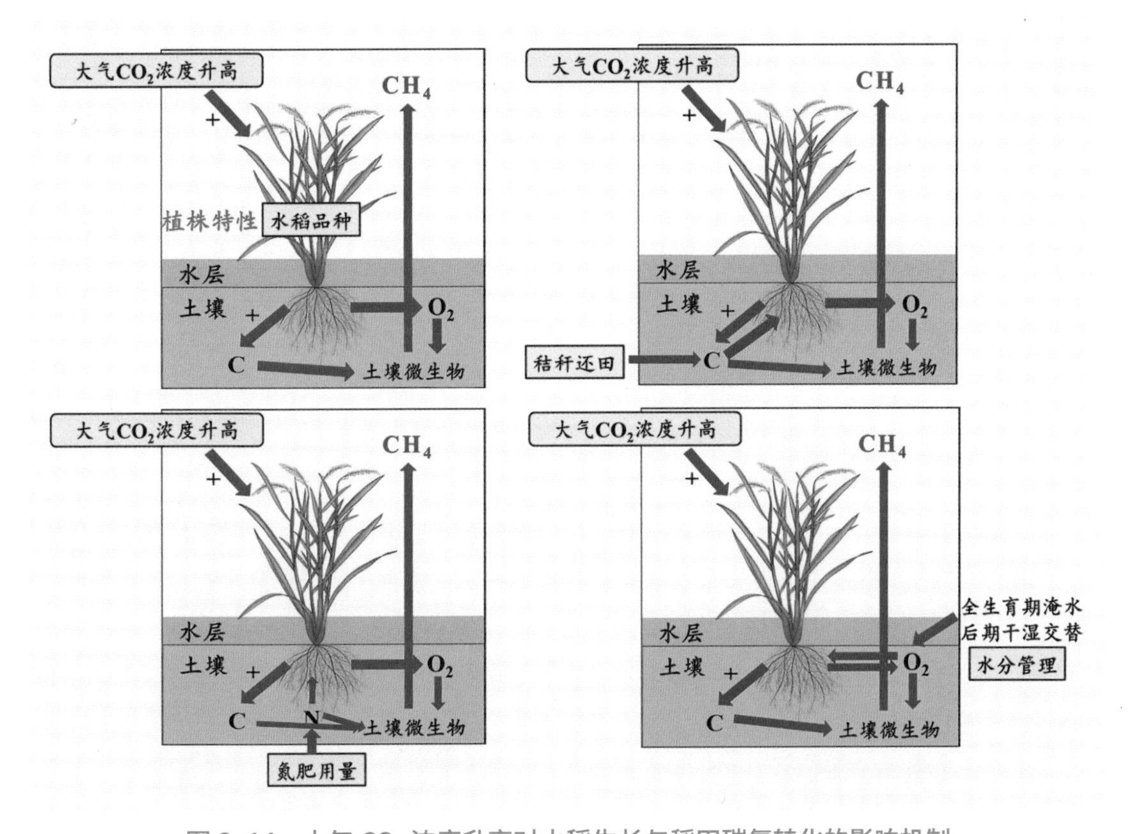

图 3-14 大气 CO_2 浓度升高对水稻生长与稻田碳氮转化的影响机制

3.2.3.1 大气 CO_2 浓度升高与秸秆还田对水稻生长的影响

大气 CO_2 浓度和秸秆管理措施对不同品种水稻的生物量、产量及产量构成均有显著影响（表 3-7）。eCO_2 显著提高水稻根生物量、地上部生物量、产量、有效穗、每穗粒数、结实率和千粒重分别达到 70%、32%、57%、13%、25%、4% 和 4%，秸秆还田也显著提高水稻根生物量、地上部生物量、产量、有效穗数和结实率分别达到 57%、25%、25%、13% 和 4%，但对每穗粒数和千粒重无显著影响。不同水稻品种由于独特的品种特性，对于不同大气 CO_2 浓度和秸秆管理措施下的生物量及产量响应存在显著差异。同时，大气 CO_2 浓度与水稻品种存在显著互作效应，即不同水稻品种的 eCO_2 效应存在显著差异；但大气 CO_2 浓度和秸秆管理措施对产量没有互作效应。

表 3-7 CO_2 浓度、秸秆管理以及水稻品种对植株生物量、产量及产量构成的影响

因素		根生物量 (g/pot)	地上生物量 (g/pot)	产量 (g/pot)	有效穗数 (no/pot)	每穗粒 (no/spike)	结实 (%)	千粒重 (g)
CO_2 浓度	aCO_2	4.0	58.1	20.2	15.8	81.6	83.0	20.1
	eCO_2	6.8	76.7	31.7	17.8	102.0	86.2	20.9
秸秆管理	-S	4.2	59.9	23.1	15.8	88.6	82.9	20.7
	+S	6.6	74.9	28.8	17.8	95.0	86.3	20.3
品种	绿银占	7.3	83.1	26.0	16.3	87.0	92.9	21.2
	宁粳 7 号	2.3	45.3	21.4	13.5	95.5	76.5	21.2
	五优 308	6.6	73.8	30.6	20.7	92.9	84.5	19.0
P value	CO_2 浓度	<0.001	<0.001	<0.001	<0.001	<0.001	0.046	0.005
	秸秆管理	<0.001	<0.001	<0.001	<0.001	0.115	0.033	0.157
	品种	<0.001	<0.001	<0.001	<0.001	0.215	<0.001	<0.001
	CO_2× 秸秆管理	0.201	0.399	0.556	0.414	0.763	0.421	0.38
	CO_2× 品种	<0.001	0.811	0.009	0.007	0.628	0.001	<0.001
	秸秆管理 × 品种	0.147	0.094	0.126	0.115	0.361	0.139	0.571
	CO_2× 秸秆管理 × 品种	0.592	0.074	0.557	0.648	0.428	0.92	0.811

注：aCO_2，正常大气 CO_2 浓度处理；eCO_2，大气 CO_2 浓度升高处理；-S，秸秆不还田；+S，秸秆还田。下同。

间歇灌溉条件下，大气 CO_2 浓度升高及秸秆还田显著提高了水稻的生物量及产量（表 3-8）。秸秆不还田条件下，eCO_2 分别显著提高了水稻根生物量、地上部生物量和产量 8%、15% 和 48%；秸秆还田条件下，eCO_2 分别显著提高了水稻根生物量、地上部生物量和产量 234%、13% 和 30%。间歇灌溉条件下，大气 CO_2 浓度和秸秆管理措施对产量同样没有互作效应。

不同 CO_2 处理年限下，大气 CO_2 浓度升高及秸秆还田均显著提高了水稻的生物量及产量（表 3-9）。eCO_2 显著提高了水稻根生物量、地上部生物量和产量，增幅分别达到 27%、18% 和 26%；秸秆还田则显著提高了水稻根生物量、地上部生物量和产量分别达

18%、23% 和 31%。该试验中，两季之间的生物量及产量存在显著的差异，表现为第二季显著低于第一季试验，这可能主要与盆栽养分消耗和气候室微环境差异有关。连续 CO_2 处理下，大气 CO_2 浓度和秸秆管理措施对生物量存在显著互作效应，但对产量没有互作效应。

表 3-8　间歇灌溉下大气 CO_2 浓度和秸秆管理对生物量及产量的影响

因素		根生物量 (g/pot)	地上部生物量 (g/pot)	产量 (g/pot)
−S	aCO_2	13.2	70.0	20.6
	eCO_2	14.2	80.8	30.5
+S	aCO_2	13.6	78.2	25.0
	eCO_2	16.8	88.6	32.6
P value	CO_2 浓度	0.031	<0.001	<0.001
	秸秆管理	0.900	<0.001	0.054
	CO_2 浓度 × 秸秆管理	0.209	0.863	0.458

表 3-9　CO_2 浓度、秸秆管理以及处理年限对生物量及产量的影响

因素		根生物量 (g/pot)	地上部生物 (g/pot)	产量 (g/pot)
CO_2 浓度	aCO_2	12.8	62.9	20.3
	eCO_2	16.2	74.3	25.6
秸秆管理	−S	13.3	61.6	19.8
	+S	15.7	75.6	26.0
处理年限	1st	18.1	86.9	31.9
	2nd	10.9	50.3	14.0
P value	CO_2 浓度	<0.001	<0.001	<0.001
	秸秆管理	0.001	<0.001	<0.001
	处理年限	<0.001	<0.001	<0.001
	CO_2 浓度 × 秸秆管理	0.006	0.016	0.140
	CO_2 浓度 × 处理年限	0.772	0.098	0.007
	秸秆管理 × 处理年限	0.435	0.009	0.059
	CO_2 浓度 × 秸秆管理 × 处理年限	0.725	0.624	0.882

3.2.3.2 大气 CO_2 浓度升高与秸秆还田对稻田土壤碳氮的影响

品种试验中，大气 CO_2 浓度显著提高土壤可溶性有机碳（DOC）、降低铵态氮（NH_4^+）和硝态氮（NO_3^-），但对氧化还原电位（Eh）无显著影响；而秸秆还田显著提高 DOC，并显著降低 NH_4^+ 和 Eh，对土壤 NO_3^- 无显著影响（表 3-10）。eCO_2 显著提高土壤 DOC 含量达 24%，并显著降低土壤 NH_4^+ 和硝态氮 NO_3^- 浓度分别达 29% 和 15%。而秸秆还田也显著提高 11% 的土壤 DOC 含量，并显著降低土壤 NH_4^+ 和土壤 Eh 分别达 12% 和 20%。不同水稻品种由于独特的品种特性，对于不同大气 CO_2 浓度和秸秆管理措施下的土壤 DOC

及 NH_4^+ 和 NO_3^- 含量的变化响应存在显著差异。研究同时发现，大气 CO_2 浓度与水稻品种对土壤 DOC 及 NH_4^+ 和 NO_3^- 含量的变化响应存在显著互作效应，即不同水稻品种的 eCO_2 效应存在显著差异。而大气 CO_2 浓度和秸秆管理措施对土壤 NO_3^- 含量也存在显著互作效应，但对土壤 DOC 及 NH_4^+ 含量的变化响应没有互作效应。

表 3-10　CO_2 浓度、秸秆管理以及水稻品种对稻田土壤碳氮的影响

因素		可溶性有机碳 (mg/kg)	铵态氮 (mg/kg)	硝态氮 (mg/kg)	氧化还原电位 (mV)
CO_2 浓度	aCO_2	54.7	16.9	15.8	−188.0
	eCO_2	67.7	12.0	13.4	−175.7
秸秆管理	−S	58.0	15.4	14.5	−201.9
	+S	64.4	13.5	14.7	−161.8
品种	绿银占	54.9	12.1	12.0	−174.3
	宁粳 7 号	53.1	22.4	11.3	−162.8
	五优 308	75.5	8.8	20.6	−208.5
P value	CO_2 浓度	<0.001	<0.001	<0.001	0.505
	秸秆管理	0.001	0.016	0.535	0.035
	品种	<0.001	<0.001	<0.001	0.121
	CO_2 浓度 × 秸秆管理	0.995	0.223	0.004	0.124
	CO_2 浓度 × 品种	0.008	<0.001	0.002	0.762
	秸秆管理 × 品种	0.038	0.199	<0.001	0.634
	CO_2 浓度 × 秸秆管理 × 品种	0.101	0.25	0.006	0.401

间歇灌溉条件下，大气 CO_2 浓度升高及秸秆还田显著提高了土壤 DOC 含量，并显著降低了 NH_4^+ 和 NO_3^- 含量，但对 Eh 无显著影响；秸秆还田显著降低 NO_3^- 含量，但对 NH_4^+ 和 Eh 无显著影响（表 3-11）。秸秆不还田条件下，eCO_2 提高 8% 的土壤 DOC，并显著降低 NH_4^+ 和 NO_3^- 含量分别达 24% 和 27%；秸秆还田条件下，eCO_2 提高 10% 的土壤 DOC，并显著降低 NH_4^+ 和 NO_3^- 含量分别达 32% 和 36%。间歇灌溉条件下，大气 CO_2 浓度和秸秆管理措施对土壤活性碳氮养分没有互作效应。

表 3-11　间歇灌溉下 CO_2 浓度、秸秆管理对稻田土壤碳氮的影响

因素		可溶性有机碳 (mg/kg)	铵态氮 (mg/kg)	硝态氮 (mg/kg)	氧化还原电位 (mV)
−S	aCO_2	23.5	3.6	0.9	42.2
	eCO_2	25.4	2.8	0.6	22.1
+S	aCO_2	29.8	3.5	0.6	67.8
	eCO_2	32.9	2.3	0.4	31.1

续表

因素		可溶性有机碳 (mg/kg)	铵态氮 (mg/kg)	硝态氮 (mg/kg)	氧化还原电位 (mV)
P value	CO_2	0.074	0.008	0.002	0.379
	秸秆管理	<0.001	0.364	0.002	0.588
	CO_2 浓度 × 秸秆管理	0.664	0.707	0.928	0.794

不同 CO_2 处理年限下，大气 CO_2 浓度升高及秸秆还田均显著提高了土壤 DOC 含量；大气 CO_2 浓度升高显著降低了 NH_4^+ 和 NO_3^- 含量，但对 Eh 无显著影响；秸秆还田显著降低 NO_3^- 含量，但对 NH_4^+ 和 Eh 无显著影响（表 3–12）。eCO_2 显著提高了土壤 DOC 达 18%，并显著降低 NH_4^+ 和 NO_3^- 含量分别达 32% 和 15%；秸秆还田显著提高了土壤 DOC 达 17%，并显著降低 NO_3^- 含量达 15%。与水稻生长响应相似，两季之间的生物量及产量存在显著的差异，表现为第二季显著低于第一季试验。

表 3–12　CO_2 浓度、秸秆管理以及试验年限对稻田土壤碳氮的影响

因素		可溶性有机碳（mg/kg）	铵态氮（mg/kg）	硝态氮（mg/kg）	氧化还原电位（mV）
CO_2 浓度	aCO_2	34.9	6.6	3.4	−157.7
	eCO_2	41.1	4.5	2.9	−159.9
秸秆管理	−S	35.0	5.8	3.4	−148.5
	+S	41.0	5.2	2.9	−169.1
试验年限	1st	31.9	5.3	0.6	−133.2
	2nd	44.1	5.8	5.7	−184.3
P value	CO_2 浓度	0.003	<0.001	0.001	0.889
	秸秆管理	0.004	0.195	0.001	0.191
	试验年限	<0.001	0.286	<0.001	0.003
	CO_2 浓度 × 秸秆管理	0.446	0.185	0.167	0.795
	CO_2 浓度 × 试验年限	0.051	0.006	<0.001	0.348
	秸秆管理 × 试验年限	0.327	0.066	<0.001	0.461
	CO_2 浓度 × 秸秆管理 × 试验年限	0.028	0.614	0.267	0.477

3.2.3.3 CO_2 浓度升高对稻田甲烷排放的影响

相比于秸秆不还田，秸秆还田显著提高了稻田 CH_4 排放；而秸秆不还田时，大气 CO_2 浓度显著提高了稻田 CH_4 排放，秸秆还田时，eCO_2 不影响甚至降低了 CH_4 排放。由图 3–15 可以看出，秸秆还田处理在移栽后 30 ~ 40 d 3 个水稻品种均出现一个 CH_4 排放高峰，此时秸秆不还田处理也出现一个较小的排放高峰，并在移栽后 70 d 左右出现第二个排放高峰，而秸秆还田处理全生育期排放均高于不还田处理；秸秆还田条件下，eCO_2 的排放高峰较

aCO_2 处理更低，而秸秆不还田条件下，eCO_2 的 CH_4 排放在整个水稻生长季都处于更高的水平。研究发现 CO_2 浓度与秸秆管理存在互作作用（图 3-16），在不添加秸秆的情况下，eCO_2 使 CH_4 排放量增加得更强，这一结果适用于所有水稻品种。在 3 个品种中，不加秸秆时，eCO_2 平均增加了 58% 的 CH_4 排放；但添加秸秆后，eCO_2 实际上减少了 CH_4 排放 7.7%。

从图 3-17 可以看出，所有处理在水稻移栽后 30 d 左右出现一个 CH_4 排放高峰，由于后期间歇灌溉的水分管理措施，CH_4 排放受到抑制，所有处理的 CH_4 排放均在 0 水平左右。间歇灌溉条件下，CO_2 浓度 × 秸秆管理对 CH_4 排放存在显著互作关系，在不添加秸秆的土壤中，eCO_2 使 CH_4 排放量增加了 25%，而在添加秸秆的土壤中，其 CH_4 排放量减少了 19%。

图 3-18 为 CO_2 处理年限对稻田 CH_4 排放的影响，在两个水稻季节中，不添加秸秆的土壤中，eCO_2 显著增加 CH_4 的排放，而添加秸秆的土壤中，eCO_2 的 CH_4 增排效应降低。此外，CO_2 浓度 × 秸秆管理依旧存在显著的互作效应，而不受处理年限的影响。

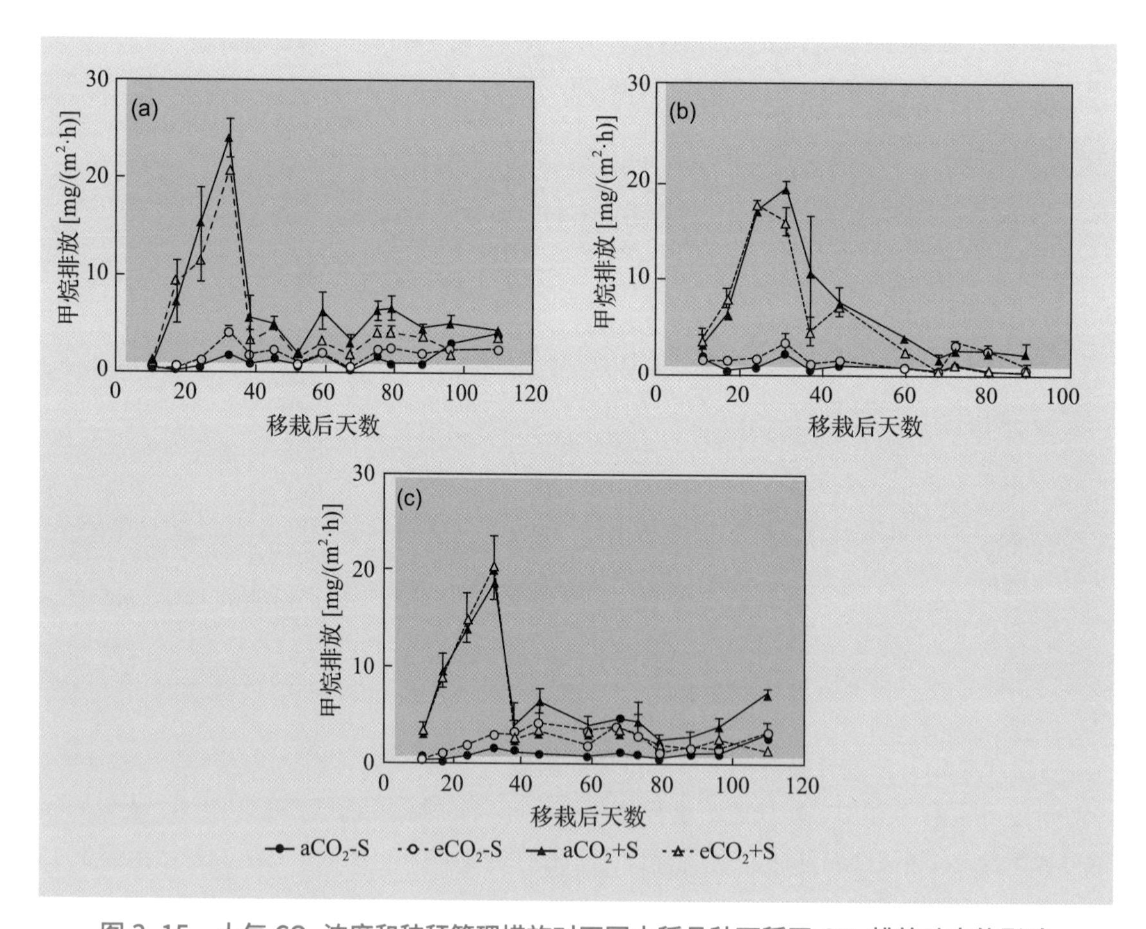

图 3-15　大气 CO_2 浓度和秸秆管理措施对不同水稻品种下稻田 CH_4 排放动态的影响

注：a，绿银占；b，宁粳 7 号；c，五优 308。aCO_2-S，正常大气 CO_2 浓度 + 秸秆不还田处理；eCO_2-S，大气 CO_2 浓度升高 + 秸秆不还田处理；aCO_2+S，正常大气 CO_2 浓度 + 秸秆还田处理；eCO_2+S，高大气 CO_2 浓度 + 秸秆还田处理。下同。

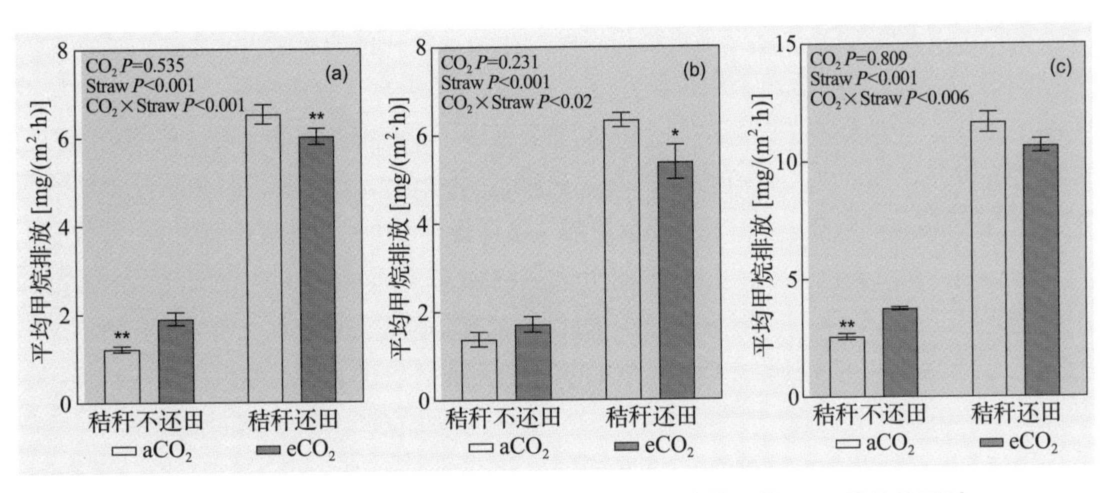

图 3-16 大气 CO_2 浓度和秸秆管理措施对稻田土壤平均 CH_4 排放的影响

注：a，水稻品种的平均 CH_4 排放；b，间歇灌溉处理下的平均 CH_4 排放；c，两个生长期的平均 CH_4 排放。

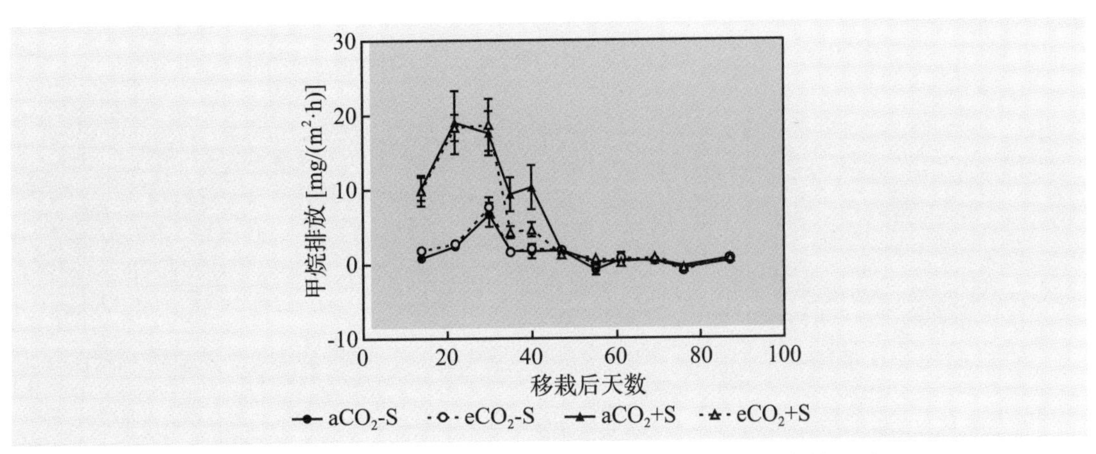

图 3-17 CO_2 浓度和秸秆管理措施对 CH_4 排放动态的影响

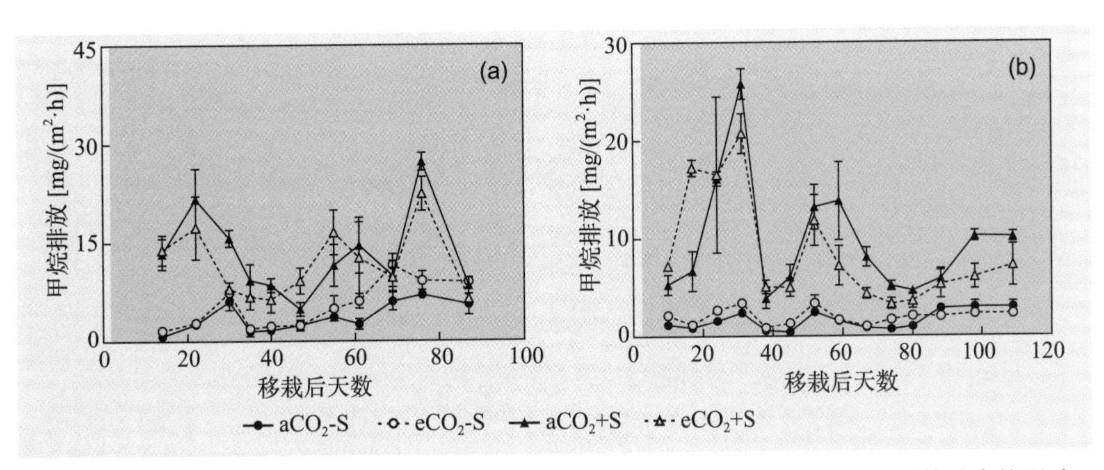

图 3-18 第一季（a）和第二季（b）大气 CO_2 浓度和秸秆管理措施对 CH_4 排放动态的影响

3.2.3.4 大气 CO_2 浓度升高对稻田甲烷产生菌及氧化菌的影响

大气 CO_2 浓度都增加了甲烷产生菌的丰度，但其响应效应取决于秸秆还田与否（图 3-19）。在秸秆不还田条件下，eCO_2 显著促进了甲烷产生菌的丰度，在不同品种、间隙灌溉以及不同 CO_2 处理年限下的增幅分别达 70%、59% 和 80%，但在秸秆添加条件下，eCO_2 对甲烷产生菌丰度并没有显著影响。秸秆管理措施对甲烷氧化菌的 eCO_2 效应也有显著影响，在所有试验中，相比于 −S 处理，+S 处理下的 eCO_2 对甲烷氧化菌的丰度的正效应更强，不同品种、间隙灌溉以及不同 CO_2 处理年限下的甲烷氧化菌丰度分别增加了 77%、27% 和 50%。上述结果表明，大气 CO_2 浓度和秸秆管理对甲烷微生物存在显著互作效应，即秸秆还田和不还田条件下，eCO_2 对甲烷微生物的影响存在显著的效应差异，秸秆管理措施主导了稻田 CH_4 排放的 eCO_2 效应。

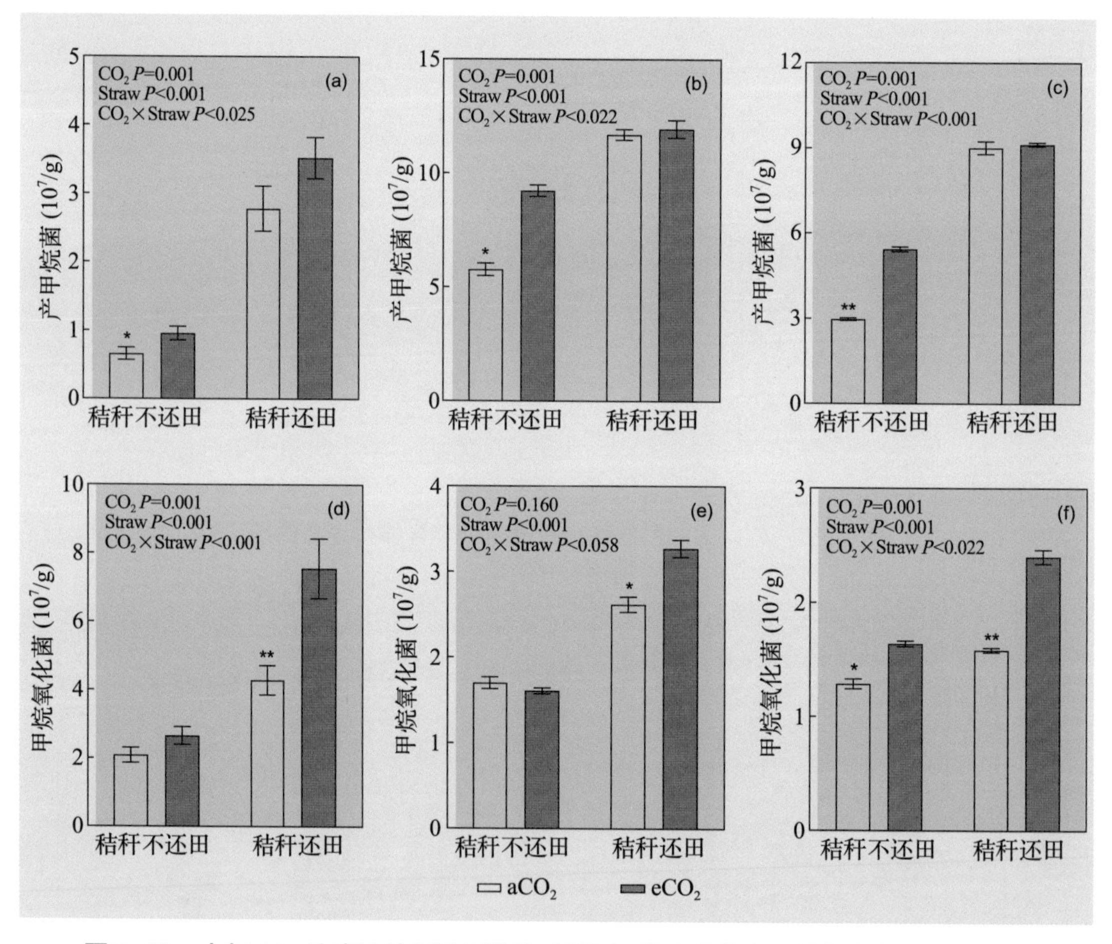

图 3-19 大气 CO_2 浓度及秸秆管理措施对稻田甲烷产生菌和甲烷氧化菌丰度的影响

注：a，品种试验的甲烷产生菌丰度平均值；b，间歇灌溉条件下甲烷产生菌的丰度；c，第二季试验的甲烷产生菌丰度；d，品种试验甲烷氧化菌丰度平均值；e，间歇灌溉下甲烷氧化菌丰度（n=4）；f，不同 CO_2 处理年限甲烷氧化菌丰度。

3.2.4 三大稻区应对气候变化的增碳栽培途径

气候变化对水稻生长与稻田碳氮变化的研究结果表明，气候变化背景下，稻田仍然具备增氮固碳潜力，通过增加有机物投入、优化养分管理、土壤调酸、种植模式优化、耕作方式调整等，可以实现水稻增产与稻田增碳协同的目标。针对不同稻区开展了增碳栽培途径探索，提出了东北一季稻区丰产抗逆品种选用、调整水稻移栽期、秸秆还田与有机肥配施、"秋翻－秋旋"年际轮耕的增碳栽培途径；提出了南方中稻区优化种植模式、施用缓释肥和生物炭的增碳栽培途径；提出了南方双季稻区石灰调酸、秸秆全量还田、施用生物炭以及喷施植物调节剂等增碳栽培途径。

3.2.4.1 南方双季稻区增碳栽培途径探索

（1）施用生物炭增碳栽培途径探索

①施用生物炭对双季稻产量和土壤碳氮的影响：生物炭是农业废弃物资源优化利用的重要方式，在高温和较少氧的条件下，经高温裂解过程制备而来，具有高度的芳环化和羧酸酯化的大分子结构，生物化学性状稳定，不易被微生物分解。生物炭一般呈碱性，施入土壤后，释放一定的 K^+、Ca^{2+} 和 Mg^{2+} 等盐基离子，能够提高土壤 pH 值和阳离子交换性能，因此，能改良土壤酸化和提高土壤保肥能力。生物炭具有丰富的多微孔结构和比表面积较大等特点，施入稻田后对矿质营养元素具有一定的固持能力，进而提高养分利用率。此外，施用生物炭可以提高与土壤 C、N 循环有关的土壤酶活性，促进植株对土壤养分的吸收。由于生物炭对水稻产量和氮素吸收的影响具有不确定性，本研究在南方双季稻区开展试验，探究稻田施用生物炭对双季水稻产量、氮素吸收、土壤性状和温室气体排放的影响，以期为南方双季稻区水稻增产、土壤培肥和固碳减排提供科学依据。试验设置两个处理：一是不施生物炭对照处理（CK），稻草不还田，冬季休闲；二是配施生物炭（B），施用量为 20 t/hm^2，于早稻种植前全部一次性施用，后期均不再施用。

②施用生物炭对双季稻产量及其构成的影响：由表 3–13 可知，配施生物炭（B）处理的第 1 年早、晚稻产量呈降低趋势，但未达到显著水平。配施生物炭处理第 1 年早、晚稻的有效穗数和每穗粒数均呈显著降低趋势，早、晚稻结实率均呈增加趋势，但对千粒重无显著影响。配施生物炭处理显著增加了第 2 年早稻、晚稻产量，分别增加 14.1% 和 13.3%。B 处理对第 1 年早、晚稻的有效穗数、结实率和千粒重均无显著影响，但显著增加早稻每穗粒数。结果表明，配施生物炭处理能显著提高第 2 年早稻、晚稻产量，但有降低第 1 年早稻、晚稻产量的趋势。

③施用生物炭对氮素吸收的影响：由图 3–20 可知，配施生物炭（B）处理显著降低第 1 年早稻、晚稻成熟期地上部氮素积累总量。B 处理有增加第 2 年早稻、晚稻成熟期地上部氮素积累总量的趋势，但未达到显著水平。

由图 3–21 可知，相关分析表明，双季早稻、晚稻地上部氮素吸收与产量均呈显著正相关（$P < 0.05$）。

表 3–13 施用生物炭对双季水稻产量及其构成的影响

年份（年）	季别	处理	有效穗数 ($1/m^2$)	每穗粒数（粒/穗）	结实率 (%)	千粒重 (g)	产量 (t/hm^2)
2015	早稻	CK	293.6	128.2	73.8	24.4	6.3
		B	274.6⋆	119.2⋆	82.1	25.3	6.0
	晚稻	CK	283.5	148.1	70.2	24.4	7.1
		B	268.3⋆	130.7⋆	73.0	24.2	6.3
2016	早稻	CK	280.8	114.2	67.0	25.5	5.3
		B	296.7	126.7⋆	66.6	25.3	6.1⋆
	晚稻	CK	283.1	148.7	77.1	23.9	7.4
		B	284.8	161.4	76.6	24.7	8.4⋆

注：⋆表示同一年份同一季别不同处理间差异显著（$P<0.05$）。下同。

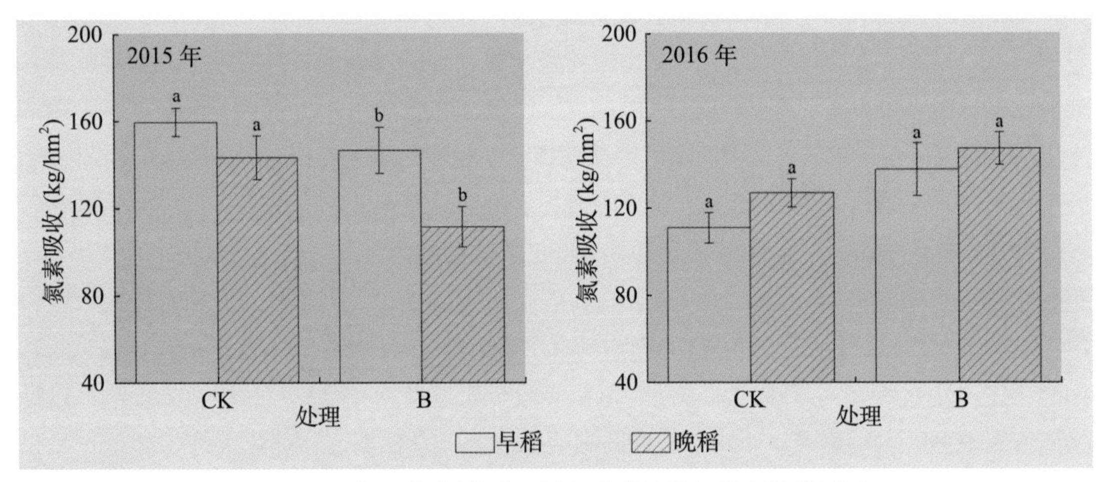

图 3–20 施用生物炭对双季水稻成熟期氮素吸收的影响

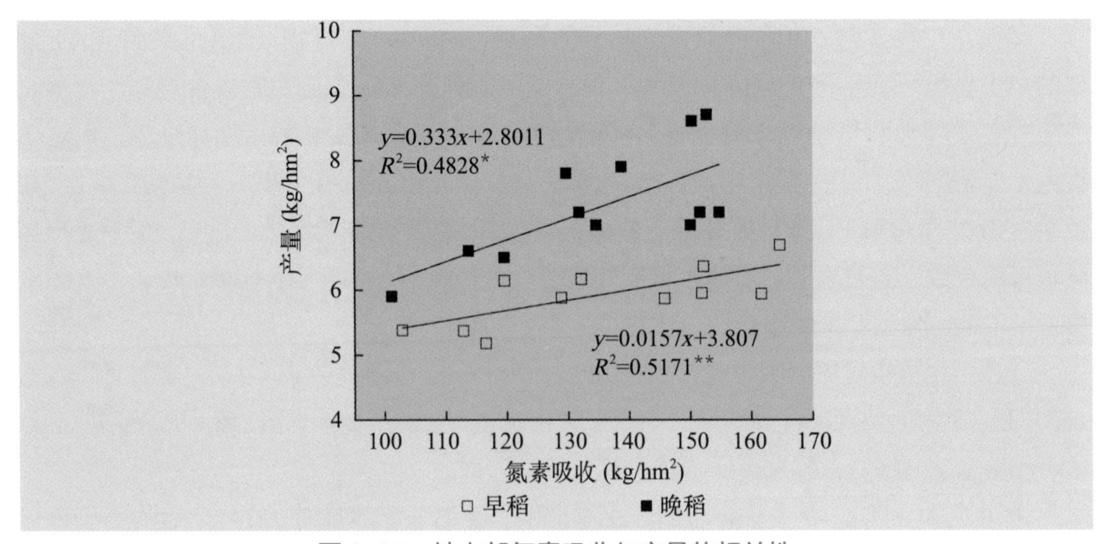

图 3–21 地上部氮素吸收与产量的相关性

注：⋆和⋆⋆分别表示相关性分别在 $P<0.05$ 和 $P<0.01$ 水平上显著。

④施用生物炭对稻田 CH_4 排放通量的影响：由图 3–22 可知，在 2015—2016 作物周期，各处理 CH_4 排放通量的季节变化范围为 −0.02 ~ 21.34 mg CH_4/（m^2·h）；在 2016—2017 年周期，CH_4 排放通量的季节变化范围为 −0.13 ~ 14.77 mg CH_4/（m^2·h）。在双季早晚稻生育期间，CH_4 排放通量变化幅度较大，而在冬闲季，CH_4 排放通量趋近于零。两个种植周期双季早晚稻 CH_4 排放通量均表现为秧苗移栽后逐渐升高，中期排水烤田时迅速下降；复水后施用穗肥，稻田 CH_4 排放通量再次出现较小的排放高峰；在后期干湿交替的灌溉模式下，稻田 CH_4 排放通量趋近于零。但在 2016—2017 年周期早稻季后期仍表现出排放高峰，这可能是由于该种植区域内持续降雨导致。在施用生物炭处理下，CH_4 排放通量一般低于不施生物炭处理（CK），且在 2015—2016 年周期早稻前中期、晚稻前期和 2016—2017 年周期早稻中后期、晚稻前期表现均较明显。

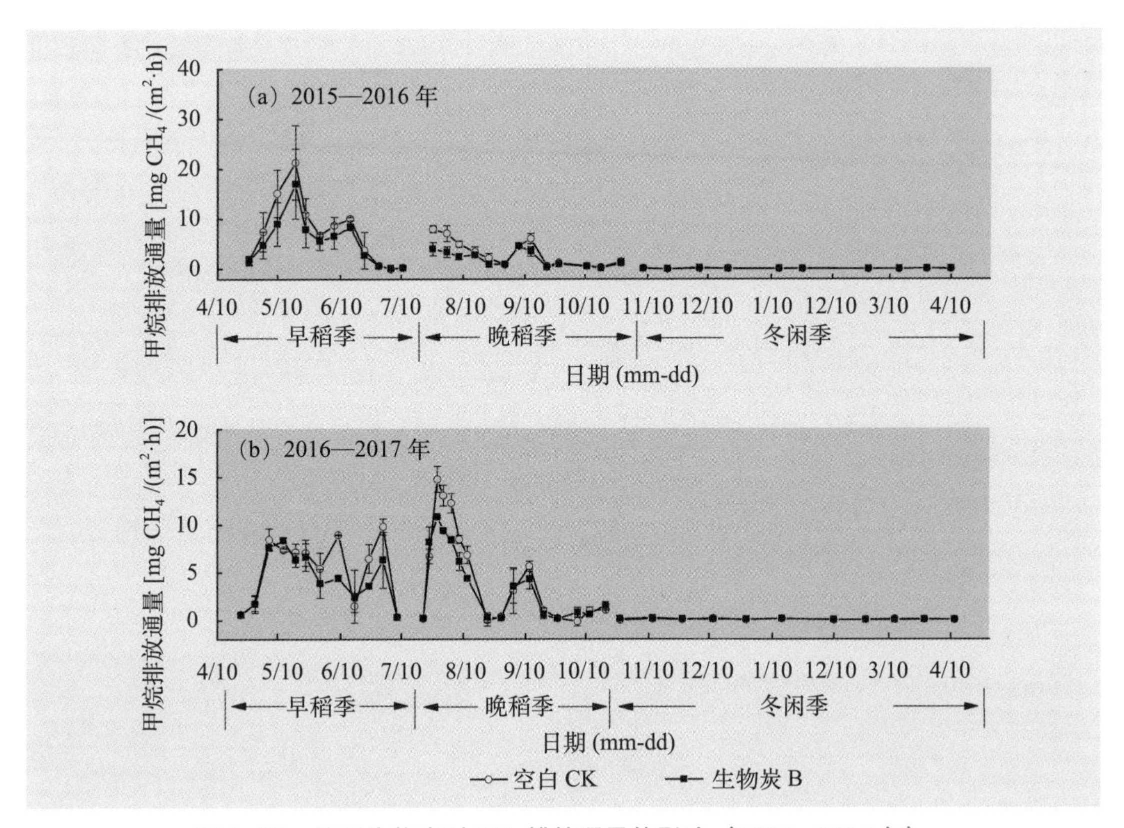

图 3–22　施用生物炭对 CH_4 排放通量的影响（2015—2017 年）

⑤施用生物炭对稻田 N_2O 排放通量的影响：由图 3–23 可知，在 2015—2016 年周期，各处理 N_2O 排放通量的季节变化范围为 −8.29 ~ 18.59 μg N_2O/（m^2·h）；在 2016—2017 年周期，N_2O 排放通量的季节变化范围为 −12.29 ~ 35.19 μg N_2O/（m^2·h）。在两周期早稻季生育前期，田间处于持续淹水状态，各处理均表现为大气 N_2O 微弱的源或汇；中期排水晒田及后期干湿交替灌溉期监测到微弱的 N_2O 排放高峰。在两周期晚稻季中期排水晒

田、复水施用穗肥后及后期干湿交替灌溉期也监测到微弱的 N_2O 排放高峰。在 2 周期冬闲季，稻田水分自然排干，第 1 个冬闲季稻田 N_2O 排放通量变化幅度较小，而在第 2 个冬闲季 12 月 12 日和 2 月 10 监测到微弱的 N_2O 排放高峰，但各处理间 N_2O 排放通量大小未发现明显规律。

⑥施用生物炭对稻田 CH_4 和 N_2O 累积排放量、综合温室效应、温室气体强度的影响：由表 3-14 可知，在 2015—2016 年周期，配施生物炭（B）处理显著降低早晚稻季的 CH_4 累积排放通量、全球变暖潜能值（GWP）和晚稻季温室气体排放强度（GHGI），对 N_2O 累积排放通量无显著影响。在 2016—2017 年周期，B 处理显著降低早晚稻季 CH_4 累积排放通量、GWP 和 GHGI，对 N_2O 累积排放通量亦无显著影响。B 处理在两周期冬闲季对 CH_4 和 N_2O 累积排放通量及 GWP 均无显著影响。由表 3-15 可知，整个试验期稻田 CH_4 和 N_2O 累积排放总量、综合温室效应、温室气体排放强度和总产量计算是从 2015 年早稻移栽开始至 2016 年冬闲季结束，包括 2 个早晚稻季和冬闲季。B 处理显著降低 CH_4 累积排放总量（26.9%）、GWP（26.9%）和 GHGI（30.3%），对 N_2O 累积排放总量无显著性差异。B 处理的试验期总产量的趋势有所增加（2.6%），但未达到显著水平。

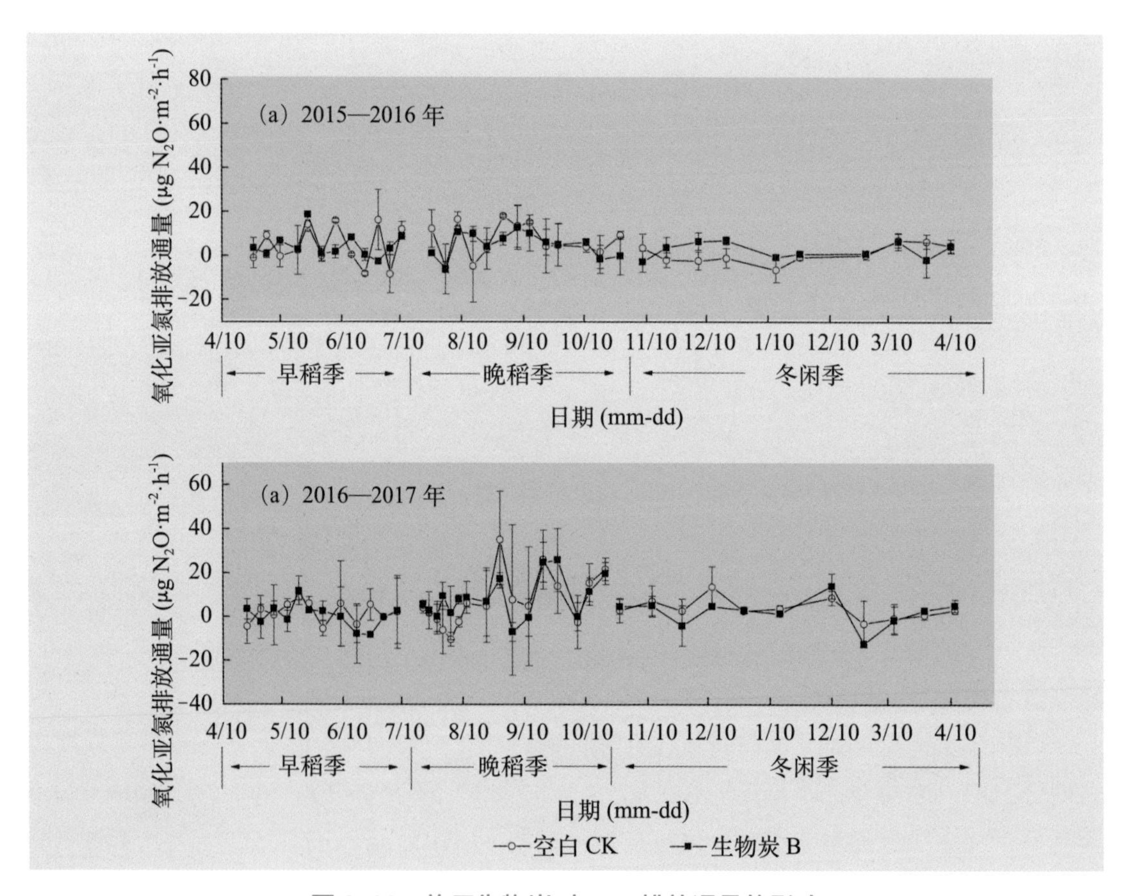

图 3-23 施用生物炭对 N_2O 排放通量的影响

表 3-14 施用生物炭对双季早晚稻季和冬闲季 CH_4 和 N_2O 排放相关指标的影响

年份	季别	处理	CH_4 累积排放量 (kg/hm²)	N_2O 累积排放量 (g/hm²)	综合温室效应 (kg/hm²)	温室气体排放强度 (kg/kg¹)
2015	早稻	CK	147.90 ± 16.73 a	0.08 ± 0.02 a	4 141.20 ± 468.47 a	0.66 ± 0.08 a
		B	128.16 ± 13.77 b	0.08 ± 0.01 a	3 588.51 ± 385.53 b	0.60 ± 0.05 a
	晚稻	CK	66.81 ± 5.06 a	0.16 ± 0.06 a	1 870.77 ± 141.66 a	0.26 ± 0.02 a
		B	42.39 ± 5.86 b	0.12 ± 0.03 a	1 187.08 ± 164.20 b	0.19 ± 0.02 b
	冬闲	CK	2.38 ± 0.17 a	0.07 ± 0.20 a	66.70 ± 4.62 a	–
		B	2.57 ± 0.64 a	0.33 ± 0.20 a	72.05 ± 18.28 a	–
2016	早稻	CK	107.92 ± 5.00 a	0.04 ± 0.06 a	3 021.78 ± 140.08 a	0.57 ± 0.01 a
		B	85.46 ± 4.93 b	0.00 ± 0.01 a	2 384.50 ± 137.92 b	0.39 ± 0.02 b
	晚稻	CK	81.25 ± 6.90 a	0.20 ± 0.05 a	2 275.25 ± 193.29 a	0.31 ± 0.03 a
		B	60.55 ± 0.18 b	0.20 ± 0.04 a	1 695.45 ± 5.00 b	0.20 ± 0.01 b
	冬闲	CK	3.66 ± 1.20 a	0.16 ± 0.06 a	102.39 ± 33.47 a	–
		B	4.13 ± 1.00 a	0.09 ± 0.01 a	115.63 ± 28.00 a	–

注：同一季别，同一列中不同小写字母表示不同处理间差异显著（P<0.05）。“–”表示未计算。下同。

表 3-15 施用生物炭对两周期 CH_4 和 N_2O 排放相关指标的影响

处理	CH_4 累积排放总量 (kg/hm²)	N_2O 累积排放总量 (g/hm²)	综合温室效应 (kg/hm²)	温室气体强度 (kg/kg¹)	总产量 (kg/hm²)
CK	409.92 ± 22.00 a	0.70 ± 0.07 a	11 478.08 ± 616.08 a	0.44 ± 0.02 a	26 143.94 ± 789.32 a
B	322.96 ± 14.59 b	0.82 ± 0.16 a	9 043.21 ± 408.67 b	0.34 ± 0.012 b	26 815.15 ± 444.77 a

相关分析表明，两周期 CH_4 累积排放总量与综合温室效应和温室气体排放强度均呈极显著正相关关系（P < 0.01）（图 3-24）。

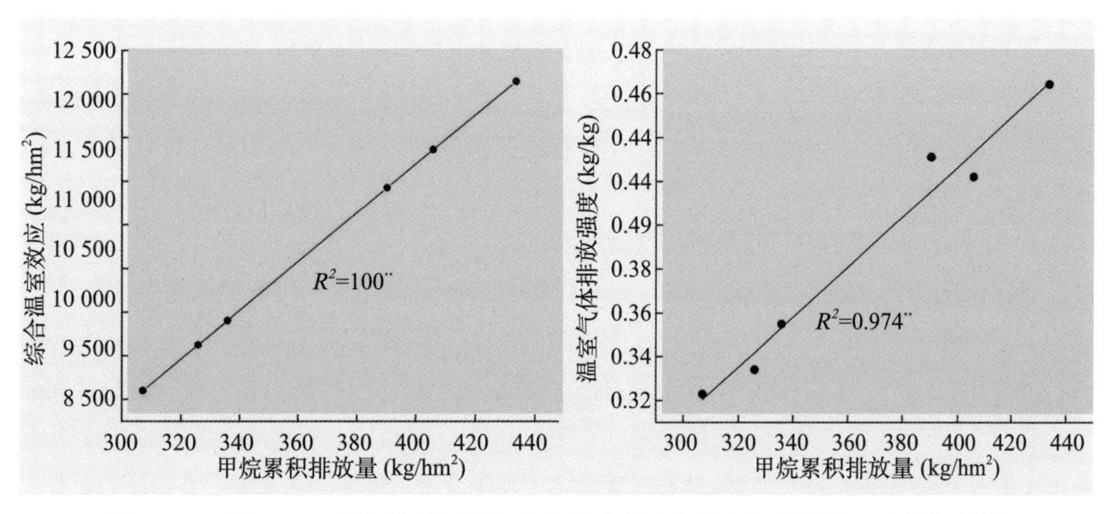

图 3-24 稻田 CH_4 累积排放总量与综合温室效应和温室气体排放强度的相关性

⑦施用生物炭对土壤性状的影响：由表 3–16 可知，配施生物炭（B）处理显著降低早稻分蘖期和穗分化期土壤碱解氮含量，且降幅分别为 11.7% 和 11.4%，但对抽穗期和成熟期无显著影响；除晚稻成熟期外，B 处理显著降低晚稻其他各关键生育期土壤碱解氮含量。由表 3–17 可见，B 处理能够显著增加土壤有机质和速效钾的含量，分别增加 41.8% 和 90.7%，对土壤全氮、pH 值、碱解氮和有效磷含量均有增加的趋势，但均未达显著水平。B 处理能够显著提高土壤蔗糖酶活性，但对土壤脲酶、纤维素酶和蛋白酶活性均无显著影响。结果表明，配施生物炭处理能显著提升土壤质量。

表 3–16　生物炭对双季水稻土壤碱解氮含量的影响

季别	处理	分蘖期 (mg/kg)	穗分化期 (mg/kg)	抽穗期 (mg/kg)	成熟期 (mg/kg)
早稻	CK	111.4	105.3	103.7	100.0
	B	97.8*	93.3*	109.2	91.3
晚稻	CK	108.1	94.3	86.3	81.3
	B	94.7*	76.6*	71.0*	74.6

表 3–17　施用生物炭对土壤性状的影响

处理	pH 值	全氮 (g/kg)	有机质 (g/kg)	碱解氮 (mg/kg)	有效磷 (mg/kg)	速效钾 (mg/kg)	脲酶 [mg/(g · d)]	纤维素酶 [mg/(g · d)]	蔗糖酶 [mg/(g · d)]	蛋白酶 [μg/(g · d)]
CK	5.3	1.1	18.4	95.8	26.6	36.7	0.3	0.5	2.1	1.6
B	5.4	1.1	26.1*	100.4	26.9	70.0*	0.3	0.6	2.4*	1.8

上述研究表明，施用 20 t/hm^2 生物炭显著降低了第 1 年水稻地上部氮素吸收，其产量呈降低趋势，但未达到显著水平；第 2 年双季水稻的产量和氮素吸收均呈增加的趋势，且产量达显著性水平。结果表明，生物炭可能主要通过影响氮素的有效性，进而影响水稻的生长发育和产量形成。施用生物炭显著降低两周期双季稻田 CH_4 累积排放总量，对 N_2O 累积排放总量无显著性差异；在 100 年时间尺度上，施用生物炭显著降低两周期双季稻田综合温室效应和温室气体排放强度，且施用生物炭对两周期双季水稻累积总产量有增加的趋势。综上，在南方双季稻区施用生物炭可以协同实现双季水稻丰产和稻田固碳减排。

（2）秸秆还田配施石灰对增炭途径探索

①秸秆还田配施石灰对双季稻产量和土壤碳氮的影响：南方双季稻区光温水资源丰富，是我国重要的稻作区域，对保障我国粮食安全具有重要意义。但是，由于土壤本身的 pH 值较低，加之长期氮肥施用，该地区稻田土壤酸化严重，已经制约了水稻产量的持续提升。施用石灰是一种改良土壤酸化和提高作物产量的有效措施。其作用主要表现为提高土壤 pH 值和钙盐含量，降低土壤 Al^{3+} 的毒害作用。适量施用石灰能够提高土壤缓冲能力，促进水稻根系生长及其对土壤养分的吸收利用。另外，施用石灰还能够提高土壤微生物数

量和酶活性，促进有机物的矿化速率。然而，单施石灰虽然对治理稻田土壤酸化效果显著，但是石灰在提升酸性土壤肥力方面作用有限。由于双季稻区周年产量较高，秸秆资源丰富，是一种重要的土壤有机培肥资源。随着机械收获的普及，直接原位还田是目前最经济有效的秸秆资源化利用方式。长期秸秆还田能够提高水稻产量和改善土壤肥力。石灰和秸秆配施在利用石灰改善土壤酸化和促进有机物分解的同时，能够缓解短期内秸秆还田的不利影响并发挥其培肥地力的功能，从而对水稻生长产生协同促进作用。本研究在酸性的红壤性双季稻田上开展石灰和秸秆还田两因素定位试验，旨在明确二者对水稻产量、氮素吸收、土壤性状和温室气体排放的影响，以期为南方双季稻系统的持续增产、土壤酸化改良和培肥以及稻田固碳减排提供科学依据。

本试验设置 4 个处理，分别为：对照，不施石灰、秸秆不还田（CK）；施用石灰处理（L），仅在 2015 年早稻翻耕前施用一次，施用量为 2.1 t/hm^2，秸秆不还田；秸秆还田处理（RS），水稻收获后，秸秆切碎为约 10 cm 小段后均匀抛撒，不施石灰；秸秆还田配施石灰处理（L+RS），石灰和秸秆施用量及施用方式分别同 L 处理和 RS 处理。

②石灰和秸秆还田对早稻的影响：石灰和秸秆还田均显著提高了早稻产量和氮素吸收（表 3-18）。石灰和秸秆还田对早稻产量和氮素吸收具有显著的互作效应。在秸秆还田条件下，石灰使早稻产量和氮素吸收分别增加 10.7% 和 15.5%；在秸秆不还田条件下，增幅分别为 4.4% 和 9.7%（图 3-25）。石灰和试验年限对早稻产量和氮素吸收具有显著互作效应。石灰对早稻产量和氮素吸收的促进效应在 2016 年最大，之后增幅随着试验年限的增加逐渐降低，在 2018 年石灰对早稻产量和氮素吸收无显著影响。从产量构成来看，石灰显著提高早稻的有效穗数和每穗粒数，对结实率和千粒重无显著性影响。秸秆还田亦显著提高了早稻的有效穗数和每穗粒数，但显著降低了结实率。石灰和秸秆还田对早稻各产量构成因素均无显著的互作效应。

表 3-18　石灰和秸秆还田对双季早稻产量及其构成、氮素吸收的影响（*F* 值）

变异来源	有效穗数	每穗粒数	结实率	千粒重	产量	氮素吸收
石灰（L）	16.0**	20.1**	0.2	1.3	33.5**	48.0**
秸秆还田（RS）	154.2**	15.6**	7.8**	0.0	111.3**	133.5**
年份（Y）	100.0**	7.9**	87.8**	11.8**	64.1**	111.0**
石灰 × 秸秆还田（L×RS）	3.0	1.0	0.9	0.6	7.2*	4.8*
石灰 × 年份（L×Y）	2.1	3.4*	3.6*	0.3	4.6**	5.4**
秸秆还田 × 年份（RS×Y）	1.4	4.8**	1.6	1.1	4.7**	5.2**
石灰 × 秸秆还田 × 年份（L×RS×Y）	0.2	0.5	0.5	0.3	1.2	1.6

注：* 和 ** 分别表示在 $P<0.05$ 和 $P<0.01$ 水平上差异显著。

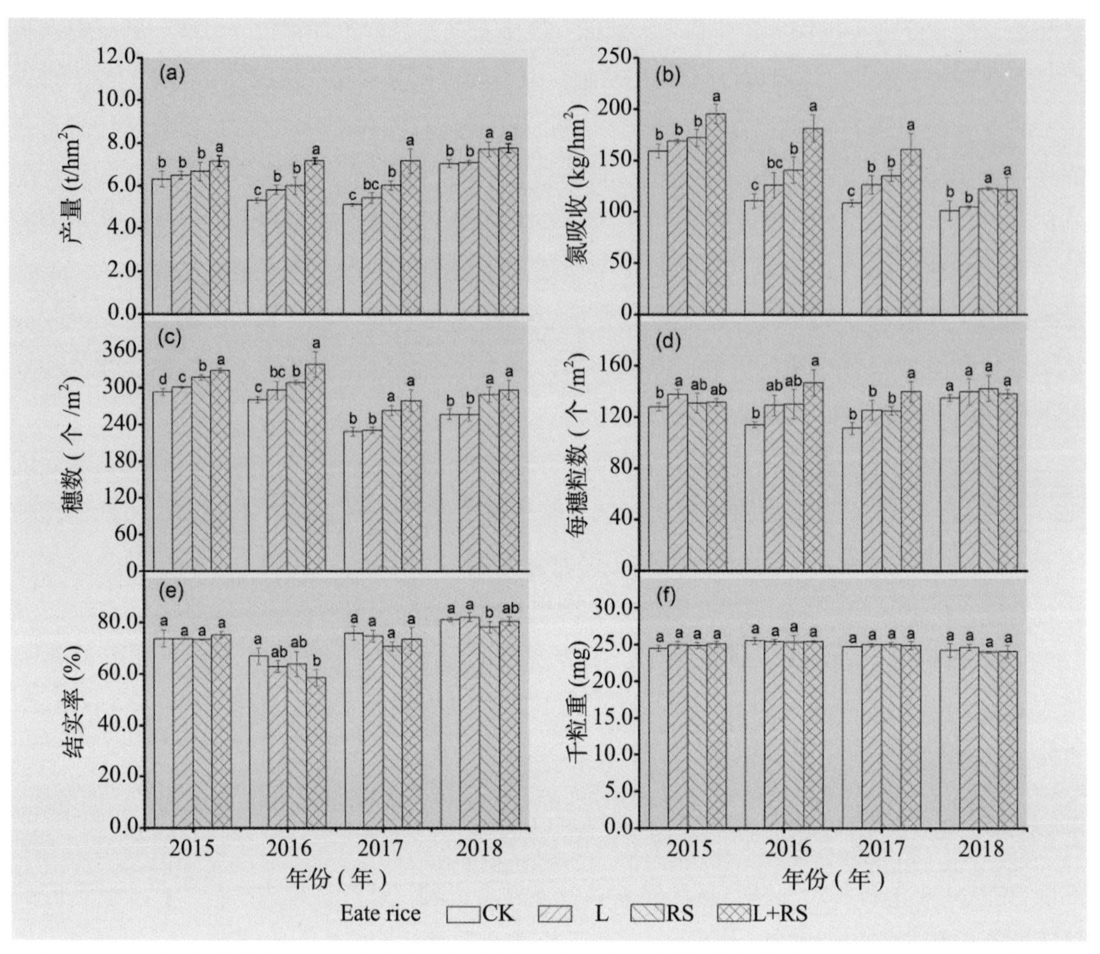

图 3-25 石灰和秸秆还田对双季早稻产量及其构成、氮素吸收的影响（2015—2018 年）

③石灰和秸秆还田对双季晚稻的影响：与早稻结果相似，石灰和秸秆还田均显著提高了晚稻产量和氮素吸收，且对二者均具有显著的互作效应（表 3-19）。在秸秆还田条件下，石灰使晚稻产量和氮素吸收分别提高 18.7% 和 24.6%；而在秸秆不还田条件下，增幅分别为 10.5% 和 5.7%（图 3-26）。另外，石灰和试验年限对晚稻产量和氮素吸收也具有显著互作效应。施用石灰对晚稻产量的促进效应在 2015 年最大（+26.7%），氮素吸收在 2016 年增幅最大（+30.7%），之后增幅逐渐降低，在 2018 年石灰对晚稻产量和氮素吸收无显著影响。石灰显著提高了晚稻的有效穗数和每穗粒数，而对结实率无显著性影响。秸秆还田显著提高了晚稻的每穗粒数，对有效穗数和千粒重均无显著影响，但显著降低晚稻结实率。石灰和秸秆还田对晚稻有效穗数具有显著的协同促进效应。石灰和秸秆还田对晚稻有效穗数和氮素吸收正的互作效应随试验年限的增加表现为降低趋势（L×RS×Y: $P < 0.01$）。在秸秆还田条件下，施用石灰对晚稻氮素吸收的促进效应在 2016 年最大（46.7%），有效穗数在 2015 年增幅最大（+27.3%）（图 3-27）。

④石灰和秸秆还田对双季稻周年产量和氮素吸收的影响：石灰和秸秆还田均显著提高

了周年产量和周年氮素吸收，且对二者均具有显著的互作效应。在秸秆还田条件下，石灰使周年产量和周年氮素吸收分别提高 15% 和 20.1%；而在秸秆不还田条件下，增幅分别为 7.9% 和 7.5%。石灰和试验年限对周年产量和周年氮素吸收均具有显著互作效应。石灰对周年产

表 3–19 石灰和秸秆还田对双季晚稻产量及其构成、氮素吸收的影响（*F* 值）

变异来源	有效穗数	每穗粒数	结实率	千粒重	产量	氮素吸收
石灰（L）	94.3★★	45.2★★	1.1	9.7★★	125.7★★	93.1★★
秸秆还田（RS）	0.9	69.5★★	22.2★★	0.4	18.4★★	65.7★★
年份（Y）	67.8★★	15.6★★	37.7★★	11.5★★	49.4★★	26.1★★
石灰 × 秸秆还田 L×RS	25.9★★	0.4	0.6	0.3	10.4★★	38.0★★
石灰 × 年份 L×Y	10.3★★	5.5★★	2.2	1.1	20.8★★	15.2★★
秸秆还田 × 年份 RS×Y	2.3	3.6★	7.5★★	1.9	0.7	10.3★★
石灰 × 秸秆还田 × 年份 L×RS×Y	6.5★★	0.1	0.7	0.2	1.2	6.1★★

注：★ 和 ★★ 分别表示在 $P<0.05$ 和 $P<0.01$ 水平上差异显著。

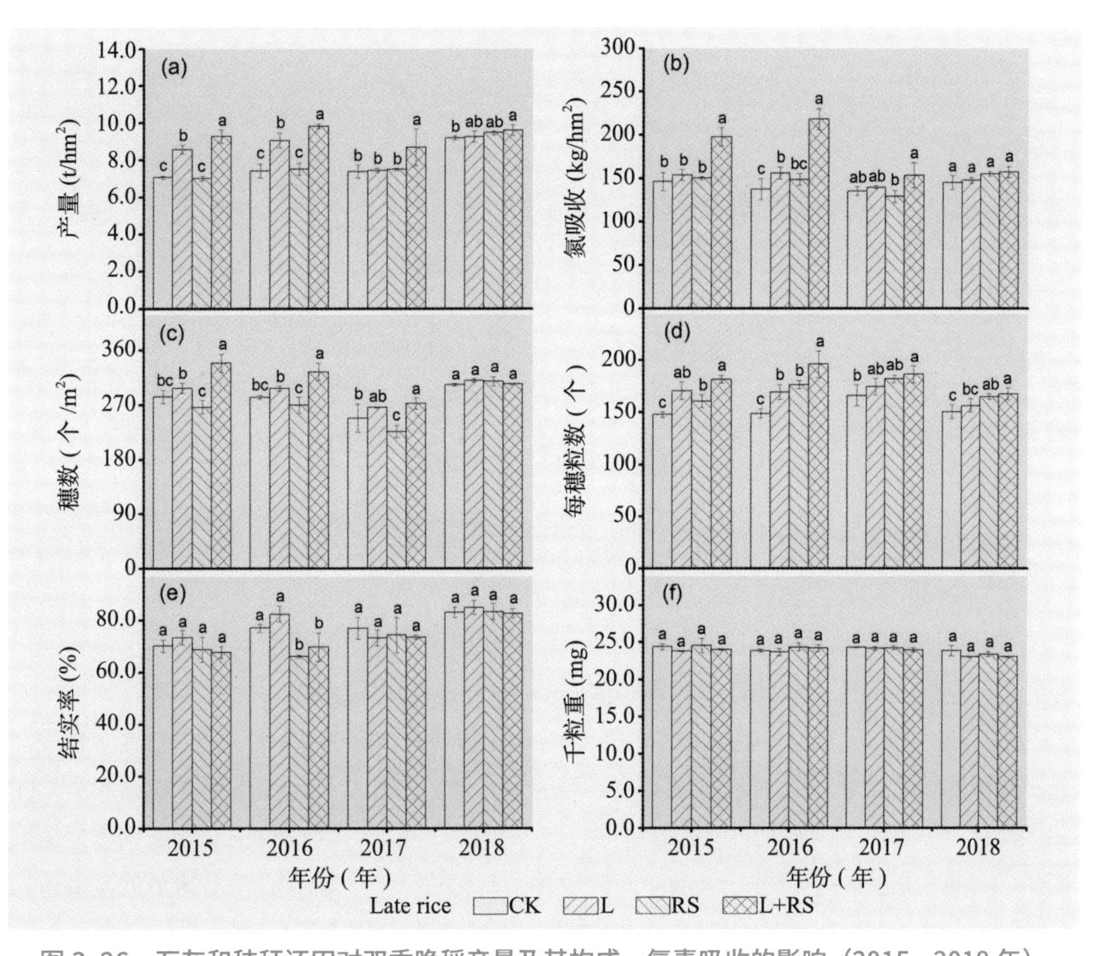

图 3–26 石灰和秸秆还田对双季晚稻产量及其构成、氮素吸收的影响（2015—2018 年）

量和周年氮素吸收的促进效应在 2016 年最大，之后增幅随着试验年限的增加逐渐降低，在 2018 年石灰对周年产量和周年氮素吸收无显著影响。石灰和秸秆还田均显著提高了 4 年的总产量和总氮素吸收，且对二者均具有显著的互作效应。在秸秆还田条件下，石灰使总产量和总氮素吸收分别提高 15% 和 20.1%；而在秸秆不还田条件下，增幅分别为 7.9% 和 7.5%。

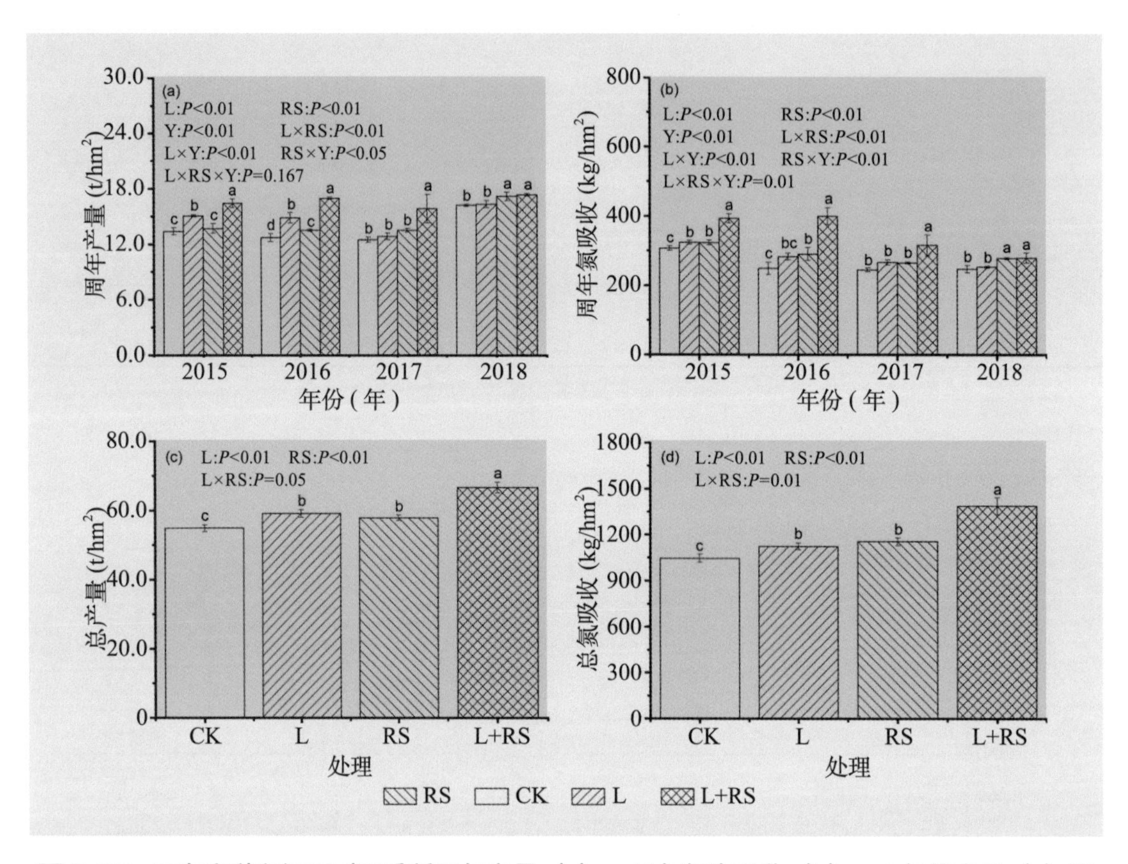

图 3-27 石灰和秸秆还田对双季稻周年产量（a）、周年氮素吸收（b）、4 年总产量（c）和总氮素吸收（d）的影响

⑤石灰和秸秆还田对 CH_4 排放的影响：不同处理对稻田 CH_4 排放的动态规律表现相似，早、晚稻的 CH_4 排放高峰均发生在分蘖中期（图 3-28）。综合 2 年数据表明，在早稻季，施石灰使 CH_4 累积排放减少了 30.4%，而在晚稻季和冬闲季无显著影响。在秸秆还田条件下，施石灰降低了早稻季 CH_4 累积排放 15.4%；在秸秆不还田条件下，降幅为 12.5%。秸秆还田显著增加了水稻种植季和冬闲季 CH_4 累积排放，增幅为 2.7 倍。此外，在早稻季，施石灰和秸秆还田对 CH_4 累积排放具有显著的互作效应。在秸秆还田条件下施石灰对 CH_4 减排效果（−32.4%）比在秸秆不还田条件下（−25.3%）更好。而在晚稻季和冬闲季，施石灰对 CH_4 排放的影响不显著。从年际分析来看，石灰在第 1 年对早稻 CH_4 排放的减排效果（−33.7%）高于第 2 年（−24.1%）。同时秸秆还田配石灰处理的 CH_4 累积排放最高。

⑥石灰和秸秆还田对 N_2O 排放的影响：稻田 N_2O 排放较低（<1 kg/hm^2）且存在较大的变异，因此笔者未能监测到 N_2O 排放对石灰处理、秸秆还田或年际效应的响应趋势（图 3-29）。晚稻季的 N_2O 累积排放高于早稻季。本研究表明，CH_4 对 GWP 的贡献率达 96% 以上，而 N_2O 对 GWP 的贡献率很低。综合年际和秸秆处理分析，在早稻季，施石灰使 GWP 降低了 30.3%，而在晚稻季和冬闲季无显著影响。此外，施石灰大幅度降低了早稻季 GWP，使得 2 年 GWP 总量降低了 14.6%。与 CH_4 排放相似，施石灰在第 1 年使 GWP 的下降幅度高于第 2 年。秸秆还田增加了稻田 GWP。

⑦石灰和秸秆还田对土壤 pH 值的影响：石灰和秸秆还田均显著提高了土壤 pH 值，但二者对土壤 pH 值无显著互作效应（图 3-30）。石灰与试验年限对土壤 pH 值有显著的互作效应。随着试验年限的增加，石灰对土壤 pH 值的正效应减弱，到 2018 年 4 个处理间无显著差异。

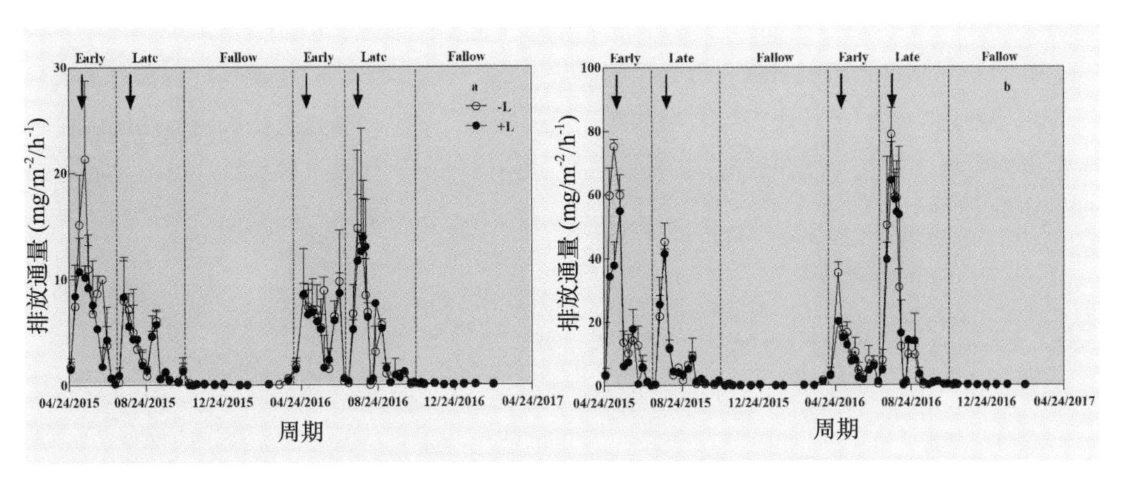

图 3-28　石灰处理（-L 和 +L）在秸秆不还田（a）和秸秆还田（b）条件下对 CH_4 排放通量的影响

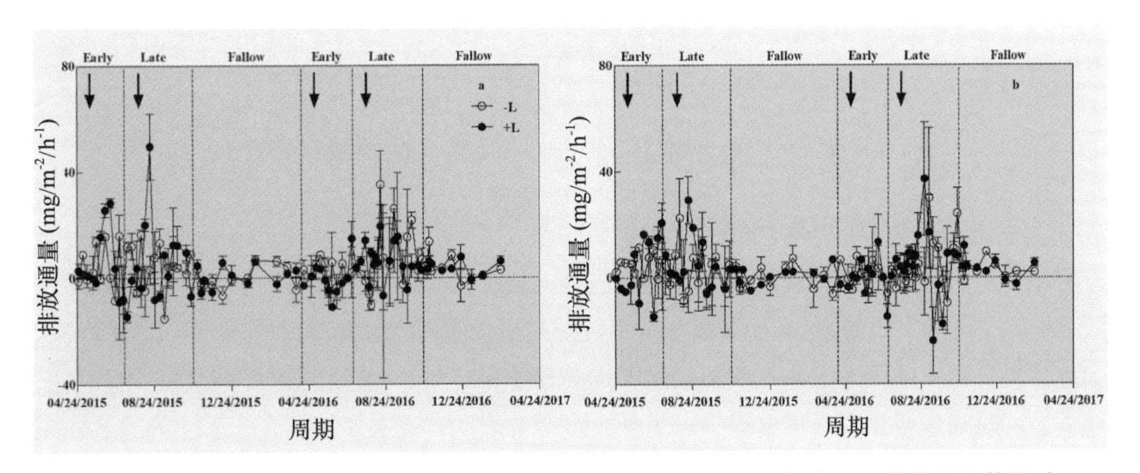

图3-29　秸秆不还田 (a) 和还田条件下 (b) 石灰处理 (-L 和 +L) 对 N_2O 排放通量的影响

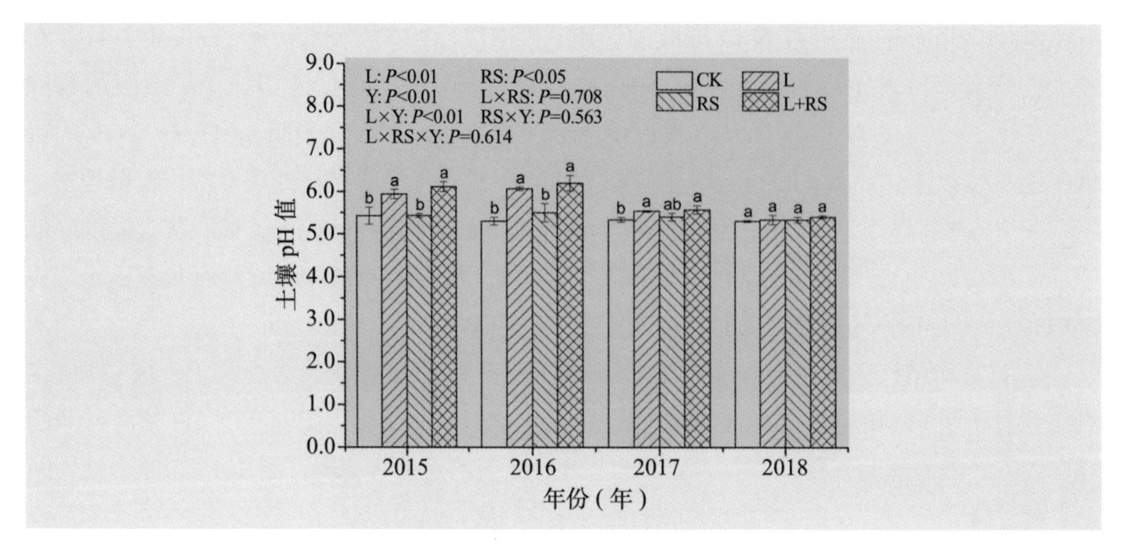

图 3-30 石灰和秸秆还田对土壤 pH 值的影响（2015—2018 年）

⑧石灰和秸秆还田对土壤有机质和全氮含量的影响：试验进行 4 年后，石灰对土壤有机质无显著影响，而秸秆还田显著增加了土壤有机质（图 3-31a）。石灰和秸秆还田对土壤全氮均无显著影响（图 3-31b）。石灰和秸秆还田对土壤有机质和全氮含量均无显著的互作效应。

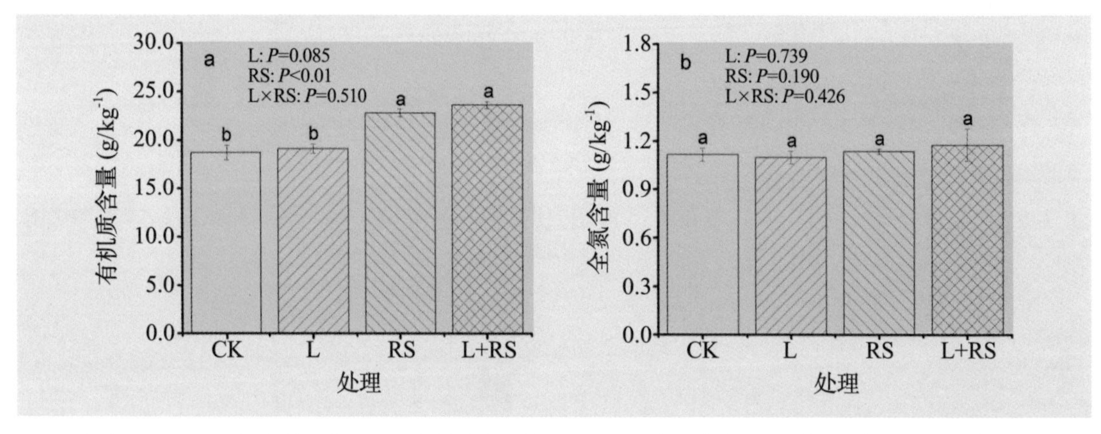

图 3-31 石灰和秸秆还田对土壤有机质（a）和全氮（b）含量的影响（2018 年）

上述研究表明，石灰和秸秆还田能够协同提高双季稻产量，主要是因为二者协同促进了水稻的氮素吸收。试验进行 4 年后，石灰对土壤有机质含量无显著性影响，而秸秆还田显著提高了土壤有机质。石灰显著降低了甲烷排放和全球增温潜势，对氧化亚氮无显著影响。因此，秸秆还田的同时配施石灰不仅能够提高双季稻产量，而且能够改良土壤酸化和培肥地力，同时降低稻田全球增温潜势。另外，本研究表明，石灰对稻田土壤酸化的改良效果到第 4 年已经不显著。为此，在酸化的红壤性稻田每 4 年左右施用一次石灰为宜。

3.2.4.2 南方中稻区增碳栽培途径探索

（1）施用缓控释肥料与有机肥代替途径探索

①缓控释肥料施用与有机肥料替代对水稻产量与土壤碳氮的影响：近年来，缓控释肥料（controlled or slow-release fertilizer，CSRF）施用和有机肥料替代（部分或全量替代）成为南方中稻区应用较多的农田养分管理方式。其中，缓控释肥料由于其能够控制肥料中养分释放速度，从而满足水稻生长需肥规律，提高水稻氮素利用率，减少氮素环境损失。而有机物料添加一直被认为是提高土壤肥力，减少化肥使用的有效方法。本研究通过开展长期定位试验，设置常规施肥（CN），缓控释肥 70% 替代化肥（SCU），有机肥 20% 替代化肥（OCN），以及有机肥全量替代化肥（OF）等处理，研究不同处理对水稻产量、土壤碳氮以及农田温室气体排放的影响。

②缓控释肥料施用与有机肥料替代对土壤肥力的影响：由图 3-32 可知，缓控释肥替代（70% 替代）处理 SCU 降低了土壤有机碳含量，降低幅度为 7%，而有机肥替代有增加土壤有机碳含量的趋势（20% 替代 OCN 和全量替代 OF 分别增加 2% 和 8%），其中有机肥全量替代处理的土壤有机碳含量显著高于缓控释肥替代处理。结果还发现，缓控释肥施用和有机肥替代下土壤全氮含量无显著差异，除有机肥全量替代较高外，其他处理的土壤全氮含量与常规施肥对照相当。此外，8 年有机肥料替代措施与 CN 处理的土壤 C/N 相当，而缓控释肥施用的土壤 C/N 在长期内呈下降趋势。结果说明，有机肥料添加有增加土壤肥力的趋势，但由于土壤肥力的增加是一个缓慢的过程，短期内（8 年）其增加效应并不显著。

③缓控释肥料施用与有机肥料替代对稻田温室气体排放的影响：本研究表明商品有机肥连续添加后（第 7 年、第 8 年）对稻田 CH_4 排放没有显著影响。与常规施肥稻田相比，前者在定位试验第 7 年的甲烷排放量仅增加 16.98%，第 8 年仅增加 14.97%。而有机无机配

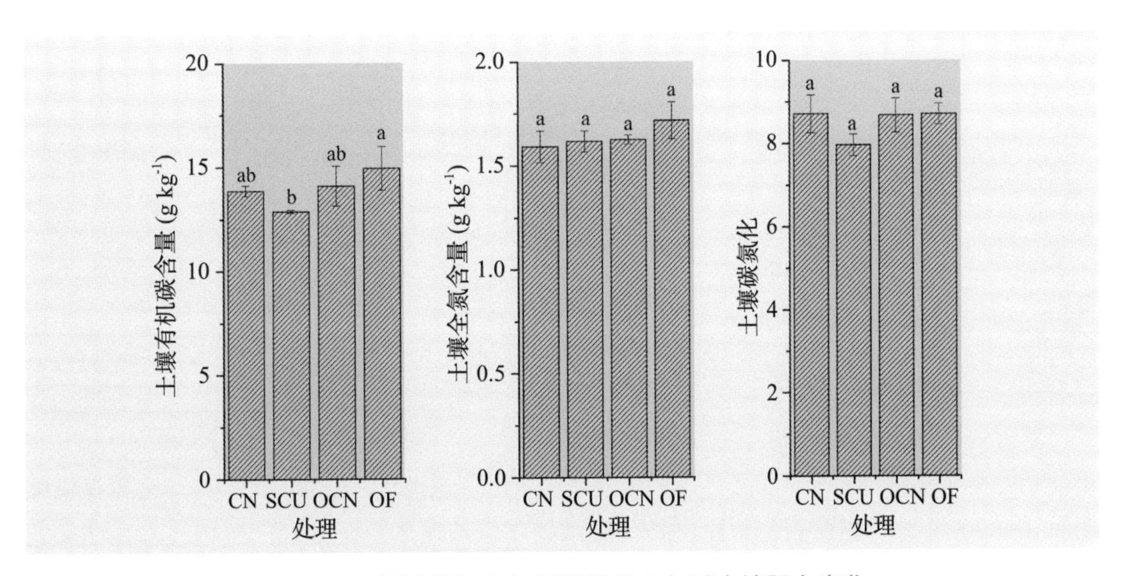

图 3-32 缓控释肥和有机肥替代 8 年后土壤肥力变化

施处理（OCN，20% 有机肥 +80% 尿素）与常规施肥处理 CN 在定位试验的第 7 和第 8 年稻田 CH_4 排放量相当。与常规施肥稻田 CN 相比，硫包膜尿素持续添加稻田 SCU 的甲烷排放有降低趋势，但差异不显著（表 3–20）。

表 3–20 缓控释肥和有机肥持续替代对稻田甲烷排放的影响

处理	甲烷平均排放通量 (mg m^{-2} · h^{-1})		甲烷排放量 (kg · hm^{-2})	
	第 7 年	第 8 年	第 7 年	第 8 年
CN	4.2	11.49	110.89	228.19
SCU	3.6	12.82	93.2	242.91
OCN	5.43	11.82	136.29	216.72
OF	4.78	13.43	129.72	262.36
ANOVA	0.81 ns	1.17 ns	0.77 ns	1.75 ns

④缓控释肥料施用与有机肥料替代对稻田氮素损失的影响：从表 3–21 可见，长期优化施肥措施可减少稻田氮素流失，显著降低总氮损失。与常规施肥田块相比，缓控释肥替代、有机肥部分替代和全量替代总 N 损失量分别降低了 25%、26% 和 43%）。其中，NH_3 挥发是氮素损失的主要途径降雨和水分管理是稻田氮素径流的决定性因素。此外，稻田 N 平均径流损失在多雨年份（第 7 年；23.36 kg/hm^2）明显高于少雨年份（第 8 年；4.78 kg/hm^2）。与有机肥替代田块的降低效应不同，缓控释肥田块的氮素径流损失在第 7 年高于常规施肥处理，但在第 8 年低于常规施肥处理。这一结果可能与径流时间和不同肥料的氮释放特性有关。

表 3–21 缓控释肥和有机肥持续替代对稻田氮素损失的影响

单位：kg/hm^2

	处理	氨挥发	N_2O 排放	径流	渗漏	总 N 损失
第 7 年	CN	46.44 a	0.38 a	24.59 ab	6.40 a	77.81 a
	SCU	36.44 b	0.08 a	28.73 a	4.41 a	69.66 b
	OCN	32.97 b	0.84 a	18.71 b	5.59 a	58.11 c
	OF	24.54 c	0.19 a	21.40 b	2.23 a	48.36 d
	Mean	35.10	0.37	23.36	4.66	63.49
第 8 年	CN	54.25 a	2.74 a	5.53 a	4.71 a	67.23 a
	SCU	30.67 b	1.09 b	4.13 b	3.20 a	39.09 b
第 8 年	OCN	37.98 ab	1.76 ab	4.82 ab	4.16 a	48.72 ab
	OF	24.71 b	1.96 ab	4.65 ab	3.14 a	34.46 b
	Mean	36.90	1.89	4.78	3.80	47.38

⑤缓控释肥料施用与有机肥料替代对水稻产量的影响：试验结果表明，长期有机肥替代下（20% 比例替代、100% 比例替代）水稻产量与常规施肥处理产量相当，无显著差异（表 3–22）。

表 3–22 缓控释肥和有机肥持续替代对水稻产量及穗粒结构的影响

处理	穗数（个 /m²）	穗粒数	结实率（%）	千粒重（g）	产量（t/hm²）
RN	326.44 a	124.43 a	70.88 b	29.60 a	8.53 a
OCN	310.15 a	118.90 ab	74.02 b	29.76 a	8.11 a
OF	314.95 a	113.86 ab	75.76 b	29.44 a	8.00 a
0N	232.25 b	111.01 b	86.94 a	30.49 a	6.84 a

综合土壤肥力结果分析，有机肥替代是南方中稻区提高土壤肥力和减少氮素损失的有效方式，而 SCU 替代在长期尺度上更适用于高肥力土壤。

（2）秸秆还田增碳栽培途径探索

秸秆还田是提高土壤肥力的有效措施，能够有效维持农田系统内部的物质、能量的良性循环和作物高产，有利于农业的可持续发展。土壤有机质含量与土壤肥力水平密切相关，是判断土壤肥瘦标准的重要指标之一，秸秆还田能够有效提高土壤有机质含量。本研究表明，秸秆还田 3 年后土壤有机质含量增加 2.5% ~ 3.5%（表 3–23）。氮素是影响作物生长的关键因子。秸秆连续还田能够提高土壤全氮含量，并且结果还表明两季秸秆连续还田对土壤全氮含量的增加效应最为明显（表 3–23）。

表 3–23 周年不同秸秆还田方式对稻田土壤肥力的影响

处理	有机质 (g/kg)	全氮 (g/kg)
周年还田 WR	17.80 a	1.11 a
稻秸还田 R	17.62 a	1.08 a
麦秸还田 W	17.71 a	1.07 a
不还田对照 CK	17.19 b	0.97 b
W	38.9**	5.7*
R	24.2**	7.3*
W×R	11.1**	3.9

土壤水分状况是稻田 N_2O 季节排放的主要驱动因子，淹水稻田几乎无 N_2O 排放。本研究表明，稻田的 N_2O 季节排放量相对较低。大量研究认为，秸秆当季还田后提高了土壤的 C/N 比值，在有机碳分解过程中引起微生物对 N 源的争夺利用，从而减少了硝化作用和反硝化作用过程的中间产物 N_2O 的排放。笔者等也得出类似结果，但平均排放速率、季节排放量降低较少，处理间差异并不显著。

小麦秸秆还田显著增加了稻田 CH_4 的排放通量。此外，笔者等析因分析结果表明，小麦秸秆和水稻秸秆对稻田 CH_4 排放的交互效应并不显著，因此，周年两季秸秆连续还田具有与小麦秸秆连续还田相同的增加效应。本研究表明，水稻秸秆连续还田处理 2 年或 3 年后均有降低稻田系统 CH_4 排放的趋势，两年分别较不还田 CK 降低了 14% 和 43%。水稻秸秆连续还田降低稻田 CH_4 排放可能与土壤全氮含量的增加有关。这说明，稻麦轮作种植条件下，水稻秸秆连续还田具有在不增加稻田 CH_4 排放的前提下提高农田土壤生产力的趋势。综合土壤肥力结果，本研究结果发现，水稻季小麦秸秆还田对温室气体排放的增加效应值得关注，而小麦季水稻秸秆还田方式有利于温室气体减排和土壤培肥的双重目标。

表 3-24 周年不同秸秆还田方式对稻田温室气体排放的影响

处理	CH_4	CH_4		N_2O	N_2O	
	平均排放速率 [mg/(m² · h)]	排放总量 (kg/hm²)	增减率 (%)	平均排放速率 [μg/(m² · h)]	排放总量 (kg/hm²)	增减率 (%)
WR	36.65 a	798.91 a	185.06	318.21 a	7.72 a	47.20
R	6.37 b	160.26 b	−42.82	228.81 a	5.67 a	8.13
W	39.74 a	909.60 a	224.54	169.97 a	4.71 a	−10.29
CK	13.45 b	280.26 b	0	231.39 a	5.25 a	0
W	55.40**	47.40**	–	0.06	0.38	–
R	1.79	1.57	–	1.64	1.99	–
W*R	0.28	0.003	–	1.75	1.13	–

3.2.4.3 东北一季稻区增碳栽培途径研究

（1）品种与播期优化对东北水稻产量的影响

水稻对气候变化极为敏感，同一品种在不同地区产量结果存在差异，选择区域适宜水稻品种，不仅可以提高水稻产量，而且有利于增加土壤有机碳源投入，促进稻田土壤有机碳积累。研究通过在龙井市和五常市两个具有不同温光资源的地点分别种植相同的品种，研究品种在不同光温条件下的产量特性及其与气候资源相关性，为应对气候变化的水稻品种布局提供借鉴。研究表明，对照品种吉粳 88 在两地产量表现最优，除龙洋 16 品种两地产量差异明显外；各品种在龙井地区产量表现吉粳 88> 松粳 22> 松粳 9> 龙洋 16> 龙稻 18（图 3-33）。小粒中等穗高产型、大粒多穗高产型、优质丰产型 3 个不同类型品种随着播期推迟，各类型品种产量呈先增后减趋势，表 3-25 可以看出，小粒中等穗高产型、大粒多穗高产型、优质丰产型 3 类品种均不适宜早播，最适播期为 4 月 22 日前后，推迟播期 10 d 左右仍可达到优质稳产要求。

表 3-25 不同播期处理下的适宜水稻品种类型

播期处理	小粒中等穗高产型	大粒多穗高产型	优质丰产型
4 月 10 日	U	U	U
4 月 22 日	A	A	A
5 月 4 日	S	S	S

注：A: 适宜，S: 较适宜，U: 不适宜。

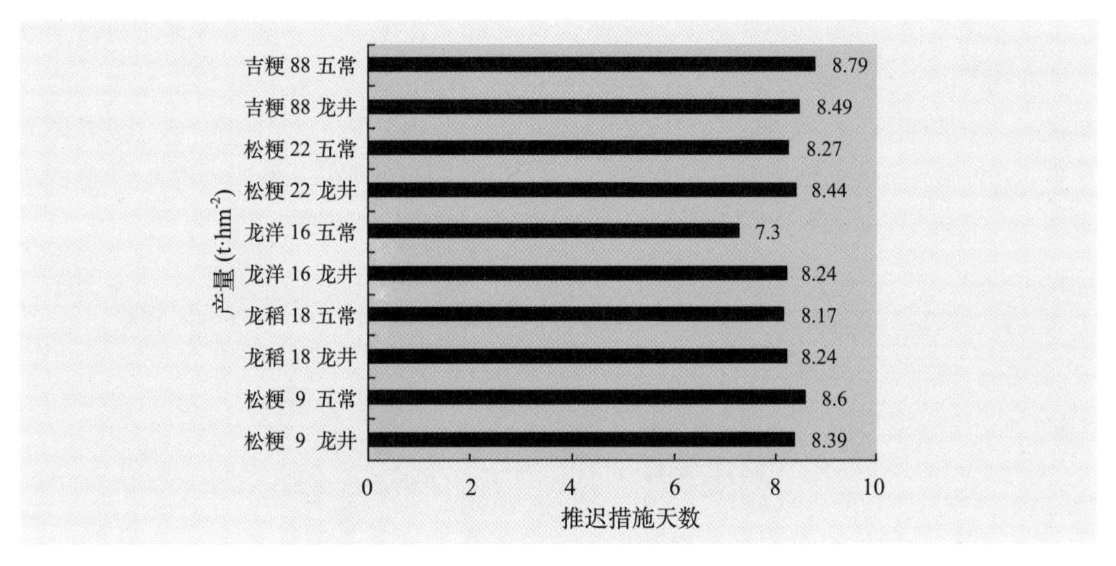

图 3–33　水稻品种产量表现

（2）不同耕作栽培方式增碳栽培途径探索

本研究在吉林省延边市设置田间定位试验，研究不同耕作与栽培方式对东北稻区水稻产量与土壤碳氮的调控效应，明确气候变化背景下的土壤增碳途径。试验采用裂区方法，主处理 3 个包括：稻田增碳栽培技术试验、秸秆全量还田的耕作优化技术试验以及有机无机配合施肥技术试验。稻田增碳栽培技术试验处理 6 个，常规密度，无 N，常规水肥（PK）；常规密度，常规水肥；增密，常规水肥；常规密度，减 N（减基肥）；增密，减 N（减基肥）；前期控水。秸秆全量还田的耕作优化技术试验处理 7 个，常规耕作，秸秆不还田；常规耕作，秸秆还田；秋旱整地（秋翻 + 秋旋），春季水耙平地，秸秆还田；秋旋耕，春季水整地，秸秆还田；秋翻耕，春季水整地，秸秆还田；秋轮耕（一年翻耕，一年旋耕），春季水整地，秸秆还田；集成耕作处理 3，增密减 N，前期控水。有机无机配合施肥技术试验 5 个处理，无 N，PK 肥与处理 2 相同；常规化学 NPK 配施；30% 有机肥 N，70% 化肥 N；50% 有机肥 N，50% 化肥 N；100% 有机肥 N。

①秸秆全量还田的耕作优化技术试验：由图 3–34 可知，秸秆全量还田，产量都增加；多年平均值以 G5、G6 和 G7 处理最高，其次为 G3 处理。而 0 ～ 40 cm 土壤有机碳含量则以 G3 处理最高（图 3–35）。综上所述，秸秆全量还田下，采用秋季旱整地有利于在保持水稻产量稳定的情况下，增加稻田土壤有机积碳含量。

②稻田增碳栽培技术试验：不同栽培方式对水稻产量的影响：由图 3–36 可知，与 Z1 处理相比，其他 5 个处理的水稻产量均提高，综合 3 年平均产量，Z2、Z3、Z5 和 Z6 处理产量无显著差异。从图 3–37 可以看出，Z5 和 Z6 处理在 0 ～ 40 cm 土壤层次的有机碳含量有高于其他处理的趋势。总体来看，通过增加水稻移栽密度，适当减少基肥投入的情况下，有利于实现水稻稳产和增加土壤有机碳含量的协调。

③稻田有机无机配合施肥技术：由图 3–38 可见，稻田有机无机配合施肥增碳技术中不同有机无机技术处理的产量较无氮处理显著增加，30% 有机肥 N，70% 化肥 N 处理的产量最高，与常规化学 NPK 配施处理只有 100% 有机 N（Y5）存在显著差异，其他差异均不显著。而土壤有机碳含量则以 Y2 处理最高，其次为 Y3 处理（图 3–39）。综合以上分析，采用 30% 有机肥 N，70% 化肥 N 有利于增加水稻产量，稳定土壤有机碳含量。

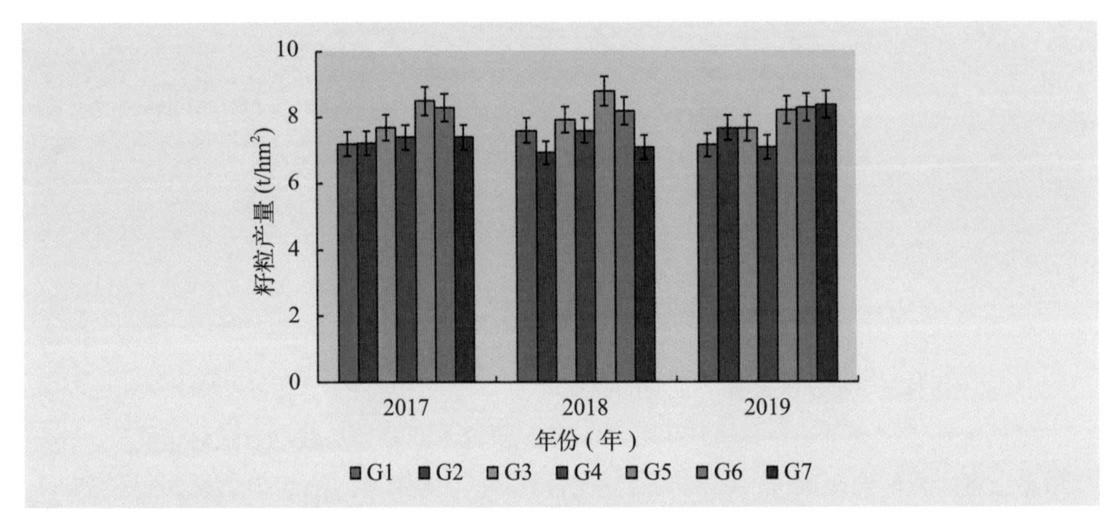

图 3–34　不同耕作方式对水稻产量的影响

注：G1，常规耕作，秸秆不还田，常规动力打浆；G2，常规耕作，秸秆还田；G3，秋旱整地，秸秆还田；G4，秋旋耕，春季整水地，秸秆还田；G5，秋翻耕，春季整水地，秸秆还田；G6，春翻耕，常规动力打浆，秸秆还田；G7，轮耕模式，一年秋旋耕，一年秋翻耕，秸秆还田。下同。

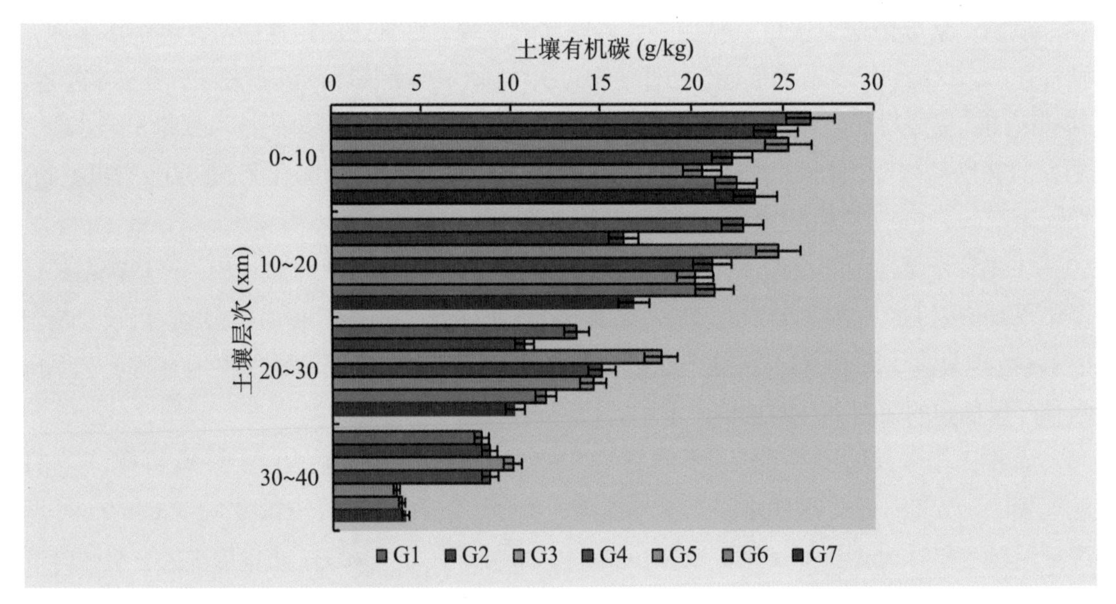

图 3–35　不同耕作方式对 0 ～ 40 cm 土壤有机碳含量的影响

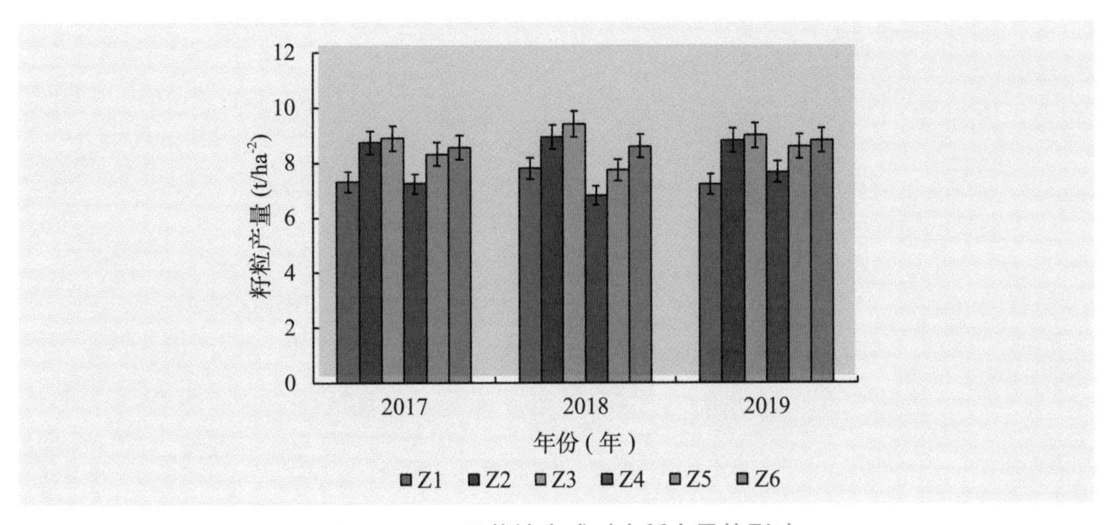

图 3-36 不同栽培方式对水稻产量的影响

注：Z1: 常规密度，无 N，常规水肥（PK）；Z2: 常规密度，常规水肥；Z3: 增密，常规水肥；Z4: 常规密度，减 N（减基肥）；Z5: 增密，减 N（减基肥）；Z6: 前期控水，增密，减 N。下同。

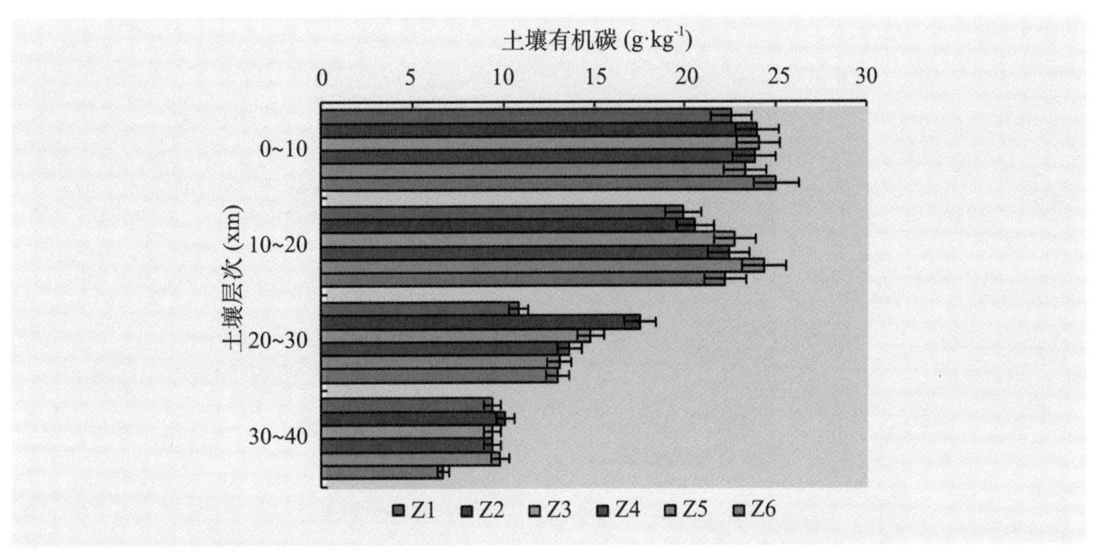

图 3-37 不同栽培方式对 0 ～ 40 cm 土壤有机碳含量的影响

3.3 总结与展望

3.3.1 研究总结

（1）本研究采用田间开放式增温系统和微区试验，结合土壤置换法与 δ ^{13}C 自然丰度法等手段，系统研究预期增温（+1.5℃）对不同组分土壤有机碳含量的影响，阐明土壤有机碳积累的调控机制，为水稻系统应对气候变暖的增碳栽培途径提供指导。结果表明，增温有增加水稻生物量的趋势，因此增加了向稻田中输入的碳源增加，而增温促进了新碳形成，

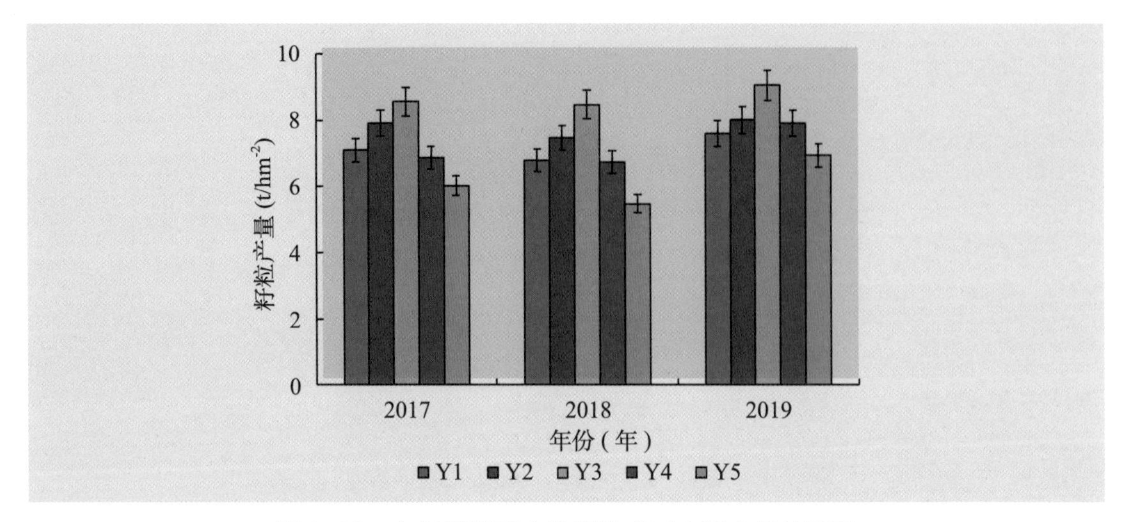

图 3-38 有机无机配合施肥技术对水稻产量的影响

注：Y1，无 N，PK 肥与 Y2 相同；Y2，常规化学 NPK 配施；Y3，30% 有机肥 N，70% 化肥 N；Y4，50% 有机肥 N，50% 化肥 N；Y5，100% 有机肥 N。下同。

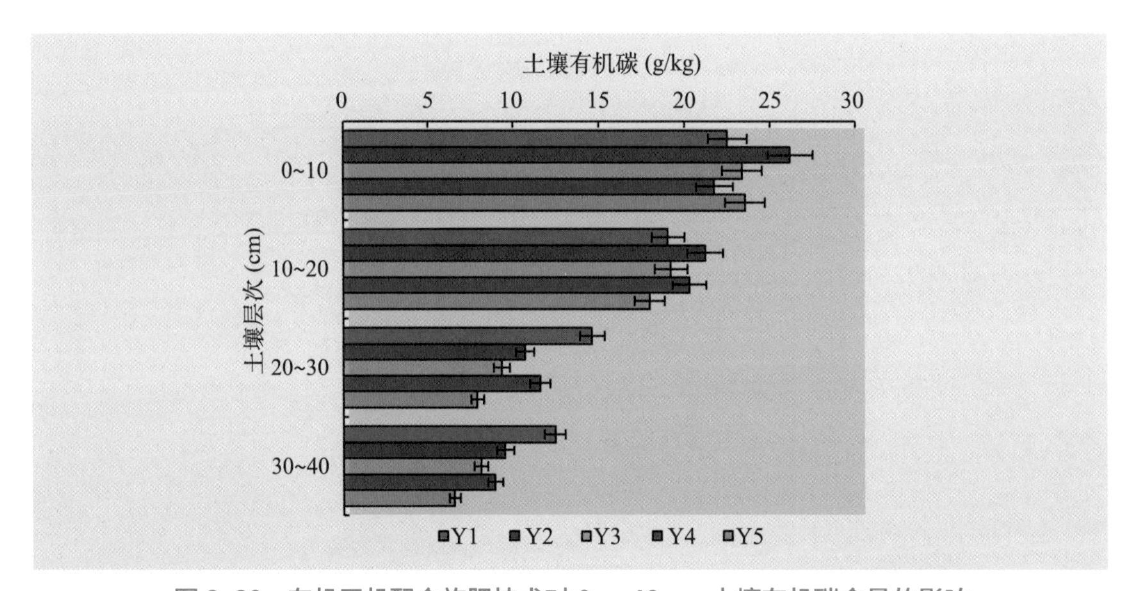

图 3-39 有机无机配合施肥技术对 0 ～ 40 cm 土壤有机碳含量的影响

抵消了老碳分解造成的土壤有机碳流失，进一步增加了稻田土壤固碳。本研究可为气候变化背景下稻田土壤增碳栽培途径探索提供理论与技术支撑。

（2）本研究基于在三大稻区设置的田间开放式增温系统，采用小区与 ^{15}N 微区标记试验相结合的方法，模拟未来气候变暖情景，明确氮素在水稻植株分配以及氮肥利用效率特征，阐明气候变暖对肥料氮利用效率的影响机制。研究表明，气候变暖有增加水稻氮素吸收总量的趋势，但有降低肥料氮利用效率的趋势。^{15}N 标记试验进一步证明气候变暖导致水稻吸收的肥料氮显著降低，而从土壤中吸收的氮素显著增加，造成肥料氮回收率降低，而肥料氮损失率增加。氮素利用效率是氮素吸收、同化、转运和再利用等多个生理过程综合作用的结果，其机制较为复杂。未来应加强气候变暖背景下的稻田养分综合管理措施研究，提高水稻氮素利用效率并探讨其机制，降低稻田氮肥流失风险。

（3）本研究借助步入式人工气候室及开顶式植物生长室开展盆栽试验，研究了 CO_2 浓度升高与秸秆还田下不同栽培管理措施等对水稻生长、土壤碳氮、CH_4 排放及其相关土壤微生物的综合效应，探讨其潜在互作机制。结果表明，秸秆管理显著影响 CO_2 浓度升高对土壤碳氮与 CH_4 排放的调控。秸秆还田与 eCO_2 显著促进水稻生长，增加土壤碳氮含量，通过调控产甲烷菌和甲烷氧化菌丰度降低稻田 CH_4 排放，增强稻田碳汇功能。

（4）基于区域联网试验，从增加有机物投入、优化养分管理、土壤调酸、种植模式优化、耕作方式调整等方面提出了适合不同稻区的土壤增碳栽培途径。提出了一季稻区调整移栽期、秸秆还田与有机肥配施、"秋翻—秋旋"年际轮耕的土壤增碳栽培途径；提出了中稻区优化种植模式、施用缓释肥和生物炭的土壤增碳栽培途径；提出了双季稻区石灰调酸、秸秆全量还田以及喷施植物调节剂的土壤增碳栽培途径。

3.3.2 未来研究展望

（1）短期增温显著降低了颗粒有机碳的含量。颗粒有机碳主要是由未完全分解的有机物组成，活性介于溶解性有机碳和总有机碳之间，是评价农业管理措施和环境变化对土壤总有机碳影响的有效指标。因此，长期增温可能降低稻田土壤总有机碳。同时，短期增温试验只分析了当季氮肥的利用特征，没有对氮肥的后效作用进行测定与分析，可能低估了氮肥利用效率。未来建议设置稻田增温长期定位试验，以揭示水稻对氮素分配与利用机制及其对有机碳的响应。本研究明确了稻田增碳的技术途径，但这些技术措施在未来气候变化情景下的效果还有待验证。因此，下一步建议明确增碳栽培技术措施与气候变化因子的互作效应，加强气候变暖背景下的稻田养分综合管理措施研究，提高水稻氮素利用效率，降低稻田氮肥流失风险。

（2）由于研究条件限制，土壤固碳减排技术研究目前主要在当前气候条件下开展。而气候条件的变化会深刻影响土壤碳氮转化过程。因此，当前的固碳减排技术在未来气候条件下是否适应，气候条件的变化是否会由于负反馈挑战当前的研究结果不得而知。如何在未来气候情景下对当前固碳减排技术进行评估是摆在科研工作者面前的现实问题。

参考文献

陈金，田云录，董文军，等，2013. 东北水稻生长发育和产量对夜间升温的响应 [J]. 中国水稻科学，27(1): 84–90.

黄耀，孙文娟，2006. 近 20 年来中国大陆农田表土有机碳含量的变化趋势 [J]. 科学通报，51(7): 750–763.

李少昆，王克如，冯聚凯，等，2006. 玉米秸秆还田与不同耕作方式下影响小麦出苗的因素[J]. 作物学报，32(3): 463–465.

陆文龙，赵标，五毛毛，2018. 施用不同方式处理的秸秆对土壤磷形态分布的影响[J]. 江苏农业科学，46(2): 232–234.

马春梅，王永吉，于舒函，等，2017. 稻草还田与施氮量对水稻氮素吸收及产量影响[J]. 东北农业大学学报，48(6): 9–16.

马二登，马静，徐华，等，2010. 麦季稻秆还田方式对后续稻季 CH_4 排放的影响[J]. 生态环境学报，19: 729–732.

全炳旭，2012. 气候变化对吉林省水稻延迟型低温冷害影响的研究[D]. 长春：吉林农业大学.

孙凤华，杨素英，陈鹏狮，2005. 东北近 44 年的气候暖干化趋势分析及可能影响[J]. 生态学杂志，24(7): 751–755.

谭德水，金继运，黄绍文，等，2007. 不同种植制度下长期施钾与秸秆还田对作物产量和土壤钾素的影响[J]. 中国农业科学，40(1): 133–139.

汪军，王德建，张刚，等，2010. 连续全量秸秆还田与氮肥用量对农田土壤养分的影响[J]. 水土保持学报，24: 40–44, 62.

王雪玉，刘金泉，胡云，等，2018. 生物炭对黄瓜根际土壤细菌丰度、速效养分含量及酶活性的影响[J]. 核农学报，32: 370–376.

魏海苹，孙文娟，黄耀，2012. 中国稻田甲烷排放及其影响因素的统计分析[J]. 中国农业科学，45: 3 531–3 540.

解宪丽，孙波，周慧珍，等，2004. 中国土壤有机碳密度和储量的估算与空间分布分析[J]. 土壤学报，41(1), 35–43.

赵颖，张金波，蔡祖聪，2018. 添加硝化抑制剂、秸秆及生物炭对亚热带农田土壤 N_2O 排放的影响[J]. 农业环境科学学报，37: 1 023–1 034.

ASAI H, SAMSON K B, STEPHAN M H, et al., 2009. Biochar amendment techniques for upland rice production in Northern Laos Soil physical properties, leaf SPAD and grain yield[J]. Field Crops Res, 111: 81–84.

BAI E, LI S, XU W, et al., 2013. A meta–analysis of experimental warming effects on terrestrial nitrogen pools and dynamics[J]. New Phytol, 199: 441–451.

BHATTACHARYYA P, NAYAK A K, MOHANTY S, et al., 2013a. Greenhouse gas emission in relation to labile soil C, N pools and functional microbial diversity as influenced by 39 years long-term fertilizer management in tropical rice[J]. Soil Tillage Res, 129: 93–105.

Bhattacharyya P, Roy K S, Neogi S, et al., 2013b. Impact of elevated CO_2 and temperature on soil C and N dynamics in relation to CH_4 and N_2O emissions from tropical flooded rice (Oryza sativa L.)[J]. Sci. Total Environ, 461–462: 601–611.

BODELIER P L E, ROSLEV P, HENCKEL T, et al., 2000. Stimulation by ammonium-based fertilizers of methane oxidation in soil around rice roots [J]. Nature, 403: 421–424.

CHEN C Q, QIAN C R, DENG A X., et al., 2012. Progressive and active adaptations of cropping system to climate change in Northeast China[J]. Eur. J. Agron, 38: 94–103.

CHEN G, ZHAO G, CHENG W, et al., 2020. Rice nitrogen use efficiency does not link to ammonia volatilization in paddy fields[J]. Sci. Total Environ, 741: 140 433.

GAO D, ZHANG L, LIU J, et al., 2018. Responses of terrestrial nitrogen pools and dynamics to different patterns of freeze-thaw cycle:a meta-analysis[J].Glob Change Biol, 24: 2 377–2 389.

GAO S, DELUCA T H, 2016. Influence of biochar on soil nutrient transformations, nutrient leaching, and crop yield[J]. Advances in Plants & Agriculture Research, 4: 150.

JOHNSON, M G, KERN J S, LEVINE, E R, 1995. Soil organic matter: distribution, genesis, and management to reduce greenhouse gas emissions[J]. Water Air Soil Poll, 82: 593–615.

KHOSA M.K, SIDHU B S, BENBI, DK, 2010. Effect of organic materials and rice cultivars on methane emission from rice field[J]. J. Environ. Biol, 31: 281–285.

KNOBLAUCH C, MAARIFAT A A, PFEIFFER E M, et al., 2011. Degradability of black carbon and its impact on trace gas fluxes and carbon turnover in paddy soils[J]. Soil Biol. Biochem, 43: 1 768–1 778.

LAN T, HAN Y, ROELCKE M, et al., 2013. Effects of the nitrification inhibitor dicyandiamide (DCD) on gross N transformation rates and mitigating N_2O emission in paddy soils[J]. Soil Biol. Biochem, 67: 174–182.

LIM S S, KWAK J H, LEE D S, et al., 2009. Ammonia Volatilization from Rice Paddy Soils Fertilized with 15N-Urea Under Elevated CO_2 and Temperature[J]. Korean Journal of Environmental Agriculture, 28: 233–237.

LIU Q H, SHI X Z, WEINDORF D C, et al. Soil organic carbon storage of paddy soils in China using the 1:1,000,000 soil database and their implications for C sequestration[J]. Global Biogeochem. Cy, 2006: 20.

LOU Y S, INUBUSHI K, MIZUNO T, et al., 2008. CH_4 emission with differences in atmospheric CO_2 enrichment and rice cultivars in a Japanese paddy soil[J]. Global Change Biol, 14: 2 678–2 687.

LU W F, CHEN W, DUAN B W. et al., 2000. Methane emissions and mitigation options in irrigated rice fields in southeast China[J]. Nutr. Cycling Agroecosyst, 58: 65–73.

MA J, LI X L, XU H, et al., 2007. Effects of nitrogen fertiliser and wheat straw application on CH_4 and N_2O emissions from a paddy rice field[J]. Aust. J. Soil Res, 45: 359–367.

MA J, XU H, YAGI K, et al., 2008. Methane emission from paddy soils as affected by wheat straw returning mode [J]. Plant Soil, 313: 167–174.

MELILLO J M, STEUDLER P A, ABER J D, et al., 2002. Soil warming and carbon-cycle feedbacks to the climate system[J]. Science, 298(5601): 2 173–2 176.

PAN G, XU X, SMITH P, et al., 2010. An increase in topsoil SOC stock of China's croplands between 1985 and 2006 revealed by soil monitoring[J]. Agr. Ecosyst. Environ, 136: 133–138.

PAN G X, LI L Q, WU L S, et al., 2003. Storage and sequestration potential of topsoil organic carbon in China's paddy soils [J]. Global Change Biol, 10: 79–92.

PAUSTIAN K, LEHMANN J, OGLE S, et al., 2016. Climate-smart soils[J]. Nature, 532(7 597): 49–57.

PEREIRA J, FIGUEIREDO N, GOUFO P, et al., 2013. Effects of elevated temperature and atmospheric carbon dioxide concentration on the emissions of methane and nitrous oxide from Portuguese flooded rice fields [J]. Atmos. Environ, 80: 464–471.

QIN Y, LIU S, GUO Y, et al., 2010. Methane and nitrous oxide emissions from organic and conventional rice cropping systems in Southeast China[J]. Biol. Fertil. Soils, 46: 825–834.

QIN Z, HUANG Y, ZHUANG Q, 2013. Soil organic carbon sequestration potential of cropland in China[J]. Global Biogeochem. Cy, 27: 711–722.

RINNAN R, MICHELSEN A, ERLAND B, et al., 2007. Fifteen Years of Climate Change Manipulations Alter Soil Microbial Communities in a Subarctic Heath Ecosystem[J]. Global Change Biol, 13(1): 28–39.

STONE M M, WEISS M S, GOODALE C L, et al., 2012. Temperature sensitivity of soil enzyme kinetics under N-fertilization in two temperate forests[J]. Global Change Biol, 18(3): 1 173–1 184.

SUN H J, ZHANG H L, MIN J, et al., 2016. Controlled-release fertilizer, floating duckweed, and biochar affect ammonia volatilization and nitrous oxide emission from rice paddy fields irrigated with nitrogen-rich wastewater [J]. Paddy Water Environ, 14: 105–111.

SUN W, HUANG Y, ZHANG W, et al., 2010. Carbon sequestration and its potential in agricultural soils of China[J]. Global Biogeochem. Cy. 24, GB3001.

TAS N, PRESTAT E, WANG S, et al., 2018. Landscape topography structures the soil microbiome in arctic polygonal tundra[J]. Nat. Commun, 9(1): 777–790.

WANG S Q, YU G R, ZHAO Q J, et al., 2005. Spatial characteristics of soil organic carbon storage in China's croplands[J]. Pedosphere, 15: 417–423.

XIE Z, ZHU J, LIU G, et al., 2007. Soil organic carbon stocks in China and changes from 1980s to 2000s [J]. Global Change Biol. 13: 1 989–2 007.

YAN X, CAI Z, WANG S, et al., 2011. Direct measurement of soil organic carbon content change in the croplands of China[J]. Global Change Biol, 17: 1 487–1 496.

YU Y, XUE L, YANG L, 2013. Winter legumes in rice crop rotations reduces nitrogen loss, and improves rice yield and soil nitrogen supply[J]. Agron. Sustainable Dev, 34: 633–640.

ZHANG A F, BIAN R J, PAN G X, et al., 2012. Effects of biochar amendment on soil quality, crop yield and greenhouse gas emission in a Chinese rice paddy: A field study of 2 consecutive rice growing cycles[J]. Field Crops Res, 127: 153–160.

ZHAO X, ZHOU Y, WANG S, et al., 2012. Nitrogen Balance in a Highly Fertilized Rice-Wheat Double-Cropping System in Southern China[J]. Soil Sci. Soc. Am. J, 76: 1 068–1 078.

ZHAO Y, WANG M, HU S, et al., 2018. Economics-and policy-driven organic carbon input enhancement dominates soil organic carbon accumulation in Chinese croplands[J]. P. Natl. Acad. Sci. USA, 2018, 115: 4 045–4 050.

主要撰写人：杨万深、宋振伟、刘　迪、侯朋福、孙艳妮、黄　山、张　俊、邓艾兴、崔　宏、阮俊梅

4 稻田温室气体排放对气候变化的响应机制及减排栽培途径

摘要： 气候变化所导致的 CO_2 浓度升高、气温上升以及降水不均等因素对稻田生态系统产生了剧烈影响。在保证高产稳产的基础上，探索稻田温室气体排放对 CO_2 浓度、温度和降水等关键气候变化因子的响应机制与减排栽培途径对未来水稻农业的可持续性发展具有重要现实意义。本部分通过田间通量观测和室内厌氧、好氧培养试验，采用分子生态学技术，以 CO_2 浓度升高为主要情景，以再生稻为主要稻作系统，以节水抗旱稻为技术依托，围绕高低应答水稻、再生稻、节水抗旱稻的温室气体排放对关键气候变化因子的响应机制不明确、减排栽培途径尚缺乏等科学问题，研究了 CO_2 浓度、温度、降水等单因子下稻田温室气体排放及其对品种选择、播期调整、水肥管理等的响应，阐明了高低应答水稻的 CH_4 和 N_2O 排放对 CO_2 浓度升高的响应及其差异机制：CO_2 浓度升高促进水稻生长，增加土水界面 O_2 浓度，减少产甲烷菌群落丰度，增加甲烷氧化菌群落丰度，从而减少 CH_4 产生，促进 CH_4 氧化并降低土壤中速效 N 含量，抑制土壤硝化过程中 N 的转化；集成了以覆膜栽培为主体，筛选高产低排的再生稻、节水抗旱稻品种，优化水分管理为辅助的减排技术途径，发现高产低排的再生稻品种 3 个、节水抗旱稻品种 4 个，提出有效减排增效技术途径 4 条。研究成果可为水稻高产稳产和温室气体减排应对气候变化策略的制定提供数据支撑。

4.1 研究背景

全球气候变暖已成为人类面临的最主要环境问题之一。近百年来，中国年平均地面气温升高 1.15℃，升高速率为 0.10℃ /10 年，其中，1951—2016 年平均气温上升速率达到 0.23℃ /10 年（中华人民共和国气候变化第三次国家信息通报，2018）。多个气候模式模拟结果表明，未来中国年平均气温将持续上升。2011—2100 年间，中国平均增温趋势约为 0.08 ~ 0.61℃ /10 年，相对于 1986—2005 年，到 21 世纪末（2081—2100 年），中国平均气温可能增加 1.3 ~ 5℃，其中，北方地区增温幅度大于南方地区（中华人民共和国气候变化第三次国家信息通报，2018）。

全球变暖的主要原因是大气温室气体浓度增加。工业革命以来，人类长期使用化石燃料，采用破坏生态环境及改变土地利用方式，导致大气中主要的温室气体（CO_2、CH_4 和 N_2O）浓度快速增加，到 2020 年，大气中 CO_2、CH_4 和 N_2O 的浓度已分别超过 409 μg/kg、

1876 μg/kg 和 333 μg/kg（NOAA，2020），分别是 1750 年工业化前水平的 146%、262% 和 104%。根据 2018 年《中华人民共和国气候变化第三次国家信息通报》，2010 年中国温室气体净排放总量（包括土地利用、土地利用变化与林业）约为 95.51 亿 t 二氧化碳当量，比 2005 年增长了 31.8%，年均增长率为 5.7%。

农业是温室气体重要的排放源之一。中国是一个农业生产大国，2010 年，农业温室气体排放量约为 8.28 亿 t 二氧化碳当量，比 2005 年增长了 5.1%，年均增长率为 1%（中华人民共和国气候变化第三次国家信息通报，2018）。农业排放的温室气体主要为 CH_4 和 N_2O，是大气中仅次于 CO_2 的两种重要温室气体，在 100 年尺度上，其全球增温潜势分别是 CO_2 的 34 倍和 298 倍（IPCC，2013）。中国 2010 年农业排放的 CH_4 和 N_2O 分别约为 4.71 亿 t 和 3.58 亿 t 二氧化碳当量，分别占全国 CH_4 和 N_2O 总排放量的 40.5% 和 65.4%（中华人民共和国气候变化第三次国家信息通报，2018）。

作为农业大国，中国耕地面积居世界第四位，其中，水稻种植面积占世界的 20%（Liu et al.，2010）。稻田生产系统是受气候变化影响最敏感的农业生态系统之一。大气 CO_2 浓度升高是近 2 000 年来全球气候变暖的重要原因，CO_2 浓度升高能够直接影响水稻干物质积累过程，关系全球粮食安全（王从，2017）。目前，普适性的观点是大气 CO_2 浓度升高对水稻具有增产效果（Yang et al.，2007；Zhu et al.，2018）。大气 CO_2 浓度升高条件下水稻增产幅度差异较大，其中，水稻品种是影响水稻产量对大气 CO_2 浓度升高响应的最直接因素。已有研究结果表明，大气 CO_2 浓度升高促进水稻品种武运粳 14 和 Akitakomachi 增产 10% ~ 15%，这类水稻被称为低应答水稻（Kim et al.，2003；Yang et al.，2007，2009；Zhu et al.，2014；Hu et al.，2020）。中国 FACE 平台连续 3 年的试验发现，汕优 63 和两优培九增产效果高于 30%，这类水稻被称为高应答水稻（Yang et al.，2007；Liu et al.，2008；Yang et al.，2009）。大气 CO_2 浓度升高虽然有利于水稻增产，但也会降低稻米品质（Yang et al.，2007；Zhu et al.，2018）。针对大气 CO_2 浓度升高条件下“增产保质”的研究已有大量报道（Liu et al.，2008；Yang et al.，2009；Hu et al.，2015；王东明，2019），其主要途径包括提升水稻蒸腾作用、提高水稻根系规模以及促进氮素吸收等。

气候变暖导致农业热量资源增加，与 1961—1980 年时段相比，1981—2007 年中国年均气温增加了 0.6℃，大于等于 0℃和 10℃的积温分别增加了 123℃·日和 126℃·日（中华人民共和国气候变化第三次国家信息通报，2018）。气候变暖为再生稻的种植提供了有利条件。再生稻是在单季稻基础上发展起来的，利用头季稻收割后稻桩上存活的休眠芽，在适宜的水、温度、光照和养分等条件下重新发苗，萌发再生蘖，进而抽穗成熟，再收一季（熊洪等，2000）。近年来，在气候变暖提供的有利环境和政府的鼓励与支持下，再生稻在我国四川、湖北、湖南、福建和重庆等省份发展迅猛（宋开付，2020）。其中，四川省再生稻面积最大，约为 2.8×10^5 hm^2，两季总产量约为 10.5 t/hm^2（徐富贤等，2016）。最新模拟评估发现，中国南方适宜种植再生稻的面积可达 13.28×10^6 hm^2，在未来气候变暖条件下，其种植面积可能进一步扩大，这有利于增加粮食产量、确保国家粮食安全（Yu et al.，2022）。

由于气候变暖导致降水分布不均引发的旱涝灾害事件逐年增多，且旱灾发生区域南移（王向辉等，2011）。进入21世纪以来，中国降水量减少区域有从华北向华中和西南地区迁移的趋势，西南地区近十余年降水量则显著减少，气象干旱问题开始显现（中华人民共和国气候变化第三次国家信息通报，2018）。培育水稻抗旱品种是抵御干旱缺水的重要技术途径。我国旱稻资源丰富，已编入《中国稻种资源目录》的地方旱稻品种达3 103份（陈万云和冯媛，2006）；然而，传统旱稻品种产量较低，栽培管理粗放（罗利军和张启发，2001）。2003年以来，上海市农业生物基因中心在水稻高产优质研究基础上引进旱稻的节水抗旱特性育成一系列高效节水抗旱水稻品种，这是一种既有旱稻的节水抗旱特性、又有水稻高产优质特性的新型栽培稻。与低产低质的传统旱稻相比，节水抗旱稻的产能潜力已与目前大面积种植的杂交水稻基本持平，而用水只是普通水稻的50%，抵抗干旱能力强（Luo，2019）。目前，节水抗旱稻已在我国广西、四川、湖北、安徽、上海等多地示范种植并取得成功（刘国兰等， 2013；谢戎等，2013；余新桥等，2016），在全国主要水稻产区推广总面积超过百万余亩。

4.1.1 稻田温室气体排放机制

4.1.1.1 稻田 CH_4 排放

稻田是全球 CH_4 的重要人为排放源。据统计，全球稻田 CH_4 排放量为26 ~ 40 Tg/yr，占人为排放源的7% ~ 11%、农业排放源的12% ~ 21%（Saunois et al.，2020）。稻田 CH_4 排放是土壤中 CH_4 产生、氧化和向大气传输3个过程共同作用的结果（蔡祖聪等，2009）。

土壤 CH_4 产生是一个生物化学过程，由产甲烷菌在严格厌氧条件下作用于产甲烷前体产生（Conrad，2007），即 CH_4 是产甲烷菌厌氧呼吸的终端产物。稻田土壤中复杂的有机物质，包括有机肥料、动植物残体、土壤腐殖质和其他有机物以及水稻根系的脱落物和分泌物等，在糖类水解发酵细菌的作用下转化成简单的产甲烷前体。产甲烷菌在严格厌氧条件下作用于这些产甲烷前体，产生 CH_4，这是 CH_4 排放的基础。产甲烷菌只能利用有限种类的产甲烷前体，主要分为：CO_2、甲基化合物和乙酸三大类型。稻田 CH_4 产生主要有两个途径（Neue and Scharpenseel，1984；Papen and Rennenberg，1990），一是在专性矿质化学营养产甲烷菌的参与下，以 H_2 或有机分子作H供体还原 CO_2 形成 CH_4，$CO_2+4H_2 \rightarrow CH_4+2H_2O$；二是在甲基营养产甲烷菌的参与下，通过乙酸脱羧基生成 CH_4，$CH_3COOH \rightarrow CH_4+CO_2$。

CH_4 氧化则是有氧条件下甲烷氧化菌作用的结果。尽管稻田土壤以淹水还原条件为主，但在根土界面及土水界面也存在氧化区域：水稻根系分泌出 O_2，进而在根的周围形成氧化层；大气 O_2 在水层扩散，在水土界面也能形成很薄的氧化层。由于上述氧化层能够为甲烷氧化菌的生长提供有利条件，因此，稻田 CH_4 氧化主要发生在这些有氧区域。当土壤中生成的 CH_4 通过扩散进入氧化区域时，大量 CH_4 被甲烷氧化菌氧化，这是稻田 CH_4 排放的自然调节，对减少稻田 CH_4 排放具有重要意义。研究表明，稻田土壤中产生的 CH_4 在排放到大气之前，在氧化层被氧化的量可高达 80% ~ 90%（Frenzel et al.，1992）。另外，参与稻田土壤 CH_4 氧化的微生物不仅有专一的甲烷氧化菌，而且还有氨氧化菌，但是氨氧化菌氧化 CH_4 的速率很小（Bedard and Knowles，1989）。

稻田土壤产生 CH_4 中未被氧化的部分主要通过植株通气组织进入大气。研究发现，水稻根系具有较强的输送 CH_4 能力，超过 80% 的稻田 CH_4 排放是通过水稻植株的通气组织进入大气（Holzapfelpschorn et al.，1986；贾仲君和蔡祖聪，2003）。通过水稻植株通气组织排放的 CH_4 量与植株蒸腾量间没有定量关系，这说明在水稻植株体内 CH_4 主要通过气相扩散排放。水稻植株传输稻田 CH_4 的机制可能是：根系周围的土壤溶液与水稻根系组织内部之间存在 CH_4 的浓度梯度，导致 CH_4 首先从土壤溶液中扩散到根系表面水膜中；然后，CH_4 进入根皮层细胞壁的溶液中，从根皮层处逸出，再通过细胞间空隙和通气组织转运到茎部；最终，CH_4 主要通过位于低叶位的叶鞘表皮中的微孔排入大气（Nouchi et al.，1990）。研究表明，通过早晚稻水稻植株传输、气泡迸发以及液相扩散方式 3 种途径排放的 CH_4，分别占 CH_4 排放总量的 55% ~ 73%，24% ~ 41% 和 3% ~ 5%（上官行健等，1993）。

影响稻田 CH_4 产生、氧化和传输的因素均对稻田 CH_4 排放产生影响。因此，稻田土壤 CH_4 排放的影响因素有很多，主要包括土壤性质因素、人为因素以及气象因素等。

（1）水分管理 淹水（至少水分饱和）是稻田产生和实际性排放 CH_4 的先决条件。水分管理对稻田 CH_4 产生、氧化和排放均有决定性的影响。稻田水层促使土壤形成厌氧环境，为产甲烷菌的生长和活性提供必要条件，从而影响 CH_4 产生。另一方面，土壤水分也可以通过改变 CH_4 和 O_2 的扩散速率来影响甲烷氧化菌的活性（LeMer and Roger，2001），进而影响 CH_4 氧化。当稻田处于中期烤田时，水层消失，土壤直接暴露于空气中，通气性增强，大量 O_2 扩散至土壤中，抑制 CH_4 产生的同时也促进 CH_4 氧化（Jia et al.，2006）。Yu 等（2004）研究发现，湿润灌溉有效减少稻田 CH_4 排放。Tyagi 等（2010）研究表明，与烤田和间歇灌溉相比，持续淹水显著增加稻田 CH_4 排放 9% ~ 41%。对比持续淹水稻田，适当烤田和干湿交替可以节水保产，同时减少 CH_4 排放（Chu et al.，2015；Haque et al.，2016）。

（2）氮肥施用 肥料种类、用量及施用方法对稻田 CH_4 排放有重要影响，这里主要阐述化学氮肥施用的影响。化学氮肥施用对稻田 CH_4 排放的影响并不统一，可以促进，或者抑制，抑或不产生明显影响。如 Banger 等（2012）通过 Meta 分析认为化学氮肥施用促进稻田 CH_4 排放，其原因可能是化学氮肥施用能够促进稻田土壤产甲烷菌活性而抑制甲烷氧化菌活性（Bodelier，2011）；另有研究发现，对比单独氮肥投入，平衡施肥有利于促进甲烷氧化菌的活性，进而导致 CH_4 排放降低（Datta et al.，2013）。因此，能够提高氮素利用率又能减少稻田 CH_4 排放的氮肥管理可兼顾经济创收和环境友好，对农业可持续发展具有重要意义。

（3）**水稻品种** 不同水稻品种的根系分泌物组成成分和含量具有明显差异，从而影响稻田土壤产 CH_4 能力。此外，不同水稻品种的植株通气组织形态和数量不一，也势必会影响 CH_4 的传输能力（Aulakh et al.，2000）。高 CH_4 排放的水稻品种在形态、生理和解剖上的特征主要有较大的叶面积、较多的分蘖数、较高的气孔开合频率以及较快的蒸腾速率，并且水稻气腔直径较宽（Das and Baruah，2008）。在未来人口数量增加的压力下，种植“高产低排”的水稻品种具有重要战略意义。通过田间实验和 Meta 分析发现，低碳土壤中种植高产水稻品种 CH_4 排放略有增加，而在高碳土壤中种植高产水稻品种会显著减少 CH_4 排放（Jiang et al.，2017），这可能是由于高产水稻品种根系生物量和根系空隙率较高，有利于 O_2 进入根际，促进 CH_4 氧化（Ma et al.，2010），也可能是因为植株对底物利用率较高，减少了 CH_4 的产生底物。

（4）**大气 CO_2 浓度升高** 大气 CO_2 浓度升高能够直接或间接影响稻田 CH_4 排放。大多数学者认为，大气 CO_2 浓度升高促进稻田 CH_4 排放（van Groenigen et al.，2011；Liu et al.，2018）。Malyan 等（2016）归纳了大气 CO_2 浓度升高增加稻田 CH_4 排放的可能机制，主要包括 3 方面。

①水稻根际分泌物增多，产甲烷底物增加，产甲烷菌丰度增加，进而促进 CH_4 产生。

②稻田土壤甲烷氧化菌丰度减少，CH_4 氧化能力减弱。

③水稻分蘖数增加，CH_4 传输能力增强。但也有研究发现，大气 CO_2 浓度升高并未显著增加稻田 CH_4 排放，其原因可能是大气 CO_2 浓度升高并未增加产甲烷菌群落丰度；然而，当温度和大气 CO_2 浓度同时升高时，稻田 CH_4 排放显著增加，这说明其他环境因素可与大气 CO_2 浓度升高交互影响稻田 CH_4 排放（Tokida et al.，2010）。另有研究表明，大气 CO_2 浓度升高减少稻田 CH_4 排放，主要由于大气 CO_2 浓度升高促进水稻植株生长、根系发育，促进 O_2 通过水稻植株向根部运输，增加稻田土壤 CH_4 氧化能力（Schrope et al.，1999）。

4.1.1.2 稻田 N_2O 排放

稻田也有一定数量的 N_2O 排放，是一个重要人为排放源（邢光熹等，2020）。据估计，全球人为排放的 N_2O 总量约为 6.3 Tg/yr，施肥土壤排放的 N_2O 总量约为 2.2 Tg/yr，而稻田 N_2O 排放总量 0.11 ~ 0.28 Tg/yr，占全球人为排放 N_2O 总量的 2% ~ 4%、施肥农田 N_2O 排放总量的 5% ~ 13%（Yan et al.，2003；Akiyama et al.，2005；Davidson，2009；Wang et al.，2020）。稻田 N_2O 排放主要集中在水分剧烈变化的烤田期和复水期（Cai et al.，1997）。

与 CH_4 类似，N_2O 排放也是产生、转化和传输 3 个过程共同作用的结果。稻田 N_2O 主要是硝化作用和反硝化作用的中间产物。稻田反硝化作用不仅发生在上部淹水耕作层的还原层，也发生在地下水分饱和的土壤层（Xing et al.，2002）。反硝化过程是土壤 N_2O 产生的重要途径，也是 N_2O 还原的唯一已知途径。反硝化作用能够将土壤中累积的活性氮以 N_2 的形式去除，进而调节生态系统活性氮库。稻田生成的 N_2O 进入大气主要有 3 个途径：

水稻体内通气组织、水中气泡、液相扩散，且其传输途径受田间水分状况的影响。稻田淹水期，N_2O 主要通过水稻体内通气组织传输，约占比 87%；落干期，N_2O 则主要通过土壤-大气交接面传输，此时仅占比 18%（Yan et al.，2000）。水稻生长期内田面保持水层时，稻田 N_2O 排放量较少，而当水分管理为“烤田”时期，有利于稻田 N_2O 排放。

稻田土壤 N_2O 排放与土壤水分状况、氮肥施用、水稻品种以及大气 CO_2 浓度升高等因素有关。土壤水分含量决定着土壤氮素转化的总体方向；肥料施用和土壤氮素的有效性及作物对氮素的吸收影响土壤中的硝化和反硝化作用的底物供应及生长活性；水稻品种决定着水稻植株和根系发育情况，通过影响土壤通气性、土壤有机质含量影响着稻田 N_2O 产生；大气 CO_2 浓度升高也会影响水稻植株生长，对土壤氮素吸收和水稻植株产生影响，进而影响硝化作用与反硝化作用的微生物活性。

（1）土壤水分状况 土壤水分可通过改变土壤通气性、调控参与硝化及反硝化作用微生物酶活性以及影响产氧化亚氮底物的扩散进而影响稻田土壤 N_2O 产生和排放。同时，土壤水分控制着土壤通气性、O_2 在土壤中的扩散状况以及微生物与植物根系对 O_2 的消耗程度。研究表明，土壤的反硝化速率与土壤中 O_2 浓度成反比关系，而增加 O_2 浓度往往能够提高硝化速率（Butterbach-Bahl et al.，2013；Hu et al.，2015）。尽管 O_2 浓度对土壤 N_2O 的产生极其重要，但 O_2 浓度在以往的研究中很少被测定（Zhu et al.，2013）。大部分的研究通常将土壤水分含量作为土壤中 O_2 浓度的指标。当稻田土壤中 O_2 浓度上升，即土壤水分含量降低，特别是稻田土壤处于干湿交替时期，可观测到大量稻田 N_2O 排放。与长期淹水处理相比，中期烤田显著促进 N_2O 排放，其原因是干湿交替促使硝化与反硝化作用交替进行，并抑制反硝化作用将产生的 N_2O 进一步还原（Liu et al.，2010）。

（2）氮肥施用 氮肥施用是稻田土壤 N_2O 排放的主控因子之一。氮肥施用不仅影响硝化和反硝化反应的进行，还影响水稻植株的生长，进而影响 N_2O 的产生及其从土壤到大气的传输。氮肥施用还可以通过促进水稻植株生长刺激根系生长和根系分泌物的增加，影响土壤中参与氮循环微生物的生长和活性，最终影响 N_2O 的产生与排放。氮肥施用量影响着稻田 N_2O 排放，在水分管理条件一致的条件下，不论施用尿素或者硫铵，N_2O 的排放量均随施用量的增加而增加（Cai et al.，1997）。平衡 C、N 比例，有利于稻田的持续发展。Xia 等（2014）发现，与仅施用化学肥料相比，长期秸秆（C/N 比大于 45）还田能够降低稻季 N_2O 排放 15% ~ 17%。

（3）水稻品种 Yan 等（2000）认为，水稻植株不仅对 CH_4 有排放通道的作用，在一定条件下，对 N_2O 排放也存在通道作用。不同水稻品种，水稻植株特性存在一定差异，势必影响稻田 N_2O 排放的通道作用。研究发现，杂交水稻的温室气体排放显著低于常规水稻（孙会峰等，2015）。不同水稻品种氮肥利用率有所差别也会导致土壤速效氮含量的不同，进而影响稻田 N_2O 排放：高产或增产潜力大的水稻品种通常具有更强的吸氮能力，从而降低稻田土壤氮素的残留量，减少稻田 N_2O 排放（王玲等，2002）。

（4）**大气 CO_2 浓度** 一般认为，大气 CO_2 浓度升高增加稻田 N_2O 排放，其可能机制（Bhattacharyya et al.，2013；Wang et al.，2018）包括：①大气 CO_2 浓度升高提高碳的有效性，更多的碳源为硝化和反硝化作用提供能量，增加净硝化作用以及反硝化作用潜势，从而增加稻田 N_2O 排放；②大气 CO_2 浓度升高，导致温度升高，增强硝化和反硝化菌的活性，增加氮转化为 N_2O 形式损失。此外，大气 CO_2 浓度升高能够促进植物生长，提高植物的氮素利用率，促使土壤氮的残留量减少，进而可能降低土壤 N_2O 排放（Yao et al.，2020）；大气 CO_2 浓度升高可能增加定量施氮的土壤 C/N 比，从而导致有效氮向微生物氮转移，减少了参与硝化和反硝化作用的氮量（Liu et al.，2018），进而减少稻田 N_2O 排放。温度和大气 CO_2 浓度同时升高的交互作用也可能存在抵消稻田 N_2O 排放的作用（Wang et al，2018），相关机制研究目前还比较欠缺，亟须进一步探讨。

4.1.2 适应性栽培途径

FAO（2009）数据显示：世界人口数量从 2009 年至 2050 年大约会增加 29 亿，为满足大量人口增加的需求，粮食（主要是水稻）需增加 10 亿 t。大气 CO_2 浓度升高为粮食增产提供了有利条件，但不同水稻品种的增产潜能对 CO_2 浓度升高的响应存在明显差异，增产达 30% 左右的被视为高应答水稻，增产在 10% 左右的被称为低应答水稻（Yang et al.，2007，2009；Liu et al.，2008）。此外，CO_2 浓度升高亦对稻田 CH_4 和 N_2O 排放存在重要影响，且不同水稻品种的排放对 CO_2 浓度升高的响应可能有所不同。为满足日益增长的人口对粮食的需求，未来大气 CO_2 浓度升高条件下高产水稻品种的筛选和种植对提高粮食产量、保障国家粮食安全显得尤为重要。因此，系统全面地了解大气 CO_2 浓度升高对高、低应答水稻温室气体排放的影响及其机制，可为未来气候条件下稻田温室气体减排措施的制定提供新思路。然而，目前研究多针对低应答水稻品种，而对于增产效果显著的高应答水稻品种在未来大气 CO_2 浓度升高条件下稻田 CH_4 和 N_2O 排放及其减排潜力的研究尚未开展。

再生稻作为晚秋作物，具有生育期短、日产量高、米质优、省种、省工、节水、调节劳力、生产成本低和经济效益高等优点。对于我国南方种植一季稻热量有余而种植双季稻热量又不足的稻麦两熟区，或双季稻区仅种一季中稻的稻田，蓄留再生稻是提高复种指数、增加单位面积稻谷产量和经济收入的重要措施之一（熊洪等，2000）。我国目前适宜蓄留再生稻的稻田面积约有 5 000 万亩，可使稻谷每年增产达 2 000 万 t（徐富贤等，2015）。发展再生稻可确保我国粮食安全不会因气候变化受影响，对适应全球变暖环境下的农业结构调整、增加粮食产量和提高农民收入具有重要意义。

再生稻既不同于单季稻，又与双季稻存在很大差别。与单季稻相比，再生稻头一季播种、移栽及收获时间均明显提前，而再生稻再生季的收获时间又有所推迟，于是总体上延长了水稻生育期。其次，再生稻头一季收获后，为促进再生季腋芽的萌发生长，不仅要维持田间水分，还要在割苗后 1 ~ 2 d 施用再生芽苗肥，从而增加了氮肥施用量。与双季稻相比，再生稻再生季无需晚稻的育秧、播种、移栽和施分蘖肥、穗肥等，不仅明显缩短了水稻生育期，还可能降低氮肥施用量。综上可见，再生稻的田间水肥管理时间和肥料施用量等均与单、双季稻的很不相同，从而导致稻田 CH_4 和 N_2O 排放受环境因素，特别是受水分和温度影响的差异很大，毫无疑问将导致再生稻稻田 CH_4 和 N_2O 排放的季节变化规律与单、双季稻稻田的明显不同。目前关于再生稻的文献报道主要集中在品种筛选、栽培技术革新及产量提升方面（郭建新等，2015；徐富贤等，2015；郑亨万，2015），而有关再生稻稻田 CH_4 和 N_2O 排放方面的系统研究较为缺乏。

为了应对干旱，节水型稻作在我国季节性干旱频发地区已得到广泛应用，它主要包括耐旱品种选育、节水灌溉技术、覆盖旱作技术与土壤耕作技术等几方面（朱伟文等，2014）。江西、安徽、上海等地的试验显示，节水抗旱稻的产量可达 9.54 ~ 12.38 t/hm^2，米质达到国家二级优质米标准（罗利军，2018）。节水抗旱稻栽培以湿润灌溉为主，田间无需保持水层，全生育期仅靠自然降水或在关键生育期灌水 1 ~ 2 次就能完成生育进程，并有较好的产量形成（艾福中，2013；李友星，2014），这种节水型稻作极适用于无水源保证和灌溉成本高的干旱地区。

我国西南地区水稻生产受季节性干旱影响严重，为此农民常将稻田蓄水越冬以确保翌年水稻按时满栽满插。据统计，西南地区冬水田总面积约为 1029 万 hm^2，占我国冬水田面积的 34%（李博伦，2015）。冬水田不仅水稻生长期大量排放 CH_4，非水稻生长期也有接近于水稻生长期的 CH_4 排放量（Cai et al.，2003），是 CH_4 排放量最大的一类稻田，也是 CH_4 减排潜力最大的一类稻田。据模型估算，冬水田 CH_4 年排放量约为 2.93 Tg，占我国稻田 CH_4 总排放量的 55%（康国定，2003）。如果将冬水田在非水稻生长季节排水落干，可使全国稻田 CH_4 排放量减少 35%（蔡祖聪等，2009）。然而，冬水田在很大程度上依赖降雨灌溉，在常规种植制度下，如果非水稻生长季节排水落干，万一遇到春季降雨不足，就有可能难以进行耕作和种植水稻，导致减产减收，威胁到国家粮食安全。随着节水抗旱稻栽培技术的成熟和推广，冬水田在非水稻生长季节排干有可能不影响下季水稻种植，还有望实现其巨大的 CH_4 减排潜力。

4.2 研究进展

4.2.1 大气 CO_2 浓度升高对稻田 CH_4 和 N_2O 排放的影响

4.2.1.1 大气 CO_2 浓度升高对水稻产量的影响

有关大气 CO_2 浓度升高对水稻产量的影响已有大量报道。我国学者综合日本和中国的稻田 FACE 平台的结果，认为大气 CO_2 浓度升高 200 mg/kg 能够增加水稻产量 14% ~ 33%（Lv et al.，2020）。Liu 等（2008）和 Yang 等（2009）研究指出，不同水稻品种产量对大气 CO_2 浓度升高的响应不同，一类是产量响应增幅为 30% 以上的高应答水稻品种，另一类是增幅约为 10% 的低应答水稻品种。

我国扬州江都 3 年 FACE 试验表明：大气 CO_2 浓度升高显著增加高应答水稻品种产量

19% ~ 31%；而大气 CO_2 浓度升高条件下，低应答水稻品种增产 7% ~ 14%，但均未达到显著水平（图 4-1）。这表明，未来气候条件下，高应答水稻品种的增产效果优于低应答水稻品种。

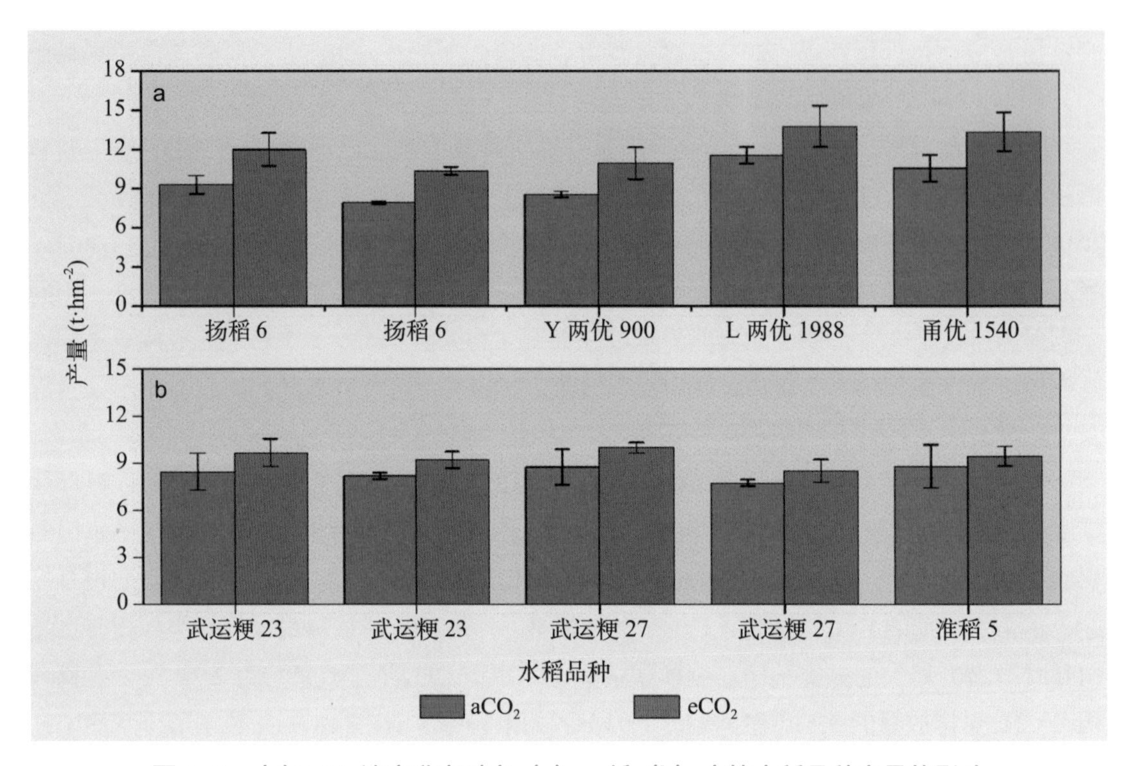

图 4-1　大气 CO_2 浓度升高对高（a）、低（b）应答水稻品种产量的影响

注：aCO_2 和 eCO_2 分别表示正常大气 CO_2 浓度条件和大气 CO_2 浓度升高 20 mg/kg 条件。高应答水稻品种：扬稻 6、Y 两优 900 和 L 两优 1988；低应答水稻品种：武运粳 23、武运粳 27 和淮稻 5。

4.2.1.2 大气 CO_2 浓度升高对高、低应答水稻稻田 CH_4 排放的影响

除了对产量的影响，大气 CO_2 浓度升高对稻田 CH_4 排放的影响也备受国内外关注。在此汇总近 20 年来全球野外大田试验观测的排放量，得到大气 CO_2 浓度升高影响稻田 CH_4 排放的基本情况（表 4-1）。大部分实测结果表明，大气 CO_2 浓度升高显著促进稻田 CH_4 排放。van Groenigen 等（2011）通过 Meta 分析认为，大气 CO_2 浓度升高显著促进稻田 CH_4 排放 43%（24% ~ 72%）。基于更多观测数据，Liu 等（2018）进一步修正了大气 CO_2 浓度升高促进 CH_4 排放的幅度，为 34%（4% ~ 118%）。然而，Qian 等（2020）报道，秸秆还田情况下，大气 CO_2 浓度升高显著降低稻田 CH_4 排放的增加量。当然，这些研究在模拟大气 CO_2 浓度升高对稻田 CH_4 排放影响时仅考虑了其短期效应，对于大气 CO_2 浓度升高的长期效应并未考虑在内。通常认为，短期大气 CO_2 浓度升高增加稻田 CH_4 排放的原因是其能够促进水稻生长、增加根系分泌物和产甲烷底物，从而增加产甲烷菌群落丰度（Inubushi et al.，2003；Wang et al.，2018b）。当然，对于稻田生态系统，影响 CH_4

排放的因素还有很多，如水肥管理、水稻品种、土壤理化性质、大气温度等（蔡祖聪等，2009）。正因如此，受限于复杂的土壤环境及多样的农艺措施等因素，短期大气 CO_2 浓度升高也许并不能全面而真实地反映大气 CO_2 浓度升高对稻田 CH_4 排放的影响。

表 4–1 大气 CO_2 浓度升高对稻田 CH_4 排放的影响结果汇总

序号	CH_4 排放（kg CH_4 · hm^{-2} · $season^{-1}$）		变化百分比（%）	国家	方法	数据来源
	正常大气 CO_2 浓度	大气 CO_2 浓度升高				
1	88	109	24	印度	OTC	Bhattacharyya 等 (2013)
2	146	178	22	日本	FACE	Fumoto 等 (2013)
3	165	171	3	日本	FACE	Tokida 等 (2010)
4	227	253	12	日本	FACE	Tokida 等 (2010)
5	95	104	10	中国	OTC	Wang 等 (2018a)
6	116	124	7	中国	OTC	Wang 等 (2018a)
7	68	101	49	中国	OTC	Wang 等 (2018a)
8	71	87	22	中国	OTC	Wang 等 (2018a)
9	51	113	120	中国	FACE	Wang 等 (2018b)
10	89	125	40	中国	FACE	Wang 等 (2018b)
11	425	392	−8	中国	FACE	Xie 等 (2012)
12	347	319	−8	中国	FACE	Xie 等 (2012)
13	205	243	19	中国	FACE	Xie 等 (2012)
14	445	499	12	中国	FACE	Xie 等 (2012)
15	325	410	26	中国	FACE	Xie 等 (2012)
16	180	261	45	中国	FACE	Xie 等 (2012)
17	316	379	20	中国	FACE	Xie 等 (2012)
18	182	233	28	中国	FACE	Xie 等 (2012)
19	72	94	31	中国	FACE	Xie 等 (2012)
20	396	388	−2	中国	FACE	Xie 等 (2012)
21	193	237	23	中国	FACE	Xie 等 (2012)
22	79	98	24	中国	FACE	Xie 等 (2012)
23	317	268	−15	中国	FACE	Xie 等 (2012)
24	219	229	5	中国	FACE	Xie 等 (2012)
25	74	92	24	中国	FACE	Xie 等 (2012)
26	259	369	42	中国	FACE	Xie 等 (2012)
27	184	222	21	中国	FACE	Xie 等 (2012)
28	66	100	52	中国	FACE	Xie 等 (2012)
29	93	149	60	中国	FACE	Xie 等 (2012)
30	85	133	56	中国	FACE	Xie 等 (2012)
31	535	435	−19	中国	FACE	Zheng 等 (2006)
32	212	220	4	中国	FACE	Zheng 等 (2006)
33	68	195	186	中国	FACE	Zheng 等 (2006)

续表

序号	CH_4 排放（kg CH_4 · hm^{-2} · $season^{-1}$）		变化百分比（%）	国家	方法	数据来源
	正常大气 CO_2 浓度	大气 CO_2 浓度升高				
34	79	152	93	中国	FACE	Zheng 等 (2006)
35	139	283	104	中国	FACE	Zheng 等 (2006)
36	155	236	53	中国	FACE	Zheng 等 (2006)
37	359	340	−5	中国	FACE	Zheng 等 (2006)
38	61	117	91	中国	FACE	Zheng 等 (2006)
39	87	93	8	日本	FACE	Zheng 等 (2006)
40	160	220	38	日本	FACE	Zheng 等 (2006)
41	77	116	50	日本	FACE	Zheng 等 (2006)

基于全球连续运行时间最长（2004—2018 年）的 FACE 试验平台，通过连续 3 年大田观测，评估了 CO_2 浓度升高 13 ~ 15 年对稻田 CH_4 排放的影响（图 4–2）。结果表明，大气 CO_2 浓度升高情况下，高应答水稻品种稻田 CH_4 排放总量的降幅为 16% ~ 59%，而低应答水稻品种稻田 CH_4 排放总量的降幅为 11% ~ 54%。这与以往绝大多数研究结果恰好相反。进一步对比发现，大气 CO_2 浓度升高条件下，高应答水稻品种稻田 CH_4 减排效果优于低应答水稻品种。

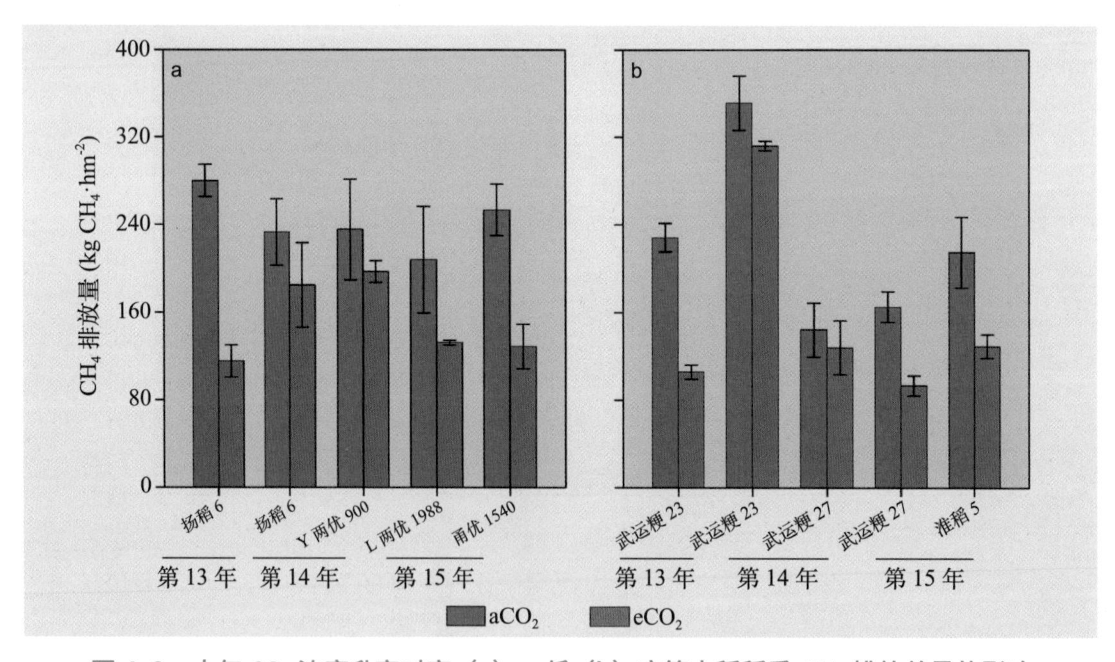

图 4–2　大气 CO_2 浓度升高对高（a）、低（b）应答水稻稻季 CH_4 排放总量的影响

关于大气 CO_2 浓度升高对稻田 CH_4 排放具有抑制效果其实早有报道。Schrope 等（1999）认为，大气 CO_2 浓度升高显著降低稻田 CH_4 排放可能是由于大气 CO_2 浓度升高增加了根系生物量，促进更多的 O_2 向根际传输，从而抑制 CH_4 产生。通过测定水土界面 O_2 浓度发现，大气 CO_2 浓度升高能够显著增加高、低应答水稻稻田土壤表层 O_2 浓度 24% ~ 37% 和 22% ~ 29%（图 4-3）。对比高、低应答水稻土壤表层 O_2 浓度可发现，无论大气 CO_2 浓度升高与否，高应答水稻稻田土壤表层 O_2 浓度显著高于低应答水稻。线性回归分析也发现，土壤孔隙水中 CH_4 浓度随着土壤表层 O_2 浓度的增大而显著降低（图 4-4）。这表明，大气 CO_2 浓度升高显著降低稻田 CH_4 排放的原因之一可能是增加了土水界面的 O_2 浓度，从而促进了 CH_4 氧化。

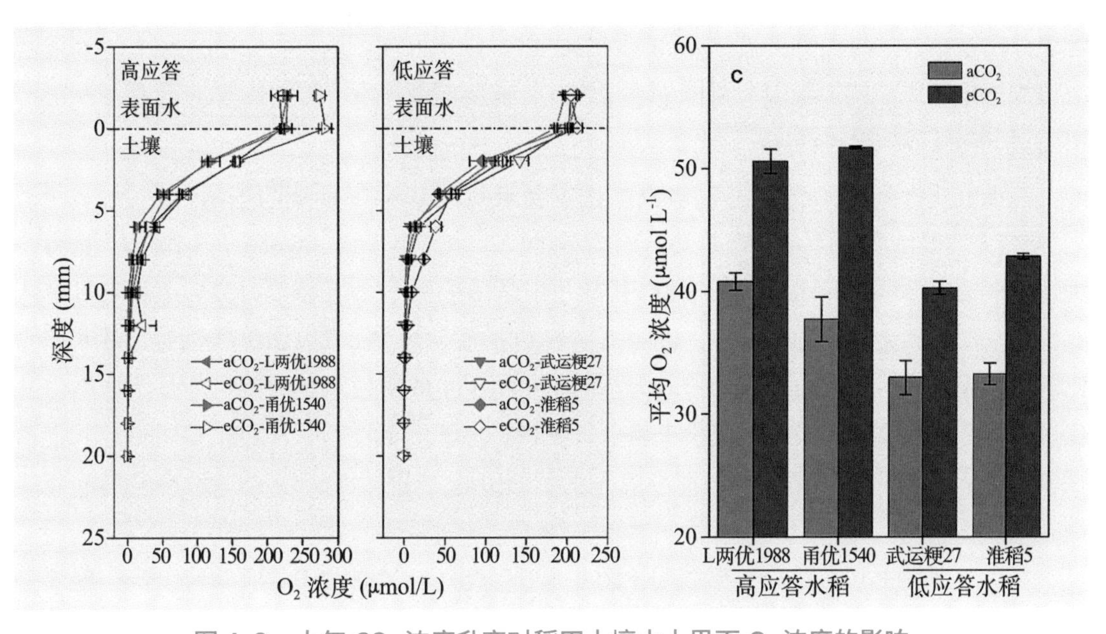

图 4-3　大气 CO_2 浓度升高对稻田土壤水土界面 O_2 浓度的影响

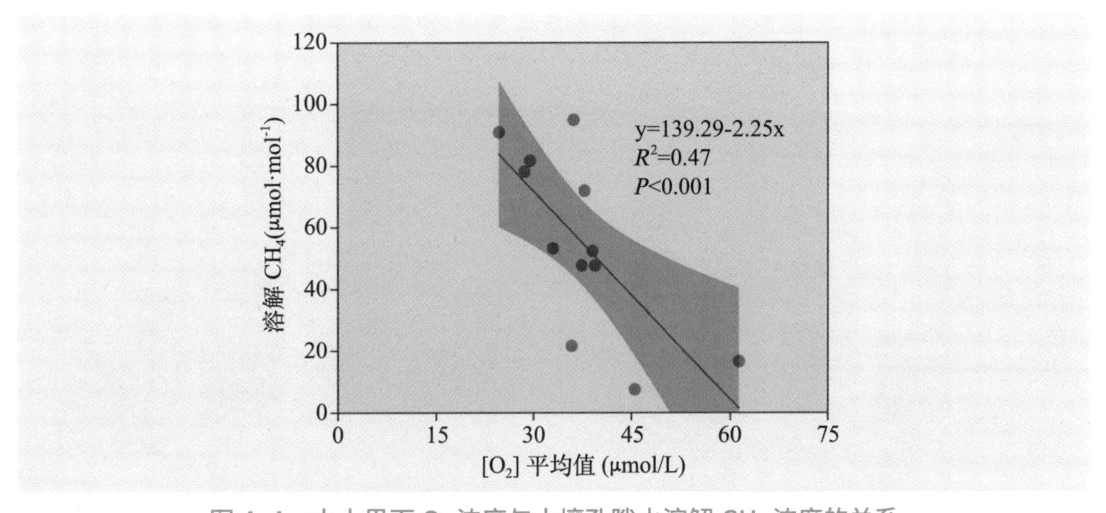

图 4-4　水土界面 O_2 浓度与土壤孔隙水溶解 CH_4 浓度的关系

进一步室内实验发现，大气 CO_2 浓度升高显著降低稻田土壤 CH_4 产生潜力和产甲烷菌群落丰度，同时增加土壤 CH_4 氧化潜力和甲烷氧化菌群落丰度（表 4–2）。尽管高、低应答水稻产 CH_4 潜力和产甲烷菌群落丰度的降低幅度无显著差别，但是，大气 CO_2 浓度升高条件下，对比低应答水稻品种，高应答水稻稻田土壤 CH_4 氧化潜力和甲烷氧化菌群落丰度却分别增加 5% 和 34% 。这说明高应答水稻具有更高的 CH_4 氧化能力。

由于大气 CO_2 浓度升高实际是一个缓慢过程，并非是试验设置的骤增现象，所以大气 CO_2 浓度骤增可能高估植物 – 土壤系统的微生物群落响应（Klironomos et al.，2005），且 Allen et al.（2020）总结认为，FACE 平台高 CO_2 浓度的试验环境与未来高 CO_2 浓度的自然环境存在差异，主要表现在试验中 CO_2 浓度的波动频率很高。这表明骤增的大气 CO_2 浓度对植物 – 土壤系统的影响效果可能失真。因此，需要深入探索不同 CO_2 浓度升高水平对稻田温室气体排放的影响。

4.2.1.3 大气 CO_2 浓度升高对高、低应答水稻稻田 N_2O 排放的影响

大气 CO_2 浓度升高对稻田 N_2O 排放影响的结果也并不一致。Wang 等（2018a）认为，大气 CO_2 浓度升高显著促进稻田 N_2O 排放可能是由于大气 CO_2 浓度升高显著增加可溶性有机碳，促进硝化和反硝化潜势，进而增加 N_2O 排放。而 Yao 等（2020）通过连续 6 年的田间观测发现，大气 CO_2 浓度升高却显著抑制稻田 N_2O 排放。其原因可能是：植物生长促进水稻植株对氮素的吸收，减少土壤中有效态氮含量，降低产生 N_2O 的底物供应。上述试验大多基于低应答水稻品种，而高应答水稻稻田 N_2O 排放对大气 CO_2 浓度升高响应规律并未系统研究。

连续 2 年的 FACE 试验结果表明（图 4–5）：大气 CO_2 浓度升高显著降低高、低应答

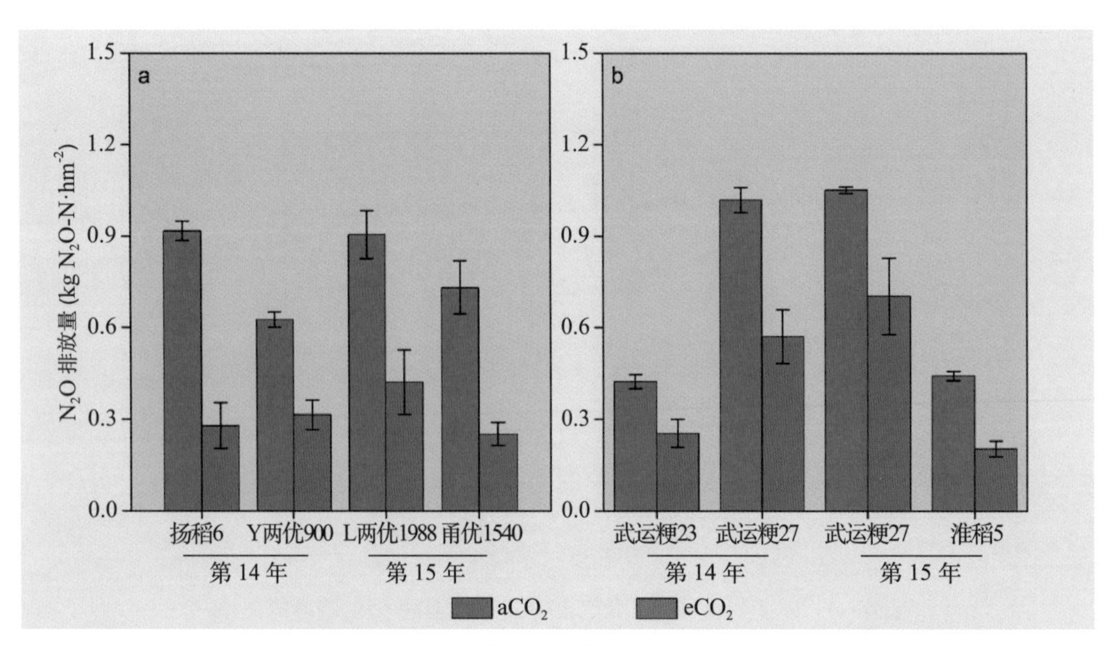

图 4–5　大气 CO_2 浓度升高对高（a）、低（b）应答水稻稻季 N_2O 排放总量的影响

表 4-2 大气 CO_2 浓度升高对高、低应答水稻稻田土壤产 CH_4 潜力、CH_4 氧化潜力、产甲烷菌群落丰度以及甲烷氧化菌群落丰度的影响

水稻品种	年份（年）	基因型品种	CH_4 产生潜力 [μg CH_4/(g·d)]			CH_4 氧化潜力 [μg CH_4/(g·d)]			mcrA genes (1×10^6 copies/g)			pmoA genes (1×10^6 copies/g)		
			aCO_2	eCO_2	Changes (e/a)	aCO_2	eCO_2	Changes (e/a)	aCO_2	eCO_2	Changes (e/a)	aCO_2	eCO_2	Changes (e/a)
高应答水稻	2016	扬稻 6	0.33±0.03a bA	0.23±0.02 abB	−32%	9.16±1.48 aA	10.71±1.8 aB	17%	2.99±0.46 aA	1.85±0.3 aB	−38%	0.51±0.07 aA	0.97±0.35 aA	89%
	2017	扬稻 6	0.17±0.05 bA	0.13±0.08 abA	−23%	9.34±3.16 aA	9.92±0.31 aA	6%	2.56±1.2 aA	2.18±0.69 aA	−15%	0.53±0.21 aA	0.75±0.01 aA	41%
		Y 两优 900	0.34±0.3 abA	0.28±0.18 aA	−17%	10.3±2.38 aA	11.38±0.87 aA	11%	2.71±0.85 aA	1.77±1.63 aA	−35%	0.65±0.08 aA	0.79±0.02 aB	22%
	2018	Y 两优 1988	0.15±0.04 bA	0.06±0.03 bB	−59%	8.69±3.07 aA	12.84±0.27 aA	48%	N.D.	N.D.	N.D.	N.D.	N.D.	N.D.
		甬优 1540	0.39±0.26 abA	0.07±0.03 bA	−81%	9.64±3.56 aA	12.99±1.23 aA	35%	N.D.	N.D.	N.D.	N.D.	N.D.	N.D.
低应答水稻	2016	武运粳 23	0.63±0.03 aA	0.25±0.06 abB	−60%	9.47±0.13 aA	12.73±0.02 aB	34%	3.41±0.19 aA	1.93±0.17 aB	−44%	0.57±0.17 aA	0.6±0.19 aA	6%
	2017	武运粳 23	0.54±0.19 abA	0.24±0.02 abB	−55%	9.54±2.38 aA	11.89±1.24 aA	25%	1.83±0.35 aA	1.27±0.46 aA	−31%	0.67±0.15 aA	0.89±0.27 aA	34%
		武运粳 27	0.25±0.05 abA	0.11±0.01a bB	−54%	10.13±1.69 aA	10.33±2.75 aA	2%	3.42±0.26 aA	1.92±0.37 aB	−44%	0.72±0.02 aA	0.96±0.04 aB	33%
	2018	武运粳 27	0.6±0.14 aA	0.09±0.01 bB	−86%	9.94±1.93 aA	11.63±1.11 aA	17%	N.D.	N.D.	N.D.	N.D.	N.D.	N.D.
		淮稻 5	0.23±0.1 abA	0.06±0.04 bB	−75%	9.53±2.75 aA	10.78±1.56 aA	13%	N.D.	N.D.	N.D.	N.D.	N.D.	N.D.

注：同一列不同的小写字母表示不同水稻品种之间的差异显著（$P<0.05$），同一行不同的大写字母表示正常 CO_2 浓度和大气 CO_2 浓度升高条件下相应变量之间存在显著差异（$P<0.05$）。H.D. 表示无观测数据。

水稻稻田 N_2O 排放量，降幅分别为 61%（50% ~ 70%）和 43%（33% ~ 54%），这与 Yao et al.（2020）的研究结果一致。对比可知，大气 CO_2 浓度升高条件下，高应答水稻稻田 N_2O 减排效果优于低应答水稻。

大气 CO_2 浓度升高显著影响水稻总生物量、地下部生物量以及产量，同时也能显著影响与稻田 N_2O 排放相关的 NH_4^+-N、NO_3^--N 含量。大气 CO_2 浓度升高条件下，对比低应答水稻品种，高应答水稻品种稻田土壤 NH_4^+-N、NO_3^--N 含量分别降低 12% 和 11%（图 4-6）。这表明高应答水稻品种生物量大，N 素摄取能力强，降低了稻田土壤产 N_2O 的底物含量，进而降低 N_2O 排放。

综合 CH_4 和 N_2O 排放，大气 CO_2 浓度升高减少高、低应答水稻稻田 CH_4 和 N_2O 排放的机理机制是（图 4-7）：大气 CO_2 浓度升高促进水稻生长，提高土水界面的 O_2 含量，提升土壤 Eh，从而促进甲烷氧化菌群落丰度、增强 CH_4 氧化能力但降低产甲烷菌群落丰度和 CH_4 产生能力，进而减少 CH_4 排放；大气 CO_2 浓度升高通过促进水稻对氮素的吸收，降低速效氮特别是土壤 NH_4^+-N 含量来减少 N_2O 排放；高应答较低应答水稻更加降低 CH_4 产生、提高 CH_4 氧化并促进氮素吸收，从而进一步减少 CH_4 和 N_2O 排放。研究成果将有助于评估大气 CO_2 浓度升高条件下，增产潜力大的高应答水稻稻田 CH_4 和 N_2O 排放速率和排放总量，还可为预测未来大气中 CH_4 和 N_2O 浓度变化的模型研究提供重要参数。

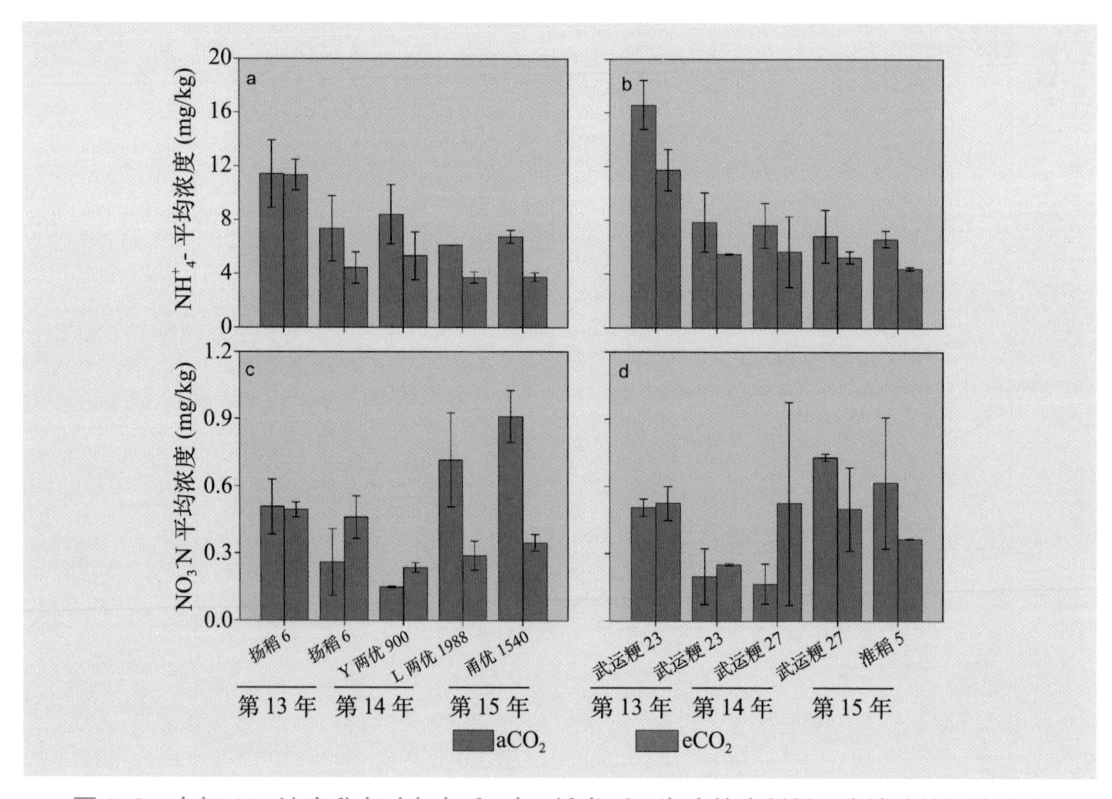

图 4-6　大气 CO_2 浓度升高对高（a 和 c）、低（b 和 d）应答水稻稻田土壤速效氮的影响

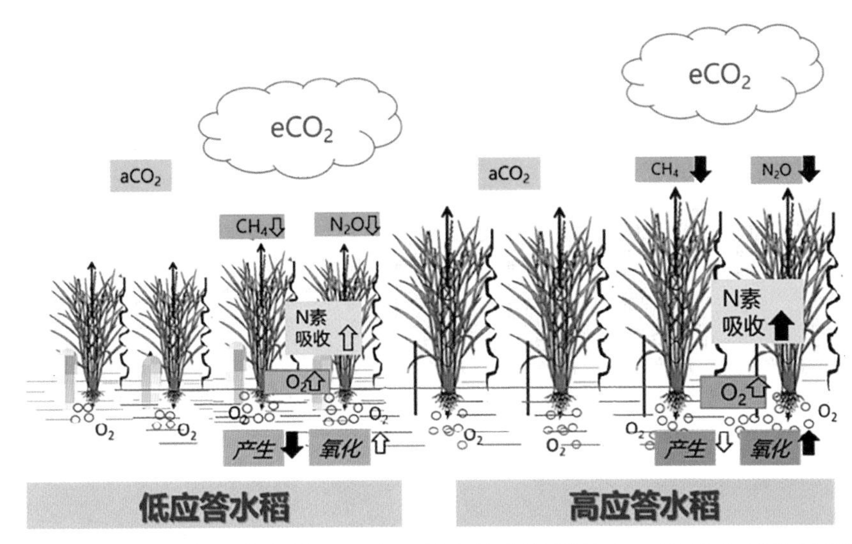

图 4–7 大气 CO_2 浓度升高条件下，高、低应答水稻稻田 CH_4 和 N_2O 排放机制示意图

4.2.1.4 大气 CO_2 浓度升高对高、低应答水稻稻田 GHGI 的影响

综合增温潜势（GWP）是评估稻田生态系统温室气体排放对气候变化潜在影响的重要指标。通过 3 年观测，除第 14 年外，大气 CO_2 浓度升高分别显著降低高、低应答水稻稻田温室气体总排放 37% ~ 59% 和 41% ~ 54%（图 4–8）。大气 CO_2 浓度升高条件下，CH_4 为稻田主要温室气体，N_2O 排放仅占比 1% ~ 9%。大气 CO_2 浓度升高分别显著降低高、低应答水稻稻田温室气体排放强度（GHGI）35% ~ 70% 和 21% ~ 60%（图 4–9）。对比低应答水稻，大气 CO_2 浓度升高对高应答水稻的稻田 GHGI 降低程度更强。因此，未来气候 CO_2 浓度升高条件下，高应答水稻的种植具有更好的稻田温室气体减排效果。

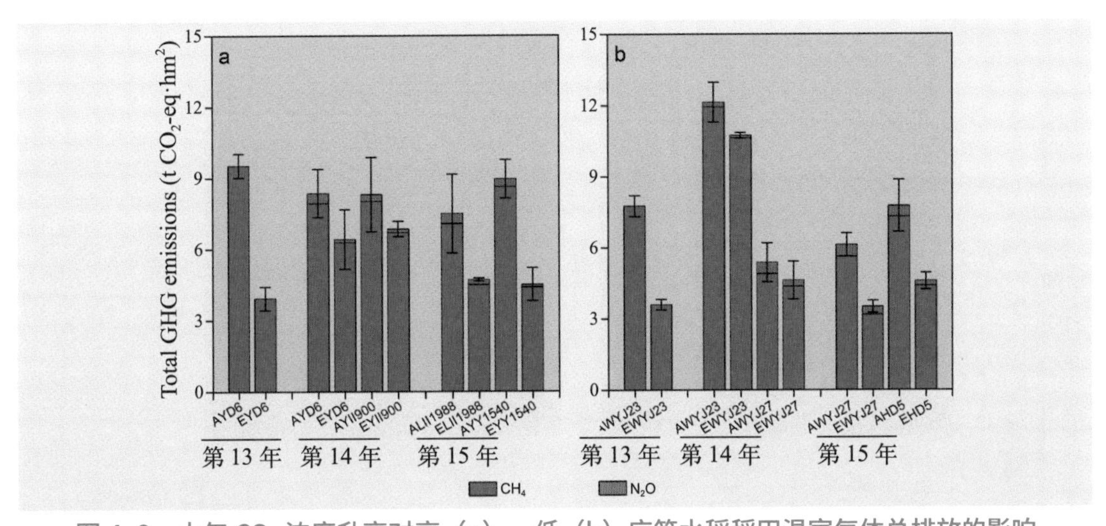

图 4–8 大气 CO_2 浓度升高对高（a）、低（b）应答水稻稻田温室气体总排放的影响

注：ACO_2 和 ECO_2 分别表示正常大气 CO_2 浓度条件和大气 CO_2 浓度升高 200 mg/kg 条件。高应答水稻品种：YD6（扬稻 6）、YII900（Y 两优 900）和 LII1988（L 两优 1988）；低应答水稻品种：WYJ23（武运粳 23）、WYJ27（武运粳 27）和 HD5（淮稻 5）。

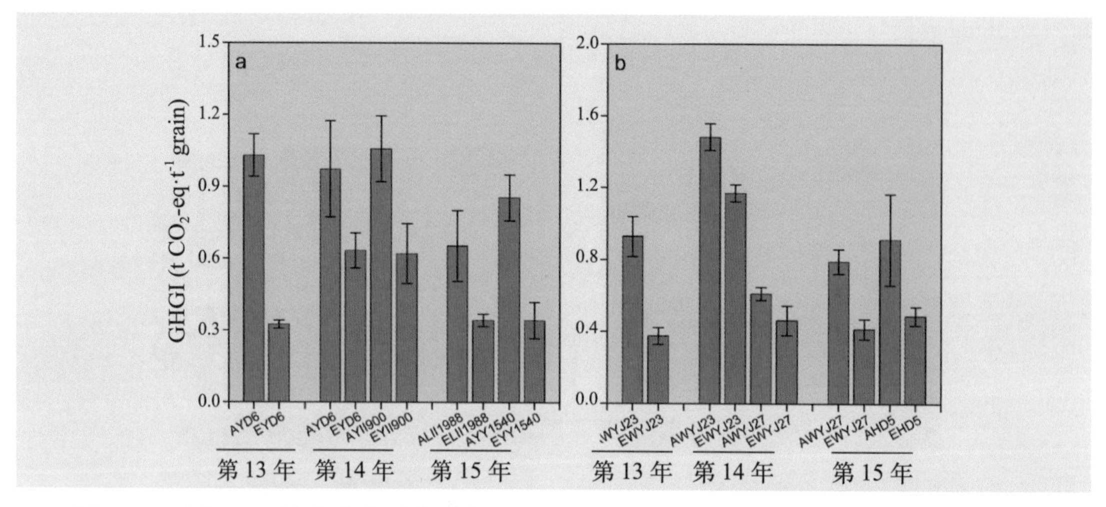

图 4-9　大气 CO_2 浓度升高对高（a）、低（b）应答水稻稻田温室气体排放强度的影响

4.2.2 再生稻田的 CH_4 和 N_2O 排放

4.2.2.1 常规栽培高产低排再生稻品种筛选

试验于 2018—2019 年在重庆市永川区卫星湖街道华南村重庆市农科院渝西作物试验站进行。2018 年供试材料为渝香 203（三系杂交籼稻）、晶两优 534（两系杂交籼稻）、C 两优华占（两系杂交稻）、黄华占（常规籼稻）和甬优 2640（籼粳杂交稻）；2019 年供试材料为渝香 203（三系杂交籼稻）、晶两优 534（两系杂交籼稻）、C 两优华占（两系杂交稻）、黄华占（常规籼稻）。结果表明，两年不同水稻品种头季至再生季 CH_4 排放规律基本一致（图 4-10）：头季稻移栽初期，CH_4 排放速率逐渐上升，分蘖盛期达最大峰值；孕穗期和灌浆结实期 CH_4 排放变化幅度较小，维持在较高水平至头季稻收割；头季稻收割后 CH_4 排放速率急剧下降，再生季 CH_4 排放一直处于较低水平至再生季收割。

中稻—再生稻 CH_4 排放总量在季节和品种间均存在较大差异（图 4-11a 和 c）。CH_4 的排放总量主要集中在头季稻，两年趋势一致：2018 年，黄华占、渝香 203 和甬优 2640 的

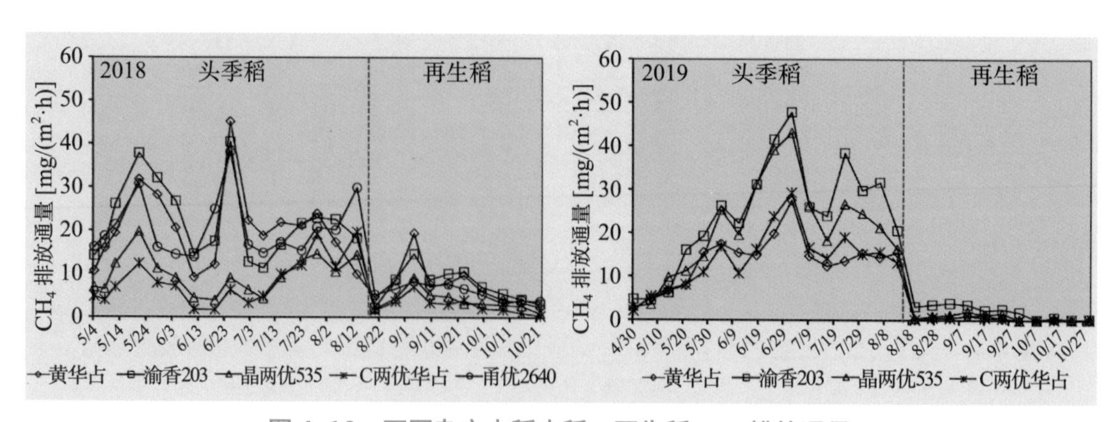

图 4-10　不同杂交水稻中稻—再生稻 CH_4 排放通量

头季稻 CH_4 排放总量相当，显著高于 C 两优华占和晶两优 534；2019 年，渝香 203 CH_4 排放最高，黄华占和 C 两优华占最低，而晶两优 534 介于中间。 再生季 CH_4 排放量远低于头季；2018 年，黄华占和渝香 203 最高，晶两优 534 和 C 两优华占最低，而甬优 2640 介于中间；2019 年，渝香 203 明显高于黄华占和 C 两优华占。

不同水稻品种头季至再生季 N_2O 排放速率规律总体一致，但年际差异较大（图 4-12）。2018 年 N_2O 排放主要集中在头季稻氮肥施用后，再生季排放较少；2019 年 N_2O 排放主要集中在再生季。就季节排放总量而言（图 4-11b 和 d），2018 年黄华占和甬优 2640 头季稻 N_2O 排放总量较高，渝香 203 最低，C 两优华占和晶两优 534 位于二者之间；2019 年不同

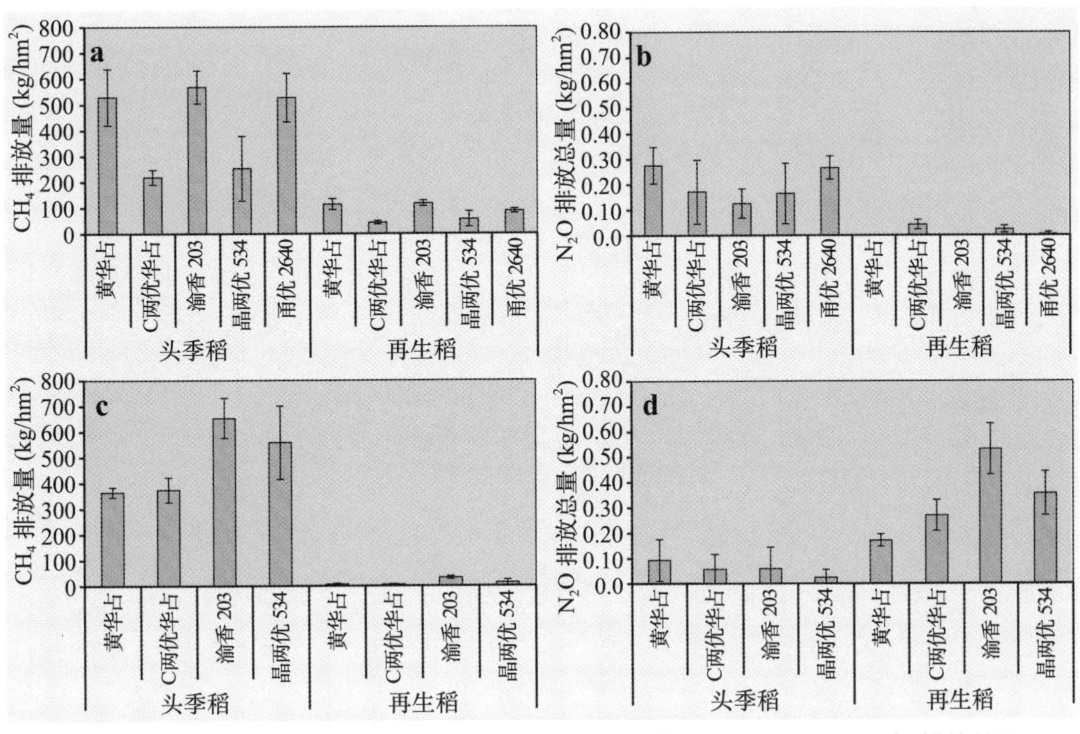

图 4-11 稻季 CH_4（a，2018；c，2019）和 N_2O（b，2018；d，2019）排放总量

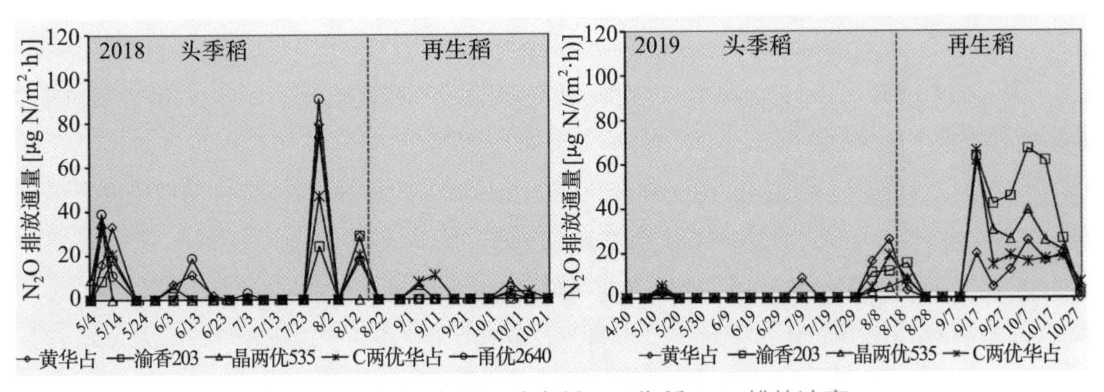

图 4-12 不同水稻品种中稻—再生稻 N_2O 排放速率

品种间无显著差异。再生季，2018 年均较低；2019 年渝香 203 N_2O 排放总量明显高于黄华占和 C 两优华占。

中稻—再生稻的 GWP 和 GHGI 在季节和品种间均存在较大差异（图 4-13）。GWP 主要集中在头季稻，两年趋势一致；而 GHGI 以头季稻较高，再生稻较低，2019 年表现更加明显（图 4-13a、b）。2018 年头季稻 GWP 黄华占、渝香 203 和甬优 2640 相当，显著高于 C 两优华占和晶两优 534；2019 年渝香 203 的最高，黄华占和 C 两优华占最低，而晶两优 534 介于中间。再生季，2018 年黄华占和渝香 203 的最高，晶两优 534 和 C 两优华占最低，而甬优 2640 介于中间；2019 年渝香 203 明显高于黄华占和 C 两优华占。

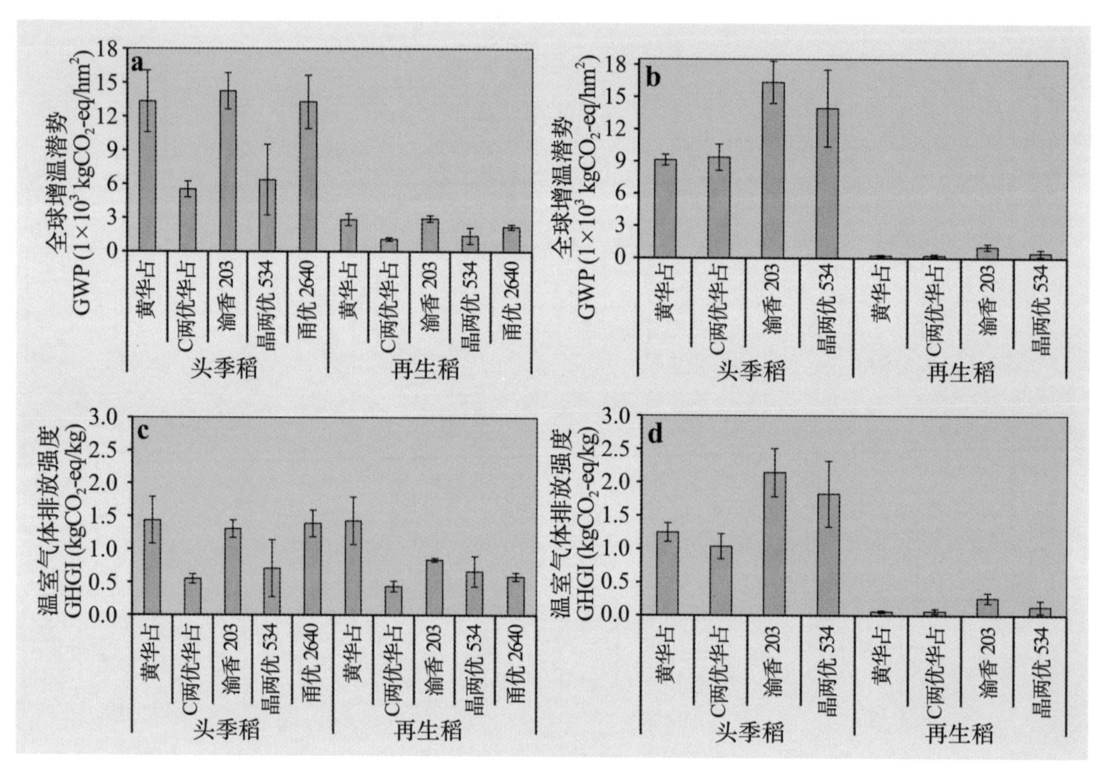

图 4-13 稻季全球增温潜势和温室气体排放强度

注：a，2018；b，2019；c，2018；d，2019。

头季稻 GHGI 在 2018 年黄华占、渝香 203 和甬优 2640 的较高，C 两优华占和晶两优 534 相对较低（图 4-13c 和 d）；2019 年渝香 203 的最高，黄华占和 C 两优华占最低，而晶两优 534 介于中间。再生季，GHGI 在 2018 年黄华占的明显最高，而 C 两优华占表现最低；2019 年渝香 203 明显高于黄华占和 C 两优华占。

4.2.2.2 水分管理对中稻 – 再生稻产量和温室气体排放的影响

试验于 2019 年在重庆市永川区卫星湖街道华南村重庆市农科院渝西作物试验站进行。

设置常规淹水处理（CF）和干湿交替灌溉处理（AWD），供试材料为渝香 203（三系杂交籼稻）和晶两优 534（两系杂交籼稻）。结果表明，水分管理方式明显影响头季稻和再生稻 CH_4 排放速率（图 4–14a），相较 CF 处理，AWD 处理不同程度地降低了头季稻和再生稻的 CH_4 排放量。渝香 203 头季稻和再生稻 AWD 处理的 CH_4 排放总量分别较 CF 处理降低了 11.3% 和 12.7%，晶两优 534 分别降低了 8.1% 和 10.0%（图 4–15a）。

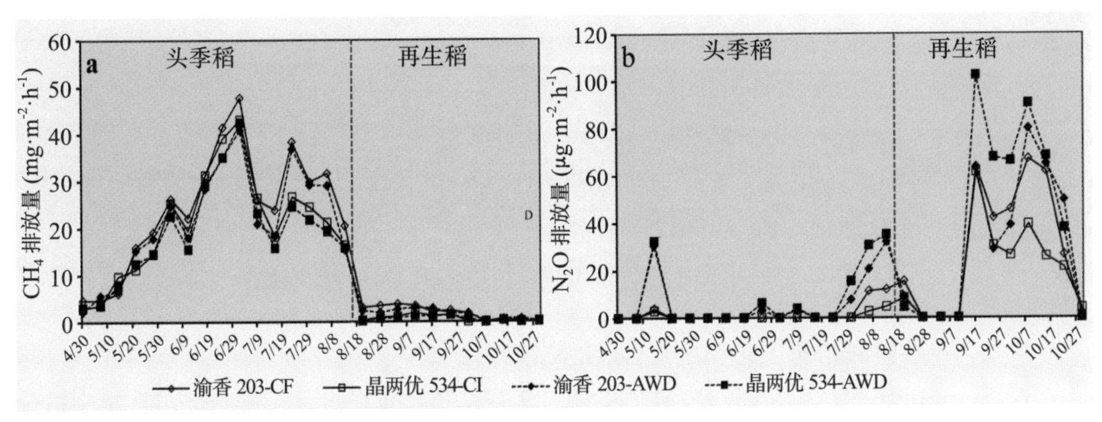

图 4–14　不同水分管理中稻—再生稻 CH_4 和 N_2O 排放速率

水分管理方式明显影响头季稻和再生稻 N_2O 的排放速率（图 4–14b）。相较 CF 处理，AWD 处理不同程度地增加了头季稻和再生稻的 N_2O 排放量。渝香 203 头季稻和再生稻 AWD 处理的 N_2O 排放总量分别较 CF 处理增加了 191.8% 和 44.4%，晶两优 534 分别增加了 76.4% 和 106.0%（图 4–15b）。

较常规淹水处理（CF），干湿交替处理（AWD）显著降低了头季稻和再生稻的全球增温潜势（GWP）（图 4–16a），其中，渝香 203 头季稻和再生稻 AWD 处理的 GWP 分别较 CF 处理降低了 11% 和 9%，晶两优 534 分别降低了 7.6% 和 27.3%。

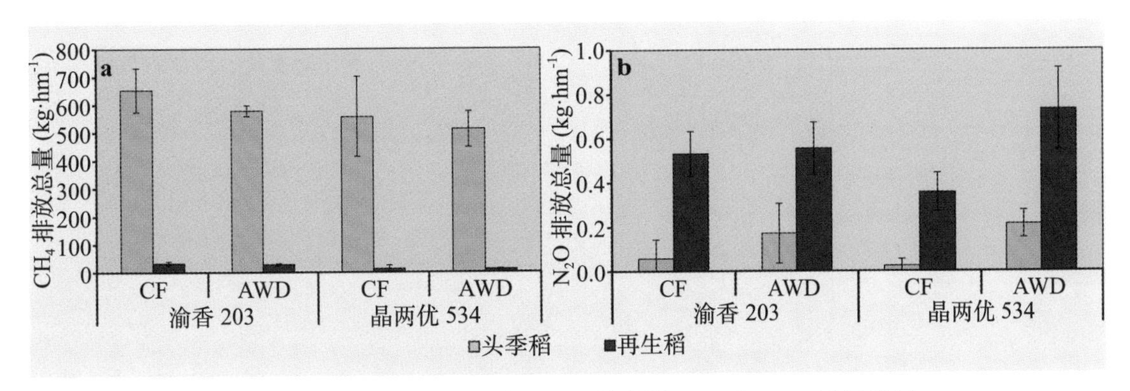

图 4–15　不同水分管理中稻—再生稻的 CH_4 和 N_2O 排放总量

较 CF 处理，AWD 显著降低了头季稻和再生稻的 GHGI（图 4–16b）。其中，渝香 203 头季稻和再生稻 AWD 处理的 GHGI 分别较 CF 处理降低了 28.7% 和 23.5%，晶两优 534 分别降低了 25.3% 和 2.1%。

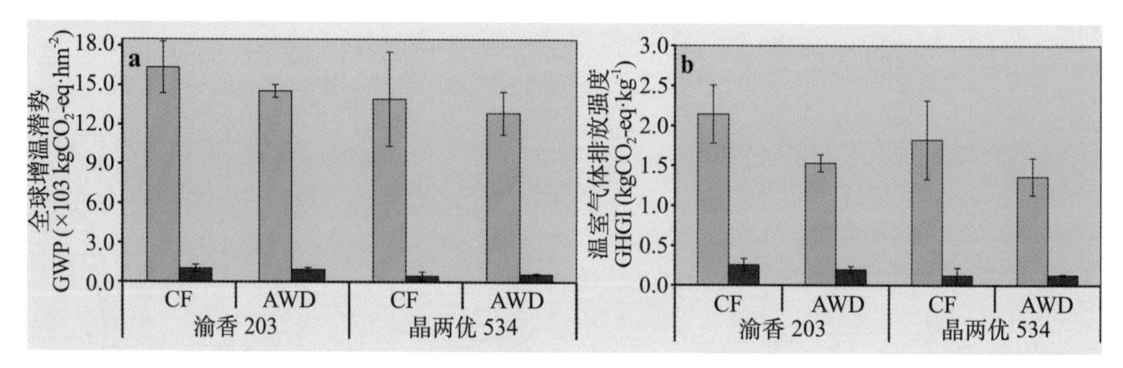

图 4–16　不同水分管理中稻—再生稻的 GWP 和 GHGI

4.2.2.3 覆膜栽培再生稻田的 CH_4 和 N_2O 排放

连续 3 年的田间试验在四川省资阳市雁江区雁江镇响水村进行。供试水稻品种为旱优 73，试验共设 2 个处理：（1）覆膜单季中稻（SR）；（2）覆膜中稻—再生稻（MR+RR）。结果表明，MR+RR 处理 CH_4 第一个排放峰出现在水稻移栽后 26 ~ 45 d，比 SR 提前 8 ~ 17 d，峰值为 8 ~ 19.8 mg/(m² · h)（图 4–17）。MR+RR 处理的 CH_4 排放最高峰比 SR 处理低 8.1 ~ 16.5 mg/(m² · h)。MR+RR 处理中稻季较低的排放峰主要是由于其提前移栽，土壤温度较低，土壤温度与 CH_4 排放呈显著正相关（表 4–3）。MR+RR 处理中稻季收获后，CH_4 排放通量迅速下降至较低水平直到再生季收获。

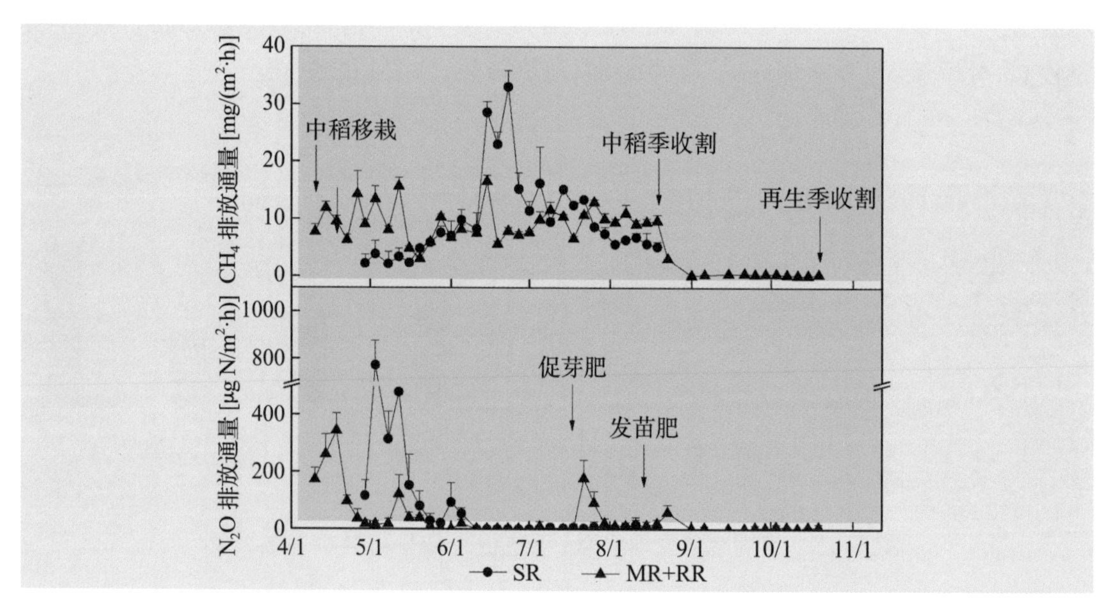

图 4–17　水稻生长期 CH_4 和 N_2O 排放通量的季节变化

表 4–3　水稻生长期 CH_4 排放通量与土壤温度的相关性

年份	处理	中稻季	再生季	中稻季 + 再生季
		CH_4	CH_4	CH_4
第一年	SR	0.315		0.315
	MR+RR	0.162	0.792**	0.469**
第二年	SR	−0.327		−0.327
	MR+RR	−0.204	0.424	−0.068
第三年	SR	0.661**		0.661**
	MR+RR	0.614**	0.927**	0.770**

注：** 和 * 分别表示在 $P<0.01$ 和 $P<0.05$ 水平上的显著相关性。

MR+RR 处理的中稻季 CH_4 排放量高于 SR 处理（第三年除外），再生季平均 CH_4 排放 42.2 kg/hm²，占整个生长期 CH_4 排放总量的 18%，显著低于中稻季（表 4–4）。MR+RR 处理两季 CH_4 排放总量为 236 kg/hm²，与 SR 相比，显著增加 CH_4 排放 8%。湖北再生稻的观测结果表明，再生季 CH_4 排放显著低于头季（邓桥江等，2019）。然而，美国的研究发现淹水稻田再生季的 CH_4 排放量大于中稻季，主要原因可能是头季收获后秸秆还田为产甲烷菌产甲烷提供了底物（Banker et al.，1995；Lindau and Bollich，1993；Lindau et al.，1995），从而促进了再生季的 CH_4 产生与排放。

再生季较低的 CH_4 排放可能主要有以下几个原因。第一，与中稻季相比，再生季土壤温度较低，低温限制了产甲烷菌的活性，导致较低的 CH_4 排放（Banker et al.，1995）。第二，生育期长度也影响 CH_4 排放，本研究中再生季生育期 71 ~ 82 d，占全生育期的 37% ~ 41%。第三，中稻季收获后地上生物量减少，水稻植株是 CH_4 传输的重要途径（Jia et al.，2001）。水稻株高与 CH_4 排放量存在显著正相关关系，再生稻是在中稻收获后的稻桩上发展起来的，株高低于中稻。第四，相对较高的土温、株高和较长的生育期有利于中稻季水稻根系碳的形成和分泌，根系分泌物中的活性碳主要包括有机酸、碳水化合物和氨基酸，为 CH_4 产生提供大量的底物（Wassmann and Aulakh，2000）。中稻季水稻根际分泌物被大量消耗且再生季分泌少，导致再生季 CH_4 排放低。

表 4–4　水稻生长期 CH_4 和 N_2O 排放

年份	处理	中稻季		再生季		中稻季 + 再生季	
		CH_4	N_2O	CH_4	N_2O	CH_4	N_2O
第 1 年	SR	274.8 ± 20.1 a	2.17 ± 0.36 a			274.8 ± 20.1 a	2.17 ± 0.36 a
	MR+RR	275.9 ± 20.6 a	1.38 ± 0.16 b	30.4 ± 3.1	0.17 ± 0.07	306.3 ± 29.4 a	1.54 ± 0.52 a
第 2 年	SR	89.4 ± 1.1 a	1.62 ± 0.10 b			89.4 ± 1.1 b	1.62 ± 0.10 b
	MR+RR	94.6 ± 2.1 a	3.28 ± 0.49 a	8.4 ± 2.6	2.35 ± 0.65	103.0 ± 1.0 a	5.63 ± 1.15 a
第 3 年	SR	291.3 ± 11.7 a	0.82 ± 0.02 b			291.3 ± 11.7 a	0.82 ± 0.02 b
	MR+RR	211.2 ± 29.1 b	2.24 ± 0.09 a	87.7 ± 13.8	0.29 ± 0.05	298.9 ± 42.9 a	2.53 ± 0.14 a

续表

年份	处理	中稻季		再生季		中稻季＋再生季	
		CH_4	N_2O	CH_4	N_2O	CH_4	N_2O
平均	SR	218.5±8.5 a	1.54±0.06 b			218.5±8.5 b	1.54±0.06 b
	MR+RR	193.9±7.3 b	2.30±0.15 a	42.2±3.4	0.94±0.22	236.0±6.6 a	3.23±0.38 a

注：同列不同小写字母表示在 $P<0.05$ 水平上的显著。

对于SR处理，大量N_2O排放在基肥施用后1个月内，峰值范围为425～772 μg·N/（m^2·h），最大排放峰过后N_2O排放迅速下降维持在较低水平至水稻收获。MR+RR处理第一个N_2O排放峰比SR处理提前8～15 d出现，与水稻提前移栽有关。与SR处理相比，MR+RR处理除了有基肥施用后的排放峰外，中稻季施用促芽肥也有明显的N_2O排放。此外，MR+RR处理再生季施用发苗肥也观测到N_2O排放峰，峰值过后排放维持在较低水平（图4–17）。

SR和MR+RR处理的中稻季平均N_2O排放量分别为1.54和2.30 kg N/hm^2（表4–4）。对于MR+RR处理，再生季N_2O排放量为0.94 kg N/hm^2，占两季总排放的29%。与SR处理相比，MR+RR处理中稻季和再生季增加了110%的N_2O排放，这与再生稻施用促芽肥和发苗肥有关，N_2O排放随氮肥施用量的增加而增加（Cai et al.，1997）。

SR和MR+RR处理的中稻季GWP分别为8.15和7.67 t CO_2–eq/hm^2，MR+RR处理再生季的GWP为1.87 t CO_2–eq/hm^2（表4–5）。两处理CH_4对GWP的贡献达84%～91%。以本研究结果计算，如果四川省2.8×10^5/hm^2单季稻田改为种植再生稻，约增加CH_4排放4.9 Gg和N_2O排放0.3 Gg N，等于0.4 Tg CO_2–eq/hm^2 GWP。两处理中稻季水稻产量相当，再生季显著增加19%的水稻产量。MR+RR处理中稻季和再生稻GHGI分别为0.91和1.56 t CO_2–eq/t yield，整个生育期GHGI为0.99 t CO_2–eq/t yield，与SR处理GHGI无明显差异。

4.2.2.4 不同栽培模式稻田的CH_4和N_2O排放

试验于四川省资阳市雁江区雁江镇响水村进行了连续3个全年的观测。供试水稻品种为早优73和川香8108，试验共设4个处理：（1）冬水田（CF）作为当地常规对照；（2）雨养（RF）；（3）覆膜单季稻（PM）；（4）覆膜再生稻（PM+RR）。冬水田处理水稻品种为川香8108，其余处理水稻品种为早优73。结果表明，中稻季排放大量CH_4，再生季和休闲季CH_4排放少（图4–18）。CF处理稻季CH_4排放最高为451 kg/hm^2（表4–6），常年淹水条件促进了稻田CH_4的产生与排放。与PM处理相比，PM+RR减少中稻季CH_4排放11%。PM+RR处理的再生季年均CH_4排放为42.2 kg/hm^2，占中稻季和再生稻两季总排放的18%。PM+RR处理休闲季CH_4排放显著低于其他处理。

水稻生长期观测到大量N_2O排放，尤其是氮肥施用后一段时间，休闲季N_2O排放维持在较低水平（图 4–18）。与 CF 处理稻季相比，RF 和 PM 分别显著增加稻季 N_2O 排放 138% 和 457%（表 4–6）。淹水还原条件抑制了硝化作用，反硝化作用同时也减弱，因此 N_2O 排放降低。PM+RR 处理中稻季进一步增加了 49% 的 N_2O 排放相对于 PM 处理，这与要是由于再生稻田多施用氮肥引起的。PM+RR 处理再生季 N_2O 排放占全年的 28%，休闲季 N_2O 排放分别显著低于 CF、RF 和 PM 处理 27%、43% 和 64%。

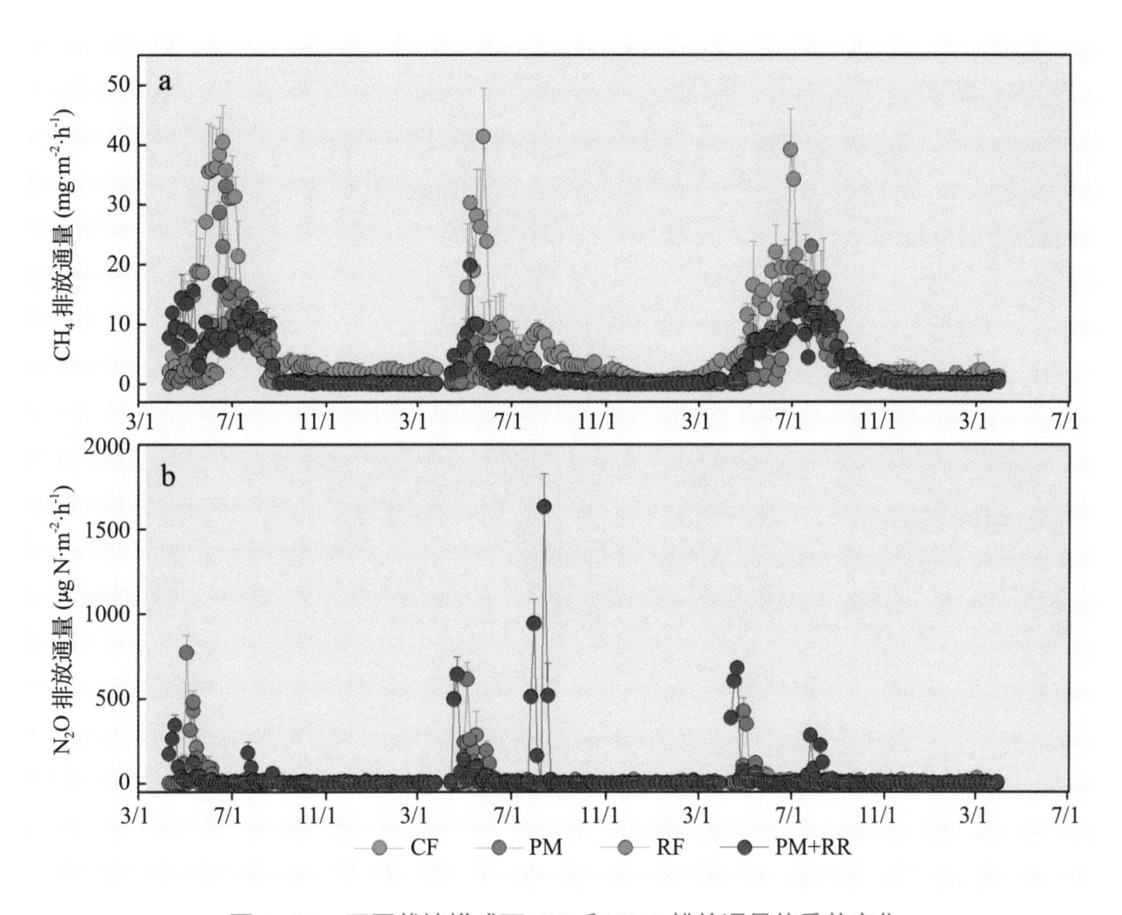

图 4–18　不同栽培模式下 CH_4 和 N_2O 排放通量的季节变化

RF、PM 和 PM+RR 处理中稻季的 GWP 分别为 4.51、8.15 和 7.67 t CO_2–eq/hm^2，显著低于 CF 处理的 15.5 t CO_2–eq/hm^2（表 4–7）。同样地，RF、PM 和 PM+RR 处理休闲季 GWP 也低于 CF 处理，PM+RR 处理再生季 GWP 占全年的 19%。四个处理的 CH_4 排放是 GWP 的主要贡献者，达 84% ~ 99%。与 CF 处理相比，RF 显著减少水稻产量 22%（表 4–7）。相对于 CF、RF 和 PM 处理，PM+RR 处理两季总产增加了 16%、49% 和 19%。CF 处理的 GHGI 为 1.85 t CO_2–eq/t yield，比 RF、PM 和 PM+RR 处理中稻季 GHGI 分别高 65%、46% 和 51%。

表 4–5　水稻生长期 GWP、产量和 GHGI

年份（年）	处理	中稻季			再生季			中稻季 + 再生季		
		GWP	yield	GHGI	GWP	yield	yield-scaled GWP	GWP	yield	GHGI
2016	SR	10.36 ± 0.67 a	8.58 ± 0.12 b	1.21 ± 0.01 a				10.36 ± 0.67 a	8.58 ± 0.12 b	1.21 ± 0.01 a
	MR+RR	10.02 ± 2.30 a	9.08 ± 0.30 a	1.10 ± 0.10 a	1.11 ± 0.23	1.10 ± 0.07	1.01 ± 0.14	11.14 ± 2.50 a	10.17 ± 0.37 a	1.09 ± 0.10 a
2017	SR	3.80 ± 0.14 b	8.52 ± 0.14 a	0.45 ± 0.01 b				3.80 ± 0.14 b	8.52 ± 0.14 b	0.45 ± 0.01 b
	MR+RR	4.75 ± 0.16 a	8.54 ± 0.07 a	0.56 ± 0.02 a	1.39 ± 0.39	1.89 ± 0.13	0.73 ± 0.16	6.14 ± 0.55 a	10.43 ± 0.06 a	0.59 ± 0.05 a
2018	SR	10.29 ± 0.71 a	7.63 ± 0.23 a	1.35 ± 0.03 a				10.29 ± 0.71 a	7.63 ± 0.23 b	1.35 ± 0.03 a
	MR+RR	8.23 ± 1.03 b	7.66 ± 0.22a	1.07 ± 0.10 b	3.12 ± 0.49	1.06 ± 0.21	2.94 ± 0.13	11.34 ± 1.52 a	8.72 ± 0.43 a	1.30 ± 0.11 a
2016—2018	SR	8.15 ± 0.12 a	8.24 ± 0.07 a	0.99 ± 0.01 a				8.15 ± 0.06 b	8.24 ± 0.07 b	1.00 ± 0.01 a
	MR+RR	7.67 ± 0.10 b	8.43 ± 0.05 a	0.91 ± 0.02 b	1.87 ± 0.22	1.35 ± 0.09	1.56 ± 0.04	9.54 ± 0.21 a	9.78 ± 0.04 a	0.99 ± 0.02 a

注：同列不同小写字母表示在 $P<0.05$ 水平上的显著性。

表 4–6　3 年累积 CH_4 和 N_2O 排放量

年份（年）	处理	中稻季		再生季		休闲季		全年	
		CH_4	N_2O	CH_4	N_2O	CH_4	N_2O	CH_4	N_2O
第 1 年	CF	321.4 ± 64.4 a	0.23 ± 0.03 c			85.4 ± 10.1 a	0.06 ± 0.01 b	406.8 ± 54.2 a	0.28 ± 0.04 d
	RF	81.4 ± 18.7 c	1.02 ± 0.57 b			6.3 ± 0.6 bc	0.15 ± 0.03 a	90.4 ± 13.0 c	1.17 ± 0.28 c
	PM	154.6 ± 11.3 b	2.17 ± 0.36 a			12.4 ± 0.9 b	0.13 ± 0.03 a	166.9 ± 7.1 b	2.30 ± 0.39 a
	PM+RR	155.2 ± 11.6 b	1.38 ± 0.16 b	17.1 ± 1.7	0.16 ± 0.07	1.7 ± 0.2 c	0.08 ± 0.01 b	174.0 ± 22.7 b	1.62 ± 0.16 b
第 2 年	CF	200.3 ± 8.4 a	0.25 ± 0.04 d			52.0 ± 5.2 a	0.06 ± 0.01 c	252.3 ± 12.8 a	0.31 ± 0.05 c
	RF	17.0 ± 1.1 c	0.80 ± 0.21 c			4.8 ± 0.3 c	0.12 ± 0.04 b	21.8 ± 1.0 c	0.92 ± 0.17 c
	PM	50.3 ± 1.3 b	1.62 ± 0.1 b			8.7 ± 1.2 b	0.19 ± 0.03 a	59.0 ± 1.8 b	1.81 ± 0.24 b
	PM+RR	53.2 ± 1.2 b	3.28 ± 0.49 a	4.7 ± 1.4	2.35 ± 0.65	2.3 ± 0.2 c	0.05 ± 0.01 c	60.2 ± 1.7 b	5.68 ± 1.15 a
第 3 年	CF	238.8 ± 41.3 a	0.35 ± 0.08 c			61.5 ± 10.1 a	0.18 ± 0.03 b	300.3 ± 31.1 a	0.53 ± 0.11 c
	RF	107.2 ± 12.8 c	0.16 ± 0.03 d			25.1 ± 3.4 c	0.11 ± 0.03 c	132.4 ± 16.1 c	0.27 ± 0.06 d
	PM	163.9 ± 6.5 b	0.82 ± 0.02 b			36.4 ± 4.5 b	0.29 ± 0.04 a	200.3 ± 5.8 b	1.11 ± 0.06 b
	PM+RR	118.8 ± 16.4 c	2.24 ± 0.09 a	49.3 ± 7.7	0.29 ± 0.05	5.5 ± 1.4 d	0.09 ± 0.02 c	173.6 ± 22.8 b	2.62 ± 0.16 a

续表

年份（年）	处理	中稻季		再生季		休闲季		全年	
		CH_4	N_2O	CH_4	N_2O	CH_4	N_2O	CH_4	N_2O
平均	CF	253.5±24.5 a	0.28±0.03 d			66.3±5.2 a	0.10±0.01 bc	319.8±13.3 a	0.38±0.04 d
	RF	69.4±5.4 d	0.66±0.06 c			12.1±1.1 c	0.13±0.03 b	81.5±9.6 c	0.79±0.09 c
	PM	122.9±2.4 b	1.54±0.06 b			19.2±0.8 b	0.20±0.03 a	142.1±12.8 b	1.74±0.03 b
	PM+RR	109.1±4.1 c	2.30±0.15 a	23.7±1.9	0.93±0.22	3.2±0.4 d	0.07±0.01 c	135.9±9.5 b	3.30±0.39 a

注：同列不同小写字母表示在 $P<0.05$ 水平上的显著性。

表 4–7　3 年 GWP、产量和 GHGI

年份（年）	处理	中稻季			再生季			休闲季			全年
		GWP	Yield	GHGI	GWP	Yield	GHGI	GWP	GWP	Yield	GHGI
第 1 年	CF	19.53±3.87 a	8.68±0.13 b	2.25±0.40 a				5.19±0.62 a	24.72±3.26 a	8.68±0.18 b	2.85±0.32 a
	RF	5.56±1.02 c	7.67±0.34 c	0.73±0.11 c				0.45±0.02b c	6.01±0.60 c	7.67±0.34 c	0.78±0.11 c
	PM	10.36±0.67 b	8.58±0.12 b	1.21±0.01 b				0.81±0.07 b	11.17±0.17 b	8.58±0.12 b	1.30±0.02 b
	PM+RR	10.02±2.30 b	9.08±0.30 a	1.10±0.10 b	1.11±0.23	1.10±0.07	1.01±0.14	0.14±0.01 c	11.27±1.44 b	10.17±0.37 a	1.11±0.10 b
第 2 年	CF	12.23±0.49 a	9.48±0.49 a	1.29±0.08 a				3.17±0.32 a	15.40±0.17 a	9.48±0.49 b	1.62±0.07 a
	RF	1.40±0.13 d	5.12±0.17 c	0.27±0.03 d				0.35±0.04 c	1.75±0.09 d	5.12±0.17 d	0.34±0.03 c
	PM	3.80±0.14 c	8.52±0.14 b	0.45±0.01 c				0.62±0.08 b	4.42±0.22 c	8.52±0.14 c	0.52±0.02 b
	PM+RR	4.75±0.16 b	8.54±0.07 b	0.56±0.02 b	1.39±0.39	1.89±0.13	0.73±0.16	0.16±0.02 c	6.30±0.57 b	10.43±0.06 a	0.60±0.05 b
第 3 年	CF	14.60±2.46 a	7.23±0.50 ab	2.02±0.48 a				3.81±0.63 a	18.40±1.83 a	7.23±0.50 c	2.54±0.43 a
	RF	6.56±0.78 c	6.91±0.57 b	0.95±0.04 c				1.57±0.22 c	8.13±1.00 c	6.91±0.57 c	1.18±0.05 c
	PM	10.29±0.71 b	7.63±0.23 a	1.35±0.03 b				2.34±0.25 b	12.63±0.32 b	7.63±0.23 b	1.66±0.01 b
	PM+RR	8.23±1.03 c	7.66±0.22 a	1.07±0.10 bc	3.12±0.49	1.06±0.21	2.94±0.13	0.38±0.07 d	11.72±1.45 b	8.72±0.43 a	1.34±0.10 c
平均	CF	15.45±0.31 a	8.46±0.26 a	1.85±0.02 a				4.05±0.11 a	19.51±0.42 a	8.46±0.26 b	2.31±0.03 a
	RF	4.51±0.26 c	6.57±0.36 b	0.65±0.04 d				0.79±0.08 c	5.30±0.11 c	6.57±0.36 c	0.81±0.03 d
	PM	8.15±0.12 b	8.24±0.07 a	1.00±0.01 b				1.25±0.03 b	9.40±0.37 b	8.24±0.07 b	1.14±0.02 b
	PM+RR	7.67±0.10 b	8.43±0.05 a	0.91±0.01 c	1.87±0.22	1.35±0.09	1.39±0.07	0.22±0.01 d	9.76±0.19 b	9.78±0.04 a	1.00±0.02 c

注：同列不同小写字母表示在 $P<0.05$ 水平上的差异显著性。

净生态系统经济预估（Net Ecosystem Economic Budget，N hm^2 EEB）对于经济社会可持续发展具有重要意义。PM+RR 水稻产量收益为 26800 CNY/（hm^2·yr），比 CF、RF 和 PM 处理高 17%、51% 和 20%（表 4-8）。CF 和 RF 的农业生产成本相当，高于 PM 处理。CF 处理的 GWP 成本为 4539 CNY/（hm^2·yr），约为 RF 处理的 4 倍，PM 和 PM+RR 处理的 GWP 成本相当。RF 处理的 NEEB 最低，主要是由于其水稻产量较低。从 CF 转变为 PM 显著增加 NEEB 达 884%，覆膜条件下种植再生稻进一步增加 726 CNY/（hm^2·yr）。

4.2.2.5 覆膜再生稻田不同再生稻品种的 CH_4 和 N_2O 排放及稻米品质

连续 3 年的田间试验在四川省资阳市雁江区雁江镇响水村进行。供试再生稻品种为旱优 73、泰优 390、晶两优华占、渝香 203 和丰两优香 1 号。结果表明，再生稻年际 CH_4 排放差异较大。渝香 203 中稻季和再生季两季年均 CH_4 排放最高，分别是 233 和 68 kg/hm^2；旱优 73 和泰优 390 排放较低，两季排放总量分别是 255 和 256 kg/hm^2（表 4-9）。再生稻 N_2O 排放的年际差异也较大，平均来看，旱优 73 年均排放最高为 3.4 kg N/hm^2，泰优 390 年均排放最低为 2.1 kg N/hm^2。旱优 73、泰优 390、晶两优华占、渝香 203 和丰两优香 1 号两季的 GWP 分别是 10.2、9.7、11、11.6 和 10.6 t CO_2-eq/hm^2。再生季产量占两季总产的 7% ~ 26%，晶两优华占两季总产最高，为 10.2 t/hm^2，再生季占 15%。不同品种两季 GHGI 依次由小到大为晶两优华占、旱优 73、泰优 390、丰两优香 1 号和渝香 203。

表 4-8 2016—2019 年不同栽培模式稻田的净环境经济效益（NEEB）

处理	产量收益 (CNY hm^2/yr)	农业生产成本 (CNY hm^2/yr)	GWP 成本 (CNY hm^2/yr)	净环境经济效益 (CNY hm^2/yr)
CF	22 848	17 892	4 539	417
RF	17 730	17 477	1 232	−979
PM	22 257	15 968	2 188	4 101
PM+RR	26 800	19 701	2 272	4 827

与头季稻相比，再生季稻米糙米率增加 1% ~ 3%，精米率增加 5% ~ 10%，整精米率增加 2% ~ 77%（图 4-19）。其中，渝香 203 糙米率和精米率较高，晶两优华占中稻季整精米率和旱优 73 再生季整精米率较高。糙米加工成精米过程 Fe、Mn 和 Mg 元素流失，再生季精米 Fe 含量高于中稻季，Mn 和 Mg 含量低于中稻季（图 4-19）。不同品种再生稻再生季稻米（糙米和精米）重金属含量小于中稻季，精米重金属含量小于糙米，再生稻旱优 73、泰优 390 和晶两优华占稻米的 Zn 元素含量再生季大于中稻季（图 4-20）。

表 4–9 不同再生稻品种的 CH_4、N_2O、GWP、产量和 GHGI

年份	处理	中稻季					再生季					中稻季 + 再生季				
		CH_4	N_2O	GWP	Yield	GHGI	CH_4	N_2O	GWP	Yield	GHGI	CH_4	N_2O	GWP	Yield	GHGI
第 1 年	HY	94.6 a	3.28 a	4.75 bc	8.54 b	0.56 ab	8.4b	2.35 a	1.39 a	1.89 b	0.73 a	103 b	5.63 a	6.14 ab	10.43 b	0.59 b
	TY	85.8 a	2.25 b	3.97 d	8.49 b	0.47 b	19.9 ab	1.16 b	1.22 a	1.55 c	0.79 a	106 b	3.41 b	5.19 c	10.03 b	0.52 bc
	JLY	102 a	3.69 a	5.18 ab	9.68 a	0.54 ab	21.7 a	1.02 b	1.21 a	1.82 b	0.67 a	123 ab	4.71 ab	6.4 a	11.5 a	0.56 bc
	YX	103 a	4.18 a	5.46 a	8.65 b	0.63 a	30.9 a	0.77 b	1.41 a	1.55 c	0.91 a	134 a	4.95 ab	6.87 a	10.2 b	0.67 a
	FLY	87.1 a	3.22a b	4.47 cd	8.35 b	0.54 ab	25.8 a	0.20 b	0.97 a	2.91 a	0.33 b	113 ab	3.42 b	5.44 bc	11.26 a	0.48 c
第 2 年	HY	211 b	2.24 a	8.23 b	7.66 ab	1.07 c	87.7 a	0.29 a	3.12 a	1.06 c	2.94 b	299 a	2.53 a	11.34 a	8.72 ab	1.30 a
	TY	252 ab	0.85 b	8.98 ab	7.40 b	1.21 bc	63.2 a	0.30 a	2.29 a	0.55 d	4.15 a	316 a	1.15 a	11.27 a	7.95 ab	1.42 a
	JLY	273 a	1.37 b	9.91 ab	8.34 a	1.19 bc	69.7 a	0.40 a	2.56 a	1.36 bc	1.88 c	342 a	1.77 a	12.46 a	9.69 a	1.29 a
	YX	285 a	1.29 b	10.30 a	7.11 b	1.45 a	81.0 a	0.56 a	3.02 a	1.78 a	1.70 d	366 a	1.85 a	13.32 a	8.89 ab	1.50 a
	FLY	277 a	1.04 b	9.91 ab	7.17 b	1.38 ab	82.6 a	0.35 a	2.97 a	1.49 ab	2.00 c	360 a	1.39 a	12.89 a	8.66 ab	1.49 a
第 3 年	HY	276 b	1.89 a	10.25 b	7.94 a	1.29 c	86.2 a	0.15 a	3.00 c	1.30 b	2.31 c	362 c	2.04 a	13.25 cd	9.24 ab	1.43 b
	TY	246 c	1.83 a	9.23 c	7.79 a	1.18 d	101 a	0.18 a	3.5 ab	0.77 d	4.56 a	347 c	2.01 a	12.73 d	8.56 bc	1.49 b
	JLY	283 b	1.56 a	10.35 b	8.17 a	1.27 c	104 a	0.21 a	3.65 a	1.37 b	2.67 c	387 ab	1.77 a	14.00 ab	9.5 4a	1.47 b
	YX	307 a	1.63 a	11.21 a	6.73 b	1.66 a	93.2 a	0.16 a	3.24 ab	1.93 a	1.68 d	400 a	1.79 a	14.45 a	8.67 bc	1.67 a
	FLY	271 b	1.9 a	10.11 b	7.19 b	1.41 b	95.5 a	0.14 a	3.31 ab	1.02 c	3.23 b	367 bc	2.04 a	13.42 bc	8.22 c	1.63 a
3 年平均	HY	194 ± 5.7 b	2.47 ± 0.36 a	7.74 ± 0.36b c	8.05 ± 0.03 b	0.97 ± 0.05 c	60.8 ± 3.0 a	0.93 ± 0.24 a	2.50 ± 0.21 a	1.42 ± 0.13 b	1.99 ± 0.08 b	255 ± 8.7 b	3.40 ± 0.60 a	10.24 ± 0.58 bc	9.46 ± 0.10 b	1.11 ± 0.05 b
	TY	195 ± 1.8 b	1.65 ± 0.16 b	7.39 ± 0.14 c	7.89 ± 0.20 bc	0.96 ± 0.02 c	61.2 ± 4.6 a	0.55 ± 0.01 b	2.34 ± 0.16 a	0.96 ± 0.02 c	3.17 ± 0.03 a	256 ± 6.4 b	2.19 ± 0.16 b	9.73 ± 0.29 c	8.85 ± 0.20 b	1.14 ± 0.01 b
	JLY	219 ± 8.3 a	2.21 ± 0.16 ab	8.48 ± 0.21 ab	8.73 ± 0.29 a	1.00 ± 0.06 c	65.3 ± 0.2 a	0.54 ± 0.03 b	2.47 ± 0.01 a	1.52 ± 0.06 b	1.74 ± 0.07 c	284 ± 8.5 a	2.75 ± 0.19 ab	10.95 ± 0.20 ab	10.24 ± 0.35 a	1.10 ± 0.06 b
	YX	232 ± 13.5 a	2.37 ± 0.06 ab	8.99 ± 0.43 a	7.50 ± 0.25 c	1.25 ± 0.01 a	68.4 ± 4.0 a	0.50 ± 0.11 b	2.56 ± 0.08 a	1.75 ± 0.12 a	1.43 ± 0.04 d	300 ± 17.5 a	2.87 ± 0.17 ab	11.55 ± 0.51 a	9.25 ± 0.37 b	1.28 ± 0.02 a
	FLY	212 ± 6.1 ab	2.05 ± 0.43 ab	8.16 ± 0.41 abc	7.57 ± 0.02 bc	1.11 ± 0.04 b	68.0 ± 1.3 a	0.23 ± 0.02 b	2.42 ± 0.04 a	1.81 ± 0.06 a	1.85 ± 0.02 c	280 ± 7.4 ab	2.28 ± 0.4 3b	10.58 ± 0.45 abc	9.38 ± 0.08 b	1.20 ± 0.03a b

注：HY, TY, JLY, YX, FLY 分别代表水稻品种旱优 73、泰优 390、晶两优华占、渝香 203 和丰两优香 1 号。

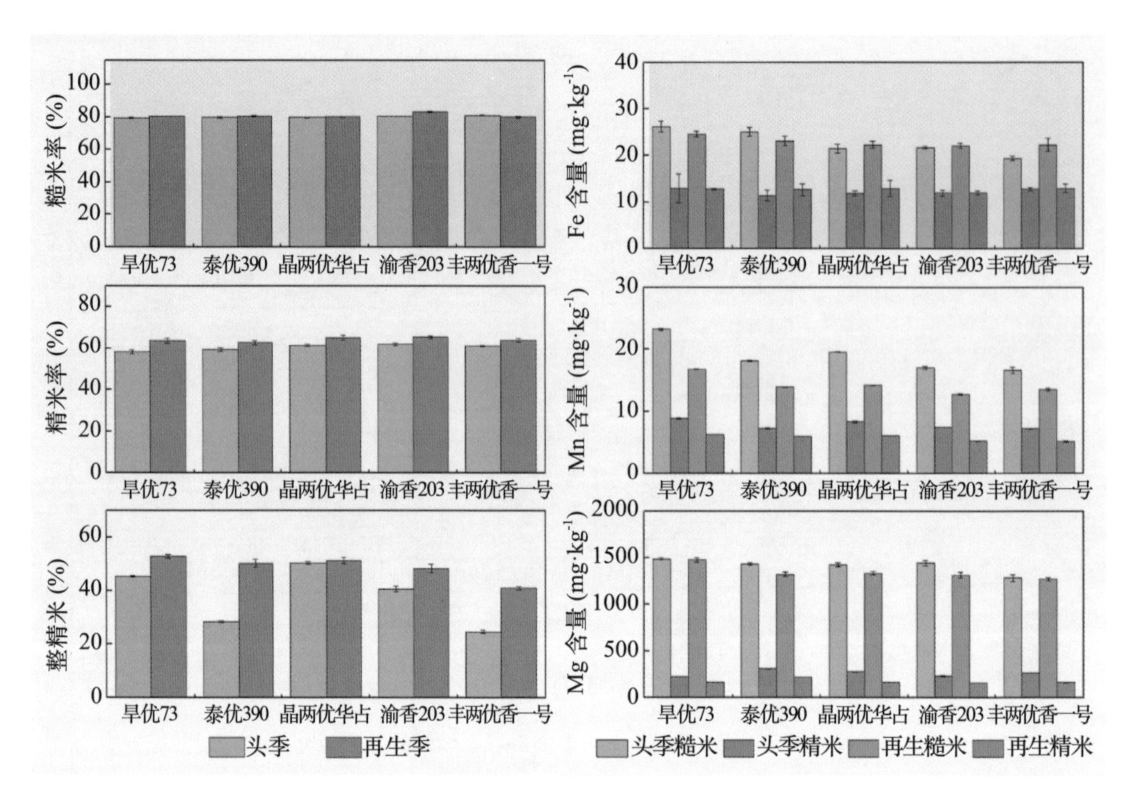

图 4-19 不同品种再生稻加工品质和稻米矿物元素含量

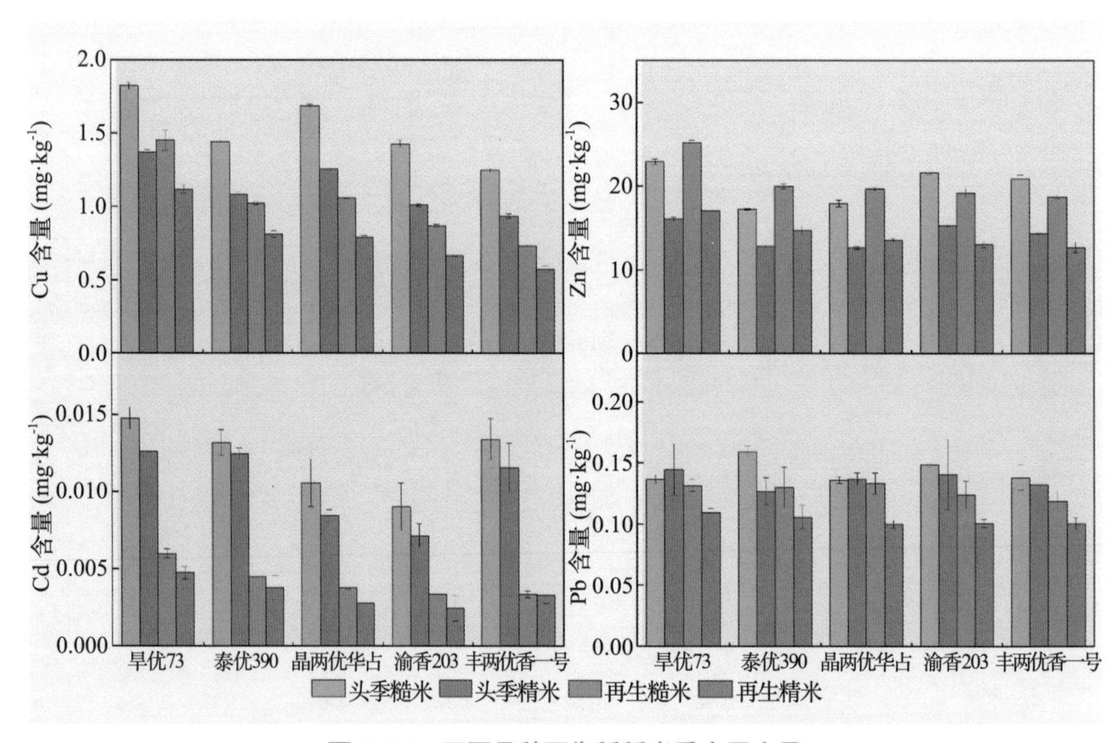

图 4-20 不同品种再生稻稻米重金属含量

4.2.3 节水型稻作温室气体排放对气候变化的响应机制及减排栽培途径

4.2.3.1 水稻品种对西南地区稻田 CH_4 和 N_2O 排放的影响

大田试验在四川省资阳市雁江区雁江镇响水村进行，供试水稻品种为 8 种节水抗旱稻（旱优 73、旱优 727、旱优 704、旱优 113、旱优 2783、沪旱 1503、沪旱 1505、沪旱 1509）及 1 种当地常规水稻（川香 8108），稻季采用自然降雨的水分管理方式。

连续 3 年的田间观测结果显示：不同水稻品种的稻季 CH_4 排放量差异显著，其 CH_4 累积排放量最大相差 1.3 倍；与川香 8108 相比，旱优 73、旱优 727、旱优 704、旱优 113、旱优 2783、沪旱 1503 的 CH_4 排放量降低 4% ~ 23%，沪旱 1505 和沪旱 1509 的 CH_4 排放量增加 13% ~ 16%（图 4-21）。水稻品种通过影响稻田土壤 CH_4 产生、氧化和传输过程，进而影响稻田 CH_4 的排放。水稻根系分泌物是产甲烷基质的重要来源，为产甲烷菌提供碳源和能源（Wang and Li，2002），直接影响土壤中 CH_4 的产生；水稻植株还将大气中的 O_2 传输到植株根系以维持水稻生长，从而形成根际微好氧区域，促进甲烷氧化菌的生长，使得稻田土壤中产生的 CH_4 被部分氧化（Kludze et al.，1993；Yagi and Minami，1991）；此外水稻植株具有较强的 CH_4 输送能力，稻田土壤中产生的 CH_4 超过 80% 是通过水稻植株的通气组织进入大气圈（Jia et al.，2001）。

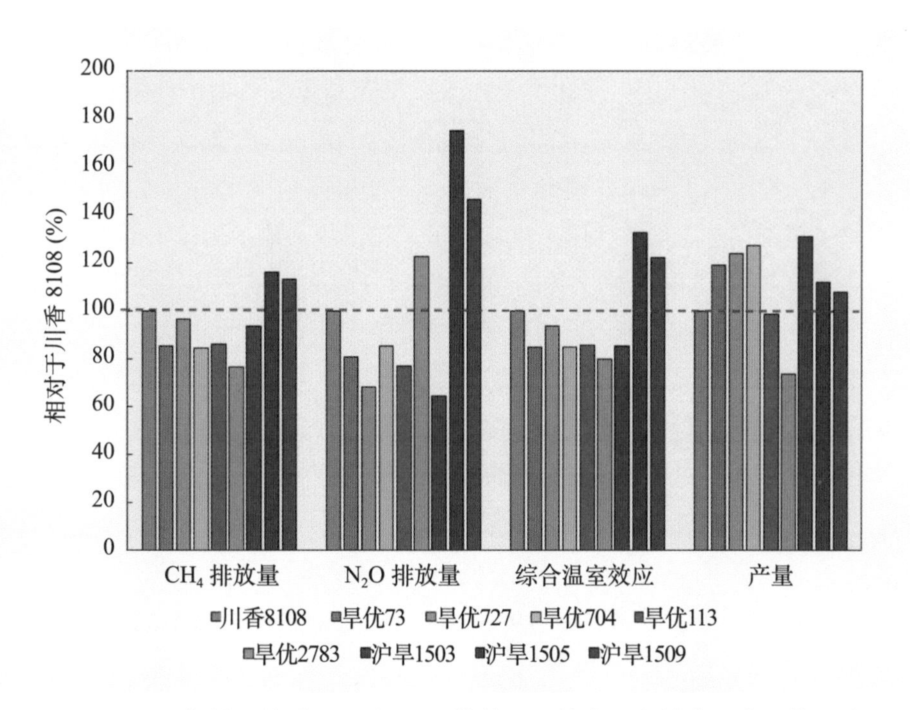

图 4-21 水稻品种对 CH_4 和 N_2O 排放量、综合温室效应、产量的影响

不同水稻品种的 N_2O 排放量也差异显著，其 N_2O 累积排放量最大相差 4.3 倍；与川香 8108 相比，旱优 73、旱优 727、旱优 704、旱优 113、沪旱 1503 的 N_2O 排放量降低 15% ~ 35%，旱优 2783、沪旱 1505 和沪旱 1509 的 N_2O 排放量增加 23% ~ 75%。土壤 N_2O 是硝化作用的副产物与反硝化作用的中间产物，而硝化与反硝化作用的强度由好氧条件下 NH_4^+-N 和厌氧条件下 NO_3^--N 浓度决定（Dobbie and Smith，2001）。不同水稻植株对氮肥的吸收利用能力存在差异，进而导致能够参与硝化与反硝化作用的底物量存在差异，从而影响土壤 N_2O 的产生和排放。此外，不同水稻植株的气体传输效率也不一样，对 N_2O 排放的影响也不同（Cai et al.，1997；Xu et al.，1997）。

综合温室效应常用来表示不同温室气体对气候响应的潜在效应（Lashof and Ahuja，1990）。本研究中，稻田 CH_4 排放量是综合温室效应的主要贡献者。与川香 8108 相比，旱优 73、旱优 727、旱优 704、旱优 113、旱优 2783、沪旱 1503 的综合温室效应降低 6% ~ 20%，沪旱 1505 和沪旱 1509 的综合温室效应增加 22% ~ 33%。水稻产量也是评价稻田温室气体减排措施的重要指标。与川香 8108 相比，旱优 73、旱优 727、旱优 704、沪旱 1503、沪旱 1505、沪旱 1509 的产量增加 8% ~ 31%，而旱优 113、旱优 2783 的产量降低 1% ~ 27%（图 21）。综合来看，旱优 73、旱优 727、旱优 704 和沪旱 1503 是适合在西南地区种植的高产低排的节水抗旱稻品种。

4.2.3.2 覆膜节水栽培对西南地区稻田 CH_4 和 N_2O 排放的影响

在品种筛选的基础上，进一步研究了节水抗旱稻与覆膜栽培（稻田开沟起厢，厢面宽 1.5 m，厢沟宽 12.5 cm、深 15 cm，厢面上均匀覆盖 0.004 mm 的薄膜）结合后的减排效果。试验以冬水田（全年淹水）+ 川香 8108 为对照，选择川香 8108 和旱优 73 两种水稻，分别采用常规栽培（稻季自然降雨，休闲期排水落干）和覆膜栽培（稻季采用湿润灌溉水分管理方式，保持厢沟有水、厢面无水，休闲期排水落干）两种栽培方式，总计 5 个处理。

连续 3 年的田间观测结果显示：对比冬水田处理，川香 8108 和旱优 73 常规栽培处理的 CH_4 排放量显著降低 76% 和 79%，覆膜栽培处理的 CH_4 排放量显著降低 47% 和 61%（图 4-22）。对于覆膜栽培处理而言，无论是冬季排水落干，还是稻季湿润灌溉的水分管理方式，均使其土壤水分含量低于冬水田，土壤 Eh 值高于冬水田，一定程度上抑制了其土壤 CH_4 的产生。地膜覆盖还有助于 O_2 向植株根系输送，促进 CH_4 在土壤中的氧化（李永山等，2007）。此外，地膜能直接阻隔土壤与大气的气体交换，延缓并减少稻田 CH_4 排放。土壤温度是影响稻田 CH_4 的关键因素之一（Wassmann et al.，1998；Parashar et al.，1993）。覆膜厢面的平均土壤温度比常规栽培高约 1℃，这可能是其 CH_4 排放量高于常规栽培的原因之一。旱优 73 无论是常规栽培还是覆膜栽培，其 CH_4 排放量均低于川香 8108，降幅分别为 15% 和 27%。覆膜栽培条件下，水稻植株的分蘖能力加强，品种间分蘖数的差异也加大，意味着品种间地上和地下部分生物量、根系泌氧能力、通气组织传输能力的差异可能加大，进而导致其 CH_4 排放量的差异加大。

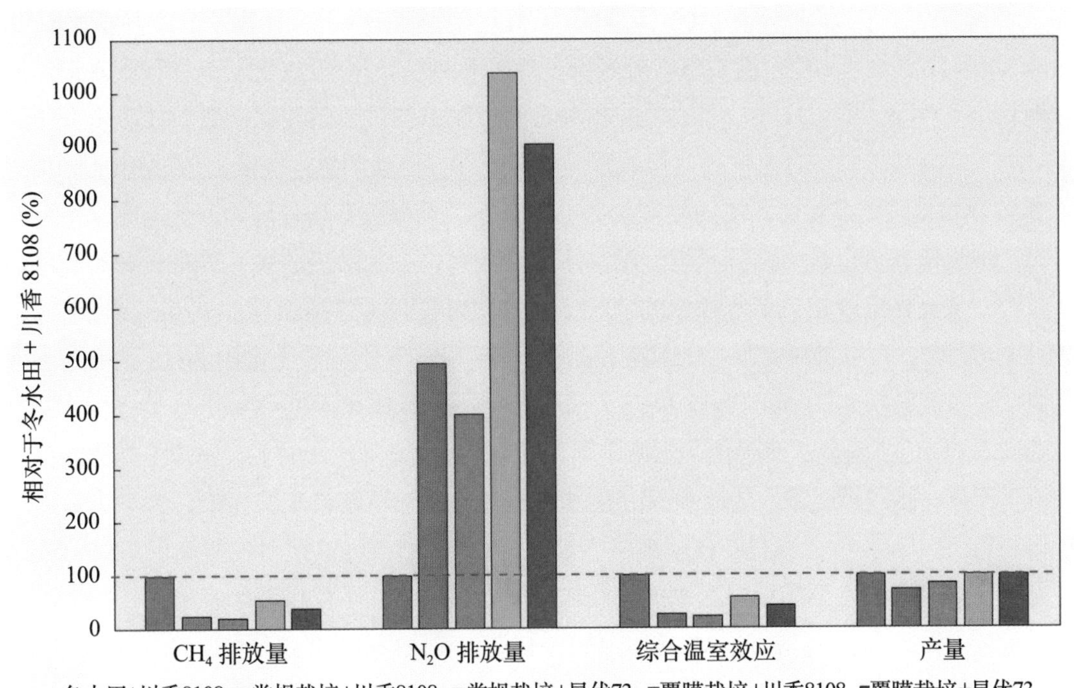

图 4-22 覆膜节水栽培对 CH_4 和 N_2O 排放量、综合温室效应、产量的影响

对比冬水田处理，川香 8108 和旱优 73 常规栽培处理的 N_2O 排放量分别显著增加 395% 和 300%，覆膜栽培处理的 N_2O 排放量分别显著增加 936% 和 804%。N_2O 的产生与土壤水分状况和氮肥施用密切相关（李曼莉等，2003）。对于覆膜栽培处理，氮肥作为基肥一次性施入，而常规栽培和冬水田是将氮肥按基肥、分蘖肥 50%∶50% 的比例施用，因此水稻生长初期覆膜栽培处理的 NH_4^+−N 浓度远高于其他处理，为硝化和反硝化作用的进行提供了充足的底物。覆膜厢面和常规田面几乎没有水层或者水层较浅，增加了土壤与大气的接触，改善了水稻根系的通气条件，促进硝化作用进行的同时还能抑制反硝化过程中 N_2O 被进一步还原成 N_2，因而其 N_2O 排放量远高于冬水田处理。虽然覆膜不利于稻田土壤中的 N_2O 通过气泡迸裂和扩散的方式向大气传输，但水稻通气组织是 N_2O 传输的主要途径，水稻生长期约有 87% 的 N_2O 是通过水稻植株途径通向大气的（Yan et al., 2000）。覆膜栽培促进了水稻分蘖，可更有效地传输土壤中生成的 N_2O。旱优 73 无论是常规栽培还是覆膜栽培，其 N_2O 排放量均低于川香 8108，降幅分别为 19% 和 13%。与常规栽培采用的分次施肥不同，覆膜栽培将氮肥做为基肥一次性施用，稻田 N_2O 排放高峰出现在基肥施用后，此时水稻幼苗刚刚移栽，品种间生长情况差异不大，水稻品种对稻田 N_2O 排放量影响的差异也相对较小。

对比冬水田处理，川香 8108 和旱优 73 常规栽培处理的综合温室效应降低 74% 和 78%，覆膜栽培处理的综合温室效应分别降低 42% 和 57%。旱优 73 无论是在覆膜栽培还是常规栽培条件下，其 CH_4 和 N_2O 排放量均低于川香 8108，因而其综合温室效应也低于后者。虽然常规栽培的综合温室效应低于覆膜栽培处理，但其产量也较低。川香 8108 和旱优 73 常规栽培处理的产量比冬水田处理低 29% 和 16%，而覆膜栽培处理的产量与冬水田处理相当。地膜覆盖可以减少水分蒸发、增加水分利用率，抑制潜热散失，具有良好的保湿增温效应，从而保证秧苗在节水灌溉的情况下能够发育良好（刘祥臣等，2010；吕世华等，2009）。同时，覆膜可减弱微生物固持、促进土壤矿化，从而导致土壤中 NH_4^+ 浓度增加。当植物根系被迫以 NH_4^+ 形式吸收 N 时，根系会向外排出 H^+ 以保持根系的电荷平衡，导致根基周围 pH 值下降，从而活化了土壤中固定的 P（孙爱文等，2004），保障了作物的养分供给。此外，地膜覆盖能有效抑制杂草生长、避免施用除草剂带来的污染，进一步保障了水稻的高产。旱优 73 无论是在覆膜栽培还是常规栽培条件下，其产量均略高于川香 8108。可见将优质节水抗旱稻品种与水稻覆膜栽培技术有机结合，不仅可节约水稻生长用水，还能显著减少稻田温室气体排放、增加经济效益，是一种值得推广的减排增效农业措施。

4.2.3.3 优化水分管理对西南地区稻田 CH_4 和 N_2O 排放的影响

在品种筛选的基础上，还研究了节水抗旱稻与优化水分管理结合后的减排效果。优化水分管理处理，水稻生长季以自然降雨为主，关键生育期视田间实际水分情况进行适当灌溉，稻田在水稻分蘖期灌溉了 2 ~ 3 次。试验以冬水田 + 川香 8108 为对照，选择川香 8108 和旱优 73、旱优 727、旱优 704 等 4 种水稻，分别采用自然降雨和优化水分管理两种水分管理方式，总计 9 个处理。

连续两年的田间观测结果显示：对比冬水田处理，自然降雨处理显著降低稻田 CH_4 排放量 66% ~ 71%，优化水分管理处理显著降低稻田 CH_4 排放量 53% ~ 61%（图 4-23）。与持续淹水相比，自然降雨和优化水分管理增加土壤的活性氧和土壤 Eh，减少产甲烷菌的数量，增加甲烷氧化菌的数量，从而显著降低稻田 CH_4 排放。针对西南地区冬春干旱明显的特点，优化水分管理在降雨量较少的分蘖期进行了 2 ~ 3 次人工灌溉以确保水稻高产稳产，其土壤水分含量及土壤 Eh 均略高于自然降雨处理，因而其 CH_4 排放量比自然降雨处理高 33% ~ 39%。旱优 73、旱优 727、旱优 704 在自然降雨条件下的 CH_4 排放量比川香 8108 低 6% ~ 14%，在优化水分管理条件下的 CH_4 排放量比川香 8108 低 5% ~ 17%。由于西南地区稻季降雨主要集中在水稻生长后期，无论自然降雨处理还是优化水分管理处理，其 CH_4 排放相应也集中在水稻生长后期，而优化水分管理仅在水稻生长前期增加了少量人工灌溉，因而水稻品种间 CH_4 排放量的差异受水分管理模式的影响较小。

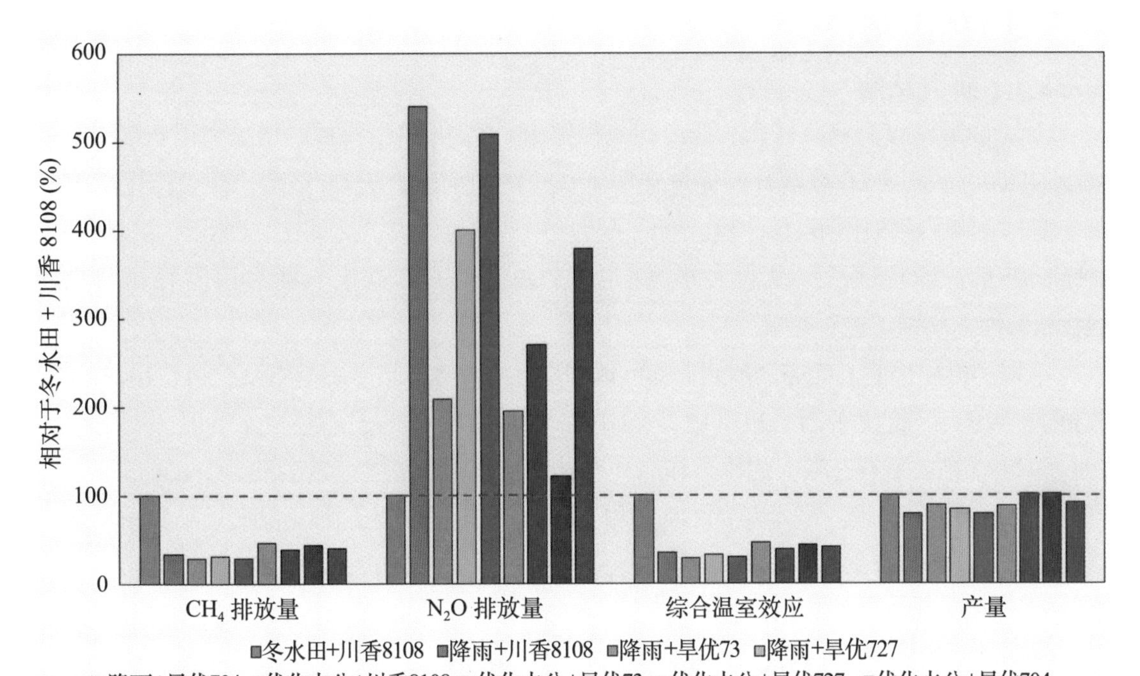

图 4-23　水分管理对 CH_4 和 N_2O 排放量、综合温室效应、产量的影响

图 4-23 还显示对比冬水田处理，自然降雨处理显著增加稻田 N_2O 排放量 109% ~ 439%，优化水分管理处理显著增加稻田 N_2O 排放量 22% ~ 278%。不同的水分管理方式通过改变土壤的水分条件调控硝化细菌和反硝化细菌的活性，影响土壤中的硝化速率和反硝化速率，进而影响 N_2O 的产生与释放（Amha and Bohne，2011）。与持续淹水的高水分含量相比，自然降雨和优化水分管理的稻田土壤平均含水率为 79% 和 84%，有利于土壤中硝化和反硝化作用同时进行，适宜产生 N_2O；同时，土壤表面水层厚度较小或为 0，有利于土壤 N_2O 排放。旱优 73、旱优 727、旱优 704 在自然降雨条件下的 N_2O 排放量是川香 8108 的 39% ~ 94%，在优化水分管理条件下的 N_2O 排放量是川香 8108 的 62% ~ 193%。

对比冬水田处理，自然降雨处理显著降低综合温室效应 67% ~ 71%，优化水分管理处理显著降低综合温室效应 53% ~ 61%。与 CH_4 排放规律相同，优化水分管理的综合温室效应比自然降雨高 33% ~ 36%，水稻品种间综合温室效应的差异受水分管理模式的影响较小。西南地区冬春干旱明显，仅依靠自然降雨，水稻产量明显减少；即便节水抗旱稻具有抗旱和稳产的特性，在自然降雨的条件下，其产量高于当地常规水稻品种，但与持续淹水稻田仍有较大差距。针对西南地区冬春干旱的特点，改变水分管理模式，在分蘖期适当灌溉，节水抗旱稻的产量可有较大提升，与持续淹水稻田水稻产量持平。综合来看，旱优 73 和旱优 727 与水分优化管理措施相结合，在维持水稻产量同时，大幅减少了稻田 CH_4 排放量和综合温室效应，提高环境经济效益。

4.3 总结与展望

4.3.1 研究总结

大气 CO_2 浓度升高降低高、低应答水稻稻田 CH_4 和 N_2O 排放，增加水稻产量，显著减少 GHGI。大气 CO_2 浓度升高促进水稻生长，增加稻田土壤 O_2 浓度，减少产甲烷菌群落丰度，增加甲烷氧化菌群落丰度，降低了土壤中速效氮含量，从而减少 CH_4 和 N_2O 排放。对比低应答水稻，高应答水稻品种扬稻 6 号、Y 两优 900、L 两优 1988 和甬优 1540 具有高生物量特性，增强了这种效果。

中稻—再生稻的 CH_4 和 N_2O 排放峰出现时间及峰值不同于单季中稻，CH_4 和 N_2O 排放量、GWP、产量显著高于单季中稻，GHGI 与单季中稻无显著差异。中稻—再生稻的 CH_4 和 N_2O 排放量存在较大的季节和品种差异，晶两优华占的产量最高、GHGI 最低。干湿交替灌溉可减少中稻—再生稻的 GWP 和 GHGI。再生季稻米的加工品质优于头季稻米，重金属含量低于头季稻米。

对比川香 8108，旱优 73、旱优 727、旱优 704 和沪旱 1503 的 CH_4 和 N_2O 排放量降低，产量增加，它们是适合西南地区种植的高产低排的节水抗旱稻品种。旱优 73 和旱优 727 与覆膜栽培技术或水分优化管理措施相结合，在维持水稻产量的同时，可大幅减少稻田 CH_4 排放量和综合温室效应，提高环境经济效益，具有推广应用价值。

4.3.2 研究展望

未来全球气候变化条件下，优先选择种植高应答水稻对保障我国乃至世界中长期的粮食安全具有重要意义，高应答水稻的减排潜力及机制值得进一步探索。以往研究的大气 CO_2 浓度水平均高于正常大气 CO_2 浓度一个固定值并基本保持不变，这与大气 CO_2 浓度逐渐增加的实际情况有所差别，研究不同的 CO_2 浓度升高水平对稻田温室气体排放的影响显得十分必要。此外，目前关于稻田温室气体排放对大气 CO_2 浓度升高响应的研究年限较短，长期大气 CO_2 浓度升高对稻田 CH_4 和 N_2O 排放的影响应值得关注。

因地制宜发展再生稻对适应全球气候变化、减少化肥和农药施用量、控制农业面源污染和温室气体排放、提高粮食产量和保障国家粮食安全具有极其重要的战略意义。目前关于再生稻 CH_4 和 N_2O 排放通量观测及影响因素研究还严重缺乏，仅有零星报道。

节水型稻作的推广将对我国农业温室气体的减排工作带来革命性的积极影响，但目前有关节水抗旱稻对温室气体排放影响的报道较少，结论不一，影响机制也不清楚。此外，再生稻和节水抗旱稻的固碳减排增效措施及潜力、稻田土壤氮素运移特征及损失途径、水稻高产与固碳减排的协同原理与调控机制等很值得进一步深入研究。

参考文献

蔡祖聪，徐华，马静，2009. 稻田生态系统 CH_4 和 N_2O 排放 [M]. 合肥：中国科学技术大学出版社.

陈万云，冯媛，2006. 旱稻生产现状及存在的问题 [J]. 农村科技 (9): 7.

邓桥江，曹凑贵，李成芳，2019. 不同再生稻栽培模式对稻田温室气体排放和产量的影响 [J]. 农业环境科学学报，38(6): 1 373–1 380.

郭建新，杨继文，方锡文，2015. 水稻再生稻高产栽培关键技术 [J]. 中国农技推广，31(1): 19–20.

贾仲君，蔡祖聪，2003. 水稻植株对稻田甲烷排放的影响 [J]. 应用生态学报，14: 2 049–2 053.

李曼莉，许阳春，沈其荣，2003. 旱作及水作条件下稻田 CH_4 和 N_2O 排放的观察研究 [J]. 土壤学报，40(6): 864–869.

李永山，关良欢，路兴花，2007. 丘陵山区覆膜旱作稻田土壤硝态氮和铵态氮动态变化规律探讨 [J]. 科技通报，23(2): 207–210.

刘祥臣，卢兆成，丰大清，2010. 水稻覆膜湿管高产高效栽培技术初探 [J]. 河南农业科学，39(8): 40–42.

罗利军，2018. 节水抗旱稻的培育与应用 [J]. 生命科学，30(10): 82–86.

罗利军，张启发，2001. 栽培稻抗旱性研究的现状与策略 [J]. 中国水稻科学，15(3): 209–214.

吕世华，2009. 水稻覆膜节水综合高产技术 [J]. 四川农业科技，2: 23–24.

彭少兵，2014. 对转型时期水稻生产的战略思考 [J]. 中国科学：生命科学，44: 845–850.

上官行健，王明星，陈德章，1993. 稻田 CH_4 传输 [J]. 地球科学进展，8: 13–22.

孙爱文，石元亮，张德生，等，2004. 硝化 / 脲酶抑制剂在农业中的应用 [J]. 土壤通报，35(3): 357–361.

孙会峰，周月生，陈桂发，等，2015. 水稻品种对稻田 CH_4 和 N_2O 排放的影响 [J]. 农业环境科学学报，34: 1 595–1 602.

宋开付，张广斌，徐华，等，2020. 中国再生稻种植的影响因素及可持续性研究进展 [J]. 土壤学报，57(6): 1 365–1 377.

王从，2017. 稻麦轮作生态系统温室气体排放对大气 CO_2 浓度和温度升高的响应研究 [D]. 南京：南京农业大学.

王玲，魏朝富，谢德体，2002. 稻田甲烷排放的研究进展 [J]. 土壤与环境，11: 158–162.

王龙昌，张臻，梅霄潇，2010. 论西南季节性干旱区节水型农作制度的构建 [J]. 西南大学学报，32(2): 1–6.

王向辉，雷玲. 气候变化对农业可持续发展的影响及适应对策 [J]. 云南师范大学学报（哲学社会科学版），2011, 43: 18–24.

邢光熹，赵旭，王慎强，2020. 论中国农田氮素良性循环 [J]. 北京：科学出版社.

熊洪，冉茂林，徐富贤等，2000. 南方稻区再生稻研究进展及发展 [J]. 作物学报，26(3): 297–304.

徐富贤，熊洪，2016. 杂交中稻蓄留再生稻高产理论与调控途径 [M]. 北京：中国农业科学技术出版社 .

徐富贤，熊洪，张林，等，2015. 再生稻产量形成特点与关键调控技术研究进展 [J]. 中国农业科学，48(9): 1 702–1 717.

郑亨万，2015. 9 个杂交稻新组合作低留桩再生稻栽培效果比较 [J]. 中国稻米，21(5): 67–71.

朱伟文，周文新，易镇邪，2014. 水稻节水栽培研究进展 [J]. 作物研究，28(6): 761–774.

AKIYAMA H, YAGI K, YAN X., 2005. Direct N_2O emissions from rice paddy fields: Summary of available data[J]. Global Biogeochemical Cycles 19, GB1005.

ALLEN L H, KIMBALL B A, BUNCE J A, et al., 2020. Fluctuations of CO_2 in Free-Air CO_2 Enrichment (FACE) depress plant photosynthesis, growth, and yield[J]. Agric. For. Meteorol., 284: 107 899.

AMHA Y, BOHNE H, 2011. Denitrification from the horticultural peats: effects of pH, nitrogen, carbon, and moisture content[J]. Biology & Fertility of Soils, 47(3): 293–302.

AULAKH M S, BODENBENDER J, WASSMANN R, et al., 2000. Methane transport capacity of rice plants. Ⅱ. Variations among different rice cultivars and relationship with morphological characteristics[J]. Nutrient Cycling in Agroecosystems, 58: 367–375.

BANKER B C, KLUDZE H K, ALFORD D P, et al. 1995. Methane sources and sinks in paddy rice soils: relationship to emissions[J]. Agriculture, Ecosystems and Environment, 53: 243–251.

BANGER K, TIAN H, LU C, 2012. Do nitrogen fertilizers stimulate or inhibit methane emissions from rice fields[J]. Global Change Biology 18: 3 259–3 267.

BEDARD C, KNOWLES R, 1989. Physiology, biochemistry, and specific inhibitors of CH_4, NH_4^+, and co-oxidation by methanotrophs and nitrifiers[J]. Microbiological Reviews, 53: 68–84.

BHATTACHARYYA P, 2013. Impact of elevated CO_2 and temperature on soil C and N dynamics in relation to CH_4 and N_2O emissions from tropical flooded rice (Oryza sativa L.)[J]. Sci Total Environ, 461–462: 601–611.

BODELIER P L E, 2011. Interactions between nitrogenous fertilizers and methane cycling in wetland and upland soils[J]. Current Opinion in Environmental Sustainability, 3: 379–388.

BUTTERBACHBAHL K, BAGGS E M, DANNENMANN M, et al., 2013. Nitrous oxide emissions from soils: how well do we understand the processes and their controls?[J]. Philosophical Transactions of The Royal Society B Biological Sciences, 368(1 621): 20 130 122.

Cai Z, Xing G, Yan X, et al., 1997. Methane and nitrous oxide emissions from rice paddy fields as affected by nitrogen fertilisers and water management[J]. Plant and Soil, 196: 7–14.

CAI Z, TSURUTA H, MING G, et al, 2003. Options for mitigating methane emission from a permanently flooded rice field[J]. Global Change Biology, 9: 37–45.

CHU G, 2015. Alternate wetting and moderate drying increases rice yield and reduces methane emission in paddy field with wheat straw residue incorporation[J]. Food and Energy Security, 4: 238–254.

CONRAD, R, 2007. Microbial ecology of methanogens and methanotrophs[J]. In Advances in Agronomy, 96: 1–63.

DAS K, BARUAH K K, 2008. Methane emission associated with anatomical and morphophysiological characteristics of rice (Oryza sativa) plant[J]. Physiologia Plantarum, 134: 303–312.

DATTA A, SANTRA S C, ADHYA T K., 2013. Effect of inorganic fertilizers (N, P, K) on methane emission from tropical rice field of India[J]. Atmospheric Environment, 66: 123–130.

DAVIDSON E A, 2009. The contribution of manure and fertilizer nitrogen to atmospheric nitrous oxide since 1860[J]. Nature Geoscience, 2: 659–662.

DOBBIE K E, SMITH K A, 2001. The effects of temperature, water-filled pore space and land use on N_2O emissions from an imperfectly drained gleysol[J]. European Journal of Soil Science, 52(4): 667–673.

FRENZEL P, ROTHFUSS F, CONRAD R, 1992. Oxygen profiles and methane turnover in a flooded rice microcosm[J]. Biology and Fertility of Soils, 14: 84–89.

FUMOTO T, HASEGAWA T, CHENG W, et al., 2013. Application of a process-based biogeochemistry model, DNDC-Rice, to a rice field under free-air CO_2 enrichment (FACE)[J]. J Agric Meteorol, 69(3): 173–190.

HAQUE M M, KIM G W, KIM P J, et al. 2016. Comparison of net global warming potential between continuous flooding and midseason drainage in monsoon region paddy during rice cropping[J]. Field Crops Research, 193: 133–142.

HOLZAPFEL-PSCHORN A, CONRAD R, SEILER W, 1986. Effects of vegetation on the emission of methane from submerged paddy soil[J]. Plant and Soil, 92: 223–233.

HU H W, CHEN D, HE J Z 2015. Microbial regulation of terrestrial nitrous oxide formation: understanding the biological pathways for prediction of emission rates[J]. Fems Microbiology Reviews, 39: 729–749.

INUBUSHI K, CHENG W, AONUMA S, et al., 2003. Effects of free-air CO_2 enrichment (FACE) on CH_4 emission from a rice paddy field[J]. Glob. Change Biol, 9(10): 1 458–1 464.

IPCC, 2013. Summary for policymakers. Climate change 2013: The physical science basis. Contribution ofworking group I to the fifth assessment report of the intergovernmental panel on climate change[M]. Cambridge, UK: Cambridge University Press.

JIA Z, CAI Z, XU H, et al., 2001. Effect of rice plants on CH_4 production, transport, oxidation and emission in rice paddy soil[J]. Plant and Soil, 230(2): 211–221.

JIA Z, CAI Z, TSURUTA H, 2006. Effect of rice cultivar on CH_4 production potential of rice soil and CH_4 emission in a pot experiment[J]. Soil Science and Plant Nutrition, 52: 341–348.

JIANG, JAN K, GROENIGEN V, et al., 2017. Higher yields and lower methane emissions with new rice cultivars[J]. Global Change Biology, 23: 4 728–4 738.

KLIRONOMOS J, ALLEN M, RILLIG M, et al., 2005. Abrupt rise in atmospheric CO_2 overestimates community response in a model plant-soil system[J]. Nature, 433(7 026): 621–624.

KLUDZE H K, DELAUNE R D, PATRICK W H., 1993. Aerenchyma formation and methane and oxygen exchange in rice[J]. Soil Science Society of America Journal, 57: 386–391.

LASHOF D A, AHUJA D R, 1990. Relative contributions of greenhouse gas emissions to global warming, 344: 529–531.

LE MER J, ROGER P, 2001. Production, oxidation, emission and consumption of methane by soils: A review[J]. European Journal of Soil Biology, 37: 25–50.

LINDAU C W, BOLLICH P K, 1993. Methane emissions from Louisiana first and ratoon crop rice[J]. Soil Science, 156: 42–48.

LINDAU, C W, et al., 1995. Effect of rice variety on methane emission from Louisiana rice[J]. Agriculture, Ecosystems and Environment, 54: 109–114.

LIU H, YANG L, WANG Y, et al. , 2008. Yield formation of CO_2-enriched hybrid rice cultivar Shanyou 63 under fully open-air field conditions[J]. Field Crop. Res, 108(1): 93–100.

LIU S, JI C, WANG C, et al., 2018. Climatic role of terrestrial ecosystem under elevated CO_2: a bottom-up greenhouse gases budget[J]. Ecol. Lett, 21(7): 1 108–1 118.

LIU S, QIN Y, ZOU J, et al. , 2010. Effects of water regime during rice-growing season on annual direct N_2O emission in a paddy rice-winter wheat rotation system in southeast China[J]. Science of the Total Environment, 408: 906–913.

LV C, HUANG Y, SUN W, et al. Response of rice yield and yield components to elevated [CO_2]: A synthesis of updated data from FACE experiments[J]. European Journal of Agronomy, 2020, 112: 125 961.

MA K, QIU Q, LU Y, 2010. Microbial mechanism for rice variety control on methane emission from rice field soil[J]. Global Change Biology, 16: 3 085–3 095.

MALYAN, SANDEEP K, BHATIA, et al., 2016. Methane production, oxidation and mitigation: A mechanistic understanding and comprehensive evaluation of influencing factors[J]. Science of the Total Environment, 572: 874–896.

NEUE H U, SCHARPENSEEL H W, 1984. Gaseous products of the decomposition of organic matter in submerged soils[M]. IRRI, Los Banos.

NOUCHI I, MARIKO S, AOKI K, 1990. Mechanism of methane transport from the rhizosphere to the atmosphere through rice plants[J]. Plant Physiology, 94: 59–66.

Parashar D C , Gupta P K, Rai J, et al., 1993. Effect of soil temperature on methane emission from paddy fields[J]. Chemsphere, 26: 247–250.

QIAN H, HUANG S, CHEN J, et al. 2020. Lower-than-expected CH_4 emissions from rice paddies with rising CO_2 concentrations[J]. Glob. Change Biol., 26: 2 368–2 376.

SAUNOIS M, et al., 2020. The global methane budget 2000–2017[J]. Earth System Science Data, 12: 1 561–1 623.

SCHROPE M K, et al., 1999. Effect of CO_2 enrichment and elevated temperature on methane emissions from rice, Oryza sativa[J]. Glob. Change Biol., 5: 587–599.

TOKIDA T, FUMOTO T, CHENG W, et al., 2010. Effects of free-air CO_2 enrichment (FACE) and soil warming on CH_4 emission from a rice paddy field: impact assessment and stoichiometric evaluation[J]. Biogeosciences, 7(9): 2 639–2 653.

TYAGI, L, 2010. Water management-A tool for methane mitigation from irrigated paddy fields[J]. Science of the Total Environment, 408: 1 085–1 090.

GROENIGEN K, OSENBERG C W, HUNGATE B A, 2011. Increased soil emissions of potent greenhouse gases under increased atmospheric CO_2[J]. Nature, 475(7 355): 214–216.

WANG B, LI J, WAN Y, et al., 2018a. Responses of yield, CH_4 and N_2O emissions to elevated atmospheric temperature and CO_2 concentration in a double rice cropping system[J]. Eur. J. Agron., 96: 60–69.

WANG B, CONG Y G , et al., 2018b. An additive effect of elevated atmospheric CO_2 and rising temperature on methane emissions related to methanogenic community in rice paddies[J]. Agric. Ecosyst. Environ, 257: 165–174.

WANG M X LI J, 2002. CH_4 emission and oxidation in Chinese rice paddies[J]. Nutrient Cycling in Agroecosystems, 64(1–2): 43–55.

WANG Q H, 2020. Data-driven estimates of global nitrous oxide emissions from croplands[J]. National science review, 7: 441–452.

WASSMANN R, AULAKH M S, 2000. The role of rice plants in regulating mechanisms of methane missions[J]. Biology and Fertility of Soils, 31: 20–29.

WASSMANN R, NEUE H U, BUENO C, et al., 1998. Methane production capacities of different rice soils derived from inherent and exogenous substrates[J]. Plant and Soil, 203(2): 227–237.

Xia L, Wang S, Yan X, 2014. Effects of long-term straw incorporation on the net global warming potential and the net economic benefit in a rice-wheat cropping system in China[J]. Agriculture Ecosystems & Environment, 197: 118–127.

XIE B, ZHOU Z, MEI B, et al., 2012 Influences of free-air CO_2 enrichment (FACE), nitrogen fertilizer and crop residue incorporation on CH_4 emissions from irrigated rice fields[J]. Nutrient Cycling in Agroecosystems, 93(3):373–385.

Xing G X, Cao Y C, Shi S L, et al., 2002. Denitrification in underground saturated soil in a rice paddy region[J]. Soil Biology & Biochemistry, 34: 1 593–1 598.

HUA X, XING G, CAI Z C, et al., 1997. Nitrous oxide emissions from three rice paddy fields in China[J]. Nutrient Cycling in Agroecosystems, 49: 23–28.

YAGI K, MINAMI K., 1991. Emission and production of methane in the paddy fields of Japan[J].

Japan Agricultural Research Quarterly, 25: 165–171.

YAN X, 2000. Pathways of N_2O emission from rice paddy soil[J]. Soil Biology and Biochemistry, 32(3): 437–440.

YAN X, AKIMOTO H, OHARA T, 2003. Estimation of nitrous oxide, nitric oxide and ammonia emissions from croplands in East, Southeast and South Asia[J]. Global Change Biology 9: 1 080–1 096.

YANG L, HUANG J, YANG H, et al. 2007. Seasonal changes in the effects of free-air CO_2 enrichment (FACE) on nitrogen (N) uptake and utilization of rice at three levels of N fertilization[J]. Field Crops Research, 100: 189–199.

YANG L, LIU H, WANG Y, et al., 2009. Yield formation of CO_2-enriched inter-subspecific hybrid rice cultivar Liangyoupeijiu under fully open-air field condition in a warm sub-tropical climate[J]. Agric. Ecosyst. Environ., 129(1–3): 193–200.

YAO Z S, 2020. Elevated atmospheric CO_2 reduces yield-scaled N_2O fluxes from subtropical rice systems: six site-years field experiments[J]. Glob. Change Biol., 27(2): 327–339.

YU K W, 2004. Reduction of global warming potential contribution from a rice field by irrigation, organic matter, and fertilizer management. Global Biogeochemical Cycles 18.

ZHENG X, ZHOU Z, WANG Y, et al., 2006. Nitrogen-regulated effects of free-air CO_2 enrichment on methane emissions from paddy rice fields[J]. Glob. Change Biol., 12(9): 1 717–1 732.

ZHU X, BURGER M, DOANE T A, et al., 2013. Ammonia oxidation pathways and nitrifier denitrification are significant sources of N_2O and NO under low oxygen availability[J]. Proceedings of the National Academy of Sciences of the United States of America, 110: 6 328–6 333.

主要撰写人员有：张广斌、马　静、张巫军、于海洋、宋开付、段秀建

5 籼稻稻作系统应对气候变化的栽培技术途径

摘要：全球气候变暖导致极端天气频发，严重威胁我国粮食安全。鉴于极端天气影响生产的复杂性，已有研究成果难以满足水稻生产需求，应对/应急抗逆性风险栽培技术研究亟待进行。以构建及完善长江中下游稻区籼稻生产体系应对全球气候变化为目标，围绕长江中下游稻区农村劳动力短缺、农业生产成本增加过快，籼稻稻作系统品种不配套、种植模式不完善、水肥管理不一致导致生产效率下降的问题，采用可控人工气候室、温室及大田实验结合的方案，从耐热、耐冷、温室气体低排放籼稻品种筛选、种植制度改革、播期调整、群体优化、水肥运筹、化控产品应用、温室气体排放、农机农艺高效融合等方面开展研究，创建了抗逆水稻种质鉴选体系，筛选获得了优异籼稻品种；创新了应对气候变化的籼稻抗逆栽培关键技术；集成了抗逆、高效和减排多目标协同的籼稻栽培技术体系。以此为基础，提出双季稻区适应气候变化的新型再生稻耕作制度配套栽培技术模式2套（减量施肥处理与控释肥配方处理）。根据已取得的研究进展，就应对全球气候变化抗逆栽培技术未来的发展方向进行了展望。研究成果不仅缓解全球气候变化干扰水稻生产，还能降低温室气体排放及全球增温潜势20%以上，为长江中下游稻区生产系统应对全球气候变化提供重要的技术及理论支持，保障我国粮食安全。

5.1 研究背景

水稻是我国主要粮食作物之一，60%以上的人口以稻米作为主食（章秀福等，2005）。据预测，到2030年，我国水稻产量需增加20%以上才能满足人们对大米的需求（Peng et al.，2009）。近年来，全球气候变暖，极端温度频发，严重影响到水稻产量及品质，进而威胁我国粮食安全。因而，亟须提高长江中下游水稻生产效率，减少全球气候变化对稻作生产的影响。

长江中下游主要指长江三峡以东的中下游沿岸带状平原，包括湖南、湖北、江西、安徽、江苏、浙江等6省，面积约20万km^2，是我国水稻主要种植区，种植面积约占全国稻作面积的33.7%，产量约占全国水稻总产的38%。

近年来，温室气体排放量增加，全球气候变暖，高温等极端天气发生频次和程度均呈现增加的趋势。据报道，全球地表温度于1906—2005年间上升了0.74℃，预计到21世纪末将继续上升0.75～4℃（IPCC，2013）。与20世纪80年代和90年代相比，我国平均气温分别上升了1.5℃和0.7℃，到2050年将上升1.2～2℃；北方地区比南方增温快，冬季和春季增温明显。水稻最适宜生长温度为22～30℃，温度过高或过低均影响水稻生长发育（Prasad et al.，2006）。谭诗琪等（2016）在分析了长江中下游 41 个站点 1980—2011 年 5—10 月天气及水稻产量的资料后，认为长江中下游地区高温热害的分布呈南多北少、东多西少的趋势；江西北部、浙江南部和湖南中部较为严重。李友信（2015）分析长江中下游地区 104 个气象站 1951—2010 年的气象资料作认为，长江中下游地区中江西和浙江中西部热害最为严重，江苏受高温热害影响最小；长江中下游地区的高温热害天气有微弱增强趋势，发生频次及强度呈先减少后增加的变化特征；21 世纪前 10 年热害平均频次达 3.21 次 / 年，平均强度为 31℃ / 年（李友信，2015）。以安徽江淮为例，该地区 1961—2013 年高温热害年发生 0 ~ 1 次、1 ~ 3 次和 3 次以上的年份分别有 16 年、31 年和 3 年；轻度、中度和重度高温热害每 10 年分别发生 8 次、4 次和 3 次；高温热害年发生日数 20 d 以上、10 ~ 20 d 和 10 d 以内分别有 3 年、14 年和 36 年。1961—2013 年安徽江淮地区高温天气开始时间多在 7 月中旬，8 月上中旬结束。与 1961—1990 年相比，2050 年我国平均气温将增加 2.3 ~ 3.3℃，高温等极端天气事件出现频率增加，持续时间更长。

低温冷害是威胁水稻生产的重要气象因子之一（Sthapit and Witcombe，1998）。我国东北、西北、华北、西南、华南和长江中下游地区每 4 ~ 5 年发生 1 次较大冷害，全国灾年每年的水稻产量损失 50 亿~ 100 亿 kg（李太贵等，1993）。虽然近年来全球气候变暖，我国大部分地区冷害的频率和强度有所下降，然而阶段性和局地性的冷害仍有可能加重；长江流域各省低温冷害频发，1951—1980 年长江中下游粳稻和籼稻分别有 7 年和 9 年遭受寒露风危害。因而，“倒春寒”及和“寒露风”仍然是影响我国南方双季稻区水稻产量形成的重要灾害气象，甚至“寒露风”有提前发生的趋势。

5.1.1 气候变化对籼稻稻作系统的影响

5.1.1.1 高温热害

高温胁迫通常指在作物某个生育阶段，一段时间的温度超过其生长发育所能承受的“阈值”，导致不可逆性损害或损伤发生的生理过程（Wahid et al.，2007）。水稻生殖期，包括花粉母细胞减数分裂期、开花期及籽粒灌浆期对高温胁迫最为敏感（Yoshida et al.，1981）。研究表明，水稻开花期 35℃以上高温超过 1 h 可导致小穗败育（Jagadish et al.，2007）。孕穗期（花粉母细胞减数分裂期）和抽穗扬花期（开花期），遭遇连续日平均气温≥ 35℃、日最高气温≥ 38℃、持续 3 ~ 5 d，将严重影响产量及品质的形成。特大高温天气则指日最高气温超过 40℃，且持续 15 ~ 20 d，往往导致水稻大面积减产，产量降幅超过 30%，个别品种甚至绝收。张倩（2010）研究表明，长江中下游地区高温主要影响水稻孕穗、开花和灌浆，高温热害典型年份，早稻与中稻有高达 30% 以上的减产幅度。我国长江中下游稻区是高温热害的重灾区，极端高温天气发生频率高、受害程度大，到 21 世纪后半期，高温热害可能导致小麦、水稻、玉米等几种主要农作物产量下降幅度高达 37% 以上，严重威胁我国粮食安全（陈楠楠，2012）。

稻米品质除受自身遗传因素制约外，外部环境因素的影响也很大（黄发松等，1998）。

抽穗开花期高温热害可导致糙米率、精米率和整精米率显著下降，垩白粒率和垩白度显著增加。研究表明，高温可降低稻米可溶性糖和蛋白质含量，提高直链淀粉含量，致使稻米蒸煮食味品质下降（谢晓金等，2010）。据报道，灌浆结实期高温一方面加速叶片衰老、缩短灌浆期，从而导致干物质积累能力不足，结实率及粒重降低，水稻减产（薛秀芳等，2010；Morita et al.，2005）；另一方面抑制淀粉合成酶活性，导致垩白度和垩白粒率增加、整精米率下降，降低稻米品质（陶龙兴等，2006；盛婧等，2007）。

5.1.1.2 低温冷害

低温冷害是指水稻遭遇最低临界温度以下低温造成的生理损伤。低温对水稻生长发育的危害主要分为 3 种类型：①生育前期或者结实期低温，导致营养期延迟、结实不充分的延迟型冷害；②花粉母细胞减数分裂期低温，每穗粒数减少，空壳率增加的障碍型低温；③两者综合发生的混合型低温冷害。水稻芽期、苗期、孕穗期和开花灌浆期易发生冷害；苗期是水稻延迟型冷害的关键期。新中国成立后，我国东北地区曾发生过 10 多次严重的低温冷害，平均每次减产约 50 亿 kg（赵正武等，2006）。我国南方地区因低温连续阴雨导致烂秧是水稻减产重要原因。长江流域水稻生产同时受“倒春寒”和“寒露风”危害，前者造成早稻烂秧，后者导致晚稻抽穗受阻。

5.1.2 应对气候变化的适应机制

5.1.2.1 热害适应机制

水稻对高温热害的响应有两种方式，即避热性和耐热性。避热性主要通过缩短开花时间或提前开花避开高温天气，减少高温热害。陶龙兴等（2008）的研究表明，高温下花时分散，开花峰值下降，虽未见花时提前，但观察到日初花量增加，花时向后延 2 h。张桂莲等（2012）的研究表明，随着温度升高，日开花峰值降低，同时开颖角度也减小。耐热品种 IR64 和热敏感品种 Azucena 在 36.2℃时开花高峰均比 29.6℃时提前 30 ~ 45 min；高温下 IR64 开花日数增加，而 Azucena 开花日数减少（Jagadish et al.，2007）。周建霞等（2014）观察到高温下籼稻花时提前，粳稻花时后移，闭颖慢，开花高峰降低；耐热品种Ⅱ优 7 号比Ⅱ优 7954 开花峰值高；Ⅱ优 7954 花时较分散。水稻耐热性是植株表现出不同的生理响应，以减少、修复或阻断高温伤害，维持自身正常生理活动。高温胁迫会导致植物体内 ROS 积累过多，使膜结构和功能受损，严重者甚至细胞死亡。为应对由此造成的氧化损伤，细胞内进化出一套抗氧化系统，以清除过多的 ROS 及其诱导产生的有毒物质。Lee 等（2007）对正常温度和高温胁迫下生长的水稻幼苗叶片进行了蛋白质组学分析，结果表明，高温可诱导三类抗氧化酶，即谷胱甘肽 S- 转换酶（GST）、脱氢抗坏血酸还原酶（DHAR）和硫氧化酶表达量显著上升。Han 等（2009）报道，当温度超过 35℃，温度越高，水稻幼苗叶片 DHAR 表达量越大。周伟辉（2010）证实，高温胁迫下水稻叶片 H_2O_2、O_2^- 及 MDA 含量增加，而 SOD、CAT 等抗氧化酶活性显著上升，用以清除过多的 ROS，减轻高温致使的氧化胁迫，维持水稻正常生长。

热激蛋白（Heat Shock Proteins，HSPs）是细胞受到不利环境刺激时被激活并表达的一类蛋白（Ritossa，1996），在高温刺激下可增加至细胞蛋白总量的10%（Parsell and Lindquist，1993）。根据分子量大小，热激蛋白共分为5类，分别为HSP110、HSP90、HSP70、HSP60以及小分子热休克蛋白（small Heat Shock Proteins，sHSPs）。热激蛋白受上游转录因子HSF（Heat Shock Transcription Factor）的调控，通常情况下，HSPs作为分子伴侣参与蛋白质的折叠与去折叠、协助蛋白质正确装配、参与蛋白质运输和降解（Carey et al.，2006）。大多数热激蛋白具有ATP酶活性，依赖ATP实现解聚功能（Liberek et al.，2008；AL-Whaibi，2011）。热激蛋白广泛参与植物应激过程（Swindell et al.，2007；Renaut et al.，2008），其中多数以分子伴侣形式发挥抗逆功能，即防止变性蛋白聚集，促进其正确折叠，稳定蛋白质结构（Huttner and Strasser，2013）。高温处理后，热激因子快速诱导并特异识别*HSP*基因启动子序列中的HSE（heat shock elements）元件，调节*HSP*基因表达水平（Liu et al.，2009；Liu et al.，2010）。胁迫条件下，*HSP*及其他辅因子与变性靶蛋白形成复合体，阻止变性蛋白聚集，恢复生长阶段参与靶蛋白重折叠及运输，维持细胞内环境的稳定（Sarkar et al.，2010）。热激蛋白与其他蛋白进行互作提高水稻耐热性已经在很多研究中获得了证实，例如HSP70蛋白能够降低柠檬酸合酶在高温胁迫下的聚集，与D1蛋白结合参与光系统II的损伤修复过程（Chakrabortee et al.，2010）。

高温等逆境条件诱导的抗氧化系统能力及热激蛋白积累消耗大量能量，因而能量不足或利用效率下降将影响抗逆能力形成。能量及其代谢状态对生物体极其重要，能量可利用性与植物应激耐受性、生存、细胞生长和寿命之间密切相关（Kenyon，2005）。研究表明，逆境胁迫会抑制光合作用和（或）呼吸作用，加剧能量缺乏，最终致使植物生长停滞和细胞死亡（Smith and Stitt，2007）。腺苷三磷酸（Adenosine triphosphate，ATP）是生命有机体内重要物质，提供细胞内生化反应所需能量。ATP水平与环境胁迫密切相关，例如缺氧（Huang and Guo，2005）、极端温度（Stupnikova et al.，2006）、低pH值（Messerli et al.，2005）和营养性磷饥饿（Plaxton，2004）等胁迫会破坏植物细胞的生理状态，不仅影响ATP产生，还导致ATP过度消耗。Li等（2020）的研究表明，高温下，较高的叶片温度显著增加呼吸作用，碳水化合物及ATP消耗过度，最终导致抗氧化能力下降。Jiang等（2020）的研究表明，水稻开花期颖花酸性转化酶活性增加可促进蔗糖代谢，提高能量产生效率，维持颖花能量平衡，防止高温胁迫抑制花粉管在雌蕊组织的伸长，提高水稻耐热性。进一步研究表明，高温下酸性转化酶除促进颖花ATP产生外，还能减少ROS累积抑制聚腺苷二磷酸－核糖聚合酶（Poly-ADP-ribose polymerase，PARP）活性，防止能量过度消耗。然而，Yu等（2020）认为低温抑制ATP水解能力，能量利用效率下降导致谷胱甘肽合成受阻是供试两个水稻品种耐冷性不同的主要原因。

植物蔗糖非发酵相关蛋白激酶1（SNF1-related kinase1，SnRK1）是一种进化保守能调节植物体内能量稳态的蛋白激酶复合物，与酵母SNF1（sucrose non-fermenting 1）和哺乳动物 AMPK（AMP-activated protein kinase）具有较高的同源性（Margalha et al.，2016）。能量水平不足时，SnRK1 被激活，促进应激耐受并维持生命（Tome et al.，2014）。研究表明，SnRK1 可与热激蛋白相互作用通过磷酸化途径应对高温胁迫（Slocombe et al.，2004）。雷帕霉素靶蛋白（Target of Rapamycin，TOR）是真核生物中高度保守的丝氨酸 / 色氨酸激酶（Wullschleger et al.，2006），是生长主要调控因子，其功能包括调控翻译、细胞周期、自噬和代谢（Xiong and Sheen，2014；Kennedy and Lamming，2016）。低温下，TOR 是能量代谢和生长反应的重要靶点（Dong et al.，2017）。据报道，SnRK1 与 TOR 的作用途径通常被认为是拮抗的（Margalha et al.，2016）。研究表明，糖可抑制 SnRK1 表达（Lee et al.，2007；Osuna et al.，2007），但能激活 TOR 活性（Pfeiffer et al.，2016；Li et al.，2017）。在应激调控通路中，SnRK1 位于 TOR 的上游，以依赖于 TOR 和不依赖于 TOR 的方式促进异常细胞自噬（Üstün et al.，2017）。一般而言，SnRK1 活性越高，植物的抗逆性越强（Cho et al.，2012），TOR 则相反（Salem et al.，2018），但也有研究表明，提高 TOR 活性能增强植物抗逆性（Bakshi et al.，2017；Dong et al.，2019）。

5.1.2.2 冷害适应机制

低温胁迫对水稻不同生育时期生长发育均有影响。营养生长期低温胁迫将导致水稻植株生长缓慢，叶子发黄萎蔫，分蘖减少，生长滞缓（Han et al.，2017），而开花期低温胁迫将严重降低水稻花粉粒数、柱头花粉萌发率，致使中下部颖花不育率增加（邓化冰等，2011）。据报道，膜脂中的类脂不饱和性与细胞抗冷性关系密切，较高的膜脂不饱和度可在较低温度下保持流动性，维持正常的生理功能（沈漫等，1997）。王洪春等（1980）对 206 个水稻品种种子干胚膜脂肪酸组成所做的分析表明，抗冷品种的膜总类脂肪酸组成中含有较多亚油酸和较少的油酸，其脂肪酸的不饱和指数高于不抗冷品种。王萍等（2006）的研究表明，脂肪酸的不饱和度随着处理温度的降低和时间的延长逐渐上升，夜间低温引起剑叶类囊体膜脂过氧化加剧、 脂肪酸不饱和度上升，与杂交稻的冷适应性相关。郭军伟等（2006）研究表明，低温时水稻类囊体膜蛋白质水平下降，PS Ⅱ 蛋白质磷酸化水平发生变化，从而导致了水稻叶片对光能吸收和分配的改变，有利于光能向 PS Ⅰ 传递。水稻植株耐冷性也与可溶性糖等渗透物质积累有关，低温冷冻可使果聚糖转变为果糖和蔗糖，累积在细胞间隙中，增加植株抗寒性（王荣富，1985）。

5.1.3 适应途径

5.1.3.1 培育抗逆水稻品种

水稻对高温的耐受程度存在种质间差异，培育耐高温品种是抵御高温热害的重要措施之一（陈仁天等，2012；王亚梁等，2014）。据报道，籼稻较粳稻更具有耐热性，高温主要影响籼稻的花粉活性，而高温对粳稻花粉萌发及受精均有影响（Matsuiand and Omasa，2002）。张桂莲等（2014）研究发现，高温下水稻耐高温株系的花药开裂率、柱头上花粉粒数、花粉活力和柱头活力显著高于热敏感株系。通过高温胁迫筛选，目前已经鉴定出很多耐热品种和品系，如 N22、996、黄华占（Jagadish et al.，2008；周少川等，2012；张桂莲等，2014），这些品种相对热敏感水稻材料结实率受高温胁迫影响较小，产量波动不显著。胡声博等（2013）认为杂交水稻的耐热性主要与雌性亲本有关，然而 Fu 等（2015）在评估了中国常用的恢复系和保持系后，认为雄性亲本对耐热性的贡献更大。除了常规育种手段，利用分子标记辅助育种能定向改良性状、避免其他基因干扰，极大提升育种工作效率（刘维等，2017）。实际上，鉴定克隆耐热关键基因，被认为是培育耐热水稻品种的一项极其重要的措施之一。例如在水稻中过表达热激蛋白及热激转录因子基因、抗氧化酶相关基因如 *SOD1*、*NAC3*、*APX2*，以及其他耐热性相关基因 *FAD7*、*TOGR1*、*OsWRKY11* 等，均能显著提高转基因植株耐热性（Jung et al.，2012；Fang et al.，2015；Shiraya et al.，2015；Wang et al.，2016；Zafar，2018；张政等，2019）。近年来，基因编辑技术正越来越广泛地应用在水稻育种上，这有助于加快耐热品种的培育。

种植耐冷品种是防御低温冷害的重要措施。传统水稻品种对环境温度变化较敏感，水稻籽粒的灌浆速度相对缓慢，对生长环境出现的低温抵抗能力较差，结实率相对较低。选用对外界环境温度变化敏感度较低的品种代替传统的水稻品种可以降低低温冷害风险。不同品种抗冷性有明显差异，因此应从品种类型上选用适宜区域种植的优质抗冷品种，尽量选用中早熟、质佳、抗逆能力强的品种，确保水稻品种能在多雨寡照等恶劣气象条件下具有较强的低温冷害防御能力。

5.1.3.2 播种时期调整

水稻抽穗开花期是对高温热害较为敏感的时期，在合理选择品种的基础上，适当调整播栽期可使抽穗开花期避开高温天气。盛婧等（2007）根据江苏省历年来的高温热害发生规律指出，江苏省水稻播种期安排在 5 月 20 日以后可使抽穗开花期规避 35℃的高温天气。王华银等（2016）研究指出，安徽省马鞍山市的高温天气主要发生在 7 月下旬至 8 月上旬，因此早熟中籼品种播种期安排在 5 月 10 日以后、中晚熟籼稻品种的播期安排在 5 月 5 日以后可使抽穗开花期避开高温天气。

5.1.3.3 群体结构调整

合理的行间距有利于改善群体中后期的通风透光性、降低冠层温度，从而提高产量；窄行距易造成群体内部高温高湿、光照强度小，不利于健壮植株的形成；宽行距和中等行距有利于水稻群体内部空气交换、增加 CO_2 供应，改善中下层叶片受光态势，有利于高产（闫川，2008）。然而，在高温天气下，宽行距容易导致冠层温度增加，从而增加水稻植株高温伤害的风险，而通过调整种植密度降低冠层温度能明显减轻高温天气的伤害作用（Fu et al.，2016）。一般情况下，上部冠层温度高于下部温度，但在常温下这个温差不会影响水稻籽粒的生长发育。例如正常条件下强势粒的结实率及千粒重均显著高于弱势粒，但在花期高温条件下，强势粒所在冠层的温度显著高于弱势粒所在冠层，最高温差达 4 ~ 5℃，高温对强势粒的伤害程度明显大于弱势粒（Fu et al.，2016）。由此表明，高温条件下水稻冠层温度与产量形成有直接关系。除了高温直接伤害外，较高冠层温度能提高植株呼吸作用，碳水化合物消耗增加，最终影响到干物质量积累及产量的形成（江陵杰等，2020）。因而，针对当地气候状况适当调节群体结构，改善群体冠层小气候，可一定程度减轻花期高温热害。

5.1.3.4 肥水调控

合理施肥、科学灌水也是提高水稻对极端温度耐性的重要措施。闫川等（2008）认为适度氮肥用量能形成良好的群体内部微气候，提高叶片蒸腾速率，降低群体冠层温度。段骅等（2013）研究表明，在高温胁迫下中氮和高氮显著增加每穗粒数、结实率、千粒重和产量，其中以中氮效果最为明显，穗肥施用氮素还可增加叶片光合速率、根系氧化力和籽粒中淀粉代谢途径的关键酶活性（段骅等，2013）。赵决建等（2005）的研究表明，高温下调节氮磷钾施肥量能提高水稻耐热能力，即 N : P_2O_5 : K_2O 为 1 : 1.5 : 2 时的结实率和产量最高，而比例为 1 : 2.27 : 3 时的千粒重最高。与此同时，高温条件下，叶片喷施 $NaB_4O_7 \cdot 10H_2O$ 和 KH_2PO_4 混合溶液能显著提高水稻结实率。在灌溉方式上，田间灌深水加上喷水的方法短时间内可以使穗层温度降低 4 ~ 5℃（蔡浩勇等，2009）。詹文莲等（2011）也指出，田间保持一定高度的水层，或在水稻叶片喷水，可以降低穗部温度。在低温冷害发生年份，应将施氮量减少 20% ~ 30%，剩余的氮肥量可做底肥和蘖肥。配施磷肥、钾肥和硅肥，可促进稻株健壮，抗逆性增强，促使稻株提前成熟。水稻整个生育期实行干湿间歇灌溉，分蘖盛期晒田，促根保蘖，遇低温时提前灌溉深水 8 ~ 10 cm，也可以缓解低温伤害。

5.1.3.5 化学调控

尽管培育耐热品种、调整水稻播期可在一定程度上达到防控高温热害的目的。然而现有耐热品种较少，难以满足生产的需求，培育耐热品种也需要较长时间。播期调整虽然一定程度减少高温热害，但同时也会增加水稻后期遭遇寒露风的风险，还会影响下茬或上茬作物的种植与收获。因此，喷施化学调控物质可能是缓解水稻高温热害最为有效的措施之一。Maestri 等（2002）研究表明，喷施外源脱落酸可调控叶片气孔的关闭，诱导相关基因的表达，同时诱导植物体合成内源脱落酸和热激蛋白，提高植株的抗高温能力。高健等（2019）研究指出，花粉母细胞减数分裂中后期喷施油菜内酯可提高抽穗期颖花 SOD、脯氨酸、可溶性糖和脱落酸含量，提高植物穗期抗高温能力，最终降低抽穗期高温胁迫下水稻结实率的下降幅度。此外，喷施水杨酸、生长素、磷酸二氢钾等物质在一定程度可缓解高温胁迫（王强等，2015；符冠富等，2015；杨军等，2019；陈燕华等，2019）。

众多研究表明，植物生长调节剂在低温上的应用效果也很显著（张昆，2014；Upreti et al.，2016）。ABA 使植物获得系统性抗性，是重要的抗寒诱导剂（Shinkawa et al.，2013）。低温胁迫下，外源施用 ABA 可提高水稻抗氧化能力及结实率（Wang et al.，2013；Xiang et al.，2017）。然而，Oliver 等（2007）研究发现低温下外源 ABA 调节水稻质外体糖的运输，导致花粉不育。在水杨酸（SA）方面，预先用 SA 处理的水稻幼苗耐冷性增强（张蕊，2006；徐芬芬等，2010），机理是抗氧化系统酶活性提高（Huang et al.，2016；Mo et al.，2016）。此外，外源油菜素内酯、褪黑素、茉莉酸等激素类物质也能提高耐冷性（Bajwa et al.，2014；Dar et al.，2015）。除激素外，植物生长延缓剂也能提高植物耐冷性。姚雄等（2008）研究表明，以 40 mg/L 烯效唑（S−3307）浸种可减轻膜过氧化伤害，增加水稻叶片 SPAD 值、根活力及呼吸速率，促进渗调物质积累，提高水稻秧苗耐冷性。施用矮壮素（CCC）、多效唑（PP333）等生长延缓剂可通过促进 ABA 合成，增强活性氧清除能力，促进可溶性蛋白和糖类等渗透调节物质的积累，从而提高耐冷性（Lin et al.，2006；Saleh，2007）。近年来的研究认为其他一些外源物质也可提高水稻耐冷性，如肌醇（郭元飞等，2014）、壳寡糖（郑典元等，2012）、氯化钙（康丽敏，2011）。除了单一试剂外，复配植物生长调节剂对提高耐冷性效果明显（刘彤彤，2016）。

5.1.3.6 再生稻种植

长江流域夏季高温频繁发生，热害持续时间较长，导致我国水稻产量在灾年不同程度减产（杨惠成等，2004；张桂莲等，2012）。这些新问题和新挑战的出现，意味着中国水稻生产需要有重大的改革，而再生稻种植符合当前农业转型的新模式。再生稻在防灾减灾、温室气体减排、适应气候变化等方面的作用受到越来越多的关注（王飞和彭少兵，2018）。再生稻是指头季收获后，利用稻茬上存活的休眠芽，采取一定的栽培管理措施使之萌发，进而抽穗、开花、结实，再收获一季水稻的种植模式（朱永川等，2013）。在我国温光资源种植一季有余而两季不足的热带和亚热带地区，再生稻作为水稻一年两熟的一种选择，具有生育期短、资源利用效率高和环境友好等优点（熊洪等，2000）。更重要的是，再生稻种植是一种劳动力投入少、生产成本低、复种指数高、收获面积增加与稻谷总产稳定的种植制度（Yuan et al.，2019；林文雄等，2015）。发展再生稻对适应农业结构调整、增加粮食产量、提高农民收入和保障我国粮食安全具有重要意义。实践证明，再生稻具有“七省”（省力、省工、省种、省水、省肥、省药、省秧田）、“两增”（增产、增效）、“一优”（米质优）等十大特点。因此，因地制宜地发展再生稻，既是挖掘粮食潜力的有效途径，也是推进农业结构改革，落实“一控两减三基本”目标的轻简高效种植新模式（彭少兵，2016）。

5.1.4 存在问题与切入点

近年来，随着全球气候变暖，长江中下游稻区高温天气的年发生次数、日数、高温热害程度呈逐渐增加趋势，且多发生在 7 月下旬至 8 月上旬籼稻的抽穗开花时期。培育耐热水稻品种、研发抗逆栽培技术及调整种植制度是应对水稻高温热害的重要措施。目前，耐热、高产水稻品种依然比较缺乏，兼顾耐热、丰产及优质的水稻品种更是未见报道。水稻耐热、丰产及优质形成机理及其与能量代谢变化特征的关系仍未阐明。此外，应对水稻高温热害的栽培技术仍然比较少，且效果不明显。目前，水稻生产中农民在选择水稻品种时主要以产量为目标，往往忽略品种的抗高温能力；播期安排不合理，使水稻抽穗开花期与高温天气高度重叠；面对极端的高温天气，缺乏应对的防控技术与措施。因此，构建适应高温逆境的单季籼稻绿色轻简化栽培技术，减轻高温热害对水稻生产的影响具有十分重要的意义。

全球气候变暖，但极端低温天气发生频率并没有减少，甚至有提前的可能性。受全球气候变化及科学技术发展的影响，水稻品种不断推陈出新，品种更新频繁，导致稻农对新品种特性特征了解不够，客观上形成盲目种植，播栽期不当，造成有的品种在安全期内不能正常抽穗或遇到低温时段抽穗。因此，对现有双季稻品种进行系统的抗低温冷害性的评价和筛选，是研究双季稻抗低温冷害栽培技术的基础。此外，由于水稻品种更新，原有的双季稻抗低温冷害栽培技术逐渐不适合当前栽培种植模式，缺少一套系统和切实可行的在无低温冷害年增产，而有低温冷害年稳产的双季稻综合栽培技术。因此，有必要对一些双季稻抗低温冷害栽培关键技术进行攻关研究，集成适合不同区域的双季稻抗低温逆境栽培技术模式，以降低低温冷害对水稻生产的影响，降低农民种植水稻的风险系数，提高农民种植水稻的积极性，促进双季稻种植面积的稳定和扩增。

再生稻具有生育期短、省种、省工、节水、调节劳力、生产成本低和效益高等优点。发展再生稻能充分利用秋季光热资源，提高稻田生产效益。再生稻较一季中稻的生长周期长，整个生育期需施用更多的肥料。所以，筛选适宜的再生稻品种和施肥模式对再生稻高产减排高效栽培具有重要的意义。

5.2 研究进展

以构建及完善长江中下游稻区籼稻生产体系应对全球气候变化为目标，围绕长江中下游稻区农村劳动力短缺、农业生产成本增加过快、籼稻稻作系统品种不配套、种植模式不完善、水肥管理不一致导致生产效率下降的问题，采用可控人工气候室、温室及大田实验结合的方案，从耐热、耐冷、温室气体低排放籼稻品种筛选、种植制度改革、播期调整、群体优化、水肥运筹、化控产品应用、温室气体排放、农机农艺高效融合等方面开展研究，创建了抗逆水稻种质鉴选体系，筛选获得了优异籼稻品种，创新了应对气候变化的籼稻抗逆栽培关键技术，集成了抗逆、高效和减排多目标协同的籼稻栽培技术体系（图 5-1）。以此为基础，提出了双季稻区适应气候变化的新型再生稻耕作制度配套栽培技术模式两套，即减量施肥处理与控释肥配方处理。研究成果不仅有效防止全球气候变化干扰水稻生产，还能减少温室气体排放及降低全球增温潜势 20% 以上，为长江中下游稻区生产系统应对全球气候变化提供重要的技术与理论支持，保障我国粮食安全。

5.2.1 创建了抗逆水稻种质鉴选体系，筛选获得了优异籼稻品种

以筛选全球气候变化背景下适应长江中下游稻区种植的抗逆、高产、优质籼稻品种为目标，围绕耐热（耐冷）、丰产、优质、低温室气体排放籼稻品种缺乏，筛选鉴定体系不完善的问题，采用可控人工气候室、温室及大田分期播种结合的方法，从耐热、耐冷、低

温室气体排放籼稻品种筛选鉴定理论基础及应用技术等方面开展研究，构建了“早籼稻耐热、丰产及优质性筛选鉴定评价体系”“一季籼稻耐热性评价体系”“适应长江中下游高温逆境单季籼稻再生稻品种筛选评价体系”及“双季籼稻耐冷性评价体系”，筛选出一批适应长江中下游稻区种植的抗逆、丰产、优质籼稻品种，为籼稻生产系统应对全球气候变化提供重要的种质资源，防范异常天气危害水稻生产。

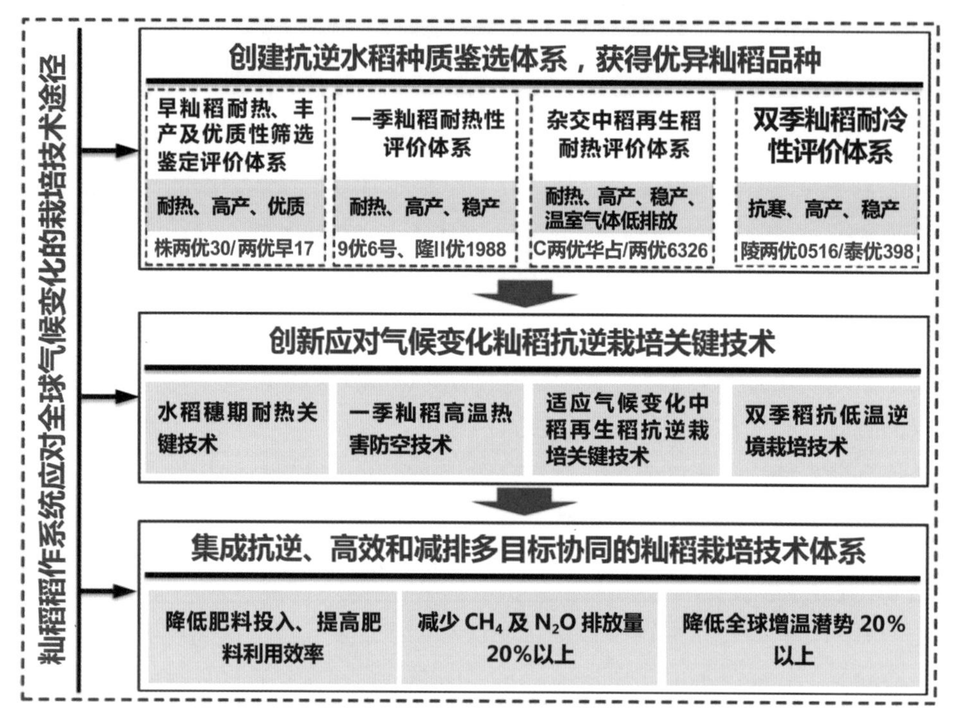

图 5-1 籼稻稻作系统应对全球气候变化的栽培技术途径

5.2.1.1 明确早籼稻小穗育性、产量及品质对开花结实期不同温度的响应，阐明颖花酸性转化酶促进能量产生、减少能量消耗、增强水稻耐热性的机理、揭示 ATPase 介导的能量利用效率在早籼稻耐热、丰产及优质性形成中的作用，构建了兼具耐热、丰产及优质早籼稻品种筛选的理论基础及鉴定评价体系，筛选出 5 个耐热丰产早籼稻品种，其中，株两优 30 和两优早 17 兼具了耐热、丰产及优质的特性。

(1) 耐热、丰产及优质早籼稻品种筛选的理论基础

早籼稻结实率对不同花期温度的响应，采用人工气候室结合大田实验的技术方案，于水稻开花期进行不同温度处理，分别为 28/23℃、36/26℃及 38/28℃（昼 / 夜），相对湿度为 80%/70%（昼 / 夜），自然光照，处理时间为 7 d。以基于结实率的高温热害胁迫指数进行品种耐热性评价，高温热害胁迫指数（Heat stress idex，HSI）=（CK 结实率 −HS 结实率）/CK 结实率。从表 5-1 可看出，①水稻开花期 36℃和 38℃均导致水稻结实率显

著下降，但后者对小穗育性的伤害显著高于前者；36℃处理下，各品种结实率下降平均值为 25%，即热害胁迫指数为 0.25，而 38℃处理下的下降平均值为 65%，即热害胁迫指数为 0.65；② 38℃处理下，热害胁迫指数在小于 0.3 的有 3 个，而高温胁迫指数超过 0.9 的有 6 个。因而，采用花期 38℃处理 7 d，即 9:01—16:00 为 38℃，16:011—9:00 为 28℃，相对湿度为 70% ~ 80%，自然光照更适合进行早籼稻品种耐热性筛选。

早籼稻品种产量形成差异性分析方面，49 个早籼稻于中国水稻研究所富阳基地大田种植，小区平均产量为 467.6 kg/ 亩，其中超过 500 kg/ 亩的品种有 13 个，而低于 440 kg/ 亩的有 13 个（表 5-1）。根据相关系数，36℃和 38℃处理热害胁迫指数与产量之间的相关性不显著。

表 5-1 早籼稻品种结实率、高温热害胁迫指数及产量

类型	品种	结实率（%）			热害胁迫指数（HSI）		产量（$kg·666.7m^{-2}$）
		28℃	36℃	38℃	36℃	38℃	
常规早稻	赣早籼 51 号	81.8±3.3	69.0±4.8	10.4±1.9	0.156	0.873	363.6±21.8
常规早稻	江早 361	81.8±6.7	64.0±7.4	17.5±3.0	0.218	0.786	473.0±4.4
杂交早稻	金优 458	77.0±7.5	52.6±6.4	45.0±21.3	0.317	0.416	515.4±53.4
杂交早稻	两优早 17	79.7±5.5	57.5±6.1	43.7±7.0	0.279	0.452	526.9±32.4
杂交早稻	陵两优 211	69.2±8.5	62.6±5.4	51.6±7.8	0.095	0.254	465.8±23.9
杂交早稻	陵两优 32	85.2±5.7	72.5±8.2	18.4±3.3	0.149	0.784	513.0±53.0
杂交早稻	陵两优 396	82.5±6.9	70.5±9.8	16.3±2.1	0.145	0.803	458.5±8.9
杂交早稻	陵两优 611	70.2±9.6	49.1±3.6	9.6±1.4	0.300	0.863	409.2±43.6
杂交早稻	陵两优 722	84.3±7.4	66.3±6.9	20.8±5.0	0.213	0.753	538.4±15.9
杂交早稻	陵两优 942	64.4±6.2	63.2±6.9	58.6±7.2	0.019	0.090	463.9±24.6
杂交早稻	陆两优 35	81.3±10.5	62.6±7.2	6.6±2.1	0.230	0.919	410.6±25.0
杂交早稻	陆两优 4026	83.0±6.4	59.4±8.6	12.9±3.4	0.284	0.844	461.9±40.9
杂交早稻	柒两优 2012	88.0±6.3	31.1±5.9	8.1±2.8	0.647	0.908	491.4±35.7
杂交早稻	荣优 585	82.4±10.2	69.8±24.5	64.3±8.0	0.152	0.220	507.6±17.6
杂交早稻	潭两优 83	92.9±2.9	83.4±9.3	47.6±6.8	0.102	0.487	440.0±10.3
杂交早稻	温 814	93.8±3.1	72.1±9.1	11.1±1.9	0.232	0.881	484.1±20.3
杂交早稻	荣优 286	87.6±5.8	44.5±19.5	25.6±3.4	0.492	0.746	417.5±15.4
杂交早稻	先农 25 号	74.5±19.2	69.3±5.3	34.7±3.9	0.070	0.535	474.4±44.1
常规早稻	湘早籼 45	86.2±5.7	68.2±9.2	35.2±5.8	0.208	0.592	418.5±17.5
杂交早稻	欣荣优 2045	85.8±2.6	70.0±15.2	20.2±2.9	0.184	0.765	480.4±24.5
常规早稻	甬籼 975	92.8±1.1	48.4±9.8	5.0±1.0	0.478	0.946	483.4±21.7
杂交早稻	优 I336	76.5±7.8	73.5±14.5	55.9±5.3	0.040	0.270	505.5±46.7
常规早稻	越糯 06	68.4±4.4	36.2±14.9	11.5±2.7	0.471	0.832	433.1±24.2
杂交早稻	早丰优 402	77.8±6.5	48.5±5.6	32.2±5.4	0.377	0.586	504.6±34.2
常规早稻	早籼 009	89.7±4.4	74.7±5.6	25.2±4.7	0.168	0.719	526.7±19.0

续表

类型	品种	结实率（%）			热害胁迫指数（HSI）		产量（kg·666.7m^{-2}）
		28℃	36℃	38℃	36℃	38℃	
杂交早稻	长两优 35	73.7 ± 10.1	49.1 ± 5.6	14.8 ± 3.1	0.333	0.800	501.7 ± 22.1
常规早稻	中嘉早 17	92.0 ± 3.0	56.1 ± 6.8	30.6 ± 5.5	0.391	0.667	533.3 ± 63.3
常规早稻	中冷 23	71.0 ± 9.8	57.2 ± 5.4	39.7 ± 5.1	0.194	0.441	450.4 ± 16.7
常规早稻	中早 35	79.7 ± 5.2	57.0 ± 7.6	23.0 ± 5.1	0.286	0.712	417.9 ± 64.5
常规早稻	中早 39	85.9 ± 4.6	75.3 ± 3.6	5.8 ± 1.9	0.123	0.933	436.7 ± 12.5
常规早稻	中组 7 号	87.1 ± 3.3	80.5 ± 4.4	21.7 ± 3.7	0.075	0.751	487.4 ± 19.8
杂交早稻	株两优 171	66.1 ± 9.1	43.4 ± 6.4	37.2 ± 4.8	0.343	0.437	404.9 ± 3.4
杂交早稻	株两优 1 号	65.7 ± 8.5	58.1 ± 7.2	7.1 ± 1.8	0.116	0.891	459.6 ± 41.5
杂交早稻	株两优 30 号	76.4 ± 6.9	56.6 ± 6.0	38.9 ± 7.0	0.260	0.491	454.0 ± 21.8
杂交早稻	株两优 312 号	82.2 ± 6.1	55.0 ± 8.2	50.7 ± 6.8	0.332	0.384	403.1 ± 51.7
杂交早稻	株两优 39	63.5 ± 8.8	51.6 ± 7.3	13.1 ± 3.1	0.187	0.794	441.9 ± 39.4
杂交早稻	株两优 4024	74.3 ± 9.1	73.0 ± 8.7	42.5 ± 6.7	0.017	0.427	432.4 ± 18.6
杂交早稻	株两优 609	60.0 ± 6.0	52.9 ± 6.4	36.8 ± 8.6	0.119	0.386	459.6 ± 66.2
杂交早稻	株两优 829	61.2 ± 6.5	46.7 ± 6.5	33.4 ± 5.5	0.237	0.454	461.9 ± 9.1
杂交早稻	五丰优 286	75.0 ± 8.5	36.6 ± 5.1	21.6 ± 4.1	0.511	0.712	478.1 ± 15.9
杂交早稻	五优 463	79.0 ± 9.8	69.5 ± 4.5	36.1 ± 6.1	0.120	0.543	534.6 ± 35.6
杂交早稻	株两优 101	89.4 ± 6.5	63.3 ± 9.9	36.8 ± 6.8	0.292	0.588	462.8 ± 20.9
常规早稻	湘早籼 6 号	85.1 ± 4.7	27.0 ± 2.9	5.6 ± 1.9	0.683	0.934	401.0 ± 30.6
常规早稻	湘早籼 32 号	86.9 ± 6.8	43.1 ± 5.5	24.3 ± 2.7	0.504	0.720	435.9 ± 28.2
常规早稻	湘早籼 24 号	90.3 ± 4.7	64.9 ± 4.4	26.5 ± 4.7	0.281	0.707	476.4 ± 26.6
常规早稻	湘早籼 42 号	90.2 ± 4.6	70.6 ± 7.1	13.4 ± 3.5	0.218	0.851	438.1 ± 61.5
杂交早稻	陵两优 7421	85.6 ± 7.6	51.4 ± 5.7	15.1 ± 3.5	0.400	0.823	478.7 ± 23.4
杂交早稻	陵两优 7717	89.2 ± 11.5	68.5 ± 7.4	13.2 ± 2.8	0.232	0.852	436.6 ± 18.7
杂交早稻	煜两优 4156	88.5 ± 7.0	72.4 ± 7.7	47.6 ± 4.7	0.182	0.462	549.5 ± 33.0

酸性转化酶提高水稻开花期耐热性作用机理：以生育期一致、耐热性差异较大的早籼稻陵两优 722 及潭两优 83 为材料，于水稻开花期进行 38℃处理 7 d。试验结果表明，开花期高温对陵两优 722 小穗育性的伤害大于潭两优 83（图 5–2）。高温下，两品种柱头花粉萌发率和花粉管伸长均显著受抑，其中，陵两优 722 小穗育性的降幅度大于潭两优 83。酸性转化酶是导致潭两优 83 和陵两优 722 耐热性差异的主要原因，高温处理后潭两优 83 颖花转化酶活性及相关基因表达量的增长幅度均高于陵两优 722（图 5–3）。与此同时，潭两优 83 颖花 NAD(H) 和 ATP 含量增长幅度也显著高于陵两优 722，而前者颖花 PARP（Poly ADP–ribose polymerase）活性受高温胁迫诱导增加幅度小于后者，表明酸性转化酶通过促进 NAD(H) 和 ATP 产生，抑制 PARP 活性，维持颖花能量平衡（图 5–4）。外源酸性转化酶、PARP 抑制剂（3–Amino Benzamide，3–ab），蔗糖、葡萄糖及果糖均显著提高小穗育性及

颖花酸性转化酶活性，显著抑制 PARP 活性（图 5–5），证实了高温下酸性转化酶能促进能量产生、减少能量消耗，为柱头花粉萌发及花粉管伸长提供充足能量，从而提高水稻耐热性的假设。鉴于此，高温下颖花酸性转化酶活性可作为水稻花期耐热性筛选的重要指标。

ATPase 介导的能量利用效率在水稻耐热、丰产及优质性形成中的作用：根据热害胁迫指数（HSI<0.5 为热钝感，HSI>0.7 为热敏感）及产量（>450 kg / 亩为高产，<440 kg / 亩为低产）（表 5–1），从中挑选出 10 个耐热高产品种及 10 个产量及耐热性偏低的品种测定稻米品质。如表 5–2 所示，38℃处理下，10 个耐热早籼稻品种平均热害胁迫指数为 0.3495，其中，陵两优 211、荣优 585 及优 I336 均在 0.3 以内，平均产量为 490.4 kg / 亩；金优 458、

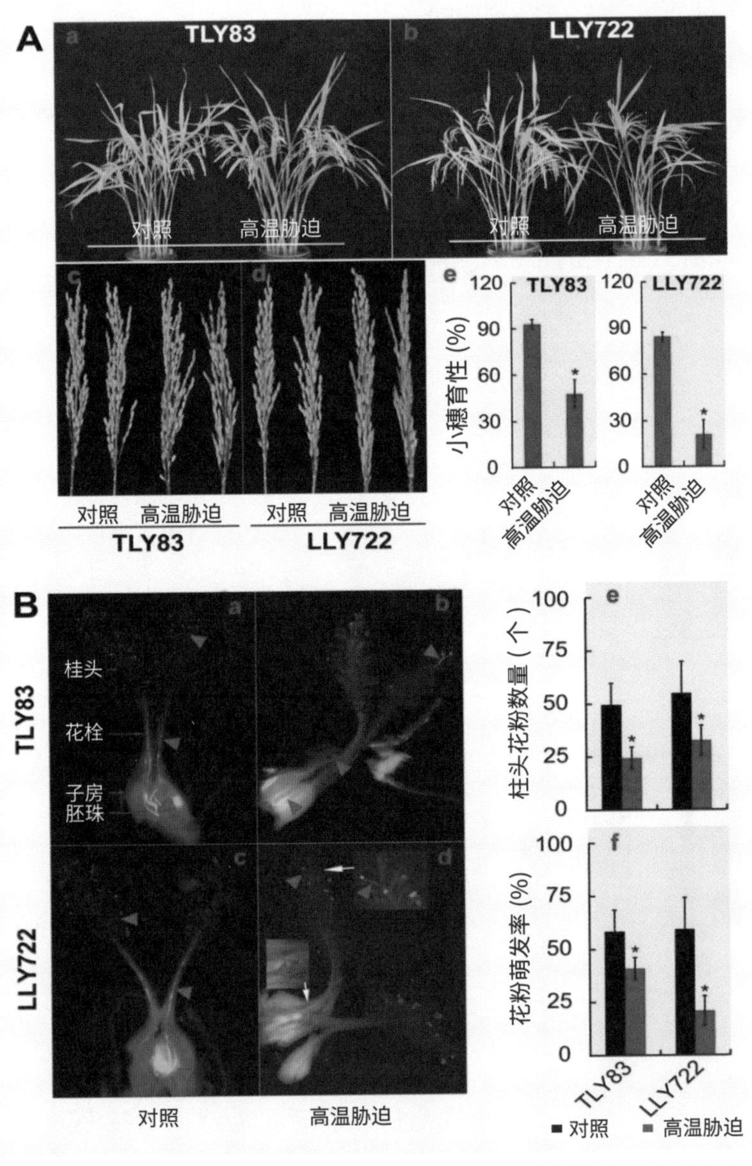

图 5–2 高温胁迫对水稻柱头花粉数量、花粉萌发率、花粉管伸长和小穗育性的影响

两优早 17、优 I336 及煜两优 4156 平均产量均超过 500 kg / 亩；耐热性及产量偏低的 10 个早籼稻品种平均热害指数为 0.8403，其中，湘早籼 6 号及陆两优 35 均超过 0.9，平均产量为 416.2 kg / 亩，其中，赣早籼 51 号最低为 363.6 kg / 亩，其次分别为湘早籼 6 号及陵两优 611 的 401 kg / 亩及 409.2 kg / 亩。

如表 5-2 所示，耐热性差、产量偏低水的稻品种垩白度及透明度均值高于耐热、高产品种，但变异系数较大，存在较大的品种间差异。耐热、高产品种在加工品质、外观品质、蒸煮品质及营养品质指标上与耐热性差、产量偏低的品种差异不大。

鉴于热害胁迫指数、产量及垩白度之间的关系，以株两优 30 及陆两优 35 为材料，进一步研究水稻耐热性、产量及品质形成与同化物转运的关系。如表 5-3 所示，株两优 30 单株干物质量，即叶片、茎鞘及穗均明显高于相对应的陆两优 35。和陆两优 35 相比，株两优 30 总干物质量增加幅度达 50% 以上；株两优 30 穗干物质量占总干物质量的比例为 68.7%，高于陆两优 35 的 62.6%；株两优 30 叶片及茎鞘占总干物质量的比例低于相对应的陆两优 35；株两优 30 穗 NSC 占总 NSC（叶片、茎鞘及穗的总量）比例为 87%，高于陆两优 35 的 83.8%；茎鞘 NSC 比例两品种相差不大，但株两优 30 叶片 NSC 比例低于陆两优 35；株两优 30 穗淀粉含量占 NSC 比例为 68%，同样高于陆两优 35 的 63.2%。

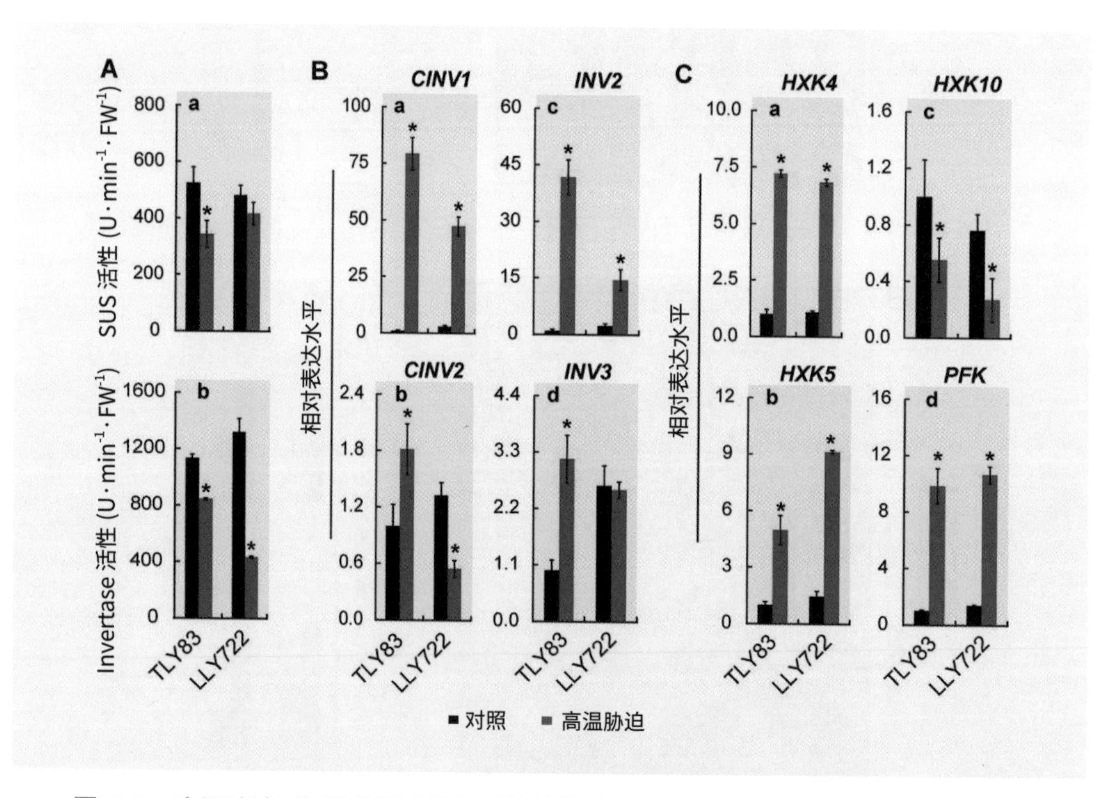

图 5-3　高温胁迫对颖花蔗糖合酶和酸性转化酶活性以及与酸性转化酶、己糖激酶和果糖激酶相关基因表达量的影响

为进一步探讨株两优 30 和陆两优 35 产量及品质对不同温光资源的响应，设置 3 个温度（26℃、33℃及 36℃）及 5 个不同播期处理。研究表明，在不同播种时期及不同温度处理下株两优 30 产量均明显高于相对应的陆两优 35，而垩白度则小于相对应的陆两优 35（图 5-6）。不同温度及播期条件下，株两优 30 籽粒 ATP 含量显著低于陆两优 35，但前者 ATPase 含量明显高于陆两优 35，推测 ATPase 介导的能量利用效率是株两优 30 耐热性、产量及品质优于陆两优 35 的主要原因。鉴此，籽粒及颖花 ATPase 活性是筛选兼具耐热、丰产及优质特性早籼稻品种的重要指标。

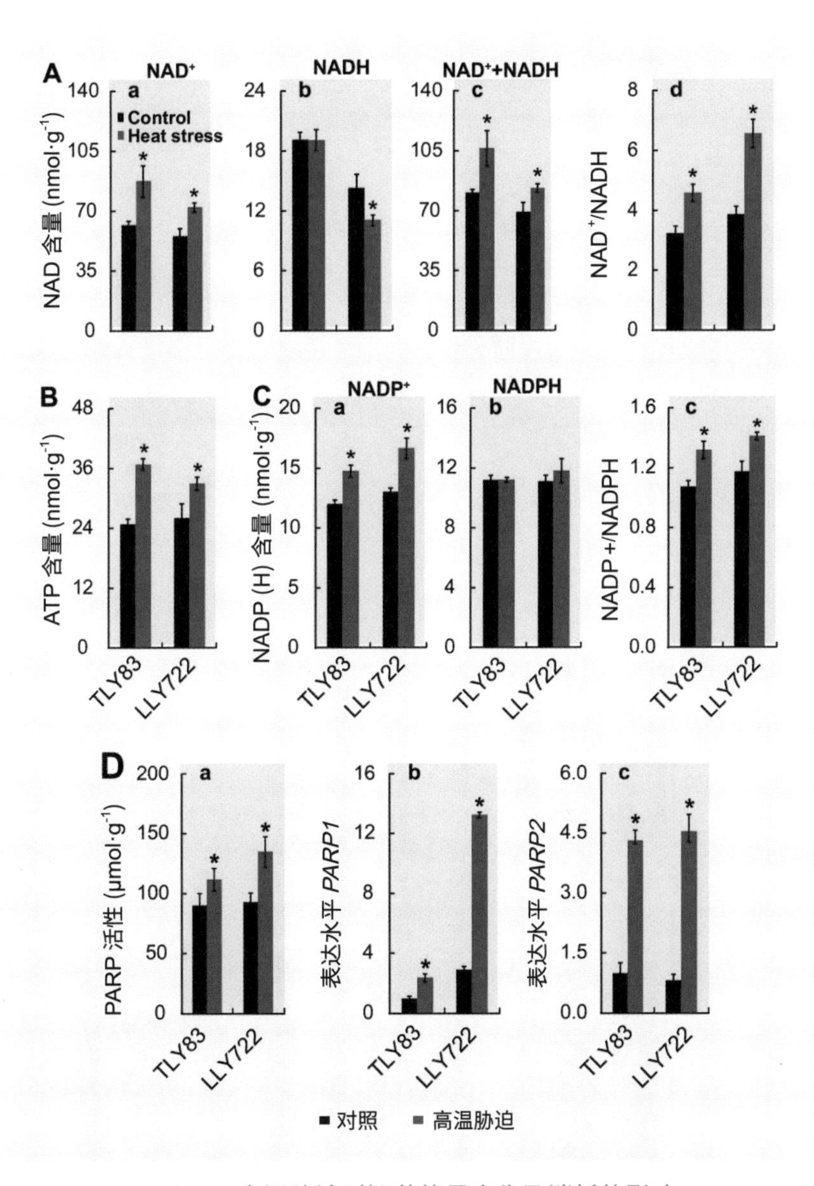

图 5-4 高温胁迫对颖花能量产生及消耗的影响

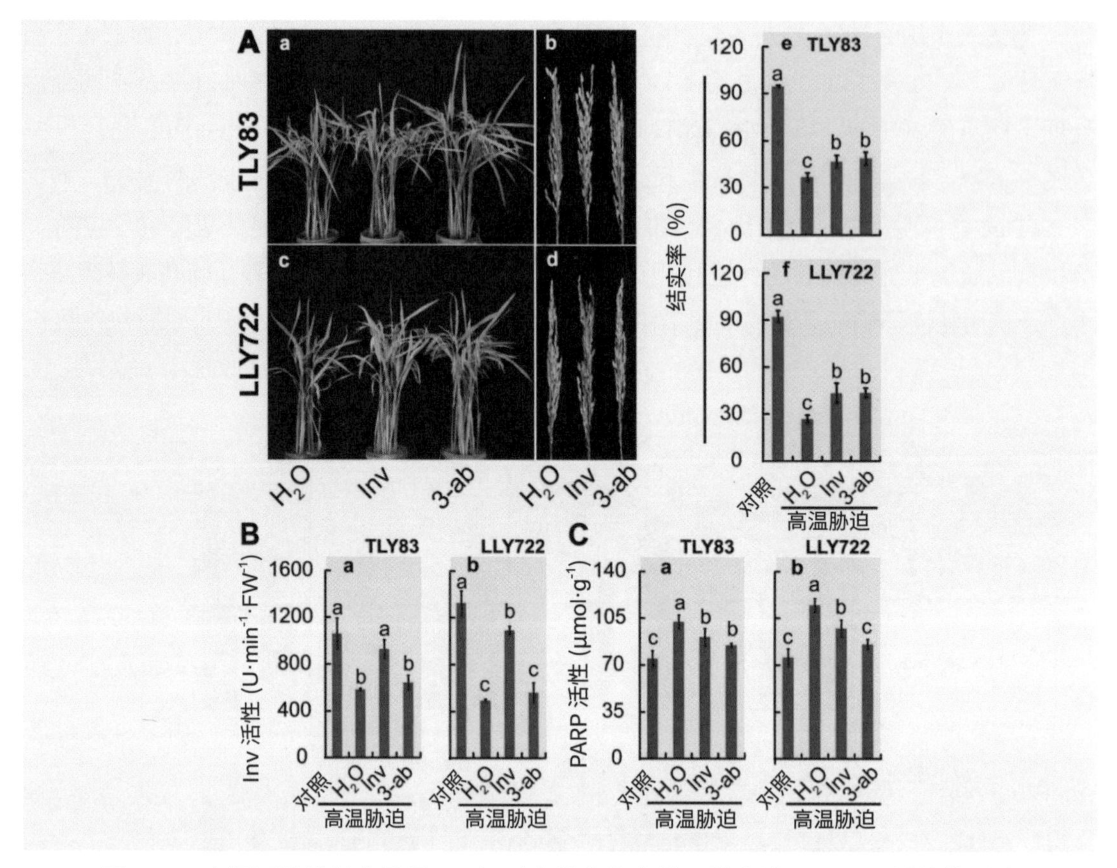

图 5-5　高温下酸性转化酶及 3-ab 对水稻小穗育性、转化酶及 PARP 活性的影响

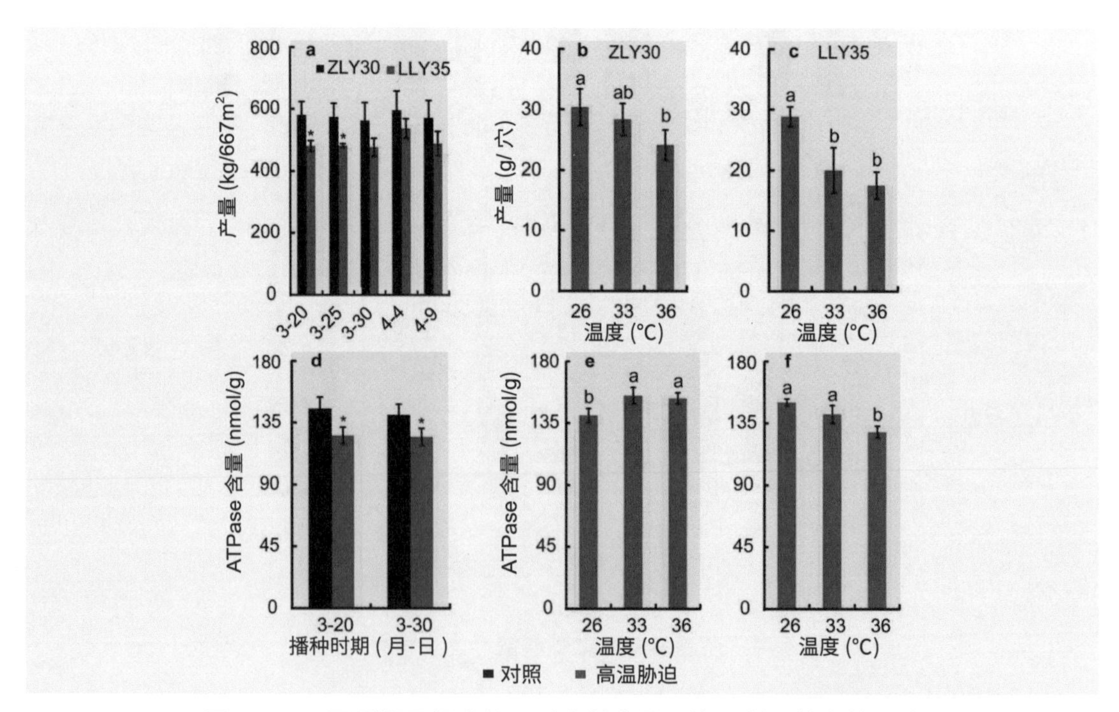

图 5-6　不同播期及温度处理对水稻产量及能量利用效率的影响

表 5-2 耐热性及产量差异较大水稻品种的稻米品质

品种	HSI	产量	糙米率	整精米率	精米率	垩白度	透明度	粒长	长宽比	碱消值	胶稠度	直链淀粉	蛋白质
金优 458	0.416	515.4±53.4	64.2±0.17	35.4±0.06	53.9±0.22	6.7±0.43	4	6.2±0.02	2.5	5.7±0.26	76±0.72	21.0±0.17	9.0±0.56
两优早 17	0.452	526.9±32.4	81.3±0.20	34.5±0.10	68.8±0.03	4.0±0.22	2	7.0±0.09	3.1	4.8±0.34	74±0.66	20.0±0.22	9.4±0.49
陵两优 211	0.254	465.8±23.9	80.0±0.26	46.3±0.20	70.6±0.07	3.0±0.13	2	6.7±0.05	3.0	5.8±0.42	74±0.64	13.6±0.28	9.0±0.61
陵两优 942	0.090	463.9±24.6	80.0±0.36	37.7±0.25	68.3±0.15	2.6±0.80	3	6.7±0.02	2.9	5.2±0.61	81±0.59	23.1±0.31	8.7±0.23
荣优 585	0.220	507.6±17.6	80.7±0.21	43.7±0.06	69.8±0.20	1.6±0.11	2	6.5±0.01	2.7	6.0±0.57	64±0.76	22.0±0.46	8.7±0.24
煜两优 4156	0.386	459.6±66.2	70.2±0.32	43.7±1.08	59.9±0.47	3.2±0.42	2	6.5±0.03	2.9	6.0±0.53	80±1.42	26.3±0.52	9.8±0.52
株两优 30 号	0.491	454.0±21.8	81.2±0.30	38.2±0.25	67.6±0.25	1.6±0.25	3	6.5±0.06	2.7	5.5±0.44	76±0.98	20.7±0.43	9.2±0.64
优 I336	0.270	505.5±46.7	81.6±0.25	44.5±0.15	68.6±0.06	3.2±0.21	2	6.5±0.01	2.7	5.2±0.55	76±0.85	22.0±0.51	9.6±0.23
株两优 609	0.462	549.5±33.0	80.1±0.20	51.1±0.35	65.9±0.21	3.4±0.28	4	6.4±0.02	2.5	5.7±0.26	61±0.63	25.8±0.24	9.3±0.35
株两优 829	0.454	461.9±9.10	68.8±0.35	30.4±0.20	54.9±0.36	7.9±1.25	3	7.0±0.05	2.9	5.5±0.38	82±0.54	26.2±0.33	9.5±0.57
均值			76.8±6.46	40.6±6.34	64.8±6.24	3.7±2.05	2.7±0.82	6.6±0.25	2.8±0.20	5.5±0.38	74.4±6.90	22.1±3.79	9.2±0.38
CV			0.084	0.156	0.096	0.552	0.305	0.038	0.073	0.069	0.093	0.172	0.041
赣早籼 51 号	0.873	363.6±21.8	78.5±0.12	54.9±0.08	66.9±0.42	4.4±0.25	2	6.5±0.02	3.1	6.5±0.41	51±0.46	18.3±0.58	9.9±0.35
荣优 286	0.863	409.2±43.6	69.0±0.21	35.3±0.26	59.2±0.26	4.0±0.33	2	6.9±0.04	3.0	5.5±0.56	68±0.81	21.3±0.56	9.3±0.62
陵两优 611	0.919	410.6±25.0	60.4±0.15	28.2±0.08	50.8±0.07	2.2±0.16	3	6.4±0.01	2.9	4.3±0.47	74±0.66	14.6±0.39	9.26±0.51
陆两优 35	0.712	417.9±64.5	70.3±0.25	36.6±0.11	58.7±0.09	5.9±0.87	4	6.1±0.03	2.4	5.0±0.30	75±0.59	20.0±0.66	9.9±0.62
中早 35	0.934	401.0±30.6	79.9±0.17	42.2±0.09	68.3±0.11	6.5±0.69	4	6.3±0.02	2.6	5.2±0.26	76±0.95	19.2±0.57	8.4±0.47
湘早籼 6 号	0.720	435.9±28.2	77.4±0.12	58.5±0.42	67.2±0.10	3.9±0.43	3	5.2±0.04	2.0	6.0±0.41	55±0.87	24.3±0.24	11.8±0.98
湘早籼 32 号	0.851	438.1±61.5	79.8±0.20	61.6±0.15	69.2±0.15	5.2±0.39	3	5.4±0.03	2.1	5.5±0.20	60±1.02	22.6±0.37	10.8±0.67
湘早籼 42 号	0.852	436.6±18.7	79.9±0.10	60.5±0.03	69.1±0.26	1.9±0.21	2	6.6±0.05	3.0	6.0±0.33	70±1.56	15.5±0.46	9.5±0.64
陵两优 7717	0.933	436.7±12.5	80.8±0.25	42.8±0.06	68.7±0.09	3.3±0.17	4	6.0±0.02	2.4	4.5±0.58	65±0.61	20.5±0.75	8.5±0.51
中早 39	0.746	417.5±15.4	80.0±0.06	52.5±0.08	67.5±0.08	5.9±0.82	4	5.8±0.04	2.1	5.2±0.44	73±0.88	25.1±0.65	8.9±0.63
均值			75.6±6.78	47.3±11.82	64.6±6.20	4.3±1.57	3.1±0.88	6.1±0.53	2.6±0.42	5.4±0.68	66.7±8.77	20.1±3.43	9.6±1.05
CV			0.090	0.250	0.096	0.364	0.282	0.087	0.164	0.127	0.131	0.170	0.109

表 5-3　水稻同化物转运及分配

品种	干物质量							非结构性碳化合物 NSC			
	含量 (g)				比值 (%)			Starch/NSC(%)	比值 (%)		
	茎鞘	叶	穗	总	叶	茎鞘	穗		叶	茎鞘	穗
株两优 30	15.8±3.1	4.9±1.1	45.5±8.4	66.3±11.8	7.4	23.9	68.7	67.94	2.46	10.24	87.30
陆两优 35	11.4±3.1	4.3±1.3	26.1±6.4	41.8±9.7	10.2	27.2	62.6	63.18	5.38	10.82	83.80

注：非结构性碳水化合物 non-structural carbohydrate，NSC。比值为叶片、茎鞘及穗与总干物质量的比值。

（2）早籼稻耐热丰产优质筛选鉴定体系的建立

如图 5-7 所示，早籼稻耐热、丰产优质品种筛选体系包括以下方面：可控温度人工气候室开花期 38℃ /28℃（昼 / 夜）处理 7d，处理时间为 9:00—16:00（38℃），16:01—8:59（28℃），相对湿度为 70%/80%（昼 / 夜），高温处理结束搬至网室直至成熟；参试品种常温结实率需≥ 75%，高温处理后热害胁迫指数需≤ 0.5；进行 5 个时期的分期播种，平均产量≥ 450kg/ 亩；开花期至灌浆期不同温度（28 ~ 36℃）处理 15 d，稻米品质三级以上（国标）；颖花及籽粒蔗糖酸性转化酶及 ATPase 活性，和对照品种相比增加幅度 20% 以上。

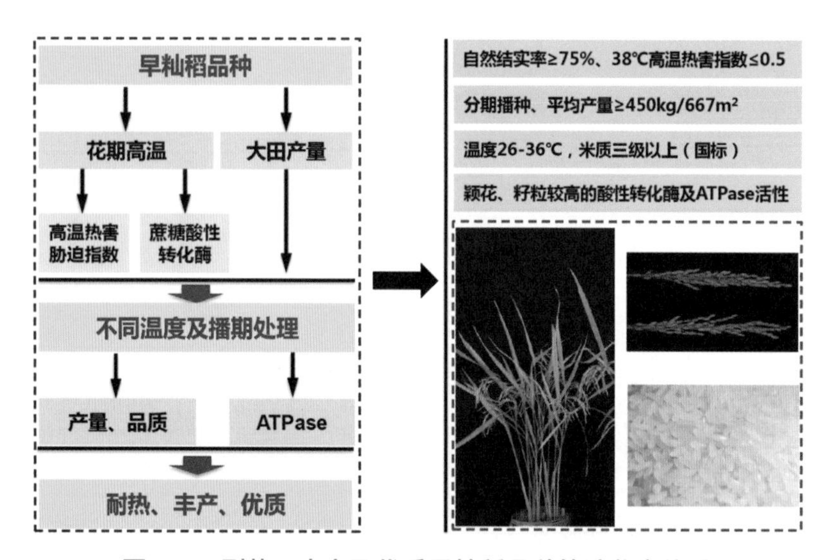

图 5-7　耐热、丰产及优质早籼稻品种筛选鉴定体系

5.2.1.2 明确不同温光条件下籼稻产量形成的差异性，制定水稻品种耐热性鉴定技术规程，构建一季籼稻耐热高温鉴定评价体系，筛选出 5 个耐热高产、稳产籼稻品种

（1）一季籼稻耐热高产品种鉴定理论基础

①水稻耐热性鉴定技术规程建立，通过人工气候室模拟高温环境，测定待检品种和对照品种在高温条件下的结实率变化，计算相对系数 HT

$$HT=HTX/ HTCK$$

式中，HTX 为鉴定品种高温结实率，单位 %；HTCK 为耐热对照品种高温结实率，单位 %；对照品种为耐热性强的中籼稻品种丰两优四号。温度设置为如表 5–4 所示，根据相对系数 HT 数值大小（表 5–5），将水稻品种的耐热性分为强、较强、一般、较弱、弱等 5 个等级（表 5–6），确定待测品种的耐热性。依据水稻品种耐热性评价体系，制定出《水稻品种耐热性鉴定技术规程》（DB34/T 3484—2019）。目前，安徽省水稻品种审定已将该技术规程作为标准，对待审品种进行风险评估。

表 5–4　温室温度设置

时间	7:01–9:30	9:31–14:30	14:31–17:00	17:01–21:00	21:01–7:00
温度	31.0℃	40.0℃	38.0℃	32℃	29℃

表 5–5　不同品种的相对耐热系数

品种	相对耐热系数	品种	相对耐热系数
丰两优 4 号	1.00	Y 两优 900	0.79
黄华占	1.04	徽两优 858	0.78
隆两优华占	1.03	Y 两优 2 号	0.76
隆两优 1988	0.96	II 优 838	0.81
徽两优 996	0.95	深两优 1813	0.71
荃两优 2118	0.85	徽两优 6 号	0.62
徽两优 898	0.80		

表 5–6　水稻品种耐热性分级标准

级别	相对耐热系数（HT）	耐热性
1	HT ≥ 1.1	强
3	0.9 ≤ HT<1.1	较强
5	0.7 ≤ HT<0.9	一般
7	0.5 ≤ HT<0.7	较弱
9	HT<0.5	弱

②不同温光条件对一季籼稻产量的影响　大田试验下设置 5 个播期（4 月 20 日、4 月 27 日、5 月 4 日、5 月 11 日、5 月 18 日）通过分期播种，利用自然高温胁迫，对供试的丰两优 4 号、皖稻 153、黄华占、9 优 6 号、深两优 1813、隆两优 1988、隆两优华占、玖两优黄莉占、Y 两优 900、Y 两优 2 号、II 优 838、徽两优 6 号、徽两优 858、徽两优 898、徽两优 996 进行耐热性鉴定。结果显示，隆两优华占、9 优 6 号、隆两优 1988、丰两优四号、黄华占平均产量相对较高，不同播期产量之间的变异幅度较小，有耐热性好，同时兼顾高产稳产的特点（表 5–7）。

表 5-7　不同播种时期对水稻产量的影响

品种	产量（kg/ 亩）					平均值(kg/ 亩）	CV（%）
	T_1	T_2	T_3	T_4	T_5		
隆两优华占	760.5	727.1	693.1	738.9	722.9	728.5	3.38
9 优 6 号	792.4	678.3	721.9	682.8	682.3	711.5	6.83
隆两优 1988	751.8	666.6	712.1	690.3	709.4	706.1	4.45
丰两优 4 号	743.4	628.6	644.4	723.7	777.5	703.5	9.15
黄华占	684.3	580.4	683.3	708.1	720.8	675.4	8.21
Y 两优 2 号	655.4	679.1	718.5	682.5	641.2	675.3	4.35
徽两优 898	767.2	616	636.3	669.7	606.6	659.2	9.87
深两优 1813	757.3	603.3	664.7	666	601.8	658.6	9.64
皖稻 153	691.2	615.9	659	624	657.7	649.6	4.67
徽两优 858	769.4	606.1	617.9	683.9	537.5	643	13.64
徽两优 996	717.4	613.9	624.1	647.2	574.6	635.4	8.31
Y 两优 900	712.6	541.3	611.4	609.7	660.7	627.1	10.19
玖两优黄莉占	585.2	669	548.5	672.6	619.1	618.9	9.36
徽两优 6 号	733.7	576.7	604.9	635.1	494.3	608.9	14.33
II 优 838	592.2	564.6	585.4	621.5	584.3	589.6	3.49

（2）耐热高产一季籼稻品种评价体系的建立

如图 5-8 所示，耐热高温一季水稻品种筛选鉴定体系包括两个方面：①可控人工气候室，温度设置为：7:01—9:30，31℃；9:31—14:30，40℃；14:31—17:00，38℃；17:01—21:00，32℃；21:01—7:00，29℃。计算公式为相对系数 HT：

$$HT=HTX/HTCK$$

式中，HTX 为鉴定品种高温结实率，单位 %；HTCK 为耐热对照品种高温结实率，单位 %；大田分期播种，根据高温热害发生规律，大田分 4 期播种，分别为 4 月 20 日、4 月 27 日、5 月 4 日、5 月 11 日及 5 月 18 日，并最终考察水稻产量及结实率。

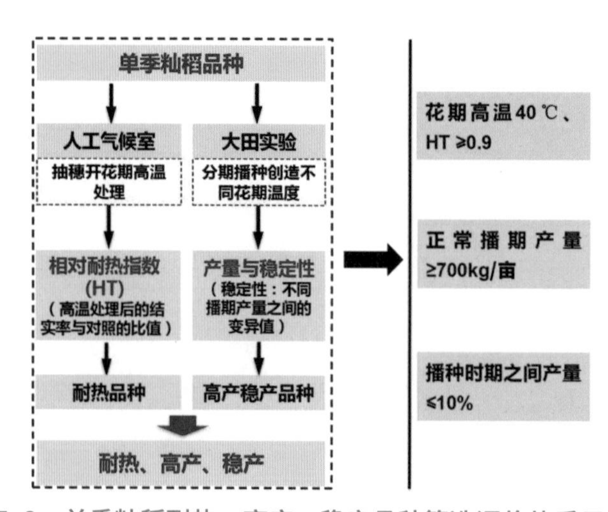

图 5-8　单季籼稻耐热、高产、稳产品种筛选评价体系示意图

5.2.1.3 明确杂交中稻再生稻的温光资源利用效率、花期耐热性及温室气体排放特征

依据品种的生育期、产量、光能生产效率、温度生产效率、耐热指数、再生力、N_2O 和 CH_4 累积排放量，采用隶属函数法进行综合评价，构建适应长江中游流域适应气候变化耐高温逆境杂交中稻再生稻的筛选鉴定体系，筛选出杂交中稻再生稻品种 4 个。

（1）长江中游流域适应气候变化耐高温逆境杂交中稻再生稻的筛选理论基础

①不同播种时期对杂交中稻再生稻农艺性状及温室气体排放量的影响　如表 5–8 所示，分期播种试验表明，9 个杂交中稻再生稻组合均为大穗型品种，生育期 116 ~ 151 d，平均单株分蘖数 14.2 个，平均穗长 28.2 cm，平均穗粒数 261 粒，结实率 67.5% ~ 92.1%，平均产量为 544 ~ 727 kg/ 亩。由此可看出，各项标准之间的趋势并不一致，存在品种间的差异。

表 5–8　不同播期对水稻产量、产量构成、温光资源利用效率及温室气体排放的影响

品种	有效穗数（个 / m^2）	穗总粒数（粒）	结实率 (%)	千粒重 (g)	生育期 (d)	产量 (kg/ 亩）	光能生产效率 (g/MJ^{-1})	积温生产效率 [kg(/hm^2·℃·d]	生再力	N_2O [mg/ (m^2·h)]	N_2O (kg/ hm^2)	CH_4 [mg/ (m^2·h)]	CH_4 (kg/ hm^2)
两优华占	186.1	189	83.5	21.1	135	670	0.45	4.17	1.5	0.07	1.8	17	376
荃优华占	208.3	190	80.5	22.9	136	638	0.43	3.98	1.5	0.11	2.39	16.2	347
丰两优香 1 号	204.9	179	80.7	23.1	136	634	0.42	3.92	1.5	0.09	2.27	15.9	376
丰两优四号	192.4	178	78.6	23.7	135	625	0.42	3.9	1.5	0.1	2.38	16.1	372
华两优 2882	182	143	78.8	25.5	140	614	0.39	3.68	1.5	0.1	2.6	13.4	317
两优 6326	191.7	193	78.4	23.3	133	639	0.43	4.07	1.6	0.09	2.17	15.2	339
深两优 5814	188.2	152	77.4	21.9	141	549	0.35	3.28	1.6	0.09	2.29	16	400
隆两优 3188	174	212	81.7	25.3	140	727	0.47	4.37	1.4	0.08	2.25	17.9	455
广两优 476	188.9	168	80.7	24.8	136	544	0.36	3.38	1.7	0.08	2.01	11.3	269

②花期高温对杂交中稻再生稻结实率的影响　开花期高温处理具体如下：常温（28℃ /25℃），均温 26.5℃；高温，昼温 35 ~ 36℃ / 夜温 29 ~ 30℃，均温 32.5℃；开花期连续处理 7 d，直到开花期结束。高温处理结束后，移到自然条件下生长直成熟。考察耐热指数（高温处理下结实率 / 常温处理下的结实率）的大小。结果表明，耐热性较强的杂交中稻再生稻组合为，隆两优 3188，荃优华占、深两优 5814、C 两优华占和华两优 2882，两优 6326。

③杂交中稻再生稻适应性的隶属函数综合评价　采用隶属函数法，以 9 个杂交中稻再生稻品种的生育期、产量、光能生产效率、温度生产效率、耐热指数、再生力、N_2O 累积排放量和 CH_4 累积排放量等 8 个指标，综合评价了 9 个杂交中稻再生稻适应气候变化的平均隶属函数值的大小（表 5–9）。结果表明，适应全球气候变化的耐高温逆境的杂交中稻再生稻品种主要有 4 个，即 C 两优华占、两优 6326、隆两优 3188 和荃优华占。其中，

C 两优华占和两优 6326 是长江中下游稻区优质、香型和超高产杂交中稻优势组合，这些杂交中稻再生稻品种的生产系统满足生育期适宜、产量和品质兼顾、光温生产效率高、温室气体排放少、开花期耐热性强和再生力强特性。

表 5-9　9 个长江中下游杂交中稻再生稻适应性的隶属函数综合评价

品种	生育期	产量	光能生产效率	积温生产效率	耐热指数	再生力	N_2O 累积排放量	CH_4 累积排放量	平均值	排序
两优华占	0.68	0.69	0.83	0.82	0.55	0.47	1.00	0.42	0.68	1
荃优华占	0.64	0.51	0.65	0.63	0.60	0.64	0.26	0.58	0.57	4
丰两优香 1 号	0.56	0.49	0.59	0.59	0.00	0.42	0.42	0.42	0.44	7
丰两优四号	0.68	0.45	0.58	0.57	0.02	0.50	0.27	0.45	0.44	6
华两优 2882	0.08	0.38	0.38	0.37	0.51	0.35	0.00	0.74	0.35	8
两优 6326	1.00	0.52	0.720	0.73	0.31	0.82	0.54	0.63	0.66	2
深两优 5814	0.00	0.03	0.00	0.00	0.58	0.55	0.39	0.29	0.23	9
隆两优 3188	0.08	1.00	1.00	1.00	1.00	0.00	0.45	0.00	0.57	3
广两优 476	0.60	0.00	0.09	0.10	0.23	1.00	0.74	1.00	0.47	5

（2）长江中游流域适应气候变化耐高温逆境杂交中稻再生稻的筛选体系的建立

如图 5-9 所示，筛选鉴定体系包括两个方面：一是分期播种，考察指标包括生育期、产量、光能生产效率、积温生产效率、耐热指数、再生力、N_2O 及 CH_4 排放；二是高温热害指数，设置温度为：常温（28℃ /25℃），均温 26.5℃；高温昼温 35 ~ 36℃ / 夜温 29 ~ 30℃，均温 32.5℃；开花期连续处理 7 d。

耐热指数 = 高温处理下结实率 / 常温处理下的结实率。隶属函数综合评价，根据隶属函数进行排序，进行筛选。

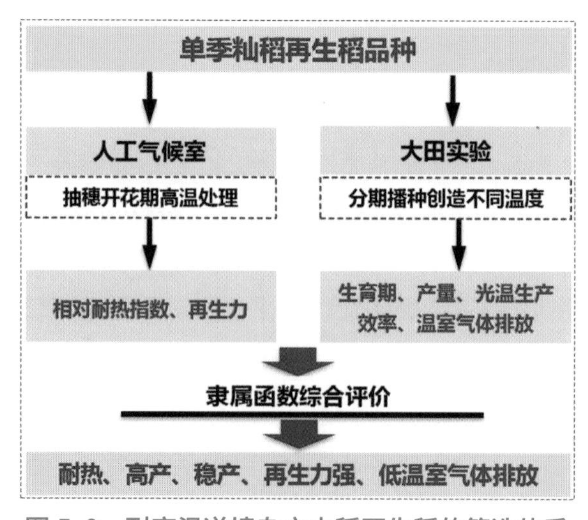

图 5-9　耐高温逆境杂交中稻再生稻的筛选体系

5.2.1.4 明确低温处理后双季早籼稻秧苗 MDA 等生理指标增长率及产量减产率的变化特征

运用模糊隶属函数综合评价 13 个品种的抗寒性，构建双季早籼稻秧苗耐冷性评价体系，筛选出 2 个秧苗期抗寒早稻籼稻品种（五优 463 和陵两优 0516）；运用模糊隶属函数法对 10 个晚稻品种 4 个播期实际产量进行综合评价，构建双季晚籼稻耐后期低温的筛选评价体系，筛选出泰优 398 和五优 788 耐晚播和后期低温双季籼稻晚稻品种。

（1）双季籼稻耐冷性筛选评价体系理论基础

低温处理后秧苗叶片生理特性变化特征如表 5-10 所示，随着温度处理天数逐渐升高，低温处理秧苗丙二醛含量增长幅度明显高于常温处理，但存在品种间差异。温度处理后 1 天，叶片丙二醛含量相对增长率变化幅度为 17.04% ~ 124.09%，处理后 2 天中高度为 22.99% ~ 117.99%，处理后 3 天为 21.09% ~ 100.22%。3 天平均相对增长率变化幅度为 25.9% ~ 129.1%，依次为：陵两优 211> 仁两优 26> 五丰优 286> 株两优 35> 优 I 2058> 淦鑫 203> 天源早占 > 株两优 829> 五优 566> 陵两优 0516> 五优 463> 株两优 3 号 > 优 I 2009。

表 5-10 水稻秧苗叶片丙二醛含量

单位：nmol/(g · FW)

温度处理	品种	温度处理后 1 天		温度处理后 2 天		温度处理后 3 天	
低温	淦鑫 203	9.84	de	13.39	a	15.00	c
	陵两优 211	12.10	a	13.71	a	24.35	a
	陵两优 0516	8.55	f	9.52	d	10.48	g
	优 I 2058	11.45	ab	13.55	a	16.29	b
	优 I 2009	8.87	ef	9.52	d	11.77	f
	天源早占	10.16	cd	10.81	bc	16.13	b
	株两优 3 号	9.03	ef	10.81	bc	11.19	fg
	株两优 35	11.13	abc	11.29	b	14.19	d
	株两优 829	10.48	bcd	10.81	bc	12.90	e
	仁两优 26	10.32	cd	10.48	c	11.29	f
	五丰优 286	10.48	bcd	11.13	bc	11.77	f
	五优 566	10.81	bcd	13.71	a	12.90	e
	五优 463	8.06	f	9.19	d	9.68	h
常温	淦鑫 203	6.13	ef	7.26	bcd	9.68	b
	陵两优 211	5.97	fg	6.29	f	9.19	bc
	陵两优 0516	5.40	h	6.35	ef	8.66	cd
	优 I 2058	8.06	a	8.06	a	8.39	de
	优 I 2009	7.58	ab	7.74	ab	8.55	d
	天源早占	6.77	cd	7.57	abc	8.06	def
	株两优 3 号	6.77	cd	7.74	ab	8.55	d
	株两优 35	6.61	de	7.10	cd	7.74	f
	株两优 829	6.29	def	7.10	cd	7.90	ef

续表

温度处理	品种	温度处理后 1 天		温度处理后 2 天		温度处理后 3 天	
常温	仁两优 26	5.48	gh	5.65	g	6.13	g
	五丰优 286	4.68	i	7.26	bcd	7.74	f
	五优 566	7.26	bc	7.74	ab	10.48	a
	五优 463	5.00	hi	6.89	de	7.73	f

水稻秧苗低温处理后产量的变化特征如表 5-11 所示，苗期低温逆境对双季早稻产量及产量构成均有一定的影响，其中以有效穗数和产量受影响最大。受苗期低温逆境的影响，水稻产量下降幅度在 0.92% ~ 15.12%，依次为株两优 35> 陵两优 211> 仁两优 26> 优 I 2058> 天源早占 > 株两优 829> 淦鑫 203> 五优 566> 优 I 2009> 株两优 3 号 > 五丰优 286> 五优 463> 陵两优 0516。

表 5-11　苗期温度处理下各水稻品种的产量构成及产量

温度处理	品种	有效穗数（$1\times10^4/hm^2$）		每穗总粒数		结实率（%）		千粒重（g）		实际产量（kg/hm^2）	
低温	淦鑫 203	385.08	d	122.91	cd	79.28	abc	24.39	abc	8 538.90	cd
	陵两优 211	428.09	ab	106.43	ef	79.55	abc	23.44	bcd	8 032.58	ghi
	陵两优 0516	413.09	bc	126.15	c	75.42	cd	23.58	bcd	8 848.45	a
	优 I 2058	413.09	bc	106.29	ef	80.77	abc	23.80	abcd	7 860.18	i
	优 I 2009	414.09	bc	112.54	de	81.90	abc	23.20	cd	8 613.69	bc
	天源早占	437.09	a	98.38	f	85.12	ab	22.78	d	7 982.08	hi
	株两优 3 号	395.08	cd	116.16	cde	78.01	bc	24.67	ab	8 408.44	cde
	株两优 35	353.08	e	116.75	cde	77.98	bc	25.00	a	7 446.57	j
	株两优 829	392.08	cd	112.57	de	78.03	bc	23.37	bcd	7 928.66	hi
	仁两优 26	381.08	d	118.84	cde	86.01	a	22.80	d	8 220.44	efg
	五丰优 286	380.08	d	142.36	b	69.46	d	22.89	d	8 350.74	def
	五优 566	394.07	cd	155.30	a	67.65	d	20.31	e	8 137.78	fgh
	五优 463	431.10	ab	115.95	cde	79.58	abc	23.45	bcd	8 824.72	ab
常温	淦鑫 203	456.10	a	128.20	b	85.64	a	24.38	ab	8 822.77	ab
	陵两优 211	441.08	ab	107.44	cde	82.90	ab	23.48	bc	8 873.88	ab
	陵两优 0516	436.10	abc	128.01	b	82.50	abc	23.80	bc	8 930.65	ab
	优 I 2058	436.10	abc	104.08	de	81.02	bc	23.82	bc	8 381.01	ef
	优 I 2009	422.09	abcd	113.61	cd	80.51	bcd	23.38	bc	8 831.79	ab
	天源早占	420.09	abcd	100.18	e	79.34	bcde	22.82	c	8 388.62	ef
	株两优 3 号	404.08	bcde	117.04	bcd	78.85	bcde	24.28	ab	8 614.56	cd
	株两优 35	402.10	bcde	120.27	bc	78.50	cde	25.28	a	8 773.15	bc
	株两优 829	402.10	bcde	115.00	bcd	76.23	def	23.65	bc	8 254.62	f
	仁两优 26	400.74	cde	119.31	bc	75.76	ef	23.53	bc	8 892.09	ab
	五丰优 286	398.08	cde	144.36	a	72.86	f	22.93	c	8 528.07	de

续表

温度处理	品种	有效穗数（1×10^4/hm^2）		每穗总粒数		结实率（%）		千粒重（g）		实际产量（kg/hm^2）	
常温	五优 566	393.09	de	156.30	a	67.25	g	20.42	d	8 392.22	ef
	五优 463	378.09	e	112.62	cde	67.16	g	23.75	bc	8 968.36	a

在双季晚籼稻方面，播期对各品种穗数、每穗总粒数、结实率及千粒重均有一定程度的影响。前两个播期之间在产量构成上差异并不明显，但前两个播期和后两个播期间的差异较明显。播期对结实率的影响最大，随着播期延迟，均呈现下降趋势。表 5–12 表明，随着播期推迟，除了 T5 和 T7 在第二和第三播期产量有所增加外，其余各品种实际产量均有所下降，其中第四个播期的产量下降幅度最大。与第一个播期相比较，第二个播期各品种产量下降幅度在 0.15% ~ 16.51%，第三个播期各品种产量下降幅度在 2.97% ~ 45.32%，而第四个播期各品种的产量下降幅度在 33.23% ~ 100%。

表 5–12　不同播期下各品种实际产量

单位：kg/hm^2

品种编号	6 月 26 日播种		7 月 6 日播种		7 月 16 日播种		7 月 26 日播种	
T_1	9 983.57	bcd	9 866.30	a	8 574.75	b	5 324.69	bc
T_2	9 649.59	de	9 055.92	efg	7 987.84	de	4 566.95	d
T_3	8 952.78	f	8 893.63	fg	8 686.83	ab	5 584.20	a
T_4	10 068.57	b	9 283.13	cdef	8 961.63	a	5 547.29	a
T_5	5 287.73	h	5 745.16	j	5 478.49	i	3 101.20	h
T_6	6 325.53	g	6 233.78	i	5 993.74	g	3 706.36	f
T_7	5 541.43	h	6 004.82	ij	5 899.39	gh	3 400.68	g
T_8	6 038.64	g	5 186.57	k	5 068.78	j	4 032.08	e
T_9	9 907.31	bcd	9 334.93	bcde	8 006.97	de	4 636.98	d
T_{10}	10 105.99	b	8 276.92	h	5 526.01	hi	\	\
T_{11}	10 153.48	b	9 672.63	abc	7 637.30	ef	3 764.65	f
T_{12}	10 084.05	b	9 575.26	abc	7 562.62	f	3 980.65	e
T_{13}	9 512.58	e	9 380.51	bcde	8 058.20	cd	5 208.58	c
T_{14}	8 712.26	f	8 698.88	g	7 413.27	f	\	\
T_{15}	10 038.08	bc	9 697.93	ab	8 481.36	b	5 476.68	ab
T_{16}	10 924.10	a	9 120.84	def	7 460.79	f	\	\
T_{17}	9 667.28	cde	9 293.18	cde	8 395.84	bc	5 554.40	a
T_{18}	10 075.45	b	9 460.34	bcd	8 563.20	b	5 399.55	abc

双季籼稻耐冷性隶属函数综合评价为全面反映水稻苗期的耐寒性，运用 Fuzzy 模糊数学中隶属函数法，求出 6 个生理指标低温处理下增长率及产量减产率的平均隶属函数值，综合评价 13 个品种耐寒性，依次为五优 463> 陵两优 0516> 优 I 2009> 株两优 3 号 > 优 I

2058> 五优 566> 天源早占 > 株两优 829> 五丰优 286> 淦鑫 203> 仁两优 26> 株两优 35> 陵两优 211（表 5-13）。对产量减产率与 6 个生理指标增长率进行相关性分析，发现产量减产率与可溶性糖含量增长率成极显著负相关，相关系数为 -0.68，与丙二醛含量增长率成显著正相关，相关系数为 0.59。

表 5-13 早稻品种耐寒性综合评价

品种	相对电导率	脯氨酸含量	SOD 酶活性	可溶性蛋白含量	可溶性糖含量	丙二醛含量	产量	平均隶属函数值	耐寒性排序
淦鑫 203	0.100	0.513	0.195	0.139	0.786	0.607	0.818	0.451	10
陵两优 211	0.602	0.003	0.139	0.078	0.108	0.065	0.435	0.204	13
陵两优 0516	0.588	0.944	0.965	0.677	0.827	0.816	0.958	0.825	2
优 I 2058	0.734	0.714	0.423	0.589	0.493	0.597	0.634	0.598	5
优 I 2009	0.856	0.534	0.480	0.596	0.702	0.966	0.863	0.714	3
天源早占	0.669	0.250	0.541	0.180	0.539	0.631	0.718	0.504	7
株两优 3 号	0.603	0.127	0.364	0.906	0.451	0.887	0.868	0.601	4
株两优 35	0.330	0.162	0.178	0.421	0.012	0.578	0.090	0.253	12
株两优 829	0.478	0.016	0.809	0.235	0.331	0.660	0.773	0.472	8
仁两优 26	0.826	0.337	0.452	0.045	0.471	0.435	0.553	0.446	11
五丰优 286	0.941	0.169	0.149	0.288	0.222	0.523	0.887	0.454	9
五优 566	0.905	0.160	0.031	0.764	0.288	0.758	0.829	0.534	6
五优 463	0.909	0.967	0.788	0.924	0.965	0.843	0.917	0.902	1

如表 5-14 所示，4 个播期实际产量的隶属函数值从高到低依次排序为甬优 4149> 泰优 398> 甬优 15> 五优 788> 新优 188> 甬优 2640> 辐优 21> 欣荣优华占 > 春优 84> 吉优 268> 天优华 9> 深优 957> 泰优 390> 正两优 825> 南粳 5055> 苏垦 118> 扬粳 805> 南粳 9108；泰优 398 和五优 788 为两个表现最好的耐晚播和后期低温双季晚稻籼稻品种。

表 5-14 不同播期下各品种实际产量隶属函数值

单位：kg/hm²

品种编号	6 月 26 日播种	7 月 6 日播种	7 月 16 日播种	7 月 26 日播种	平均隶属函数值	排序
T_1	0.788	0.950	0.856	0.842	0.859	3
T_2	0.734	0.796	0.717	0.566	0.703	9
T_3	0.622	0.765	0.883	0.937	0.802	6
T_4	0.802	0.839	0.948	0.924	0.878	1
T_5	0.033	0.164	0.120	0.032	0.087	18
T_6	0.200	0.257	0.243	0.252	0.238	15
T_7	0.074	0.214	0.220	0.141	0.162	16
T_8	0.154	0.057	0.023	0.371	0.151	17
T_9	0.776	0.849	0.721	0.592	0.734	8

续表

品种编号	6 月 26 日播种	7 月 6 日播种	7 月 16 日播种	7 月 26 日播种	平均隶属函数值	排序
T_{10}	0.808	0.647	0.132	0.000	0.397	14
T_{11}	0.815	0.913	0.633	0.274	0.659	11
T_{12}	0.804	0.895	0.616	0.352	0.667	10
T_{13}	0.712	0.858	0.733	0.800	0.776	7
T_{14}	0.584	0.728	0.580	0.000	0.473	13
T_{15}	0.797	0.918	0.834	0.898	0.862	2
T_{16}	0.939	0.808	0.591	0.000	0.585	12
T_{17}	0.737	0.841	0.813	0.926	0.829	5
T_{18}	0.803	0.873	0.853	0.870	0.850	4

（2）双季籼稻耐冷性鉴定评价体系的建立

如图 5-10 所示，双季籼稻耐冷性鉴定评价体系包括早籼稻及晚籼稻品种筛选鉴定体系。早籼稻耐冷性鉴定评价体系，包括秧苗相对电导率、脯氨酸含量、SOD 酶活性、可溶性蛋白含量、可溶性糖含量及 MDA 含量；水稻后期产量；隶属函数综合评价。双季晚稻耐冷性评价体系，主要采用隶属函数对不同播期（即 6 月 26 日、7 月 6 日、7 月 16 日及 7 月 26 日）产量进行评价，根据其隶属函数值进行筛选。

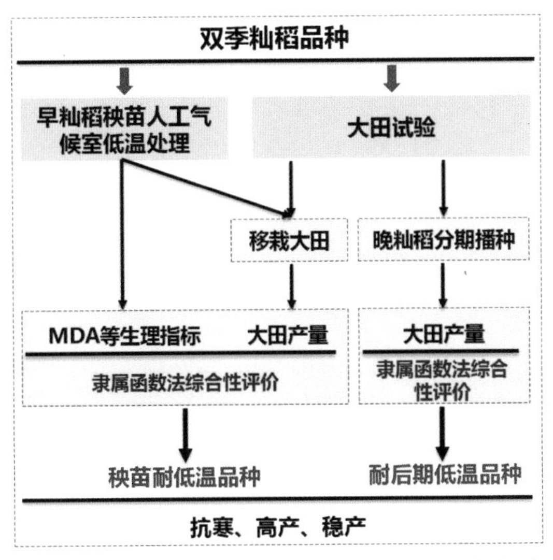

图 5-10 双季籼稻耐冷性品种筛选鉴定体系

5.2.2 创新了应对气候变化的籼稻抗逆栽培关键技术

以防范气候异常导致长江中下游稻作系统生产效率下降为目标，围绕全球气候变化致使稻作制度变革背景下，已有种植模式、水肥管理不匹配导致籼稻生产系统生产、经济及环境效益不协调的问题，采用大田结合人工气候室模拟全球气候变化的技术方案，从种植方式、播期调整、群体优化、温室气体排放、肥水管理、植物生长调节剂应用、农机农艺高效融合等方面开展研究，集成创新了水稻穗期耐热关键技术模式、一季籼稻高温热害防控技术模式、双季稻抗低温逆境栽培技术模式、长江中游稻区杂交稻再生稻适应气候变化的减量施肥和硝化抑制剂及再生稻缓释肥抗逆栽培关键技术，为应对全球气候变化进行种植制度改革配套栽培技术研究提供重要的技术支持。

5.2.2.1 明确品种选择、种植密度、群体调整、水肥管理及植物生长调节剂应用在减缓穗期高温热害中的作用，集成了水稻穗期耐热抗逆关键栽培技术模式，大田高温条件下增产 10% 左右。

（1）**品种选择** 选择适合当地气候、高产及耐热水稻品种是防止高温伤害最有效的措施之一。以湖南、江西、浙江主栽培早籼稻品种为例，大田条件下，株两优 30、两优早 17 及荣两优 286 产量水平在 500 kg 左右，开花期高温处理（38℃ /28℃，昼 / 夜）6 d 后，株两优 30 和两优早 17 结实率下降幅度在 30% 左右，而荣两优 286 则在 60% 以上。花粉母细胞减数分裂期及开花期高温处理（40℃ /30℃，昼 / 夜）10 d 后，天优华占结实率下降幅度为 50% ~ 60%，而两优培九、嘉 58 和常优 1 号结实率的下降幅度则在 80% 以上。

（2）**合理密植** 长江中下游稻区水稻合理密植，不仅能提高水稻有效穗及产量，还能通过调整群体冠层结构，降低冠层温度。2019 年，以中浙优 1 为例，幼穗分化期在 20 × 25 及 20 × 20 密度下的冠层温度分别为 32.3℃与 31.5℃，始穗期至齐穗期遭遇极端高温，结实率分别为 64.5% 及 73.6%。种植密度视不同品种在区域的分蘖成穗特性而确定，并综合考虑产量与极端高温发生的风险。

（3）**水肥管理** 水稻移栽 21 d 后（有效分蘖期）开始进行水分控制，干湿交替状态保持至分蘖盛期，此后开始晒田以控制无效分蘖发生，降低群体冠层湿度，提高根系氧营养水平。减数分裂期及开花期高温条件下，灌水保持 10 cm 左右水层，增加叶片蒸腾速率，降低叶片及冠层温度。在营养管理方面，增施钾肥可有效提高水稻产量（图 5-11）。在不缺氮情况下，增施氮肥对水稻耐热性及产量的影响不大。

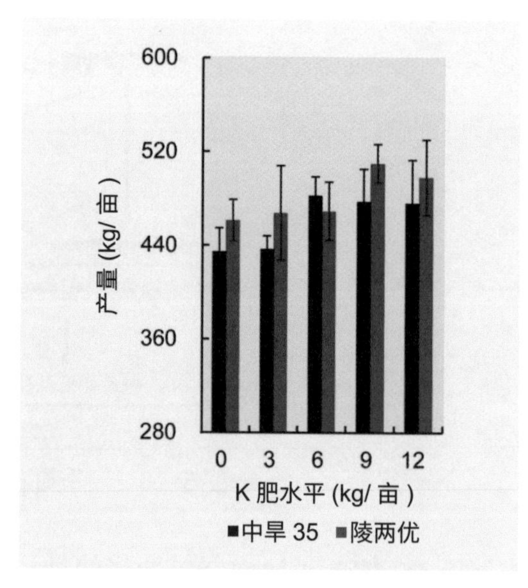

图 5-11 不同钾肥对早籼稻产量的影响

（4）**植物生长调节剂应用** 植物生长调节剂是防止水稻高温热害不可或缺的因素。图 5-12 所示，中度高温条件下，脱落酸与蔗糖互作调节叶片及茎鞘碳水化合物向穗部转运，提高水稻产量，并一定程度改善稻米品质。此外，在大田及人工气候室高温条件下，水稻减数分裂期及开花期喷施 100 ～ 1000 μmol/L 水杨酸（SA）或 20 ～ 30 mM 醋酸钾，无论在高温或常温条件下均能提高水稻产量。水杨酸和烯唑醇及 3- 氨基苯甲酰（3-ab）复配溶液防治高温热害的效果明显。

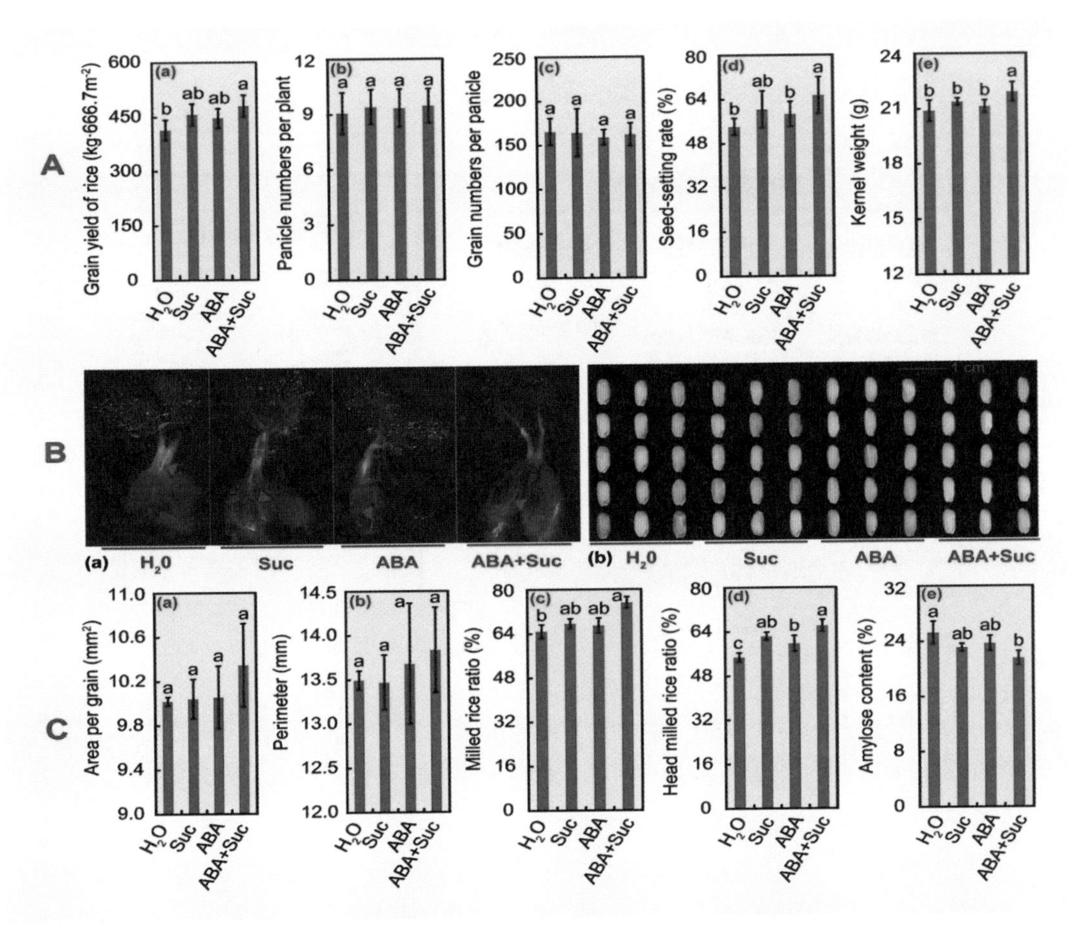

图 5-12　脱落酸与蔗糖互作对水稻产量及品质的影响

（5）**技术集成与应用效果**　图 5-13 所示，水稻穗期耐热关键技术模式包括品种选择、合理密植、水肥管理及植物生长调节剂的应用；主要原理为水稻生长前期增加光能截获率，提高光合能力，生殖阶段调节优化群体，减少冠层温度，即提高的能量产生、利用及分配效率，减少能量消耗，维持雌蕊组织中的能力平衡，减少花期高温胁迫对柱头花粉萌发及雌蕊组织中花粉管伸长的抑制。2018 年，以天优华占（热钝感）和常优 1 号（热敏感）为材料，分别于 5 月 5 日及 5 月 15 日播种，试验地点在浙江省杭州市富阳区中国水稻研究所基地。耐热品种（天优华占），5 月 5 日和 5 月 15 日播种水稻开花期分别遭遇 15 d 和 9 d 最高温度超过 38℃的高温天气（大田实测温度），但产量差别较小，耐热抗逆栽培技术模式下的产量均高于常规种植模式，增产分别达 8.8% 及 6.3%，结实率分别增加 9.7% 和 7.8%。

热敏感品种（常优1号），5月5日及5月20日播种水稻开花期未发生极端高温，但在减数分裂期分别发生13 d及6 d最高温度超过38℃的高温天气（大田实测温度），产量差别较大，后者产量比前者增产幅度达12%，而结实率增长幅度达21%。5月5日播种产量在耐热抗逆栽培技术模式下的增幅达15.5%，结实率增加27.2%；5月15日播种的产量增产仅为6.8%，结实率增加7.8%。从中可看出，耐热抗逆栽培技术模式在大田生产中均能有效提高水稻产量，其中热敏感水稻品种增产效果最好。

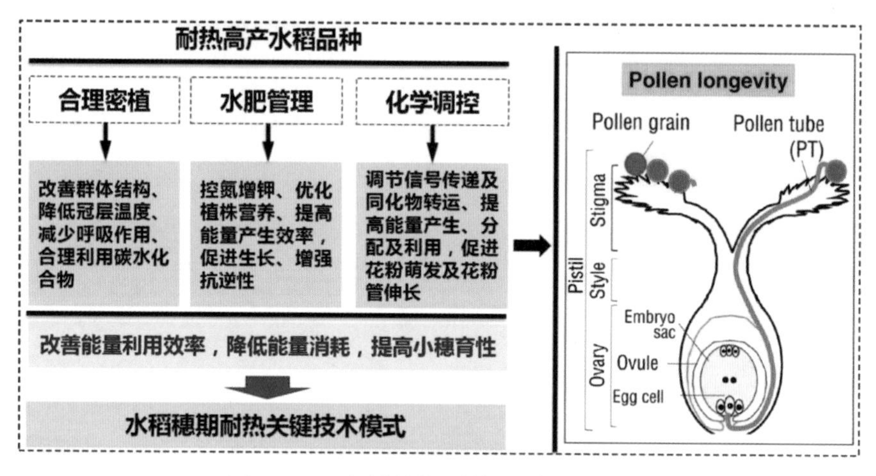

图5-13 水稻穗期耐热关键技术模式

5.2.2.2 明确了人工移栽和毯苗机插、播期调整、增大群体降低冠层温度、耐热植物生长调节剂在减轻水稻高温热害中的作用，构建一季籼稻高温热害防控技术模式，有效防止全球气候变化背景下产量的减损。

（1）明确了不同种植方式水稻生长发育及产量的差异 在安徽江淮地区，杂交中籼稻（徽两优858、徽两优898）人工移栽方式的产量和毯苗机插方式的产量无显著差异，但均显著高于机直播处理产量（表5-15）。

表5-15 不同种植方式对产量及产量构成因素的影响

品种	处理	亩有效穗 (10^4/hm^2)	穗粒数	结实率 (%)	千粒重 (g)	实收产量 (t/hm^2)
徽两优858	移栽	267.0	213.5	82.3	24.3	10.3 a
	机插	289.5	200.2	80.8	24.2	10.0 a
	直播	292.5	171.2	82.1	23.9	8.9 b
徽两优898	移栽	273.0	203.8	83.7	23.8	10.0 a
	机插	294.0	186.9	83.4	23.2	9.6 a
	直播	310.5	164.5	80.2	22.9	8.7 b

（2）**躲避高温天气** 在安徽省江淮地区播始历期在 94 ～ 100 d 的单季籼稻品种，无论在正常播期（5 月 16 日）还是在推迟播种条件下，采用毯苗机插方式均可使水稻抽穗开花期有效地避开高温胁迫（表 5-16）。

表 5-16 不同处理抽穗开花期遭遇高温的天数

播期	种植方式	品种	≥ 35.0 ℃天数（d）
正常播期	毯苗机插	隆两优华占	1
		荃两优 2118	2
	人工移栽	隆两优华占	3
		荃两优 2118	8
推迟播种	毯苗机插	隆两优华占	0
		荃两优 2118	0
	人工移栽	隆两优华占	2
		荃两优 2118	3

（3）**增大群体、降低冠层温度缓解高温胁迫** 与人工移栽方式相比，毯苗机插方式处理下水稻抽穗期群体较大，具有较高的叶面积指数，冠层温度相对较低，在一定程度上能有效地缓解高温胁迫（表 5-17）。

表 5-17 不同处理抽穗期叶面积指数、冠层平均最高温度及其与气温温度差

种植方式	播期	品种	叶面积指数（m^2/m^2）	冠层平均最高温度（℃）	较空气温度低（℃）	产量（t/hm^2）
毯苗机插	正常播期	隆两优华占	11.46 a	32.5	0.63	16.32
		荃两优 2118	9.62 b	33.1	0.31	14.02
			10.54 A		0.47	15.17 a
	推迟播种	隆两优华占	11.28 a	29.7	0.48	16.78
		荃两优 2118	11.56 a	30.7	0.59	14.04
			11.42 A		0.54	15.41 a
人工移栽	正常播期	隆两优华占	5.76 d	33.1	0.19	11.56
		荃两优 2118	7.91 b	33.8	0.25	10.64
			6.83 B		0.22	11.10 b
	推迟播种	隆两优华占	6.67 c	33.4	0.18	13.14
		荃两优 2118	9.64 a	33.4	0.29	13.51
			8.16 A		0.24	13.33 a

注：同一列内不同字母表示处理间采用 LSD 法比较差异达到 5% 的显著水平。小写字母表示同一种植方式内 4 个处理之间的比较。大写字母表示同一种植方式内 2 个播期之间的比较。减产幅度 =（推迟播种产量 − 正常播期产量）/ 推迟播种产量 ×100。

（4）**植物生长调节剂** 筛选出缓解水稻抽穗开花期高温热害的植物生长调节剂两种，即油菜素内酯和水杨酸；阐明油菜素内酯及水杨酸减缓高温热害的作用机制，即提高水稻穗部抗氧化酶活性，清除过剩活性氧积累，增强植株抗高温能力，提高花药开裂率及结实率（表 5-18）。

表 5-18 高温胁迫及植物生长调节剂对水稻花药开裂率和结实率的影响

调控物质	结实率（%）				花药开裂率（%）			
	黄华占		徽两优 858		黄华占		徽两优 858	
	常温	高温	常温	高温	常温	高温	常温	高温
油菜素内酯	86.2 a	69.3 b	85.9 a	44.7 b	96.6 a	69.2 b	95.8 a	49.3 b
水杨酸	87.6 a	68.2 b	86.2 a	45.8 b	97.1 a	68.9 b	96.9 b	48.7 b
ABA	84.8 a	62.7 b	84.1 a	41.5 b	97.3 a	62.4 b	96.9 b	45.7 b
6-BA	85.1 a	60.2 b	83.9 a	38.6 b	96.2 a	61.0 b	95.8 b	40.6 b
磷酸二氢钾	86.7 a	58.7 b	87.2 a	36.8 b	96.8 a	60.8 b	95.3 b	40.6 b
清水（对照）	85.3 a	56.8 b	84.7 a	35.6 b	97.8 a	57.9 b	94.6 b	38.7 b
平均值	86.0 A	62.7 B	85.3 A	40.5 B	97.0 A	63.4 B	95.9 A	43.9 B

注：同一行同一品种不同字母表示处理间采用 LSD 法比较差异达到 $P<0.05$ 的显著水平。

（5）**技术集成** 一季籼稻耐高温热害栽培技术包括品种选择，选用优质、高产、耐热中籼稻品种；播种时期调整，在品种选择基础上，优化播栽期使抽穗开花期规避高温天气，沿淮地区适宜的播种期为 5 月 10—15 日，江淮中部为 5 月 15—20 日，沿江地区为 5 月 15—25 日；健身栽培提高抗性，包括培育壮秧，精准机插，建立健康合理的群体起点，

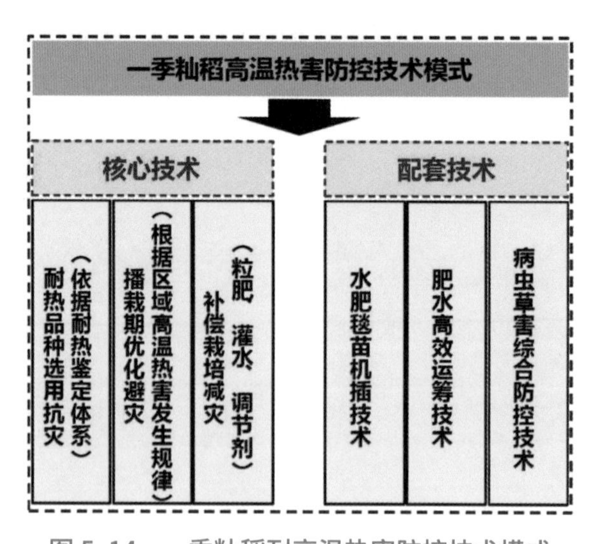

图 5-14 一季籼稻耐高温热害防控技术模式

科学肥料运筹，科学水分管理，采用“浅—露—烤—湿”的节水灌溉方式；高温防御措施，一是灌溉深水，抽穗开花期若遭遇日平温度≥ 30℃，日最高温度 >35℃时，可采取灌溉深水（水层 10 cm），调节田间小气候，降低冠层温度。有条件的地区，可采取日灌夜排的方式。二是冠层喷水，开花后期遭遇极端高温天气，可采取喷水降温的方法；补偿栽培减灾措施，喷施叶面肥，防早衰；喷施植物生长调节剂，于见穗前 1 d 和此后的第 3 d 两次叶面喷施 0.15 mg/L 油菜素内酯或者 500 μmol/L 水杨酸等外源调节物质，可防止功能叶和颖花受到损伤，稳定结实率；蓄留再生稻，高温危害较为严重，结实率在 20% 以下，水源较好、温光资源较为充足的地区，于 8 月 20 日前割茬蓄留再生稻。

5.2.2.3 明确减量施肥、硝化抑制剂及再生稻缓释肥处理后再生稻产量及温室气体排放的变化特征，构建长江中游稻区杂交稻再生稻适应气候变化抗逆栽培关键技术，不减产前提下有效降低温室排放及减少全球增温潜势 20% 以上。

（1）减量施肥和硝化抑制剂对再生稻产量的影响

品种：杂交中稻再生稻两优 6326。

施肥方案如表 5-19 所示：未施肥对照；农户高产施肥；减量施肥 1；减量施肥 1 + 1% DMPP 硝化抑制剂；减量施肥 2；减量施肥 2 + 1% DMPP 硝化抑制剂，观察减量施肥和硝化抑制剂对再生稻产量的影响。

表 5-19 再生稻温室气体减排栽培技术体系创建处理试验方案

处理	头季			再生季		施肥总量（kg/hm²）	施肥次数
	基肥	分蘖肥	穗肥	促芽肥	提苗肥		
CK 不施肥	0	0	0	0	0	0	0
FF 农户高产施肥	N:P:K=90:90:90 普通复合肥	51.75	69 N, 45 kg	69 N, 45 K	103.5 N	383.6N, 90 P, 180 K	5
DF 1 减肥处理 1	N:P:K=75:75:75 普通复合肥	51.75	51.75 N, 45 K	51.75 N, 45 K	103.5 N	333.75 N, 75 P,165K	5
DFD1 减肥处理 1+1%DMPP	N:P:K=75:75:75 普通复合肥 +1%DMPP	51.75 N	51.75 N, 45 K	51.75 N, 45 K	103.5 N	333.75 N, 75 P, 165 K	5
DF 2 减肥处理 2	N:P:K=60:60:60 普通复合肥	51.75 N	34.5 N; 45 K	34.5 N, 45 K	103.5 N	284.25 N 60 P, 150 K	5
DFD2 减肥处理 2+1%DMPP	N:P:K=60:60:60 普通复合肥 +1%DMPP	51.75 N	34.5 N, 45 K	34.5 N 45 K	103.5 N	284.25 N, 60 P, 150K	5

应用效果：农户高产施肥处理（FF）2018 年和 2019 年头季稻和再生季总产量比不施肥对照（CK）增加 92.41% ~ 109.83%。DF1 与 DFD1 处理下，头季稻产量比高产施肥处理减产 2.99% ~ 5.1%，差异不显著（表 5-20）。DF2 与 DFD2 处理下，头季稻产量比高产施

肥处理减产 7.66% ~ 8.16%，差异显著。再生稻产量方面，DF1 与 DFD1 处理再生季产量与高产施肥处理相比，增幅为 −3.1% ~ +10.7%。DF2 与 DFD2 处理再生季产量比高产施肥处理减产 6.05% ~ 9.6%，差异显著。从两季总产来看，DF1 和 DFD1 处理较农户高产处理减产 1.6% ~ 4.4%，差异不显著；DF2 和 DFD2 处理较农户高产处理减产 7.1% ~ 8.6%，差异显著。

表 5-20　减量施肥和硝化抑制剂处理下两季总产量的比较

年份	处理	头季产量（t/hm^2）	再生季产量（t/hm^2）	两季总产量（t/hm^2）
2018 年	CK	5.31 ± 0.23 c	2.59 ± 0.09 c	7.90 ± 0.20 b
	FF	8.64 ± 0.13 a	6.56 ± 0.07 b	15.20 ± 0.18 a
	DF1	8.39 ± 0.01 a	6.71 ± 0.05 b	15.11 ± 0.04 a
	DFD1	7.70 ± 0.10 b	7.26 ± 0.08 a	14.96 ± 0.17 a
2019 年	CK	4.80 ± 0.21 c	2.41 ± 0.17 c	7.22 ± 0.29 c
	FF	10.37 ± 0.07 a	4.79 ± 0.10 a	15.15 ± 0.17 a
	DF1	9.64 ± 0.35 ab	4.64 ± 0.03 a	14.48 ± 0.37 a
	DFD1	10.06 ± 0.18 a	4.85 ± 0.43 a	14.92 ± 0.29 a
	DF2	9.52 ± 0.04 b	4.33 ± 0.07 b	13.85 ± 0.10 b
	DFD2	9.30 ± 0.37 b	4.50 ± 0.08 b	14.08 ± 0.43 b

（2）再生稻专用缓释肥处理对再生稻两季产量的影响

品种：杂交中稻再生稻两优 6326。

施肥方案如表 5-21 所示：未施肥对照；农户高产施肥；再生稻专用缓释肥配方 1；再生稻专用缓释肥配方 2。

表 5-21　再生稻温室气体减排栽培技术体系创建处理试验方案

<table>
<tr><th rowspan="2">处理</th><th colspan="3">头季</th><th colspan="2">再生季</th><th rowspan="2">施肥总量（$kg \cdot hm^{-2}$）</th><th rowspan="2">施肥次数</th></tr>
<tr><th>基肥</th><th>分蘖肥</th><th>穗肥</th><th>促芽肥</th><th>提苗肥</th></tr>
<tr><td>CK 不施肥</td><td>0</td><td>0</td><td>0</td><td>0</td><td>0</td><td>0</td><td>0</td></tr>
<tr><td>FF 农户高产施肥</td><td>N:P:K=90:90:90
普通复合肥</td><td>51.75</td><td>69 N,
45 kg</td><td>69 N,
45 K</td><td>103.5 N</td><td>383.6N,
90 P, 180 K</td><td>5</td></tr>
<tr><td>SRF1 缓释肥 1</td><td colspan="2">24-6-12，600
（普通氮 +10% 脲醛）
ZnO 0.3%</td><td colspan="2">25-5-15，300;
（普通氮 +50% 脲醛 N）
Si 2%、Mg 2%</td><td>103.5 N</td><td>322.5 N,
51 P, 117K</td><td>3</td></tr>
<tr><td>SRF2 缓释肥 2</td><td colspan="2">24-6-12，600
（普通氮 +20% 聚氨酯包衣尿素）
ZnO 0.3%</td><td colspan="2">25-5-15，300;
（普通氮 +40% 聚氨酯包衣尿素）
Si 2%、Mg 2%</td><td>103.5 N</td><td>322.5 N,
51 P, 117 K</td><td>3</td></tr>
</table>

应用效果：在两年的大田试验中，CK 处理的头季产量均为最低，说明施肥可以显著提高水稻的产量。2018 年，再生稻头季产量表现为 FF> SRF2 > SRF1>CK；FF 处理的产量为 8.64 t/hm^2。与之相比，SRF1 和 SRF2 处理分别减产 3.2% 和 1.5%，差异不显著。2018 年，再生季产量表现为 SRF1> SRF2> FF>CK；SRF1 和 SRF2 处理的产量分别为 6.66 t/hm^2 和 6.63 t/hm^2，均高于 FF 处理，可能与缓释肥的肥效延长至再生季，促进再生季的生长发育有关。SRF1 和 SRF2 处理的两季总产量分别为 15.02 t/hm^2、15.14 t/hm^2，与 FF 处理相比，减产不明显（表 5-22）。

2019 年，再生稻头季产量表现为 SRF2>FF>SRF1>CK；FF 处理的产量最为 10.37 t/hm^2，与之相比，SRF1 处理减产 0.9%，SRF2 处理增产 0.5%，差异均不显著。2019 年，再生季产量表现为 SRF1> SRF2 >FF>CK，和 2018 年相比产量偏低，可能是由于 2019 年头季生长期间温度过高，导致头季产量偏高，影响再生季的生长。SRF1 和 SRF2 处理较 FF 处理均有一定的增产，增幅均未达显著差异。两季总产表现为 SRF2 > FF>SRF1>CK，处理差异不显著，表明缓释肥在再生稻上应用是可行的。

表 5-22　再生稻专用缓释肥处理下头季和再生季两季总产量的比较

年份	处理	头季产量（t/hm^2）	再生季产量（t/hm^2）	两季总产量（t/hm^2）
2018 年	CK	5.31±0.23 b	2.59±0.19 b	7.90±0.25 b
	FF	8.64±0.13 a	6.56±0.07 a	15.20±0.28 a
	SRF1	8.36±0.01 a	6.66±0.09 a	15.02±0.18 a
	SRF2	8.51±0.05 a	6.63±0.12 a	15.14±0.16 a
2019 年	CK	4.80±0.21 b	2.41±0.09 b	7.21±0.20 b
	FF	10.37±0.07 a	4.79±0.07 a	15.16±0.18 a
	SRF1	10.28±0.21 a	4.88±0.08 a	15.07±0.08 a
	SRF2	10.42±0.32 a	4.81±0.13 a	15.23±0.18 a

5.2.2.4 明确低温锻炼、化学药剂浸种、播期调整、氮肥运筹、移栽秧龄、施氮量及品种选择、水分调节及化学药剂应用在减缓双季籼稻低温冷害中的作用，集成了双季稻抗低温逆境栽培技术，有效提高双籼稻产量 10% 左右。

（1）**低温锻炼**　低温锻炼对早稻秧苗素质具有一定影响，能显著提高早稻秧苗茎基宽及百苗干重。

（2）**化学药剂浸种**　化学药剂浸种对早稻秧苗株高、茎基宽及百苗干重有较大的影响。4 个浸种处理中，100 mg/L 多效唑浸种处理对茎基宽和百苗干重影响效果最明显，显著高于其他 3 个浸种处理（表 5-23）。

表 5-23 化学药剂浸种对早稻秧苗素质的影响

处理		株高（cm）	茎基宽（mm）	百苗干重（g）	产量（kg/hm^2）
T1V1		26.43 a	3.20 a	5.22 a	8082.00 a
T1V2		24.17 b	3.16 a	4.98 a	7298.78 b
T2V1		22.60 a	3.36 a	6.23 a	8400.12 a
T2V2		23.43 a	3.27 a	5.15 b	7727.63 b
T3V1		21.07 a	3.32 a	6.15 a	8304.58 a
T3V2		21.77 a	3.21 a	5.00 b	7796.58 b
T4V1		22.67 a	3.26 a	5.22 a	8204.12 a
T4V2		21.93 a	3.13 b	4.89 a	7151.03 b
T1		25.30 a	3.18 c	5.10 b	7690.39 b
T2		23.02 b	3.32 a	5.69 a	8063.87 a
T3		21.42 d	3.27 ab	5.57 a	8050.58 a
T4		22.30 c	3.20 bc	5.05 b	7677.57 b
V1		23.19 a	3.29 a	5.70 a	8247.71 a
V2		22.83 a	3.19 b	5.00 b	7493.50 b
F 值	T	71.25**	9.69*	34.43**	23.55**
	V	2.99	13.29**	95.06**	55.05**
	T×V	11.71**	0.61	11.43**	1.27

（3）**播期与品种** 以泰优 398（V1）和五丰优 T025（V2）为材料，共设 5 个播期，分别为 6 月 25 日（记为 B1），7 月 2 日（记为 B2），7 月 9 日（记为 B3），7 月 16 日（记为 B4），7 月 23 日（记为 B5）5 个时期播种（表 5-24）。随着播期推迟，两品种有效穗数均相应下降，但差异不显著。播期越迟，每穗总粒、结实率、千粒重和产量下降程度越大；播期和品种对结实率和产量形成有明显的互作效应。

表 5-24 不同播期对双季晚稻产量构成与产量的影响

处理	有效穗数（$1\times10^4/hm^2$）	每穗总粒数	结实率（%）	千粒重（g）	产量（kg/hm^2）
B1V1	339.81 a	139.24 b	86.82 a	23.60 a	8 979.31
B1V2	336.95 a	174.74 a	78.07 b	22.63 b	9 013.32
B2V1	336.95 a	138.05 b	86.37 a	23.38 a	8 893.71
B2V2	328.38 a	175.45 a	77.25 b	22.55 b	9 070.35
B3V1	336.95 a	138.66 b	78.33 a	23.58 a	8 577.47
B3V2	325.53 a	171.57 a	75.79 a	22.32 b	8 769.25
B4V1	334.81 a	134.68 b	70.77 a	23.11 a	7 087.64
B4V2	325.53 a	170.17 a	68.28 a	22.29 b	8 240.63
B5V1	334.47 a	131.05 b	59.82 a	22.97 a	5 692.94

续表

处理		有效穗数（$1\times10^4/hm^2$）	每穗总粒数	结实率（%）	千粒重（g）	产量（kg/hm^2）
B5V2		314.11 b	168.33 a	55.56 b	22.01 b	6 162.23
B1		338.38 a	156.99 a	82.45 a	23.11 a	8 996.31 a
B2		332.67 ab	156.75 a	81.81 a	22.97 ab	8 982.03 a
B3		331.24 ab	155.11 ab	77.06 b	22.95 ab	8 673.36 b
B4		330.17 ab	152.42 bc	69.52 c	22.70 bc	7 664.13 c
B5		324.29 b	149.69 c	57.69 d	22.49 c	5 927.58 d
V1		336.60 a	136.33 b	76.42 a	23.33 a	7 846.21 b
V2		326.10 b	172.05 a	70.99 b	22.36 b	8 251.15 a
F值	B	1.89	10.49★★	476.67★★	5.62★	878.83★★
	V	10.26★★	2 775.70★★	108.07★★	45.19★★	24.57★★
	B×V	0.75	1.44	7.88★★	0.31	5.99★

（4）**氮肥运筹** 5种氮肥运筹模式分别为不施氮肥（记为N0）、基肥：分蘖肥：穗肥比例为5 ：5 ：0（记为N1）、基肥：分蘖肥：穗肥比例为7 ：2 ：1（记为N2）、基肥：分蘖肥：穗肥比例为5 ：3 ：2（记为N3）和基肥：分蘖肥：穗肥比例为4 ：3 ：3（记为N4）；供试品种分别为泰优398（V1）和五丰优T025（V2）。由表5–25可知，不同氮肥运筹模式对晚稻每穗总粒数和结实率的影响较大；不施氮肥处理的产量显著低于施氮处理。不同氮肥运筹模式产量依次为：5 ：3 ：2（N3）> 7 ：2 ：1（N2）> 4 ：3 ：3（N4）> 5 ：5 ：0（N1）；5 ：3 ：2氮肥运筹模式的产量最高为9344.76 kg/hm^2，显著高于7 ：2 ：1、4 ：3 ：3和5 ：5 ：0这3种氮肥运筹模式。

表5–25 氮肥运筹对晚稻产量与产量构成的影响

处理	有效穗数（$1\times10^4/hm^2$）	每穗总粒数	结实率（%）	千粒重（g）	产量（kg/hm^2）
N0V1	299.83 a	106.54 b	87.65 a	23.72 a	6 268.58 b
N0V2	257.00 b	153.74 a	84.00 b	22.78 b	6 587.42 a
N1V1	385.50 a	133.54 b	78.19 a	23.71 a	8 850.12 a
N1V2	339.81 b	163.37 a	77.31 a	22.69 b	8 926.57 a
N2V1	394.06 a	134.98 b	82.43 a	23.65 a	9 050.54 a
N2V2	348.37 b	165.21 a	78.09 b	22.74 b	9 149.83 a
N3V1	402.63 a	139.01 b	84.90 a	23.74 a	9 286.27 a
N3V2	359.80 b	175.72 a	78.77 b	22.77 b	9 403.26 a
N4V1	388.35 a	130.89 b	83.48 a	23.68 a	8 949.22 a
N4V2	336.95 b	164.31 a	77.50 b	22.73 b	9 104.14 a
N0	278.41 b	130.14 c	85.83 a	23.25 a	6 428.00 d
N1	362.65 a	148.46 b	77.75 c	23.20 a	8 888.35 c

续表

处理		有效穗数（$1\times10^4/hm^2$）	每穗总粒数	结实率（%）	千粒重（g）	产量（kg/hm^2）
N2		371.22 a	150.10 b	80.26 b	23.20 a	9 100.19 b
N3		381.21 a	157.36 a	81.84 b	23.25 a	9 344.76 a
N4		362.65 a	147.60 b	80.49 b	23.20 a	9 026.68 bc
V1		374.07 a	128.99 b	83.33 a	23.70 a	8 480.95 b
V2		328.39 b	164.47 a	79.13 b	22.74 b	8 634.25 a
F值	N	51.95**	49.60**	26.30 **	1 421.34 **	0.09
	V	56.64**	771.35**	81.49**	13.41**	65.27**
	N×V	0.07	6.21**	4.21*	0.94**	0.02

（5）**灌水深度**　盆栽试验，供试品种为泰优 398 和五丰优 T025。低温处理期间灌水深度设置 3 个水平，即水层 0 ~ 1 cm（W1），4 ~ 5 cm（W2）及 8 ~ 10 cm（W3）。抽穗扬花期将盆钵移入人工气候室模拟“寒露风”进行 3 d 低温（平均气温 18℃）处理，同时施以不同灌水深度处理，低温处理完后移回网室。由表 5-26 可知，低温下，灌水深度对水稻结实率与理论产量有极显著的影响，而品种对理论产量与产量构成均有极显著；灌水深度与品种对结实率还有极显著的交互作用。灌水处理对结实率的影响为 T3 > T2 > T2；低温胁迫下，泰优 398 的结实率和理论产量均显著高于五丰优 T025。

表 5-26　灌水深度对晚稻产量与产量构成的影响

处理		有效穗（蔸）	每穗总粒数	结实率（%）	千粒重（g）	理论产量（kg/hm^2）
W1V1		14.33 a	137.71 b	45.02 a	23.57 a	5 384.32 a
W1V2		12.56 b	153.13 a	42.56 b	22.32 b	4 691.75 b
W2V1		13.78 a	138.64 b	62.97 a	23.62 a	7 301.76 a
W2V2		12.78 b	152.61 a	53.48 b	22.65 b	6 067.81 b
W3V1		14.22 a	136.80 b	65.35 a	23.64 a	7 724.99 a
W3V2		12.78 b	153.79 a	57.46 b	22.86 b	6 631.40 b
W1		13.44 a	145.42 a	43.79 b	22.95 a	5 038.03 c
W2		13.28 a	145.62 a	58.23 a	23.13 a	6 684.79 b
W3		13.50 a	145.30 a	61.41 a	23.25 a	7 178.20 a
V1		14.11 a	137.72 b	57.78 a	23.61 a	6 803.69 a
V2		12.70 b	153.18 a	51.17 b	22.61 b	5 796.99 b
F值	T	1.48	0.06	64.03**	2.61	93.28**
	V	85.05**	239.36**	125.37**	126.59**	76.33**
	T×V	2.14	0.76	13.00 **	2.41	1.98

（6）**叶面喷施化学药剂**　供试品种为泰优 398（V1）和五丰优 T025（V2）。低温处理期间叶面喷施设 4 个处理，分别为清水（S1）、0.2% 磷酸二氢钾溶液（S2）、0.5 mmol/L

（69 mg/L）水杨酸溶液（S3）、0.5% 壳聚糖溶液（S4），将 5g 壳聚糖溶于 1% 的冰醋酸水溶液中至浓度为 10%，再用 950ml 蒸馏水稀释为 0.5% 的壳聚糖溶液，并用盐酸调节 pH 值至 5.5 ~ 6.5。叶面喷施时间均为低温处理开始前 1 天。抽穗扬花期将盆钵移入人工气候室模拟“寒露风”进行 3 d 低温处理（平均气温 18℃）。低温处理完后移至室外，自然条件下生长至成熟。

（7）移栽秧龄与施氮量对双季稻产量的影响 供试品种为泰优 398，采用裂区实验，主处理为移栽秧龄，副处理为施氮量；移栽秧龄设 3 个水平，早稻分别为 20 d（T_1）、25 d（T_2）、30 d（T_3），晚稻分别为 18 d（T_1）、23 d（T_2）、28 d（T_3）；施氮量设 4 个水平，分别为不施氮（N0）、N 120 kg/hm^2（N_1）、N 150 kg/hm^2（N_2）和 N 180 kg/hm^2（N_3）；共 36 个小区，小区面积 20 m^2，重复 3 次。大田磷钾肥施用量分别为 P_2O_5 90 kg/hm^2、K_2O 180 kg/hm^2，氮、钾肥按基肥：分蘖肥：穗肥为 5 ：3 ：2 施用，磷肥全部作基肥施用。早晚稻秧龄过长均不利于高产，早稻以 20 d 左右为宜，施氮以 150 ~ 180 kg/hm^2 比较合适，移栽秧龄与施氮量对早稻产量没有互作效应；晚稻以 23 d 左右为宜，施氮以 150 ~ 180 kg/hm^2 比较合适，移栽秧龄与施氮量对晚稻产量有极显著的互作效应。

（8）技术集成及应用效果 该技术模式包括（图 5-15）冷锻炼、化学药剂浸种、秧龄和施氮量、水分管理、外源调节剂、氮肥运筹和播种时期几个方面。集该技术模式 2020 年在江西省进贤县温圳镇进行了大田示范，并通过了专家现场测产和评议。早稻实割测产 4 块田，该模式示范田块一（优 I 2009），实际亩产 495.33 kg；田块二（株两优 35），实际亩产 495.4 kg，两块田平均实际亩产 495.37 kg。对照（常规栽培技术）田块一（优 I 2009），实际亩产 455.97 kg；对照（常规栽培技术）田块二（株两优 35），实际亩产 453.47 kg，两块田平均实际亩产 454.72 kg。双季稻抗低温逆境栽培技术模式较对照平均亩增产 40.65 kg（8.94%）。晚稻实割测产四块田，该模式示范田块一（泰优 398），实际亩产 586.41 kg；田块二（万象优 337），实际亩产 575.29 kg，两块田平均实际亩产 580.85 kg。对照（常规栽培技术）田块一（泰优 398），实际亩产 529.90 kg；对照（常规栽培技术）田块二（万象优 337），实际亩产 506.39 kg，两块田平均实际亩产 518.14 kg。双季稻抗低温逆境栽培技术模式较对照平均亩增产 62.71 kg（12.1%）。专家组一致认为，该模式提高了水稻群体质量和抗低温逆境能力，丰产稳产效果明显，适合在双季稻区推广应用。

5.2.3 集成了抗逆、高效与减排协同的籼稻栽培技术体系

以优化长江中下游稻区中稻再生稻栽培技术协调经济与环境效益为目标，采用大田分期播种及温室气体排放监控的方法，从施肥方式及研发新型肥料方面开展研究，构建应对气候变化的“减量施肥和硝化抑制剂”及“再生稻缓释肥”抗逆栽培关键配套技术，减少水稻生长季 CH_4 和 N_2O 气体积排放量及全球增温潜势 20% 以上。

月份		3月			4月			5月			6月			7月			8月			9月			10月		
		上	中	下	上	中	下	上	中	下	上	中	下	上	中	下	上	中	下	上	中	下	上	中	下
生育期	早稻		播种期			移抛栽期			拔节期			抽穗期		成熟期											
生育期	晚稻											播种期		移栽期				拔节期			抽穗期			成熟期	

项目	类别	内容
品种	早稻	生育期长短适中、高产优质、肥料利用效率高和抗寒性较强的品种，如五优463和陵两优0516等
品种	晚稻	生育期长短适中、高产优质、肥料利用效率高和抗寒性较强的品种，如泰优398和陵五优788等
种子处理	早稻	常规稻浸种前一周晒6~8 h，杂交稻种子浸种前不晒种。使用100mg/L的多效唑浸种8 h，浸后冲洗干净，露种3~4 h，再用清水浸种8 h，如此反复。常规早稻总浸种时长为33~35 h，杂交早稻总浸种时长为22~24 h。将浸好的种子在45℃左右的温水中淘洗3~5 min，再用30~35℃温水保温浸种0.5 h后上堆催芽。
种子处理	晚稻	使用100 mg L^{-1}的多效唑间歇浸种48 h后用清水冲洗干净，间歇浸种方法为浸种8 h后，露种3~4 h，如此反复，之后再用清水浸种至发芽。
适时播种	早稻	在气候平均气温基本稳定12℃时，抓住"冷尾暖头"抢晴播种（薄膜育秧可相应提早十天左右播种）。
适时播种	晚稻	根据品种生育期和当地安全齐穗期时间倒推计算出最迟播种期，尽量在最迟播种期之前播种。
培育壮秧	早稻	采用旱育秧技术培育壮秧，提高秧苗抗性，在秧苗3叶期增施氯化钾75~90 kg hm^{-2}。
培育壮秧	晚稻	采用旱育秧技术培育壮秧，提高秧苗抗性，在秧苗3叶期增施氯化钾90~120 kg hm^{-2}。
低温锻炼	早稻	在秧苗2叶1心时，每天17—19时进行2 h的揭膜低温冷锻炼，连续锻炼5d。
低温锻炼	晚稻	苗期不进行低温锻炼。
合理施肥		早稻晚本田增施20%磷钾肥，氮钾肥分基肥、分蘖肥和穗肥三次施用，磷肥一次性作基肥施用；早稻氮基蘖穗肥运筹模式为5：3：2，晚稻基蘖穗肥运筹模式为5：2：3；基肥在耙田前施下，分蘖肥在移栽后5~7 d与除草剂一起施下，穗肥早稻在5月25—30日施下、晚稻在8月23—28日施下。
合理施肥	大田基肥	早稻亩施尿素 10.9~13.0 kg、钙镁磷肥50.0~60.0 kg、氯化钾8.3~10 kg；晚稻亩施尿素13.0~15.2 kg、钙镁磷肥60.0~70.0 kg、氯化钾10.0~11.7 kg。
合理施肥	大田分蘖肥	早稻亩施尿素6.5~7.8 kg、氯化钾5.0~6.0 kg；晚稻施亩尿素5.2~6.1 kg、氯化钾4.0~4.7 kg。
合理施肥	大田穗肥	抽穗前期22 d左右，晒田结束复水时施用；早稻亩施尿素4.3~5.2 kg、氯化钾3.3~4.0 kg晚稻施亩尿素7.8~9.1 kg、氯化钾6.0~7.0 kg。
水分管理	移栽至拔节期	移栽前稻田保持1~2 cm水层，返青期田面水层保持3~4 cm，返青后施除草剂，保持水层4~5 d，以后每次灌2 cm深水，待其自然落干后露田2~3 d后又灌2 cm深水，做到前水不见后水。早稻栽后15~18 d，晚稻栽后12~15 d，当杂交稻每蔸达到8~9根苗、常规稻达到11~12根苗时，排水晒田，晒至田中不陷脚、田边开细裂时，又灌浅水湿润，依次多次轻晒。 结合天气预报在低温天气来临时提前灌深水保温，早稻遇苗期低温灌水深度以叶尖露出水面为宜，遇五月低温灌水深度以8~10 cm为宜。在连续低温危害时，每隔2~3 d更换田水一次，以补充水中氧气。
水分管理	拔节至抽穗期	晒田至倒二叶露尖（约抽穗前22 d）时，又灌2 cm以上水养胎，等其自然落干后立即又灌，至抽穗前7 d左右又轻晒一次。
水分管理	抽穗至成熟期	抽穗期灌寸水，灌浆期每次灌2 cm水自然落干后露田，然后再灌水，灌浆前期露田2~3 d，后期露田3~4 d。收割前5~7 d断水。 结合天气预报在低温天气来临时提前灌深水保温，晚稻穗期低温灌水深度以8~10 cm为宜。在连续低温危害时，每隔2~3 d更换田水一次，以补充水中氧气，等到低温过后气温回升时及时排水。
化学调控		结合天气预报，在低温来临前1~2 d，早稻叶面喷施0.2%的磷酸二氢钾溶液，晚稻叶面喷施0.5 mmol/L的水杨酸溶液。
病虫草防治	秧苗期	早稻重点防治立枯病，发生初期在发病中心用300~500倍敌克松或甲霜灵药液喷洒防治，二晚重点防治稻蓟马和叶蝉，发现虫害每亩用10%的吡虫啉20 g对水喷施。拔秧前3~5 d亩用5%锐劲特40~45 mL和20%三环唑100克对水40 kg喷施作送嫁药。
病虫草防治	移栽至拔节期	移栽后5~7 d每亩可选用30%丁苄100~120 g或35%苄 唑20~30 g等除草剂与分蘖肥拌匀后撒施并保持浅水层4~5 d。分蘖盛期（早稻5月上中旬、晚稻8月上旬）用锐劲特、杀虫双等药剂防治二化螟。
病虫草防治	拔节至抽穗期	早稻5月下旬至6月中下旬、晚稻8旬中旬至9月中旬喷井冈霉素1~2次防治纹枯病，二化螟和稻纵卷叶螟为害初期用锐劲特或杀虫双防治，稻飞虱用吡虫啉或噻嗪酮防治，细条病发病初期喷叶青双或。叶枯宁2~3次防治，水稻始穗期喷施三环唑防治穗颈瘟，晚稻破口前3~5 d喷施三唑酮防治稻曲病。
病虫草防治	抽穗至成穗期	抽穗后还要继继加强对纹枯病、稻纵叶螟和稻飞虱的防治，药剂同前。
病虫草防治	说明	说明：◆具体防治时间按照当地植保部门的病虫情报确定。◆用足水量，以提高防治效果。◆优先采用物理措施、生物措施、农业措施控制病虫草害，加强预测预报，在其他措施达不到防治要求时，才采用化学药剂防治，并注意在植保部门指导下轮换和更新农药品种。

图 5-15 双季籼稻抗低温逆境栽培技术模式

5.2.3.1 减量施肥和硝化抑制剂处理可减少再生稻温室气体排放累积量 20%，有效减少全球增温潜势

减量施肥处理能降低稻田 CH_4 与 N_2O 的排放，与农户高产施肥（FF）处理相比，DF1 与 DFD1、DF2 与 DFD2 处理的 CH_4 累积排放量分别减少 5.75% ~ 15.49% 和 14.34% ~ 19.52%。DF1 与 DFD1、DF2 与 DFD2 处理的 N_2O 累积排放量分别减少 12.88% ~ 34.73% 和 19.69% ~ 21.97%，表明施肥量越低，CH_4 和 N_2O 的累积排放量越少。在相同肥力水平下，添加 DMPP 能降低 CH_4 和 N_2O 的产生，减幅分别为 4.38% ~ 9.74% 和 3.79% ~ 7.78%（表 5-27）。

表 5-27 减量施肥和硝化抑制剂处理下头季与再生季温室气体累积排放量比较

年份	处理	头季		再生季		全生育期	
		CH_4（kg/hm²）	N_2O（kg/hm²）	CH_4（kg/hm²）	N_2O（kg/hm²）	CH_4（kg/hm²）	N_2O（kg/hm²）
2018 年	CK	118 ± 6 c	0.66 ± 0.05 c	8.80 ± 0.69 c	0.29 ± 0.13 c	127 ± 6 c	0.95 ± 0.17 c
	FF	211 ± 8 a	1.12 ± 0.06 a	14.90 ± 2.51 a	0.55 ± 0.04 a	226 ± 14 a	1.67 ± 0.10 a
	DF1	200 ± 26 b	0.91 ± 0.15 b	13.40 ± 3.17 b	0.31 ± 0.08 a	213 ± 23 b	1.22 ± 0.11 b
	DFD1	179 ± 15 b	0.75 ± 0.17 b	12.10 ± 2.49 b	0.34 ± 0.06 b	191 ± 31 b	1.09 ± 0.12 b
2019 年	CK	157 ± 10 d	0.65 ± 0.13 d	3.81 ± 0.32 d	0.23 ± 0.06 d	161 ± 16 d	0.88 ± 0.20 c
	FF	240 ± 29 a	0.92 ± 0.18 a	11.17 ± 0.11 a	0.39 ± 0.07 a	251 ± 27 a	1.32 ± 0.13 a
	DF1	226 ± 10 b	0.88 ± 0.07 b	10.25 ± 0.59 b	0.28 ± 0.06 b	236 ± 10 b	1.15 ± 0.03 b
	DFD1	215 ± 12 b	0.78 ± 0.14 b	10.54 ± 1.74 b	0.32 ± 0.03 b	225 ± 24 b	1.10 ± 0.18 b
	DF2	205 ± 11 c	0.74 ± 0.06 c	10.15 ± 0.27 bc	0.32 ± 0.02 b	215 ± 23 c	1.06 ± 0.16 b
	DFD2	192 ± 10 c	0.74 ± 0.09 c	9.47 ± 0.64 c	0.29 ± 0.09 bc	202 ± 18 c	1.03 ± 0.09 b

减量施肥和硝化抑制剂处理降低了温室气体 CH_4 和 N_2O 的温室效应。全球增温潜势（GWP）和温室气体排放强度（GHGI）分别降低 6.38% ~ 19.67% 和 2.3% ~ 13.6%，减肥处理能降低温室气体的排放 20% 以上。鉴此，减 N 施肥处理 1+ 硝化抑制剂处理（DFD1）可在不显著影响头季稻和再生季产量前提下，减少大田温室气体排放，是一种高效绿色水稻栽培技术（表 5-28）。

表 5-28 减量施肥和硝化抑制剂对再生稻两季 CH_4 和 N_2O 温室效应、GWP 和 GHGI 的影响

年份	处理	CH_4 温室效应 (kg CO_2 eq/hm²)	N_2O 温室效应 (kg CO_2eq/hm²)	GWP (kg CO_2eq/hm²)	± %	GHGI（kg CO_2 eq/kggrain yield）	± %
2018 年	CK	3175 ± 162 c	283 ± 52 c	3458 ± 133 c	–	0.44 ± 0.07 a	–
	FF	5650 ± 339 a	478 ± 31 a	6148 ± 932 a	0	0.40 ± 0.08 a	0
	DF1	5325 ± 577 ab	363 ± 33 b	5688 ± 615 b	−7.47	0.38 ± 0.12 a	−5.0
	DFD1	4775 ± 766 b	325 ± 35 b	5099 ± 795 b	−17.1	0.34 ± 0.05 a	−15.0

续表

年份	处理	CH_4 温室效应 (kg CO_2 eq/hm^2)	N_2O 温室效应 (kg CO_2eq/hm^2)	GWP (kg CO_2eq/hm^2)	±%	GHGI（kg CO_2 eq/ kggrain yield）	±%
2019年	CK	4025±766 d	262±60 d	4287±438 d	–	0.60±0.09 a	–
	FF	6275±409 a	393±38 a	6668±587 a	0	0.44±0.05 ab	0
	DF1	5900±682 b	343±10 b	6242±936 b	−6.38	0.43±0.06 ab	−2.3
	DFD1	5625±247 b	328±53 b	5952±484 c	−10.73	0.40±0.08 b	−9.1
	DF2	5375±565 bc	316±48 bc	5690±497 c	−14.66	0.41±0.03 b	−6.8
	DFD2	5050±464 c	307±28 c	5356±684 c	−19.67	0.38±0.02 b	−13.6

5.2.3.2 专用缓释肥处理可减少再生稻温室气体排放累积量 20% 以上，有效减缓全球增温潜势

专用缓释肥处理能降低稻田 CH_4 与 N_2O 的排放，与农户高产施肥（FF）处理相比，2018 年和 2019 年，SRF1 与 SRF2 处理 CH_4 两季累积排放量分别减少 35.8% ~ 38.1% 和 20.3% ~ 24.3%。2018 年和 2019 年，SRF1 与 SRF2 处理的 N_2O 累积排放量分别减少 20.96% ~ 27.5% 和 15.2% ~ 15.9%（表 5–29）。

表 5–29　专用缓释肥处理下再生稻头季与再生季温室气体累积排放量的比较

年份	处理	头季		再生季		两季	
		CH_4 累积排放量（kg/hm^2）	N_2O 累积排放量（kg/hm^2）	CH_4 累积排放量（kg/hm^2）	N_2O 累积排放量（kg/hm^2）	CH_4 累积排放量（kg/hm^2）	N_2O 累积排放量（kg/hm^2）
2018年	CK	118±6 c	0.66±0.05 c	8.80±0.69 c	0.29±0.13 b	127±6 c	0.95±0.17 c
	FF	211±8 a	1.12±0.06 a	14.90±2.51 a	0.55±0.04 a	226±14 a	1.67±0.10 a
	SRF1	130±14 b	0.94±0.08 b	9.70±0.47 b	0.38±0.05 b	140±13 b	1.32±0.18 b
	SRF2	135±11 b	0.91±0.13 b	10.60±1.94 b	0.30±0.05 b	145±13 b	1.21±0.18 b
2019年	CK	157±10 c	0.65±0.13 b	3.81±0.32 c	0.23±0.06 a	161±16 c	0.88±0.20 c
	FF	240±29 a	0.92±0.18 a	11.17±0.11 a	0.39±0.07 a	251±27 a	1.32±0.13 a
	SRF1	191±3 b	0.67±0.19 b	8.92±0.18 b	0.35±0.11 a	200±3 b	1.02±0.30 b
	SRF2	181±7 b	0.72±0.09 b	9.05±0.79 b	0.29±0.0 a	190±7 b	1.01±0.06 b

专用缓释肥处理的全球增温潜势（GWP）和温室气体排放强度（GHGI）分别降低了 20.5% ~ 36.7% 和 20.5% ~ 35%。再生稻缓释肥 1 和 2 配方均能在不显著影响头季稻和再生季产量的前提下，减少大田温室气体的排放，是一种轻简化高效绿色水稻栽培技术（表 5–30）。

表 5-30 专用缓释肥处理下再生稻两季 CH_4 和 N_2O 的温室效应、GWP 和 GHGI

年份	处理	CH_4 温室效应 (kg CO_2 eq/hm^2)	N_2O 温室效应 (kg CO_2 eq/hm^2)	GWP (kg CO_2 eq/hm^2)	±%	GHGI (kg CO_2 eq/kg)	±%
2018 年	CK	3175 ± 162 b	283 ± 52 a	3458 ± 110 b	–	0.43 ± 0.07 a	–
	FF	5650 ± 339 a	497 ± 31 a	6147 ± 370 a	0	0.40 ± 0.08 a	0
	SRF1	3498 ± 332 b	393 ± 53 a	3891 ± 278 b	−36.7	0.26 ± 0.06 a	−35.00
	SRF2	3625 ± 331 b	360 ± 55 a	3985 ± 276 b	−35.2	0.27 ± 0.02 a	−32.50
2019 年	CK	4025 ± 409 b	262 ± 60 a	4287 ± 469 b	–	0.60 ± 0.09 a	–
	FF	6275 ± 682 a	393 ± 38 a	6668 ± 719 a	0	0.44 ± 0.05 a	0
	SRF1	4995 ± 85 ab	303 ± 89 a	5299 ± 4 ab	−20.5	0.35 ± 0.04 a	−20.5
	SRF2	4750 ± 175 ab	300 ± 19 a	5050 ± 194 ab	−24.3	0.33 ± 0.05 a	−25.0

5.2.3.3 阐明减量施肥和再生稻专用缓释肥通过影响土壤固氮能力减缓大田温室气体减排效应的机制

减施肥条件下，稻株在头季和再生季的全 N 含量较农户高产施肥（FF）明显降低。头季和再生季成熟期稻株全 N 含量分别较 FF 降低了 30.2 ~ 65.2 kg/hm^2 和 14.7 ~ 16 kg/hm^2。其中，DF2 和 DFD2 较 DF1 和 DFD1 下降明显。再生稻专用缓释肥处理下，稻株在头季和再生季的全 N 含量较农户高产施肥（FF）在头季抽穗期和再生季抽穗期和成熟期无差异。头季和再生季成熟期稻株全 N 含量分别较 FF 提高了 138.5 ~ 155.7 kg/hm^2 和降低了 3.8 ~ 10.9 kg/hm^2。说明再生稻专用缓释肥处理在头季表现出明显的增 N 效应。在再生季的施 N 效应与农户高产施肥效果相同（表 5-31）。

表 5-31 减施肥和专用缓释肥处理下头季和再生季稻株全 N 含量动态变化 单位：kg/hm^2

处理	头季分蘖期	头季抽穗期	头季成熟期	再生季抽穗期	再生季成熟期
CK	7.42 f	45.53 c	66.35 e	27.87 d	37.45 d
FF	37.89 c	220.95 a	222.24 b	70.47 a	107.92 a
DFD	30.64 d	155.72 b	192.05 c	61.51 b	92.15 b
DFD1	33.00 d	157.62 b	186.56 c	63.93 b	93.18 b
DF2	24.32 e	130.80 b	157.04 d	58.57 c	84.12 c
DFD2	27.04 e	139.48 b	159.30 d	59.92 c	81.95 c
SRF1	59.37 a	220.96 a	360.75 a	73.72 a	104.09 a
SRF2	47.86 b	224.04 a	377.89 a	69.32 a	97.03 a

减施肥条件下，稻株在头季和再生季的总 C 含量较农户高产施肥（FF）明显降低。头季和再生季成熟期稻株总 C 含量分别较 FF 降低了 186.5 ~ 1285.7 kg/hm^2 和 386.4 ~ 725.7 kg/hm^2。说明减肥处理降低了稻株的固碳能力。其中，DF2 和 DFD2 较 DF1 和 DFD1 下降明显（表 5-32）。

表 5-32 减施肥和专用缓释肥处理下头季和再生季稻株总 C 含量的动态变化

单位：kg/hm^2

处理	头季分蘖期	头季抽穗期	头季成熟期	再生季抽穗期	再生季成熟期
CK	156.35 e	1 661.29 d	3 059.39 d	1 167.47 d	1 770.18 d
FF	455.72 c	4 522.00 a	7 153.09 b	2 450.24 a	4 333.07 a
DFD	375.81 d	3 754.95 c	6 904.83 b	1 787.97 c	3 607.33 c
DFD1	435.50 c	4 009.82 b	6 966.61 b	2 173.04 b	3 946.64 b
DF2	346.24 d	3 522.63 c	5 867.45 c	2 076.20 b	3 715.51 bc
DFD2	365.21 d	3 743.81 c	6 068.90 c	2 128.38 b	3 734.61 bc
SRF1	714.83 a	4 472.71 a	10 380.96 a	2 301.41 a	4 376.34 a
SRF2	611.49 b	4 781.99 a	11 042.16 a	2 285.98 a	3 903.76 b

再生稻专用缓释肥处理条件下，稻株在头季和再生季总 C 含量较农户高产施肥（FF）相近或提高。头季和再生季成熟期稻株总 C 含量分别较 FF 提高了 3227.9 ~ 3889.1 kg/hm^2 和增减了 −429.3 kg/hm^2 至 + 43.3 kg/hm^2。说明再生稻专用缓释肥处理 1 和 2 对稻株头季和再生季总 C 固定效果较 FF 明显增强，这可能是再生稻专用缓释肥处理较 FF 大幅减少温室气体排放的主要原因。

种植再生稻之前，土壤中全 N 含量为 1.13 g/kg DW 土，总 C 含量为 12.99 g/kg DW 土，总有机碳含量为 7.45 g/kg DW 土。减施肥和专用缓释肥处理下，再生稻头季成熟时，土壤中全 N 较农户高产施肥（FF）处理明显降低，均高于未施肥对照；总 C 含量与 FF 处理的含量相似或降低，但均高于未施肥空白对照（CK）。总有机 C 含量较 FF 处理的偏高，说明减量施肥处理和专用缓释肥处理可以提高土壤中总有机碳的固定量。在再生季成熟期，减施肥和专用缓释肥处理土壤的全 N 含量较 FF 处理明显降低，总 C 含量也明显降低，但是，土壤总有机碳含量的降低幅度较小。因此，减施肥和专用缓释肥处理可以增加头季稻土壤中的总有机碳和较小降低再生季土壤中的总有机碳含量，从而保持土壤的固碳能力和减少大田中温室气体的排放。这也是减施肥和专用缓释肥处理较少大田温室气体累积排放的原因之一（表 5-33）。

表 5-33 减量施肥和专用缓释肥处理对土壤全 N、总 C 和总有机碳含量的影响

样品	处理	全 N 含量 (g/kg DW 土)	总 C 含量 (g/kg DW 土)	总有机碳含量 (g/kg DW 土)
土样原样	CK	1.13 c	12.99 d	7.45 d
头季成熟期	CK	1.08 c	13.67 c	8.39 c
	FF	1.51 a	15.30 a	9.23 b
	DFD	1.39 b	14.20 b	9.07 b
	DFD1	1.43 b	15.34 a	10.98 a
	DF2	1.41 b	15.47 a	10.01 a
	DFD2	1.52 a	15.19 a	10.05 a

续表

样品	处理	全N含量(g/kg DW土)	总C含量(g/kg DW土)	总有机碳含量(g/kg DW土)
头季成熟期	SRF1	1.25 b	14.43 b	9.11 b
	SRF2	1.30 b	14.07 b	9.00 b
再生季成熟期	CK	1.26 c	13.74 d	8.56 b
	FF	1.78 a	17.87 a	9.79 a
	DFD	1.44 b	15.37 b	8.97 a
	DFD1	1.41 b	14.98 b	9.52 a
	DF2	1.51 b	15.83 b	8.92 a
	DFD2	1.43 b	14.58 c	8.77 a
	SRF1	1.42 b	13.65 c	8.13 b
	SRF2	1.37 b	14.23 c	8.72 a

5.3 研究总结与展望

5.3.1 研究总结

5.3.1.1 构建水稻籼稻品种耐热性鉴定技术体系，筛选出一批耐热高产籼稻品种

采用人工气候室结合大田实验的方法构建早籼稻耐热、丰产、优质品种筛选鉴定体系，筛选出早籼稻品种5个，其中，株两优30、两优早17和陵两优942兼具高产优质耐热的特征；制定水稻品种耐热性鉴定技术规程1套，采用人气候室及大田分期播种结合，构建了一季籼稻高产耐热筛选鉴定体系，筛选出隆两优华占、隆两优1988、丰两优4号等5个耐热、高产、稳产的一季籼稻品种；大田分期播种及人工气候室相结合，采用隶属函数法对农艺性状、产量、光温生产效率、温室气体排放量和开花期耐热性等指标进行综合评价，筛选出两优6326、两优华占、荃优华占和隆两优3188等4个适合长江中下游稻区适合种植的杂交中稻再生稻；人工气候室与大田实验相结合，对低温胁迫下6个生理指标增长率及产量减产率进行隶属函数值排序，构建双季籼稻秧苗耐冷性评价体系，综合评价13个品种抗寒性，筛选出五优463和陵两优0516两个苗期耐冷籼稻品种；运用模糊隶属函数法对10个晚稻品种4个播期实际产量进行综合性评价，筛选出泰优398和五优788两个表耐晚播和后期低温双季籼稻晚稻品种。

5.3.1.2 应对全球气候变化栽培技术研究及集成

构建早籼稻穗期耐热抗逆关键栽培技术模式，包括品种选择、合理的播种/移栽密度、田间水肥管理及植物生长调节剂使用等4个方面。相对于常规栽培模式，穗期耐热关键技术模式增产显著；建立以“播栽期优化避灾+耐热品种选用抗灾+补偿栽培减灾”为核心的一季中稻高温热害防控技术模式；建立了再生稻适应气候变化关键技术模式，即挑选适合再生稻种植的水稻品种，辅以减量施肥、硝化抑制剂、专用缓释肥处理可保证产量稳定前提下，大幅度减少温室气体排放；制定双季籼稻应对低温冷害技术规程，以此为基础构建双季稻抗低温逆境栽培技术模式，该模式提高了水稻群体质量和抗低温逆境能力，丰产

稳产效果明显，增产 10% 左右，适合在双季稻区推广应用。

5.3.1.3 植物生长调节剂的应用效果

杭州地区，水稻开花期采用热害减缓剂Ⅰ能有效提高水稻产量，不发生高温热害条件下增产 1% ～ 5%，花期高温 37 ～ 38℃条件下最高可增产 10% 左右，人工气候室高温条件下，结实率增幅可达 10% ～ 50%；安徽江淮地区，油菜素内酯和水杨酸可显著提升花药开裂率，提高结实率，有效缓解高温热害；华中地区，开花期喷施 0.2%KH_2PO_4+0.1%Na_2SiO_3 和 0.2%KH_2PO_4+ 0.1%Na_2SiO_3+BR（稀释 2000 倍液），明显提高结实率。多效唑和烯效唑浸种能提高低温胁迫下早稻秧苗的茎基宽、百苗干重和产量，另外，叶面喷施磷酸二氢钾和水杨酸溶液能显著提高低温胁迫下晚稻的结实率和产量。

5.3.2 研究展望

5.3.2.1 极端高温天气是水稻大幅度减产的重要因素之一，除了培育耐热水稻品种，栽培技术也是减缓高温热害的重要措施，尤其是植物生长调节剂的使用。迄今为止，仍然未能找到稳定可靠显著减轻高温热害的植物生长调节剂，加强这方面的研究非常有必要。植物激素类物质在高温热害中的使用有一定效果，但仍然难以满足生产的需要。因此，只有在水稻耐热机理研究及化学产品研发出现重大突破背景下才有可能研发出能稳定显著减少高温热害的植物生长调节剂。

5.3.2.2 极端温度除外，大气温度增加也影响产量及品质形成。一定温度范围，大气温度增加不会抑制水稻叶片光合能力，但能显著增加植株呼吸速率，且绝大多数能量消耗在维持生理活性及无效循环过程中，而分配于生长性呼吸的能量较少，能量利用效率下降导致产量下降、品质变劣。培育能量利用效率高的水稻品种、研发能提高能量利用效率的栽培技术、充分利用温光资源，可能是解决全球气候变暖对水稻生产影响的重要途径。然而，能量产生及利用效率在水稻产量及品质形成中的作用机制还需要进一步阐明。

5.3.2.3 温度增加对长江中下游的中稻生产有负面影响，但该地区稻作类型复杂，有早稻、中稻、晚稻、再生稻，不同稻作类型的生长环境温度差异较大，气候变暖对早稻、晚稻、再生稻生长的影响还有待进一步研究。

5.3.2.4 不同气候、土壤、地域、管理对稻田温室气体排放的影响存在较大差异。本项目研究只开展了两年杂交中稻再生稻田间试验，缺乏长期定点研究。未来需要进行多年连续定点研究以消除短期研究的不确定性。此外，有必要深入探究杂交中稻再生稻减施肥和缓释肥施用对土壤理化性质的影响，进一步探究减施肥和缓释肥对再生稻稻田温室气体排放的影响。

5.3.2.5 极端高温的出现往往伴随干旱胁迫的发生，尤其在热带半沙漠性气候地区。由于实验难度比较大，相关研究比较少。因此，应进一步筛选耐高温及干旱双重胁迫的水稻品种，在此基础上研究其作用机制及相应调控措施。

5.3.2.6 全球气候变暖，但低温冷害也需要关注。种植边界北移，中晚熟、晚熟水稻品种增多，而气候异常现象频发，双季稻区低温冷害呈现新的特点和规律。有必要对双季稻稻区气象资料、低温冷害发生规律、频率、变化趋势进行综合、系统的分析，为双季稻生产提供新的理论依据。此外，需加强水稻低温冷害调控研究，开发多功能型混合型调控剂，以提高水稻抗低温冷害能力。

参考文献

蔡浩勇，黄联联，杨素梅，2009. 浅谈水稻高温热害防御技术 [J]. 安徽农学通报 (下半月刊), 15(12): 91–92. DOI: 10.3969/j.issn.1007-7731.2009.12.053.

曹立勇，朱军，赵松涛，等，2002. 水稻籼粳交 DH 群体耐热性的 QTLs 定位 [J]. 农业生物技术学报，10(3):210–214.

陈楠楠，2012. 温度和二氧化碳升高对稻麦产量及生物量影响的整合分析研究 [D]. 南京：南京农业大学 .

陈仁天，唐茂艳，王强，等，2012. 水稻花期高温胁迫影响颖花育性生理机理研究进展 [J]. 南方农业学报，43(6): 553–558.

陈燕华，王亚梁，朱德峰，等，2019. 外源油菜素内酯缓解水稻穗分化期高温伤害的机理研究 [J]. 中国水稻科学，33(5): 457–466.

段骅，傅亮，剧成欣，等，2013. 氮素穗肥对高温胁迫下水稻结实和稻米品质的影响 [J]. 中国水稻科学，27(6): 591–602.

符冠富，张彩霞，杨雪芹，等，2015. 水杨酸减轻高温抑制水稻颖花分化的作用机理研究 [J]. 中国水稻科学，29(6): 637–647. DOI: 10.3969/j.issn.1001-7216.2015.06.010.

高健，王亚梁，孙磊，等，2019. 2, 4–表油菜素内酯缓解水稻花期高温胁迫的生理机制 [J]. 中国稻米，25(3): 70–74.

郭军伟，魏慧敏，吴守锋，et al., 2006. 低温对水稻类囊体膜蛋白磷酸化及光合机构光能分配的影响 [J]. 生物物理学报，22(3): 197–202.

郭元飞，甘立军，朱昌华，等，2014. 肌醇对水稻幼苗抗寒性的影响 [J]. 江苏农业学报，30(06):1 216–1 221. DOI: CNKI:SUN:JSNB.0.2014-06-006.

胡声博，张玉屏，朱德峰，等，2012. 杂交水稻耐热性评价 [J]. 中国水稻科学，6: 751–756.

黄发松，罗玉冲，庞乾林，1998. 我国优质稻米的生产现状和发展对策 [J]. 中国稻米，6: 1–4.

康丽敏，2011. 低温与 $CaCl_2$ 处理对水稻幼苗的影响 [J]. 农业科技通讯，3:48–50. DOI: CNKI:SUN:KJTX.0.2011-03-021.

李太贵，郭望模，1993. 中国栽培稻种质资源对主要逆境的抗性鉴定研究 [C]//. 中国水稻资源 [M]. 北京：中国农业科学技术出版社 .

李友信，2015. 长江中下游地区水稻高温热害分布规律研究 [D]. 武汉：华中农业大学 .

林文雄，陈鸿飞，张志兴，2015. 再生稻产量形成的生理生态特性与关键栽培技术的研究与展望 [J]. 中国生态农业学报，23(4): 392–401.

刘彤彤，2016. 外源物质复合处理对黄瓜幼苗抗冷性的影响 [D]. 哈尔滨：东北农业大学 .

刘维，何秀英，廖耀平，等，2017. 利用分子标记辅助选择育种 (MAS) 技术改良水稻恢复系粤恢 826[J]. 南方农业学报，48(10): 1 748–1 754.

彭少兵，2016. 转型时期杂交水稻的困境与出路 [J]. 作物学报，42(3): 313–319.

沈漫，王明庥，黄敏仁，1997. 植物抗寒机理研究进展 [J]. 植物学通报，14(2): 1–8.

盛婧，陶红娟，陈留根，2007. 灌浆结实期不同时段温度对水稻结实与稻米品质的影响 [J]. 中国水稻科学，21(4): 396–402.

谭诗琪，申双和，2016. 长江中下游地区近 32 年水稻高温热害分布规律 [J]. 江苏农业科学，44(8): 97–101.

陶龙兴，谈惠娟，王熹，等，2008. 高温胁迫对国稻 6 号开花结实习性的影响 [J]. 作物学报，34(4): 669–674. DOI: 10.3724/SP.J.1006.2008.00669.

陶龙兴，王熹，廖西元，等，2006. 灌浆期气温与源库强度对稻米品质的影响及其生理分析 [J]. 应用生态学报，17(4): 4647–4 652.

王洪春，汤章城，苏维埃，等，1980. 水稻干胚膜脂肪酸组分差异性分析 [J]. 植物生理学报，6(3): 225–236.

王华银，2016. 水稻高温热害调查分析与防控对策——以 2013 年马鞍山市为例 [J]. 安徽农业科学，44(8): 50–52, 62.

王萍，张成军，陈国祥，等，2006. 低温对水稻剑叶膜脂过氧化和脂肪酸组分的影响 [J]. 作物学报，32(4): 568–572.

王萍，张成军，陈国祥，等，2006. 低温对水稻幼苗类囊体膜脂肪酸组分和膜脂过氧化的影响 [J]. 中国水稻科学，20(4): 401–405.

王强，陈雷，张晓丽，等，2015. 化学调控对水稻高温热害的缓解作用研究 [J]. 中国稻米，21(4): 80–82. DOI: 10.3969/j.issn.1006-8082.2015.04.017.

王荣富，1985. 植物抗寒性指标的种类及其应用 [J]. 植物生理学通讯 (3): 49–55.

王亚梁，张玉屏，曾研华，等，2014. 水稻穗形成期高温影响的研究进展 [J]. 浙江农业科学，11: 1 681–1 685.

谢晓金，李秉柏，李映雪，等，2010. 抽穗期高温胁迫对水稻产量构成要素和品质的影响 [J]. 中国农业气象，31(3): 411–415.

徐芬芬，叶利民，付淑琴，2010. 外源水杨酸对水稻幼苗抗冷性的影响 [J]. 广东农业科学，37(1): 18–20. DOI: CNKI:SUN:GDNY.0.2010-01-007.

薛秀芳，2010. 粳稻结实期温光逆境对产量形成和稻米品质的影响特征研究 [D]. 扬州：扬州大学 .

闫川，丁艳锋，王强盛，等，2007. 行株距配置对水稻茎秆形态生理与群体生态的影响 [J]. 中国水稻科学，5: 530–536. DOI: CNKI:SUN:ZGSK.0.2007-05-016.

闫川，丁艳锋，王强盛，等，2008. 穗肥施量对水稻植株形态、群体生态及穗叶温度的影响 [J]. 作物学报，34(12): 2 176–2 183. DOI: CNKI:SUN:XBZW.0.2008-12-019.

杨惠成，黄仲青，蒋之埙，等，2004. 2003 年安徽早中稻花期热害及防御技术 [J]. 安徽农业科学 (1):3–4.

杨军，陈小荣，朱昌兰，等，2014. 氮肥和孕穗后期高温对两个早稻品种产量和生理特性的影响 [J]. 中国水稻科学，28(5): 523–533.

姚雄，任万军，杨文钰，等，2008. 烯效唑对水稻秧苗抵御不同类型低温胁迫能力的影响 [J]. 草业学报，5: 68–75. DOI: CNKI:SUN:CYXB.0.2008-05-011.

詹文莲，徐玲玲，2011. 泾县水稻高温热害的发生特点及防御对策 [J]. 现代农业科技 (1): 198. DOI: CNKI:SUN:ANHE.0.2011-01-133.

张桂莲，廖斌，武小金，等，2014. 高温对水稻胚乳淀粉合成关键酶活性及内源激素含量的影响 [J]. 植物生理学报，20(12):1 840–1 844.

张桂莲，刘思言，张顺堂，等，2012. 抽穗开花期不同高温处理对水稻开花习性和结实率的影响 [J]. 中国农学通报，28(30): 116–120.

张桂莲，屠乃美，2012. 再生稻研究现状与展望 [J]. 作物研究，15(3): 64–69.

张昆，2014. 植物生长调节剂诱导植物抗逆性研究进展 [J]. 农业科技与装备 (11): 1–2. DOI: 10.3969/j.issn.1674-1161.2014.11.001.

张倩，2010. 长江中下游地区高温热害对水稻的影响评估 [D]. 北京：中国气象科学研究院. DOI: 10.3969/j.issn.1000-811X.2011.04.011.

张蕊，2006. 低温下外源水杨酸对水稻幼苗生理生化特性的影响研究 [D]. 重庆：西南大学.

张洋，2018. 壳寡糖提高水稻幼苗抗寒性的机理研究 [D]. 武汉：华东理工大学.

章秀福，王丹英，方福平，等，2005. 中国粮食安全和水稻生产 [J]. 农业现代化研究，26(2): 85–88.

赵决建，2005. 氮磷钾施用量及比例对水稻抗高温热害能力的影响 [J]. 土壤肥料，5: 13–16. DOI: CNKI:SUN:TRFL.0.2005-05-002.

赵正武，李仕贵，黄文章，2006. 水稻不同低温敏感期的耐冷性研究进展及前景 [J]. 西南农业学报，19(2): 330–335.

郑典元，夏依依，丁占平，2012. 壳寡糖对水稻幼苗生长及抗寒性能的影响 [J]. 江苏农业科学，40(4): 77–79. DOI: 10.3969/j.issn.1002-1302.2012.04.024.

周建霞，2014. 高温诱导水稻颖花不育特性研究 [D]. 北京：中国农业科学院研究生院.

周少川，李宏，黄道强，等，2012. 国标一级优质稻品种黄华占的选育及应用 [J]. 湖北农业科学，51(10): 1 960–1 964.

朱永川，熊洪，徐富贤，等，2013. 再生稻栽培技术的研究进展 [J]. 中国农学通报，29(36): 1–8.

AL-WHAIBI M H, 2011. Plant heat-shock proteins: a mini review[J]. Journal of King Saud University-Science, 23(2): 139–150. DOI: 10.1016/j.jksus. 2010. 06. 022.

BAJWA V S, SHUKLA M R, SHERIF S M, et al., 2014 Role of melatonin in alleviating cold stress in Arabidopsis thaliana[J]. Journal of Pineal Research, 56(3): 238–245. DOI: 10.1111/jpi. 12115.

BAKSHI A, MOIN M, KUMAR M U, et al., 2017 Ectopic expression of Arabidopsis Target of Rapamycin (AtTOR) improves water-use efficiency and yield potential in rice[J]. Scientific Reports, 7: 46 124. DOI: 10.1038/srep46124.

CAREY C C, GORMAN K F, RURHERFORD S, 2006. Modularity and intrinsic evolvability of Hsp90-buffered change[J]. PLoS One, 1(1): 76. DOI: 10.1371/journal.pone.0000076.

CHAKRABORTEE S, TRIPATHI R, WATSON M, et al, 2012. Intrinsically disordered proteins as molecular shields[J]. Molecular Biosystems, 8(1): 210–219.

CHAVAS D R, IZAURRALDE R C, Thomson AM, et al., 2009. Long-term climate change impacts on agricultural productivity in eastern China[J]. Agricultural and Forest Meteorology, 149: 1 118–1128.

CHO Y H, HONG J W, KIM E C, et al., 2012. Regulatory functions of SnRK1 in stress-responsive gene expression and in plant growth and development[J]. Plant Physiology, 158(4): 1 955–1 964. DOI: 10.1104/pp.111.189829.

DAR T A, UDDIN M, KHAN M M A, et al., 2015. Jasmonates counter plant stress: a review[J]. Environmental and Experimental Botany, 115: 49–57. DOI: 10.1016/j.envexpbot. 2015.02.010.

DONG Y, SILBERMANN M, SPEISER A, et al., 2017. Sulfur availability regulates plant growth via glucose-TOR signaling[J]. Nature Communications, 8(1): 1 174. DOI: 10.1038/s41467- 017-01224-w.

DONG Y, TELEMAN A A, JEDMOWSKI C, et al., 2019. The Arabidopsis THADA homologue modulates TOR activity and cold acclimation[J]. Plant Biology, 21(1): 77–83. DOI: 10.1111/ plb. 12893.

FU G, FENG B, ZHANG C, et al., 2016. Heat stress is more damaging to superior spikelets than inferiors of rice (*Oryza sativa* L.) due to their different organ temperatures[J]. Frontiers in plant science, 7: 1 637.

FU G, JIAN S, JIE X, et al., 2012. Thermal Resistance of Common Rice Maintainer and Restorer Lines to High Temperature During Flowering and Early Grain Filling Stages[J]. Rice Science, 4: 49–54.

HUANG M, GUO Z, 2005. Responses of antioxidative system to chilling stress in two rice cultivars differing in sensitivity[J]. Biologia Plantarum, 49(1): 81–84. DOI: 10.1007/s00000-005-1084-3.

HUTTNER S, STRASSER R, 2013. Endoplasmic reticulum-associated degradation of glycoproteins in plants[J]. Frontiers in Plant Science, 3: 67. DOI: 10.3389/fpls. 2012. 00067.

IPCC. Climate change 2013: the physical science basis[C]//. Working Group I Contribution to the Fifth Assessment Report of the Intergovernmental Panel on Climate Change. Cambridge University Press, Cambridge, UK, and New York, NY, USA.

JAGADISH S, CRAUFURD P, WHEELER T, 2007. High temperature stress and spikelet fertility in rice (*Oryza sativa* L.)[J]. Journal of Experimental Botany, 58(7): 1 627–1 635. DOI: 10.1093/jxb/erm003.

JAGADISH S V K, Craufurd P Q, Wheeler T R, 2008. Phenotyping parents of mapping populations of rice (*Oryza sativa* L.) for heat tolerance during anthesis[J]. Crop Science, 48: 1 140–1 146.

KENNEDY, BRIAN K, LAMMING D W, 2016. The Mechanistic Target of Rapamycin: The Grand Conduc TOR of Metabolism and Aging[J]. Cell Metabolism, 23(6): 990–1 003. Doi: 10.1016/j.cmet.2016.05.009.

KENYON C, 2005. The plasticity of aging: insights from long-lived mutants[J]. Cell, 120(4): 449–460. DOI: 10.1016/j.cell.2005.02.002.

KOH S, LEE S C, KIM M K, et al., 2007. T-DNA tagged knockout mutation of rice OsGSK1, an orthologue of Arabidopsis BIN2, with enhanced tolerance to various abiotic stresses[J]. Plant Molecular Biology, 65: 453–466.

LEE E J, MATSUMURA Y, SOGA K, et al., 2007. Glycosyl hydrolases of cell wall are induced by sugar starvation in Arabidopsis[J]. Plant and Cell Physiology, 48(3): 405–413. DOI: 10.1093/pcp/pcm009.

LI X J, CAI W G, LIU Y L, et al., 2017. Differential TOR activation and cell proliferation in Arabidopsis root and shoot apexes[J]. Proceedings of the National Academy of Sciences of the United States of America, 114(10): 2 765–2 770. DOI: 10.1073/pnas.1618782114.

LIBEREK K, LEWANDOWSKA A, ZIĘTKIEWICZ S, 2008. Chaperones in control of protein disaggregation[J]. The EMBO journal, 27(2): 328–335. DOI: 10.1038/sj.emboj.7601970.

LIU A L, ZOU J, ZHANG X W, et al., 2010. Expression profiles of class A rice heat shock transcription factor genes under abiotic stresses[J]. Journal of Plant Biology, 53(2): 142–149.

LIU J G, QIN Q, ZHANG Z, et al., 2009. *OsHSF7* gene in rice, *Oryza sativa L.*, encodes a transcription factor that functions as a high temperature receptive and responsive factor[J]. BMB Rep, 42(1): 16–21.

MARGALHA L, VALERIO C, BAENA-GONZÁLEZ E, 2016. Plant SnRK1 kinases: structure, regulation, and function[J]. In AMP-activated protein kinase, pp. 403–438.

MESSERLI M A, AMARAL-ZETTLER L A, ZETTLER E, et al., 2005. Life at acidic pH imposes an increased energetic cost for a eukaryotic acidophile[J]. Journal of Experimental Biology, 208(13): 2 569–2 579. DOI: 10.1242/jeb.01660.

MORITA S, YONEMARU J, TAKANASHI J, 2005. Grian growth and endosperm cell size under high night temperatures in rice (*Oryza sativa* L.)[J]. Annals of botany, 95(4): 695–701.

Oliver S N, Dennis E S, Rudy D, 2007. ABA Regulates Apoplastic Sugar Transport and is a Potential Signal for Cold-Induced Pollen Sterility in Rice[J]. Plant and Cell Physiology, 48(9): 1 319–1 330. DOI: 10.1093/pcp/pcm100.

OSUNA D, USADEL B, MORCUENDE R, et al., 2007. Temporal responses of transcripts, enzyme activities and metabolites after adding sucrose to carbon-deprived Arabidopsis seedlings[J]. The Plant Journal, 49(3): 463-491. DOI: 10.1111/j.1365–313X.2006.02979.x.

PARSELL D A, LINDQUIST S, 1993. The function of heat-shock proteins in stress tolerance: degradation and reactivation of damaged proteins[J]. Annual Review of Genetics, 27(1): 437–496. DOI: 10.1146/annurev.ge.27.120193.002253.

PENG S, HUANG J, SHEEHY J E, et al., 2004. Rice yields decline with higher night temperature from global warming[J]. Proc Natl Acad Sci USA, 101(27): 9 971–9 975.

PENG S B, TANG Q Y, YING Z, 2009. Current status and challenges of rice production in China[J]. Plant Production Science, 12(1): 3–8.

PFEIFFER A, JANOCHA D, DONG Y, et al., 2016. Integration of light and metabolic signals for stem cell activation at the shoot apical meristem[J]. Elife, 5: 17 023. DOI: 10.7554/eLife.17023.

PLAXTON W C, 2004. Plant response to stress: biochemical adaptations to phosphate deficiency. Encyclopedia of Plant and Crop Science[M]. New York Marcel Dekker,.

Prasad P V, Boote K J, Allen L H, et al., 2006. Species, ecotype and cultivar differences in spikelet fertility and harvest index of rice in response to high temperature stress[J]. Field Crops Research, 95(2-3): 398–411. DOI: 10.1016/j.fcr.2005.04.008.

RENAUT J, HAUSMAN J F, BASSETT C, et al., 2008. Quantitative proteomic analysis of short photo period and low-temperature responses in bark tissues of peach (*Prunus persica* L. Batsch) [J]. Tree Genetics & Genomes, 4(4): 589–600. DOI: 10.1007/s11295-008-0134-4.

SALEH A A H, 2007. Amelioration of chilling injuries in mung bean (Vigna radiata L.) seedlings by paclobutrazol, abscisic acid and hydrogen peroxide[J]. American Journal of Plant Physiology, 2(6): 318–332. DOI: 10.3923/ajpp.2007.318.332.

SALEM M A, LI Y, BAJDZIENKO K, et al., 2018. Raptor controls developmental growth transitions by altering the hormonal and metabolic balance[J]. Plant Physiology, 177(2): 565–593. DOI: 10.1104/pp.17.01711.

SARKAR N K, KIM Y K, GROVER A, 2009. Rice sHsp genes: genomic organization and expression profiling under stress and development[J]. BMC Genomics, 10 (1): 393.

SHINKAWA R, MORISHITA A, AMIKURA K, et al., 2013. Abscisic acid induced freezing tolerance in chilling-sensitive suspension cultures and seedlings of rice[J]. BMC Research Notes, 6(1): 351. DOI: 10.1186/1756-0500-6-351.

SMITH A M, STITT M, 2007. Coordination of carbon supply andplant growth. Plant Cell & Environmemt, 30(9): 1 126–1 149. DOI: 10.1111/j.1365-3040.2007.01708.x.

STHAPIT B R, WITCOMBE J R, 1998. Inheritance of tolerance to chilling stress in rice during germination and plumule greening[J]. Crop Science, 38(3): 660–665.

STUPNIKOVA I, BENAMAR A, TOLLETER D, et al., 2006. Pea seed mitochondria are endowed with a remarkable tolerance to extreme physiological temperatures[J]. Plant Physiology, 140(1):

326–335. DOI: 10.1104/pp.105.073015.

SWINDELL W R, HUEBNER M, WEBER A P, 2007. Transcriptional profiling of Arabidopsis heat shock proteins and transcription factors reveals extensive overlap between heat and non-heat stress response pathways[J]. BMC Genomics, 8(1): 125. DOI: 10.1186/1471-2164-8-125.

UPRETI K K, SHARMA M, 2016. Role of plant growth regulators in abiotic stress tolerance[C]//. In Abiotic stress physiology of horticultural crops. New Delhi Springer,.

ÜSTÜN S, HAFRÉN A, HOFIUS D, 2017. Autophagy as a mediator of life and death in plants[J]. Current Opinion in Plant Biology, 40: 122–130. DOI: 10.1016/j.pbi.2017.08.011.

WAHID A, GELANI S, ASHRAF M, et al., 2007. Heat tolerance in plants: An overview[J]. Environmental and Experimental Botany, 61(3): 199–223. DOI: 10.1016/j.envexpbot.2007.05.011.

WANG G J, MIAO W, WANG J Y, et al., 2013. Effects of exogenous abscisic acid on antioxidant system in weedy and cultivated rice with different chilling sensitivity under chilling stress[J]. Journal of Agronomy and Crop Science, 199(3): 200–208. DOI：10.1111/jac.12004.

WULLSCHLEGER S, LOEWITH R, HALL M N, 2006. TOR signaling in growth and metabolism[J]. Cell, 124(3): 471–484. DOI: 10.1016/j.cell.2006.01.016.

XIANG H T, WANG T T, ZHENG D F, et al., 2017. ABA pretreatment enhances the chilling tolerance of a chilling-sensitive rice cultivar[J]. Brazilian Journal of Botany, 40(4): 853–860. DOI: https://doi.org/10.1007/s40415-017-0409-9.

XIONG Y, SHEEN J, 2014. The Role of Target of Rapamycin Signaling Networks in Plant Growthand Metabolism[J]. Plant Physiology, 164(2): 499–512. DOI: 10.1104/pp.113.229948.

YOSHIDA S, 1981. High temperature stress in rice[J]. IRRI Research Paper Series, 67.

YUAN S, CASSMAN K G, HUANG J, et al., 2019. Can ratoon cropping improve resource use efficiencies and profitability of rice in central China? [J]Field Crops Research, 234: 66–72.

6 粳稻稻作系统应对气候变化的栽培技术途径

摘要: 在全球气候变化背景下，东北地区、黄河流域、长江中下游粳稻生产区低温、高温、干旱等灾害性天气频发，导致低温冷害、高温障碍、病虫害严重发生，使水稻丰产的概率降低。为了构建粳稻稻区应对气候变化的栽培技术途径，在未来气候变化的背景下，围绕长江中下游粳稻稻区高温、河南沿黄稻区扬花期高温、东北稻区辽宁稻区高温、苗期低温、黑龙江稻区低温和淡水资源不足等问题，采用田间开放式增温、化学防控等实验技术手段，研究了调整播期、控水或间歇灌溉、水肥耦合、密度调整、秸秆还田对水稻生长发育、产量和品质以及温室气体排放的影响。筛选获得了对高温、低温、干旱耐受性强的优异粳稻品种；创新了应对气候变化的粳稻抗逆栽培关键技术；集成了抗逆、高效和减排多目标协同的粳稻栽培技术体系，为制定应对气候变化保证粳稻水稻高产优质的栽培技术措施及其推广应用奠定了坚实的理论和实践基础。这些成果将在我国主要的粳稻生产区中推广应用，有助于提高我国粳稻生产的经济、社会和生态效益。

6.1 研究背景

水稻是我国重要的粮食作物，1952—2002 年在我国的种植面积高达 3 159 × 10^4 hm^2，占我国粮食播种面积的 27%，约占全球的粮食播种面积的 19%，平均总产量占我国粮食总产量的 42%（Zhang et al.，2005）。我国有 60% 以上的人口以稻米为主食，其中，粳米因其品质优良是国人喜食的主要口粮。近年来，粳稻的生产面积和总产量呈明显增加的趋势。截至 2015 年，我国每年粳米需求量将增加到 500 亿 kg 以上。东北地区、黄淮海地区、长江中下游地区是我国主要的粳稻产区。因此，发展粳稻生产，提高粳稻总产量和品质，对保障粮食安全、促进社会稳定和国民经济的发展具有重要意义。水稻的生产高度依赖于自然界的温度、光照、水分、气体等资源条件。通过研究初步明确了气候变化的趋势，气候变化对粳稻稻作生产系统的影响，揭示了水稻的响应气候变化机制和栽培技术调控途径。

6.1.1 气候变化趋势

由于人类活动导致大气 CO_2、O_3 等温室气体浓度升高而引起的温室效应和全球气候变化，已成为国际社会关注的热点。

6.1.1.1 气候变化的显著特征是气温升高

温室气体通过吸收太阳照射地表后产生的长波辐射能量，进而使地表气温升高，从而引发了全球性的地表温度升高。联合国政府间气候变化专门委员会（Intergovernmental Panel on Climate Change，IPCC）第五次报告指出，1880—2012 年以来，全球平均温度已升高 0.85℃（0.65 ~ 1.06℃），如果人类不采取有效的碳减排措施，全球范围内的地表温度仍将进一步升高，预计到 2035 年，全球平均地表温度将比 2016 年升高 0.3 ~ 0.7℃，到 2100 年则将升高 0.3 ~ 4.8℃（IPCC，2013）。因此，全球气候变暖是气候变化的重要趋势之一。

中国近 100 年来的升温趋势与全球变化基本一致。依据中国气象局 2018 年发布的《中国气候变化蓝皮书》，我国是全球气候变化的敏感区和影响显著区，1951—2017 年我国地表年平均气温升高了 1.6℃，我国升温率高于同期全球平均水平，而且高温热害和低温冷害等极端天气现象也更为频发，气候变暖对我国的影响可能更为突出（张卫建等，2020）。未来中国也将保持着气候变暖的趋势，且升温幅度要高于全球同期平均水平，预计到 2050 年升温 2.3 ~ 3.3℃，到 2100 年升温 3.9 ~ 6℃（丁一汇等，2007）。

研究表明,全球气温升高是不均匀的,主要的变化趋势表现为夜间增温较白天增温明显，冬季增温较夏季增温明显。同时，中国的气温升高存在区域差异，升温幅度从南向北，即从中低纬度地区向高纬度地区逐渐增大（IPCC，2007；秦大河，2009；Lang et al.，2013）。

6.1.1.2 气候变化正改变着全球和中国的水资源

气候变化正改变着全球和中国的水资源，使得全球的水循环变得干者越干，湿者越湿（Zhao et al.，2014）。从 1961 年开始，降水在不断增加，最近 10 ~ 20 年，增加速度加快，这个特点符合全球气候变化影响水循环的结果，第二个特点是我国西部的暖湿化和季风区南涝北旱。统计显示，我国东部季风区南涝北旱，南部降水偏多，北部降水偏少，影响北方的水资源，即北方水资源短缺（丁一汇，2018）。

作为世界人口第一大国，中国经济在最近 30 年迅速崛起，但要用仅占世界 7% 的土地养活全球 22% 的人口，水资源与农业的可持续发展是中国面临的重大挑战。因此，气候变化如何影响中国的水资源以及农业产量是中国科学家乃至国际社会普遍关注的重大环境问题（Piao et al.，2010）。

研究人员在综合分析国内外研究进展基础上，系统地探讨了过去 50 年和未来 100 年中国的气候变化趋势及其对水资源和农业的影响，分析和评价了研究各方面仍然存在的不确定性，提出了未来全球气候变化研究中的重点方向和关键问题。近 50 年来，中国气候变暖趋势十分显著，降水变化呈现出较大的南北差异。南方降水增加，而除西北以外的北方地区则更多地受到干旱的影响；另一方面，中国西部的大部分冰川经历着加速融化的过程。然而，目前仍然无法准确评估上述气候变化对中国的水资源和农业生产的影响。未来的研究需要加强区域气候模拟（尤其是降水变化的模拟），深入探讨农作物在自然和人为干预条件下对气候变化、自然灾害、病虫害以及大气成分变化的响应。

随着极端干旱等气候的出现，粮食作物所需的降水会大大减少。在整个 20 世纪降水充足的中国北方、印度大部、乌克兰平原、澳大利亚西南部地区，进入 21 世纪后干旱发生的频率远超 20 世纪，给农业生产带来极大的影响。澳大利亚西南部地区是世界著名的优质白小麦产地，但在过去的10多年时间内，该地区的干旱已经成为一种常态，造成了白小麦产量锐减（沈凤斌，2018）。

6.1.1.3 我国粳稻主产区的气候变化趋势

中国的不同地区气候变化的特征各异，主要特征表现为地表平均气温缓慢提高，极端低温和高温的强度增大和出现的频率增加，降水减少同时伴随着降水不均匀。

东北地区是粳稻的主产区之一，以粳稻高产、优质闻名。东北地区是我国纬度最高的区域，夏季的温度适宜光照充足、雨量充沛，适合水稻的生长；水稻成熟灌浆期气候冷凉，昼夜温差大，有利于优质稻米生产。同时，东北地区是我国气候变暖最明显的地区之一。研究结果表明，东北地区的百年增温幅度要远远大于全球和中国平均水平。东北地区气候变暖导致农业生态条件和农业资源分布格局改变，既获得了热量增大、CO_2浓度升高等发展机遇，同时也暴露出水资源匮乏、极端气候事件增多等潜在负面影响，甚至是灾难性的后果。

位于沿黄稻区河南省气候自南向北由亚热带向暖温带气候逐渐过渡，全省年平均气温13.26 ~ 15.69℃，年均降水533.39 ~ 1095.77 mm，无霜期为190 ~ 230 d，日照时数1 740 ~ 2 310 h。1978—2017年，河南省多年平均气温为14.62℃，最低为1981年的13.39℃，最高为2017年的15.59℃，相差2.2℃。从变化趋势来看，近10年来河南省年平均气温呈波动上升趋势，线性拟合表明其倾向率为0.34℃ /10年，快于全国近50年来平均增温速率。从年际变化趋势来看，1981—1990年、1991—2000年、2001—2010年以及2011—2017年河南省平均温度分别以每10年0.2℃、1.28℃、0.25℃、1.75℃的速率递增。

长江中下游地区是中国水稻最重要的生产区域之一，稻区河网纵横、土壤肥沃，水稻生长季内温、光、水同步变化，加之农民素有精耕细作习惯，是我国著名的水稻产区，该区占全国19%的耕地生产出约占全国51%的稻谷（国家统计局，2000）。长江中下游地区水稻生长季节内≥ 10℃积温和≥ 20℃积温平均值分别为4944.53℃ · d和3828.94℃ · d，而且呈现增加趋势，平均每10年分别增加47.76 ℃ · d和71.92℃ · d。积温增加的同时，水稻生长季节内高温日数也呈现增加趋势（李建等，2020）。近年来，我国江淮稻区水稻高温热害发生概率日益加大，在全球气候变暖的大背景中，频繁发生的高温、热浪等事件将加重长江中下游地区高温热害情况，该地区夏季水稻生长受高温热害影响程度将更加严重，持续时间将更长（任义方等，2010）。预计未来几十年，长江中下游地区特别是湖北和湖南将成为我国南方稻区中增温最显著的区域之一（Jin et al.，1995）。因此，深入研究水稻热害发生的规律及其对气候变化、农业措施改进的响应，确定灾害风险指标并及早采取适宜措施对水稻热害发生进行防御，对保障我国未来粮食安全生产意义重大（郑建初等，2005）。

综上所述，中国乃至全球气候变暖已经成为不争的事实。气候条件的变化将影响水稻的物候期、适宜生长季节、水资源供应等很多方面，进而影响水稻的产量、品质和稻田温室气体的排放。

6.1.2 气候变化对水稻生长的影响

温度是影响作物生长发育和分布的重要因素，气候变暖会直接影响作物的生产力。当全球温度上升超过 2.5℃左右时，粮食作物的产量显著降低（Houghton et al.，2001）。有模型分析指出，一定范围内的温度升高将使我国大部分作物呈增产趋势，但高温胁迫会对我国粮食作物生产产生不利影响（曹云英，2009）。我国在 2011 年发布的《第二次气候变化国家评估报告》指出，全球温度升高 2.5℃，中国粮食单产最高减产幅度为 20%。因此，气候变暖对农业生态系统的影响已成为全世界共同关注的环境问题，揭示气候变暖对作物及农业生态系统的影响机理并制定有效的调控措施，是世界各国面临的一项重大课题。全球气候变暖对大多数作物种植地区的影响是不利的，气候变暖对作物生产的影响不仅因地区而异，而且还与具体地区及作物类型相关。IPCC 预测，气候变暖可能使中高纬度地区的作物增产，气温升高下中国水稻可能呈现增产趋势（Lobell，2011）。IPCC 第四次评估报告指出，在中高纬地区，如果局地平均温度增加 1 ~ 3℃，粮食产量预计会有少量增加，若升温超过这一范围，某些地区农作物产量则会降低（IPCC，2007）。

6.1.2.1 气温升高，水稻生长季延长，适宜种植水稻区域扩大

我国东北地区是中国水稻的主产区，常年水稻种植面积占全国粳稻总面积的 50% 左右。分析中国气象局东北三省 72 个气象监测站的逐日气象资料发现，在 1965—2008 年间，东北水稻生长季节（5—9 月）的日平均温度、最低温度和最高温度每 10 年分别递增 0.31℃、0.42℃和 0.23℃。夜间升温幅度大于白天，日较差明显下降，但≥ 10℃的有效积温显著增加（张卫健，2012）。还有研究表明，近 50 年东北地区温度平均增高 1.5℃，远高于全国 100 年增高 1.1℃和全球 100 年增高 0.74℃的平均水平。研究表明，东北地区季节间温度增高以冬季最为显著，同时无霜期日数增加（谢立勇，2014）。黑龙江省气候波动上升，冬季普遍增温，4—5 月较 20 世纪 50 年代增温 1 ~ 2℃（姜丽霞等，2018）。

气温升高，无霜期延长，东北地区适宜水稻生长的季节延长。东北适宜水稻生长的无霜期延长了 15 d 左右，平均无霜期达到 180 d（张卫健，2012）。郑大玮（2020）认为，气温变暖 1℃相当于纬度的 1° 变化，向北推 110 km 左右。与 20 世纪 60—70 年代相比，东北、北部的年均气温增加 1℃，年积温能提高 200 ~ 300℃。历年颁布并推广的主要水稻品种生育期每 10 年也延长了 2.8 d 左右（李大林，2010）。黑龙江省三江平原水稻生育期，1991—2000 年除成熟期以外的其他生育期较 1980—1990 年提前 2 ~ 12 d；2001—2005 年与 1991—2000 年比较，出苗期、三叶期、分蘖期分别提前 9 d、23 d 和 26 d，而抽穗期和成熟期均推后 3 d，水稻插秧期现在集中在 5 月 15 日左右，比 10 年前提前了 10 d。辽宁省南部普兰店、庄河、东港等地可以种植生育期为 175 d 的水稻品种。

气温升高改变着水稻的种植区域。近 30 年来，分析比较东北气象监测站的作物生长监测记录，东北水稻实际播种期提早了 3.7 d，收获期推迟了 1.7 d，全生育期延长了 5.4 d 左右，种植重心也向北位移了近 80 km（张卫健，2012）。黑龙江省大部分地区≥ 10℃积温出现

明显北移和东扩，原划定的 5 条积温带北移 55.5 ~ 111 km，其中第一积温带北移最明显，平均达 55.5 km，第三积温带东扩最明显，达 222 km （姜丽霞等，2018）。黑龙江省过去种植水稻热量条件不足的次适宜区和不适宜区内种植面积迅速增加，成为种植面积相对增长比例最大的地区，例如原本作为水稻禁区的伊春、嘉荫、逊克、黑河等地均有水稻种植（张桂华，2004）。

6.1.2.2 气温升高对水稻产量的影响

水稻最适生长温度是 25 ~ 31℃，日平均温度在 25 ~ 30℃时叶片光合速率最大，在 19 ~ 29℃同化物的转移更有效，12℃以下的低温可能导致水稻产生低温冷害，35℃以上的温度可引起水稻不同类型的热伤害。在一定温度范围内，随着温度的上升，积温增加，水稻产量提高。田间增温试验发现，夜间温度升高 1℃，东北水稻单产仍可以提高 10% 左右。气候变暖可以缓解东北水稻生产的热量限制，加快水稻生长发育，缩短生育期，延长了水稻的适宜生长期，特别是延长东北地区水稻灌浆期，利于水稻产量提高（张卫健，2012；Yang et al.，2014）。另外，分析夜间增温对水稻生长发育的影响发现，夜间温度升高显著提高了水稻有效穗数，扩大了高效的光合面积（旗叶），从而显著提高了物质生产效率，粒重增加显著（Chen et al.，2017）。东北地区气候变暖对水稻产量的直接效应利大于弊，水稻的增产效应显著。

不同品种、生育期、不同地区对温度的适应性不同。营养生长阶段，水稻对温度的适应性较强，但生殖生长期水稻对温度相对比较敏感，花期和灌浆期的高温会降低花粉育性和结实率，导致产量降低、品质改变（Yoshida et al.，1981；Jagadish et al.，2007；Wang et al.，2011）。有研究表明，生长季内，当下限温度上升 1℃时，水稻将减产 10%（Peng et al.，2004）。研究还发现，气温升高导致水稻光合作用减弱而呼吸作用增强，从而造成生物量减少，进而导致水稻产量降低（Xiong et al，2015）。白天升温和夜间升温对水稻产量形成过程的影响存在差异，白天升温造成的减产主要与结实率降低有关，夜间升温则可通过影响每穗颖花数、粒重、生物量及结实率等多个因素而降低籽粒产量（Xiong et al，2015）。

6.1.2.3 气温升高对水稻品质的影响

随着全球气候变暖的加剧，至 2100 年，预计全球气温上升 1.4 ~ 5.8℃（IPCC，2013）。水稻灌浆期遭遇高温的概率增加，严重影响稻米的外观品质、加工品质、营养品质、蒸煮食味品质等。垩白属于复杂的数量性状，受多基因控制，而且易受环境条件影响，高温对垩白形成影响显著（Finn et al.，2017）。研究表明，在灌浆期日平均温度高于 26℃的情况下，随着温度的升高，垩白度及垩白粒率相应增加（Artursson et al.，2006），而在不同类型的垩白粒中，高温主要对乳白和背白的形成有负面影响，而对基白和腹白没有影响（Tsukaguchi and Iida，2008）。持续高温会增加腹切米比例（Funaba et al.，2006）。此外，高温也会影响籽粒外形，例如粒长和粒宽在高温下都会减小（Mohammed and Tarpley，2010）。

灌浆结实期温度对稻米加工品质的影响主要是整精米率，对糙米率、精米率的影响相对较小。温度过高不利于稻米加工品质的提高（李林等，1989；唐建军和陈欣，1985；王守海等，1990）。夜间增温处理研究发现，温度升高，整精米率显著下降（Counce et al.，2005；董文军等，2011）。通过大田开放式增温（全天增温、白天增温、夜间增温）研究花后增温对稻米品质的影响，结果显示，全天增温显著降低整精米率，其次是夜间增温和白天增温，而出糙率不受温度影响（Rehmani et al.，2014）。高温使整精米率下降，对弱势粒整精米率的影响大于强势粒，25 ~ 27 ℃是影响整精米率的最敏感温度，此时整精米率下降幅度最大（Counce et al.，2005；唐湘如和余铁桥，1991；孟亚利和周治国，1997）。高温影响加工品质需持续一定时间（9 ~ 12 d）才能显示出影响效果，这种影响具有延续作用，在此后的时间内亦很显著。

稻米中的蛋白质是衡量营养品质的主要指标，温度是影响蛋白质的主要环境因素。研究表明，在灌浆期高温处理，水稻籽粒清蛋白、谷蛋白含量随高温处理天数延长而上升，而球蛋白、醇溶蛋含量有下降趋势，粗蛋白含量随高温胁迫处理的时间呈上升趋势，且各蛋白质组分对温度的反应也有所差异（吕艳梅，2015）。研究表明，35℃高温胁迫下，水稻籽粒粗蛋白含量明显增多，清蛋白和谷蛋白含量有所增加但差异不显著，35℃的高温处理虽不能明显改变谷蛋白的相对含量，却显著改变了谷蛋白的积累形态，醇溶蛋白含量显著下降（马启林等，2009）。有人认为，灌浆期高温有利稻米中蛋白质的积累，其中，粳稻越光籽粒在整个灌浆结实期蛋白质含量均表现为极显著增高（梁成刚，2010）。但也有少数人得出了不同的结论，高温下稻米蛋白质含量降低（周广洽等，1997）。另外，还有人认为，蛋白质含量与品种的类型有关，粳稻品种的蛋白质含量随平均温度升高而增加，籼稻品种的蛋白质含量与温度关系表现为抛物线型（Resurreccion et al.，1977；Zhu et al.，2020）。非糯品种的蛋白质含量与温度正相关，糯稻蛋白质含量则与温度呈负相关，并且在 25 ~ 27 ℃范围内变化最明显（孟亚利和周治国，1997）。稻米氨基酸是衡量营养品质的另一指标，高温（36/30℃）下降低了稻米的氨基酸含量（周广洽等，1997）。

蒸煮食味品质是稻米品质中重要的组成部分，直链淀粉含量和 RVA 值通常被用来定义稻米的蒸煮食味品质（Champagne et al.，1999）。崩解值（BDV）越高，消碱值（SBV）越低其米饭质地越柔软且黏（Han et al.，2004）。研究表明，增温条件降低了直链淀粉含量和消减值，增加了支直比、峰值黏度、热浆黏度和糊化温度；增施氮素粒肥显著增加糊化温度，直链淀粉含量和消碱值有下降趋势，崩解值有增加趋势（Tang et al.，2019）。大多数研究表明，水稻直链淀粉的含量会随着灌浆期生长温度的升高而降低（Chun et al.，2009；Coast et al.，2015；董文军等，2011）。少数学者认为，灌浆期温度升高会导致直链淀粉含量增加（闫素辉等，2008）。也有学者研究发现，直链淀粉含量存在品种差异，自身直链淀粉含量高低也有影响，灌浆期温度与粳稻直链淀粉含量呈负相关，籼稻则相反（Resurreccion et al.，1977；张国发等，2006）。研究发现，直链淀粉含量中等、高的品种随温度升高而增加，低直链淀粉含量的水稻品种则伴随温度升高而下降（Zhong et al.，2005）。

6.1.2.4 气温升高，温室气体排放增加

农业不仅是气候变化的受害者，也是温室气体的来源之一。农田温室气体主要包括二氧化碳（CO_2）、甲烷（CH_4）和氧化亚氮（N_2O）。随着温室气体排放的不断增多、全球变暖，越来越多的恶劣天气频频发生，如冰雹、台风等，严重影响了我国作物的产量稳定性，关注农业温室气体排放至关重要（杨淑萍等，2008）。据 IPCC 第四次评估报告显示，农业源释放的温室气体总量占全球温室气体总量的 14%，而我国农业源释放的温室气体总量占中国温室气体的比例却超过了 17%（IPCC，2007）。根据国家温室气体排放清单，2014 年中国温室气体净排放总量为 111.86 亿 t CO_2 当量，其中，农业排放为 8.3 亿 t，占全国排放量的 7.4% 左右。在非 CO_2 温室气体排放中，农业占比达 48%。在农业源总排放中，种植业占 58.4%，其中，稻田产 CH_4 占 22.6%、氮肥产 N_2O 占 34.7% 和田间焚烧占 1.1%（程琨和潘根兴，2021）。如今，大气中的 CO_2 含量已经超过了 400 mg/kg，这是人类有史以来 CO_2 含量最高的时期。种植业和畜牧业向大气中释放温室气体，而且在 CH_4（尤其来自稻田）和 N_2O（来自施肥）排放中占有较大比例。根系微生物是稻田产生温室气体的主要因素（王晓萌等，2018）。根系发育程度的不同可能会影响根际微生物的代谢，进而影响温室气体的排放，影响程度有待于进一步证实。土地利用方式的转变，例如森林砍伐和土壤退化（非可持续农作方式造成的两个破坏性后果）导致向大气中排放大量的碳，为全球变暖起到推波助澜的作用。

植物的呼吸作用和土壤呼吸是农田 CO_2 的主要来源。植物在光照条件下的光呼吸和黑暗条件下的呼吸作用向大气中排放大量的 CO_2。土壤呼吸包括土壤动植物呼吸、土壤微生物呼吸、作物活根系呼吸 3 部分，其中，30% ~ 50% 的 CO_2 来自作物活根系的自养呼吸作用或其他的生命活动，其余部分主要来源于微生物异养呼吸作用（李玉宁等，2002）。

CH_4 是在极度厌氧的环境中产生的一种有机气体，由产甲烷菌在极度厌氧（Eh 值在 150 mV 左右）的环境中分解有机物产生的一种有机气体。研究表明，水分管理对甲烷的排放有巨大影响，常规稻田长时间淹水使产甲烷菌活性增强，促进了 CH_4 的排放，主要有 4 条排放途径：通过水稻植株排放到大气中、通过水层气泡排放到大气中、溶解在水中、被甲烷氧化菌氧化（蔡祖聪，1998；田婷等，2017；王晓萌等，2018）。水分的有效管理大幅度减少 CH_4 与 N_2O 的增温潜势贡献值（徐玉秀，2016）。

N_2O 的主要产生条件是在氧气充足的条件下土壤中的好氧细菌进行硝化进而使氨和铵盐转化并释放 N_2O，是硝化作用和反硝化作用的共同结果 （马艳芹等，2016）。硝化作用是氨或铵盐在好氧条件下通过硝化细菌转化为硝酸盐，并释放 N_2O 的过程。如果土壤中 O_2 不足，则底物不能完全转化为 NO_3^-，N_2O 的产生随之增加；反硝化作用是使或硝态氮在厌氧条件下，通过反硝化细菌的作用还原产生 N_2、N_2O、NO 的过程。N_2 是反硝化反应的最终产物，但是必然会产生 N_2O 这个中间产物（吴琼等，2018）。

6.1.3 水稻生长对增温的响应机制

6.1.3.1 水稻生理生态特性对增温的响应

（1）水稻形态指标对增温的响应　单位面积有效穗数是产量构成中形成最早、最活跃的因素，也是其他因素形成的基础。单位面积有效穗数受移栽基本苗数量和单株有效分蘖数的共同影响。有研究表明，一定范围内温度升高能够提高水稻分蘖能力，使分蘖盛期提前。水稻产量的增长与叶面积指数（Leaf Area Index，LAI）有密切的关系，抽穗期群体适应的LAI值要通过合理的叶面积发展动态来实现，群体拔节前后的叶面积增长维持一个适当的比例才能既提供巨大的光合作用储藏库，又能同时促进光合生产，进而提高结实率和粒重。大多数研究结果均表明适当提高温度会促进水稻生长，使水稻叶面积指数较对照显著增加、株高增加（陈金等，2013）。但也有试验研究结果表明，增温使水稻株高降低，但未达显著水平（杨陶陶，2018）。

（2）水稻光合特性对增温的响应　植物的光合作用是对温度响应极其敏感的生理过程之一（Berry et al.，1980），抽穗后光合同化物中的80%将用于水稻籽粒的灌浆（Venkateswarlu et al.，2008）。不同生育期的水稻对高温的响应不同，其中，对生殖生长期光合速率的影响要大于营养生长期（穰中文等，2015）。水稻剑叶作为光合作用的首要器官，高温通过影响其光合作用进程、限制籽粒灌浆程度，从而显著降低稻米产量及品质。叶片中叶绿素含量与光合速率大小有显著相关性，所以叶片中叶绿素含量是表征叶片功能高低的重要指标（张桂莲等，2007）。对水稻开花后不同生育期进行梯度高温处理后发现，高温处理导致剑叶的叶绿素含量、净光合速率值和气孔导度下降，胞间二氧化碳浓度上升，抽穗期和乳熟期的光合速率降低幅度主要由于气孔因素引起，蜡熟期和完熟期剑叶光合速率的降低非气孔因素占主要影响（杜尧东等，2012）。此外，不同水稻品种耐热的能力不同，高温条件下其光合特性的变化也存在差异。对不同耐热性的水稻品种进行相同的高温处理后发现，剑叶的净光合速率均有显著降低，相较于耐热性较强的品种，热敏感品种下降幅度更大（张顺堂等，2011；宋丽莉等，2011），这种现象可能是因为高温下耐热性品种的光系统反应中心过剩激发能积累较少，较高的光化学淬灭系数和非光化学淬灭系数使得光系统吸收的多余光能耗散较多，所以保护了光合机构免受高温伤害；与热敏感品种光合速率降低的不可逆相比，耐热性水稻品种的光合速率在降低后还可恢复至正常水平（宋丽莉等，2011）。耐热性差的水稻品种在高温条件下其叶绿素含量下降更多，所以在高温条件下耐热性强的品种温度适应性更强，对高温的忍耐程度也显著高于热敏感品种（雷东阳等，2005）。

在增温对作物光合特性影响方面，有研究结果发现增温后作物光合速率上升。在对相同水稻品种进行不同时间段的增温处理后，发现全天增温处理的光合速率高于对照高于白天增温处理，而夜间增温处理则降低了叶片光合（王小宁等，2008）。利用开放式增温系统对同一水稻品种进行增温处理后发现，当全天平均增幅小于3℃时，处理后水稻叶绿素及产量有所增加，当全天平均增幅达3℃以上时，处理后水稻与对照无显著差异（张佳华等，2013）。此外，也有研究认为增温降低了作物的光合特性，在对耐热性不同的两个籼稻品种进行白天、夜间、全天增温处理后发现，增温后各处理水稻的叶绿素含量及光合速率均比对照有显著降低，其中以全天增温降低幅度最大，且热敏感品种降幅高于耐热品种（张敬奇等，2012）。

（3）水稻干物质积累分配对增温的响应　温度是影响作物发育速度的基本因子之一，水稻生育期的长短直接受生育期温度高低的影响，进而引起干物质积累及其在各器官间分配比例的变化（Krishnan et al.，2011）。一般情况下，增温引起水稻生育期缩短，对水稻生长发育起促进作用，当温度未超出上限温度时，生物量对温度变化的响应特性是决定水稻产量的重要因素，关于增温对水稻干物质积累的影响，不同研究者科研结果表现不一。采用开放式昼夜不同增温处理的研究结果表明，增温使水稻始穗期提前，但始穗至成熟期之间的生育期基本不变，地上部分生物量积累减少，全天增温和白天增温的收获指数增加，夜间增温收获指数减少（谢晓金，2009）。全生育期水稻冠层夜间平均增温 0.7 ~ 1℃，水稻始花期提前 2 ~ 3 d，灌浆期延长 1 ~ 2 d，但剑叶面积、花后总绿叶面积和叶面积指数显著提高（陈金等，2013）。增温使水稻穗的干物质分配比例下降，茎鞘干物质分配比例上升（张佳华等，2013）。

6.1.3.2 水稻抗氧化相关酶活性对增温的响应

当作物器官在衰老或逆境条件下（如高温热害等）时，其体内会发生膜脂过氧化，产生具有破坏性的物质超氧阴离子自由基和丙二醛（malondialdehyde，MDA），此时其体内存在的抗氧化系统将负责清除活性氧，从而减轻对植物的伤害（汤日圣等，2005）。超氧化物歧化酶（superoxide dismutase，SOD）、过氧化物酶（peroxidase，POD）和过氧化氢酶（catalase，CAT）是植物体内重要的抗氧化酶，可以减少植物体内活性氧积累和防止膜脂过氧化，在减轻逆境对细胞膜导致的伤害中具有重要作用。膜脂过氧化的结果是产生MDA，其能够导致膜损伤并损坏细胞膜的正常结构及功能。因此，SOD、POD 和 CAT 活性水平及 MDA 含量高低都可以作为膜脂过氧化程度的标志，从而可以反映出植株受胁迫的变化程度。

在探讨高温对水稻伤害机理的研究中发现，抽穗期的高温胁迫加速了水稻剑叶的叶绿素丧失，显著降低了叶片抗氧化酶含量的同时使得细胞膜透性和 MDA 含量显著增加，这说明高温影响了植物体内内源物质的变化且存在降低作物光合能力的可能性（谢晓金等，2009；刘媛媛，2008）。此外，在对 2 个耐热性不同的水稻进行高温处理后发现，两品种的 SOD 活性在高温后均呈现先上升后下降的变化趋势，耐热品种 SOD 活性增幅大于热敏感品种；同时两品种剑叶电解质外渗率均逐渐增加，耐热品种电解质外渗率要小于热敏感品种，这说明耐热品种在减少热胁迫下细胞内物质泄漏、减缓热胁迫对叶片细胞膜伤害的能力高于热敏感品种（张桂莲等，2007；谢晓金等，2009；李敏等，2007）。因此，保持较高的 SOD 酶活性和较低的 MDA 含量是耐热性水稻品种的主要特征（曹云英，2009）。

6.1.3.3 水稻产量对增温的响应

水稻的开花期和灌浆期是受温度影响的敏感时期，开花期的高温会对水稻受粉和受精过程造成影响，导致空瘪粒数的增加；灌浆期的高温会影响灌浆过程，加快灌浆速率，减少灌浆期时间，导致同化物质减少，从而影响产量（况慧云等，2009；Matsui et al.，2007；Koti et al.，2004）。

有研究发现，连续超过 3 d 以上大于 30℃的日平均温度就会导致花器官的发育不全、花粉发育异常等情况，导致结实率大幅降低和籽粒的发育畸形（王才林等，2004）。也有研究发现，在大田条件下远红外高温处理的水稻结实率会明显降低，穗数和千粒重则没有显著影响（郑建初等，2005）。对水稻抽穗期进行 30℃以上的高温处理后发现，抽穗期的高温明显降低了水稻的每穗粒数、结实率和千粒重，品质指标如糙米率、精米率和蛋白质含量等也有明显降低趋势，但会使垩白率、垩白度和直链淀粉含量明显增加，此外，随处理温度的提高和处理时间的延长，稻米的产量构成要素和品质急剧下降（谢晓金，2010；段晔等，2012；郑建初等，2005）。在对灌浆期水稻进行高温处理后发现，高温对水稻的每丛穗数和每穗粒数均无显著影响，随着日最高温度的升高，水稻结实率和千粒重降低，精米率和整精米率也降低，同时垩白度上升，且对乳熟期影响大于蜡熟期（李健陵等，2013）；当在日平均温度 35℃条件下处理 5 d 后，水稻千粒重和结实率均有显著降低（李健陵等，2013）。

6.1.3.4 水稻品质对增温的响应

稻米的品质评价指标包括外观品质、加工品质、蒸煮食味品质和营养品质 4 个方面（段骅等，2012）。除受遗传因素影响外，环境条件在一定程度上也决定了稻米品质优劣（Kumar et al.，1989；孟亚利等，1997）。温度升高促使弱势粒灌浆速率增加，起始灌浆势也随着提高，明显缩短灌浆结实期，使籽粒充实度变差（沈直等，2016；程方民等，2003；李林等，1989）。水稻籽粒灌浆期的温度与籽粒贮藏物质积累过程密切相关，灌浆期温度升高导致前期灌浆速率明显加快，中后期速率迅速下降，胚乳中淀粉粒与蛋白体充实不良空隙增多，垩白大量产生（Chen et al.，2017；Ito et al.，2009）。高温胁迫引起同化物供应能力减弱，夜间高温还会加剧同化物的消耗，不利于籽粒中同化物的积累，从而对产量和稻米品质产生负面影响（Shi et al.，2014）。研究发现，高温下同化物供应不足，导致淀粉合成能力受阻是垩白米发生率显著上升的主要原因（Tsukaguchi and Iida，2008）。温度升高条件下，胚乳淀粉和蛋白质合成能力降低，淀粉降解能力增强，表现为胚乳中 *Amy1C*、*Amy3A*、*Amy3D* 和 *Amy3E* 基因的表达及 α－淀粉酶的活性均显著增强，使其淀粉降解能力增强，导致垩白发生的增加（Lin et al.，2005；Wang et al.，2015；Yamakawa et al.，2007）。同样，对于温度敏感型水稻，夜间增温减少穗部非结构性碳水化合物（NSC）含量，从而降低粒宽、增加垩白度（Shi et al.，2014）。可能是在增温过程中，淀粉和淀粉体过小且杂乱无章，产生宽松的间隙从而导致垩白的增加（Ishimaru et al.，2009；Song et al.，2013；Zakaria et al.，2002）。研究认为，增温条件下垩白和 α－淀粉酶成负相关，即温度升高降低 α－淀粉酶活性是引发垩白形成的关键（Hakata et al.，2012）。蛋白质作为胚乳中第二大贮藏物质，籽粒蛋白质的合成、折叠和降解与籽粒品质的形成密切相关。水稻贮藏蛋白的蛋白质前体合成、转运、折叠和组装过程的机制前人已有详细的阐明。例如内质网内的伴侣蛋白二硫代异构酶 PDI 和免疫球蛋白重链结合蛋白 BiP 与催化和辅助蛋白折叠密切相关（Han et al.，2012；Kim et al.，2012）。信号肽酶复合物 SPC 调节蛋白质转运并去除信号肽。此外，还发现并验证了水稻中蛋白多糖和醇溶蛋白前体合成过程中的关键功能基因和蛋白质，这可能为研究籽粒的形成与相关调控因子之间的关系提供了可能性（Kawakatsu and Takaiwa，2010）。稻米垩白的形成是籽粒碳、氮代谢和多种调控途径共同作用的结果（程方民等，2003）。已有垩白形成机制研究均侧重淀粉的累积与降解等代谢过程，基本明确了 GBSSI、PPDK、SBE、DBE 以及 α－淀粉酶等淀粉合成和分解相关酶在垩白形成中的作用（Hakata et al.，2012；Liu et al.，2010）。同时，氮代谢及其产物蛋白质在垩白形成中的作用也有相关研究，高温下蛋白储存液泡显著增大，蛋白体发育迟缓，这都导致了垩白的形成。蛋白质合成的调控可能在热适应过程中优化细胞器分隔方面起关键作用（Wada et al.，2019）。蛋白质累积不充分未能充分 填充淀粉粒之间空隙，也是垩白形成的重要原因，氮代谢在垩白形成 中可能发挥着同等重要的作用（Xi et al.，2014）。

6.1.4 应对气候变化的适应途径

水稻产量和品质的形成是水稻遗传特性、生态条件以及栽培调控措施共同作用的结果。面对气候变化，如何适应气候变化，实现趋利避害，提升水稻生产适应气候变化能力显得尤为迫切。水稻品种改良和栽培措施是调控水稻适应环境变化的重要手段。

6.1.4.1 水稻品种筛选和改良作物的不同品种具有不同的基因型能够适应不同的环境条件。水稻生理过程对环境温度的增加做出的响应会因品种的不同而存在差异。现有水稻种质资源对增温的适应性评价是了解水稻品种对增温响应和适应差异的基础性工作，将为未来气候暖化条件下水稻生产布局和品种选育提供科学依据。

6.1.4.2 栽培措施与水稻产量和品质提高水稻的栽培技术，包括水分管理、施肥技术、秸秆还田、移栽密度、耕作方式等是应对气候变化，实现水稻高产、稻米品质提高、环境友好绿色栽培的重要措施。移栽密度作为一项重要的栽培措施，对水稻分蘖、光合物质生产、产量及其构成因素均有显著影响，能够调节作物群体结构和产量。低种植密度有利于水稻个体的生长，充分发挥水稻个体优势，提高有效分蘖数和单株产量，但有效穗数减少；高种植密度条件下，单位面积有效穗数增加，但每穗实粒数、结实率、粒重减小；合理的种植密度有利于改善个体生长与群体间的矛盾，建立高质量的群体结构，有利于穗数、穗粒数和粒重的协调发育（赵黎明等，2015）。此外，密度也会影响群体内部光照强度、温度、湿度和 CO_2 浓度等生态因子，从而间接影响水稻的生长和产量。因此，探讨不同移栽密度水稻个体生长和群体特征对增温的响应，将有助于为未来气候条件下水稻栽培的调整提供依据。

在水稻生产中，氮肥是一种重要的农艺措施，可以有效提高水稻产量（Sano et al.，2008）。研究表明，高温胁迫下，孕穗期追施氮肥显著增加小麦籽粒千粒重和产量，主要原因是提高了旗叶谷氨酰胺合成酶活性、过氧化氢酶和过氧化物酶活性，增加了旗叶气孔导度和光合速率，促进了花前营养器官干物质向籽粒转运，追施氮肥能显著缓解高温胁迫的伤害（江文文等，2014）。除产量外，氮肥的施用对提高稻米品质也有重要影响，特别是在灌浆期合理施用氮肥可以进一步提高水稻在高温胁迫下的生理代谢，减少高温伤害（Satapathy et al.，2014）。研究表明，常规施氮水平下施用氮肥的量减少或增加可以有效缓解高温对稻米品质的负面影响（Dou et al.，2017）。研究表明，氮肥有效缓解了温度升高下垩白性状的恶化，这与淀粉粒径降低密切相关，特别指出的是，常温增施氮素粒肥有增加垩白米率的趋势，而温度升高下氮素粒肥通过降低淀粉粒径，尤其是增加粒径 3.3 ~ 6.3 μm 的比例，降低 6.6 ~ 21.1 μm 的比例，促使垩白性状显著降低（Tang et al.，2019）。施用氮素穗肥还增加了叶片光合速率、籽粒中蔗糖–淀粉代谢途径关键酶活性（段骅等，2013；马冬云等，2007）。此外，增加氮肥施用量，可以促进籽粒中信号转导，延长弱势粒灌浆（张志兴等，2012）。研究发现，低氮处理条件下的籽粒灌浆速率高于高氮处理，可能原因是高氮处理下水稻贪青晚熟，延长了生育周期（殷春渊等，2013）。研究表明，增施氮肥可以有效补偿稻米品质的恶化，合理施用氮肥可以在高温胁迫下提高水稻植株的生理代谢水平，减轻高温伤害（Satapathy et al.，2014；Ito et al.，2009；Seneweera et al.，1996；Xiong et al.，2015）。也有研究表明，常规施氮水平下减少或增加氮肥施用量均可以有效缓解高温对稻米加工品质的负面效应（戴云云等，2009；宁慧峰，2011）。

6.1.4.3 栽培措施与稻田温室气体排放

稻田是温室气体 CH_4 和 N_2O 排放来源，其排放受气象条件、土壤特性和农业管理措施等因素的影响。通过品种筛选与农田管理技术优化、水肥管理、秸秆还田等栽培措施调控达到减排效应。

水分管理条件是影响稻田 CH_4 排放最重要的因素（岳近，2003；Kreye et al.，2007；朱士江，2012）。氮肥对稻田 CH_4 的产生、运输和氧化均会造成影响而改变最终排放结果，氮肥的施入是 N_2O 排放的主要限制因素（谢光辉等，2012）。稻田的灌溉模式对 CH_4 的排放起到至关重要的作用。CH_4 是土壤中极端厌氧条件下产甲烷菌作用于产甲烷基质的结果，研究表明，耗水高灌溉模式与节水灌溉模式相比，CH_4 的排放明显增加（赵峥等，2014；金国强等，2014）；间歇灌溉能显著降低温室气体排放、提高水稻产量（Zhang，2015）；相对于持续淹水灌溉管理模式，水稻在生长期内的排水烤田措施会显著减少稻田 CH_4 排放（谢义琴，2015）。土壤水分含量是影响稻田 N_2O 排放的主要因素之一。N_2O 排放随土壤含水量的增加而增加，当土壤含水量达到饱和并持续时间较长时，N_2O 排放量下降（黄国宏等，1999），土壤含水量影响土壤的通气状况和氧化还原状态，进而影响土壤 N_2O 的产生排放（李香兰等，2009）。水稻土的 N_2O 排放主要集中在水分变化剧烈的干湿交替阶段（颜晓元，2000；王孟雪，2016；徐丹，2016）。氮肥管理对稻田 CH_4 排放的影响，随施氮量的增加而增加（石英尧等，2007；李成芳等，2011）或降低（曹金留等，2000；Linquist et al.，2012；Liang et al.，2013）或者无影响（Yao et al.，1994），水稻品种、栽培管理措施、肥料种类、监测时期不同造成研究结果的差异性，氮肥对 CH_4 排放影响需进一步研究。氮肥管理对稻田 N_2O 排放的影响，第一阶段，低氮量 N_2O 排放对施氮量呈线性响应；第二阶段，高氮量氮肥已超过作物生长需要，多余的氮会激发 N_2O 大量排放，因而呈指数响应；第三阶段，随着施氮量增加，产生 N_2O 氮源充足，土壤碳成为 N_2O 排放限制因素，即使氮增加，N_2O 排放也依然不变，呈常数响应阶段。

秸秆还田会显著增加稻田 CH_4 排放 2 ~ 25 倍（邹建文，2003；石生伟，2010；汤宏，2013）。秸秆还田后土壤氧化还原电位下降是导致 CH_4 排放量上升的重要原因。秸秆还田对稻田 N_2O 排放研究结果不一致，稻麦轮作系统小麦秸秆还田减少稻田 N_2O 排放（邹建文，2003）。双季稻秸秆还田增加 N_2O 排放（石生伟，2010）。秸秆还田对太湖地区稻田 N_2O 排放取决于施氮水平，在无氮肥时对稻田 N_2O 排放无影响，有氮肥施用时减少稻田 N_2O 排放（薛建福，2015）。秸秆还田对双季稻 N_2O 排放取决于秸秆还田量及水分管理，高量秸秆还田和间歇灌溉降低 N_2O 排放（汤宏，2013）。水稻品种、栽培管理措施、肥料种类、监测时期的不同造成研究结果的差异性。近年向稻田中施用生物炭以减少温室气体排放的研究较多，结果表明生物炭吸附土壤本底有机质，减少产甲烷菌碳底物，降低土壤中铵态氮的浓度，提高土壤氧化还原电位，降低 CH_4 排放（颜永毫等，2013）。但稻田秸秆运输、加工、炭化还田，存在着运输成本高、需要炭化炉配套设备等问题限制其在寒地稻区的推广。

6.1.5 存在问题与切入点

温度升高对水稻的生长发育、产量构成、稻米品质、稻田温室气体排放产生影响。但是，目前关于温度升高对水稻生长发育和产量影响的研究主要集中在高温胁迫上，即将温度升高到不适宜水稻生长的极端温度，而且现有的研究主要是通过室内培养箱展开的。关于田间小幅度地模拟大气增温对水稻生长发育的研究相对较少，而且我国的相关研究主要集中在华中和华东的双季稻产区和稻麦轮作产区，东北单季稻区的研究相对薄弱。另外，栽培管理措施是调控作物生长发育的重要手段，但是，在未来大气增温条件下，栽培措施对作物生长发育的影响机制尚不清楚，开展相关研究将有助于揭示栽培管理措施对未来气候条件下作物生产的调控作用。因此，采用农田开放式主动增温系统，模拟未来大气增温对北方水稻生产的影响，筛选适宜未来大气温度升高的北方粳稻品种，研究不同移栽密度水稻个体和群体特征对增温的响应，探讨短期增温对水稻生长的影响，将为建立适合未来增温条件下的北方水稻栽培管理措施提供参考。

氮素对籽粒碳、氮代谢过程影响深刻，最终调控籽粒的形成。但是，基因型、不同施肥时期和不同施肥量氮素对垩白形成的调控机理尚未明确（张洪程等，2012）。大量的研究结果指出，氮肥对稻米碾磨品质存在品种差异，但施氮能改善碾米品质，显著提高出糙率、精米率和整精米率，其他学者研究表明，中氮和高氮可增加高温胁迫下的整精米率，后期的施氮对糙米率和精米率无显著影响（Bahmaniar and Ranjbar，2007；Qun et al.，2010；Wang et al.，2012；段骅等，2013；朱碧岩和曾慕衡，1994）。施用氮素粒肥有利于稻米品质的提高，伴随施氮量的增加整精米率也增加（石庆华等，2000）。有研究表明，高施氮量的碾磨品质优于不施肥或低施氮量水平（刘建等，2006）。但是，未来气温升高的条件下，氮素对水稻品质的影响及其作用机制尚不清楚。针对气候变化对长江中下游水稻生产的不利影响，以常规粳稻品种为研究对象，通过田间开放试验，研究增温对稻米品质形成的过程及变化特征，探索气候变化条件下水稻丰产优质的栽培技术途径，提出针对特定稻作系统的综合解决方案，为应对气候变化的栽培调控技术研发提供理论基础。

河南省沿黄稻区属于华北粳稻稻作带，处于我国南北稻区过渡地带，主要分布在黄河两岸，该区生态环境良好，拥有优越自然条件，水稻种植区域地势低平、土层深厚疏松，具有发展优质粳米的良好生态资源优势和产业前景。目前，河南沿黄稻区超过35℃极端高温天气多出现在8月上旬，而随着气候变化的影响，极端高温出现的时期有可能会往后延迟。而本区域的主栽水稻品种的抽穗期大多在8月中下旬，因此在未来气候条件下，水稻抽穗开花期极有可能会遇到极端高温天气从而给水稻生产带来不利影响。水稻不同品种对高温的耐受性有所差异，同时耕作栽培方式也会对高温条件下水稻的产量及品质性状有较大影响，为应对未来高温对本区域水稻生产的影响，可通过耐高温品种筛选和播期推迟两种技术途径来进行。

随全球气候变暖、水资源匮乏、劳动力成本增加，以及对温室气体排放机制认识的深入，在世界范围水稻直播栽培面积占比逐年增加，在日本，水稻直播栽培技术也被日本农林水产省列为支持21世纪变革的关键技术之一（赫兵等，2018）。近年来，我国受劳动力成本增加、人口老龄化的影响，南北方水稻直播栽培技术发展迅速。2017年，在连年以省重大专项技术的支持下，黑龙江省水稻直播面积已接近700万亩。辽宁省丹东、庄河、盘锦也大量出现农户自发推广的直播栽培水稻，备受各地农委重视，积极与科研单位建立对接项目，组织技术研发团队。但是，水稻直播栽培仍然面临品种缺乏、出苗不齐、草荒和倒伏严重、农机具和栽培措施不配套、产量偏低等亟待解决的问题。

在黑龙江省寒地特殊环境下，适应活动积温变化幅度较窄，积温不足始终是寒地粳稻发展的限制因子。但由于气候因素变化等原因，有很多报道认为，全球气候变暖，黑龙江省积温带北移，但应该移多少，不同学者之间研究报道差异很大，也可以说还不明确。气候变暖，黑龙江省寒地粳稻南种北移，甚至越区种植，适应积温不足和生长期温度降低，水稻很容易发生延迟型冷害和障碍型冷害。全球气候变暖呈现加剧趋势，也使得寒地障碍型冷害发生频率逐年增加。冷害相关机理不明确，适应性栽培技术、低温冷害应对、应急措施不完善，这些都是寒地粳稻需要深入探讨和解决的问题。气候变化特别是气温升高在一定范围内可以扩大高纬度地区水稻的种植区域，延长水稻的生长季节，减弱水稻低温冷害，但是，超过一定的温度范围将导致减产和品质下降。气温升高使黄河流域和长江中下游粳稻产区水稻扬花期高温，导致结实率下降、产量和品质降低。前人在模拟增温的条件下，研究了气候变暖对水稻生理生态、产量和品质形成的影响，但未来气候变化对水稻生长发育、产量形成、品质形成的影响和水稻的响应机制尚不清楚。水稻是一种温光敏感、对水分依存度高的作物。在当今气候暖化、极端温度频发、二氧化碳浓度升高、降水变率增加、水资源短缺等气候变化的条件下，实现粳稻的高产、稳产面临着巨大的压力和挑战。

综上所述，由于极端温度频繁发生，在东北地区、黄河流域和长江中下游粳稻主产区苗期低温冷害、抽穗期和灌浆期的低温冷害，辽宁中南部地区、黄河流域和长江中下游粳稻区抽穗期高温，严重影响粳稻的产量和品质。气候变化导致的增温、水资源短缺对粳稻生产系统的正向或负面的影响目前尚不清楚。因此，开展气候变化对粳稻稻作系统的影响及应对技术的研究，具有重大的理论和实践意义。

6.2 研究进展

为了应对未来气候变化，本课题以构建粳稻稻区应对气候变化的栽培技术途径为目标，在未来气候变化的背景下，围绕长江中下游粳稻稻区高温、河南沿黄稻区扬花期高温、东北稻区辽宁稻区高温、苗期低温、黑龙江稻区低温和淡水资源不足等问题，采用田间开放式增温、化学防控等实验技术手段，从调整播期、控水或间歇灌溉、水肥耦合、密度调整、秸秆还田对水稻生长发育、产量、品质以及温室气体排放的影响等方面开展研究。筛选获得了不同稻区应对气候变化适应高温、低温的粳稻品种；创新了应对气候变化的粳稻高产、优质的抗逆栽培关键技术；构建了应对气候变化，适应不同稻区生态特点的栽培技术规程和方案，为制定应对气候变化保证粳稻水稻高产优质的栽培技术措施及其推广应用奠定了坚实的理论和实践基础。

6.2.1 筛选获得了对高温、低温、干旱耐受性强的优异粳稻品种

针对气候变化条件下东北稻区潜在增温、低温和淡水资源不足等问题，采用田间开放式增温、深井水灌溉、节水灌溉处理等，筛选获得了 15 个应对气候变化适应性强的粳稻品种，形成专家鉴定报告 5 份。

6.2.1.1 筛选获得了辽宁地区适宜未来气候变暖的水稻品种，揭示了对大气温度升高适应性不同的品种光合特性的差异

现有的栽培品种是否适应未来气候变化，对气候变暖的响应如何及其机制尚不清楚。本课题以适宜辽宁沈阳以南地区栽培的 9 个品种和适宜辽宁沈阳以北地区栽培的 11 个品种为研究对象，采用农田开放式主动增温系统，综合评价北方粳稻品种对增温的响应，筛选适宜未来大气温度升高的北方粳稻品种，并分析不同品种响应差异的相关生理机制。

筛选获得了适应未来大气温度升高的水稻品种。本课题采用农田开放式主动增温系统（FATI）设置对照 CK（环境温度）和处理 T（模拟大气温度升高）两个处理，评价适宜辽宁沈阳以南地区栽培的品种 9 个（盐粳 218、盐粳 456、北粳 1501、沈农 9816、沈农 016、千重浪 2 号、辽粳 401、港辐粳 16、辽粳 212）和适宜辽宁沈阳以北地区栽培的品种 11 个（沈稻 47、北粳 1 号、北粳 2 号、北粳 3 号、沈农 9903、沈农 265、沈稻 529、辽粳 337、铁粳 11、铁粳 7、沈稻 6 号）对大气温度升高响应的差异。

增温条件下，北粳 1 号、沈农 9816、沈农 016、辽粳 401、辽粳 337、沈稻 529 的单穴产量显著减低，而其他 14 个水稻品种的单穴产量与对照差异未达到显著水平。从产量构成因素上看，增温对每穗实粒数的影响最大，11 个水稻品种增温条件下实粒数均显著低于对照，但千粒重和结实率受增温影响显著下降的品种较少，有效穗数受增温影响较小（表 6-1）。不同水稻品种品质构成因素对增温的响应也存在差异，但 50% 以上的品种，糙米率、精米率、蛋白质含量、直链淀粉含量均低于对照（表 6-2）。在计算不同品种对大气增温响应值的基础上，通过主成分分析，得出增温响应特征值与相对的贡献率，采用隶属函数进行 20 个水稻品种对增温响应的综合评价（表 6-3），综合评价表明，适宜辽宁沈阳以南地区的栽培品种中港辐粳 16 和盐粳 456 对增温适应性较强，适宜辽宁沈阳以北地区的栽培品种中沈稻 47 和北粳 3 号对增温适应性较强。

明确了适应性不同的水稻品种光合特性对未来大气温度升高响应的差异。光合作用是植物生长发育的基础，水稻抽穗后叶片的光合作用决定着作物产量的形成。进一步比较模拟增温对适应不同的水稻品种港辐粳 16、铁粳 7 号（模拟增温条件下产量下降不显著）和辽粳 401、沈农 9816（模拟增温条件下产量下降显著）光合特性的影响，可以看出铁粳 7 号、港辐粳 16 和沈农 9816、辽粳 401 对增温响应的差异与其光合荧光特性及活性氧代谢对增温响应的差异密切相关（表 6-4），较好的活性氧保护机制有效提高了光合电子传递效率，保证了铁粳 7 号和港辐粳 16 增温条件下的光合速率，提高了铁粳 7 号和港辐粳 16 对增温的适应性。光合响应的差异是影响模拟增温条件下不同品种产量差异的重要因素之一。

6.2.1.2 筛选获得辽宁稻区适合直播栽培的粳稻品种

在全球气候变暖的背景下，东北稻区安全生长季变长最显著，曾经受生长季限制的绿色轻简化的直播水稻栽培在北方成为未来发展趋势之一。然而播种季仍然经常受低温等逆境影响，易造成种子发芽不齐、缺苗断垄等现象，限制水稻单产稳定。本研究针对北方直播水稻栽培品种缺乏、旱直播前期出苗率低等问题，以沈阳、盘锦为主要适应性直播稻栽培地区，开展了优质高产多抗适宜直播的水稻品种筛选工作。

直播栽培供试品种生育期调查。本课题选用生育期在 145 ～ 160 d 的 39 个供试品种，其中，盐粳（YJ）系列 18 个，北粳系列（BJ）12 个，铁粳系列（TJ）5 个，吉粳系列（JJ）4 个。在沈阳农业大学稻作试验基地和辽宁省农业科学院盐碱地利用研究所试验基地，对 39 个供试品种（系）初步调查结果显示，品种间出苗时间相差 1 ～ 3 d；8 月 19 日之前齐

表 6-1　模拟增温对辽宁地区 20 个粳稻品种产量和产量构成因素的影响

品种	有效穗数		每穗实粒数		结实率 (%)		千粒重 (g)		实粒重（g/ 穴）	
	CK	T	CK	T	CK	T	CK	T	CK	T
盐粳 218	10.2±2.6	9.8±2.2	155.4±13.6	145.2±13.2	92.7±0.0	92.5±0.0	24.8±2.1	24.4±1.8	41.3±10.8	38.6±10.6
盐粳 456	10.2±2.9	8.4±2.9	175.7±16.3	163.2±18.7	90.9±0.0	90.8±0.0	25.1±1.5	24.8±0.7	35.7±10.8	32.3±10.8
沈稻 47	9.3±0.4	9.0±0.8	179.7±21.9	168.2±15.8	94.4±0.0	94.3±0.0	24.3±0.7	23.7±0.8	39.6±6.8	38.8±7.3
北粳 1 号	10.7±1.4	10.0±1.9	127.8±10.4**	115.2±7.8	96.5±0.0**	95.2±0.0	25.4±0.7**	24.0±0.6	34.4±7.9*	27.6±5.1
北粳 2 号	11.6±2.9	9.7±2.9	130.4±13.7	129.3±19.2	96.2±0.0	95.8±0.0	24.5±1.9	23.7±1.6	37.4±5.8	32.2±7.8
北粳 3 号	9.4±2.5	9.3±2.6	172.6±10.6**	157.6±10.3	92.6±0.0	92.5±0.0	21.2±0.9	20.6±1.3	33.3±5.2	28.5±7.1
北粳 1501	9.9±2.8	9.0±2.8	154.5±20.9	143.3±16.3	94.2±0.0	94.2±0.0	25.4±2.0	24.0±2.2	37.2±6.5	35.7±8.6
沈农 9816	12.0±2.1	11.5±2.5	139.9±17.5**	119.5±14.4	96.9±0.0**	94.2±0.0	23.5±1.1**	21.6±0.9	38.1±8.0*	29.6±7.1
沈农 9903	9.3±2.9	8.8±2.5	160.5±18.7*	143.4±18.7	94.6±0.0	94.5±0.0	22.7±2.5	22.6±2.7	36.0±7.4	35.83±8.2
沈农 016	12.5±2.68*	9.6±2.2	129.4±19.3**	106.5±7.5	94.5±0.0	93.2±0.0	31.0±1.6**	28.4±1.2	45.9±8.2**	31.6±9.5
千重浪 2 号	11.7±2.6	9.4±2.9	142.5±14.7**	120.5±12.6	95.8±0.0**	94.3±0.0	23.4±1.2	22.9±0.7	41.6±9.2	28.8±6.5
沈农 265	11.1±2.4	10.1±2.8	144.7±16.0**	114.8±14.2	96.0±0.0	95.9±0.0	25.6±2.3*	23.5±1.6	31.3±9.7	27.5±9.5
辽粳 401	11.9±2.1**	7.3±2.7	201.8±21.7**	171.8±20.8	91.8±0.0	91.5±0.0	23.3±2.1*	20.7±2.0	49.4±7.8**	33.1±9.5
沈稻 529	8.7±1.9	7.6±2.5	175.9±21.6**	137.6±25.2	92.2±0.0	92.6±0.0	27.0±2.4	25.9±1.0	39.1±8.5*	28.9±12.3
辽粳 212	9.5±2.0	9.1±1.9	177.0±24.9	166.6±18.4	95.3±0.0	95.2±0.0	23.7±0.9	23.7±0.6	37.2±9.7	34.9±6.9
辽粳 337	11.4±1.9	7.5±1.4	149.5±10.2*	136.2±12.4	92.8±0.0	92.6±0.0	25.1±1.6*	23.5±1.7	44.4±5.6**	23.1±6.8
铁粳 11	8.5±2.3	8.3±1.7	166.1±15.9*	151.1±15.7	94.1±0.0	93.9±0.0	23.4±0.6	23.3±1.2	34.8±9.7	28.7±8.8
铁粳 7	8.1±2.8	7.7±1.5	134.3±16.8	134.2±14.7	91.9±0.0	90.1±0.0	24.4±1.2	24.2±0.8	28.2±8.4	26.8±8.7
港辐粳 16	6.1±1.5	5.8±1.8	233.4±18.5	231.7±15.2	87.0±0.0	86.9±0.0	22.4±0.9	21.4±1.4	32.5±7.8	28.4±7.1
沈稻 6	8.8±2.7	7.9±2.1	117.1±5.9	110.2±12.7	95.8±0.0	95.8±0.0	26.7±1.0	25.4±1.6	31.5±6.1	23.2±5.5

注：CK, 常温处理；T, 增温处理。每个数字后的不同字母代表显著差异：*, $P<0.05$; **, $P<0.01$，下同。

表 6-2 模拟增温对辽宁地区 20 个粳稻品种品质的影响

品种	糙米率		精米率		蛋白质含量		直链淀粉含量		食味值	
	CK	T	CK	T	CK	T	CK	T	CK	T
盐粳 218	80.7±0.4	61.0±3.8	80.4±0.6*	66.4±2.0	7.7±0.7**	6.4±0.1	26.9±0.6	28.3±0.4**	71.3±0.5	73.5±0.2**
盐粳 456	78.9±0.7	57.4±3.0	80.0±0.9	58.8±1.2	7.5±0.3	6.9±0.3	26.5±0.3	27.2±0.5	71.8±0.4	72.0±0.5
沈稻 47	80.6±0.5	65.8±1.8	80.1±0.5**	70.0±0.6	6.9±0.1	6.6±0.1	32.5±0.6**	30.6±0.5	73.2±0.1	73.2±0.1
北粳 1 号	82.6±0.2	61.7±1.7	79.8±0.2**	71.5±0.6	5.4±0.1	6.0±0.2	33.0±0.5**	31.8±0.5	74.8±0.1	73.7±0.2**
北粳 2 号	81.7±1.0*	60.4±3.0	79.5±1.3**	69.4±2.0	7.5±0.1**	6.6±0.1	32.6±0.5**	31.1±0.4	72.4±0.1	73.5±0.1**
北粳 3 号	79.9±0.4	67.2±2.0	78.7±1.2	69.6±0.7	5.6±0.3	5.4±0.1	33.6±0.7	33.6±0.6	74.4±0.3	74.2±0.2
北粳 1501	81.2±0.5*	62.0±1.9	79.7±0.6*	67.2±2.7	5.9±0.2	5.8±0.1	32.2±0.6	32.0±0.3	74.5±0.1	74.1±0.0
沈农 9816	81.8±0.2**	65.7±1.8	79.9±0.7**	71.7±0.5	6.6±0.2*	5.1±0.1	33.1±0.5	33.8±0.3	73.9±0.1	74.3±0.1**
沈农 9903	81.8±0.2**	63.9±4.4	79.7±0.9**	71.0±2.6	6.7±0.4*	5.9±0.3	31.7±0.8	31.3±0.3	71.8±0.3	74.0±0.2**
沈农 016	82.6±0.3**	56.5±4.0	79.5±1.2**	66.6±1.0	5.4±0.1	6.1±0.1	34.3±0.5**	31.2±0.4	73.3±0.1**	71.9±0.1
千重浪 2 号	82.2±0.6**	64.4±0.6	80.0±0.5**	70.7±0.6	6.6±0.5	6.0±0.1	32.9±0.6**	31.7±0.4	72.6±0.6	73.7±0.1**
沈农 265	82.4±0.1**	61.7±3.2	80.2±0.2**	70.5±2.0	6.1±0.2**	5.8±0.1	32.3±0.4**	31.4±0.4	74.2±0.2**	73.7±0.1
辽粳 401	80.8±1.0*	63.5±3.3	79.0±0.6*	69.2±2.3	9.2±0.4**	6.2±0.1	32.8±0.4	32.2±0.6	71.5±0.4	73.9±0.1**
沈稻 529	82.1±0.7**	62.1±5.0	79.0±1.1*	70.9±3.5	7.9±0.1**	6.1±0.1	32.1±0.6**	30.4±0.6	72.3±0.2	73.3±0.1**
辽粳 212	80.2±0.9	63.7±1.5	79.8±0.2**	69.2±1.6	7.8±0.2**	6.3±0.1	32.0±0.6**	30.7±0.6	72.2±0.2	73.6±0.2**
辽粳 337	80.8±0.3*	61.1±2.5	78.4±1.6**	66.1±1.9	4.8±0.7	6.0±0.1	28.4±0.7	28.1±0.5	73.8±0.6	73.3±0.1
铁粳 11	81.0±0.5	63.6±4.8	79.7±0.6**	69.1±1.8	6.8±0.6	6.6±0.1	31.9±0.4**	30.1±0.4	73.1±0.5	73.5±0.1
铁粳 7	81.9±0.5*	59.9±3.8	79.8±1.5*	65.6±1.3	6.2±0.2*	5.8±0.5	32.1±0.4**	31.3±0.6	74.2±0.3	74.3±0.6
港辐粳 16	81.9±0.5	68.6±1.5	80.9±0.6	71.3±0.9	5.6±0.3	6.1±0.2	31.9±0.5	31.2±0.3	74.8±0.4**	73.4±0.4
沈稻 6	82.3±0.6**	63.8±2.1	79.9±0.8**	70.5±0.8	5.7±0.1	5.8±0.2	33.8±0.5	32.9±0.5	75.0±0.1	74.4±0.2

注：CK, 常温处理；T, 增温处理。每个数字后的不同字母代表显著差异：*, $P<0.05$; **, $P<0.01$，下同。

穗的黄熟度最好，8 月 20—23 日间齐穗的黄熟度较好，8 月 24 日之后齐穗的表现贪青晚熟。盐粳 927 等虽齐穗不晚，但灌浆速度慢，也表现贪青晚熟；盐粳 22 虽齐穗晚，但灌浆速度快，成熟度较好；从齐穗期有效穗数来看，盐粳 933、北粳 3、北粳 1、北粳 1604、盐粳 22、盐粳 765、铁粳 16、吉粳 88 等 10 个品种较好，综合分析这些品种生育期能满足直播栽培安全生产。在盘锦稻区，因土壤盐渍化严重问题，直播稻品种在满足生育要求的前提下重点选择适应性较好的本地盐粳系列品种，如盐粳 933、盐粳 22 等，成苗率高、耐盐能力强，平均产量为 8.03 t/hm^2，适合滨海稻区旱直播水稻栽培。

在沈阳稻区，为了进一步验证品种生育期的适宜情况，选取辽宁北部水稻品种栽培种北粳 3、北粳 2、铁粳 14、铁粳 16、吉粳 88 开展田间生育期调查。除铁粳 14（且稻瘟病严重）外，其他 4 个品种均在 8 月 20 日前安全齐穗。其中，铁粳 16 灌浆速度慢，灌浆期不足，稳产风险偏大；吉粳 88 品种生育期最短，抽穗杨花时期持续时间较短，直播栽培仍表现为早熟，适合延期播种。

中胚轴发育对直播稻种深播出苗的影响。本研究采用覆土深播和暗培养处理，对 13 个北方粳稻品种的中胚轴长度和出苗率进行调查分析，筛选出适合深播出苗品种。深播筛选试验中，当覆土深度为 3 cm 时，品种出苗率均在 80% 以上；当覆土深度为 5 cm 时，北粳 1703、吉粳 511 出苗率分别降低了 31%、22%，吉粳 809、吉粳 81、北粳 1、铁粳 16 出苗率没有显著变化，深播出苗能力强；当覆土深度为 7 cm 时，仅吉粳 809 出苗率达到 70% 以上，其他品种均不适合。暗培养试验中北粳 1、北粳 1604、铁粳 7、北粳 3、吉粳 809 表现出中胚轴较长。直播栽培播种深度在 3 cm 左右可以满足生产需求。

耐低温水稻品种有利于直播稻低温出苗。水稻品种间低温发芽力和芽期耐冷性存在显著性差异。与移栽稻相比，直播稻种子田间萌发环境更为复杂，低温胁迫和缺氧胁迫是抑制成苗的主要因素，选用耐逆境发芽能力强的品种能提高直播稻田间成苗率。低温出芽筛选发现，铁粳 11 和铁粳 7 在 15℃、12℃、10℃低温下出芽率与 28℃相比没有降低，且在

表 6–3　辽宁地区 20 个粳稻品种对增温响应的隶属度函数评价得分

品种	得分	排序	品种	得分	排序
港辐粳 16	0.667	1	辽粳 337	0.468	11
盐粳 456	0.607	2	沈农 9903	0.467	12
沈稻 47	0.581	3	北粳 1 号	0.465	13
北粳 3 号	0.570	4	北粳 2 号	0.445	14
北粳 1501	0.541	5	沈农 265	0.383	15
辽粳 212	0.530	6	千重浪 2 号	0.361	16
铁粳 11	0.526	7	沈农 9816	0.351	17
铁粳 7	0.523	8	沈农 016	0.340	18
盐粳 218	0.517	9	沈稻 529	0.326	19
沈稻 6	0.506	10	辽粳 401	0.233	20

表 6-4　增温处理对水稻剑叶主要光合参数、荧光参数和活性氧代谢参数的影响

		铁粳 7		港辐粳 16		沈农 9816		辽粳 401	
		CK	T	CK	T	CK	T	CK	T
Pn (μmol/mol)	0 d	26.2±2.6	24.5±1.8	24.7±0.6	24.0±0.7	24.2±1.9*	21.5±1.9	23.9±1.8**	20.8±2.1
	10 d	25.4±1.0	24.5±1.2	25.7±3.0	24.0±1.8	26.3±0.2**	24.1±1.1	19.0±0.9**	17.4±0.5
	20 d	16.1±1.6	17.2±1.6	21.1±0.3**	18.6±0.2	16.9±0.1**	15.0±1.4	18.7±0.5**	16.4±1.6
	30 d	15.1±1.1	15.1±1.3	13.7±0.5	13.2±0.2	18.9±0.1*	16.6±1.0	14.6±0.3*	13.4±0.3
	40 d	14.5±1.0	13.2±0.3	10.9±0.5	11.0±0.8	11.9±0.3	11.2±0.3	10.0±0.4	9.2±0.5
ΦPS Ⅱ	0 d	0.47±0.02	0.46±0.03	0.49±0.03	0.50±0.02	0.43±0.02**	0.35±0.02	0.50±0.05*	0.43±0.02
	10 d	0.51±0.01	0.51±0.04	0.41±0.04	0.39±0.02	0.51±0.00*	0.47±0.02	0.55±0.03*	0.47±0.04
	20 d	0.40±0.02	0.39±0.03	0.41±0.01	0.42±0.02	0.41±0.02**	0.35±0.01	0.42±0.01*	0.38±0.02
	30 d	0.41±0.04	0.39±0.01	0.30±0.03*	0.42±0.04	0.44±0.01**	0.41±0.01	0.36±0.03*	0.32±0.03
	40 d	0.34±0.04	0.32±0.04	0.29±0.02*	0.36±0.02	0.31±0.04	0.35±0.03	0.33±0.03	0.32±0.04
qP	0 d	0.73±0.03	0.72±0.04	0.76±0.03	0.75±0.01	0.74±0.02*	0.69±0.00	0.72±0.03*	0.64±0.04
	10 d	0.79±0.02	0.77±0.05	0.65±0.05	0.64±0.04	0.75±0.02*	0.70±0.02	0.80±0.05*	0.73±0.05
	20 d	0.67±0.04	0.65±0.06	0.65±0.02	0.70±0.02	0.70±0.04*	0.60±0.03	0.62±0.02*	0.59±0.01
	30 d	0.66±0.03	0.63±0.02	0.50±0.06*	0.67±0.07	0.64±0.03*	0.54±0.04	0.60±0.06	0.56±0.07
	40 d	0.59±0.08	0.54±0.04	0.50±0.03*	0.61±0.03	0.54±0.08	0.56±0.05	0.55±0.05	0.53±0.06
MDA (μmol/g FW)	抽穗期	14.5±2.3	15.0±2.7	14.7±1.5	12.7±0.7	16.1±0.6*	15.1±3.6	15.9±1.4	15.2±2.1
	乳熟期	13.6±1.1	11.9±0.7	14.0±1.4	14.9±3.2	22.0±3.8*	16.2±0.9	13.6±1.5*	13.8±4.5
	蜡熟期	17.2±0.2	11.6±2.3	14.1±0.6	10.0±2.1	15.1±0.7	13.5±1.8	16.1±1.8*	13.9±2.2
H_2O_2 (μmol/g FW)	抽穗期	17.5±1.6	18.0±1.3	20.5±2.3*	16.7±3.7	19.8±0.6*	20.6±2.1	20.4±1.5	19.6±3.9
	乳熟期	21.0±1.2*	20.2±3.1	19.8±2.2	19.2±1.4	25.0±0.6*	24.4±4.0	18.8±1.8*	19.0±3.3
	蜡熟期	22.0±4.1	20.8±0.7	22.8±2.9	18.5±2.7	19.5±4.3*	20.3±2.7	20.4±4.0	21.3±2.2

注：CK, 常温处理；T, 增温处理。每个数字后的不同字母代表显著差异：*, $P<0.05$; **, $P<0.01$，下同。

10℃低温时出芽率分别达到了 91% 和 88%，说明铁粳 11 和铁粳 7 具有强低温耐性；铁粳 16 和吉粳 511 在 10℃时出芽率分别能达到 89% 和 84%，表现出较强的耐低温出苗特性。吉粳 809 和吉粳 88 在 15℃和 12℃低温下出芽率与 28℃时出芽率相当，但是当温度为 10℃时出芽率分别降低了 33%、44%，说明这两个品种对 12℃低温具有一定耐受性；铁粳 14、北粳 1703、吉粳 88、沈农 9903、铁粳 16、吉粳 511 在温度降低为 12℃时，出芽率分别降低了 10% ~ 52%，不适合 12℃及以下低温出苗（图 6-1）。

灌浆成熟期根活力高是水稻高产优质的保证，根活力是保证功能叶光合产物积累的重要养护目标。以沈农 9903 和北粳 3 为调查供试品种，分别测定了移栽与直播两种不同栽培方式下灌浆期的根伤流。调查结果显示，与移栽栽培方式相比，旱直播栽培方式中两供试品种灌浆期根活力均显著下降，成为制约直播稻产量的主要因素之一。

各品种田间出苗率调查及产量构成因素分析。参考 2017 年水稻直播栽培生育期调查，选择 13 个品种，分别为吉粳（JJ）系列的吉粳 81、吉粳 809、吉粳 511、吉粳 88，铁粳（TJ）系列的铁粳 7、铁粳 11、铁粳 14、铁粳 16，北粳（BJ）系列北粳 1、北粳 2、北粳 3、北粳 1604 及沈农 9903，于沈阳稻区、盘锦滨海稻区及辽中稻区人工条播，进行田间出苗率调查、产量测定及产量构成因素分析。对比推广品种产量潜力，结合各品种在田间表现、考种和实脱测产，沈阳地区的直播栽培水稻中，北粳 3、北粳 2、北粳 1、吉粳 88、铁粳 16、铁粳 11 等品种产量表现较好（表 6-5）。北粳 3、北粳 2 产量和铁粳 16 产量相对较高，但结实率偏低，灌浆不充分。铁粳 11、北粳 1 和吉粳 88，3 个品种结实率较高，其灌浆较好，但单位面积穗数或每穗粒数偏低。沈农 9903 和铁粳 7 产量最低，结实率偏低，空瘪粒多，影响产量。

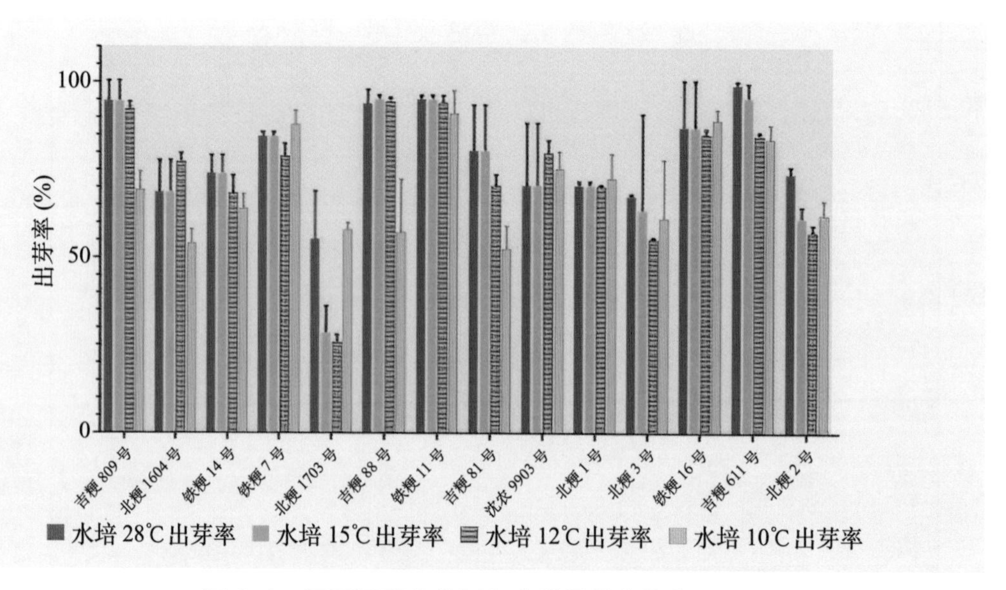

图 6-1 不同温度条件下各水稻品种出芽率

表 6–5　旱直播各品种产量与产量构成因素比较

品种	产量 (kg/hm²)	千粒重 (g)	结实率 (%)	穗长 (cm)	每穗粒数	单位面积穗数 (10^4/667m²)
北粳 3	5 994.49 a	21.47 ef	85.72 e	18.44 ab	217 a	36.4 bc
北粳 2	5 738.09 a	20.48 f	79.33 f	19.24 ab	223.67 a	39.09 a
铁粳 16	5 430.13 ab	23.09 cde	87.61 de	18.49 ab	180 b	38.2 ab
铁粳 11	5 139.28 ab	23.63 bcde	91.63 bcd	17.1 b	147.17 c	33.8 de
北粳 1	4 949.55 abc	25.10 abc	95.11 ab	16.56 b	128 de	33.8 de
吉粳 88	4 943.09 abc	22.4 3def	94.14 ab	20.09 a	87.67 g	36.8 bc
吉粳 511	4 868.29 abc	21.21 ef	86.17 e	18.33 ab	123.17 de	37.2 abc
北粳 1604	4 641.01 bc	22.26 def	89.19 cde	16.29 b	144.50 c	35.6 cd
吉粳 81	4 622.82 bc	25.97 a	96.79 a	20.23 a	125.58 de	35.8 cd
铁粳 14	4 582.48 bc	26.19 a	88.51 cde	16.41 b	132.5 cd	36.6 bc
吉粳 809	4 183.12 bcd	23.55 bcde	90.35 bcde	18.34 ab	106 f	34.2 de
沈农 9903	3 658.88 cd	24.11 abcd	87.28 de	16.97 b	147.58 c	35.2 cd
铁粳 7	3 239.66 d	25.55 ab	78.10 f	16.88 b	113.66 ef	32.8 e

注：不同字母表示差异达 $P<0.05$ 显著水平。

产量因素相关性分析结果表明，直播栽培稻结实率与穗粒数呈显著负相关，千粒重与穗数呈显著负相关，直播稻前期穗、粒分化与后期灌浆矛盾突出，生育期后期生产力不足，影响水稻产量。水稻品种直播栽培适应性的隶属函数综合评价采用隶属度函数法，根据直播栽培的实际产量，结合各品种在辽宁沈阳稻区生育期、低温（12℃）发芽率及覆土（3 cm）出苗率、根活力等指标，综合评价了 12 个品种适应直播栽培的平均隶属函数值（表 6–6）。据此选取北粳 2、北粳 3、铁粳 14、铁粳 16、吉粳 88 为翌年直播栽培品种。结合后两年的壮根化控处理及温室气体排放分析，确定北粳 3、北粳 2 和吉粳 88 适合辽宁沈阳稻区直播栽培，并以品种北粳 3、北粳 2 为直播栽培技术实施品种，通过了实地测产验收。

表 6–6　直播稻品种筛选隶属函数综合评价

品种	排序	隶属函数值	生育期	覆土（3 cm）	发芽（12℃）	根伤流	产量
北粳 2	1	0.50	0.84	0.36	0.28	0.50	0.50
北粳 3	2	0.48	0.84	0.35	0.30	0.42	0.50
铁粳 14	3	0.46	0.91	0.44	0.15	0.53	0.27
铁粳 16	4	0.40	0.77	0.02	0.16	0.74	0.29
吉粳 88	5	0.37	0.91	0.13	0.33	0.16	0.33
吉粳 511	6	0.36	0.78	0.27	0.11	0.32	0.34
吉粳 81	7	0.30	0.63	0.15	0.27	0.18	0.28
吉粳 809	8	0.28	0.84	0.10	0.03	0.12	0.33
北粳 1604	9	0.27	0.21	0.25	0.15	0.30	0.42

续表

品种	排序	隶属函数值	生育期	覆土（3 cm）	发芽（12℃）	根伤流	产量
铁粳 7	10	0.22	0.21	0.62	0.18	0.04	0.04
北粳 1	11	0.20	0.14	0.17	0.27	0.20	0.20
铁粳 11	12	0.15	0.00	0.14	0.07	0.17	0.37

6.2.1.3 筛选获得了耐受低温胁迫的寒地粳稻品种

低温冷害是制约黑龙江省寒地粳稻高产的关键因素。孕穗期低温是寒地水稻对低温最敏感的时期，短时强低温会造成水稻结实率的大幅下降，产量降低。本课题利用冷水灌溉（17℃）的方法，采用全国水稻品种抗冷性鉴定协作组调查标准，以空壳率作为鉴定标准，冷害级别鉴定依据参考《北方水稻低温冷寒等级》（GB/T 34967—2017），对 80 份寒地粳稻进行孕穗期的耐冷性鉴定，筛选出耐受低温胁迫的寒地粳稻品种。

本课题采用大田实验方法，在水稻孕穗期采用深冷水串灌处理，水温 17℃ ±2℃，室外平均温度 29℃ /20℃（昼 / 夜），鉴定了 80 份寒地粳稻品种孕穗期的耐冷性。在冷水处理前，对照区与处理区选穗挂牌，选穗标准为剑叶与倒二叶叶枕距离 −4 ~ 4 cm。选穗后对照区常规管理，处理区进行深冷水串灌，灌溉水采用自然水和地下水混合水，通过自动调控设施调节自然灌溉水和地下冷水灌溉量，使鉴定场圃水温达 17℃ ±2℃，并采用昼夜灌溉的方法进行处理，处理水深为 15 cm，处理 5 d。收获时，将挂牌的稻穗采回室内进行考种，调查空壳率。以基于空壳率的低温冷害胁迫指数进行品种耐冷性评价，冷害胁迫指数（Cold stress idex，CSI）=（CS 空瘪率 −CK 空瘪率）/（1−CK 空瘪率）。

结果表明，水稻孕穗期低温导致水稻空壳率显著增加，17℃ ±2℃低温处理下，各品种冷害胁迫指数为 0.128。以空壳率为评价指标，计算冷害胁迫指数，所有品种冷害指数在 0.3 以上的品种有 8 个，冷害胁迫指数在 0.03 以下的品种有 9 个（表 6-7）。专家现场鉴定结果表明，龙稻 5 号、空育 131 低温处理空壳率分别为 9.25% 和 6.17%，冷害级别为轻度，耐低温，属于温钝型水稻资源。龙粳 11、东农 422 低温处理空壳率为 40.58% 和 39.69%，冷害级别分别为重度，不耐低温，属于对低温敏感型水稻资源。

表 6-7 寒地粳稻品种结实率、低温胁迫指数

序号	品种（系）	对照	处理	冷害胁迫指数	序号	品种（系）	对照	处理	冷害胁迫指数
1	松粳 10	7.67	23.58	0.172	8	龙稻 21	10.90	13.19	0.026
2	龙稻 18	5.51	36.72	0.330	9	庆盐 211	15.67	34.74	0.226
3	东农 425	7.08	18.10	0.119	10	东富 102	8.11	18.64	0.115
4	松粳 12	3.30	20.78	0.181	11	龙洋 16	10.41	23.71	0.149
5	龙洋 207	14.04	21.71	0.089	12	牡丹江 27	9.95	16.61	0.074
6	龙粳 44	5.56	29.90	0.258	13	松粳 20	12.14	16.46	0.049
7	中龙粳 3 号	7.80	42.10	0.372	14	中龙粳 2 号	14.12	18.35	0.049

续表

序号	品种（系）	对照	处理	冷害胁迫指数	序号	品种（系）	对照	处理	冷害胁迫指数
15	哈粳稻1号	11.98	30.44	0.210	48	龙粳16	2.97	6.43	0.036
16	垦稻8	11.91	39.32	0.311	49	庆盐201	11.95	15.39	0.039
17	龙粳40	5.61	9.47	0.041	50	牡丹江19	20.35	35.01	0.184
18	龙稻7	6.28	11.38	0.054	51	龙粳51	14.67	28.03	0.157
19	龙稻3	5.66	11.66	0.064	52	龙稻14	4.84	6.61	0.019
20	绥粳14	7.10	12.75	0.061	53	松粳6	12.76	25.25	0.143
21	牡丹江32	7.28	10.95	0.040	54	龙盾D904	13.60	28.46	0.172
22	龙粳39	12.65	42.27	0.339	55	垦稻12	2.02	5.50	0.036
23	东富103	7.69	13.52	0.063	56	龙粳14	5.76	15.58	0.104
24	东农422	8.33	51.20	0.468	57	松粳10	3.98	7.63	0.038
25	龙稻5	6.94	7.60	0.007	58	松粳3	5.83	8.58	0.029
26	绥粳18	5.41	7.82	0.025	59	龙粳43	3.99	7.33	0.035
27	庆盐1901	12.06	26.63	0.166	60	东农424	2.28	10.42	0.083
28	龙盾104	10.53	26.94	0.183	61	松粳9	2.54	29.87	0.280
29	龙稻19	6.21	16.09	0.105	62	庆盐212	7.03	31.09	0.259
30	庆盐203	3.00	11.41	0.087	63	绥粳4	2.33	19.21	0.173
31	龙粳28	9.51	40.21	0.339	64	松98-131	6.28	16.92	0.114
32	东农418	7.03	38.21	0.335	65	松粳7	9.39	26.59	0.190
33	庆稻103	12.65	20.68	0.092	66	富士光	12.27	30.45	0.207
34	北稻6	11.49	16.09	0.052	67	牡丹江28	2.69	9.61	0.071
35	空育131	5.18	6.07	0.009	68	哈粳稻2号	9.89	19.55	0.107
36	空育163	3.48	6.12	0.027	69	绥粳17	12.81	28.56	0.181
37	龙粳47	3.75	15.69	0.124	70	绥粳7	1.95	8.94	0.071
38	庆盐202	13.50	19.49	0.069	71	绥粳3	4.26	10.69	0.067
39	龙粳41	10.87	19.59	0.098	72	龙稻16	1.91	6.75	0.049
40	龙粳11	8.22	44.27	0.393	73	龙稻2	4.81	12.28	0.078
41	中龙香粳1号	12.15	17.63	0.062	74	龙粳42	6.30	9.60	0.035
42	庆盐204	2.75	11.93	0.094	75	龙粳46	3.90	13.59	0.101
43	中龙粳1号	3.36	8.92	0.058	76	龙粳8	4.98	10.76	0.061
44	龙粳25	0.44	2.26	0.018	77	龙粳13	3.69	8.53	0.050
45	庆稻104	2.27	19.60	0.177	78	龙粳12	3.34	19.45	0.167
46	龙庆稻4号	2.05	14.07	0.123	79	龙粳31	15.29	37.39	0.261
47	龙粳21	7.71	8.60	0.010	80	东农423	4.93	27.11	0.233

6.2.1.4 筛选获得了耐旱性强的北方粳稻品种

北方地区自然降水少，淡水资源短缺，筛选耐旱的水稻品种，提高北方粳稻水分利用效率是解决水稻栽培中淡水资源问题的有效措施。本课题对黑龙江省主栽水稻607份种质资源的耐旱性进行了筛选鉴定。运用大田鉴定胁迫方法，插秧前大棚播种、育苗、三叶一心移栽，试验设置水种及旱种两个处理，插秧返青后开始进行处理，水种按常规浅水灌溉的方法进行，旱种以自然降雨为主，在关键生育期（分蘖期、抽穗期、灌浆期）遭遇严重干旱，进行人工灌溉。运用综合抗旱指数鉴定品种在水分胁迫下的抗旱水平。

干旱胁迫对株高的影响为偏负向的，超过 70% 参试材料株高降低。干旱胁迫对穗数的影响具有双向性，单株有效穗数在干旱胁迫后少数材料表现为增加，大多数材料表现为减少。穗长和结实率在干旱胁迫后均表现为双向性变化。用抗旱指数与品种资源产量增减幅度进行相关分析，相关系数为 0.46，相关性很小，甚至出现抗旱指数与减产幅度呈正相关的现象，说明单纯用抗旱指数来衡量水稻品种资源的抗旱性不准确，应加以产量为另一重要指标进行综合评价。通过对黑龙江省 607 份主栽水稻种质资源进行大田胁迫鉴定，结合抗旱指数与品种资源产量，筛选出 4 个节水抗旱性强的水稻品种资源，即龙稻 21、绥粳 3、垦稻 12 和龙稻 5。水稻资源抗旱性鉴定结果表明，龙稻 21、绥粳 3、垦稻 12 和龙稻 5 综合抗旱指数均大于 90%，分别为 94.3%、93.3%、93.5% 和 94%，属于抗干旱水稻资源（表 6-8 至表 6-10）。

表 6-8　寒地粳稻抗旱节水品种抽穗期调查分析

分类	数量	比例（%）
总数	607	100.0
抽穗期比对照提前	162	26.7
抽穗期比对照延迟	264	43.5
与对照同时抽穗	81	13.3
对照成熟，抗旱未成熟	33	5.4
抗旱成熟，对照未成熟	67	11.1

表 6-9　寒地粳稻抗旱节水品种抗旱综合指数分析

抗旱指数范围	品种数量	比例 %
60 ~ 70	48	9.46
70 ~ 80	55	10.81
80 ~ 90	254	50
90 ~ 100	123	24.32
100 以上	27	5.41
总计	507	100

表 6-10　寒地粳稻抗旱品种鉴定结果

品种	考察面积（m^2）	实测株数（株）	综合抗旱指数（%）
龙稻 21	10	10	93.2

续表

品种	考察面积（m^2）	实测株数（株）	综合抗旱指数（%）
龙稻 21	10	10	95.1
龙稻 21	10	10	94.6
平均	10	10	94.3
绥粳 3	10	10	92.5
绥粳 3	10	10	91.7
绥粳 3	10	10	95.7
平均	10	10	93.3
垦稻 12	10	10	92.2
垦稻 12	10	10	93.4
垦稻 12	10	10	94.8
平均	10	10	93.5
龙稻 5 号	10	10	95.5
龙稻 5 号	10	10	95.3
龙稻 5 号	10	10	91.2
平均	10	10	94.0

综上所述，本课题筛选获得应对未来气候变化条件，耐受非生物逆境的粳稻品种 15 个，经专家现场考察，形成鉴定报告 5 份，为未来气候变化条件下，水稻高产稳产奠定了遗传学基础。

6.2.2 创新了应对气候变化的粳稻抗逆栽培关键技术

气候变暖背景下如何缓解稻米品质的恶化将是未来水稻优质生产需要面临的严峻问题。本研究针对气候变化下我国粳稻生产面临的关键问题，开展关键稻作技术创新研究，在氮素运筹、播期调节和化学调控等方面取得了重要进展，为应对气候变化的稻作技术研发提供了参考。

6.2.2.1 创新了以氮素运筹为核心的水稻应对气候变暖的优质栽培技术

以长江中下游主栽的常规粳稻武育粳 3 号、宁粳 3 号以及武运粳 24 号为试验材料，利用 FATE（Free-air Temperature Enhancement）增温系统进行开放式增温，通过增施氮素粒肥方式，设置 4 个处理，即常温不施氮肥（CK）、增温不施氮肥（ET）、常温施氮肥（CKN）和增温施氮肥（ETN）。开展了灌浆期温度上升对水稻品质特性及栽培措施的调控效应研究。结果表明，温度升高下于抽穗期施氮 60 kg/hm^2 作为氮素粒肥对籽粒灌浆速率和胚乳淀粉体发育速率的具有减缓作用，可以有效减少垩白的发生。与常温对照相比，增温处理下籽粒垩白率、垩白大小和垩白度显著增加。增温下随着氮素粒肥的施用，垩白率、垩白大小和垩白度分别下降了 16.2%、23.4% 和 36%。氮素粒肥有效降低了强势粒和弱势粒在灌浆早期的灌浆速率，籽粒胚乳发育结果显示，温度升高下施用氮素粒肥延缓了淀粉体的发育，抽穗期施氮通过增加水稻叶片和茎秆的含氮量为籽粒中蛋白质的积累提供了更充足的氮源，从而加强氮代谢在与碳代谢竞争共同底物时的竞争力，使淀粉体在灌浆早期的发育速率相对放缓，避免淀粉体之间空隙的大量出现，这一效应是籽粒垩白率和垩白大小降低的主要原因。

灌浆期增温对水稻碾米品质和外观品质的影响。试验结果显示，灌浆期增温条件下武育粳3号和宁粳3号显示两个品种的出糙率、精米率以及整精米率在增温条件下均显著下降，武育粳3号3个指标分别下降了3.7%、1.3%和4.3%，宁粳3号分别下降3.8%、1.7%和3.9%；两个品种的垩白率和垩白大小明显增加，且均达到了显著的水平，其中，武育粳3号垩白率和垩白大小分别增加了24.7%和37.5%，宁粳3号分别增加44.1%和59.8%（表6-11）。

表6-11　不同处理下水稻碾磨品质和外观品质

品种	处理	出糙率	精米率	整精米率	垩白率	垩白大小
武育粳3号	CK	0.86 a	0.770 a	0.79 a	0.46 a	0.18 a
	HT	0.83 b	0.762 b	0.76 b	0.61 b	0.29 b
宁粳3号	CK	0.84 a	0.790 a	0.81 a	0.22 a	0.07 a
	HT	0.81 b	0.780 b	0.78 b	0.39 b	0.17 b

灌浆期温度对稻米品质指标的影响。本研究利用4年试验数据对灌浆期温度与部分稻米品质指标的关系进行了回归分析。基于品质指标形成时期的生物学基础，从中筛选出几个与一定时期内温度关系较为密切的品质指标，标明了回归方程公式和决定系数。

图6-2显示，宁粳3号的垩白率与抽穗后1 ~ 5 d和5 ~ 10 d的温度密切相关，武运粳24号的垩白率与抽穗后1 ~ 5 d的温度密切相关，在22 ~ 29 ℃的范围内，垩白率随着日均温的上升而下降。抽穗后5 ~ 10 d的日均温度接近29 ℃时，稻米的垩白率将达到40%以上。

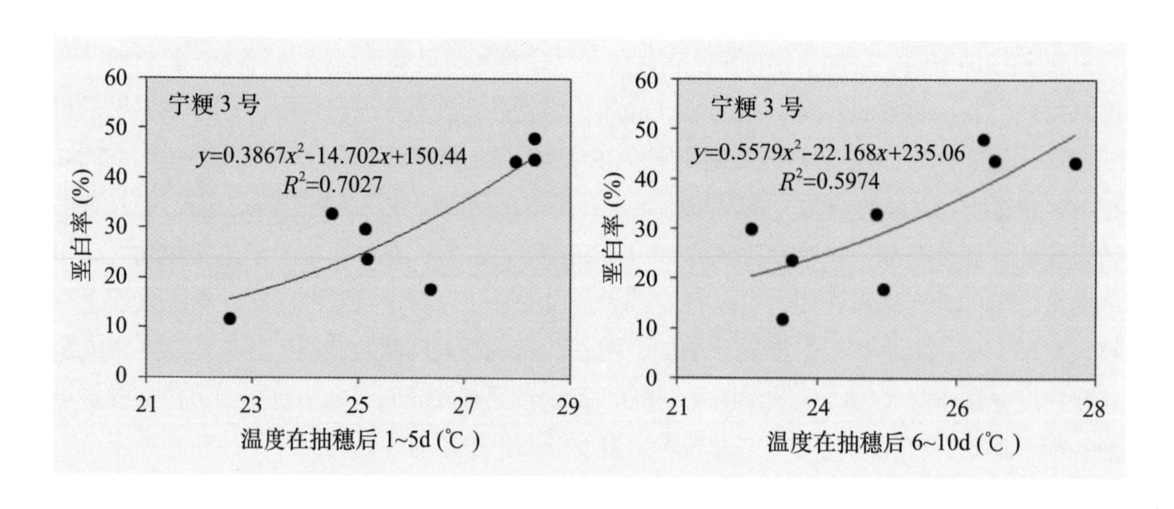

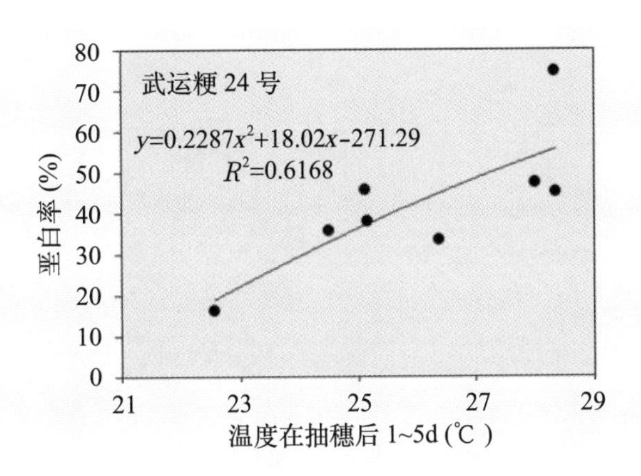

图 6-2　稻米垩白率与灌浆期温度的关系

供试品种的直链淀粉含量和支链淀粉含量均与抽穗后 11 ～ 15 d 和 16 ～ 20 d 的温度有关，在抽穗后 11 ～ 20 d 的时段，当日均温在 20 ～ 28 ℃的范围内，直链淀粉含量随温度升高呈现下降的趋势，支链淀粉含量随温度升高呈现上升的趋势（图 6–3 和图 6–4）。

除了直链淀粉和支链淀粉，宁粳 3 号与武运粳 24 号的糊化温度也与抽穗后 11 ～ 15 d 和 16 ～ 20 d 的日均温关系密切（图 6–5）。在该阶段 22 ～ 28 ℃的范围内，两品种的糊化温度随日均温的上升而升高。

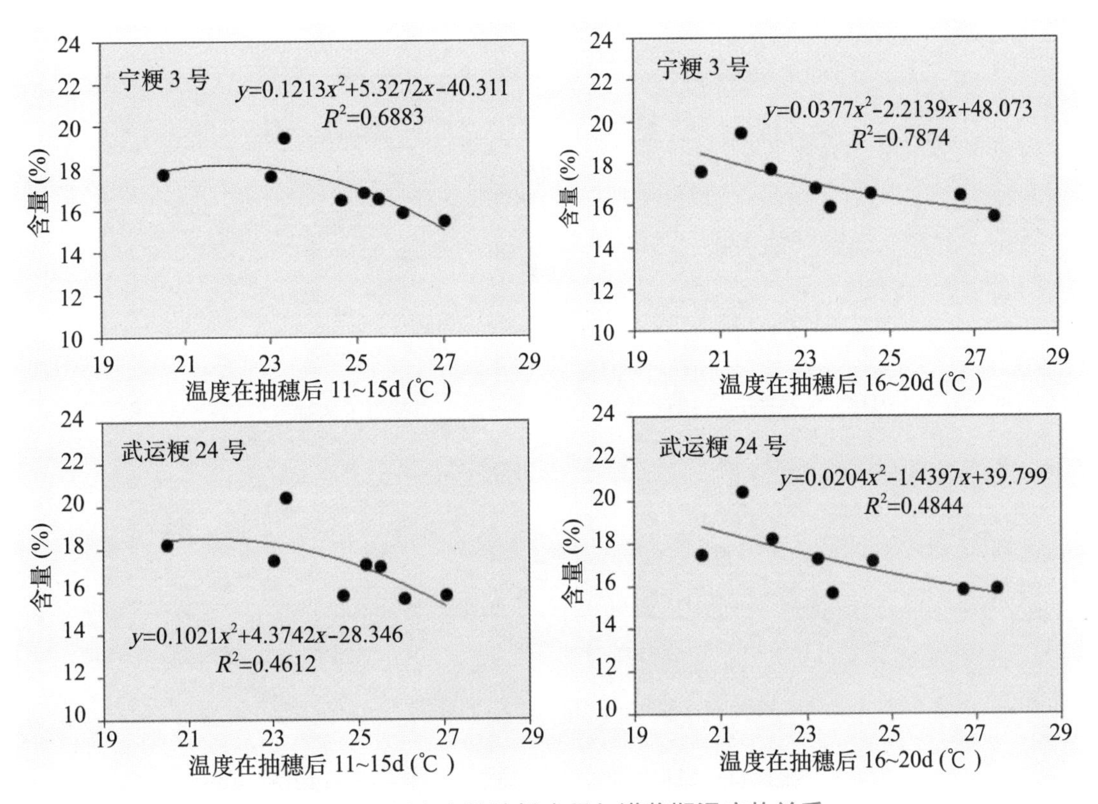

图 6-3　稻米直链淀粉含量与灌浆期温度的关系

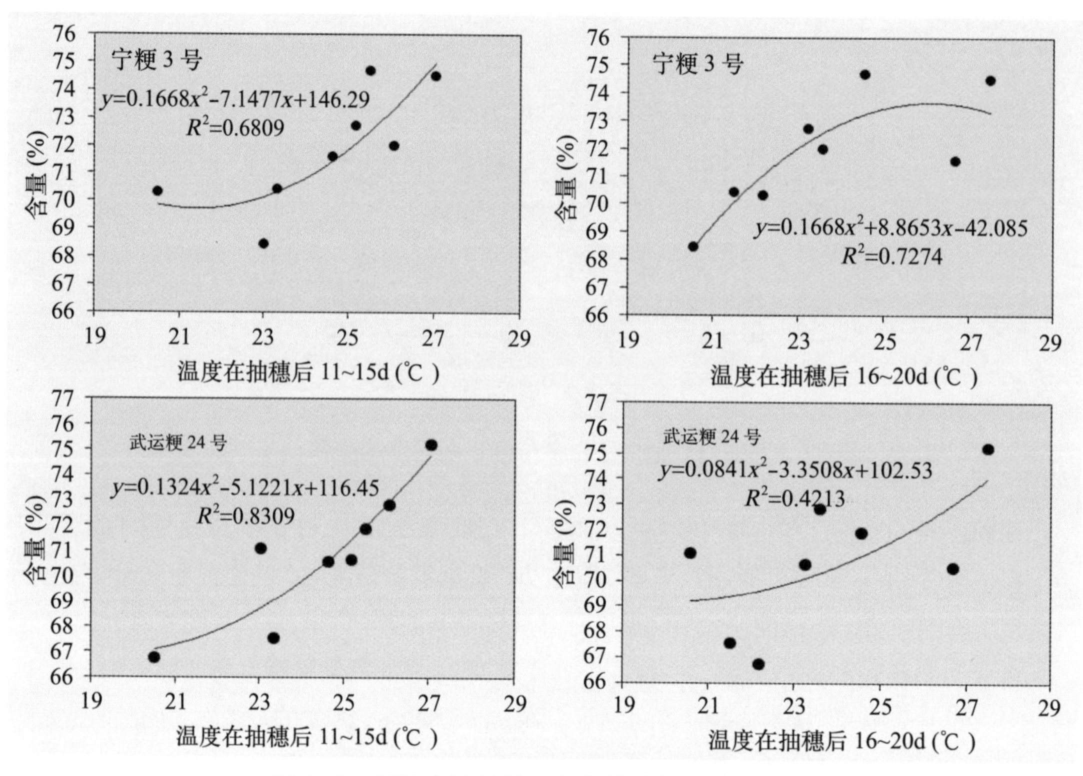

图 6-4 稻米支链淀粉含量与灌浆期温度的关系

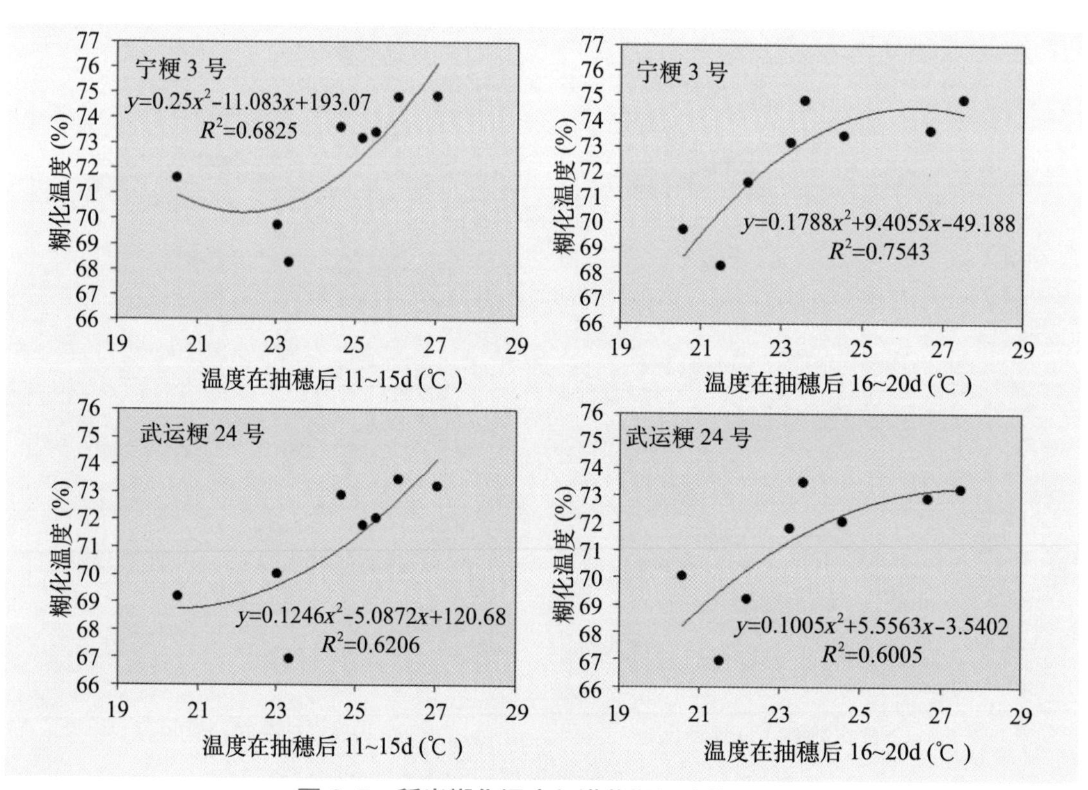

图 6-5 稻米糊化温度与灌浆期温度的关系

通过4年的大田增温试验发现垩白率在温度上升2～4℃的条件下仍然会显著上升，同时垩白大小和垩白度也会显著增加，温度升高下完善米率显著下降，而青米率和其他类型米或不变或有所下降，证明完善米率的下降主要归因于垩白米的大量发生。心白和腹白是本研究中垩白发生的主要类型，但这两种类型垩白米的发生率对温度升高的响应在品种间和年际间的表现并不一致，说明垩白形成受温度的影响较为复杂。增温试验的结果表明，灌浆期温度小幅升高导致多项稻米品质指标发生明显变化，证明稻米品质对灌浆期温度小幅升高仍非常敏感。外观品质和碾米品质随着温度升高而下降，垩白率和垩白大小上升是外观品质变劣的主要原因，但温度升高对垩白发生类型的影响存在品种和年际间的差异，暗示垩白形成受温度升高影响的复杂性。随着灌浆期温度升高，直链淀粉含量、消碱值、回复值呈现出下降的趋势，而支链淀粉长链数量、淀粉粒粒径和结晶度、糊化温度和热焓值、氨基酸含量呈现出上升的趋势，说明温度升高在一定程度上改善了稻米的食味品质和营养品质，但导致米饭蒸煮变得困难。垩白率与抽穗后1～10 d的温度密切相关，淀粉组分和糊化温度的高低与抽穗后11～20 d的温度密切相关。

灌浆期温度升高下氮素粒肥有助于改善稻米外观品质和碾米品质变劣。灌浆速率加快，淀粉粒空隙变大，引起垩白大量发生，而支链淀粉中长链数量比例的增加，使糊化温度和淀粉粒径增大，导致蒸煮米饭所需能量增加，同时，增温显著降低了直链淀粉含量、消碱值，增温条件下增施氮素粒肥显著降低垩白米率、垩白面积和垩白度，精米率和整精米率呈现上升趋势，最终黏度和消碱值呈现下降趋势，使米质更加黏软，抽穗期增施氮肥改善了氮代谢与碳代谢的竞争，尤其淀粉的理化性质（有效减少了淀粉小颗粒的体积比例），基于上述结果，从栽培角度出发提出了施用氮肥作为传统水稻栽培措施具有缓解全球气温升高下稻米品质变劣的重要作用。

灌浆期温度升高下氮素粒肥对稻米外观品质和碾米品质变劣的缓解效应。2019年结果表明灌浆期温度升高导致多项稻米品质指标发生明显变化，显著增加了垩白米率、垩白面积、垩白度，增幅分别高达197.67%、104.62%、532.92%。增温下增施粒肥对垩白率和垩白面积无显著影响，但是显著降低了垩白度，下降幅度达到22.27%；增温可以显著降低籽粒的长和宽，但是对籽粒的厚度却无显著影响，这也可以进一步说明增温降低了籽粒的干重。增温下施氮可以显著增加籽粒的长度，对籽粒的宽度无显著影响。常温下增施氮肥可以显著降低垩白率和垩白度，表明在2019年，常温下增施氮肥虽不能增加水稻的产量，但有效改善籽粒的外观品质。

2020年的结果表明，增温显著增加了垩白米率、垩白面积、垩白度，增幅分别高达97.28%、187.73%、461.70%，增温下增施粒肥对垩白率无显著影响，显著降低了垩白面积和垩白度，下降幅度分别达到17.16%和20.61%，表明增施粒肥可以有效缓解外观品质的恶化。常温下增施氮肥对籽粒外观品质无显著影响。

2019年和2020年数据对比表明，2019年籽粒外观品质更差，各处理的垩白度都显著高于2020年，这是因为2019年平均温度比2020年高，增温幅度也略高于2020年，说明外观品质对温度极为敏感，受温度影响很大。年份、温度、氮肥均对籽粒外观品质有着极显著的影响，年份与温度互作以及年份与氮肥互作都极显著影响籽粒的垩白率以及垩白度（表 6–12）。

表 6–12　增温和粒肥对武育粳 3 号外观品质的影响

年份（年）	处理	垩白率 (%)	垩白面积 (%)	垩白度 (%)
2019	CK	28.78 b	26.40 b	7.32 c
	ET	85.67 a	54.02 a	46.33 a
	CKN	15.00 c	20.12 b	2.76 d
	ETN	82.67 a	43.63 a	36.01 b
2020	CK	24.67 b	18.33 c	4.57 c
	ET	48.67 a	52.74 a	25.67 a
	CKN	25.33 b	22.05 c	5.99 c
	ETN	46.67 a	43.69 b	20.38 b

增温和氮素粒肥对稻米碾磨品质的影响结果显示，与 CK 相比，增温显著降低了精米率和整精米率，分别降低了 3.93% 和 8.33%，增温施氮也显著降低了精米率和整精米率，降低了 3.24% 和 4.35%，增温下施氮对整精米率有显著影响，显著增加了 4.34%，表明增温下施氮可以缓解碾磨品质的恶化。2020 年各处理的碾磨品质的变化和 2019 年一致。2019 年增温以及增温施氮处理的整精米率都显著低于 2020 年，这和 2019 年外观品质的恶化有关，垩白部分的增加会使稻谷在碾磨过程中更容易发生破碎。温度、氮素以及因素间的互作均对糙米率无影响，但 2020 年糙米率显著低于 2019 年。年份对整精米率有显著影响，温度和氮素都分别对精米率和整精米率有显著影响。年份与温度的互作和年份与氮素的互作均对整精米率有极显著影响（表 6–13，图 6–6）。

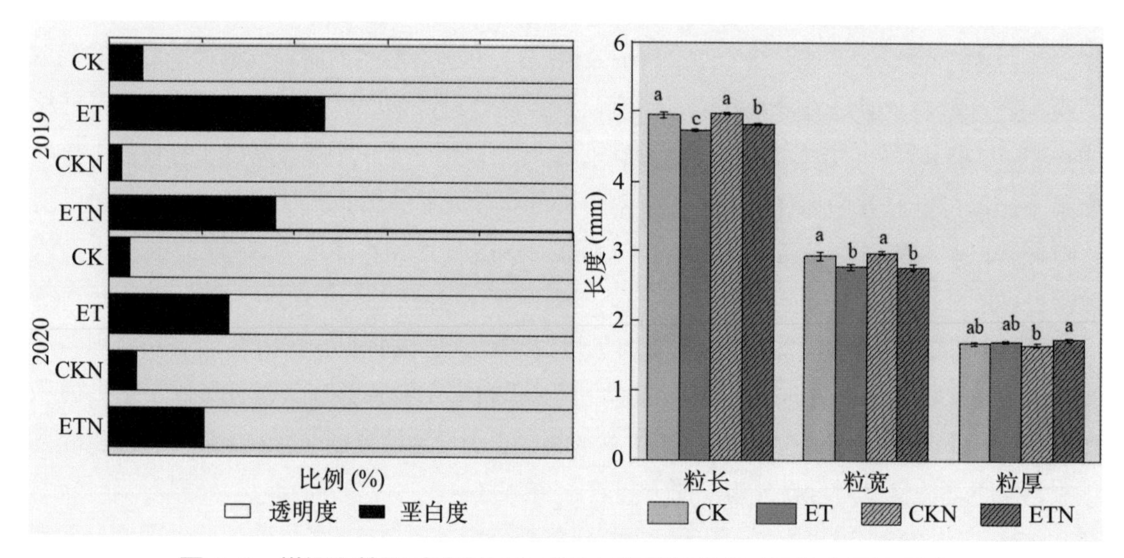

图 6–6　增温和粒肥对武育粳 3 号垩白度和透明度以及长宽厚的影响

表 6–13　增温和粒肥对武育粳 3 号碾磨品质的影响

年份（年）	处理	糙米率 (%)	精米率 (%)	整精米率 (%)
2019	CK	84.93 a	76.30 a	73.60 a
	ET	84.90 a	73.30 b	67.47 c
	CKN	85.07 a	77.13 a	73.83 a
	ETN	85.00 a	73.83 b	70.40 b
2020	CK	84.11 b	76.26 a	73.87 a
	ET	84.09 b	73.49 b	68.84 c
	CKN	84.13 b	76.63 a	74.17 a
	ETN	84.18 b	74.09 b	72.06 b

灌浆期温度升高下氮素粒肥对稻米淀粉组分的调控效应。增温显著降低了总淀粉和直链淀粉含量，分别降低了 5.3% 和 10.43%，对支链淀粉含量无显著影响，增温下施氮提高了直链淀粉含量，提高了 3.81%。2020 年，增温显著降低了总淀粉和直链淀粉含量，分别降低了 2.11% 和 17.88%，支链淀粉含量无显著差异，支直比显著升高。总体来说，增温降低了总淀粉含量和直链淀粉含量，总淀粉含量在两年之间变化趋势不一致。2020 年各处理的总淀粉含量均大于 2019 年，但是直链淀粉含量却低于 2019 年，造成 2020 年支直比均大于 2019 年，表明年份间淀粉含量差异显著，这是因为 2020 年温度较 2019 年更适合水稻生长，温度无显著“大起大落”，籽粒灌浆较为稳定，因而能积累较多的贮藏物质。总淀粉、直链淀粉以及支链淀粉在年份间均有极显著差异，氮素粒肥极显著影响总淀粉含量，温度极显著影响直链淀粉含量和支直比，年份与氮素互作显著影响直链淀粉，年份与温度互作显著影响直链淀粉和支直比，温度与氮素互作显著影响总淀粉含量，年份与温度以及氮素粒肥三者互作极显著影响总淀粉和直链淀粉含量（表 6–14）。

表 6–14　增温和粒肥对武育粳 3 号淀粉组分的影响

年份（年）	处理	总淀粉 (%)	直链淀粉 (%)	支链淀粉 (%)	支直比 Ap/Am
2019	CK	70.41 a	17.74 a	52.67 a	2.97 b
	ET	66.68 b	15.89 c	52.00 ab	3.15 a
	CKN	67.83 b	17.63 a	50.20 c	2.85 c
	ETN	68.51 ab	16.52 b	50.79 bc	3.20 a
2020	CK	72.26 a	16.11 a	56.16 a	3.49 c
	ET	70.73 b	13.23 b	57.50 a	4.36 ab
	CKN	72.02 a	14.89 a	57.12 a	3.84 bc
	ETN	69.20 c	12.27 b	58.70 a	5.60 a

6.2.2.2 创新了应对气候变暖的水稻播期调节技术

随着气候变化的加剧，水稻的播期常常会被改变，从而影响到粳稻稻米品质的形成。在气候变化情况下，播期常常会被采用作为一种栽培措施，用以规避极端天气的负面影响。播期的改变主要包括两个方面：其一，光温条件；其二，生育期。本课题以应对未来全球气候变化导致高温极端天气条件下保障长江中下游和河南沿黄粳稻稻区生产为目的，围绕稻米产量和品质提升这一科学问题，开展了播期改变情况下的水稻品质变化规律及其生理机制的相关研究。同时，采用高温避害栽培技术途径，开展了播期调整条件下稻米品质变化规律的研究。

播期对气候变化下水稻籽粒外观与加工品质具有一定的调控效应（图 6-7）。通过采用两个广泛种植的粳稻品种南粳 9108、宁粳 7 号，设置了 3 个播期，S1 为 4 月 30 日、S2 为 5 月 30 日以及 S3 为 6 月 30 日，初步开展了气候变化背景下播期对稻米品质形成的调控效应研究。研究结果表明，随着播期的改变，水稻食味品质表现出逐步提高的趋势，其中淀粉含量降低，但是直支比降低，峰值黏度、冷浆黏度以及崩解值增加。水稻的食味品质与灌浆水平有密切关系，而灌浆期的光温条件可以调控水稻灌浆水平，播期的改变显著改变了灌浆期的光温条件，对籽粒灌浆参数进行分析发现，播期推迟情况下，水稻的灌浆水平降低，但是灌浆时间较长，因此有较高的食味品质。对加工、外观品质的分析得出，随着播期推迟，粒长宽比值降低，籽粒趋向短粗，与籽粒灌浆不充分相关，且籽粒的短粗可以解释其加工品质的提高，同时随着播期推迟，垩白度与垩白粒率显著下降。

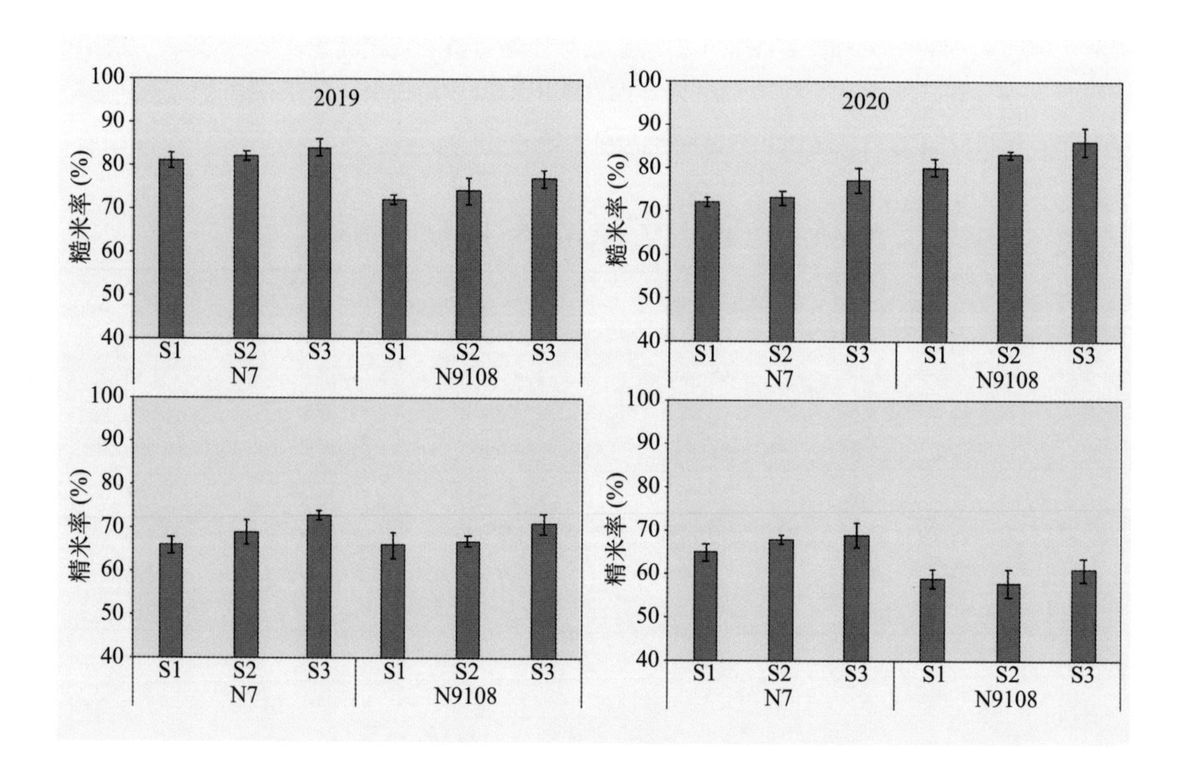

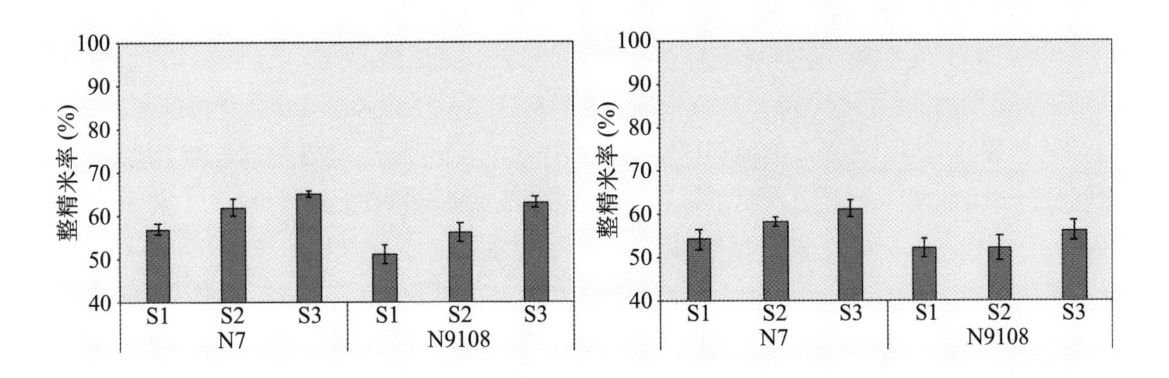

图 6-7 不同播期下的加工品质（糙米率、精米率、整精米率）变化

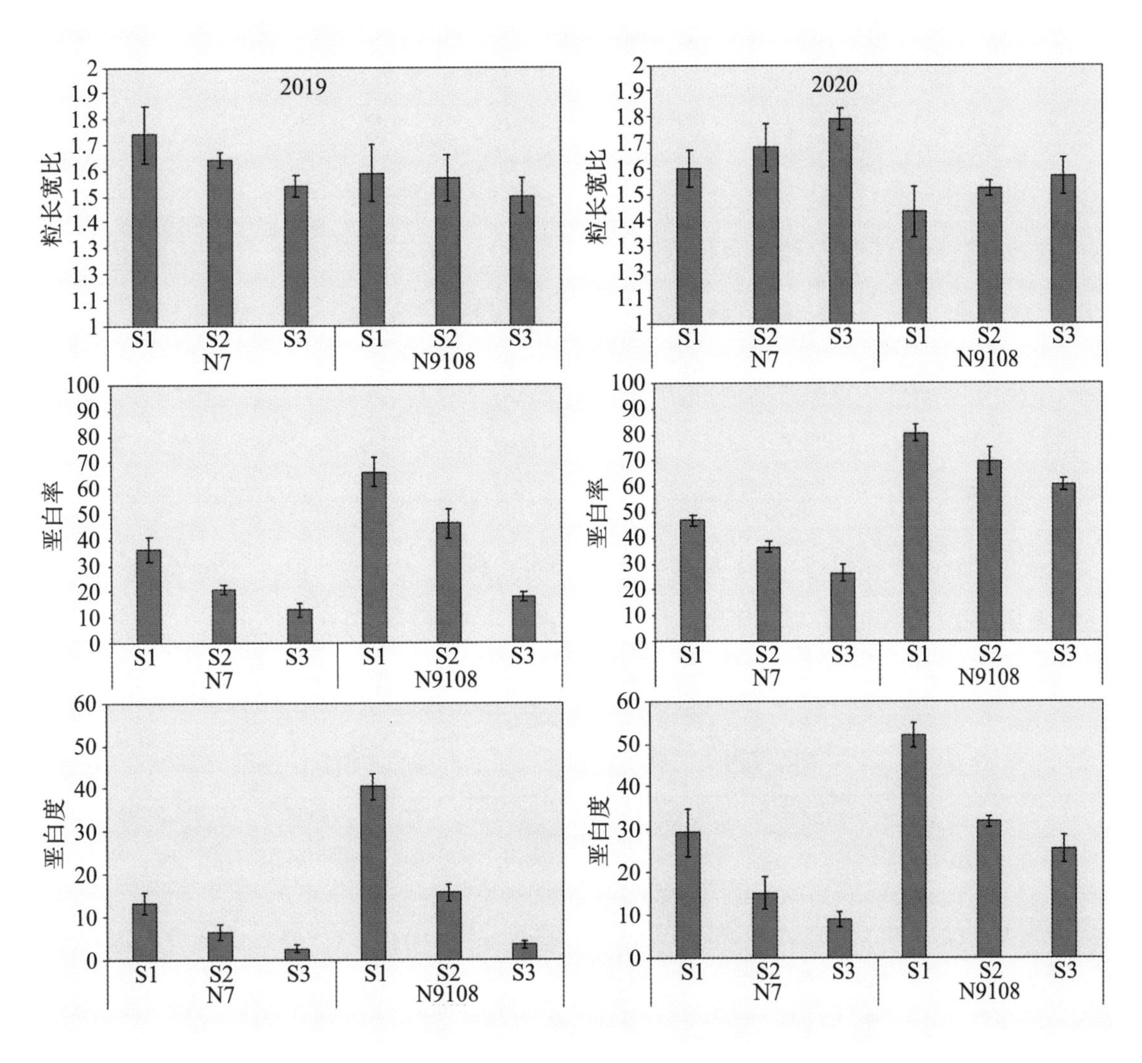

图 6-8 不同播期下的外观品质（粒长宽比、垩白率、垩白度）

推迟播期可有效调节抽穗开花期应对极端高温进行避害。供试水稻品种在 3 个播期条件下均能正常开花成熟，但开花期存在差异，抽穗开花期随播期推迟而后延。各供试粳稻品种第Ⅰ播期的抽穗开花期除日本晴和黄金晴在 8 月 15—17 日外，其余品种均在 8 月 21—28 日。第Ⅱ播期与第Ⅲ播期抽穗开花期均在 8 月下旬至 9 月初。第Ⅱ播期与第Ⅰ播期播种时间推迟 10 d 的情况下，其开花期均延迟 3 ~ 5 d。第Ⅱ播期与第Ⅲ播期播种时间相差 10 d 的，抽穗开花期相差 3 ~ 6 d，第Ⅰ播期与第Ⅲ播期相差 20 d 的，抽穗期差异在 10 ~ 15 d。由此可见，随着播期推迟，供试粳稻品种播种至抽穗开花的天数逐渐缩短，导致整个生育期缩短（表 6–15）。

表 6–15　不同播期对河南沿黄稻区不同粳稻品种抽穗开花期及播种至开花时间的影响

品种	抽穗开花期（月 – 日）			播种至抽穗开花期时间（d）		
	播期Ⅰ	播期Ⅱ	播期Ⅲ	播期Ⅰ	播期Ⅱ	播期Ⅲ
日本晴	08–15	08–20	08–24	100	95	89
黄金晴	08–17	08–21	08–25	102	96	90
豫粳 6 号	08–26	08–29	09–03	111	104	99
新丰 2 号	08–24	08–27	09–02	109	102	98
水晶 3 号	08–28	09–03	09–06	113	109	102
方欣 1 号	08–24	08–27	09–02	109	102	98
玉稻	08–24	08–29	09–05	109	104	101
郑选 2 号	08–27	09–01	09–06	112	107	102
方欣 4 号	08–27	09–03	09–07	112	109	103
新丰 7 号	08–27	08–31	09–04	112	106	100
徐稻 3 号	08–21	08–26	08–31	106	101	96

播期推迟后产量降低、稻米品质变优。播期推迟后株高降低，穗数、穗粒数降低，但是稻米品质指标特别是外观品质得以提高。根据理论产量计算方法筛选出新丰 2 号和方欣 1 号两个品种播期推迟以后产量相对其他品种降低较少（表 6–16）。

表 6–16　不同播期对河南沿黄稻区不同粳稻品种株高、穗长、穗数的影响

品种	株高（cm）			穗长（cm）			穗数		
	播期Ⅰ	播期Ⅱ	播期Ⅲ	播期Ⅰ	播期Ⅱ	播期Ⅲ	播期Ⅰ	播期Ⅱ	播期Ⅲ
日本晴	93.6 ± 0.5 a	85.7 ± 0.9 b	80.7 ± 0.7 c	21.3 ± 0.3 a	19.6 ± 0.2 b	19.7 ± 0.2 b	19.0 ± 1.7 a	18.3 ± 1.7 a	15.5 ± 1.2 a
黄金晴	93.0 ± 0.6 a	84.3 ± 0.3 b	77.7 ± 0.7 c	21.4 ± 0.3 a	19.1 ± 0.3 b	18.9 ± 0.4 b	14.9 ± 0.6 a	15.1 ± 1.3 a	14.1 ± 0.9 a
豫粳 6 号	98.3 ± 1.2 a	94.0 ± 0.6 b	86.3 ± 0.3 c	16.6 ± 0.3 a	16.4 ± 0.1 a	16.4 ± 0.2 a	15.5 ± 0.8 a	12.7 ± 0.8 ab	12.1 ± 0.9 b
新丰 2 号	98.3 ± 0.7 a	91.0 ± 1.2 b	88.7 ± 0.3 c	16.8 ± 0.2 a	16.7 ± 0.3 a	17.2 ± 0.3 a	10.7 ± 0.8 ab	11.8 ± 0.9 a	8.8 ± 0.2 b
水晶 3 号	104.7 ± 0.7 a	93.0 ± 0.6 b	90.7 ± 0.3 c	19.6 ± 0.2 a	19.1 ± 0.2 a	20.5 ± 0.2 b	14.9 ± 1.1 a	15.8 ± 0.6 a	15.7 ± 0.6 a
方欣 1 号	100.7 ± 1.5 a	96.3 ± 0.3 b	90.7 ± 0.3 c	22.1 ± 0.1 a	21.6 ± 0.7 a	20.8 ± 0.1 a	11.5 ± 0.3 a	11.2 ± 0.7 a	11.1 ± 0.5 a

续表

品种	株高（cm）			穗长（cm）			穗数		
	播期Ⅰ	播期Ⅱ	播期Ⅲ	播期Ⅰ	播期Ⅱ	播期Ⅲ	播期Ⅰ	播期Ⅱ	播期Ⅲ
玉稻 518	105.7±0.7 a	96.3±0.7 b	87.7±0.3 c	16.5±0.2 a	15.7±0.2 b	15.8±0.0 b	8.1±0.4 a	9.1±0.5 a	7.5±0.8 a
郑选 2 号	95.7±0.3 a	85.0±0.6 b	78.7±0.9 c	15.8±0.1 a	15.7±0.2 a	15.8±0.1 a	12.1±0.8 a	11.7±1.2 a	10.3±0.4 a
方欣 4 号	104.3±0.6 a	91.7±0.9 b	93.0±1.0 b	16.0±0.1 a	15.7±0.5 a	16.5±0.1 a	12.3±0.8 a	10.9±1.5 a	11.3±0.8 a
新丰 7 号	102.7±0.5 a	94.0±0.6 b	86.3±0.7 c	17.9±0.1 a	16.9±0.2 ab	16.1±0.6 b	12.7±0.7 ab	14.7±0.5 a	10.9±0.8 b
徐稻 3 号	97.8±1.8 a	83.3±0.7 b	87.7±0.3 c	16.6±0.5 a	15.8±0.2 a	15.4±0.4 a	10.9±0.4 a	13.3±1.9 a	11.5±0.9 a

进一步对筛选出的 2 个品种进行小区测产和外观品质测定，新丰 2 号 3 个播期产量随播期递减，亩产分别为 694.2 kg/ 亩、592.2 kg/ 亩、555.3 kg/ 亩，方欣 1 号 3 个播期中第 3 播期产量严重降低，亩产分别为 544 kg/ 亩、586.5 kg/ 亩、430.7 kg/ 亩。播期推迟 10 d 和 20 d 处理条件下，新丰 2 号垩白粒率由正常播期的 45.2% 分别降至 13.8%、18.3%，方欣 1 号垩白粒率由 9.2% 分别降至 3.6%、1.7%，播期推迟后稻米垩白大幅降低，稻米品质提高效果显著（表 6–17、表 6–18）。

表 6–17　不同播期对各个品种的穗粒数、结实率和千粒质量的影响

品种	穗粒数			结实率（%）			千粒质量（g）		
	播期Ⅰ	播期Ⅱ	播期Ⅲ	播期Ⅰ	播期Ⅱ	播期Ⅲ	播期Ⅰ	播期Ⅱ	播期Ⅲ
日本晴	112.3±3.0 a	99.1±4.7 b	85.9±0.9 c	92.2±0.7 a	4.8±0.7 b	94.9±0.2 b	24.3±0.3 a	25.1±0.4 ab	26.0±0.2 b
黄金晴	131.0±7.4 a	102.9±3.4 b	85.4±3.5 b	95.7±0.3 a	95.9±0.4 a	96.3±0.3 a	25.6±0.1 ab	24.7±0.3 b	26.7±0.8 a
豫粳 6 号	174.4±9.6 a	142.3±2.4 b	147.0±2.0 b	91.5±1.9 a	92.3±1.0 a	95.6±0.1 a	24.4±0.3 a	25.1±0.8 a	26.0±0.4 a
新丰 2 号	209.8±6.0 a	158.5±8.5 b	170.8±2.5 b	90.9±1.6 a	93.2±1.2 ab	96.1±0.4 b	23.9±0.2 a	25.8±0.5 b	25.4±0.4 b
水晶 3 号	110.2±5.7 a	96.9±2.2 b	113.8±3.6 a	95.2±0.9 a	91.8±0.3 a	94.4±1.7 a	27.6±0.2 a	24.1±0.7 b	25.9±0.2 c
方欣 1 号	134.7±6.9 a	122.0±11.7 a	126.1±2.3 a	96.7±0.9 a	96.5±0.5 a	96.3±0.2 a	29.0±0.2 a	28.0±0.4 a	28.1±0.3 a
玉稻 518	267.3±14.5 a	191.3±5.0 b	204.7±5.5 b	89.0±2.0 a	82.9±1.3 b	88.7±0.8 a	28.3±0.3 a	28.3±0.4 a	29.4±0.4 a
郑选 2 号	183.2±8.7 a	172.9±5.0 ab	154.6±4.3 b	85.6±1.1 a	88.5±1.8 a	96.0±0.3 b	25.4±0.5 a	25.1±0.2 a	26.2±0.1 a
方欣 4 号	194.9±1.4 a	178.1±15.7 a	201.6±2.0 a	80.3±1.6 a	91.1±2.4 b	93.2±0.9 b	25.4±0.4 a	25.8±0.5 a	24.8±0.2 a
新丰 7 号	174.9±5.9 a	139.9±8.0 b	132.6±6.4 b	95.4±0.8 a	95.8±0.8 a	95.4±0.6 a	28.3±0.1 a	27.3±0.2 b	28.1±0.2 a
徐稻 3 号	171.6±15.1 a	127.2±5.6 b	125.6±3.8 b	94.5±0.9 a	94.8±1.0 a	96.6±0.4 a	25.5±1.0 a	27.1±0.5 a	26.4±0.2 a

表 6–18　不同播期对各个品种的糙米率、精米率、整精米率和垩白粒率的影响

品种	糙米率			精米率		
	播期Ⅰ	播期Ⅱ	播期Ⅲ	播期Ⅰ	播期Ⅱ	播期Ⅲ
日本晴	84.1±0.0 a	84.8±0.4 a	81.7±0.3 b	66.3±0.9 a	70.9±0.6 b	73.6±0.7 c
黄金晴	83.1±0.1 a	82.1±0.6 a	82.4±1.6 a	70.4±0.5 ab	68.4±1.5 bc	72.8±0.9 a
豫粳 6 号	84.3±0.5 a	85.4±0.6 a	84.3±0.4 a	72.6±1.0 a	73.8±0.6 a	76.0±1.6 a
新丰 2 号	84.7±0.9 a	85.6±1.0 a	85.6±0.5 a	74.0±1.3 ab	68.0±1.3 c	76.0±1.0 a

续表

品种	糙米率			精米率		
	播期Ⅰ	播期Ⅱ	播期Ⅲ	播期Ⅰ	播期Ⅱ	播期Ⅲ
水晶 3 号	85.4±0.5 a	85.1±0.4 a	81.7±1.2 b	77.3±0.5 a	76.2±1.0 a	66.5±1.2 b
方欣 1 号	84.4±0.1 a	84.7±0.2 a	84.1±0.2 a	74.0±0.9 a	76.3±1.1 a	73.8±2.1 a
玉稻 518	84.3±0.1 a	84.5±0.7 a	84.0±0.2 a	63.5±0.5 a	73.9±0.2 b	75.4±1.1 b
郑选 2 号	85.3±0.3 a	85.8±0.1 a	83.3±0.6 b	64.6±1.0 a	74.2±1.5 b	76.1±0.2 ab
方欣 4 号	85.2±0.3 a	86.3±0.1 a	81.1±0.5 b	65.5±1.5 a	77.5±0.4 b	55.2±2.1 c
新丰 7 号	84.4±0.2 a	83.7±1.0 a	82.1±0.8 a	69.0±0.3 a	69.7±1.0 a	72.6±0.3 b
徐稻 3 号	83.7±0.2 a	84.4±1.1 a	83.7±0.2 a	62.8±0.2 a	63.1±0.8 a	74.0±0.9 b
品种	整精米率			垩白粒率		
	播期Ⅰ	播期Ⅱ	播期Ⅲ	播期Ⅰ	播期Ⅱ	播期Ⅲ
日本晴	43.3±1.0 a	54.2±1.0 b	69.2±1.1 c	12.2±1.5 a	2.5±0.9 b	2.0±0.2 b
黄金晴	51.8±2.5 a	57.9±1.1 b	72.0±0.8 c	7.7±1.1 a	1.5±0.3 b	1.1±0.1 b
豫粳 6 号	70.8±0.7 a	72.2±0.7 a	73.7±3.0 a	37.1±1.5 a	20.9±0.9 b	30.9±1.9 c
新丰 2 号	71.3±0.9 a	63.2±0.5 b	72.8±2.3 a	45.2±0.9 a	13.8±1.2 b	18.3±2.4 b
水晶 3 号	75.0±0.4 a	74.4±0.9 a	62.8±1.8 b	17.1±0.9 a	10.3±0.5 b	15.1±0.4 a
方欣 1 号	70.3±1.1 a	73.5±0.8 a	72.1±2.6 a	9.2±1.5 a	3.6±0.2 b	1.2±0.0 b
玉稻 518	54.2±1.1 a	71.2±0.7 b	70.8±3.1 b	60.9±2.5 a	43.7±3.2 b	33.7±1.8 c
郑选 2 号	35.4±1.2 a	44.9±2.3 a	73.7±1.4 b	13.7±0.7 a	17.9±1.4 ab	21.7±3.4 b
方欣 4 号	47.0±0.2 a	72.1±1.6 b	45.3±2.7 a	85.1±1.2 a	48.9±1.1 b	49.9±4.9 b
新丰 7 号	47.4±2.7 a	51.1±1.7 ab	65.9±4.4 b	15.5±0.7 a	6.7±1.6 b	4.1±1.2 b
徐稻 3 号	40.2±1.9 a	39.7±1.2 a	64.2±3.5 b	48.8±4.8 a	24.9±1.7 b	38.8±3.8 a

6.2.2.3 研发了应对高温胁迫的水稻化学调控技术

灌浆早期的高温扰乱了水稻叶片的抗氧化系统、膜的渗透平衡、内源激素的信号传导途径，破坏了光合结构，从而导致水稻产量与品质下降。从生理角度系统评估了高温对水稻光合与抗氧化系统的调控机制，在初步明确温度对上述生理环节不利影响的基础上，通过筛选相关调控手段，提出外源亚精胺 Spd 的施用可以有效提高植株气孔导度和蒸腾速率，具有减轻温度胁迫对水稻抗氧化系统、渗透平衡和光合系统的重要功能。Spd 在灌浆启动阶段可以通过提高植株抗氧化能力和光合作用应对温度升高的负面影响，并且对水稻产量、品质都具有调控效应。该研究相关结论的提出在气候变化方面给水稻生产提供了新的应对策略。

灌浆早期高温对水稻光合参数的影响及 Spd 的缓解效应。本研究以武运粳 24 号和宁粳 3 号为研究材料，在开花后第 5 d 进行高温处理的同时喷施外源亚精胺，结果表明两品种的净光合速率（Pn）在受到高温胁迫时均显著降低。喷施 Spd 能够显著提高两品种在受到高温胁迫时的净光合速率（Pn），与 CK 相比，武运粳 24 号的净光合速率提高了 6.85%，宁粳 3 号的净光合速率提高了 10.09%。结果表明，与常温处理 NT 相比，武运粳 24 号在高温胁迫时气孔导度没有明显的变化，但是宁粳 3 号的气孔导度显著提高。喷施亚精胺后，武运粳 24 号、宁粳 3 号的气孔导度分别增加了 10.29% 和 50.2%，达到显著水平。蒸腾速率的变化与气孔导度不一致，高温胁迫使水稻叶片蒸腾速率显著降低，而高温下叶面喷施亚精胺的水稻蒸腾速率与常温对照相比显著提高（图 6-9）。

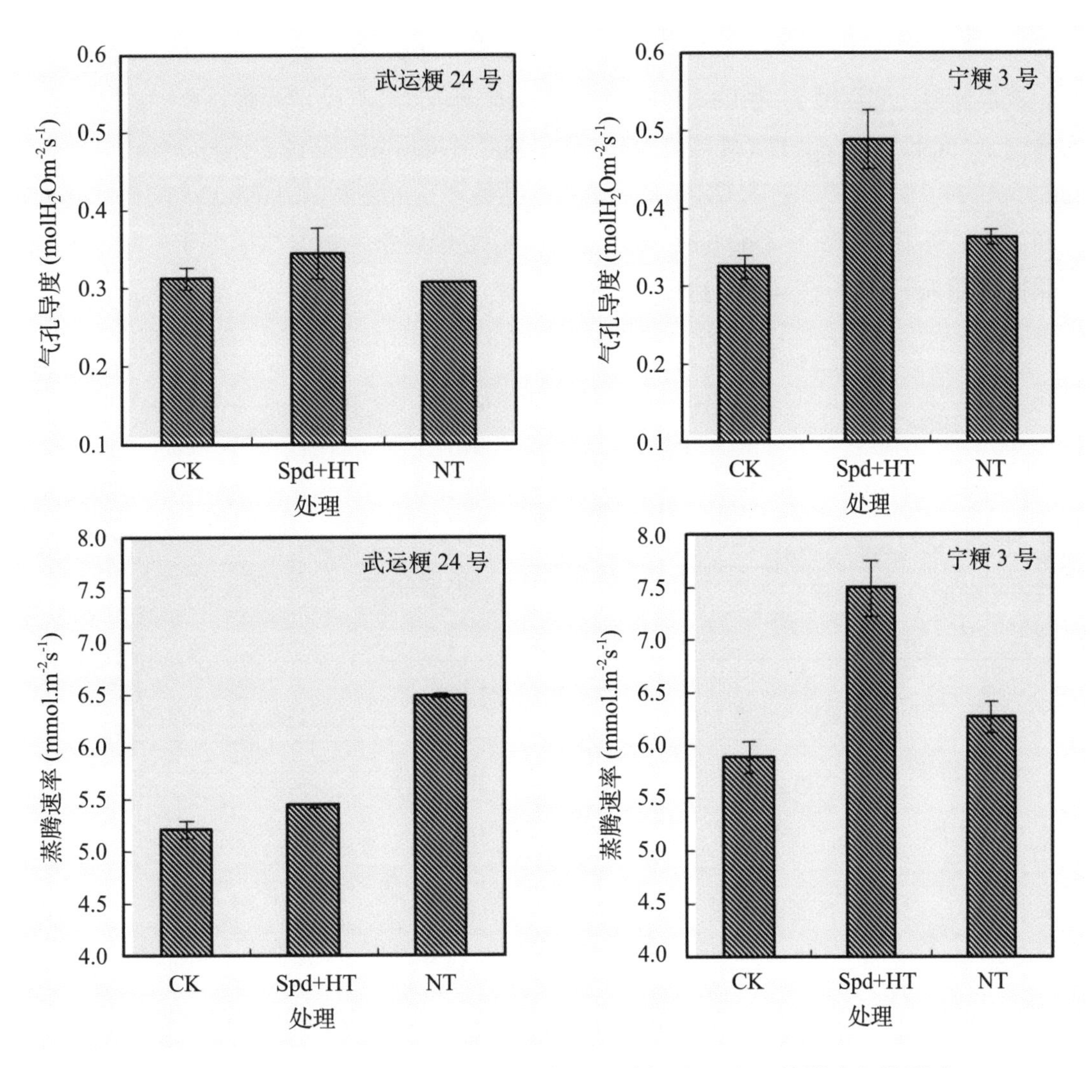

图 6-9 外源亚精胺 Spd 对高温下水稻叶片气孔导度、蒸腾速率的影响

灌浆早期高温对水稻叶片抗氧化能力的影响及 Spd 的缓解效应。受到高温胁迫时水稻品种的超氧化物歧化酶 SOD 的活性呈先上升后下降的趋势，而在喷施亚精胺后，能够显著抑制高温胁迫导致的 SOD 活性降低，与 CK 相比，在处理后第 9 d 和第 12 d 分别提高了 77.96% 和 78.9%，在经过 10 d 常温恢复后，还能维持比 CK 高的 SOD 活性。宁粳 3 号的 CK 处理在高温胁迫 6 d 显著高于 NT 处理，持续到处理高温处理结束，经过恢复期，恢复到与 NT 处理同水平；亚精胺在植物自身提高 SOD 活性的基础上进一步显著提高了 SOD 活性，在处理后的第 9、第 12 d 分别比 CK 高出 37.43%、21.86%，并且亚精胺能保持 SOD

在恢复期的较高活性。对于过氧化物酶 POD 的活性，武运粳 24 的 CK 处理在整个高温处理期间显著低于 NT 处理，Spd+HT 处理从处理 3 d ~ 22 d 均显著高于 CK。在受到高温胁迫时，宁粳 3 号的 POD 活性表现与武运粳 24 相反，在处理后的 3 ~ 9 d，CK 均高于 NT 处理；与 CK 相比，在处理后的 6 ~ 22 d，宁粳 3 号的 Spd+HT 处理 POD 活性被显著提高。说明对于不同的品种，亚精胺均能够显著提高 POD 和 SOD 的活性（图 6-10）。

高温胁迫使武运粳 24 号 CK 的 MDA 积累量显著增加，在处理开始后 6 ~ 22 d 达显著水平；与 CK 相比，Spd+HT 处理的 MDA 积累量在处理后 6 d 和 12 d 显著降低，分别降低 18.89% 和 15.9%。宁粳 3 号的 CK 处理在整个高温处理及常温恢复期间 MDA 的积累量显著提高。外源亚精胺处理 Spd+HT 的 MDA 积累量在处理后 3 ~ 22 d 显著低于 CK 处理，说明亚精胺可降低 MDA 在高温胁迫条件下的积累量。

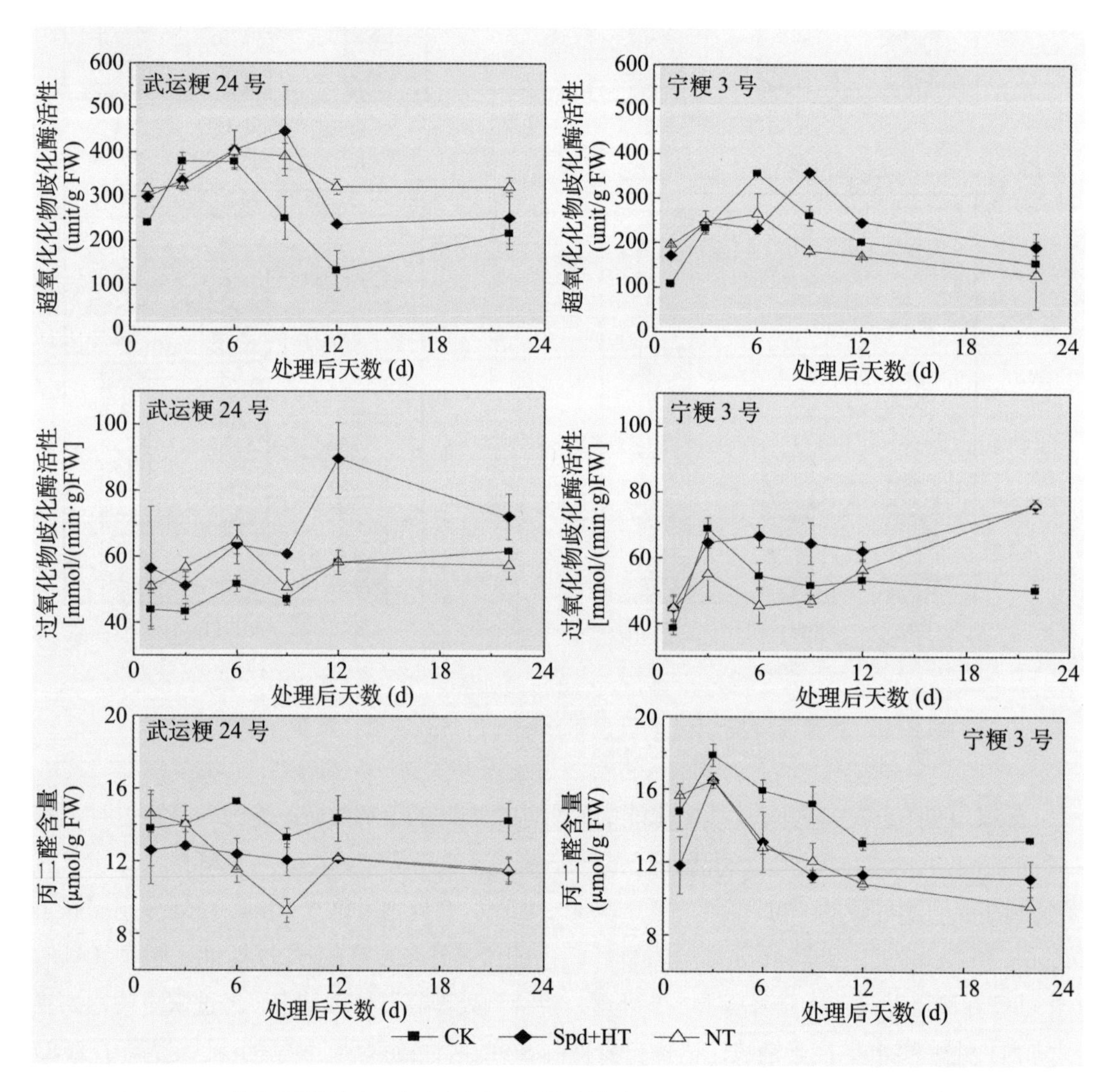

图 6-10　外源亚精胺 Spd 对高温下水稻叶片中 SOD、POD 和 MDA 含量的影响

抽穗开花期喷施化学调控剂可有效提高产量降低播期推迟损失。为探究灌浆充实调节剂对水稻籽粒灌浆充实的影响及其作用机理，采用大田试验研究了抽穗开花期喷施灌浆充实调节剂禾立丰和新美洲星，对水稻产量构成因素、籽粒灌浆充实、内源激素含量进行测定（表6–19）。研究结果表明，两种灌浆充实调节剂禾立丰和新美洲星显著提高了水稻产量，两种调节剂处理下的产量分别比对照高0.56 t/hm^{2}和0.51 t/hm^2，分别增产了5.03%（$P<0.05$）和4.58%（$P<0.05$）。分析产量构成因素可知，禾立丰和新美洲星处理的结实率分别比对照高出8.39%（$P<0.05$）和4.90%（$P<0.05$）。禾立丰处理的强势粒千粒重比对照高出了1.5%，而新美洲星处理的强势粒千粒重比对照降低了1.2%，但差异均未达到显著水平；禾立丰和新美洲星处理的弱势粒千粒重分别比对照高出16.07%（$P<0.05$）和15.89%（$P<0.05$）。

表6–19　灌浆充实调节剂对水稻产量构成因素和产量的影响

处理	穗数（1×10^4/hm^2）	每穗粒数	结实率（%）	千粒重（g）		产量（t/hm^2）
				强势粒	弱势粒	
CK	299.27±4.97 a	284.07±9.39 a	82.94±1.01 c	27.46±0.30 ab	16.93±0.38 b	11.14±0.14 b
T1	299.31±3.83 a	289.48±9.46 a	89.90±0.73 a	27.87±0.16 a	19.65±0.31 a	11.70±0.17 a
T2	299.25±4.66 a	292.79±8.44 a	87.00±0.98 b	27.13±0.20 b	19.62±0.86 a	11.65±0.13 a

注：同列数据不同小写字母表示在$P<0.05$水平上的差异显著性。CK为清水，T1为禾立丰，T2为新美洲星。

化学调控剂提高籽粒IAA和ZR含量促进籽粒灌浆充实。通过对籽粒灌浆过程中IAA和ZR激素含量测定分析发现，喷施禾立丰和新美洲星处理显著提高花后9 d和21 d籽粒中Z+ZR含量，增加的幅度分别为29.55%（$P<0.05$）和7.47%（$P<0.05$）、4.34%（$P<0.05$）和26.54%（$P<0.05$）。喷施禾立丰和新美洲星处理IAA含量在花后9、15和21 d均显著高于对照，增加幅度分别为126.19%（$P<0.05$）和222.20%（$P<0.05$）、9.70%（$P<0.05$）和1.9%（$P<0.05$）、34.62%（$P<0.05$）和101.19%（$P<0.05$）。

各处理强势粒千粒重快速增加，随后逐渐趋于稳定，T_1和T_2处理基本在花后15 d达到最大值，均比对照先达到最大值。花后5 d T_2处理的强势粒千粒重比对照高17.58%（$P<0.05$）。T_1和T_2处理强势籽粒的最大灌浆速率分别比对照高105.77%（$P<0.05$）和97.6%（$P<0.05$）。弱势粒千粒重随籽粒灌浆进程基本呈逐渐增加的变化趋势，在花后42 d T1和T2处理的弱势粒千粒重分别比对照高2.05 g和1.75 g，分别增加了12.76%（$P<0.05$）和10.92%（$P<0.05$）。随着籽粒灌浆进程，弱势粒灌浆速率呈现先上升后下降的趋势。由表6–20可知，T_1和T_2处理显著提高了弱势籽粒的灌浆起始势；T_1处理的弱势籽粒最大灌浆速率和平均灌浆速率均高于T_2处理，且两处理均显著高于对照；T_1和T_2处理显著缩短了弱势籽粒活跃灌浆期，表现为T_1、T_2、CK依次延长。

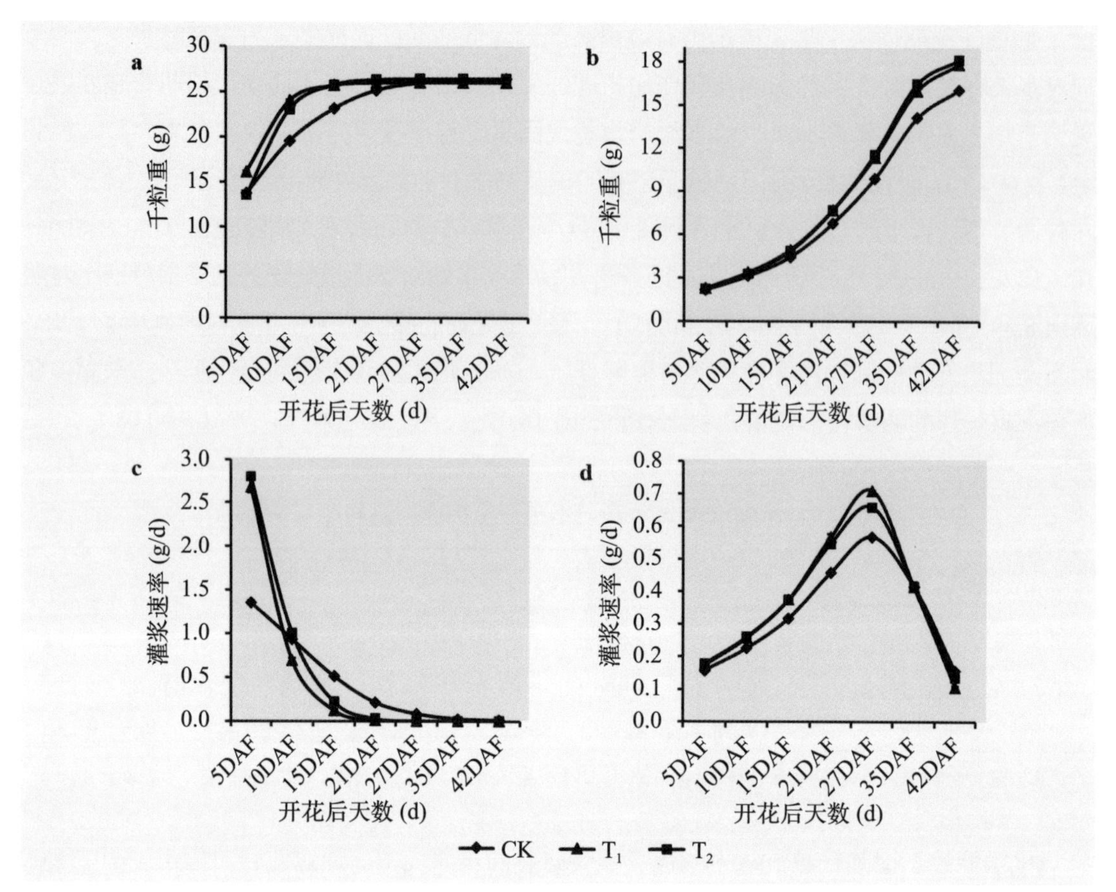

图 6-11 灌浆充实调节剂对水稻强、弱势籽粒千粒重（a、b）及灌浆速率（c、d）的影响

表 6-20 灌浆充实调节剂处理下水稻弱势籽粒灌浆过程的 Richards 方程特征参数

处理	R_0	V_{max} mg/(grain/d)	V mg/(grain/d)	活跃灌浆期 (d)
CK	0.073 ± 0.000 b	0.568 ± 0.001 c	0.364 ± 0.001 c	46.361 ± 0.179 a
T1	0.078 ± 0.001 a	0.708 ± 0.002 a	0.449 ± 0.001 a	41.332 ± 0.174 c
T2	0.077 ± 0.000 a	0.658 ± 0.000 b	0.419 ± 0.000 b	44.029 ± 0.062 b

注：同列数据不同小写字母表示在 P<0.05 水平上的差异显著性。R_0，灌浆起始势；V_{max}，最大灌浆速率；V，平均灌浆速率；AGP，活跃灌浆期。

综上所述，本课题研究结果表明，通过常规栽培措调控籽粒碳、氮平衡可以有效缓解气候变化背景下稻米品质的变劣效应。高温促使灌浆速率加快，达到最大灌浆速率的时间缩短，缩短灌浆活跃期，抽穗期增温条件下增施氮素（60 kg/hm^2）提高了水稻植株的氮营养水平，增强了籽粒灌浆过程中氮代谢的竞争力，有效增加了灌浆活跃期，减缓灌浆前期籽粒过快的物质积累，缓解了灌浆期温度升高对水稻品质形成的不利影响。适当延迟播种时间让水稻在生育期获得适宜其生长发育的温光条件，可以获得较高的稻米食味品质，有利于确保水稻获得优质高产。外源亚精胺在减轻高温胁迫对灌浆早期水稻抗氧化系统、渗透平衡和光合系统方面具有重要功能，为应对气候变化的栽培调控技术研发提供了应对研究基础。以上措施的提出对进一步提升我国优质稻米栽培理论研究水平，制定应对气候变暖的合理栽培调控措施具有重要意义（图 6–12 至图 6–13）。

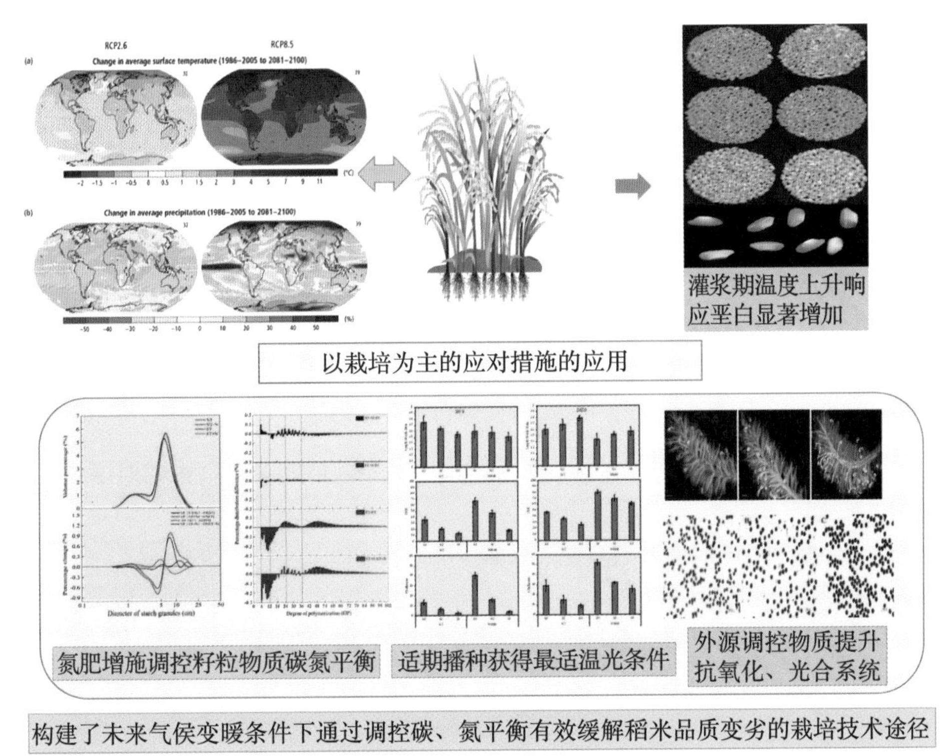

图 6–12　未来气候变暖条件下缓解稻米品质变劣的栽培技术途径

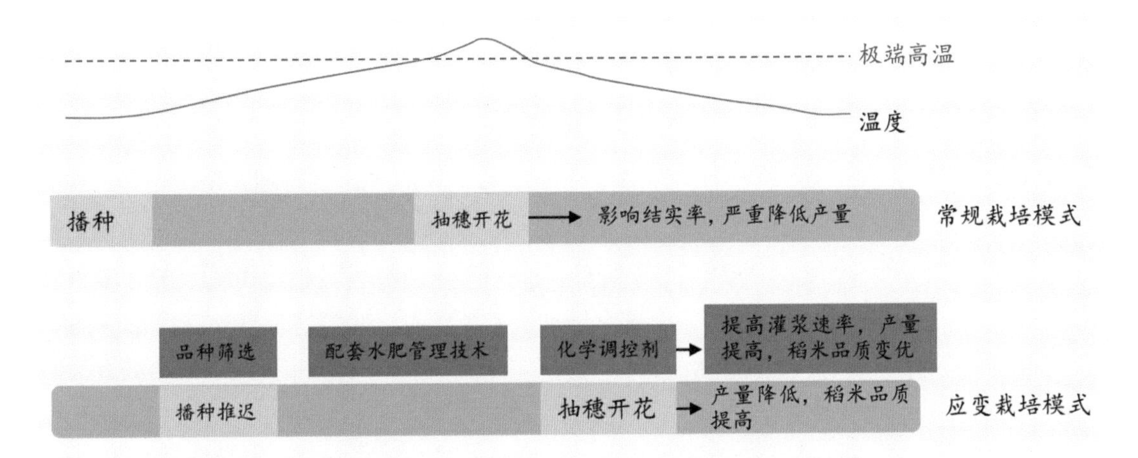

图 6–13　极端高温气候条件下提高稻米产量和品质的技术措施模式

6.2.3 集成了抗逆、高效和减排多目标协同的粳稻栽培技术体系

本课题研究以北方水稻，即我国最重要的优质商品粳米产地——东北地区为核心，在关键技术突破的基础上，开展多目标协同的技术集成。

6.2.3.1 集成了北方水稻应对气温升高的丰产优质栽培技术体系

以未来气候变暖条件下北方粳稻可持续丰产为目标，围绕移栽密度和秸秆还田两种栽培调节方式，采用农田开放式增温系统，研究不同插秧密度和秸秆还田条件下北方粳稻对大气温度升高的响应，集成了未来大气温度升高条件下北方粳稻栽培技术优化要略。

增温条件下不同移栽密度对辽宁省粳稻生产的调控作用。采用农田开放式主动增温系统，模拟大气温度升高。设置常规栽培密度（株行距 13.3 cm × 30 cm，CD）、常规密度增加 25%（株行距 9.9 cm × 30 cm，HD）和常规密度减少 25%（株行距 16.6 cm × 30 cm，LD）3 个密度处理。研究表明，北方单季稻区不同移栽密度处理水稻对增温的响应不同。增温对高密度和中密度移栽的水稻生长影响差异未达到显著水平。低移栽密度条件下，增温有利于水稻光合产物特别是花后干物质的积累，促进了水稻干物质的合理分配，从而增加了水稻的有效穗数和粒重，提高了水稻的产量（表 6-21，图 6-14）。未来气候变暖的条件下，适当降低移栽密度将更好地协调水稻个体和群体的关系，提高水稻对增温的适应性。

表 6-21 增温对不同密度处理水稻产量和产量构成因素的影响

处理	密度	每穗有效小穗数	结实率(%)	千粒重(g)	每穗产量(g)	单株有效穗数	粮食单产(g)	有效穗(10^6/hm^2)	粮食产量(kg/hm^2)
CK	HD	111.57 a	94.71 ab	23.81 a	2.63 ab	10.94 bc	28.61 c	3.43 a	8 966.65 ab
	CD	123.57 a	95.42 a	22.72 a	2.79 ab	10.53 c	29.33 c	2.64 b	7 353.60 cd
	LD	130.67 a	95.47 a	23.38 a	3.03 ab	12.22 b	37.03 b	2.30 b	6 964.72 d
T	HD	117.45 a	94.52 ab	22.40 a	2.61 b	11.42 bc	29.74 c	3.58 a	9 323.01 a
	CD	115.05 a	93.55 b	22.56 a	2.59 b	11.89 bc	30.82 c	2.98 b	7 728.41 bcd
	LD	134.41 a	93.28 b	23.57 a	3.16 a	14.06 a	44.40 a	2.64 b	8 350.57 abc

模拟增温条件下秸秆还田对水稻生长和稻田土壤的影响。利用农田开放式主动增温系统（FATI），在水稻收获后将秸秆全部粉碎（长度≤ 50 mm），秋季翻耕全量还田，研究增温条件下秸秆还田对水稻生长和稻田土壤的影响。不同年份增温条件下，秸秆还田对水稻产量影响不同，但未导致水稻产量显著降低。2020 年与 2019 年相比，增温条件下秸秆还田处理使土壤有效钾含量显著提高，土壤全碳和全氮含量有上升趋势（表 6-22），土壤真菌和细菌群落差异性分化（图 6-15），表明增温和秸秆还田对稻田土壤微生物群落和养分动态产生影响。未来气候变暖条件下，从改善土壤质量和减少秸秆焚烧对大气污染影响的角度，秸秆还田应成为水稻生产重要的栽培调控措施。

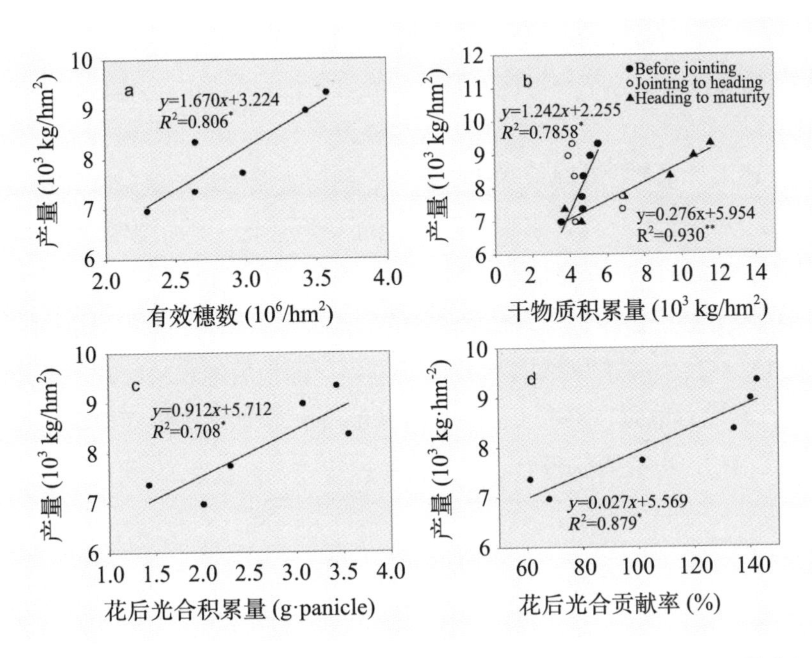

图 6-14　产量与有效穗数 (a)，干物质积累量 (b)，花后光合积累量 (c)，花后光合贡献率 (d) 的相关关系

表 6-22　模拟增温条件下秸秆还田对稻田土壤主要养分含量的影响

年份	温度	秸秆还田	pH	有机碳 (g/kg)	全氮 (g/kg)	全磷 (g/kg)	全钾 (g/kg)	有效钾 (mg/kg)	速效钾 (mg/kg)
2019 年	CK	不还田	5.96 b	14.52 a	1.16 a	1.25 a	23.9 bc	106.03 b	82.66 a
		还田	5.77b	14.36 ab	1.15 a	1.21 a	23.7 bc	107.40 b	89.10 a
	T	不还田	5.75 b	14.07 ab	1.05 a	1.27 a	23.5 bc	108.35 b	94.50 a
		还田	5.82 b	13.23 b	1.04 a	1.27 a	22.9 c	123.37 ab	96.65 a
2020 年	CK	不还田	6.45 a	13.87 ab	1.09 a	1.12 a	26.1 a	103.60 b	85.02 a
		还田	6.15 ab	13.57 ab	1.17 a	1.21 a	25.5 a	110.26 b	91.12 a
	T	不还田	6.15 ab	13.67 ab	1.12 a	1.22 a	25.4 ab	102.96 b	84.08 a
		还田	5.89 b	14.00 ab	1.12 a	1.16 a	24.3 b	133.84 a	109.37 a

综上所述，模拟增温条件下，低移栽密度处理对水稻生长发育更有利，产量增加幅度远高于高移栽密度和中移栽密度；秋翻地秸秆还田对水稻产量无显著影响，但可提高稻田土壤养分含量，导致土壤微生物分化，适当降低移栽密度和秸秆还田可缓解大气温度升高对北方粳稻生产的潜在不利影响，为未来气候条件下水稻栽培模式的调整提供了理论基础和科学依据（图 6-16）。在此基础上，提出了未来大气温度升高条件下北方粳稻栽培技术优化要略（图 6-17）：

（1）**品种选择**　辽宁沈阳以南地区可选择港辐粳 16 和盐粳 456，辽宁沈阳以北地区可选择沈稻 47 和北粳 3 号。水稻植株剑叶叶片光合特性对高温的适应性，可作为品种快速选择的依据。

（2）**秸秆还田**　水稻收获时或水稻收获后、耕层土壤冻结前进行秋季翻地秸秆还田。采取水稻秸秆翻耕的还田方式，水稻收获后全部秸秆还田。水稻收获后，将秸秆粉碎，粉碎长度≤ 50 mm，粉碎长度合格率≥ 90%，平均留茬高度≤ 150 mm，抛撒不均匀度≤ 20%，漏切率≤ 1.5，秸秆粉碎后应达到软、散的标准，抛撒均匀，不得有堆积和条状堆积。翻地作业深度 15 ~ 20 cm，翻地深度合格率≥ 90%，翻地后地表植物残留量≤ 200 g/m^2，碎土率≥ 85%，翻地后地面平整度（高差）≤ 4.0 cm，翻地后田地面情况应为作业后田角余量少，田间无漏耙，没有明显壅土、壅草现象。

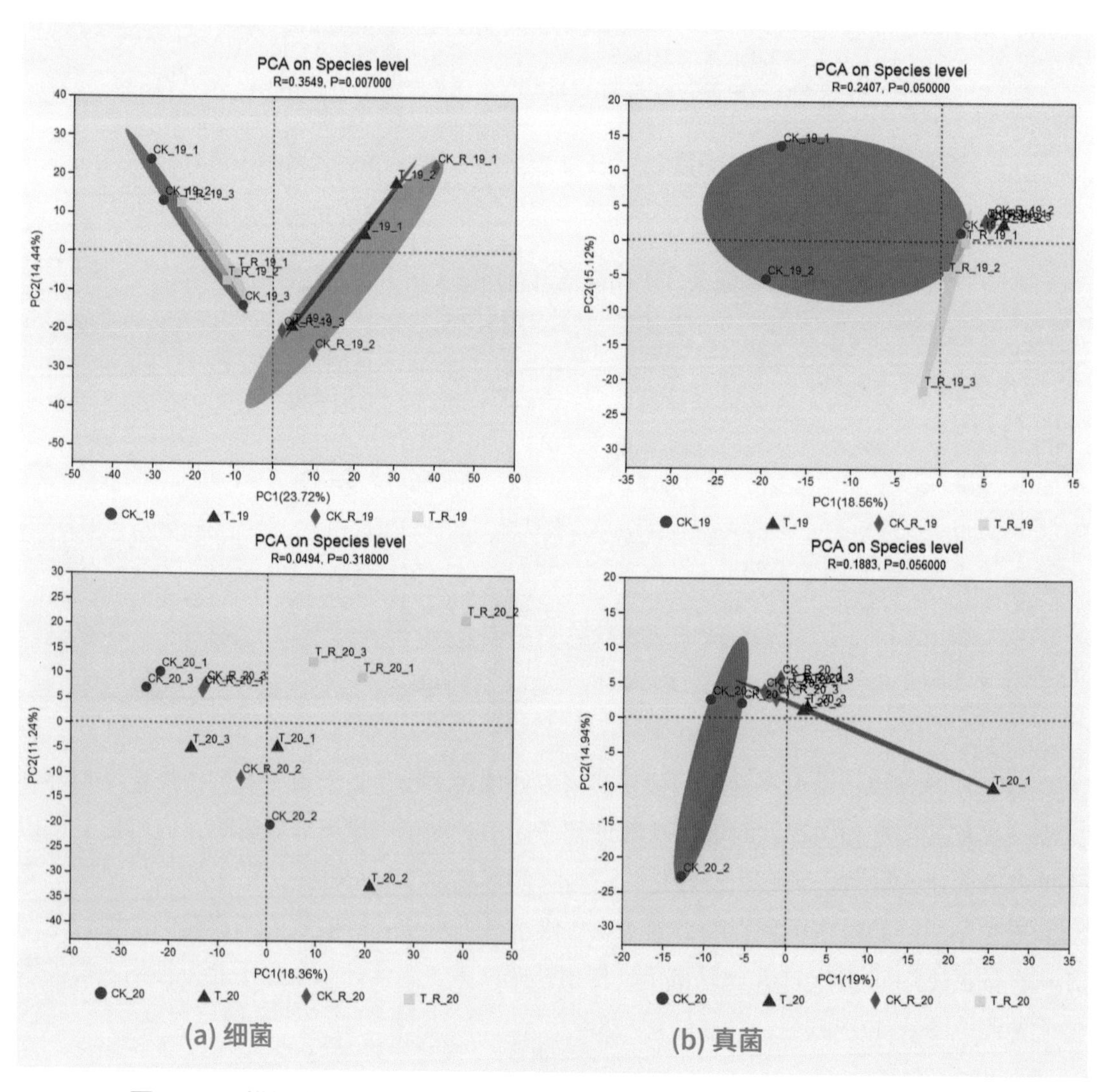

图 6-15　模拟增温条件下秸秆还田对稻田土壤细菌和真菌群落的 PCA 分析

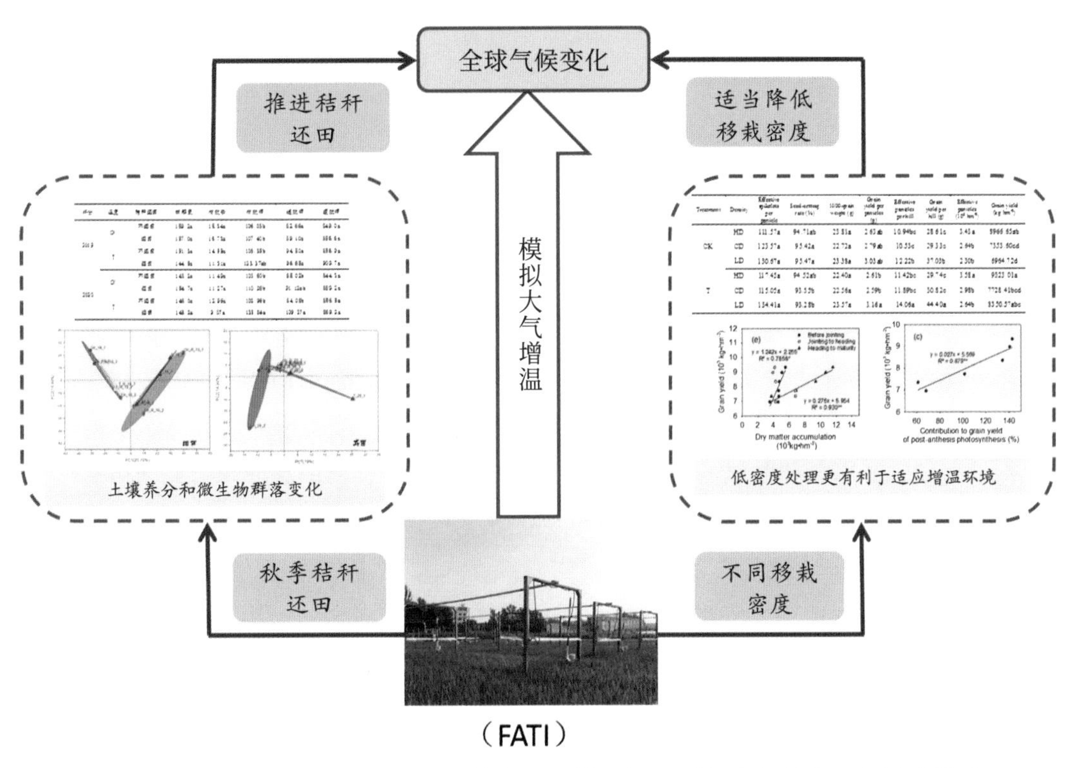

图 6-16 模拟增温条件下不同移栽密度和秸秆还田对北方粳稻生产的影响模式

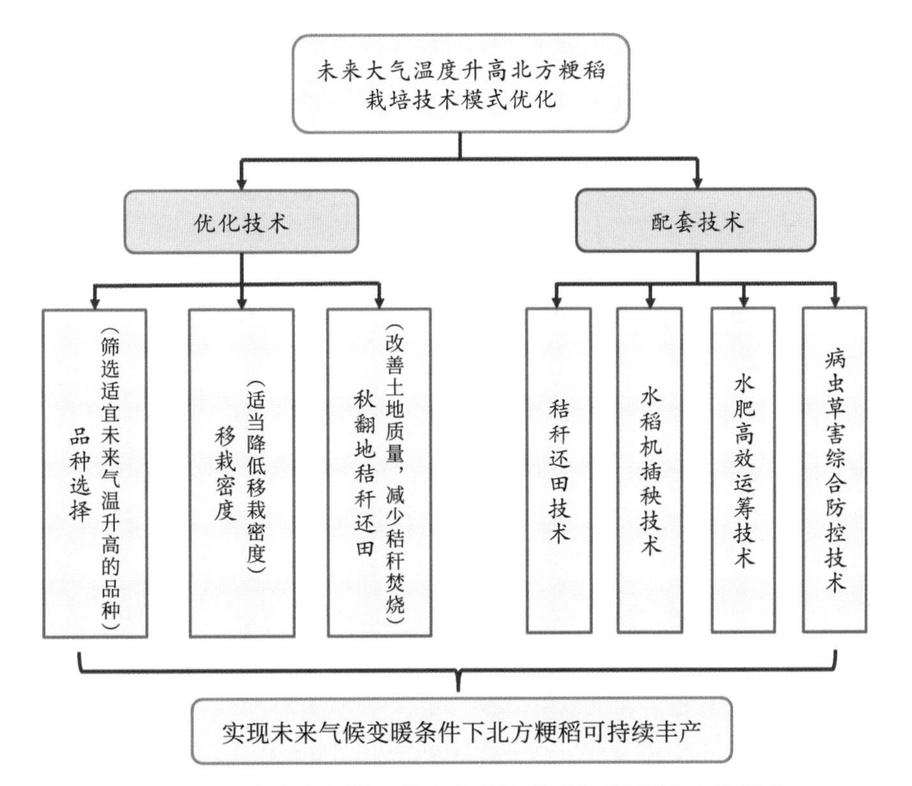

图 6-17 未来大气温度升高条件下北方粳稻栽培技术模式

（3）**移栽规格** 4月上旬播种，5月中下旬插秧；增温条件下可以适当降低移栽密度，田间行穴配置以30 cm×（13.3 ~ 16）cm为宜，每穴3 ~ 5苗。机插秧应符合《水稻机插秧作业技术规范》NY/T 2192-2012的相关规定。

（4）**养分管理** 整个生长季施标氮肥60 ~ 70 kg/亩，分3段5次施入，施磷酸二铵7.5 ~ 10 kg/亩，做基肥1次性施入；施钾肥7.5 ~ 10 kg/亩，60%做基肥，40%做穗肥，也可做基肥1次施入。

（5）**水分管理** 灌水采用“浅－露－烤－湿”的节水灌溉方式。水稻移栽期保持水层1 ~ 3 cm；返青期要浅灌水，水层在3 cm以内。分蘖中期保持水层0 ~ 5 cm；当返青25 d左右，轻晒田1 ~ 3次，以田面结皮即可，促使根系发育和下扎；幼穗形成－抽穗开花期需要建立水层，一般保持3 ~ 5 cm水层为宜；抽穗开花期及灌浆前期保持水层0 ~ 5 cm；灌浆后期及成熟期应采用干干湿湿间歇灌溉法；收割前10 d逐渐落干水层。

（6）**植保技术** 坚持以“农业防治、生物防治和物理防治为主，化学防治为辅”的基本原则，按照预防秧苗期、放宽分蘖期、保护成穗期的基本防治思想。分蘖－拔节期重点防治纹枯病、苗叶瘟、细菌性斑病、条纹叶枯病等病害；稻蓟马、二化螟、稻飞虱、稻纵卷叶螟等虫害；稗草、莎草、阔叶草等草害。拔节至孕穗期重点防治稻瘟病、纹枯病、螟虫、稻飞虱。孕穗－成熟期重点防治稻曲病、稻瘟病、纹枯病、稻飞虱、稻纵卷叶螟等。

6.2.3.2 集成了东北南部（辽宁）稻区耐低温水稻直播栽培技术体系

在全球气候变暖的背景下，辽宁省水稻生产季节（5—9月）平均温度呈现出明显升高，东北稻区安全生长季长度的变化最显著，水稻生育期普遍表现为延长趋势，使得省工、节本的水稻轻简直播栽培成为北方应对高温、极端气候条件的候选栽培方式。但北方水稻直播栽培仍然存在着品种不确定、配套栽培技术缺乏、操作不规范等问题。为此，从选择中、早熟高产品种入手，以适合北方直播栽培的北方粳稻品种北粳3为主要研究对象，通过调控播期、播量、N肥配比，以及适时应用油菜素内酯等化控手段，实现北方粳稻直播栽培低温保苗、防早衰、提高结实率等研究目标，建立稳产水稻机械直播栽培技术体系，并形成规范的省级操作规程。

确定了早直播保证低温出苗的种子处理技术、适宜播期、播种量、播种密度，除草策略，及水肥管理技术，形成了保齐苗（出苗率75%以上）、控杂草、壮苗防早衰，且实现温室气体减排的直播栽培理论及措施。建立适合辽宁稻区促低温齐苗、防早衰的北方粳稻直播栽培技术（图6-18）。

保证低温齐苗的种子处理技术。针对北方直播稻初春低温发芽出苗率低及后期易遭受低温冷害等问题，开展化学控制技术的应用研究，通过种子包衣处理、生长调节剂施用等措施，建立适于直播稻的齐苗壮根栽培措施。

明确根据沈阳地区的气温变化，确定早中熟粳稻品种北粳3（BJ3）、北粳2（BJ2）等适宜5月10日前播种；早熟品种可推迟播种时间，如吉粳88（JJ88），5月15—20日播种较适宜。以油菜素内酯甾醇（brassinosteroid，BR）辅助第二代新烟碱类杀虫剂噻虫嗪种子包衣处理，确定对直播水稻出苗率、灌浆期根活力、SPAD 值、生物量及产量的影响。

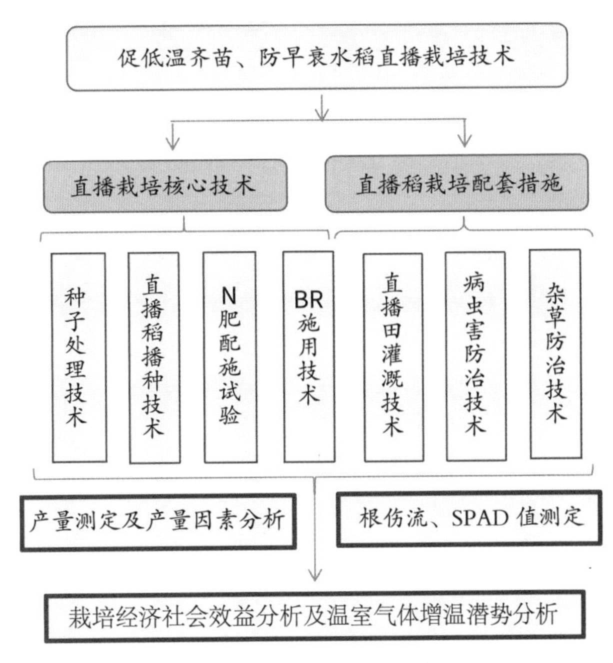

图 6-18　辽宁稻区水稻直播栽培技术途径

确定种子 BR 处理最适浓度。BR 不仅参与调控了植株地上部分的生长发育，而且还调控着根系的整个发育过程。同时 BR 还能够有效提高抗逆性，使得植物在低温或高温胁迫下能够较好地维持自身功能，且提高了在胁迫过后植株本身的恢复水平。

北方寒地直播稻面临的突出栽培问题，即播种后易受冷害侵袭等环境因素影响，抑制种子萌发，影响直播水稻出苗及成苗率。BR 不同浓度处理对水稻种子发芽势的影响不同，从 BR 对吉粳 88 和北粳 3 号水稻种子发芽势影响可以见，不同浓度 BR 处理下的水稻发芽势均表现出不同程度的影响（表 6–23），其中，在 0.1 μmol/L 浓度处理下，两个水稻品种的发芽势相较于其他处理组均有显著提高。在适宜浓度 BR 处理后的水稻种子具备更强的应对低温胁迫出苗的能力。处理后田间出苗率可提高到 75%（表 6–24）。结果显示，浓度为 0.1 μmol/L 的 BR 处理对水稻苗期低温冷害具有最佳缓解效果（表 6–25）。

表 6–23　BR 对 JJ88 和 BJ3 水稻种子发芽势的影响

BR 浓度（μmol /L）	JJ88 发芽势（%）			BJ3 发芽势（%）		
	0 h	24 h	48 h	0 h	24 h	48 h
0	0	62.31	72.33	0	58.64	70.00

续表

BR 浓度（μmol /L）	JJ88 发芽势（%）			BJ3 发芽势（%）		
	0 h	24 h	48 h	0 h	24 h	48 h
0.1	0	95.33★	94.26★	0	94.25★	93.16★
0.5	0	60.22	59.33	0	58.23	60.14
1	0	45.23★	42.51★	0	40.16★	42.51★

表 6–24 各水稻品种 0.1 μmol/L 的 BR 处理出苗率比较

处理	TJ16 出苗率	TJ14 出苗率	JJ88 出苗率	BJ3 出苗率
CK	66.7 ± 8.7	62.3 ± 6.1	68.6 ± 11.6	63.2 ± 5.6
BR	73.4★ ± 8.2	75.6★ ± 12.5	78.5★ ± 9.6	75.4★ ± 10.3

注：★ 表示 $P<0.05$ 水平下显著。

表 6–25 不同 BR 浓度喷施对低温处理 7 d 水稻苗抗冷性的调查

单位：%

BR 浓度	1 μmol/L	0.1 μmol/L	0.01 μmol/L	0 μmol/L
萎蔫率百分比	65	45	70	70
死苗率百分比	80	50	90	90

BR 处理显著提高直播水稻 SPAD 值及灌浆期根活力。灌浆成熟期根活力高是水稻高产优质的保证，是保证功能叶光合产物积累的重要养护目标。与移栽栽培方式相比，旱直播水稻灌浆期根活力显著下降。苗期的壮根处理，对提高灌浆期各品种根活力和保证叶片光合能力起重要作用。由图 6–19 可知，通过两年重复实验，实施 BR 浸种，各粳稻品种灌浆期根伤流、SPAD 值均显著提高。证明施用 BR 可提高水稻在拔节期之后的光合作用效率，提高能量转化效益，促进其生长发育，有效防止直播稻根、叶早衰的发生。

根据分蘖期 BR 处理水稻产量构成因素的比较分析可知，BR 处理组相较于对照组产量均显著提高，主要使产量构成因素中的二级枝梗数、穗粒数与饱满粒数显著增加。以 BJ3 表现最为明显，二级枝梗数相较于对照组平均提高了 11.2 个，饱满粒数则提高了 16.4 个。相关性分析结果说明 BR 处理下的饱满粒数、二级枝梗数与产量均达到显著正相关性，证明 BR 促进穗分化，同时也保证了水稻的灌浆效率。进一步验证 BR 可通过提高水稻穗分化时期小穗的分化数量以及灌浆效率提高产量的结果。

生育后期根系活力与主功能叶片叶绿素含量和叶面积系数分别呈显著正相关，因此，旱直播秧苗壮根处理有利于生育后期延缓叶片衰老，增强光合生产力，提高籽粒的充实度和结实率。水稻直播栽培可以通过适当的田间管理提高直播稻灌浆期根活力，从而达到增产的目的（图 6–20）。

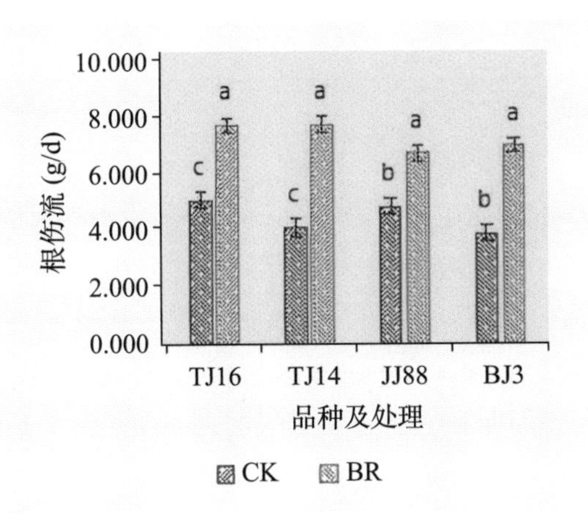

图 6–19 分蘖期 BR 处理对不同品种直播稻根伤流的影响

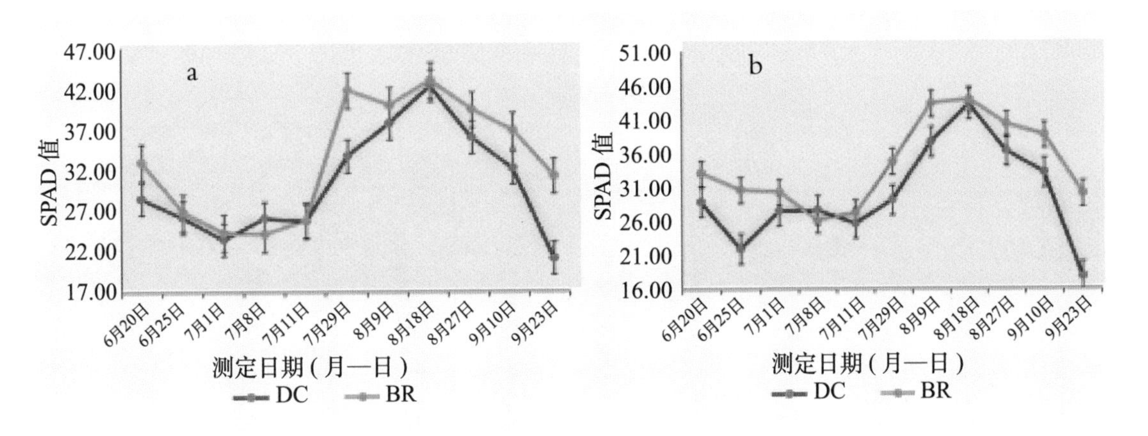

图 6–20 直播水稻 TJ16（a）、BJ3（b）BR 处理下 SPAD 值测定

确定辽宁稻区直播栽培的最适播种密度、播种量。以辽宁盘锦稻区直播水稻品种盐丰 47 为主要供试品种，设置了行距为 20 ~ 30 cm 的梯度密度机械直播试验，播量设为 5 kg/ 亩。结果显示，播种密度为 20 cm 的直播稻产量提高 4% ~ 7%，主要以有效穗数为主要差异保证产量。

为了明确 20 ~ 25 cm 行距下的最适播种量，设置 4 kg/ 亩、6 kg/ 亩、8 kg/ 亩不同播量处理，开展不同播种量的分蘖动态调查（图 6–21）、SPAD 值等测定、叶面积和干物质累积动态调查，并根据产量构成因素分析揭示直播稻播种量及群体质量的关系。

表 6–26　不同播种量对直播栽培 BJ3 产量及产量因素分析

处理（kg / 亩）	基本苗数（万株 / 亩）	穗粒数（个）	结实率（%）	千粒重（g）	实际产量（kg/hm^2）	单位面积穗数（万穗 / 亩）
4	17.7 c	137.79a	78.07 a	21.21 a	9 346.11 a	43.37 b
6	26.2 b	134.25 ab	75.00 a	21.47 a	8 138.90 b	38.35 c
8	35.4 a	120.3 b	77.77 a	19.70 b	8 588.55 b	45.19 a

经比较，北粳 3 播种量为 4 kg/ 亩时直播稻产量最高。根据产量因素分析，以及单株、群体有效穗数调查，证明播种量直接影响水稻单株分蘖数、单位面积有效穗数、穗粒数及千粒重。水稻群体分蘖动态变化调查证明，4 kg/ 亩有效蘖数最高。另外，对播量处理各组的 SPAD 值测定显示，在齐穗期、成熟期 4 kg/ 亩处理组的 SPAD 显著高于另两组处理，有利于后期灌浆成熟。可见，4 kg/ 亩时穗粒数及单位面积有效穗数显著增加决定产量最高。最适播量或密度调控可以将直播稻单株稻分蘖数控制在 2 ～ 3 个，有利于保证产量。

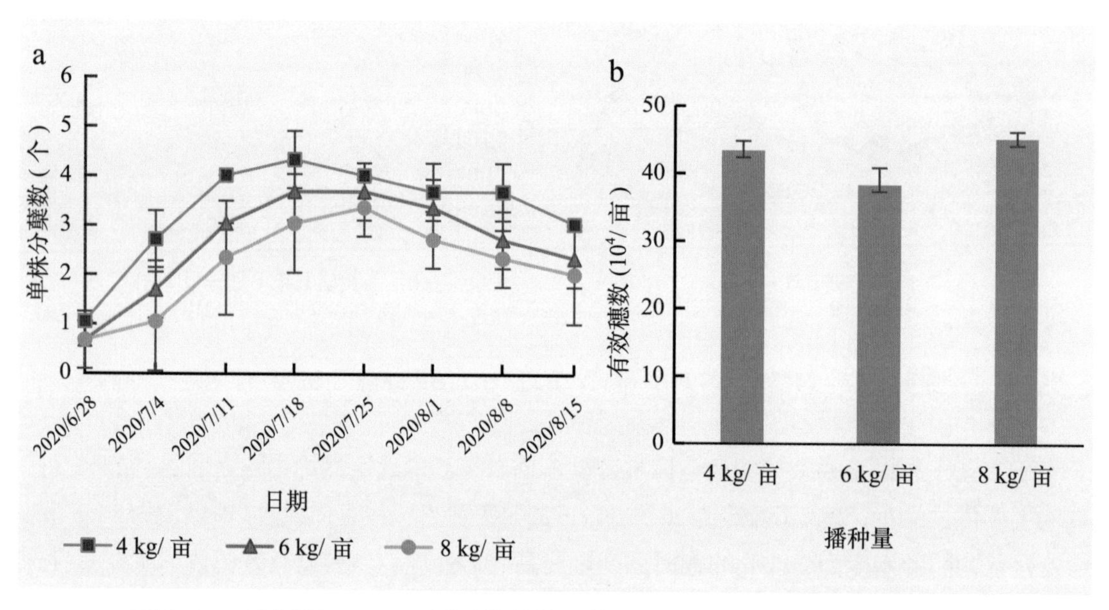

图 6–21　直播稻 BJ3 不同播量的单株分蘖动态（a）及有效穗数调查（b）

有机与无机 N 配施比为 3 : 7 混合施用的 N 肥管理策略。合理施肥可增强稻株抗病能力，防止早衰。增施有机肥是改善土壤结构促进土壤空气的更新、从而保证水稻根系生长、防止早衰的重要途径。但有机肥的施用会增加稻田温室气体的排放总量。通过化肥减量配施有机肥是保证水稻产量且实现稻田温室气体减排的有效方法。

配施腐熟有机肥，结合 SPAD 值测定，确定不同 N 肥配比的施肥时期，探索其对直播稻产量和温室气体排放的影响。N 肥配施采用 4 个处理，分别为无肥对照（CK）、复合肥（CT）、有机与无机 N 3∶7 混合（MT）、有机肥处理（OT），根据产量、生长发育指标等选择确定最佳施肥方案。

根据表 6-27 所示 N 肥处理直播稻产量及构成因素分析，实际产量为 MT（复合肥 + 有机肥）>CT（复合肥）>OT（有机肥）>CK（对照）。有机肥富含多种有机酸、肽类以及包括氮、磷、钾在内的丰富的营养元素。不仅能为农作物提供全面营养，而且肥效长，可增加和更新土壤有机质，促进微生物繁殖，改善土壤的理化性质和生物活性，是绿色食品生产的主要养分。但有机肥肥效慢，单纯施用有机肥不能及时供应水稻关键生育期需求，产量并不理想。经比较，有机与无机 N 肥 3∶7 混合（MT）可以有效提高直播稻产量。

表 6-27　不同 N 肥处理对直播栽培 BJ3 产量及产量因素分析

N 肥处理	一级支梗（个）	二级支梗（个）	穗粒数（粒）	结实率（%）	千粒重（g）	产量（$kg \cdot hm^{-2}$）	单位面积穗数（万穗 · $667m^{-2}$）
CK	8.70 c	15.23 c	104.8 c	77.90 c	19.70 c	5 399.49 d	28.46 c
CT	10.93 a	17.86 b	122.14 b	78.71 b	20.05 c	8 593.52 a	41.40 b
MT	10.71 a	26.71 a	128.16 ab	88.03 a	21.29 b	8 908.60 b	42.52 a
OT	10.68 a	23.79 a	134.14 a	80.21 b	22.76 a	8 132.97 c	36.23 b

注：“CK、CT、MT、OT”分别代表对照、复合肥、化肥和有机肥按 7:3 混合、有机肥。不同字母表示显著性 $P<0.05$ 的差异。

旱直播水稻北粳 3 扬花期喷施 BR 有助于提高产量。对直播稻不同生育期植株做喷施 1 μmol/L 浓度 BR 处理（表 6-28），分析结果表明，配合分蘖期、扬花期外施选定浓度生长调节剂 BR，可显著提高二级枝梗数或结实率及产量，可见，BR 可促进籽粒灌浆（李赞堂，2018）。且 BR 可以提高水稻抗逆性，可在分蘖期施用防治药害、低温等逆境。

表 6-28　不同时期 BR 处理下直播稻 BJ3 实测产量及产量因素分析

BR 处理	一级支梗（万个 /hm^2）	二级支梗（万个 /hm^2）	穗粒数（粒）	结实率（%）	千粒重（g）	产量（kg/hm^2）	单位面积穗数（万穗 / 亩）
CK	10.71 a	18.50 b	113.20 b	81.90 b	20.25 b	8 928.49 b	44.98 b
分蘖期	11.40 a	30.76 a	139.23 a	83.91 b	20.33 b	9 049.71 a	47.83 a
孕穗期	11.80 a	24.57 b	136.49 a	82.43 b	20.69 b	8 968.24 b	44.81 b
扬花期	11.57 a	22.69 b	117.80 b	86.74 a	21.36 a	9 125.32 a	45.31 ab

对以上 BR 处理组、N 肥配比组的温室气体测定，结果显示，移栽稻田温室气体增温潜势显著大于旱直播稻田，旱直播 BR 处理下的增温潜势略高于对照组，3∶7 的有机与无机 N 配比施肥策略较施用化肥的增温潜势有所增高，但差异均不显著。

技术集成及应用效果（图 6-22）。该技术模式用 0.1 μmol/L 浓度 BR 浸种、噻虫嗪包衣，确定适宜旱直播播种量（4 kg/ 亩）、播种密度（行距 20 ～ 25 cm），采用“一封、二杀”策略除草，播种后见干见湿水肥管理技术，分蘖始期到有效分蘖终止期，采取浅水促蘖管理；施肥总量 180 ～ 200 kg/hm^2（30% 有机肥 +70% 化肥混合，有机肥作为底肥一次性施入），形成了保齐苗（出苗率 75% 以上）、控杂草、保稳产、实现温室气体减排的直播栽培理论及措施。集成两套适合辽宁省水稻直播栽培技术，发布 1 套水稻机械旱直播种植标准化栽培技术规程，在辽宁省沈阳、辽中、盘锦等稻区试验示范面积累计百余亩。在应对气候变化的应急措施研究中，根据产量构成因素分析及根伤流、SPAD 值测定，明确 0.1 μmol/L 浓度 BR 浸种等处理显著提高水稻低温出苗率，促进水稻主根或侧根生长发育，在水稻苗期能够起到促进低温出苗的作用，且有利于防止叶片早衰，在生殖发育过程中提高水稻的收获指数和产量，为产量提高奠定基础。

配合分蘖期、扬花期外施 1 μmol/L 浓度 BR，可显著提高二级枝梗数、结实率及产量，集成了顶 4、顶 3 叶色差法的施肥管理指导方法，技术集成组合最高产量达到 650 kg/ 亩左右。扬花期喷施 1 μmol/L 浓度 BR 有效提高灌浆期根活力，防止叶早衰，可显著提高直播稻灌浆期遭遇低温冷害的风险抵抗力。

北方旱直播稻田较移栽稻田温室气体（Greenhouse gases，GHGs）增温潜势降低 50% 以上；施用 BR 或配施 30% 有机肥，GHGs 增温潜势均有增加；但较之对照或施用复合肥，差异均不显著。

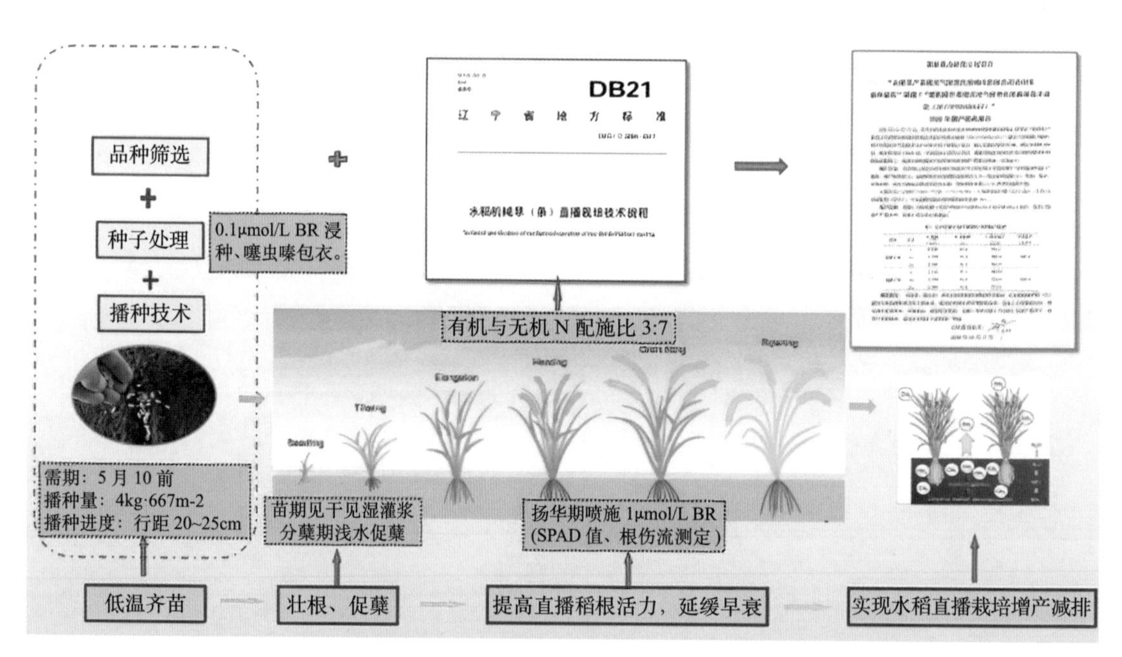

图 6-22 辽宁稻区促低温齐苗、防早衰水稻直播栽培技术模式图

6.2.3.3 集成了东北寒地稻区抗逆、减排和高效协同的栽培技术体系

以应对未来全球气候变化导致干旱极端天气条件下保障黑龙江寒地稻区粳稻生产为目标，采用从施肥方式、水分管理方式、秸秆还田方面开展研究，构建应对气候变化的“节水控灌及优化氮肥技术”及“秸秆还田合理氮肥施用”抗逆栽培关键配套技术，减少水稻生长季 CH_4 和 N_2O 气体累积排放量及全球增温潜势 20% 以上。

节水控灌及优化氮肥技术可减少寒地粳稻温室气体排放累积量 20%，有效减少全球增温潜势。温室气体累积排放测定表明，节水灌溉处理能降低稻田 CH_4 排放，与淹水灌溉相比，控水灌溉和间歇灌溉的 CH_4 季节累积排放量分别减少 11.35% ~ 29.94% 和 19.73% ~ 30.02%。节水灌溉优化氮肥处理降低 CH_4 的季节累积排放量，间歇灌溉模式下 N4 处理比其他氮肥处理降低 7.05% ~ 28.48%。N_2O 排放与 CH_4 排放相反，淹水灌溉最低，控水灌溉次之，间歇灌溉最高。节水控灌及优化氮肥处理降低了温室气体 CH_4 的温室效应，控水灌溉和间歇灌溉较淹水灌溉全球增温潜势（GWP）降低 11.12% ~ 29.52% 和 18.68% ~ 29.38%，3 种水分管理中间歇灌溉综合全球增温潜势最低（表 6–29）。

表 6–29　不同水氮处理稻田综合全球增温潜势

水分管理	处理	季节性 CH_4 排放量 (kg/hm^2)	季节性 N_2O 排放量 (kg/hm^2)	综合全球增温潜势 GWP (kgCO_2/hm^2)
控水灌溉 (W_1)	W_1N_0	549.7 ± 18.8 b	0.48 ± 0.02 e	18 833.3 ± 678.4 b
	W_1N_1	700.5 ± 36.4 a	0.57 ± 0.04 de	23 987.7 ± 789.8 a
	W_1N_2	564.1 ± 44.3 b	0.63 ± 0.02 d	19 366.9 ± 295.7 b
控水灌溉 (W_1)	W_1N_3	469.9 ± 37.9 c	0.70 ± 0.02 c	16 185.0 ± 220.6 c
	W_1N_4	415.3 ± 20.6 cd	0.80 ± 0.05 a	14 358.5 ± 731.6 d
	W_1N_5	406. 2 ± 18.2 d	0.73 ± 0.04 ab	13 002.8 ± 798.7 d
间歇淹水 (W_2)	W_2N_0	460.3 ± 13.6 c	0.80 ± 0.03 d	15 888.8 ± 951.2 d
	W_2N_1	598.2 ± 32.9 a	0.87 ± 0.03 cd	20 596.6 ± 1011.1 a
	W_2N_2	531.8 ± 23.1 b	0.92 ± 0.02 c	18 356.1 ± 722.1 b
	W_2N_3	475.6 ± 29.9 bc	0.98 ± 0.01 bc	16 464.1 ± 556.4 c
	W_2N_4	427.8 ± 12.7 c	1.06 ± 0.02 a	14 862.5 ± 586.4 d
	W_2N_5	404.4 ± 12.9 d	1.00 ± 0.04 ab	14 050.4 ± 561.1 d
淹水灌溉 (W_3)	W_3N_0	620.1 ± 21.8 d	0.35 ± 0.03 c	21 189.1 ± 779.8 f
	W_3N_1	816.8 ± 13.2 a	0.49 ± 0.02 bc	27 916.0 ± 923.9 a
	W_3N_2	760.0 ± 26.8 b	0.51 ± 0.03 b	25 991.9 ± 606.3 b
	W_3N_3	670.7 ± 21.4 c	0.53 ± 0.04 ab	22 963.1 ± 465.9 c
	W_3N_4	550.9 ± 30.5 e	0.59 ± 0.05 a	18 905.4 ± 591.6 d
	W_3N_5	503.8 ± 21.3 f	0.51 ± 0.05 ab	17 277.4 ± 368.4 e

节水灌溉模式提高水稻产量，与淹水灌溉相比间歇灌溉增产 5.91% ~ 12.67%。当施氮量为 0 ~ 120 kg/hm^2 时，水稻产量随氮肥施用量的增加而增加，N4（120 kg/hm^2）处理水稻产量最高，但当氮肥高于 120 kg/hm^2 水稻产量呈降低趋势。在控水灌溉、间歇灌溉和淹水灌溉三种模式中，N4 处理比无氮处理 N0 分别增产 25.73%、33.18% 和 25.18%。水氮互作通过影响水稻的有效分蘖和穗粒数而影响水稻产量。在同一氮肥水平下，间歇灌溉的穗粒数较控水灌溉增加 23.15% ~ 40.89%，较淹水灌溉增加 7.67% ~ 31.50%（表 6-30）。

表 6-30 不同水氮处理水稻产量及产量构成因素

水分管理	处理	有效分蘖（个）	穗粒数（粒）	千粒重（g）	结实率（%）	产量（kg/hm^2）
控水灌溉（W_1）	W_1N_0	9.2 ± 1.2 e	60.2 ± 0.8 e	27.2 ± 1.1 b	0.82 ± 0.04 a	6 841.4 ± 25.6 e
	W_1N_1	14.2 ± 0.5 d	69.3 ± 1.1 c	26.9 ± 0.5 c	0.83 ± 0.02 a	7 732.3 ± 49.7 d
	W_1N_2	16.4 ± 0.6 c	73.3 ± 1.1 d	25.9 ± 0.5 c	0.89 ± 0.04 a	8 017.7 ± 116.5 bc
	W_1N_3	18.6 ± 0.7 b	85.1 ± 1.2 b	25.3 ± 0.6 c	0.84 ± 0.05 a	8 300.9 ± 156.4 b
	W_1N_4	20.0 ± 0.4 a	94.8 ± 1.1 a	27.5 ± 0.6 a	0.88 ± 0.03 a	8 601.7 ± 113.3 a
	W_1N_5	19.6 ± 0.5 ab	85.1 ± 0.8 bc	27.5 ± 0.5 a	0.82 ± 0.06 a	8 234.8 ± 186.5 b
间歇灌溉（W_2）	W_2N_0	9.3 ± 0.2 d	60.4 ± 1.4 e	27.2 ± 0.2 a	0.83 ± 0.01 c	7 233.3 ± 105.1 f
	W_2N_1	14.3 ± 0.5 c	71.8 ± 1.2 d	27.1 ± 0.2 a	0.87 ± 0.01 a	8 013.2 ± 120.6 e
	W_2N_2	16.2 ± 0.6 ac	74.4 ± 1.2 d	27.2 ± 0.2 a	0.88 ± 0.01 a	8 370.0 ± 86.1 d
	W_2N_3	18.7 ± 0.8 ab	97.1 ± 1.7 b	27.8 ± 0.2 a	0.94 ± 0.01 a	8 716.7 ± 87.8 b
	W_2N_4	19.7 ± 0.8 a	101.8 ± 1.8 a	27.7 ± 0.2 a	0.87 ± 0.01 ab	9 633.6 ± 220.4 a
	W_2N_5	16.6 ± 0.6 b	96.5 ± 1.2 bc	27.1 ± 0.2 a	0.83 ± 0.01 c	9 187.0 ± 165.6 c
淹水灌溉（W_3）	W_3N_0	10.7 ± 0.4 e	52.8 ± 0.2 d	28.4 ± 0.4 a	0.80 ± 0.02 a	6 830.0 ± 120.2 e
	W_3N_1	16.1 ± 0.4 cd	54.6 ± 0.3 d	29.4 ± 0.4 a	0.80 ± 0.02 a	7 387.6 ± 121.3 d
	W_3N_2	16.5 ± 0.5 c	69.1 ± 1.1 d	26.9 ± 0.6 bc	0.82 ± 0.03 a	7 886.7 ± 164.6 cd
	W_3N_3	19.5 ± 0.5 ab	85.8 ± 1.4 c	26.5 ± 0.7 bc	0.86 ± 0.03 a	8 114.7 ± 158.7 bc
	W_3N_4	20.4 ± 0.3 a	91.4 ± 0.9 a	27.5 ± 0.5 b	0.86 ± 0.01 a	8 550.0 ± 180.5 a
	W_3N_5	19.3 ± 0.3 ab	89.2 ± 0.8 b	26.0 ± 0.5 c	0.87 ± 0.01 a	8 300.0 ± 105.1 b

水稻生育期内稻田排放 CH_4 所产生的温室效应占全球增温潜势的 97.85% ~ 99.5%，在稻田综合全球增温潜势中占主要位置。虽然 N_2O 的增温潜势是 CO_2 的 298 倍，但是其季节累积排放量较低，其温室效应贡献率仅为 0.5% ~ 2.15%，因此水氮运筹对稻田综合全球增温潜势的影响规律同 CH_4 的排放较为相似，并且稻田温室气体的减排应主要以 CH_4 的减排为主。

秸秆还田合理氮肥施用减少寒地粳稻温室气体排放累积量 20%，有效减少全球增温潜势。秸秆全量还田影响寒地稻田温室气体排放，表现为季节性 CH_4 排放量增加 12.1% ~

32.3%，季节性 N_2O 排放量降低 24.9% ~ 44.1%，全球增温潜势增加 10% ~ 17.9%。合理施用氮肥是降低秸秆还田温室气体排放的有效措施，通过减少秸秆还田稻田 CH_4 排放，降低全球增温潜势达 21.7%。秸秆还田稻田土壤的过氧化氢酶、脲酶活性降低，蔗糖酶、酸性磷酸酶活性升高；秸秆还田对寒地水稻产量及其构成因素无显著影响，增加施氮水平增产的原因是有效分蘖和穗粒数的增加。

适时播种及化学调控技术可有效降低寒地粳稻空壳率和提高有效积温。植物生长调节剂。使用外源植物生长调节剂 ABA，在水稻孕穗期发生时进行叶面喷施，筛选出缓解水稻空壳率的孕穗期低温的植物生长调节剂 ABA 的有效浓度（20 mg/L），并阐明其低温冷害的缓解的生理机制：通过降低植株的 MDA 含量和提高抗氧化酶活性，提高可溶性糖的含量，增强植株抗低温能力（图 6-23）。

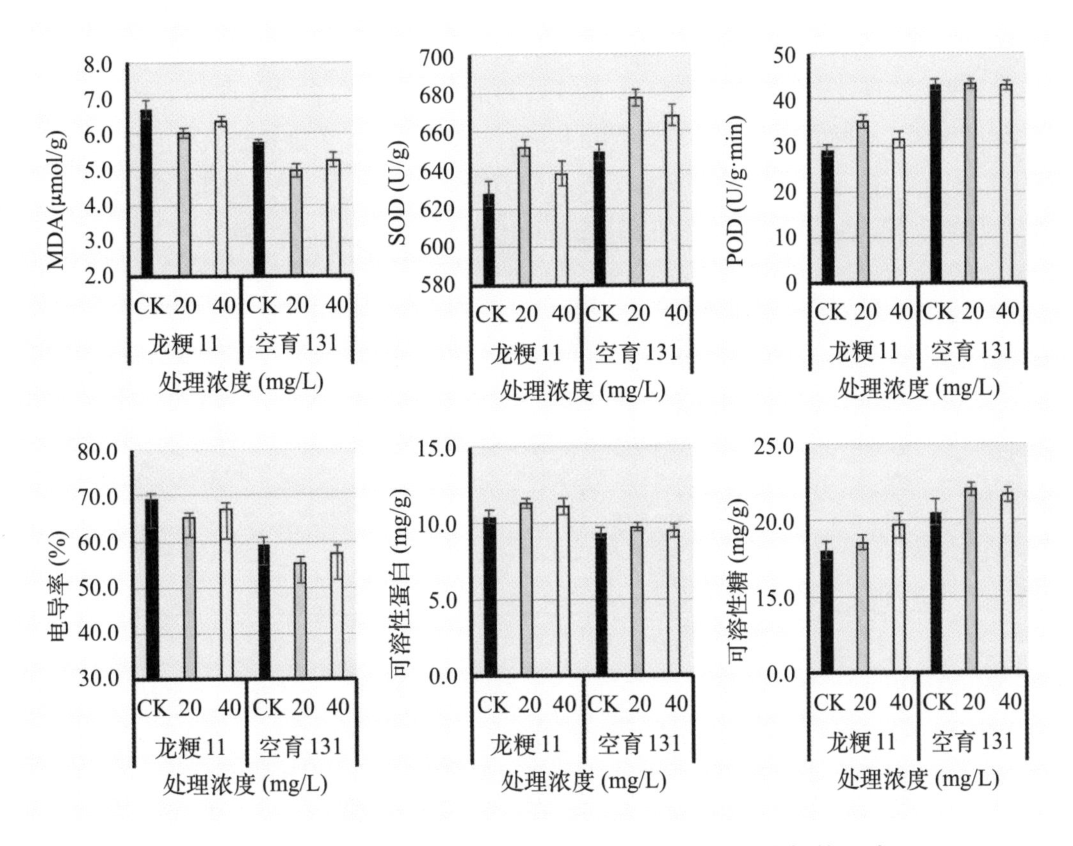

图 6-23 低温胁迫 3dABA 外源调节剂对水稻生理指标的影响

寒地粳稻孕穗期低温 17℃，胁迫喷施外源调节剂 ABA，对不耐冷品种龙粳 11 效果明显，在低温第 1 ~ 4 d 处理均能有效降低 3% ~ 6% 的空壳率（表 6-31）。

表 6-31　低温胁迫 ABA 外源调节剂对水稻空瘪率的影响

	处理	1 d	2 d	3 d	4 d	5 d
龙粳 11	CK	21.85 a	29.31 a	38.16 a	44.37 a	51.24 a
	20	17.52 b	23.45 b	33.41 b	42.78 b	50.15 b
	40	17.49 b	24.87 b	34.19 b	42.48 b	51.49 a
空育 131	CK	2.78 a	3.12 a	3.52 a	3.87 a	3.89 a
	20	2.80 a	2.75 b	4.21 a	3.58 a	3.57 a
	40	3.10 a	3.48 a	3.28 a	3.89 a	4.12 a

播期调整寒地粳稻积温不足，易发生延迟性冷害，在三江平原使用低温敏感品种龙粳 31。对龙粳 31 设置了不同的播期，筛选出降低水稻发生延迟性冷害适宜播期，明确在播种期温度稳定大于 12℃时，通过实时早播，可提前生育进程，提高水稻产量，降低延迟性冷害造成的风险和伤害。

设置 4 个播期，分别为 4 月 3 日（Ⅰ）、4 月 13 日（Ⅱ）、4 月 23 日（Ⅲ）、5 月 3 日（Ⅳ）。由表 6-32 可知，不同播期对龙粳 31 的产量构成有一定的影响，在第Ⅱ播期水稻的产量最高，达到 617.8 kg/ 亩；分析产量构成因素发现，随着播期的推迟，有效分蘖数、每穗粒数、产量呈先增加后下降的趋势，均在第Ⅱ播期达到最大。

表 6-32　不同播期对龙粳 31 产量及构成因素的影响

	插秧期（月.日）	有效穗数（个）	千粒重（g）	穗粒数（个）	空瘪率（%）	产量（kg/ 亩）
Ⅰ	5.05	15.3 c	24.4 ab	67.3 d	3.9 a	535.4 b
Ⅱ	5.15	20.3 b	24.1 b	95.3 a	3.1 a	617.8 a
Ⅲ	5.25	26.3 a	24.6 a	93.0 b	2.9 a	544.1 b
Ⅳ	6.04	24.7 a	24.4 ab	84.7 c	1.8 b	485.8 c

寒地粳稻发生延迟性冷害主要是抽穗期的变化，水稻的安全抽穗期在 8 月 5 日，超过就会大幅度减产，实时早播可有效提前生育进程、减缓发生低温冷害的风险，稳定水稻产量。供试水稻品种在 4 个播期条件下，生育进程存在较大差异，播期每延后 10 d，抽穗期延迟 4 ~ 9 d。如安全抽穗期在 8 月 5 日左右，前 3 个播期在安全抽穗期内，第Ⅳ期较安全抽穗期推迟 3 d，造成积温不足生育进程的拖后，造成籽粒成熟度不够。播期推迟后水稻有效穗数、穗粒数及产量均下降（表 6-33）。

表 6-33 不同播期对龙粳 31 生育进程的影响

播期	播种期（月.日）	插秧期（月.日）	返青期（月.日）	孕穗期（月.日）	抽穗期（月.日）	成熟期（月.日）
Ⅰ	4.18	5.08	5.12	7.12	7.20	9.10
Ⅱ	4.23	5.18	5.22	7.18	7.24	9.14
Ⅲ	4.29	5.28	5.30	7.24	7.30	9.16
Ⅳ	5.10	6.07	6.10	7.30	8.08	9.20

构建东北寒地稻区抗逆、减排和高效协同栽培技术体系。技术模式包括两个方面：一是抗逆方面，延迟型冷害，采用分期播种，考察指标包括生育期、产量，最适播期设为育苗温度稳定通过 12℃，安全抽穗期设定为 8 月 5 日；障碍型冷害，设定为药剂防控技术，在水稻孕穗期进行喷施脱落酸（ABA）浓度 20 mg/L。二是肥水耦合方面，在秸秆还田条件下，优化施肥和节水灌溉技术，减排 20%。

综上所述，节水控灌及优化氮肥处理在提高寒地粳稻产量前提下，减少大田温室气体排放，是一种高效绿色水稻栽培技术。秸秆还田合理氮肥施用在保证寒地粳稻产量不降低的前提下，减少大田温室气体排放，是一种高效绿色水稻栽培技术。适时播种可降低寒地粳稻遇到延迟性冷害的风险，使用化学调控可有效降低障碍型冷害造成的水稻空壳率（图 6-24）。

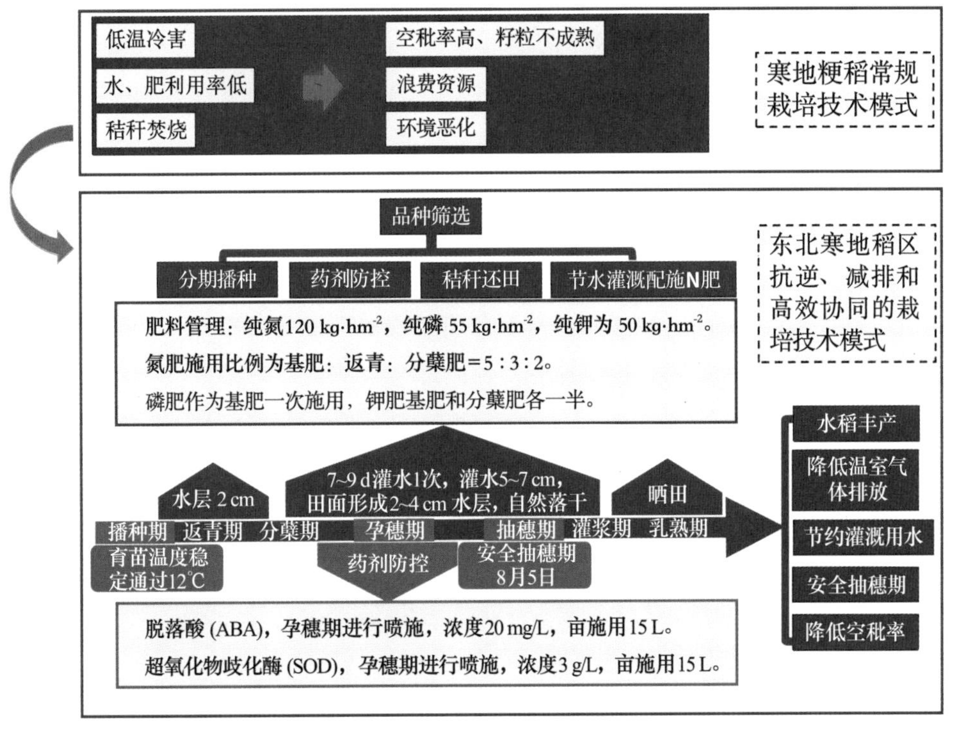

图 6-24 东北寒地稻区抗逆、减排和高效协同栽培技术模式

6.3 研究总结与展望

6.3.1 研究总结

6.3.1.1 增温对北方水稻生产影响及栽培调控

增温导致所选择的 20 个辽宁水稻品种产量下降，其中，6 个水稻品种产量显著降低。从产量构成因素上看，增温对每穗实粒数的影响最大，有 11 个水稻品种增温处理每穗实粒数均降低。增温对品质的影响较产量的影响更明显，所选品种 50% 以上，糙米率、精米率、蛋白质含量、直链淀粉含量均低于对照，但增温对水稻食味值的影响因品种而异。

根据 20 个水稻品种的 5 个产量指标和 5 个品质指标进行主成分分析，以因子得分计算隶属度函数和综合得分。20 个品种的综合得分表明，适宜辽宁沈阳以南地区栽培的品种中港辐粳 16 和盐粳 456 对增温适应性较强；适宜辽宁沈阳以北地区栽培的品种中沈稻 47 和北粳 3 号对增温适应性较强。

不同品种对增温响应的差异与其光合荧光特性及活性氧代谢对增温响应的差异密切相关。4 个品种中，增温对铁粳 7 号产量影响最小，其光合荧光参数及活性氧代谢水平在增温条件下与环境温度条件下无显著差异。综合评价得分高的港辐粳 16 除抽穗后第 20 天时 Pn 有极显著降低外，在其余时期没有发现与对照的显著差异；尽管光合电子传递效率下降，但叶绿素含量及其荧光参数较对照差异不显著，且在生长后期有所升高，活性氧保护机制较好。对增温适应性较差的沈农 9816 和辽粳 401 增温处理后水稻剑叶叶绿素荧光参数和光合电子传递效率下降，光合作用受到气孔限制和非气孔限制的共同影响，光合速率比对照有显著或极显著降低，活性氧代谢增强，产量显著低于环境温度处理。可见，不同水稻品种对增温的响应差异与水稻灌浆期剑叶光合生理特性对增温的响应差异相关，可以通过水稻剑叶的光合特性对增温的响应判断水稻对增温的适应性。

对照条件下，低密度处理促进了水稻单株生物量的增加，但低密度对单株生物量的促进作用不足以弥补高密度的群体效应，高密度条件下水稻群体生物量仍显著高于低密度处理。增温对水稻生物量有一定的促进作用，但与密度的交互作用显著。低密度条件下，生长后期增温处理水稻光合速率显著提高，各器官生物量积累显著增加，单株生物量显著高于正常密度处理和高密度处理，群体生物量与高密度处理和正常密度处理差异不显著；水稻有效穗数和穗粒数增加，结实率降低，水稻单穴产量和理论产量增加，与高密度处理和正常密度处理差异未达到显著水平。可见，增温处理有效改善了低密度水稻生长，弥补了其密度较低导致的群体效应差异。

6.3.1.2 田间开放式增温对长江中下游地区粳稻稻米品质的影响及氮素调控途径

连续 3 年的模拟增温研究表明，不施肥条件下增温处理与环境温度处理水稻生物量和产量差异不显著。常规施肥条件下，随着增温时间的延长，增温处理与环境温度处理水稻生物量和产量差异不显著，表明水稻对环境温度增加适应性增强。长江下游单季晚粳的灌浆期集中在 9 月和 10 月，在当前灌浆期自然气温水平的基础上，灌浆期温度升高 2 ~ 4 ℃

对长江下游主栽粳稻宁粳 3 号和武运粳 24 号的品质造成严重的影响。灌浆期温度小幅升高导致稻米外观品质和碾米品质变劣，籽粒灌浆加快引起垩白的大量发生是外观品质和碾米品质变劣的主要原因；在灌浆期增施氮肥后可以显著降低垩白米率和垩白面积，增施氮肥通过降低籽粒的灌浆速率来增加籽粒的充实程度，从而提高稻米的外观品质和加工品质。灌浆期温度小幅升高使糊化温度和热焓值升高，米饭蒸煮变得更加困难；氮素粒肥降低了淀粉糊化过程中吸收的热焓值，但糊化温度显著升高。灌浆期温度小幅升高也降低了稻米直链淀粉含量、消碱值和回复值，使米质更加黏软；温度升高和施氮都可以增加精米中必需氨基酸的含量但未改变各氨基酸的相对比例，相比于温度效应，氮肥对氨基酸含量的提升更为显著，提高了稻米的营养品质。

6.3.1.3 适应全球气候变化的北方粳稻直播栽培技术

（1）针对北方直播水稻栽培品种及配套技术缺乏的问题，开展相关品种筛选及配套技术集成及研发工作。在 39 个栽培品种（品系）及水稻直播机初选基础上，根据水稻生育期、种子发芽力、顶土出苗能力、苗的耐低温能力、根活力、抗病性、水肥利用率、温室气体排放以及产量等指标，综合评价并筛选出适合辽宁省直播栽培的粳稻品种 2 个。

（2）确定适宜机械旱直播播种量、播种密度及水肥管理技术，形成了保齐苗（出苗率 75% 以上）、控杂草、保稳产、实现温室气体减排的直播栽培理论及措施。整合与集成 2 套适合辽宁省水稻直播栽培技术，发布 1 套水稻机械旱直播种植标准化栽培技术规程，在辽宁省沈阳、辽中、盘锦等稻区试验示范面积累计百余亩。

（3）测定结果显示，BR 处理下显著提高了各水稻品种的出苗率，并促进各品种主根或侧根生长发育，明确 BR 在水稻苗期能够起到促进低温出苗的作用。

（4）配合分蘖期、扬花期外施选定浓度生长调节剂油菜素内酯，可显著提高二级枝梗数或结实率及产量，可见，BRs 可促进籽粒灌浆。且 BR 可以提高水稻抗逆性，可在分蘖期施用防治药害、低温等逆境。集成了顶 4、顶 3 叶色差法的施肥管理指导方法，配合分蘖期、扬花期外施选定浓度生长调节剂油菜素内酯，技术集成组合最高产量达到 650 kg/667m^{-2} 左右。

（5）移栽稻田温室气体增温潜势显著大于旱直播稻田。旱直播各处理下增温潜势差异不显著，BR 处理下的增温潜势略高于对照组。

（6）建立了实现直播水稻稳产量的配套技术：确定适宜机械旱直播播种量（8 kg/亩）、播种密度（行距 20 ~ 25 cm），采用“一封、二杀、三拔”策略除草，以及分蘖前见干见湿水肥管理技术（底肥占比 60%，其中 80% 有机肥 +20% 复合肥），形成了保齐苗（出苗率 75% 以上）、控杂草、保稳产、实现温室气体减排的直播栽培理论及措施。

（7）该技术减少水稻生产多环节的用工和农资，提高劳动效率 30%，可降低水稻生产成本 1500 ~ 4500 元 /hm^2，且节约水源，实现温室气体减排 20% ~ 50%。相较于移栽稻，水稻产量没有显著降低，既节本增效，又减少环境污染，对发展规模农业、提高社会、生态效益及农业生产效率具有深远影响。

6.3.1.4 河南沿黄稻区水稻生产适应性栽培途径

温度是影响水稻生产的重要因素之一，抽穗扬花期和籽粒灌浆期的极端高温严重影响水稻产量和品质。在河南沿黄稻区，极端高温天气主要出现在7—8月。随着全球气候变化，极端高温出现的频率有可能会更频繁，发生时间也有可能会与当前水稻主栽品种的抽穗扬花期相重合，因此，通过调整播期以达到高温避害的目的。由于水稻是短日照植物，当日照时数达到一定阈值时，水稻植株会由营养生长转入生殖生长时期。播期推迟后，生育期也随之缩短，而生育期缩短导致植株株高降低，穗长、穗粒数等产量相关性状受到较大影响。虽然播期推迟后产量降低，但是部分稻米品质性状得以提升。播期推迟后，水稻灌浆期温度更有利于籽粒灌浆充实，精米率、整精米率大都有所提升，而影响稻米垩白性状的垩白粒率和垩白度均有所降低，有利于稻米品质的提高。

6.3.1.5 秸秆还田及水肥运筹对寒地水稻生产及温室气体排放影响

当前黑龙江省水资源呈不平衡状态，传统旱区旱灾时而发生，给水稻安全生产带来威胁，筛选表现优异的抗旱品种是重要现实需求。通过广泛搜集水稻种质资源材料，在节水的条件下对所收集的种质资源进行筛选及评价，在607份主栽水稻种质资源中筛选出4个抗旱性强的水稻品种资源（龙稻21、绥粳3、垦稻12、龙稻5）。根据黑龙江省水稻生产特点，在考虑播种期、安全成熟及产量等因素的基础上，根据寒地稻田用水需求筛选出适合黑龙江省种植的优质节水粳稻品种，可直接用于黑龙江省第一、第二积温带稻田生产，应用前景广阔。

东北地区的百年增温幅度要远远大于全球和中国平均水平，气候变暖既有热量增大、CO_2浓度升高等发展机遇，但也进一步加剧了水资源匮乏、极端气候事件增多等潜在负面影响。在这种背景下，首先要对水稻生产最主要的两个因素水分和肥料进行研究。通过北方粳稻系统适应气候变化的水肥运筹调控机理研究发现，随着灌溉方式改变，比如，采用控灌方式、氮肥运筹相结合的方式，水肥互作关系发生改变，对温室气体排放、水稻生长发育、物质生产和分配、产量以及生理响应机制均产生影响，以此可以获得实验条件下最佳灌溉和施肥方式，构建起寒地水稻水氮管理技术体系。具体成果，一是水稻全生育期比对照节约生产用水12% ~ 15%；二是提高水稻净光合速率3.4% ~ 11.8%；三是氮素农学利用率提高36.2%；四是每亩增加水稻产量28 ~ 30 kg；五是全球增温潜势降低20% ~ 21.6%。综合考虑，寒地稻区实现增产减排的最佳水氮管理模式：水分管理采用间歇灌溉，氮肥施用量纯氮120 kg/hm^2。

近年来，黑龙江秸秆还田量不断加大，由此对土壤结构、肥力、温室气体排放带来一系列影响，在连续秸秆还田条件下，监测氮肥用量对北方粳稻系统CH_4、N_2O排放特征的影响，结合物质积累和养分吸收规律，协调水稻－土壤－环境系统中养分投入与产出平衡，明确稻田温室气体季节性综合排放特征显得尤为重要也十分迫切。试验结果表明，秸秆全量还田显著增加了寒地稻田 CH_4 排放量，降低了 N_2O 排放。合理施用氮肥是降低秸秆还田温室气体排放的有效措施，通过减少秸秆还田稻田 CH_4 排放，降低全球增温潜势达 22%。

6.3.1.6 温度变化对寒地粳稻的影响

在全球气候变暖加剧的趋势下，特殊的寒地生态条件，也使寒地粳稻生产大幅度波动。热量资源不足，始终是限制寒地粳稻主要的气候因子。

不同熟期水稻品种分期播种产量和生育进程呈规律性变化。随着播种期的延后，寒地粳稻产量均呈下降趋势，晚熟品种下降幅度最大，早熟品种下降幅度最小，本试验最后播种期较常年相比晚 30 d 播种，早熟品种下降幅度为 4.7%。每穗成粒数减少是水稻减产的主要原因，日均温度越高，穗重越低，早熟品种变化小。随着播期增加，插秧期到抽穗期的日数变少，达到一定播期后，形成拐点。结论说明中晚熟寒地粳稻一定早播产量才能最高，早熟品种可以可适当晚播成为南部地区的救灾品种。

不同熟期品种异地种植产量变化有规律。对于寒地气候，早熟品种适应性大于晚熟品种，晚熟品种产量变化幅度大于中熟品种大于早熟品种。南部晚熟品种北移栽培产量迅速下降，甚至不能灌浆成熟，适宜向北移动积温区域很小。主要问题是抽穗期延迟，影响灌浆成熟。北部早熟品种南移栽培减产小于南种北移，虽不至于没有产量，但也会造成大幅度减产。即使是中熟品种，南移或北移均会造成减产。结论说明，寒地气候地选择水稻品种，一定要考虑水稻品种积温适应性问题，每个品种的适宜种植区域跨积温区域范围很窄。

孕穗期低温冷害对水稻的影响，随着低温时间的延长，产量显著降低，主要原因是穗粒数显著减少、千粒重减小。不同抗性的品种对低温的响应，基因表达存在很大的差异。代谢途径，除核糖体等几个代谢途径外，其他都不相同，表明水稻品种间的冷胁迫抗逆性，既有共同的代谢途径又有不相同途径，这也是品种间抗冷性差异的主要原因。结论说明，水稻冷胁迫抗性中多种转录因子发挥作用。不同抗性品种在孕穗期对低温的抗逆性差异，主要是由品种对低温胁迫反应的应答速度及参与的 KEGG 代谢途径差异所决定的。

从栽培角度看，通过调整插秧密度、氮肥，调控分蘖的多少也有可能调整水稻生育进程的变化。从本次试验调查结果看，水稻插秧至抽穗期的延迟经历了减少再到延长的过程，即存在一个明显的拐点，这与温度变化特点有关。但也说明了通过改变插秧密度和采取其他栽培技术措施，可缩短水稻插秧到抽穗的时间。即晚插秧造成水稻抽穗期拖后，为了保证水稻安全抽穗期，还有可能通过相应栽培技术措施进行补救。如加大插秧密度、减少氮肥施用量、浅水灌溉和化学控制等应对栽培措施进行调控。

6.3.2 展望

气候暖化是未来气候变化的重要趋势，但生态系统对环境变化的长期响应与短期响应可能截然不同，只有长期连续监测才能更科学地评价和揭示未来气候暖化对稻田生态系统的影响。但现有关于大气温度升高对稻田生态系统的影响以 3 年以内的短期研究为主，中长期模拟增温对水稻生长的影响鲜有报道。另一方面，现在关于水稻生产系统对气候变化的响应机制及其适应性栽培途径的研究多建立在水稻生理生态过程对增温响应的基础之上，但越来越多的研究揭示植物 – 土壤互作在植物适应环境变化中起着重要的作用，土壤生态系统特别是土壤微生物在水稻对气候变化响应中的作用研究相对较少。因此，未来从植物 – 土壤互作的角度，开展中长期模拟增温对水稻生长和稻田土壤生态系统的影响，将有助于更准确、更全面地揭示水稻对大气温度升高的响应及适应，为未来气候条件下，水稻种植、生产、管理提供科学依据。

大田开放式增温试验发现，增温条件下增施一定量的氮肥，在一定程度上可以减轻增温带来的负面影响，提高稻米品质，在实际生产中具有推广和指导意义。目前，关于增温 / 高温影响水稻生长发育、产量形成方面已积累了大量的研究，但以往的研究主要集中在作物形态、生理等方面， 从分子水平上阐明增温 / 高温对水稻影响的报道较少。转录组学、蛋白质组学和代谢组学研究是近年来发展起来的新兴技术。利用多组学及关联分析研究水稻高温热害及增施氮肥的缓解效应，可在 RNA 和蛋白质分子水平上分析增温和增施氮肥条件下水稻基因的种类、表达时间、表达丰度、基因功能及代谢途径等，从转录和翻译水平上揭示水稻的高温伤害和热适应的表达调控机制。因此，今后应从分子水平上探索水稻应答高温的机制及其适应性的内在机理。

探明气候变暖对作物生产的潜在影响及其发展趋势，可以降低对未来粮食安全预测的不确定性，具有重要的理论与现实意义。从宏观形势的分析来看，不同农业生产地区的生产潜力变化差异很大，在这种气候环境下，必须改变农作物的栽培技术和结构以减少损失。种植合适的植物并加强田间管理，以应对全球气候变暖造成的生产率下降。在未来气候变化的应对策略上，应从多抗品种选育，抗逆栽培创新和农田基本建设等方面着手，全面增强稻田系统的抗逆性和稳定性，充分挖掘水稻对气候变暖的适应潜力。我们还应研究适应气候变暖后水的排水时间、次数、深度、保水期长度等，以提高稻田用水的调节功能，促进生育期正常完成。

通过播期推迟进行高温避害虽然可以缓解抽穗扬花期的高温伤害，但是由此产生的产量降低将会成为该技术推广的重要的限制因素，因此，耐高温品种选育仍是应对未来气候变化的首选应对策略，而耐高温品种的选育首先取决于耐高温水稻种质资源的筛选，进而通过杂交、回交等育种技术将耐高温基因导入当地主栽品种中选育出适合本地栽培的主栽水稻品种。耐高温基因导入当地品种筛选的过程如果仅凭耐高温表型筛选，将会对品种筛选条件有较为严苛的要求，才能保证筛选出的后代具备耐高温特性，这样的条件对大多数水稻育种者来说是很难达到的。因此，筛选出耐高温种质材料以后必须对耐高温机制进行研究，定位耐高温的基因位点甚至克隆到基因，利用分子标记辅助选择育种或基因编辑方法，将会极大提升耐高温育种的效率。

当前，黑土保护已上升为国家战略，秸秆还田作为黑土保护的重要措施之一，无论是技术模式研究还是机理机制研究都有必要进一步深入。在连续秸秆还田条件下，明确黑龙江省寒地稻田的需水需氮特点，并根据稻田用水需求规律形成科学的水氮管理技术模式，节约水分及氮肥施用量，提高了水分、氮肥利用效率，应用前景广阔。同时，通过对温室气体排放，对水氮互作效果进行判断和评价，进一步丰富寒地稻田增产减排最佳水氮管理模技术内涵，也具有十分重要的意义。

水稻对低温胁迫的响应是一个复杂的生理生化过程，涉及水稻形态建成、酶、激素、源库协调等相关机理。目前低温冷害对水稻的生理机能变化的研究很多，但从植株营养角度出发的研究较少。可以从水稻群体、个体、组织、器官、细胞和分子等不同水平上，结合水稻不同的生育期综合研究冷害响应机制，重视低温对水稻植株氮、磷、钾等营养元素含量变化方面的研究，并在耐冷性评价中增加产量和品质因素的权重。

参考文献

曹云英，2009. 高温对水稻产量与品质的影响及其生理机制 [D]. 扬州：扬州大学.

曹金留，任立涛，汪国好，等，2000. 爽水性稻田甲烷排放特点 [J]. 农业环境保护 (1): 10–14.

陈金，田云录，董文军，等，2013. 东北水稻生长发育和产量对夜间升温的响应 [J]. 中国水稻科学，27(1): 84–90.

程方民，钟连进，孙宗修，2003. 灌浆结实期温度对早籼水稻籽粒淀粉合成代谢的影响 [J]. 中国农业科学 (5): 492–501.

程琨，潘根兴，2021. 农业与碳中和 [J]. 科学，73(6): 8–12.

蔡祖聪. 等，1998. 土壤质地、温度和 Eh 对稻田甲烷排放的影响 [J]. 土壤学报 (2): 3–5.

董文军，田云录，张彬，等，2011. 非对称性增温对水稻品种南粳 44 米质及关键酶活性的影响 [J]. 作物学报，37: 832–841.

丁一汇，任国玉，赵宗慈，等，2007. 中国气候变化的检测及预估 [J]. 沙漠与绿洲气象，1(1): 1.

丁一汇，司东，柳艳菊，等，2018. 论东亚夏季风的特征、驱动力与年代际变化 [J]. 大气科学，42(3): 533–558.

杜尧东，李键陵，王华，等，2012. 高温胁迫对水稻剑叶光合和叶绿素荧光特征的影响 [J]. 生态学杂志，31(10): 2 541–2 548.

段骅，傅亮，剧成欣，等，2013. 氮素穗肥对高温胁迫下水稻结实和稻米品质的影响 [J]. 中国水稻科学，6(27): 591–602.

殷春渊，王书玉，刘贺梅，等，2013. 氮肥施用量对超级粳稻新稻 18 号强、弱势籽粒灌浆和稻米品质的影响 [J]. 中国水稻科学，27(5): 503–510.

戴云云，丁艳锋，王强盛，等，2009. 不同施氮水平下稻米品质对日间增温响应的差异 [J]. 植物营养与肥料学报，15: 276–282.

黄国宏，陈冠雄，韩冰，土壤含水量与 N_2O 产生途径研究 [J]. 应用生态学报 (1): 55–58.

赫兵，张振宇，杨祥波，等，2018. 日本水稻直播技术的发展现状及特征 [J]. 中国稻米，24(6): 30–36.

姜丽霞，宫丽娟，刘泽恩，等，2018. 高寒区温度三因子的时间变化及其与水稻产量的关系研究 [J]. 灾害学，33(1): 5–11.

江文文，尹燕枰，王振林，等，2014. 花后高温胁迫下氮肥追施后移对小麦产量及旗叶生理特性的影响 [J]. 作物学报，40: 942–949.

金国强，徐攀峰，方文英，等，2014. 不同稻—麦栽培管理方式对稻季农田温室气体排放的影响 [J]. 浙江农业学报，26(4):1 015–1 020.

李建，江晓东，杨沈斌，等，2020. 长江中下游地区水稻生长季节内农业气候资源变化 [J]. 江苏农业学报，36(1): 99–107.

李大林，2010. 气候变化对黑龙江省水稻生产可能带来的影响 [J]. 黑龙江农业科学 (2): 16–19.

李玉宁，王关玉，李伟，2002. 土壤呼吸作用和全球碳循环 [J]. 地学前缘，9(2): 351–356.

李敏，马均，王贺正，等，2007. 水稻开花期高温胁迫条件下生理生化特性的变化及其与品种耐热性的 [J]. 杂交水稻，22(6): 62–66.

李健陵，张晓艳，吴艳飞，等，2013. 灌浆结实期高温对早稻产量和品质的影响 [J]. 中国稻米，19(4): 50–55.

李林，沙国栋，陆景淮，1989. 水稻灌浆期温光因子对稻米品质的影响 [J]. 中国农业气象，10(8): 33–38.

李香兰，徐华，蔡祖聪，等，2009. 水稻生长后期水分管理对 CH_4 和 N_2O 排放的影响 [J]. 生态环境学报，18(1): 340–344.

李成芳，寇志奎，张枝盛，2011. 秸秆还田对免耕稻田温室气体排放及土壤有机碳固定的影响 [J]. 农业环境科学学报，30(11): 2 362–2 367.

吕艳梅，2015. 两个优质水稻品种孕穗至灌浆期高温干旱对品质和产量性状的影响 [D]. 长沙：湖南农业大学.

梁成刚，陈利平，汪燕，等，2010. 高温对水稻灌浆期籽粒氮代谢关键酶活性及蛋白质含量的影 [J]. 中国水稻科学，24: 398–402.

雷东阳，陈立云，李稳香，等，2005. 高温对不同杂交稻开花期影响的生理差异 [J]. 农业现代化研究，26(5): 397–400.

刘媛媛，2008. 高温胁迫对水稻生理生化特性的影响研究 [D]. 重庆：西南大学.

刘建，魏亚凤，徐少安，2006. 蘖穗肥氮素配比对水稻产量、品质及氮肥利用率的影响 [J]. 华中农业大学学报 (3): 223–227.

况慧云，徐立军，黄英金，2009. 高温热害对水稻的影响及机制的研究现状与进展 [J]. 中国稻米，15(1): 15–17.

孟亚利，周治国，1997. 结实期温度与稻米品质的关系 [J]. 中国水稻科学，11(1): 51–54.

马启林，李阳生，田小海，等，2009. 高温胁迫对水稻贮藏蛋白质的组成和积累形态的影响 [J]. 中国农业科学，42: 714–718.

马艳芹，等. 2016. 施氮水平对稻田土壤温室气体排放的影响 [J]. 农业工程学报 (S2), 128–134.
马冬云，郭天财，宋晓，等，2007. 氮素水平对冬小麦籽粒灌浆过程中淀粉合成关键酶活性的影响 [J]. 植物生理学通讯，43(6): 1 057–1 060.
宁慧峰. 2011. 氮素对稻米品质的影响及其理化基础研究 [D]. 南京：南京农业大学.
秦大河. 2009. 气候变化与干旱 [J]. 科技导报，27(11): 3.
任义方，高苹，王春乙. 2010. 江苏高温热害对水稻的影响及成因分析 [J]. 自然灾害学报，19(5): 101–107.
宋丽莉，赵华强，朱小倩，等，2011. 高温胁迫对水稻光合作用和叶绿素荧光特性的影响 [J]. 安徽农业科学，39(22): 13 348–13 353.
沈直，唐设，张海祥，等，2016. 灌浆期开放式增温对水稻强势粒和弱势粒淀粉代谢关键酶相关基因表达水平的影响 [J]. 南京农业大学学报，39: 898–906.
沈凤斌，2018. 全球变暖或导致人类粮食危机 [J]. 生态经济，34(8): 6–9.
石英尧，石扬娟，申广勤，等，2007. 氮肥施用量和节水灌溉对稻田甲烷排放量的影响 [J]. 安徽农业科学，35(2): 471–472.
石生伟，李玉娥，刘运通，等，2010. 中国稻田 CH_4 和 N_2O 排放及减排整合分析 [J]. 中国农业科学，43(14): 2 923–2 936.
石庆华，程永盛，潘晓华，等，2000. 施氮对两系杂交晚稻产量和品质的影响 [J]. 中国土壤与肥料，4: 9–12.
沈永平，王国亚，2013. IPCC 第一工作组第五次评估报告对全球气候变化认知的最新科学要点 [J]. 冰川冻土，35(5): 1 068–1 076.
汤宏，沈健林，张杨珠，等，2013. 秸秆还田与水分管理对稻田土壤微生物量碳、氮及溶解性有机碳、氮的影响 [J]. 水土保持学报，27(1): 240–246.
唐湘如，余铁桥，1991. 灌浆成熟期温度对稻米品质及有关生理生化特性的影响 [J]. 湖南农业大学学报(自然科学版)，1: 1–9.
田婷，等，2017. 水稻植株对稻田甲烷排放影响的研究进展 [J]. 江苏农业科学，45(20): 28–31.
吴琼，王强盛，2018. 稻田种养结合循环农业温室气体排放的调控与机制 [J]. 中国生态农业学报，(10): 633–642.
王小宁，申双和，王志明，等，2008. 白天和夜间增温对水稻光合作用的影响 [J]. 江苏农业学报，24(3): 237–240.
王才林，仲维功，2004. 高温对水稻结实率的影响及其防御对策 [J]. 江苏农业科学 (1): 15–18.
王孟雪，张忠学，吕纯波，等，2016. 不同灌溉模式下寒地稻田 CH_4 和 N_2O 排放及温室效应研究 [J]. 水土保持研究，23(2): 95–100.
王晓萌，孙羽，王鹿其等，2018. 稻田温室气体排放与减排研究进展 [J]. 黑龙江农业科学，7: 149–154.
谢晓金，李秉柏，李映雪，等，2009. 长江流域近 55 年水稻花期高温热害初探 [J]. 江苏农业学报，25: 28–32.

谢晓金，李秉柏，程高峰，等，2009. 高温对不同水稻品种剑叶生理特性的影响 [J]. 农业现代化研究，30(4): 483–486.

谢晓金，李秉柏，申双和，等，2009. 高温胁迫对扬稻 6 号剑叶生理特性的影响 [J]. 中国农业气象，30(1): 84–87.

谢光辉，杨建昌，王志琴，等，2001. 水稻籽粒灌浆特性及其与籽粒生理活性的关系 [J], 作物学报，27(5): 557–565.

谢义琴，张建峰，姜慧敏，等，2015. 不同施肥措施对稻田土壤温室气体排放的影响 [J]. 农业环境科学学报，34(3): 578–584.

谢立勇，李悦，徐玉秀，等，2014. 气候变化对农业生产与粮食安全影响的新认知 [J], 气候变化研究进展，10(4): 235–239.

徐丹，2016. 寒地黑土稻田水肥管理与温室气体排放关系研究 [D]. 哈尔滨：东北农业大学.

徐玉秀，2016. 中国主要作物农田 N_2O 和 CH_4 排放系数及影响因子分析 [D]. 沈阳：沈阳农业大学.

薛建福，濮超，张冉，等，2015. 农作措施对中国稻田氧化亚氮排放影响的研究进展 [J]. 农业工程学报，31(11): 1–9.

岳进，梁巍，吴杰，等，2003. 黑土稻田 CH_4 与 N_2O 排放及减排措施研究 [J]. 应用生态学报，(11): 2 015–2 018.

颜晓元，施书莲，杜丽娟，等，2000. 水分状况对水田土壤 N_2O 排放的影响 [J]. 土壤学报，(04): 482–489.

颜永毫，王丹丹，郑纪勇，2013. 生物炭对土壤 N_2O 和 CH_4 排放影响的研究进展 [J]. 中国农学通报，29(8): 140–146.

闫素辉，尹燕枰，李文阳，等，2008. 灌浆期高温对小麦籽粒淀粉的积累、粒度分布及相关酶活性的影响 [J]. 作物学报. 34(6): 1 092–1 096.

杨淑萍，等，2012. 宁夏极端气候事件及其影响分析 [J]. 中国沙漠 (6): 1 169–1 173.

杨陶陶，胡启星，黄山，等，2018. 双季优质稻产量和品质形成对开放式主动增温的响应 [J]. 中国水稻科学，32(6): 572–580.

穰中文，周清明，2015. 水稻高温胁迫的生理响应及耐热机理研究进展 [J]. 中国农学通报，31(21): 249–258.

赵黎明，李明，郑殿峰，2015. 灌溉方式与种植密度对寒地水稻产量及光合物质生产特性的影响 [J]. 农业工程学报，22 (6): 167–177.

赵峥，岳玉波，张翼，等，2014. 不同施肥条件对稻田温室气体排放特征的影响 [J]. 农业环境科学学报，33(11): 2 273–2 278.

张敬奇，2012. 花后开放式增温对水稻产量与品质的影响研究 [D]. 南京：南京农业大学.

张志兴，陈军，李忠，等，2012. 水稻籽粒灌浆过程中蛋白质表达特性及其对氮肥运筹的响应 [J]. 生态学报，32: 3 209–3 224.

张洪程，2016. 水稻机械化精简化高产栽培 [J]. 北京：中国农业出版社.

张佳华，张健南，姚凤梅，等，2013. 开放式增温对东北稻田生态系统作物生长与产量的影响 [J]. 生态学杂志，32(1): 15–21

张卫建，陈长青，江瑜，等，2020. 气候变暖对我国水稻生产的综合影响及其应对策略 [J]. 农业环境科学学报，39(296): 149–155.

张卫建，陈金，徐志宇，等，2012. 东北稻作系统对气候变暖的实际响应与适应 [J], 中国农业科学，45(07): 1 265–1 273.

张桂华，王艳秋，郑红，等，2004. 气候变暖对黑龙江省作物生产的影响及其对策 [J]. 自然灾害学报，13(3): 95–100.

张国发，王绍华，尤娟，等，2006. 结实期不同时段高温对稻米品质的影响 [J]. 作物学报，32(2): 283–287.

张桂莲，陈立云，张顺堂，等，2007. 抽穗开花期高温对水稻剑叶理化特性的影响 [J]. 中国农业科学，40(7): 1 345–1 352.

张顺堂，张桂莲，陈立云，等，2011. 高温胁迫对水稻剑叶净光合速率和叶绿素荧光参数的影响 [J]. 中国水稻科学，25(3): 335–338.

朱碧岩，曾慕衡，1994. 水稻生育后期施 N 对产量和品质的影响 [J]. 陕西农业科学 (4): 20–21.

朱士江，2012. 寒地稻作不同灌溉模式的节水及温室气体排放效应试验研究 [D]. 哈尔滨：东北农业大学.

邹建文，黄耀，宗良纲，等，2003. 稻田 CO_2、CH_4 和 N_2O 排放及其影响因素 [J]. 环境科学学报，23(6): 758–764.

周广洽，徐孟亮，李训贞，1997. 温光对稻米蛋白质及氨基酸含量的影响 [J]. 生态学报，17(5): 537–542.

郑建初，张彬，陈留根，等，2005. 抽穗期高温对水稻产量构成要素和稻米品质的影响及其基因型差异 [J]. 江苏农业学报，21(4): 249–254.

ARTURSSON V, FINLAY R D, JANSSON J K. 2006. Interactions between arbuscular mycorrhizal fungi and bacteria and their potential for stimulating plant growth[J]. Environmental Microbiology, 8: 1–10.

BAHMANIAR M A, RANJBAR G A. 2007. Response of rice (Oryza Sativa L.) cooking quality properties to nitrogen and potassium application[J]. Pakistan Journal of Biological Sciences 10: 1 880–1 884.

BERRY J, BJORKMAN O. 1980. Photosynthetic Response and Adaptation to Temperature in Higher Plants[J]. Annual Review of Plant Physiology, 31(1): 491–543.

CHAMPAGNE E T, BETT K L, Vinyard B T, et al. 1999. Correlation between cooked rice texture and rapid visco analyser measurements. Cereal Chemistry, 76: 764–771.

CHEN J, TANG L, SHI P, et al. 2017. Effects of short-term high temperature on grain quality and starch granules of rice (Oryza sativa L.) at post-anthesis stage. Protoplasma, 254: 935–943.

CHEN J, CHEN C G, TIAN Y L, et al. 2017. Differences in the impacts of nighttime warming on crop growth of rice-based cropping systems under field conditions[J]. European Journal of Agronomy, 82: 80–92.

CHUN A, SONG J, KIM K J, et al. 2009. Quality of Head and Chalky Rice and Deterioration of Eating Quality by Chalky Rice[J]. Journal of Crop Science and Biotechnology, 12: 235–240.

COAST O, ELLIS R H, MURDOCH A J, et al. 2015. High night temperature induces contrasting responses for spikelet fertility, spikelet tissue temperature, flowering characteristics and grain quality in rice[J]. Functional Plant Biology, 42: 149–161.

COUNCE P A, BRYANT R J, BERGMAN C J, et al. 2005. Rice milling quality, grain dimensions, and starch branching as affected by high night temperatures[J]. Cereal Chemistry, 82: 645–648.

DOU Z, TANG S, LI G, et al. 2017. Application of Nitrogen Fertilizer at Heading Stage Improves Rice Quality under Elevated Temperature during Grain-Filling Stage[J]. Crop Science, 57: 2 183–2 192.

FINN D, KOPITTKE P M, DENNIS P G,et al. 2017. Microbial energy and matter transformation in agricultural soils[J]. Soil Biology & Biochemistry, 111: 176–192.

FUNABA M, ISHIBASHI Y, MOLLA A H, et al. 2006. Influence of low/high temperature on water status in developing and maturing rice grains[J]. Plant production science, 9(4): 347–354.

HOUGHTON J T, DING Y, GRIGGS D J, et al. 2001. Climate change 2001: the scientific basis. Contribution of working group I to the third assessment report of the intergovernmental panel on climate change[J]. Cambridge, UK: Cambridge University Press, 10(24): 25–28.

HAKATA M, KURODA M, MIYASHITA T, et al. 2012. Suppression of alpha-amylase genes improves quality of rice grain ripened under high temperature[J]. Plant Biotechnology Journal, 10: 1110–1117.

HAN X, WANG Y, LIU X, et al. 2012. The failure to express a protein disulphide isomerase-like protein results in a floury endosperm and an endoplasmic reticulum stress response in rice[J]. Journal of Experimental Botany, 63(1): 121–130.

HAN Y P, XU M L, LIU X Y, et al. 2004. Genes coding for starch branching enzymes are major contributors to starch viscosity characteristics in waxy rice (Oryza sativa L.)[J]. Plant Science, 166: 357–364.

IPCC. 2007. Climate Change 2007: The physical Science Basis Contribution of: Working Group I to the Fourth Assessment Report of the IPCC[M]. New York: Cambridge University Press.

IPCC. 2013. Climate change 2013: the physical science basis. Contribution of Working Group I to the Fifth Assessment Reports of the Intergovernmental Panel on Climate Change[R]. Cambridge University Press, Cambridge, UK.

Ishimaru T, Horigane A K, Ida M, et al. 2009. Formation of grain chalkiness and changes in water distribution in developing rice caryopses grown under high-temperature stress[J]. Journal of Cereal Science, 50: 166–174.

ITO S, HARA T, KAWANAMI Y, et al. 2009. Carbon and Nitrogen Transport during Grain Filling in Rice Under High-temperature Conditions[J]. Journal of Agronomy and Crop Science, 195: 368–376.

JAGADISH S V K, CRAUFURD P Q, WHEELER T R. 2007. High temperature stress and spikelet fertility in rice (Oryza sativa L.)[J]. Journal of Experimental Botany, 58(7): 1 627–1 635.

JIN Z, GE D, CHEN H, et al. 1995. Assessing impacts of climate change on rice production: Strategies for adaptation in southern China.

KAWAKATSU T, TAKAIWA F, 2010. Cereal seed storage protein synthesis: fundamental processes for recombinant protein production in cereal grains[J]. Plant Biotechnology Journal, 8: 939–953.

KIM Y J, YEU S Y, PARK B S, KOH H-J, SONG J T, SEO H S. 2012. Protein Disulfide Isomerase-Like Protein 1-1 Controls Endosperm Development through Regulation of the Amount and Composition of Seed Proteins in Rice. Plos One 7.

KOTI S, REDDY K R, REDDY V R, et al. 2004. Interactive effects of carbon dioxide, temperature, and ultraviolet-B radiation on soybean (Glycine max L.) flower and pollen morphology, pollen production, germination, and tube lengths[J]. Journal of Experimental Botany, 56(412): 725–736.

KREYE C, DITTERT K, ZHENG X, et al. 2007. Fluxes of methane and nitrous oxide in water-saving rice production in north China[J]. Nutrient Cycling in Agroecosystems, 77(3): 293–304.

KUMAR I, KAUSHIK R P, Khush G S. 1989. Effect of Temperature During Grain Development on Stability of Cooking Quality Components in Rice[J]. Japanese Journal of Breeding, 39(3): 299–306.

KRISHNAN R, RAMAKRISHNAN B, REDDY K R, et al. 2011. High-temperature effects on rice growth, yield, and grain quality. Advances in Agronomy 111: 87–206.

LANG X M, SUI Y, 2013. Changes in mean and extreme climates over China with a 2°C global warming. Chinese Science Bulletin, 58(12): 1 453–1 461.

LIANG K, ZHONG X, HUANG N, 2017. Nitrogen losses and greenhouse gas emissions under different N and water management in asubtropical double_season rice cropping system[J]. Science of the Total Environment, 609: 46–57.

LIN S K, CHANG M C, TSAI Y G, et al. 2005. Proteomic analysis of the expression of proteins related to rice quality during caryopsis development and the effect of high temperature on expression[J]. Proteomics, 5: 2 140–2 156.

LINQUIST B A, ANDERS M, ADVIENTOBORBE M A, et al., 2015. Reducing greenhouse gas emissions, water use and grain arsenic levels in rice systems[J]. Global Change Biology, 21(1): 407–417.

LOBELL D B, SCHLENKER W, COSTA-ROBERTS J, 2011. Climate Trends and Global Crop

Production Since 1980. Science, 333(6042): 616–620.

LIU X, GUO T, WAN X, et al. 2010. Transcriptome analysis of grain-filling caryopses reveals involvement of multiple regulatory pathways in chalky grain formation in rice. BMC Genomics 11.

MATSUI T, KOBAYASI K, YOSHIMOTO M, et al. 2007. Stability of rice pollination in the field under hot and dry conditions in the Riverina region of New South Wales, Australia. Plant production science, 10(1): 57–63.

MOHAMMED A R, TARPLEY L. 2010. Effects of high night temperature and spikelet position on yield-related parameters of rice (Oryza sativa L.) plants[J]. European Journal of Agronomy, 33: 117–123.

PENG S, HUANG J, SHEEHY J E, et al. 2004. Rice yields decline with higher night temperature from global warming[J]. Proc Natl Acad Sci USA, 101(27): 9 971–9 975.

QUN M A, HAI-YONG G U, QING Z, et al. 2010. Responses of grain chalky traits to nitrogen application levels for different growth-period cultivars[J]. Journal of Plant Nutrition and Fertilizers, 16: 1 341–1 350.

REHMANI M I A, WEI G, HUSSAIN N, et al. 2014. Yield and quality responses of two indica rice hybrids to post-anthesis asymmetric day and night open-field warming in lower reaches of Yangtze River delta[J]. Field Crops Research, 156: 231–241.

RESURRECCION A P, HARA T, JULIANO B O, et al. 1977. Effect of temperature during ripening on grain quality of rice[J]. Soil Science & Plant Nutrition, 23: 109–112.

SANO O, ITO T, SAIGUSA M. 2008. Effects of co-situs application of controlled-availability fertilizer on fertilizer and soil nitrogen uptake by rice (Oryza sativa L.) in paddy soils with different available nitrogen[J]. Soil Science and Plant Nutrition, 54: 769–776.

Satapathy S S, Swain D K, Shrivastava S L, et al. 2014. Effect of elevated carbon dioxide and nitrogen management on rice milling qualities[J]. European Food Research and Technology, 238: 699–704.

SENEWEERA S, BLAKENEY A, MILHAM P, et al. 1996. Influence of rising atmospheric CO_2 and phosphorus nutrition on the grain yield and quality of rice (Oryza sativa cv. Jarrah)[J]. Cereal Chemistry, 73: 239–243.

MUTHURAJAN W, RAHMAN R, SELVAM H, et al. 2014. Source-sink dynamics and proteomic reprogramming under elevated night temperature and their impact on rice yield and grain quality[J]. New Phytologist, 203: 704–704.

SONG X, DU Y, SONG X, et al. 2013. Effect of High Night Temperature During Grain Filling on Amyloplast Development and Grain Quality in Japonica Rice[J]. Cereal Chemistry, 90: 114–119.

TANG S, ZHANG H, LIU W, et al. 2019. Nitrogen fertilizer at heading stage effectively compensates for the deterioration of rice quality by affecting the starch-related properties under elevated temperatures. Food Chemistry, 277: 455–462.

TSUKAGUCHI T, IIDA Y, 2008. Effects of assimilate supply and high temperature during grain-filling period on the occurrence of various types of chalky kernels in rice plants (*Oryza sativa* L.). Plant Production Science, 11: 203–210.

VENKATESWARLU B, VISPERAS R M, 1987. Source-sink relationships in crop plants[J]. IRRI Research Paper Series (Philippines), 125: 1–19.

WADA H, HATAKEYAMA Y, ONDA Y, et al. 2019. Multiple strategies for heat adaptation to prevent chalkiness in the rice endosperm[J]. Journal of Experimental Botany 70: 1 299–1 311.

WANG Z, LI H, LIU X, et al. 2015. Reduction of pyruvate orthophosphate dikinase activity is associated with high temperature-induced chalkiness in rice grains[J]. Plant Physiology and Biochemistry, 89: 76–84.

WANG Q, HUANG J, HE F, et al. 2012. Head rice yield of "super" hybrid rice Liangyoupeijiu grown under different nitrogen rates[J]. Field Crops Research, 134: 71–79.

WANG Y, XU J, SHEN J H, et al. 2010. Tillage, residue burning and crop rotation alter soil fungal community and water-stable aggregation in arable fields[J]. Soil and Tillage Research, 107(2): 71–79.

XI M, LIN Z, ZHANG X, et al. 2014. Endosperm Structure of White-Belly and White-Core Rice Grains Shown by Scanning Electron Microscopy[J]. Plant Production Science, 17: 285–290.

XIONG D, YU T, LING X, et al. 2015. Sufficient leaf transpiration and nonstructural carbohydrates are beneficial for high-temperature tolerance in three rice (Oryza sativa) cultivars and two nitrogen treatments[J]. Functional Plant Biology, 42: 347–356.

YAMAKAWA H, HIROSE T, KURODA M, et al. 2007. Comprehensive expression profiling of rice grain filling-related genes under high temperature using DNA microarray[J]. Plant Physiology, 144: 258–277.

YANG X, LIN E, MA SM, et al. 2007. Adaptation of agriculture to warming in Northeast China[J]. Climatic Change, 84: 45–58.

YOSHIDA S, SATAKE T, MACKILL D S, 1981. High-temperature stress in rice [study conducted at IRRI, Philippines[J]. IRRI Research Paper Series (Philippines).

YAO H, CHEN Z L, 1994. Effect of chemical fertilizer on methane emission from rice paddies[J]. Journal of Geophysical Research, 99: 16 463–16 470.

ZAKARIA S, MATSUDA T, TAJIMA S, et al. 2002. Effect of high temperature at ripening stage on the reserve accumulation in seed in some rice cultivars[J]. Plant Production Science, 5: 160–168.

ZHANG A F, BIAN R J, PAN, G X, et al., 2012. Effects of biochar amendment on soil quality, crop yield and greenhouse gas emission in a Chinese rice paddy: A field study of 2 consecutive rice growing cycles[J]. Field Crops Research, 127: 153–160.

ZHANG X, WANG D, FANG F, et al., 2005. Food safety and rice production in China. Resource Agricultural Modernization, 26(1): 85–88.

ZHANG Z S, CAO C G, GUO L J, et al. 2015. Emissions of CH_4 and CO_2 from paddy fields as affected by tillage practices and crop residues in central China[J]. Paddy and Water Environment, 14: 1–8.

ZHU M, YAN B, HU Y, et al. 2020. Genome-wide identification and phylogenetic analysis of rice FTIP gene family[J]. Genomics, 112: 3 803–3 814.

ZHONG L J, CHENG F M, WEN X, et al. 2005. The deterioration of eating and cooking quality caused by high temperature during grain filling in early-season indica rice cultivars[J]. Journal of Agronomy and Crop Science, 191: 218–225.